원 큐 패스
QPASS

전기
기능사

필기

김준식 저

다락원

머리말

전기는 모든 산업분야의 기초이며, 인간에게 무한한 친환경 에너지를 공급해주고, 안전하고 편안한 삶을 만들어 주는 것이라 할 수 있습니다.

이에 전기를 공부하고자 하는 학생은 물론 현장 실무자들도 전기에 대한 국가기술자격증 취득에 수요가 급증하고 있으며 꾸준한 열의도 보이고 있는 것이 현 실정입니다.

따라서 전기분야 국가기술자격증은 다른 분야의 자격증보다 가치와 의미가 있으며, 매우 소중하고, 자신에게 풍요로운 삶을 줄 수 있다고 감히 말하고 싶습니다.

특히 전기를 처음 접하시는 분이나, 전기에 관심이 있으신 분들은 전기기술인으로 가는 그 첫 번째 출발점을 이 책과 함께 하는 것이라 생각하고, 전기에 대한 기초와 전공 용어 그리고 전공 상식 등을 골고루 접하기를 바랍니다.

마지막으로 이 책이 나오기까지 도움을 주신 다락원 출판사 임직원 여러분께 진심으로 감사의 말씀 드립니다.

아무쪼록 수험생들이 이 책을 통하여 가장 빠른 시간 안에 머리에 쏙쏙 들어와 전기기능사자격증 취득이라는 결실의 영광을 누릴 수 있기를 기원합니다.

김 준 식

시험안내

개요

전기로 인한 재해를 방지하기 위하여 일정한 자격을 갖춘 사람으로 하여금 전기기기를 제작, 제조 조작, 운전, 보수 등을 하도록 하기 위해 자격제도를 제정하였다.

수행직무

발전소, 변전소, 전기공작물시설업체, 건설업체, 한국전력공사 및 일반사업체나 공장의 전기부서, 가정용 및 산업용 전기 생산업체, 부품제조업체 등에 취업하여 전기와 관련된 제반시설의 관리 및 검사업무 보조 및 담당할 수 있다.

설치된 전기시설을 유지·보수하는 인력과 전기제품을 제작하는 인력수요는 계속될 전망이며, 새롭게 등장하는 신기술의 개발로 상위의 기술수준 습득이 요구되므로 꾸준한 자기개발을 하는 노력이 필요하다.

면허 취득 방식

- 시행처 : 한국산업인력공단
- 관련학과 : 전문계 고등학교의 전기과, 전기제어과, 전기설비과, 전기기계과, 디지탈전기과 등 관련학과
- 시험과목
  - 필기 : 전기이론, 전기기기, 전기설비
  - 실기 : 전기설비작업
- 검정방법
  - 필기 : 객관식 4지 택일형(60문항)
  - 실기 : 작업형(5시간 정도, 전기설비작업)
- 합격기준
  - 필기 : 100점 만점에 60점 이상
  - 실기 : 100점 만점에 60점 이상

시험일정 [필기]

구분	원서접수(인터넷)	필기시험	합격발표
제1회	1월 경	1월 경	2월 경
제2회	3월 경	3월 경	4월 경
제3회	5월 경	5월 경	6월 경
제4회	8월 경	8월 경	9월 경

[실기]

구분	실기원서접수(인터넷)	실기시험	최종합격자발표
제1회	2월 경	3월 경	4월 경
제2회	4월 경	5월 경	6월 경
제3회	7월 경	8월 경	9월 경
제4회	9월 경	11월 경	12월 경

※ 매년 시험일정이 상이하므로 자세한 일정은 Q-net(www.q-net.or.kr)에서 확인하기 바랍니다.

자격종목 : 전기기능사

필기검정방법 : 객관식

문제수 : 60

시험시간 : 1시간

직무내용 : 전기에 필요한 장비 및 공구를 사용하여 회전기, 정지기, 제어장치 또는 빌딩, 공장, 주택 및 전력시설물의 전선, 케이블, 전기기계 및 기구를 설치, 보수, 검사, 시험 및 관리하는 일

전기이론, 전기기기, 전기설비

1. **정전기와 콘덴서** – 전기의 본질 / 정전기의 성질 및 특수현상 / 콘덴서 / 전기장과 전위

2. **자기의 성질과전류에 의한 자기장** – 자석에 의한 자기현상 / 전류에 의한 자기현상 / 자기회로

3. **전자력과 전자유도** – 전자력 / 전자유도

4. **직류회로** – 전압과 전류 / 전기저항

5. **교류회로** – 정현파 교류회로 / 3상 교류회로 / 비정현파 교류회로

6. **전류의 열작용과 화학작용** – 전류의 열작용 / 전류의 화학작용

7. **변압기** – 변압기의 구조와 원리 / 변압기 이론 및 특성 / 변압기 결선 / 변압기 병렬운전 / 변압기 시험 및 보수

8. **직류기** – 직류기의 원리와 구조 / 직류발전기의 이론 및 특성 / 직류전동기의 이론 및 특성 / 직류전동기의 특성 및 용도 / 직류기의 시험법

9. **유도전동기** – 유도전동기의 원리와 구조 / 유도전동기의 속도제어 및 용도

10. **동기기** – 동기기의 원리와 구조 / 동기발전기의 이론 및 특성 / 동기발전기의 병렬운전 / 동기발전기의 운전

11. **정류기 및 제어기기** – 정류용 반도체 소자 / 각종 정류회로 및 특성 / 제어 정류기 / 사이리스터의 응용회로 / 제어기 및 제어장치

12. **보호계전기** – 보호계전기의 종류 및 특성

13. **배선재료 및 공구** – 전선 및 케이블 / 배선재료 / 전기설비에 관련된 공구

14. **전선접속** – 전선의 피복 벗기기 / 전선의 각종 접속방법 / 전선과 기구단자와의 접속

15. **옥내배선공사** – 애자 사용배선 / 금속 몰드 배선 / 합성수지 몰드 배선 / 합성 수지관 배선 / 금속전선관배선 / 가요 전선관 배선 / 덕트배선 / 케이블 배선 / 저압 옥내배선 / 특고압 옥내배선

16. **전선 및 기계기구의 보안공사** – 전선 및 전선로의 보안 / 과전류 차단기 설치공사 / 각종 전기기기 설치 및 보안공사 / 접지공사 / 피뢰기 설치공사

17. **가공인입선 및 배전선 공사** – 가공인입선 공사 / 배전선로용 재료와 기구 / 장주, 건주 및 가선 / 주상기기의 설치

18. **고압 및 저압 배전반 공사** – 배전반 공사 / 분전반 공사

19. **특수장소 공사** – 먼지가 많은 장소의 공사 / 위험물이 있는 곳의 공사 / 가연성 가스가 있는 곳의 공사 / 부식성 가스가 있는 곳의 공사 / 흥행장, 광산, 기타 위험 장소의 공사

20. **전기응용시설 공사** – 조명배선 / 동력배선 / 제어배선 / 신호배선 / 전기응용기기 설치공사

자격종목 : 전기기능사

실기검정방법 : 작업형

시험시간 : 5시간 정도

직무내용 : 전기에 필요한 장비 및 공구를 사용하여 회전기, 정지기, 제어장치 또는 빌딩, 공장, 주택 및 전력시설물의 전선, 케이블, 전기기계 및 기구를 설치, 보수, 검사, 시험 및 관리하는 일

수행준거 : 1. 전기설비공사에 필요한 장비 및 공구를 사용할 수 있다.
2. 전기설비와 관련한 배관배선공사 및 자동제어 배선공사를 수행할 수 있다.
3. 전기공사 완료 후의 시험 검사 업무 및 유지관리에 필요한 측정 및 점검업무를 수행할 수 있다.

전기설비공사

1. 전기공사 준비하기
2. 전기배관 배선하기
3. 전기기계기구 설치하기
4. 전동기제어 및 운용하기
5. 전기시설물의 검사 및 점검하기

합격률

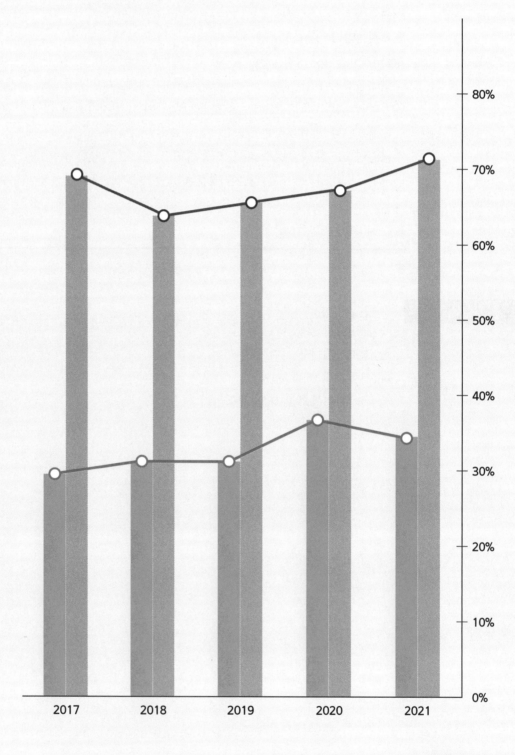

필기
실기

Q 시험 일정이 궁금합니다.

A 시험 일정은 매년 상이하므로, 큐넷 홈페이지(www.q-net.or.kr)를 참고하거나 다락원 원큐패스카페(http://cafe.naver.com/1qpass)를 이용하면 편리합니다. 원서접수기간, 필기시험일정 등을 확인할 수 있습니다.

Q 자격증을 따고 싶은데 시험 응시방법을 잘 모르겠습니다.

A 시험 응시방법은 간단합니다.

[홈페이지에 접속하여 회원가입]

국가기술자격시험은 보통 한국산업인력공단과 한국기술자격검정원 홈페이지에서 응시하면 됩니다.

그 외에도 한국보건의료인국가시험원, 대한상공회의소 등이 있으니 응시하고자 하는 시험의 주관사를 먼저 아는 것이 중요합니다.

[사진 등록]

회원가입한 내역으로 원서를 등록하기 때문에, 규격에 맞는 본인 확인이 가능한 사진으로 등록해야 합니다.

• 접수가능사진 : 6개월 이내 촬영한 (3×4cm) 칼라사진, 상반신 정면, 탈모, 무 배경
• 접수불가능사진 : 스냅 사진, 선글라스, 스티커 사진, 측면 사진, 모자 착용, 혼란한 배경 사진, 기타 신분확인이 불가한 사진

원서접수 신청을 클릭한 후, 자격선택 → 종목선택 → 응시유형 → 추가입력 → 장소선택 → 결제하기 순으로 진행하면 됩니다.

Q 시험장에서 따로 유의해야 할 점이 있나요?

A 시험당일 신분증을 지참하지 않은 경우에는 당해 시험이 정지(퇴실) 및 무효 처리되므로, 신분증을 반드시 지참하기 바랍니다.

[공통 적용]
① 주민등록증(주민등록증발급신청확인서(유효기간 이내인 것) 및 정부24·PASS 주민등록증 모바일 확인서비스 포함), ② 운전면허증(모바일 운전면허증 포함, 경찰청에서 발행된 것) 및 PASS 모바일 운전면허 확인서비스, ③ 건설기계조종사면허증, ④ 여권, ⑤ 공무원증(장교·부사관·군무원신분증 포함), ⑥ 장애인등록증(복지카드)(주민등록번호가 표기된 것), ⑦ 국가유공자증, ⑧ 국가기술자격증(정부24, 카카오, 네이버 모바일 자격증 포함)(국가기술자격법에 의거 한국산업인력공단 등 10개 기관에서 발행된 것), ⑨ 동력수상레저기구 조종면허증(해양경찰청에서 발행된 것)

[한정 적용]
· 초·중·고등학생 및 만18세 이하인 자
　① 초·중·고등학교 학생증(사진·생년월일·성명·학교장 직인이 표기·날인된 것), ② NEIS 재학증명서(사진(컬러)·생년월일·성명·학교장 직인이 표기·날인되고, 발급일로부터 1년 이내인 것), ③ 국가자격검정용 신분확인증명서(별지1호 서식에 따라 학교장 확인·직인이 날인되고, 유효기간 이내인 것), ④ 청소년증(청소년증발급신청확인서(유효기간 이내인 것) 포함), ⑤ 국가자격증(국가공인 및 민간자격증 불인정)

· 미취학 아동
　① 한국산업인력공단 발행 "국가자격검정용 임시신분증"(별지 제2호 서식에 따라 공단 직인이 날인되고, 유효기간 이내인 것), ② 국가자격증(국가공인 및 민간자격증 불인정)

· 사병(군인)
　국가자격검정용 신분확인증명서(별지 제1호 서식에 따라 소속부대장이 증명·날인하고, 유효기간 이내인 것)

· 외국인
　① 외국인등록증, ② 외국국적동포국내거소신고증, ③ 영주증

※일체 훼손·변형이 없는 원본 신분증인 경우만 유효·인정
　- 사진 또는 외지(코팅지)와 내지가 탈착·분리 등의 변형이 있는 것, 훼손으로 사진·인적사항 등을 인식할 수 없는 것 등
　- 신분증이 훼손된 경우 시험응시는 허용하나, 당해 시험 유효처리 후 별도 절차를 통해 사후 신분확인 실시

※ 사진, 주민등록번호(최소 생년월일), 성명, 발급자(직인 등)가 모두 기재된 경우에 한하여 유효·인정

Q 최근 국가기술자격시험에는 어떤 변경 사항이 있나요?

A 신분증, 전자통신기기, 공학용계산기 등의 관련 규정이 강화되었습니다. 신분증 미지참자 및 전자·통신기기 등 소지불가 물품을 소지·착용하고 있는 경우에는 당해 시험 정지 (퇴실) 및 무효처리가 되므로 관련 사항을 반드시 숙지 후 시험에 임하기 바랍니다.

[시험장 반입금지 전자·통신기기]

①휴대폰, ②스마트워치 · 스마트센서 등 웨어러블 기기, ③테이블릿, ④통신기능 및 전자식 화면표시기가 있는 시계, ⑤MP3 플레이어, ⑥디지털카메라, ⑦카메라 펜, ⑧전자사전, ⑨라디오, ⑩미디어 플레이어 등

또한, 기능사 등급은 허용된 기종의 공학용계산기만 사용가능하며, 기술사, 기사(산업기사), 기능장 등급은 제반여건 조성 이후 단계적으로 적용될 예정입니다.

[공학용계산기 기종 허용군]

제조사	허용기종군
카시오 (CASIO)	FX-901 ～ 999
카시오 (CASIO)	FX-501 ～ 599
카시오 (CASIO)	FX-301 ～ 399
카시오 (CASIO)	FX-80 ～ 120
샤프 (SHARP)	EL-501 ～ 599
샤프 (SHARP)	EL-5100, EL-5230, EL-5250, EL-5500
유니원 (UNIONE)	UC-600E, UC-400M

* 국가전문자격(변리사, 감정평가사 등)은 적용 제외
* 허용군 내 기종번호 말미의 영어 표기(ES, MS, EX 등)은 무관하나 SD라고 표기된 경우 외장메모리가 사용 가능하므로 사용 불가

이 책의
구성

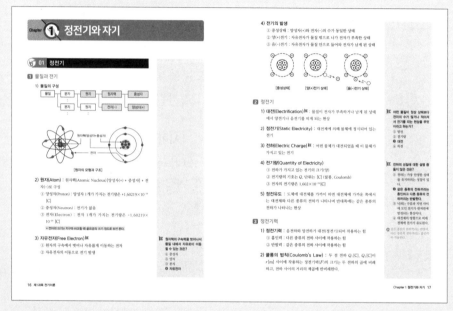

핵심이론

- 시험에 자주 출제되고 반드시 알아야 하는 핵심이론을 파트별로 분류하여 이해하기 쉽도록 정리했습니다.
- 중요한 이론과 연관된 문제를 한눈에 볼 수 있도록 배치하여 독자의 빠른 이해를 도왔습니다.

예상문제

- 챕터별로 예상문제를 수록하여 이론과 문제의 반복학습을 통해 학습률을 높일 수 있습니다.

기출문제

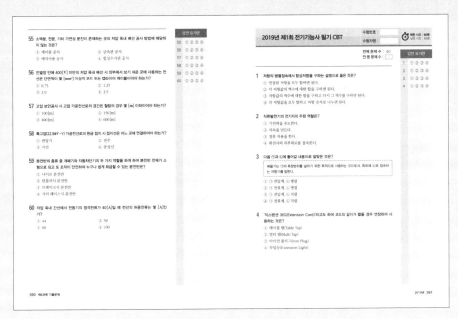

- 최근 기출문제를 수록하여 출제경향을 파악할 수 있습니다.
- CBT 시험과 유사하게 구성하였고, 정답과 해설을 따로 모아 실전모의고사처럼 시험 직전 실력테스트를 할 수 있도록 했습니다.

특별부록

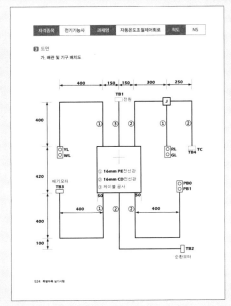

- 실기시험을 대비하여 저자가 직접 풀이해 주는 실기시험 작업내용 및 순서를 사진으로 알아보기 쉽게 수록하였습니다.
- CBT 시험을 대비하여 모의고사 2회분을 수록해 최근 시험 경향을 파악하고 시험직전 실력테스트가 가능하도록 하였습니다.

차례

제1과목 전기이론   15

Chapter 1   **정전기와 자기** · 16 / 예상문제 · 36

Chapter 2   **직류회로** · 44 / 예상문제 · 54

Chapter 3   **교류회로** · 61 / 예상문제 · 75

제2과목 전기기기   83

Chapter 1   **직류기** · 84 / 예상문제 · 95

Chapter 2   **동기기** · 104 / 예상문제 · 110

Chapter 3   **변압기** · 116 / 예상문제 · 125

Chapter 4   **유도전동기** · 132 / 예상문제 · 138

Chapter 5   **정류기** · 144 / 예상문제 · 150

제3과목 전기설비   155

Chapter 1   **전기설비의 개요** · 156 / 예상문제 · 167

Chapter 2   **전선과 전선의 접속** · 171 / 예상문제 · 181

Chapter 3   **배선재료와 전기 측정기 및 공기구** · 186 / 예상문제 · 192

Chapter 4   **옥내 배선 공사** · 196 / 예상문제 · 214

Chapter 5   **배전선로 및 배·분전반 공사** · 219 / 예상문제 · 229

제4과목 기출문제   233

2015~2019년 필기 · 234

정답 및 해설 · 429

특별부록 CBT 대비 모의고사   521

실기시험 대비 예상과제 풀이   545

제1과목

전기이론

Chapter 1
정전기와 자기 / 예상문제

Chapter 2
직류회로 / 예상문제

Chapter 3
교류회로 / 예상문제

Chapter ❶ 정전기와 자기

👐 01 정전기

1 물질과 전기

1) 물질의 구성

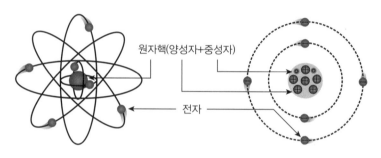

[원자의 모형과 구조]

2) 원자(Atom) : 원자핵(Atomic Nucleus)[양성자(+) + 중성자] + 전자(-)로 구성

① 양성자(Proton) : 양성자 1개가 가지는 전기량은 $+1.60219 \times 10^{-19}$ [C]

② 중성자(Neutron) : 전기가 없음

③ 전자(Electron) : 전자 1개가 가지는 전기량은 -1.60219×10^{-19} [C]

＊ 전자의 크기는 지구와 비교할 때 골프공의 크기 정도로 보면 된다.

3) 자유전자(Free Electron) 🚩

① 원자의 구속에서 벗어나 자유롭게 이동하는 전자

② 자유전자의 이동으로 전기 발생

🚩 원자핵의 구속력을 벗어나서 물질 내에서 자유로이 이동할 수 있는 것은?
① 중성자
② 양자
③ 분자
❹ 자유전자

4) 전기의 발생

① 중성상태 : 양성자(+)와 전자(−)의 수가 동일한 상태

② 양(+)전기 : 자유전자가 물질 밖으로 나가 전자가 부족한 상태

③ 음(−)전기 : 자유전자가 물질 안으로 들어와 전자가 남게 된 상태

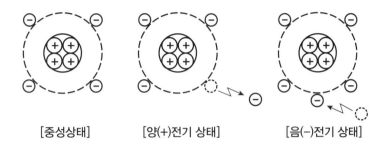

[중성상태]　　　　[양(+)전기 상태]　　　　[음(−)전기 상태]

2 정전기

1) 대전(Electrification) [2] : 물질이 전자가 부족하거나 남게 된 상태에서 양전기나 음전기를 띠게 되는 현상

2) 정전기(Static Electricity) : 대전체에 의해 물체에 정지되어 있는 전기

3) 전하(Electric Charge) [3] : 어떤 물체가 대전되었을 때 이 물체가 가지고 있는 전기

4) 전기량(Quantity of Electricity)

① 전하가 가지고 있는 전기의 크기(양)

② 전기량의 기호는 Q, 단위는 [C] (쿨롱, Coulomb)

③ 전자의 전기량은 1.602×10^{-19}[C]

5) 정전유도 : 도체에 대전체를 가까이 하면 대전체에 가까운 쪽에서는 대전체와 다른 종류의 전하가 나타나며 반대쪽에는 같은 종류의 전하가 나타나는 현상

3 정전기력

1) 정전기력 : 음전하와 양전하가 대전(정전기)되어 작용하는 힘

① 흡인력 : 다른 종류의 전하 사이에 작용하는 힘

② 반발력 : 같은 종류의 전하 사이에 작용하는 힘

2) 쿨롱의 법칙(Coulomb's Law) : 두 점 전하 Q_1[C], Q_2[C]이 r[m] 사이에 작용하는 정전기력(F)의 크기는 두 전하의 곱에 비례하고, 전하 사이의 거리의 제곱에 반비례한다.

[2] 어떤 물질이 정상 상태보다 전자의 수가 많거나 적어져서 전기를 띠는 현상을 무엇이라고 하는가?

① 방전
② 전기량
❸ 대전
④ 하전

[3] 전하의 성질에 대한 설명 중 옳지 않은 것은?

① 전하는 가장 안정한 상태를 유지하려는 성질이 있다.
❷ 같은 종류의 전하끼리는 흡인하고 다른 종류의 전하끼리는 반발한다.
③ 낙뢰는 구름과 지면 사이에 모인 전기가 한꺼번에 방전되는 현상이다.
④ 대전체의 영향으로 비대전체에 전기가 유도된다.

⟳ 같은 종류의 전하끼리는 반발력, 다른 종류의 전하끼리는 흡인력이 작용한다.

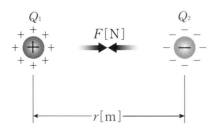

[두 전하 사이의 전기력]

정전기력 $F = \dfrac{1}{4\pi\varepsilon_0} \cdot \dfrac{Q_1Q_2}{r^2} = \dfrac{1}{4\pi\varepsilon_0\varepsilon_S} \cdot \dfrac{Q_1Q_2}{r^2}$ [N] **4**

3) **유전율(ε) 5** : 매질에 의해 얼마나 영향을 받는지를 나타내는 물리적 단위

① $\varepsilon = \varepsilon_0 \cdot \varepsilon_S$ [F/m]

② 진공 중의 유전율(ε_0) = 8.855×10^{-12} [F/m]

③ 비유전율 $\varepsilon_S = \dfrac{\varepsilon}{\varepsilon_0}$: 진공 중의 유전율에 대해 매질의 유전율이 가지는 상대적인 비

* 진공 중의 ε_S =1, 공기 중의 ε_S=1.00059

④ $k = \dfrac{1}{4\pi\varepsilon_0} = 9 \times 10^9$: 힘이 미치는 공간의 매질과 단위계에 따라 정해지는 상수

4 전기장

1) **전기장** : 전기력이 작용하는 공간(전장, 전계)

2) **전기장의 세기(E)**

① 전기장 내에 이 전기장의 크기에 영향을 미치지 않을 정도의 미소 전하를 놓았을 때 이 전하에 작용하는 힘의 방향을 전기장의 방향으로 하고, 작용하는 힘의 크기를 단위 양전하 +1 [C]에 대한 힘의 크기로 환산한 것

$+Q[C]$ $\varepsilon[F/m]$ $+1[C]$ E

$r[m]$

$$E = \dfrac{1}{4\pi\varepsilon} \cdot \dfrac{Q}{r^2} \text{ [V/m]}$$

[전기장의 세기]

② Q[C]의 전하로부터 r[m]의 거리에 있는 점에서의 전기장 세기

③ 정전기력 $F = QE$[N]

④ 전기장 세기(E)의 단위 : [V/m], [N/C]

5 전기력선

1) **전기력선** : 공간상에 존재하는 전기장의 세기와 방향을 가시적으로 나타낸 선

2) **전기력선의 특징** 6

① 전기력선은 양전하 표면에서 나와 음전하 표면에서 끝난다.

② 전기력선은 접선방향이 그 점에서의 전장의 방향이다.

③ 전기력선은 수축하려는 성질이 있으며 같은 전기력선은 반발한다.

④ 전기력선은 수직한 단면적의 전기력선 밀도가 그 곳의 전장의 세기를 나타낸다.

⑤ 전기력선은 서로 교차하지 않는다.

⑥ 전기력선은 도체 표면에 수직으로 출입하며 도체 내부에는 전기력선이 없다.

⑦ 전기력선은 등전위면과 직교한다.

3) **가우스의 정리(Gauss Theorem)** 7 : 임의의 폐곡면 내에 전체 전하량 Q[C]이 있을 때 이 폐곡면을 통해서 나오는 전기력선의 총수는 $\dfrac{Q}{\varepsilon}$ 개이다.

6 전속(Dielectric Flux)과 전속밀도

1) **전속**

① 전속은 Q[C]의 전하에서 Q개의 전기력선이 나온다고 할 때의 가상의 선

② 전속의 기호는 ϕ, 단위는 [C]

2) **전속의 성질**

① 전속은 양전하에서 나와 음전하에서 끝난다.

② 전속이 나오는 곳 또는 끝나는 곳에는 전속과 같은 전하가 있다.

③ 전속은 도체에 출입하는 경우 그 표면에 수직이 된다.

3) **전속밀도**

① 전속밀도(Dielectric Flux Density)는 단위 면을 지나는 전속

② 전속밀도의 기호는 D, 단위는 [C/m²]

6 전기력선의 성질 중 옳지 않은 것은?

❶ 음전하에서 출발하여 양전하에서 끝나는 선을 전기력선이라 한다.

② 전기력선의 접선방향은 그 접점에서의 전기장의 방향이다.

③ 전기력선의 밀도는 전기장의 크기를 나타낸다.

④ 전기력선은 서로 교차하지 않는다.

전기력선은 양전하(+)에서 시작하여 음전하(−)에서 끝난다.

7 유전율 ε의 유전체 내에 있는 전하 Q[C]에서 나오는 전기력선의 수는 얼마인가?

① Q ② $\dfrac{Q}{\varepsilon_0}$

③ $\dfrac{Q^2}{\varepsilon}$ ❹ $\dfrac{Q}{\varepsilon}$

공기 중일 경우 $\dfrac{Q}{\varepsilon_0}$

③ 전속밀도 $D = \dfrac{Q}{A} = \dfrac{Q}{4\pi r^2} = \varepsilon E \,[\text{C/m}^2]$

    (구 표면을 지나는 전속밀도)

④ 전기장 세기 E와 전속밀도 D의 관계식 **8**

    전기장 세기 $E = \dfrac{1}{4\pi\varepsilon} \cdot \dfrac{Q}{r^2} = \dfrac{Q}{4\pi r^2} \cdot \dfrac{1}{\varepsilon} = D \cdot \dfrac{1}{\varepsilon}\,[\text{V/m}]$

    전속밀도 $D = \varepsilon E\,[\text{C/m}^2]$

7 전위

1) **전위** : $Q\,[\text{C}]$의 전하에서 $r\,[\text{m}]$ 떨어진 지점의 전기장 세기

    전위 $V = Er = \dfrac{Q}{4\pi\varepsilon r^2} \cdot r = \dfrac{Q}{4\pi\varepsilon r}\,[\text{V}]$

2) **전위차** **9** : 단위 전하를 A점에서 B점으로 이동하는 데 필요한 일의 양

    ① 단위 : $[\text{J/C}]$ 또는 $[\text{V}]$

    ② $V\,[\text{V}] = \dfrac{W}{Q}\dfrac{[\text{J}]}{[\text{C}]}$

3) **등전위면** **10**

    ① 전장 내에서 전위가 같은 각 점을 포함한 면을 말한다.

    ② 등전위면과 전기력선은 수직으로 만난다.

    ③ 등전위면끼리는 만나지 않는다.

8 콘덴서와 정전용량

1) **콘덴서(Condenser, 캐피시터)** **11** : 두 도체 사이에 유전체를 넣어 전하를 축적할 수 있게 만든 장치

2) **콘덴서의 종류**

    ① 가변 콘덴서(바리콘) : 고정전극과 가변전극, 공기 가변 콘덴서

    ② 고정 콘덴서

      • 마일러 콘덴서 : 유전체는 폴리에스테르 필름, 양면에 금속박을 대고 원통형으로 감은 것으로 내열성과 절연저항이 양호하다.

      • 마이카 콘덴서 : 운모와 금속박막으로 되어 있으며, 온도변화에 의한 용량변화가 작고 절연저항이 높은 표준 콘덴서로 사용한다.

      • 세라믹 콘덴서 : 비유전율이 큰 산화티탄 등을 유전체로 사용한 것으로 극성이 없으며 가격대비 성능이 우수하여 가장 많이 사용한다.

• 전해 콘덴서 : 금속 표면에 산화피막을 만들어 유전체로 이용, 소형으로 큰 정전용량을 얻을 수 있으나, 극성이 있어 교류회로에는 부적합하다.

[가변 콘덴서]　　[마일러 콘덴서]　　[세라믹 콘덴서]

3) 정전용량(Capacitance, 커패시턴스) ⅚ ⅔ : 콘덴서가 전하를 축적할 수 있는 능력을 표시하는 양

① 정전용량의 기호는 C, 단위는 [F], [μF]

② 정전용량 1[F]은 1[V]의 전압을 가하여 1[C]의 전하 Q를 축적

$$C = \frac{Q}{V} \text{ [F]}$$

4) 구 도체의 정전용량

① 구 도체의 전위 $V = \dfrac{Q}{4\pi\varepsilon r}$

② 정전용량 $C = \dfrac{Q}{V} = \dfrac{Q \cdot 4\pi\varepsilon r}{Q} = 4\pi\varepsilon r$ [F]

5) 평행판 도체의 정전용량

① 전기장의 세기 $E = \dfrac{V}{\ell}$ [V/m] , 전속밀도 $D = \dfrac{Q}{A} = \varepsilon E$ [C/m²]

② 정전용량 $C = \dfrac{Q}{V} = \dfrac{\varepsilon E \cdot A}{E \cdot \ell} = \varepsilon \dfrac{A}{\ell}$ [F]

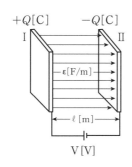

[평행판 도체]

⅚ 어떤 도체에 10[V]의 전위를 주었을 때 1[C]의 전하가 축적되었다면 이 도체의 정전용량 C는?

① 0.1 [μF]
❷ 0.1 [F]
③ 0.1 [pF]
④ 10 [F]

◎ 정전용량
$C = \dfrac{Q}{V} = \dfrac{1}{10} = 0.1$ [F]

⅔ 0.02[μF]의 콘덴서에 12[μC]의 전하를 공급하면 몇 [V]의 전위차를 나타내는가?

❶ 600
② 900
③ 1,200
④ 2,400

◎ • 정전용량
$C = \dfrac{Q}{V}$ [F]

• 전위차
$V = \dfrac{Q}{C} = \dfrac{12 \times 10^{-6}}{0.02 \times 10^{-6}}$
$= 600$ [V]

9 콘덴서의 접속

1) 콘덴서의 직렬접속 14

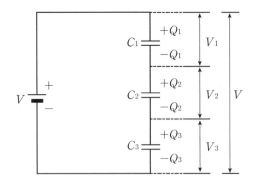

[콘덴서의 직렬접속]

① 전압 $V = V_1 + V_2 + V_3$

② $V_1 = \dfrac{Q}{C_1}$ [V], $V_2 = \dfrac{Q}{C_2}$ [V], $V_3 = \dfrac{Q}{C_3}$ [V]

③ 정전용량 $C = \dfrac{Q}{V} = \dfrac{Q}{\dfrac{Q}{C_1} + \dfrac{Q}{C_2} + \dfrac{Q}{C_3}} = \dfrac{1}{\dfrac{1}{C_1} + \dfrac{1}{C_2} + \dfrac{1}{C_3}}$ [F]

2) 콘덴서의 병렬접속 15

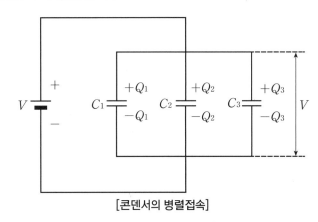

[콘덴서의 병렬접속]

① 전하 $Q = Q_1 + Q_2 + Q_3$

② $Q_1 = C_1 V$ [C], $Q_2 = C_2 V$ [C], $Q_3 = C_3 V$ [C]

③ 정전용량 $C = \dfrac{Q}{V} = \dfrac{V(C_1 + C_2 + C_3)}{V} = C_1 + C_2 + C_3$ [F]

---

14 6[μF]와 4[μF]의 두 콘덴서를 직렬로 접속할 때의 합성 정전용량은 몇 [μF]인가?

① 7.2   ❷ 2.4
③ 10   ④ 24

콘덴서의 직렬접속

$C = \dfrac{1}{\dfrac{1}{C_1} + \dfrac{1}{C_2}} = \dfrac{C_1 \cdot C_2}{C_1 + C_2}$

$= \dfrac{6 \cdot 4}{6 + 4} = \dfrac{24}{10}$

$= 2.4 \, [\mu F]$

15 1[μF], 3[μF], 6[μF]의 콘덴서 3개를 병렬로 연결할 때 합성 정전용량은 몇 [μF]인가?

❶ 10   ② 8
③ 6   ④ 4

콘덴서의 병렬접속

$C = C_1 + C_2 + C_3$

$= 1 + 3 + 6$

$= 10 \, [\mu F]$

🔟 정전에너지

1) 정전에너지

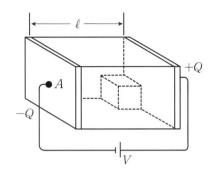

[유전체 내의 정전에너지]

① 콘덴서에 전압 V [V]가 가해져서 Q [C]의 전하가 축적되어 있을
   때 축적되는 에너지(유전체 내의 면적)

② 정전에너지 $W = \dfrac{1}{2}QV = \dfrac{1}{2}CV^2 = \dfrac{1}{2}\dfrac{Q^2}{C}$ [J] $(Q = CV)$ 🔟 🔟

2) 정전흡입력

$$F = \dfrac{1}{2}\varepsilon E^2 = \dfrac{1}{2}\varepsilon\left(\dfrac{V}{\ell}\right)^2 \ [\text{N/m}^2] \ \left(E = \dfrac{V}{\ell} \ [\text{V/m}]\right)$$

🔟 5[μF]의 콘덴서를 1000[V]
로 충전하면 축적되는 에너지
는 몇 [J]인가?

❶ 2.5   ② 4
③ 5   ④ 10

🅐 콘덴서에 축적되는 에너지

$W = \dfrac{1}{2}CV^2$

$= \dfrac{1}{2}\times 5\times 10^{-6}\times(10^3)^2$

$= 2.5\,[\text{J}]$

🔟 200[μF]의 콘덴서를 충전하
는 데 9[J]의 일이 필요하였
다. 충전 전압은 몇 [V]인가?

① 200   ❷ 300
③ 450   ④ 900

🅐 $W = \dfrac{1}{2}CV^2$[J]에서,

$V^2 = \dfrac{2W}{C}$

$= \dfrac{2\times 9}{200\times 10^{-6}} = 9\times 10^4$

$\therefore V = \sqrt{9\times 10^4} = 3\times 10^2\,[\text{V}]$

1 자기

1) 자기(Magnetism) : 자석이 쇠를 끌어당기는 성질의 근원

2) 자하(Magnetic Charge)
  ① 자석이 가지는 자기량
  ② 자하의 기호는 m, 단위는 [Wb] (웨버, Weber)

3) 자화(Magnetization) : 자석에 쇳조각을 가까이 하면 쇳조각이 자석이 되는 현상

4) 자기유도(Magnetic Induction) : 쇳조각이 자석에 의하여 자화되는 현상

5) 자성체
  ① 강자성체 ▣ : 상자성체 중 강도가 세게 자화되어 서로 당기는 물질
  ② 반자성체 : 자석에 대하여 같은 극으로 자화되어 서로 반발하는 물질
  ③ 상자성체 : 자석에 대하여 반대의 극으로 자화되어 서로 당기는 물질
  ④ 비자성체 : 자화되지 않는 물체
  ⑤ 가역자성체 : 모양은 변하나 본질은 변하지 않는 물체

▣ 다음 중 강자성체가 아닌 것은?
① 니켈
② 철
❸ 백금
④ 망간

[자성체 비교]

구분	특성	종류	비고
강자성체	$\mu_S \gg 1$	철(Fe), 니켈(Ni), 코발트(Co), 망간(Mn)	자기저항 $Rm = \dfrac{l}{\mu A}$
상자성체	$\mu_S > 1$	텅스텐(W), 알루미늄(Al), 산소(O), 백금(Pt)	–
반자성체	$\mu_S < 1$	은(Ag), 구리(Cu), 아연(Zn), 비스무트(Bi), 납(Pb)	자기장 $H = \dfrac{B}{\mu}$

2 자기력

1) 쿨롱의 법칙(Coulomb's Law) : 두 자극 m_1[Wb], m_2[Wb]이 r[m] 사이에 작용하는 힘(F)은 두 자극의 곱에 비례하고, 두 자극 사이의 거리의 제곱에 반비례한다.

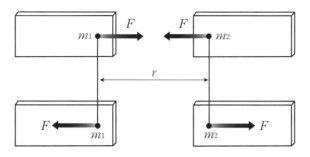

[두 자극 사이의 자기력]

2) 자기력

$$F = \frac{1}{4\pi\mu} \cdot \frac{m_1 m_2}{r^2} = \frac{1}{4\pi\mu_0\mu_s} \cdot \frac{m_1 m_2}{r^2} \ [\text{N}]$$

3) 투자율 μ : 자석이 통하기 쉬운 정도

① 투자율 $\mu = \mu_0 \cdot \mu_s \ [\text{H/m}]$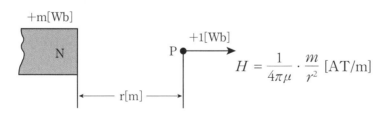

② 진공 중의 투자율 $\mu_0 = 4\pi \times 10^{-7} \ [\text{H/m}]$

③ 비투자율 $\mu_s = \dfrac{\mu}{\mu_0}$

- 진공 중의 투자율에 대한 매질 투자율의 비(물질의 자성상태)
- 상자성체 : $\mu_s > 1$, 강자성체 : $\mu_s \gg 1$, 반자성체 : $\mu_s < 1$

3 자기장

1) 자기장 : 자력이 작용하는 공간(자계, 자장)

2) 자기장의 세기(H)

① 자기장 내에 이 자기장의 크기에 영향을 미치지 않을 정도의 미소 자하를 놓았을 때 이 자하에 작용하는 힘의 방향을 자기장의 방향으로 하고, 작용하는 힘의 크기를 단위 양전하 +1 [Wb]에 대한 힘의 크기로 환산한 것. 단위로는 [AT/m], [N/Wb]이다.

+m[Wb]

N

r[m]

P
+1[Wb]

$$H = \frac{1}{4\pi\mu} \cdot \frac{m}{r^2} \ [\text{AT/m}]$$

[자기장의 세기(H)]

② $m \ [\text{Wb}]$의 전하로부터 $r \ [\text{m}]$의 거리에 있는 점에서의 자기장 세기

③ 자기력 $F = mH \ [\text{N}]$

---

2 투자율 μ의 단위는?

① AT/m

② Wb/m²

③ AT/Wb

❹ H/m

3 진공의 투자율 $\mu_0 [\text{H/m}]$는?

① 6.33×10^4

② 8.55×10^{-12}

❸ $4\pi \times 10^{-7}$

④ 9×10^9

진공 중의 투자율과 유전율
$\mu_0 = 4\pi \times 10^{-7} \ [\text{H/m}]$
$\varepsilon_0 = 8.855 \times 10^{-12} \ [\text{F/m}]$

4 자장의 세기 10[AT/m]인 점에 자극을 놓았을 때 50[N]의 힘이 작용하였다. 이 자극의 세기는 몇 [Wb]인가?

❶ 5 ② 10

③ 15 ④ 25

- 자기력 $F = mH \ [\text{N}]$
- 자극 $m = \dfrac{F}{H} = \dfrac{50}{10} = 5 \ [\text{Wb}]$

4 **자기력선(자력선)**

1) 자기력선 : 자기장의 세기와 방향을 가시적인 선으로 나타낸 것

2) 자기력선의 특징

① 자기력선은 N극에서 나와 S극에서 끝난다.

② 임의의 한 점을 지나는 자기력선의 접선방향이 그 점에서의 자기장의 방향이다.

③ 자기력선 그 자신은 수축하려고 하며 같은 방향과는 서로 반발하려고 한다.

④ 자기장 내의 임의의 한 점에서의 자기력선 밀도는 그 점의 자기장의 세기를 나타낸다.

⑤ 자기력선은 서로 만나거나 교차하지 않는다.

3) 가우스의 정리(Gauss Theorem) **5** : 임의의 폐곡면 내에 전체 자하량 m[Wb]이 있을 때 이 폐곡면을 통해서 나오는 자기력선의 총수는 $\dfrac{m}{\mu}$ 개이다.

5 공기 중에서 m[Wb]로부터 나오는 자력선의 총 수는?

① $\dfrac{\mu_0}{m}$ ② $\dfrac{m_0}{\mu}$

❸ $\dfrac{m}{\mu_0}$ ④ $\mu_0 m$

🔍 공기 중일 경우 $\dfrac{m}{\mu_0}$

5 **자속(Magnetic Flux)과 자속밀도(Magnetic Flux Density)**

1) 자속

① m[Wb]의 자하에서 m개의 자기력선이 나온다고 할 때의 가상의 선

② 자속의 기호는 ϕ(Phi), 단위는 [Wb]

2) 자속밀도

① 자속의 방향에 수직인 단위면적 [1m²]을 지나는 자속

② 자속밀도의 기호는 B, 단위는 [Wb/m²]

③ 자속밀도 $B = \dfrac{\phi}{\text{A}} = \dfrac{\phi}{4\pi r^2}$[Wb/m²], A[m²]를 자속 ϕ[Wb]가 통과하는 경우의 자속밀도 B

③ 자기장 세기 H와 자속밀도 B의 관계식

자기장 세기 $H = \dfrac{1}{4\pi\mu} \cdot \dfrac{\phi}{r^2} = \dfrac{\phi}{4\pi r^2} \cdot \dfrac{1}{\mu} = B \cdot \dfrac{1}{\mu}$ [AT/m]

자속밀도 $B = \mu H = \mu_0 \mu_s H$ [Wb/m²]

6 자기모멘트(Magnetic Moment)

1) 자기모멘트 6

$$M = m\ell \, [\text{Wb·m}]$$

자극의 세기가 m [Wb]이고, 길이가 ℓ [m]인 자석에서 자극의 세기와 길이의 곱

2) 회전력(Torque, 토크)

$$T = mH\ell\sin\theta = MH\sin\theta \, [\text{N·m}]$$

자기장의 세기 H [AT/m]인 평등 자기장 내에 자극의 세기 m [Wb]의 자침을 자기장의 방향과 θ의 각도로 놓았을 때의 회전력

6 자극의 세기가 20[Wb]인 길이 15[cm]의 막대자석의 자기모멘트는 몇 [Wb·m]인가?

① 0.45   ② 1.5
❸ 3.0   ④ 6.0

⊙ 자기모멘트
$M = m\ell \, [\text{Wb·m}]$
 $= 20 \times 15 \times 10^{-2}$
 $= 3 \, [\text{Wb·m}]$

---

03 전류의 자기작용

1 앙페르(Ampere's)의 오른 나사의 법칙

① 전류에 의하여 생기는 자기장의 자기력선의 방향을 결정
② 직선 전류에 의한 자기장의 방향 : 전류가 흐르는 방향으로 오른나사를 진행시키면 나사가 회전하는 방향으로 자력선이 생긴다.

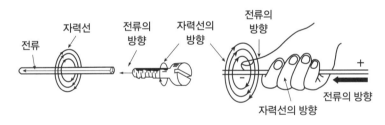

[직선 전류에 의한 자기장의 방향]

③ 코일에 의한 자기장의 방향 : 오른 나사를 전류의 방향으로 회전시키면 나사가 진행하는 방향이 자력선의 방향이 되고, 오른손 네 손가락을 전류의 방향으로 하면 엄지손가락의 방향이 자력선의 방향이 된다.

[코일에 의한 자기장의 방향]

2 비오-사바르의 법칙 **1**

① 도선에 전류 I[A]을 흘릴 때 도선의 $\Delta \ell$에서 r[m] 떨어지고 $\Delta \ell$과 이루는 각도가 θ인 점 P에서 $\Delta \ell$에 의한 자장의 세기를 알아내는 법칙

② 자장의 세기 $\Delta H = \dfrac{I \Delta \ell}{4\pi r^2} \sin\theta$ [AT/m]

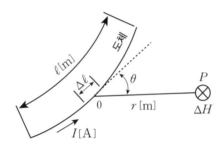

[비오-사바르의 법칙]

3 앙페르의 주회 적분의 법칙

① 대칭적인 전류 분포에 대한 자기장의 세기를 매우 편리하게 구할 수 있으며, 비오-사바르의 법칙을 이용하여 유도한다.

② 자기장 내의 임의의 폐곡선 C를 취할 때, 이 곡선을 한 바퀴 돌면서 이 곡선 $\Delta \ell$과 그 부분의 자기장의 세기 H의 곱($H \Delta \ell$의 대수합은 이 폐곡선을 관통하는 전류의 대수합$\Delta \ell$과 같다.)

$$\Sigma H \Delta \ell = \Delta I$$

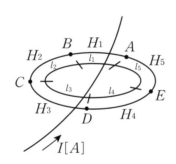

[앙페르의 주회적분 법칙]

1 비오-사바르의 법칙과 가장 관계가 깊은 것은?
❶ 전류가 만드는 자장의 세기
② 전류와 전압의 관계
③ 기전력과 자계의 세기
④ 기전력과 자속의 변화

2 긴 직선 도선에 I의 전류가 흐를 때 이 도선으로부터 r만큼 떨어진 곳의 자기장의 세기는?
① 전류 I에 반비례하고 거리 r에 비례한다.
❷ 전류 I에 비례하고 거리 r에 반비례한다.
③ 전류 I의 제곱에 반비례하고 거리 r에 반비례한다.
④ 전류 I에 반비례하고 거리 r의 제곱에 반비례한다.

무한 직선 도체의 자기장의 세기
$$H = \dfrac{I}{2\pi r} \propto \dfrac{I}{r}$$

4 무한 직선 도체의 자기장 **2**

무한 직선 도체에 I[A]의 전류가 흐를 때 전선에서 r[m] 떨어진 점의

자기장의 세기 $H = \dfrac{I}{2\pi r}$ [AT/m]

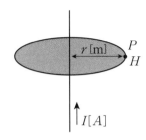

[무한 직선 도체에 의한 자기장의 세기]

5 원형 코일 중심의 자기장 **3**

반지름이 r[m]이고 감은 횟수가 N회인 원형 코일에 I[A] 전류를 흘릴

때 코일 중심에 생기는 자기장의 세기 $H = \dfrac{NI}{2r}$[AT/m]

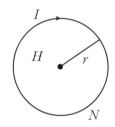

[원형 코일 중심의 자기장의 세기]

6 환상 솔레노이드의 자기장 **4 5**

감은 권수가 N, 반지름이 r[m]인 환상 솔레노이드에 I[A] 전류를 흘

릴 때 솔레노이드 내부에 생기는 자기장의 세기

$$H = \frac{NI}{\ell} = \frac{NI}{2\pi r} \text{ [AT/m]}$$

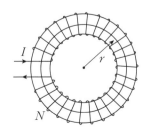 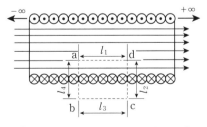

[환상 솔레노이드의 자기장의 세기]　　[무한장 솔레노이드의 자기장의 세기]

---

3 반지름 5[cm], 권수 10[회]인 원형코일에 전류 15[A]가 흐를 때 그 중심의 자장의 세기는 몇 [AT/m]인가?

① 1,300
❷ 1,500
③ 1,700
④ 1,400

🔍 원형 코일 중심의 자장의 세기

$$H = \frac{NI}{2r}$$

$$= \frac{10 \times 15}{2 \times 5 \times 10^{-2}}$$

$$= 1,500 \text{[AT/m]}$$

4 평균 반지름 r[m]의 환상 솔레노이드에 권수가 N일 때 내부 자계가 H[AT/m]이었다. 이때 흐르는 전류 I[A]는?

① $\dfrac{HN}{2\pi r}$　② $\dfrac{2\pi r}{HN}$

❸ $\dfrac{2\pi rH}{N}$　④ $\dfrac{N}{2\pi rH}$

🔍 환상 솔레노이드 자기장의 세기

$H = \dfrac{NI}{2\pi r}$ [AT/m]에서,

$I = \dfrac{2\pi rH}{N}$

5 1[cm]당 권선수가 10인 무한 길이 솔레노이드에 1[A]의 전류가 흐르고 있을 때 솔레노이드 외부 자계의 세기 [AT/m]는?

❶ 0　　　② 5
③ 10　　④ 20

🔍 무한장 솔레노이드 자기장의 세기

• 내부자계 $H = \dfrac{NI}{\ell}$

$$= \frac{1 \times 10}{1 \times 10^{-2}}$$

$$= 1 \times 10^{4} \text{[AT/m]}$$

• 외부자계 $H = 0$

7 자기회로

1) 자기회로 : 자속이 통과하는 폐회로

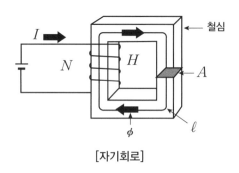

[자기회로]

2) 기자력 : 자속을 만드는 원동력 $F = NI$ [AT]

3) 자기저항 ⑥ : 자속의 발생을 방해하는 성질의 정도

$$R = \frac{\ell}{\mu A} \text{[AT/Wb]}$$

⑥ 다음 중 자기저항의 단위에
  해당하는 것은?
  ① Ω
  ② Wb/AT
  ③ H/m
  ❹ AT/Wb

ⓠ $R = \dfrac{\ell}{\mu A} = \dfrac{NI}{\phi}$ [AT/Wb]

🐸 04 전자유도작용

1 전자력

1) 전자력 : 자기장 내에서 전류 도체가 받는 힘(F)

2) 전자력의 방향(Fleming's Left-hand Rule, 플레밍의 왼손법칙) : 전동기의 회전방향 결정(전동기의 원리) ① ②
  ① 힘의 방향(F) : 엄지
  ② 자기장의 방향(B) : 검지
  ③ 전류의 방향(I) : 중지

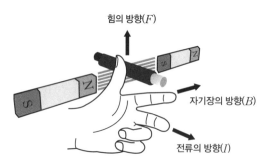

힘의 방향(F)

자기장의 방향(B)

전류의 방향(I)

[플레밍의 왼손법칙]

① 자장 내에 있는 도체에 전류
  를 흘리면 힘(전자력)이 작용
  하는데, 이 힘의 방향은 어떤
  법칙으로 정하는가?
  ① 플레밍의 오른손법칙
  ❷ 플레밍의 왼손법칙
  ③ 렌츠의 법칙
  ④ 앙페르의 오른나사 법칙

② 다음 중 전자력 작용을 응용
  한 대표적인 것은?
  ❶ 전동기
  ② 전열기
  ③ 축전기
  ④ 전등

3) 직선 도체에 작용하는 힘

① 자속밀도 B [Wb/m²]의 평등 자장 내에 자장과 직각방향으로 ℓ [m]의 도체를 놓고 I [A]의 전류를 흘리면 도체가 받는 힘

$F = BI\ell\sin\theta$ [N] ⓧ

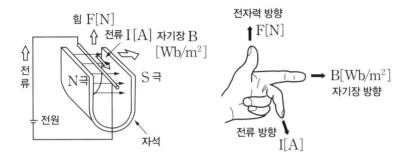

힘 F[N]
전류 I[A] 자기장 B [Wb/m²]
N극 S극
전류
전원
자석

전자력 방향
F[N]
B[Wb/m²] 자기장 방향
전류 방향
I[A]

③ 자속밀도 2[Wb/m²]의 평등 자장 안에 길이 20[cm]의 도선을 자장과 60°의 각도로 놓고 5[A]의 전류를 흘리면 도선에 작용하는 힘은 몇 [N]인가?

① 0.1   ② 0.75
❸ 1.732   ④ 3.46

🔎 플레밍의 왼손법칙을 이용하여 도선에 작용하는 힘
$F = BI\ell\sin\theta$ [N]
$= 2 \times 5 \times 20 \times 10^{-2} \times \sin 60°$
$= 1.732$ [N]

4) 평행 도체 사이에 작용하는 힘

① 평행한 두 도체가 r [m]만큼 떨어져 있고 각 도체에 흐르는 전류가 I_1 [A], I_2 [A]라 할 때 두 도체 사이에 작용하는 힘

② $F = \dfrac{2I_1I_2}{r} \times 10^{-7}$ [N/m] ④

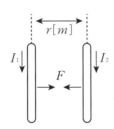

$r[m]$
I_1 I_2
F

* 흡인력(인력) : 평행도선(전류 방향이 같을 때)에 작용하는 힘
* 반발력(척력) : 왕복도선(전류 방향이 반대일 때)에 작용하는 힘

인력   척력

④ 무한히 긴 평행 두 직선이 있다. 이들 도선에 같은 방향으로 일정한 전류가 흐를 때 상호 간에 작용하는 힘은? (단, r은 두 도선 간의 거리이다.)

❶ 흡인력이며 r이 클수록 작아진다.
② 반발력이며 r이 클수록 작아진다.
③ 흡인력이며 r이 클수록 커진다.
④ 반발력이며 r이 클수록 커진다.

🔎 도선에 작용하는 힘
$F = \dfrac{2I_1I_2}{r} \times 10^{-7}$ [N/m]
$\therefore F \propto \dfrac{I_1I_2}{r}$: 힘 F는 거리 r에 반비례한다.

2 전자유도

1) 전자유도 : 자속의 변화에 의해 기전력이 발생하는 현상

2) 렌츠의 법칙(Lenz's Law)

① 유도기전력의 방향 $e = -N\dfrac{\Delta\phi}{\Delta t}$ [V]

② 유도기전력의 방향은 자속의 변화를 방해하는 방향으로 결정한다.

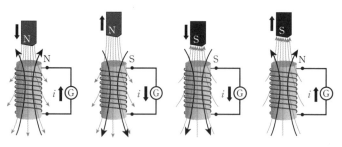

[유도기전력의 방향 - 렌츠의 법칙]

3) 패러데이의 법칙(Faraday's Law) 🔲

① 유도기전력의 크기 $e = N\dfrac{\Delta\phi}{\Delta t}$ [V]

② 유도기전력의 크기는 자속의 시간적 변화에 비례한다.

4) 유도기전력의 방향(플레밍의 오른손법칙) : 발전기의 원리

① 도체의 운동방향(F) : 엄지

② 자속의 방향(B) : 검지

③ 유도기전력의 방향(e) : 중지

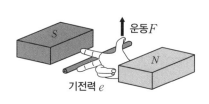

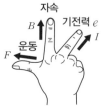

[플레밍의 오른손법칙]

5) 직선 도체에 발생하는 기전력 🔲 : B [Wb/m^2]의 평등 자속밀도 ℓ [m]인 도체를 자장과 직각 방향으로 일정한 속도 v [m/sec]로 운동하는 경우, 도체에 유기된 기전력 $e = B\ell v\sin\theta$ [V]

3 인덕턴스와 인덕턴스의 접속

1) 인덕턴스(L) : 코일의 자체 유도능력 정도를 나타내는 값(단위 [H] 헨리)

2) 자체 인덕턴스(Self-Inductance) 🔲

① 자체 유도기전력 $e = N\dfrac{\Delta\phi}{\Delta t}$ [V] $= L\dfrac{\Delta I}{\Delta t}$ [V]

5 1회 감은 코일에 지나가는 자속이 1/100[sec] 동안에 0.3 [Wb]에서 0.5[Wb]로 증가하였다면 유도기전력[V]은?

① 5[V] ② 10[V]
❸ 20[V] ④ 40[V]

👉 패러데이 법칙
유도기전력 $e = N\dfrac{\Delta\phi}{\Delta t}$

$e = 1 \times \dfrac{(0.5-0.3)}{1 \times 10^{-2}} = 20$ [V]

6 길이 10[cm]의 도선이 자속밀도 1[Wb/m^2]의 평등 자장 안에서 자속과 수직방향으로 3[sec] 동안에 12[m] 이동하였다. 이때 유도되는 기전력은 몇 [V]인가?

① 0.1[V] ① 0.2[V]
③ 0.3[V] ❹ 0.4[V]

👉 유도기전력
$e = B\ell v\sin\theta$ [V]

$= 1 \times 10 \times 10^{-2} \times \dfrac{12}{3} \times \sin 90°$

$= 0.4$ [V]

7 자체 인덕턴스 40[mH]의 코일에서 0.2초 동안에 10[A]의 전류가 변화하였다. 코일에 유도되는 기전력은 몇 [V]인가?

① 1 ❷ 2
③ 3 ④ 4

👉 유도기전력
$e = L\dfrac{\Delta I}{\Delta t}$ [V]

$= 40 \times 10^{-3} \times \dfrac{10}{0.2}$

$= 2$ [V]

N회의 코일에 흐르는 전류 I가 Δt [sec] 동안에 ΔI [A]만큼 변화하여 코일과 쇄교하는 자속 ϕ가 $\Delta \phi$[Wb]만큼 변화하였을 때의 자체 유도기전력

② 자체 인덕턴스는 $N\phi = LI$에서, $L = \dfrac{N\phi}{I}$ [H]

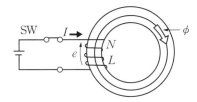

[자체 유도기전력]

③ 환상 솔레노이드의 자체 인덕턴스

- 자속 $\phi = BA = \mu HA = \mu_0\mu_s \dfrac{ANI}{\ell}$ [Wb]

- 자체 인덕턴스 $L = \dfrac{N\phi}{I} = \dfrac{\mu_0\mu_s AN^2}{\ell}$ [H] **8**

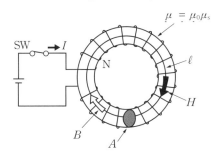

[환상 솔레노이드의 자체 인덕턴스]

2) 상호 인덕턴스(Mutual-Inductance)

① 상호 유도기전력 $e_2 = -M\dfrac{\Delta I_1}{\Delta t}$[V] $= -N_2\dfrac{\Delta \phi}{\Delta t}$[V]

상호 유도는 하나의 자기회로에서 1차 코일과 2차 코일을 감고 1차 코일에 전류를 변화시키면 2차 코일에도 전압이 발생하는 현상으로, Δt [sec] 동안에 ΔI [A]만큼 변화했을 때 2차 코일에 발생하는 전압 e_2

② 상호 인덕턴스는 $N_2\phi = MI_1$에서, $M = \dfrac{N_2\phi}{I_1}$[H]

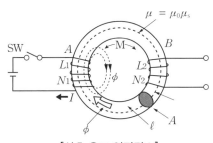

[상호 유도 인덕턴스]

8 권선수 50인 코일에 5A의 전류가 흘렀을 때 10^{-3}[Wb]의 자속이 코일 전체를 쇄교하였다면 이 코일의 자체 인덕턴스는?

❶ 10[mH]
② 20[mH]
③ 30[mH]
④ 40[mH]

자체 인덕턴스 $LI = N\phi$
$$L = \frac{N\phi}{I} = \frac{50 \times 10^{-3}}{5}$$
$$= 10 \times 10^{-3}[\text{H}]$$

③ 환상 솔레노이드의 상호 인덕턴스

- 1차 코일에 의한 자속 $\phi = BA = \mu HA = \mu_0 \mu_s \dfrac{A N_1 I_1}{\ell}$ [Wb]

- 상호 인덕턴스 $M = \dfrac{N_2 \phi}{I_1} = \dfrac{\mu A N_1 N_2}{\ell}$ [H]

3) 자체 인덕턴스와 상호 인덕턴스 🔟

① 자체 인덕턴스 $L_1 = \dfrac{\mu A N_1^2}{\ell}$ [H], $L_2 = \dfrac{\mu A N_2^2}{\ell}$ [H]

② 상호 인덕턴스 $M = \dfrac{\mu A N_1 N_2}{\ell}$ [H]

③ $M = k\sqrt{L_1 L_2}$ [H]

④ $k = \dfrac{M}{\sqrt{L_1 L_2}}$

(k = 결합계수 : 1차 코일과 2차 코일의 자속에 의한 결합의 정도)

4) 인덕턴스의 접속

① 가동접속 : $L_{ab} = L_1 + L_2 + 2M$ [H]

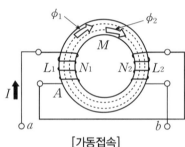

[가동접속]

② 차동접속 : $L_{ab} = L_1 + L_2 - 2M$ [H]

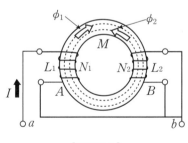

[차동접속]

🔟 자체 인덕턴스 40[mH]와 90 [mH]인 두 개의 코일이 있다. 양 코일 사이에 누설자속이 없다고 하면 상호 인덕턴스는 몇 [mH]인가?
① 20[mH]
② 40[mH]
③ 50[mH]
❹ 60[mH]

⤷ 상호 인덕턴스
$M = k\sqrt{L_1 L_2}$ [H]
$= 1 \times \sqrt{40 \times 90}$
$= 60$ [mH]
(k = 1 : 누설자속이 없다.)

4 코일에 축적되는 에너지(W) ⅩⅩ

1) 자체 인덕턴스 L에 전류 I를 t[sec] 동안 일정한 비율로 증가시켰을 때 L에 공급되는 에너지

$$W = \frac{Pt}{2} = \frac{VIt}{2} = \frac{1}{2}\left(L\frac{I}{t}\right)(It) = \frac{1}{2}LI^2 \, [\text{J}]$$

2) 단위부피에 축적되는 에너지

$$w = \frac{W}{A\ell} = \frac{1}{2}BH = \frac{1}{2}\mu H^2 = \frac{1}{2}\frac{B^2}{\mu} \, [\text{J/m}^3]$$

5 히스테리시스

1) **히스테리시스 곡선** ⅩⅩ ⅩⅩ : 철심 코일에서 전류를 증가시키면 자장의 세기 H는 전류에 비례하여 증가하지만 자속밀도 B는 자장에 비례하지 않고 포화현상과 자기이력현상 등이 일어나는 현상

   ① 횡축과 만나는 점을 보자력이라 한다.

   ② 종축과 만나는 점을 잔류자기라 한다.

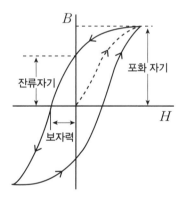

[히스테리시스 곡선]

2) **히스테리시스 손실** : 코일의 흡수에너지가 히스테리시스 곡선 내의 넓이만큼 철심 내에서 열에너지로 잃어버리는 손실

01 1[Ah]는 몇 [C]인가?

① 1,200

② 2,400

③ 3,600

④ 4,800

01 답 : ③

$I = \dfrac{Q\,[\text{C}]}{t\,[\text{sec}]} = \dfrac{Q}{t}\,[\text{A}]$에서,

$Q = I \times t = 1\,[\text{A}] \times 3{,}600\,[\text{sec}] = 3{,}600\,[\text{C}]$

02 1.5[V]의 전위차로 3[A]의 전류가 3분 동안 흘렀을 때 한 일[J]은?

① 1.5[J]

② 13.5[J]

③ 810[J]

④ 2,430[J]

02 답 : ③

$V = \dfrac{W\,[\text{J}]}{Q\,[\text{C}]} = \dfrac{W}{Q}\,[\text{V}]$에서,

$W = VQ = VIt = 1.5 \times 3 \times 3 \times 60 = 810\,[\text{J}]$

03 2[μF]과 3[μF]의 직렬회로에서 3[μF]의 양단에 60[V]의 전압이 가해졌다면 이 회로의 전 전기량은 몇 [μC]인가?

① 60

② 180

③ 240

④ 360

03 답 : ②

$I = \dfrac{Q\,[\text{C}]}{t\,[\text{sec}]} = \dfrac{Q}{t}\,[\text{A}]$에서,

$Q = CV$

$\quad = 3 \times 10^{-6} \times 60$

$\quad = 180 \times 10^{-6}$

$\quad = 180\,[\mu\text{C}]$

04 정전용량(Electrostatic Capacity)의 단위를 나타낸 것으로 틀린 것은?

① $1\,[\text{pF}] = 10^{-12}\,[\text{F}]$

② $1\,[\text{nF}] = 10^{-7}\,[\text{F}]$

③ $1\,[\mu\text{F}] = 10^{-6}\,[\text{F}]$

④ $1\,[\text{mF}] = 10^{-3}\,[\text{F}]$

04 답 : ②

$[\text{m}] = 10^{-3}$

$[\mu] = 10^{-6}$

$[\text{n}] = 10^{-9}$

$[\text{p}] = 10^{-12}$

05 정전흡인력에 대한 설명 중 옳은 것은?

① 정전흡인력은 전압의 제곱에 비례한다.

② 정전흡인력은 극과 간격에 비례한다.

③ 정전흡인력은 극판 면적의 제곱에 비례한다.

④ 정전흡인력은 쿨롱의 법칙으로 직접 계산한다.

05 답 : ①

정전흡인력 $F = \dfrac{1}{2}\varepsilon E^2\,[\text{N/m}^2]$

전기장의 세기 $E = \dfrac{V}{\ell}\,[\text{V/m}]$

$\therefore F = \dfrac{1}{2}\varepsilon\left(\dfrac{V}{\ell}\right)^2 \propto V^2$

06 용량을 변화시킬 수 있는 콘덴서는?

① 바리콘

② 마일러 콘덴서

③ 전해 콘덴서

④ 세라믹 콘덴서

06 콘덴서 답 : ①

• 가변 콘덴서 : 바리콘

• 고정 콘덴서 : 마일러, 마이카, 전해, 세라믹 콘덴서 등

07 $30\,[\mu\text{F}]$과 $40\,[\mu\text{F}]$의 콘덴서를 병렬로 접속한 후 $100\,[\text{V}]$ 전압을 가했을 때 전 전하량은 몇 $[\text{C}]$인가?

① 17×10^{-4}

② 34×10^{-4}

③ 56×10^{-4}

④ 70×10^{-4}

07 답 : ④

콘덴서의 병렬접속 $C = \dfrac{Q}{V}$에서,

$$
\begin{aligned}
\text{전하량 } Q &= V(C_1 + C_2)\\
&= 100(30+40)10^{-6}\\
&= 10^2 \times 70 \times 10^{-6}\\
&= 70 \times 10^{-4}
\end{aligned}
$$

08 정전용량 $C_1 = 120\,[\mu\text{F}]$와 $C_2 = 30\,[\mu\text{F}]$가 직렬로 접속할 때의 합성 정전용량은 몇 $[\mu\text{F}]$인가?

① 14

② 24

③ 50

④ 150

08 콘덴서의 직렬접속 답 : ②

$$C = \frac{C_1 \cdot C_2}{C_1 + C_2} = \frac{120 \cdot 30}{120 + 30} = \frac{3,600}{150} = 24\,[\mu\text{F}]$$

09 다음 설명 중에서 틀린 것은?

① 코일은 직렬로 연결할수록 인덕턴스가 커진다.

② 콘덴서는 직렬로 연결할수록 용량이 커진다.

③ 저항은 병렬로 연결할수록 저항치가 작아진다.

④ 리액턴스는 주파수의 함수이다.

09 답 : ②

콘덴서의 직렬 연결은 용량이 작아진다.

10 진공 중에 두 점 전하 $Q_1\,[\text{C}]$, $Q_2\,[\text{C}]$가 거리 $r\,[\text{m}]$ 사이에서 작용하는 정전력 $[\text{N}]$의 크기를 옳게 나타낸 것은?

① $9 \times 10^9 \times \dfrac{Q_1 Q_2}{r^2}$

② $6.33 \times 10^4 \times \dfrac{Q_1 Q_2}{r^2}$

③ $9 \times 10^9 \times \dfrac{Q_1 Q_2}{r}$

④ $6.33 \times 10^4 \times \dfrac{Q_1 Q_2}{r}$

10 답 : ①

쿨롱의 법칙 $F = \dfrac{1}{4\pi\varepsilon_0} \cdot \dfrac{Q_1 Q_2}{r^2}$에서,

진공 중이면 $\dfrac{1}{4\pi\varepsilon_0} = 9 \times 10^9$

11 일반적으로 절연체를 서로 마찰시키면 이들 물체는 전기를 띠게 된다. 이와 같은 현상은?

① 분극
② 정전
③ 대전
④ 코로나

11 대전(Electrification) 답 : ③

절연체가 서로 마찰되면서 전기를 띠는 현상

12 $10[\mu F]$의 콘덴서에 $45[J]$의 에너지를 축적하기 위하여 필요한 충전 전압 $[V]$은?

① 3×10^2
② 3×10^3
③ 3×10^4
④ 3×10^5

12 답 : ②

$W = \dfrac{1}{2}CV^2[J]$에서,

$V^2 = \dfrac{2W}{C} = \dfrac{2 \times 45}{10 \times 10^{-6}} = \dfrac{9 \times 10^1}{1 \times 10^{-5}}$
$\quad = 9 \times 10^6$

$\therefore V = \sqrt{9 \times 10^6} = 3 \times 10^3[V]$

13 평행판 전극에 일정 전압을 가하면서 극판의 간격을 2배로 하면 내부 전기장의 세기는 어떻게 되는가?

① 4배로 커진다.
② $\dfrac{1}{2}$배로 작아진다.
③ 2배로 커진다.
④ $\dfrac{1}{4}$배로 작아진다.

13 답 : ②

$E = \dfrac{V}{\ell}[V/m]$에서, 극판간격(ℓ)은 전기장의 세기(E)와 반비례한다.

$E \propto \dfrac{1}{\ell} = \dfrac{1}{2}$

14 전기력선의 성질을 설명한 것으로 옳지 않은 것은?

① 전기력선의 방향은 전기장의 방향과 같으며, 전기력선의 밀도는 전기장의 크기와 같다.
② 전기력선은 도체 내부에 존재한다.
③ 전기력선은 등전위면에 수직으로 출입한다.
④ 전기력선은 양전하에서 음전하로 이동한다.

14 답 : ②

전기력선은 도체 내부에 존재하지 않는다.

15 길이 $5[cm]$의 균일한 자로에 10회의 도선을 감고 $1[A]$의 전류를 흘릴 때 자로의 자장의 세기 $[AT/m]$는?

① $5[AT/m]$
② $50[AT/m]$
③ $200[AT/m]$
④ $500[AT/m]$

15 환상 철심 내의 자기장 세기 답 : ③

$H = \dfrac{NI}{\ell} = \dfrac{10 \times 1}{5 \times 10^{-2}} = 2 \times 10^2[AT/m]$

16 공기 중에서 자기장의 세기 100[AT/m]인 점에 8×10^{-2} [Wb]의 자극을 놓을 때 이 자극에 작용하는 자기력은?

① 8×10^{-4}[N]　　　　② 8[N]

③ 125[N]　　　　　　　　④ 1,250[N]

16 자기력　　　　답 : ②

$F = mH\,[\text{N}]$
$= 8 \times 10^{-2} \times 100 = 8\,[\text{N}]$

17 공기 중 +1[Wb]의 자극에서 나오는 자력선의 수는 몇 개인가?

① 6.33×10^{4}

② 7.958×10^{5}

③ 8.855×10^{3}

④ 1.256×10^{6}

17 가우스의 정리　　　　답 : ②

• 임의의 폐곡면 내에 전체 자하량 m[Wb]이 있을 때 이 폐곡면을 통해서 나오는 자기력선의 총수는 $\dfrac{m}{\mu}$개이다.

• 투자율 $\mu = \mu_0 \mu_s$
(공기 중 $\mu_0 = 4\pi \times 10^{-7}$[H/m], 비투자율 $\mu_s = 1$)

• 자기력선의 총수 $= \dfrac{m}{\mu}$

$= \dfrac{m}{\mu_0 \mu_s} = \dfrac{1}{4\pi \times 10^{-7} \times 1} = 7.958 \times 10^{5}$개

18 비투자율이 1인 환상 철심 중의 자장의 세기가 H[AT/m]이었다. 이때 비투자율이 10인 물질로 바꾸면 철심의 자속밀도 [Wb/m²]는?

① 1/10로 줄어든다.

② 10배 커진다.

③ 50배 커진다.

④ 100배 커진다.

18　　　　답 : ②

자속밀도 $B = \mu H = \mu_0 \mu_s H\,[\text{Wb/m}^2]$
(자속밀도는 비투자율에 비례한다.)

19 전류에 의해 발생되는 자기장에서 자력선의 방향을 간단하게 알아내는 법칙은?

① 오른나사의 법칙

② 플레밍의 왼손법칙

③ 주회적분의 법칙

④ 줄의 법칙

19　　　　답 : ①

• 앙페르의 오른나사법칙 : 자기장의 방향
• 플레밍의 왼손법칙 : 전자력의 방향
• 주회적분의 법칙 : 자기장의 세기
• 줄의 법칙 : 열량

20 어느 자기장에 의하여 생기는 자기장의 세기를 1/2로 하려면 자극으로부터의 거리를 몇 배로 하여야 하는가?

① $\sqrt{2}$ 배

② $\sqrt{3}$ 배

③ 2배

④ 3배

20 비오-사바르의 법칙　　　　답 : ①

$\Delta H = \dfrac{I \Delta \ell}{4\pi r^2} \sin\theta\,[\text{AT/m}]$에서, $H \propto \dfrac{1}{r^2}$

$r^2 = \dfrac{1}{H} \quad \therefore r = \sqrt{\dfrac{1}{\dfrac{1}{2}}} = \sqrt{2}$

21 평균 반지름 r[m]의 환상 솔레노이드에 I[A]의 전류가 흐를 때, 내부 자계가 H[AT/m]이었다. 권수 N은?

① $\dfrac{HI}{2\pi r}$

② $\dfrac{2\pi r}{HI}$

③ $\dfrac{2\pi rH}{I}$

④ $\dfrac{I}{2\pi rH}$

22 공기 중에서 자속밀도 2[Wb/m²]의 평등 자계 내에 5[A]의 전류가 흐르고 있는 길이 60[cm]의 직선 도체를 자계의 방향에 대하여 60°의 각을 이루도록 놓았을 때 이 도체에 작용하는 힘은?

① 약 1.7[N]

② 약 3.2[N]

③ 약 5.2[N]

④ 약 8.6[N]

23 서로 가까이 나란히 있는 두 도체에 전류가 반대방향으로 흐를 때 각 도체 간에 작용하는 힘은?

① 흡인한다.

② 반발한다.

③ 흡인과 반발을 되풀이한다.

④ 처음에는 흡인하다가 나중에는 반발한다.

24 자속의 변화에 의한 유도기전력의 방향 결정은?

① 렌츠의 법칙

② 패러데이의 법칙

③ 앙페르의 법칙

④ 줄의 법칙

25 발전기의 유도 전압 방향을 나타내는 법칙은?

① 패러데이의 법칙

② 렌츠의 법칙

③ 오른나사의 법칙

④ 플레밍의 오른손 법칙

---

21 환상 솔레노이드의 자기장 세기
답 : ③

$$H = \frac{NI}{2\pi r} \text{ [AT/m]}$$

$$\therefore N = \frac{2\pi rH}{I}$$

22
답 : ③

$$F = BI\ell\sin\theta \text{ [N]}$$
$$= 2\times5\times60\times10^{-2}\times\sin60° = 5.2 \text{[N]}$$

23 평행도체 사이에 작용하는 힘
답 : ②

- 전류의 방향이 동일방향 : 흡인력
- 전류의 방향이 반대방향 : 반발력

24 렌츠의 법칙(Lenz's Law)
답 : ①

- 유도기전력의 방향 $e = -N\dfrac{\Delta\phi}{\Delta t}$ [V]
- 유도기전력의 방향은 자속의 변화를 방해하는 방향으로 결정한다.

25
답 : ④

- 플레밍의 오른손법칙 : 도체가 운동하는 경우 유도기전력의 방향
- 패러데이의 법칙 : 전자유도에 의한 유도기전력의 크기
- 렌츠의 법칙 : 전자유도에 의한 유도기전력의 방향
- 오른나사의 법칙 : 전류에 의한 자기장의 방향

26 $L=0.05\,[\mathrm{H}]$의 코일에 흐르는 전류가 $0.05\,[\mathrm{sec}]$ 동안에 $2\,[\mathrm{A}]$가 변했다. 코일에 유도되는 기전력$[\mathrm{V}]$은?

① $0.5\,[\mathrm{V}]$

② $2\,[\mathrm{V}]$

③ $10\,[\mathrm{V}]$

④ $25\,[\mathrm{V}]$

26   답 : ②

유도기전력 $e = -N\dfrac{\Delta I}{\Delta t}\,[\mathrm{V}]$

$\qquad = -0.05 \times \dfrac{2}{0.05}$

$\qquad = 2\,[\mathrm{V}]$

---

27 감은 횟수 200회의 코일 P와 300회의 코일 S를 가까이 놓고 P에 $1\,[\mathrm{A}]$의 전류를 흘릴 때 S와 쇄교하는 자속이 $4 \times 10^{-4}\,[\mathrm{Wb}]$이었다면 이들 코일 사이의 상호 인덕턴스는?

① $0.12\,[\mathrm{H}]$

② $0.12\,[\mathrm{mH}]$

③ $0.08\,[\mathrm{H}]$

④ $0.08\,[\mathrm{mH}]$

27   답 : ①

• 상호 유도기전력

$\quad e_2 = -M\dfrac{\Delta I_1}{\Delta t}\,[\mathrm{V}]$

$\qquad = -N_2\dfrac{\Delta \phi}{\Delta t}\,[\mathrm{V}] \rightarrow N_2\phi = MI_1$

• 상호 인덕턴스

$\quad M = \dfrac{N_2\phi}{I_1}\,[\mathrm{H}]$

$\qquad = \dfrac{300 \times 4 \times 10^{-4}}{1} = 0.12\,[\mathrm{H}]$

---

28 자체 인덕턴스 각각의 두 원통 코일이 서로 직교하고 있다. 두 코일 사이의 상호 인덕턴스$[\mathrm{H}]$는?

① L_1+L_2

② $L_1 L_2$

③ 0

④ $\sqrt{L_1 L_2}$

28   답 : ③

상호 인덕턴스 $M = k\sqrt{L_1 L_2}\,[\mathrm{H}]$에서,

• 결합계수 $k = \dfrac{M}{\sqrt{L_1 L_2}}$

• 결합계수 $k = 1$: 누설자속이 없다.

• 결합계수 $k = 0$: 코일이 서로 직교한다 (쇄교자속 없다).

---

29 자체 인덕턴스 L_1, L_2, 상호 인덕턴스 M인 두 코일을 같은 방향으로 직렬 연결한 경우의 합성 인덕턴스는?

① L_1+L_2+M

② L_1+L_2-M

③ L_1+L_2+2M

④ L_1+L_2-2M

29 상호 인덕턴스   답 : ③

• 가동접속 $L_{ab} = L_1 + L_2 + 2M$

• 차동접속 $L_{ab} = L_1 + L_2 - 2M$

---

30 $0.2\,[\mathrm{H}]$인 자기 인덕턴스에 $5\,[\mathrm{A}]$의 전류를 흘릴 때 저축되는 에너지$[\mathrm{J}]$는?

① $0.2\,[\mathrm{J}]$

② $2.5\,[\mathrm{J}]$

③ $5\,[\mathrm{J}]$

④ $10\,[\mathrm{J}]$

30   답 : ②

L에 축적되는 에너지 $W = \dfrac{1}{2}LI^2\,[\mathrm{J}]$

$\qquad = \dfrac{1}{2} \times 0.2 \times 5^2 = 2.5\,[\mathrm{J}]$

31 비유전율이 9인 물질의 유전율은 약 얼마인가?

① 80×10^{-12} [F/m]

② 80×10^{-6} [F/m]

③ 1×10^{-12} [F/m]

④ 1×10^{-6} [F/m]

31 답 : ①

유전율 $\varepsilon = \varepsilon_0 \varepsilon_S$ [F/m]
$\qquad = 8.855 \times 10^{-12} \times 9$
$\qquad = 80 \times 10^{-12}$ [F/m]

• 진공 중의 유전율 $\varepsilon_0 = 8.855 \times 10^{-12}$

• 비유전율 $\varepsilon_S = 9$

• 유전율 $\varepsilon = \varepsilon_0 \varepsilon_S$

---

32 일정 전압을 가하고 있는 평행판 전극에 극판 간격을 1/3로 줄이면 전장의 세기는 몇 배로 되는가?

① $\frac{1}{3}$배

② $\frac{1}{\sqrt{3}}$배

③ 3배

④ 9배

32 답 : ③

평행판 전극의 전기장의 세기 $E = \dfrac{V}{\ell}$

(극판의 전압 V, 극판의 간격 ℓ)

$$E = \frac{V}{\ell} \propto \frac{1}{\ell} = \frac{1}{\frac{1}{3}} = 3$$

---

33 다음 중 콘덴서가 가지는 특성 및 기능으로 옳지 않은 것은?

① 전기를 저장하는 특성이 있다.

② 상호 유도 작용의 특성이 있다.

③ 직류전류를 차단하고 교류전류를 통과시키는 목적으로 사용된다.

④ 공진회로를 이루어 어느 특정한 주파수만을 취급하거나 통과시키는 곳 등에 사용된다.

33 답 : ②

상호 유도 작용은 인덕터의 특성이다.

---

34 1 [μF]의 콘덴서에 100 [V]의 전압을 가할 때 충전 전하량 Q은 몇 [C]인가?

① 1×10^{-4}

② 1×10^{-5}

③ 1×10^{-8}

④ 1×10^{-10}

34 답 : ①

• 정전용량 $C = \dfrac{Q}{V}$ [F]

• 전하량 $Q = CV$
$\qquad = 1 \times 10^{-6} \times 10^2$
$\qquad = 1 \times 10^{-4}$ [C]

---

35 $A-B$ 사이 콘덴서의 합성 정전용량은 얼마인가?

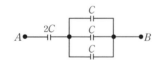

① $1C$

② $1.2C$

③ $2C$

④ $2.4C$

35 콘덴서의 접속 답 : ②

• 병렬접속 $C_p = C + C + C = 3C$

• 직렬접속 $C_s = \dfrac{2C \cdot C_p}{2C + C_p} = \dfrac{2C \cdot 3C}{2C + 3C}$
$\qquad = \dfrac{6C^2}{5C} = 1.2C$

36 공기 중 자장의 세기 20[AT/m]인 곳에 8×10^{-3} [Wb]의 자극을 놓으면 작용하는 힘[N]은?

① 0.16

② 0.32

③ 0.43

④ 0.56

37 평균 길이 40[cm]의 환상 솔레노이드에 200[회]의 코일을 감고, 여기에 전류 5[A]을 흘렸을 때 철심 내의 자기장의 세기는 몇 [AT/m]인가?

① 25×10^2

② 2.5×10^2

③ 200

④ 8,000

36 답 : ①

자기력 $F = mH$ [N]

$\qquad = 8 \times 10^{-3} \times 20$

$\qquad = 16 \times 10^{-2}$ [N]

37 환상 솔레노이드의 자기장 세기

답 : ①

$$H = \frac{NI}{2\pi r} = \frac{NI}{\ell} = \frac{2 \times 10^2 \times 5}{40 \times 10^{-2}}$$

$$= 25 \times 10^2 [\text{AT/m}]$$

01 전류와 전압 그리고 저항

1 전류

1) **전류(Electric Current)** : 도체의 단면을 단위시간에 통과하는 전하량(전하의 이동)

2) **전류의 표기**
   ① 전류의 기호 : I
   ② 전류의 단위 : [A] (암페어, Ampere)

3) **전류(I) 1[A]** : 1[sec]동안 1[C]의 전하[Q]가 이동할 때 통과하는 전하의 크기(양)
   ① 전류 $I = \dfrac{Q\,[\text{C}]}{t\,[\text{sec}]} = \dfrac{Q}{t}$ [A] **1 2**
   ② 전류는 전하량에 비례하고, 시간에 반비례한다.

4) **전류와 전자의 이동** : 전류는 양(+)극에서 음(-)극으로, 전자는 음(-)극에서 양(+)극으로 이동

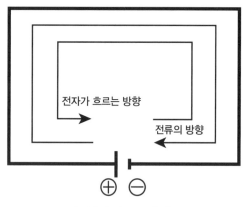

전자가 흐르는 방향

전류의 방향

[전류와 전자의 이동]

2 전압

1) **전압(Electric Voltage)** : 전류를 흐르게 하는 전기적인 에너지의 차이(두 점 사이의 전위의 차)

---

1 어떤 도체에 t초 동안 Q[C]의 전기량이 이동하면 이때 흐르는 전류 I[A]는?
   ① $I = Qt$ [A]
   ② $I = Q^2t$ [A]
   ③ $I = \dfrac{t}{Q}$ [A]
   ❹ $I = \dfrac{Q}{t}$ [A]

🔍 전류(I)는 도체의 단면을 단위시간(t)에 통과하는 전하량(Q)

2 어떤 전지에 5[A]의 전류가 10분 흘렀다. 이때 도체를 통과한 전기량은?
   ① 500 [C]
   ② 5,000 [C]
   ③ 300 [C]
   ❹ 3,000 [C]

🔍 전류 $I = \dfrac{Q}{t}$ [A]에서,
   전기량 $Q = It$ [A·sec]
   $= 5 \times (10 \times 60)$
   $= 3,000$ [C]

2) 전압의 표기

① 전압의 기호 : V

② 전압의 단위 : [V] (볼트)

3) 전압(V) 1[V] : 1[C]의 전하(Q)가 이동하여 1W[J]의 일을 할 때의 전위차

① 전압 $V = \dfrac{W[\text{J}]}{Q[\text{C}]} = \dfrac{W}{Q}$ [V]

② 전압은 일에 비례하고, 전하량에 반비례한다.

4) 기전력[E] : 전위차를 만들어 주는 힘

③ 저항

1) 저항(Electric Resistance) : 전류의 흐름을 방해하는 성질

2) 저항의 표기

① 저항의 기호 : R

② 저항의 단위 : [Ω] (옴)

3) 도체의 단면적을 A, 길이를 ℓ, 물질에 따라 결정되는 비례상수를 ρ라 하면,

① 저항 $R = \rho \dfrac{\ell}{A}$ [Ω] ▣4

② ρ [Ω·m] : 물질의 고유저항 또는 저항률 ▣5

③ 저항 R은 저항률(ρ)과 길이(ℓ)에 비례하고, 단면적(A)에 반비례한다.

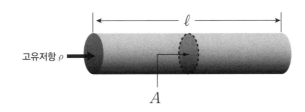

[도체의 저항]

[물질의 고유저항]

도체	[Ω·m]	반도체	[Ω·m]	부도체	[Ω·m]
은	1.6×10^{-8}	탄소(흑연)	3.5×10^{-5}	나무	$10^{8} \sim 10^{11}$
구리	1.7×10^{-8}	게르마늄(불순)	$10^{-1} \sim 10^{-5}$	유리	$10^{10} \sim 10^{14}$
철	9.7×10^{-8}	게르마늄(순)	0.6×10^{0}	운모	$10^{11} \sim 10^{15}$
니크롬	1.7×10^{-6}	실리콘(규소)	2.3×10^{3}	고무	$10^{13} \sim 10^{16}$

3 2[C]의 전기량이 두 점 사이를 이동하여 48[J]의 일을 하였다면 이 두 점 사이의 전위차는 몇 [V]인가?

① 12　　❷ 24

③ 48　　④ 64

◎ 전위차(전압) $V[\text{V}] = \dfrac{W[\text{J}]}{Q[\text{C}]}$

$V = \dfrac{48J}{2C} = 24[\text{A}]$

4 전선의 길이를 2배로 늘리면 저항은 몇 배가 되는가? (단, 동선의 체적은 일정하다.)

① 1　　② 2

❸ 4　　④ 8

◎ $R = \rho \dfrac{\ell}{A} \propto \dfrac{\ell}{A} = \dfrac{2}{\frac{1}{2}} = 4$

5 고유저항 ρ의 단위로 맞는 것은?

① [Ω]

❷ [Ω·m]

③ [AT·Wb]

④ [Ω^{-1}]

◎ 도체의 저항 $R = \rho\dfrac{\ell}{A}$ [Ω]에서,

고유저항 $\rho = R[\text{Ω}]\dfrac{A[\text{m}^2]}{\ell[\text{m}]}$

$= R\dfrac{A}{\ell}$ [Ω·m]

4) 컨덕턴스(Conductance) ⑥

① 저항의 역수로 전류가 흐르기 쉬운 정도를 나타내는 전기적인 양

② 기호 G, 단위 [℧] (모, moh)

③ $G = \dfrac{1}{R} \left[\dfrac{1}{\Omega}\right] = \dfrac{1}{R}$ [℧]

④ 전도율 σ [℧/m] : 고유저항 ρ의 역수, $\sigma = \dfrac{1}{\rho}$

5) 저항체의 필요조건

① 고유저항이 클 것

② 저항의 온도계수가 작을 것

③ 구리에 대한 열기전력이 적을 것

④ 가격이 싸고 내구성이 좋을 것

🔌 02 전기회로의 법칙

1 옴의 법칙(Ohm's Law)

① 독일 물리학자 Ohm(옴)에 의해 전압, 전류, 저항의 상호관계를 실험 증명

② 옴의 법칙 $I = \dfrac{V}{R}$ [A], $V = IR$ [V] ⓛⓧ

③ 저항에 흐르는 전류는 전압에 비례하고, 저항에 반비례한다. ❷

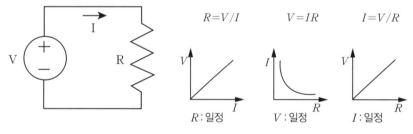

[전압(V), 전류(I), 저항(R)과의 관계]

2 저항의 접속회로

1) 저항의 직렬접속회로

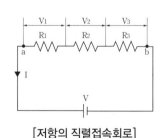

[저항의 직렬접속회로]

⑥ 24[V]의 전원 전압에 의하여 6[A]의 전류가 흐르는 전기회로의 컨덕턴스[℧]는?

❶ 0.25[℧]
② 0.4[℧]
③ 2.5[℧]
④ 4[℧]

🔍 컨덕턴스
$G = \dfrac{1}{R} = \dfrac{I}{V} = \dfrac{6}{24} = 0.25$ [℧]

ⓛ 10[Ω]의 저항에 2[A]의 전류가 흐를 때 저항의 단자전압은 얼마인가?

① 5[V]
② 10[V]
③ 15[V]
❹ 20[V]

🔍 $V = IR = 2$[A]$\times 10$[Ω] $= 20$[V]

❷ 옴의 법칙을 바르게 설명한 것은?

① 전류의 크기는 도체의 저항에 비례한다.
❷ 전류의 크기는 도체의 저항에 반비례한다.
③ 전압은 전류에 반비례한다.
④ 전압은 전압의 2승에 비례한다.

🔍 옴의법칙 $I = \dfrac{V}{R}$ [A]에서, 전류 I는 저항 R에 반비례한다.

① 합성저항 $R_0 = R_1 + R_2 + R_3 [\Omega]$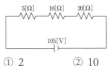

② 전류 $I = \dfrac{V}{R_0} = \dfrac{V}{R_1+R_2+R_3}[A]$

(각 저항에 흐르는 전류의 세기는 같다.)

③ 전압(V)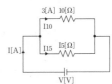

$V_1 = R_1 I [V]$ $V_2 = R_2 I [V]$ $V_3 = R_3 I [V]$

$V_1 = \dfrac{R_1}{R_0} V [V]$ $V_2 = \dfrac{R_2}{R_0} V [V]$ $V_3 = \dfrac{R_3}{R_0} V [V]$

(각 저항에 대한 전압은 저항값에 비례하여 분배된다.)

④ N개의 같은 저항 R이 직렬접속일 때의 합성저항 $R_0 = N \cdot R [\Omega]$

2) 저항의 병렬접속회로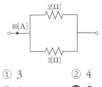

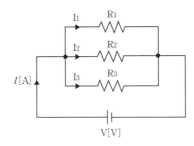

[저항의 병렬접속회로]

① 합성저항 $R_0 = \dfrac{1}{\dfrac{1}{R_1}+\dfrac{1}{R_2}+\dfrac{1}{R_3}}[\Omega]$

② 전류(I)

$I_1 = \dfrac{V}{R_1} [A]$ $I_2 = \dfrac{V}{R_2} [A]$ $I_3 = \dfrac{V}{R_3} [A]$

(저항 R_1, R_2, R_3에 흐르는 전류는 각 저항의 크기에 반비례하여 흐른다.)

③ 전압 $V = V_1 = V_2 = V_3$(각 저항 양단의 전압은 같다.)

④ N개의 같은 저항이 병렬접속일 때의 합성저항 $R_0 = \dfrac{R}{N} [\Omega]$

3) 저항의 직병렬접속회로

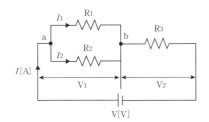 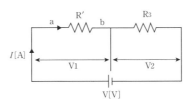

[저항의 직병렬접속회로]

---

3 3[Ω]의 저항 5개, 4[Ω]의 저항 5개, 5[Ω]의 저항 3개가 있다. 이들을 모두 직렬 접속할 때 합성저항[Ω]은?

① 75 ❷ 50

③ 45 ④ 35

저항의 직렬회로
합성저항 R = [3Ω×5개] + [4Ω×5개] + [5Ω×3개] = 50Ω

4 다음 회로에서 10[Ω]에 걸리는 전압은 몇 [V]인가?

① 2 ② 10

③ 20 ❹ 30

저항의 직렬회로
$V_{10\Omega} = (\dfrac{10}{5+10+20}) \times 105 [V]$

$= 30 [V]$

5 10[Ω]과 15[Ω]의 병렬 회로에서 10[Ω]에 흐르는 전류가 3[A]이라면 전체 전류[A]는?

① 2 ② 3

③ 4 ❹ 5

저항의 병렬회로

$I_{10} = 3 [A]$

$= \dfrac{15[\Omega]}{(10+15)[\Omega]} \times I$

$= \dfrac{15[\Omega]}{25[\Omega]} \times I$

∴ 전체 전류 $I = 3 \times \dfrac{25}{15} = 5 [A]$

6 그림에서 2[Ω]의 저항에 흐르는 전류는 몇 [A]인가?

① 3 ② 4

③ 5 ❹ 6

저항의 병렬회로

$I_{2\Omega} = \dfrac{3[\Omega]}{5[\Omega]} \times 10[A] = 6[A]$

$I_{3\Omega} = \dfrac{2[\Omega]}{5[\Omega]} \times 10[A] = 4[A]$

① a-b사이의 합성저항 $R' = \dfrac{1}{\dfrac{1}{R_1}+\dfrac{1}{R_2}} = \dfrac{R_1R_2}{R_1+R_2}$ [Ω]

② R'와 R_3의 합성저항 $R = R'+R_3 = \dfrac{R_1R_2}{R_1+R_2} + R_3$ [Ω] **7**

③ 전류 $I = \dfrac{V}{R}$ [A]

3 키르히호프의 법칙(Kirchhoff's Law) **8**

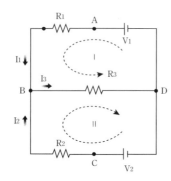

[키르히호프의 법칙]

1) 키르히호프의 제1법칙(전류의 법칙)

① 흘러들어오는 전류의 합 = 흘러나가는 전류의 합

② 그림에서 $I_1+I_2=I_3$, $I_1+I_2-I_3=0$, $\Sigma I = 0$

2) 키르히호프의 제2법칙(전압의 법칙)

① 기전력의 합 = 전압 강하의 합

② 그림에서 $V_1=I_1R_1+I_3R_3$, $V_2=I_2R_2+I_3R_3$

4 전지의 접속회로

1) 전지의 직렬접속 **9**

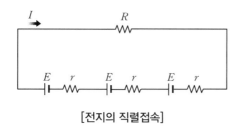

[전지의 직렬접속]

① 기전력 E[V], 내부저항 r[Ω]인 전지를 n개 직렬로 연결하고, 부하저항 R[Ω]을 접속하였을 때의 총 기전력은 nE, 내부저항의 합은 nr이 된다.

② 전류 $I = \dfrac{nE}{R+nr}$ [A]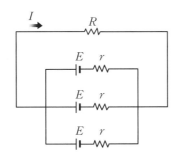

2) 전지의 병렬접속

[전지의 병렬접속]

① 기전력 E[V], 내부저항 r[Ω]인 전지를 n개 병렬로 연결하고, 부하저항 R[Ω]을 접속하였을 때의 총 기전력은 E, 내부저항의 합은 $\dfrac{r}{n}$ 이 된다.

② 전류 $I = \dfrac{E}{R+\dfrac{r}{n}}$ [A]

5 전력과 줄열

1) 전력(Electric Power)

① 전기에너지가 일을 할 수 있는 능력

② 전력의 기호 P, 전력의 단위 [W] (와트)

③ 전력 P는 t[sec] 동안에 전송되는 전기에너지 W[J]

$P = \dfrac{W}{t}$ [J/sec]

④ 저항 R[Ω]에 전압 V[V]를 가하여 I[A]의 전류가 흐를 때의 전력 P[W]

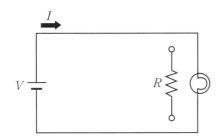

$P = \dfrac{W}{t} = \dfrac{QV}{t} = \dfrac{It \cdot V}{t} = VI$ [W]

$P = I^2R = \dfrac{V^2}{R}$ [W]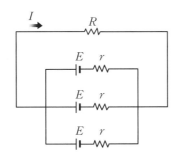

[전력 P]

10 기전력 1.5[V], 내부저항 0.15[Ω]의 전지 10개를 직렬로 접속한 전원에 저항 4.5[Ω]의 전구를 접속하면 전구에 흐르는 전류는 몇 [A]인가?

① 0.25 ❷ 2.5
③ 5 ④ 7.5

⊙ 전지 직렬회로의 전류

$I = \dfrac{nE}{R+nr}$ [A]

• 총 기전력 nE
  = 10개×1.5[V] = 15[V]
• 합성저항 $R+nr$
  = 외부저항+내부저항의 합
  = 4.5[Ω]+(10×0.15)[Ω]
  = 6[Ω]
• 전류 I
  = $\dfrac{nE}{R+nr} = \dfrac{15}{6} = 2.5$[Ω]

11 100[V], 100[W] 전구의 필라멘트 저항은 몇 [Ω]인가?

① 1 ② 10
❸ 100 ④ 1,000

⊙ 저항에 흐르는 전력
$P = I^2R = \dfrac{V^2}{R}$ [W]

필라멘트 저항
$R = \dfrac{V^2}{P} = \dfrac{100^2}{100} = 100$[Ω]

12 200[V]에서 1[kW]의 전력을 소비하는 전열기를 100[V]에서 사용하면 소비전력은 몇 [W]인가?

① 150 ❷ 250
③ 400 ④ 1,000

⊙ 전력 $P = I^2R = \dfrac{V^2}{R}$ [W]

• 200[V] 저항
  $R = \dfrac{V^2}{P} = \dfrac{200^2}{1\times10^3} = 40$[Ω]
• 100[V] 전력
  $P = \dfrac{V^2}{R} = \dfrac{100^2}{40} = 250$[Ω]

2) 전력량

① 일정시간 동안 소비되는 전력의 크기

② 전력량의 기호 W, 전력량의 단위 [W·sec]

③ 전력량 1[kWh] = 10^3[Wh] = $10^3 \times 3,600$[W·sec] = 3.6×10^6[J]

3) 줄열

① 줄의 법칙(Joule's Law) : 저항 R[Ω]에 I[A]의 전류를 t[sec] 동안 흘릴 때 발생한 열(줄열) 13

② 열량의 기호 H, 열량의 단위 [cal] (칼로리)

③ 열량 $H = I^2 Rt$[J] $= \dfrac{1}{4.186} I^2 Rt$[cal] $= 0.24 I^2 Rt$[cal]

* 1[J]=0.24[cal]
* 1[kWh=3.6×10^6[J]=$3.6 \times 10^6 \times 0.24$[cal] ≒ 860[cal]

6 전기회로의 측정

1) 배율기 14 15

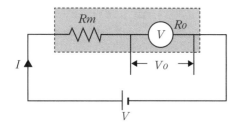

V_0 : 배율기와 전압계에 걸리는 전압
V : 전압계에 걸리는 전압
I : 전압계에 흐르는 전류
R_0 : 전압계 내부 저항
R_m : 배율기 저항

[배율기 회로]

① 전압계와 직렬로 접속하는 저항기 : 전압계 측정범위 확대

② 배율 $m = \dfrac{V_0}{V} = \left(1 + \dfrac{R_m}{R_0} \right)$

③ 배율저항 $R_m = R_0(m-1)$[Ω]

2) 분류기

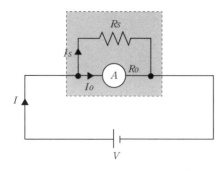

I_0 : 전류계에 흐르는 전류
I_s : 분류기 저항에 흐르는 전류
I : 측정하고자 하는 전류
R_0 : 전류계 내부 저항
R_s : 분류기 저항

[분류기 회로]

---

13 전류의 발열작용과 관계가 있는 것은?

① 옴의 법칙
② 키르히호프의 법칙
❸ 줄의 법칙
④ 플레밍의 법칙

14 다음 (1)과 (2)에 들어갈 내용으로 알맞은 것은?

"배율기는 (1)의 측정범위를 넓히기 위한 목적으로 사용하는 것으로서, 회로에 (2)로 접속하는 저항기를 말한다."

① (1) 전압계, (2) 병렬
② (1) 전류계, (2) 병렬
❸ (1) 전압계, (2) 직렬
④ (1) 전류계, (2) 직렬

🔍 저항기
• 배율기(Multiplier) : 전압계의 측정범위를 넓히기 위한 목적으로 전압계에 직렬로 접속하는 저항기
• 분류기(Shunt) : 전류계의 측정범위를 넓히기 위한 목적으로 전류계에 병렬로 접속하는 저항기

15 어떤 전압계의 측정범위를 10배로 하려면 배율기의 저항을 전압계 내부저항의 몇 배로 하여야 하는가?

① 10　　② 1/10
❸ 9　　④ 1/9

🔍 전압계의 측정범위를 10배로 하려면 외부에 9배로 큰 저항이 있어야 전압을 분배하게 된다. 따라서 9:1의 형태로 배율기의 저항을 9배로 하여야 한다.

① 전류계와 병렬로 접속하는 저항기 : 전류계 측정범위 확대

② 배율 $n = \dfrac{I_0}{I} = (1 + \dfrac{R_0}{R_s})$

③ 분류저항 $R_s = \dfrac{R_0}{n-1} [\Omega]$

3) 휘스톤 브리지(Wheatstone Bridge)

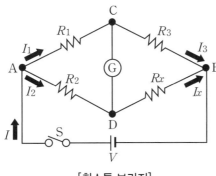

[휘스톤 브리지]

① 휘스톤 브리지 : 저항을 측정하기 위하여 4개의 저항(R_1, R_2, R_3, R_X)과 검류계(G)를 그림과 같이 브리지로 접속한 회로

② 미지의 저항 R_X를 측정하기 위하여 스위치(S)를 닫고 검류계에 전류가 흐르지 않도록 가변저항 R_3의 값을 변화시켜 C와 D점의 전위가 같아지면, $I_1 R_1 = I_2 R_2$, $I_3 R_3 = I_X R_X$ 되고 $I_1 = I_3$, $I_2 = I_X$

③ 브리지의 평형조건 : $R_1 R_X = R_2 R_3 \rightarrow R_X = \dfrac{R_2}{R_1} R_3 [\Omega]$

🔌 03 전류의 발열작용과 화학작용

1 전류의 발열작용

1) 제백 효과(Seebeck Effect) ⅠＫ

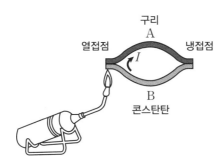

[제백 효과]

ⅠＫ 종류가 다른 두 금속을 접합하여 폐회로를 만들고 두 접합점의 온도를 다르게 하면 이 폐회로에 기전력이 발생하여 전류가 흐르게 되는 현상을 자칭하는 것은?
① 줄의 법칙(Joule's Law)
② 톰슨 효과(Thomson Effect)
③ 펠티에 효과(Peltier Effect)
❹ 제벡 효과(Seebeck Effect)

① 서로 다른 금속 A, B를 접속하고 접속점을 서로 다른 온도로 유지하면 기전력이 생겨 일정한 방향으로 전류가 흐르는 현상

② 용도 : 열전 온도계, 열전형 계기

2) 펠티에 효과(Peltier Effect)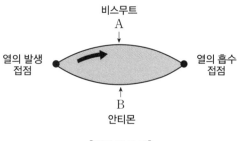

[펠티에 효과]

① 서로 다른 금속 A, B를 접속하고 한 쪽 금속에서 다른 쪽 금속으로 전류를 흘리면 열의 발생 또는 흡수가 일어나는 현상

② 용도 : 전자냉동(흡열), 온풍기(발열)

2 전류의 화학작용

1) 패러데이 법칙(Faraday' Law) 3

① 전해질 : 산, 염기, 염류의 물질을 물속에 녹이면 수용액 중에서 양전기를 띤 양이온과 음전기를 띤 음이온으로 전리하여 나누어지는 물질

② 전해액 : 전해질의 수용액

③ 전기분해 : 전해액을 화학적으로 분해하여 양·음극판 위에 분해 생성물을 석출하는 현상

④ 석출량 $W = kQ = kIt$ [g] k : 화학당량, Q : 전기량, I : 전류, t : 시간(초)

• 전기분해의 전극에 석출되는 물질의 양은 전해액을 통과한 전기량에 비례

• 총 전기량이 같으면 물질의 석출량은 그 물질의 화학당량에 비례

• 전기화학당량 $k = \dfrac{원자량}{원자가}$: 1[C]의 전하에서 석출되는 물질의 양

2) 전지

① 1차 전지 : 방전 후 충전하여 사용이 불가능한 망간전지

② 2차 전지 : 방전 후 충전하여 사용이 가능한 납축전지

2 두 금속을 접속하여 여기에 전류를 통하면, 줄열 외에 그 접점에 열의 발생 또는 흡수가 일어나는 현상은?

❶ 펠티에 효과
② 제벡 효과
③ 홀 효과
④ 줄 효과

3 전기분해에 의해서 석출되는 물질의 양은 전해액을 통과한 총 전기량과 같으며, 그 물질의 화학당량에 비례한다. 이것을 무슨 법칙이라 하는가?

① 줄의 법칙
② 플레밍의 법칙
③ 키르히호프의 법칙
❹ 패러데이의 법칙

③ 납축전지

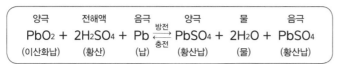

양극		전해액		음극			양극		물		음극	
PbO_2	+	$2H_2SO_4$	+	Pb	방전 ⇌ 충전		$PbSO_4$	+	$2H_2O$	+	$PbSO_4$	
(이산화납)		(황산)		(납)			(황산납)		(물)		(황산납)	

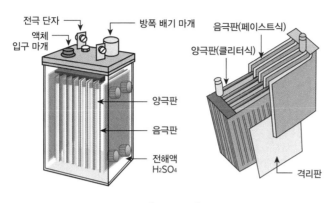

[납축전지]

- 양극 : 이산화납(PbO_2)
- 음극 : 납(Pb)
- 전해액 : 묽은 황산(H_2SO_4) – 비중 1.23~1.26
- 축전지의 기전력 : 2V (방전 종기 전압 : 1.8V)

3) 국부작용과 분극작용

① 국부작용 **4** : 전지에 포함되어 있는 불순물에 의해 전극과 불순물이 국부적인 하나의 전지를 이루어 전지 내부에서 순환하는 전류가 생겨 화학변화가 일어나 기전력을 감소시키는 현상
  - 방지법 : 전극에 수은 도금, 순도가 높은 재료 사용
② 분극작용 **5** : 전지에 전류가 흐르면 양극에 수소가스가 생겨 이온의 이동을 방해하여 기전력이 감소하는 현상
  - 감극제 : 분극(성극) 작용에 의한 기체를 제거하여 전극의 작용을 활발하게 유지시키는 산화물

4 전극의 불순물로 인하여 기전력이 감소하는 현상을 무엇이라 하는가?
  ❶ 국부작용
  ② 성극작용
  ③ 전기분해
  ④ 감극작용

5 볼타 전지로부터 전류를 얻게 되면 양극의 표면이 수소 기체에 의해 둘러싸이게 되는데 이를 무엇이라 하는가?
  ① 전해작용
  ② 화학작용
  ③ 전기분해
  ❹ 분극작용

01 1 [eV]는 몇 [J]인가?

　① 1

　② 1×10^{-10}

　③ 1.16×10^4

　④ 1.602×10^{-19}

01　　　　　　　　　　답 : ④

에너지 $W = QV = eV$

$eV = 1.602 \times 10^{-19} \times 1 = 1.602 \times 10^{-19}\,[\text{J}]$

02 길이 1 [m]인 도선의 저항 값이 20 [Ω]이었다. 이 도선을 고르게 2 [m]로 늘렸을 때 저항값은?

　① 10 [Ω]

　② 40 [Ω]

　③ 80 [Ω]

　④ 140 [Ω]

02　　　　　　　　　　답 : ②

저항 $R = \rho \dfrac{\ell}{A}\,[\Omega]$　　$R \propto \ell$

$\ell : R = 1\,[\text{m}] : 20\,[\Omega] = 2\,[\text{m}] : x\,[\Omega]$

$x\,[\Omega] = 20 \times 2 = 40\,[\Omega]$

03 동선의 길이를 2배로 늘리면 저항은 처음의 몇 배가 되는가? (단, 동선의 체적은 일정함)

　① 2배

　② 4배

　③ 8배

　④ 16배

03　　　　　　　　　　답 : ②

$R = \rho \dfrac{\ell}{A}\,[\Omega] \propto \dfrac{\ell}{A} = \dfrac{2}{\frac{1}{2}} = 4$: 체적 일정

04 1 [Ω·m]와 같은 것은?

　① 1 [μΩ·cm]

　② $10^6\,[\Omega \cdot \text{mm}^2/\text{m}]$

　③ $10^2\,[\Omega \cdot \text{mm}]$

　④ $10^4\,[\Omega \cdot \text{cm}]$

04　　　　　　　　　　답 : ②

$[\text{cm}] = 10^{-2}$　$[\text{mm}] = 10^{-3}$　$[\mu] = 10^{-6}$

① $1\,[\mu\Omega \cdot \text{cm}] = 10^{-6} \times 10^{-2} = 10^{-8}\,[\Omega \cdot \text{m}]$

② $10^6\,[\Omega \cdot \text{mm}^2/\text{m}]$

　　$= 10^6 \times (10^{-3})^2\,[\Omega \cdot \text{m}^2/\text{m}] = 1\,[\Omega \cdot \text{m}]$

③ $10^2\,[\Omega \cdot \text{mm}] = 10^2 \times 10^{-3} = 10^{-1}\,[\Omega \cdot \text{m}]$

④ $10^4\,[\Omega \cdot \text{cm}] = 10^4 \times 10^{-2} = 10^2\,[\Omega \cdot \text{m}]$

05 다음 중 저항의 온도계수가 부(−)의 특성을 가지는 것은?

　① 경동선

　② 백금선

　③ 텅스텐

　④ 서미스터

05 서미스터　　　　　　답 : ④

• 부(−) 온도특성 서미스터 : 온도감지기 사용

• 정(+) 온도특성 서미스터 : 발열체, 스위칭 용도로 사용

06 100[V]에서 5[A]가 흐르는 전열기에 120[V]를 가하면 흐르는 전류는?

① 4.1[A]

② 6.0[A]

③ 7.2[A]

④ 8.4[A]

06 답 : ②

전압 $V = IR$

· 100[V] 저항 $R = \dfrac{V}{I} = \dfrac{100}{5} = 20\,[\Omega]$

· 120[V] 전류 $I = \dfrac{V}{R} = \dfrac{120}{20} = 6\,[A]$

07 0.2[℧]의 컨덕턴스 2개를 직렬로 연결하여 3[A]의 전류를 흘리려면 몇 [V]의 전압을 인가하면 되는가?

① 1.2[V]

② 7.5[V]

③ 30[V]

④ 60[V]

07 답 : ③

직렬 합성 컨덕턴스 $G = \dfrac{0.2 \times 0.2}{(0.2 + 0.2)}$

$= 0.1\,[℧]$

전압 $V = IR = \dfrac{1}{G} = \dfrac{3}{0.1} = 30\,[V]$

08 10[Ω] 저항 5개를 가지고 얻을 수 있는 가장 작은 합성저항값은?

① 1[Ω]

② 2[Ω]

③ 4[Ω]

④ 5[Ω]

08 저항의 접속 답 : ②

· 직렬 합성저항 $R_0 = nR = 5 \times 10 = 50\,[\Omega]$ 가장 큰 합성저항값을 갖는다.

· 병렬 합성저항 $R_0 = \dfrac{R}{n} = \dfrac{10}{5} = 2\,[\Omega]$ 가장 작은 합성저항값을 갖는다.

09 그림과 같은 회로에서 $a-b$간 합성저항은 몇 [Ω]인가?

① 6.6[Ω]

② 7.4[Ω]

③ 8.7[Ω]

④ 9.4[Ω]

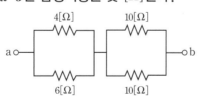

09 답 : ②

합성저항 $R = \dfrac{4 \times 6}{(4+6)} + \dfrac{10 \times 10}{(10+10)}$

$= 2.4 + 5 = 7.4\,[\Omega]$

10 다음 회로에서 $a-b$간의 합성저항은 몇 [Ω]인가?

① 1[Ω]

② 2[Ω]

③ 3[Ω]

④ 4[Ω]

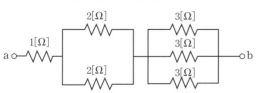

10 답 : ③

합성저항 $R = R_1 + \dfrac{R_2}{n} + \dfrac{R_3}{n}$

$= 1 + \dfrac{2}{2} + \dfrac{3}{3}$

$= 3\,[\Omega]$

11 그림과 같은 회로에서 4[Ω]에 흐르는 전류[A] 값은?

① 0.6

② 0.8

③ 1.0

④ 1.2

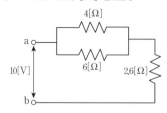

11 답 : ④

합성저항 $R_s = \dfrac{4 \times 6}{4+6} + 2.6 = 5[\Omega]$

전류 전체 $I = \dfrac{V}{R_s} = \dfrac{10[V]}{5[\Omega]} = 2[A]$

$\therefore I_4 = \dfrac{R_6}{R_4 + R_6} \times I = \dfrac{6}{4+6} \times 2 = 1.2[A]$

12 그림과 같은 회로에서 $a-b$간에 $E(V)$의 전압을 가하여 일정하게 하고, 스위치 S를 닫았을 때의 전전류 $I(A)$가 닫기 전 전류의 3배가 되었다면 저항 Rx의 값은 약 몇 [Ω]인가?

① 0.73

② 1.44

③ 2.16

④ 2.88

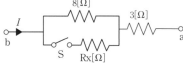

12 답 : ①

$S_{on} \to I_{on} = \dfrac{E}{R_s} = \dfrac{E}{\dfrac{8Rx}{8+Rx}+3}$

$= \dfrac{E}{\dfrac{8Rx+3(8+Rx)}{8+Rx}} = \dfrac{8+Rx}{8Rx+3(8+Rx)} \times E$

$S_{off} \to I_{off} = \dfrac{E}{R_s} = \dfrac{E}{8+3} = \dfrac{1}{11} \times E$

스위치 On 전류가 Off 전류의 3배이므로,

$I_{on} = 3I_{off}$

$\dfrac{8+Rx}{8Rx+3(8+Rx)} = 3 \times \dfrac{1}{11}$,

$11Rx + 88 = 33Rx + 72$,

$22Rx = 16$

$\therefore Rx = \dfrac{16}{22} = 0.727$

13 "회로의 접속점에서 볼 때, 접속점에 흘러들어오는 전류의 합은 흘러나가는 전류의 합과 같다."라고 정의되는 법칙은?

① 키르히호프의 제1법칙

② 키르히호프의 제2법칙

③ 플레밍의 오른손법칙

④ 앙페르의 오른나사법칙

13 키르히호프의 법칙 답 : ①

• 전류에 관한 법칙 : 제1법칙

• 전압에 관한 법칙 : 제2법칙

14 기전력 4[V], 내부저항 0.2[Ω]인 전지 10개를 직렬로 접속하고 두 극 사이에 부하 R을 접속하였더니 4[A]의 전류가 흘렀다. 이때 외부저항은 몇 [Ω]이 되겠는가?

① 6

② 7

③ 8

④ 9

14 전지의 직렬접속 답 : ③

전류 $I = \dfrac{nE}{R+nr}$ [A]

외부저항 $R = \dfrac{nE}{I} - nr$

$= \dfrac{10 \times 4}{4} - 10 \times 0.2 = 8[\Omega]$

15 20[A]의 전류를 흘렸을 때 전력이 60[W]인 저항에 30[A]를 흘리면 전력은 몇 [W]가 되겠는가?

① 80

② 90

③ 120

④ 135

15   답 : ④

전력 $P = I^2 R$

• P_{20A} : $R = \dfrac{P}{I^2} = \dfrac{60}{20^2} = 0.15\,[\Omega]$

• P_{30A} : $P = I^2 R = 30^2 \times 0.15 = 135\,[W]$

---

16 3분 동안 180,000[J]의 일을 하였다면 전력은?

① 1[kW]

② 30[kW]

③ 1,000[kW]

④ 3,240[kW]

16   답 : ①

전력 $P\,[W] = \dfrac{W\,[J]}{t\,[sec]}$

$= \dfrac{180,000}{3 \times 60}$

$= 1,000\,[W]$

---

17 5마력을 와트[W] 단위로 환산하면?

① 4,300[W]

② 3,730[W]

③ 1,317[W]

④ 17[W]

17   답 : ②

1마력 = 746[W]
5마력 = 5×746[W] = 3,730[W]

---

18 전력량의 단위는?

① [C]

② [W]

③ [W·s]

④ [Ah]

18   답 : ③

[C] : 전하량
[W] : 전력
[W·s] : 전력량
[Ah] : 전지용량

---

19 전류의 발열작용에 관한 법칙으로 가장 알맞은 것은?

① 옴의 법칙

② 패러데이의 법칙

③ 줄의 법칙

④ 키르히호프의 법칙

19 줄열(줄의 법칙)   답 : ③

열량 $H = 0.24 I^2 R t\,[cal]$

20 '같은 전기량에 의해서 여러 가지 화합물이 전해될 때 석출되는 물질의 양은 그 물질의 화학당량에 비례한다.'는 법칙은?

① 렌츠의 법칙

② 패러데이의 법칙

③ 앙페르의 법칙

④ 줄의 법칙

20 패러데이 법칙 답 : ②

석출량 $W = kQ = kIt$ [g]

(k : 전기화학당량)

21 니켈의 원자가는 2.0이고 원자량은 58.70이다. 이때 화학당량의 값은?

① 117.4

② 60.70

③ 56.70

④ 29.35

21 답 : ④

화학당량$(k) = \dfrac{원자량}{원자가} = \dfrac{58.7}{2} = 29.35$

22 황산구리 용액에 10 [A]의 전류를 60분간 흘린 경우, 이때 석출되는 구리의 양은? (단, 구리의 전기화학당량은 0.3293×10^{-3} [g/C]임)

① 약 1.97 [g]

② 약 5.93 [g]

③ 약 7.82 [g]

④ 약 11.86 [g]

22 답 : ④

석출량 $W = kQ = kIt$ [g]

$W = kIt$ [g]

$= 0.3293 \times 10^{-3} \times 10 \times 60 \times 60$

$= 11.86$ [g]

23 묽은 황산(H_2SO_4) 용액에 구리(Cu)와 아연(Zn)판을 넣으면 전지가 된다. 이때 양극(+)에 대한 설명으로 옳은 것은?

① 구리판이며 수소 기체가 발생한다.

② 구리판이며 산소 기체가 발생한다.

③ 아연판이며 산소 기체가 발생한다.

④ 아연판이며 수소 기체가 발생한다.

23 답 : ①

· 양극(+) : 구리판

· 음극(-) : 아연판

· 분극작용에 의해 양극(+)에 수소기체 발생

24 전지(Battery)에 관한 사항 중 감극제(Depolarizer)는 어떤 작용을 막기 위해 사용되는가?

① 분극작용

② 방전

③ 순환전류

④ 전기분해

24 감극제 답 : ①

분극작용에 의한 기체를 제거하여 전극의 작용을 활발하게 유지시키는 산화물

25 두 금속을 접속하여 여기에 전류를 통하면, 줄열 외에 그 접점에 열의 발생 또는 흡수가 일어나는 현상은?

① 펠티에 효과(Peltier Effect)
② 제벡 효과(Seebeck Effect)
③ 홀 효과
④ 줄 효과

25 펠티에 효과　　　　　　답 : ①

서로 다른 금속 A, B를 접속하고 한 쪽 금속에서 다른 쪽 금속으로 전류를 흘리면 열의 발생 또는 흡수가 일어나는 현상
[용도 : 전자냉동(흡열), 온풍기(발열)]

26 0.2 [℧]의 컨덕턴스를 가진 저항체에 3 [A]의 전류를 흘리려면 몇 [V]의 전압을 가하면 되겠는가?

① 5　　　　　　② 10
③ 15　　　　　④ 20

26　　　　　　답 : ③

• 컨덕턴스 $G = \dfrac{1}{R}$ [℧]
• 저항 $R = \dfrac{1}{G} = \dfrac{1}{0.2} = 5$
• 전압 $V = IR = 3 \times 5 = 15 \, [\text{V}]$

27 그림에서 A–B 단자 사이의 전압은 몇 [V]인가?

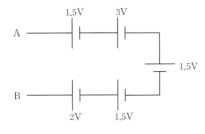

① 1.5　　　　　② 2.5
③ 6.5　　　　　④ 9.5

27　　　　　　답 : ②

차례로($A \rightarrow B$)
$+1.5 \, [\text{V}] + 3 \, [\text{V}] + 1.5 \, [\text{V}] - 1.5 \, [\text{V}] - 2 \, [\text{V}]$
$= 2.5 \, [\text{V}]$

28 저항 100 [Ω]의 부하에서 10 [kW]의 전력이 소비되었다면 이때 흐르는 전류는 몇 [A]인가?

① 1　　　　　　② 2
③ 5　　　　　　④ 10

28　　　　　　답 : ④

• 전력 $P = I^2 R$
• 전류 $I^2 = \dfrac{P}{R} = \dfrac{1 \times 10^4}{1 \times 10^2} = 100$
∴ $I = \sqrt{100} = 10 \, [\text{A}]$

29 4 [Wh]는 몇 [J]인가?

① 3,600
② 4,200
③ 7,200
④ 14,400

29　　　　　　답 : ④

$P \, [\text{W}] = \dfrac{W \, [\text{J}]}{t \, [\text{sec}]}$
$P \cdot t \, [\text{W} \cdot \text{sec}] = W \, [\text{J}]$
∴ $4 \, [\text{Wh}] = 4 \times 3,600 \, [\text{W} \cdot \text{sec}] = 14,400 \, [\text{J}]$

30 줄의 법칙(Joule's Law)에서 발열량 계산식을 옳게 표시한 것은?

① $H = 0.24I^2R$

② $H = 0.024I^2Rt$

③ $H = 0.024I^2R^2$

④ $H = 0.24I^2Rt$

30   답 : ④

$H = I^2Rt\,[\text{J}] = 0.24I^2Rt\,[\text{cal}]$

---

31 전기분해하여 금속의 표면에 산화피막을 만들어 이것을 유전체로 이용한 것은?

① 마일러 콘덴서

② 마이카 콘덴서

③ 전해 콘덴서

④ 세라믹 콘덴서

31 전해 콘덴서   답 : ③

소형으로 큰 정전용량을 얻을 수 있으나, 극성이 있어 교류회로에는 부적합하다.

---

32 망간 건전지의 양극으로 무엇을 사용하는가?

① 아연판

② 구리판

③ 탄소막대

④ 묽은황산

32 망간건전지   답 : ③

• 양극 : 탄소막대
• 음극 : 아연원통
• 전해액 : 염화암모늄

---

33 용량 30[Ah]의 전지는 2A의 전류로 몇 시간 사용할 수 있는가?

① 3

② 7

③ 15

④ 30

33   답 : ③

30[Ah] = 30[A]×1시간
∴2[A]×15시간

01 교류회로

1 정현파 교류

1) 정현파 교류의 발생 : 자기장 내에서 도체가 회전운동을 하면 유도 기전력이 도체의 위치에 따라서 파형이 발생한다.

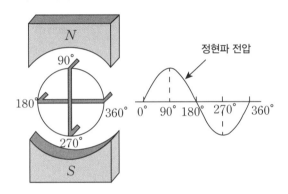

[정현파 교류의 발생]

2) 도체에 발생하는 기전력

$e = 2B\ell v\sin\theta = V_m\sin\theta$ [V]

(길이 ℓ [m], 반지름 r [m], B [Wb/m²], v [m/sec], θ는 자장에 직각인 방향측과 코일의 방향이 이루는 각)

3) 호도법 : 1회전한 각도를 2π라디안($Radian$, [rad]) ($\theta = \dfrac{\ell}{r}$ [rad])

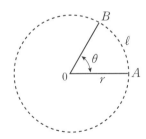

[각도의 표시-호도법]

4) 각속도 : 회전체가 1 [sec] 동안에 회전한 각도

각속도 $w = \dfrac{\theta}{t}$ [rad/sec]

① 코일이 1 [sec] 동안에 θ [rad]만큼 운동했다면 $\theta = wt$ [rad]

② 1[sec] 동안에 n회전을 하면 n사이클의 교류가 발생

$$w = 2\pi n = 2\pi f = \frac{2\pi}{T} \, [\text{rad/sec}] \; \blacksquare$$

5) 주파수(f, Frequency)

① 1[sec] 동안에 반복되는 사이클(Cycle)의 수

② 주파수 $f = \frac{1}{T}$ [Hz], 단위 [Hz] (헤르츠, Hertz)

6) 주기(T, Period)

① 교류의 파형이 1사이클의 변화에 필요한 시간

② 주기 $T = \frac{1}{f}$ [sec], 단위 [sec], 초 **2**

7) 위상차 **3**

① 주파수가 동일한 2개 이상의 교류 사이의 시간적인 차이

② v_a는 v_b보다 θ만큼 앞선다.(Lead)

　v_b는 v_a보다 θ만큼 뒤진다.(Lag)

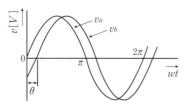

$$v_a = V_m \sin wt \, [\text{V}]$$
$$v_b = V_m \sin(wt-\theta) \, [\text{V}]$$

[교류전압의 위상차]

2 교류의 전압과 전류

1) 순시값 : 교류는 시간에 따라 변하고 있으므로 임의의 순간에서 전압 또는 전류의 크기

$$\text{전압 } v = V_m \sin\theta = V_m \sin wt = V_m \sin 2\pi ft = V_m \sin \frac{2\pi}{T} t \, [\text{V}]$$

$$\text{전류 } i = I_m \sin\theta = I_m \sin wt = I_m \sin 2\pi ft = I_m \sin \frac{2\pi}{T} t \, [\text{A}]$$

2) 최대값 : 교류의 순시값 중에서 가장 큰 값 **4**

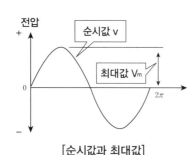

[순시값과 최대값]

순시값 전압 $v = V_m \sin wt$ [V]에서, 최대값은 V_m

순시값 전류 $i = I_m \sin wt$ [A]에서, 최대값은 I_m

3) 평균값 : 정현파 교류의 1주기를 평균하면 0이 되므로, 반주기를 평균한 값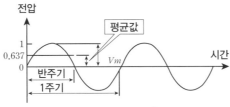

[정현파 교류의 평균값]

평균값 전압 $V_a = \dfrac{2}{\pi} V_m \fallingdotseq 0.637 V_m$ [V]

평균값 전류 $I_a = \dfrac{2}{\pi} I_m \fallingdotseq 0.637 I_m$ [A]

4) 실효값 : 교류의 크기를 직류와 동일한 일을 하는 교류의 크기로 바꿔 나타냈을 때의 값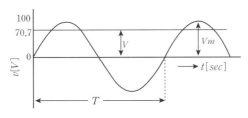

[정현파 교류의 실효값]

교류의 실효값 $v = \sqrt{v^2 \text{의 평균}}$

실효값 전압 $V = \dfrac{1}{\sqrt{2}} V_m \fallingdotseq 0.707 V_m$ [V]

실효값 전류 $I = \dfrac{1}{\sqrt{2}} I_m \fallingdotseq 0.707 I_m$ [A]

02 RLC 회로

1 R만의 회로

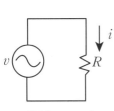
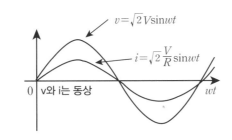

$v = \sqrt{2} V \sin wt$

$i = \sqrt{2} \dfrac{V}{R} \sin wt$

v와 i는 동상

f[Hz], $w = 2\pi f$

[저항(R)만의 회로]

5 최대값이 200[V]인 사인파 교류의 평균값은?

① 약 70.7[V]

② 약 100[V]

❸ 약 127.3[V]

④ 약 141.4[V]

평균값 전압 $V_a = \dfrac{2}{\pi} V_m$

$= \dfrac{2}{\pi} \times 200 = 127.3$ [V]

6 어느 교류전압의 순시값이 v $= 311\sin(120\pi t)$[V]라고 하면 이 전압의 실효값은 약 몇 [V]인가?

① 180[V]

❷ 220[V]

③ 440[V]

④ 622[V]

$v = V_m \sin\theta = V_m \sin wt$

$= V_m \sin 2\pi f t$

$= V_m \sin \dfrac{2\pi}{T} t$ [V]

• 순시값 $v = 311\sin(120\pi t)$ [V]

• 최대값 $V_m = 311$ [V]

• 실효값 $V = \dfrac{1}{\sqrt{2}} V_m$

$= \dfrac{1}{\sqrt{2}} \times 311 = 220$ [V]

• 각주파수 $w = 120\pi$

1) 순시값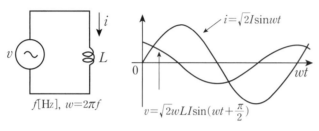

전압 $v = V_m \sin wt = \sqrt{2} V \sin wt \, [\text{V}]$

전류 $i = I_m \sin wt = \sqrt{2} I \sin wt = \sqrt{2} \dfrac{V}{R} \sin wt = \dfrac{v}{R} = \dfrac{V_m}{R} \sin wt \, [\text{A}]$

2) 실효값 : $V = IR \, [\text{V}]$

3) 위상차 : 전압과 전류의 위상은 서로 동상이다.

2 L만의 회로

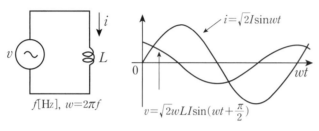

[인덕턴스(L)만의 회로]

1) 순시값

$i = I_m \sin wt = \sqrt{2} I \sin wt \, [\text{A}]$

$v = L\dfrac{di}{dt} = L\dfrac{d}{dt}(\sqrt{2} I \sin wt) = \sqrt{2} wLI \cos wt$

$\qquad = \sqrt{2} wLI \sin(wt+\dfrac{\pi}{2}) = V_m \sin(wt+\dfrac{\pi}{2}) \, [\text{V}]$

2) 유도 리액턴스(Inductive Reactance) : $X_L = wL = 2\pi f L \, [\Omega]$

3) 실효값 : $V = IX_L \, [\text{V}] = IwL \, [\text{V}]$

4) 위상차 : 전압 기준으로 전류는 전압보다 위상이 $\dfrac{\pi}{2}$ 뒤진다.

3 C만의 회로

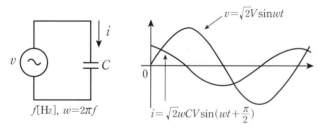

[커패시턴스(C)만의 회로]

1) 순시값

$v = V_m \sin wt = \sqrt{2} V \sin wt \, [\text{V}]$

$i = \dfrac{dQ}{dt} = \dfrac{dCv}{dt} = \dfrac{d}{dt}(\sqrt{2} CV \sin wt) = \sqrt{2} wCV \cos wt$

$\qquad = \sqrt{2} wCV \sin(wt+\dfrac{\pi}{2}) = \sqrt{2} I \sin(wt+\dfrac{\pi}{2}) \, [\text{A}]$

---

1 전기저항 25[Ω]에 50[V]의 사인파 전압을 가할 때 전류의 순시값은? (단, 각속도 w =377[rad/sec]임)

① 2sin377t [A]
❷ 2√2sin377t[A]
③ 4sin377t [A]
④ 4√2sin377t [A]

순시값 $i = I_m \sin wt$
$\qquad = \sqrt{2} I \sin wt$
$\qquad = \sqrt{2} \dfrac{V}{R} \sin wt \, [\text{A}]$

저항 $R = 25 \, [\Omega]$,
실효값 $V = 50 \, [\text{V}]$,
각속도 $w = 377 \, [\text{rad/sec}]$
$\therefore i = \sqrt{2} \dfrac{V}{R} \sin wt$
$\qquad = \sqrt{2} \times \dfrac{50}{25} \sin 377t$
$\qquad = 2\sqrt{2} \sin 377t \, [\text{A}]$

2 자체 인덕턴스가 0.01[H]인 코일에 100[V], 60[Hz]의 사인파 전압을 가할 때 유도 리액턴스는 약 몇 [Ω]인가?

❶ 3.77
② 6.28
③ 12.28
④ 37.68

유도 리액턴스
$X_L = wL = 2\pi f L \, [\Omega]$
$\qquad = 2\pi \times 60 \times 0.01$
$\qquad = 3.77 \, [\Omega]$

3 자기 인덕턴스 10m[H]의 코일에 50[Hz], 314[V]의 교류전압을 가했을 때 몇 [A]의 전류가 흐르는가? (단, 코일의 저항은 없는 것으로 하며, π = 3.14로 계산한다.)

① 10
② 31.4
③ 62.8
❹ 100

교류전압 $V = I \cdot X_L$
$\qquad = I \cdot wL = I \cdot 2\pi f L$
전류 $I = \dfrac{V}{2\pi f L}$
$\qquad = \dfrac{314}{2\pi \times 50 \times 10 \times 10^{-3}}$
$\qquad = 100 \, [\text{A}]$

2) 용량 리액턴스(Capacitive Reactance) : $X_C = \dfrac{1}{wC} = \dfrac{1}{2\pi fC}[\Omega]$

3) 실효값 : $V = IXc = \dfrac{1}{wC}[V]$

4) 위상차 : 전압 기준으로 전류는 전압보다 위상이 $\dfrac{\pi}{2}$ 앞선다.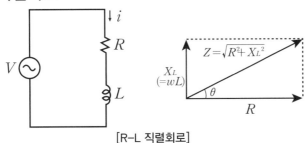

4 R-L 직렬회로

[R-L 직렬회로]

1) 임피던스(Z)

$$\dot{Z} = R + jX_L = R + jwL\,[\Omega]$$

$$Z = \sqrt{R^2 + X_L^2} = \sqrt{R^2 + (wL)^2}\,[\Omega]$$

2) 전압과 전류

$$V = IZ\,[V],\ I = \dfrac{V}{Z}\,[A]$$

3) 전압과 전류의 위상차 : 전압 V가 전류 I보다 θ만큼 앞선다.

$$\theta = tan^{-1}\dfrac{X_L}{R} = tan^{-1}\dfrac{wL}{R}$$

4) 역률 : $\cos\theta = \dfrac{R}{Z}$

5 R-C 직렬회로

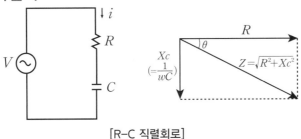

[R-C 직렬회로]

1) 임피던스(Z)

$$\dot{Z} = R - jXc = R - j\dfrac{1}{wC}[\Omega]$$

$$Z = \sqrt{R^2 + Xc^2} = \sqrt{R^2 + (\dfrac{1}{wC})^2}\,[\Omega]$$

4 어떤 회로에 $v=200\sin wt$ 의 전압을 가했더니 $i=50\sin$ $(wt + \dfrac{\pi}{2})$의 전류가 흘렀다. 이 회로는?

① 저항회로

② 유도성회로

❸ 용량성회로

④ 임피던스회로

⊙ 진상전류이면 용량성회로, 지상 전류이면 유도성회로이다.
전류$(\theta = \dfrac{\pi}{2})$가 전압$(\theta = 0)$보다 $\dfrac{\pi}{2}$ 앞선다 : 진상전류(용량성회로)

5 R-L 직렬회로에 교류전압 v $=V_m\sin\theta[V]$를 가했을 때 회로의 위상각 θ을 나타낸 것은?

① $\theta = tan^{-1}\dfrac{R}{wL}$

❷ $\theta = tan^{-1}\dfrac{wL}{R}$

③ $\theta = tan^{-1}\dfrac{1}{RwL}$

④ $\theta = tan^{-1}\dfrac{R}{\sqrt{R^2 + (wL)^2}}$

6 저항이 9[Ω]이고, 용량 리액 턴스가 12[Ω]인 직렬회로의 임피던스 [Ω]는?

① 3[Ω]

❷ 15[Ω]

③ 21[Ω]

④ 108[Ω]

⊙ 임피던스 $Z = \sqrt{R^2 + X_C^2}$
$= \sqrt{9^2 + 12^2}$
$= 15[\Omega]$

2) 전압과 전류 **7** **8**

$$V = IZ\,[\text{V}],\ I = \frac{V}{Z}\,[\text{A}]$$

3) 전압과 전류의 위상차 : 전압 V가 전류 I보다 θ만큼 뒤진다.

$$\theta = tan^{-1}\frac{Xc}{R} = tan^{-1}\frac{1}{wCR}$$

4) 역률 : $\cos\theta = \dfrac{R}{Z}$

6 R-L-C 직렬회로

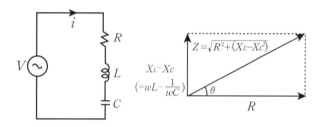

[R–L–C 직렬회로]

1) 임피던스(Z) **9** **10**

$$\dot{Z} = R+j(X_L-X_C) = R+j(wL-\frac{1}{wC})\,[\Omega],$$

$$Z = \sqrt{R^2+(X_L-X_C)^2} = \sqrt{R^2+(wL-\frac{1}{wC})^2}\,[\Omega]$$

2) 전압과 전류 **11**

$$V = IZ\,[\text{V}],\ I = \frac{V}{Z} = \frac{V}{\sqrt{R^2+(X_L-Xc)^2}} = \frac{V}{\sqrt{R^2+(wL-\frac{1}{wC})^2}}\,[\text{A}]$$

3) 전압과 전류의 위상차

① $wL > \dfrac{1}{wC}$: 유도성 회로 – 전압 V가 전류 I보다 θ만큼 뒤진다.

② $wL < \dfrac{1}{wC}$: 용량성 회로 – 전압 V가 전류 I보다 θ만큼 앞선다.

③ $wL = \dfrac{1}{wC}$: 무유도성 회로 – 전압 V와 전류 I가 동상이다.

④ $\theta = tan^{-1}\dfrac{X_L-X_C}{R} = tan^{-1}\dfrac{wL-\dfrac{1}{wC}}{R}$

4) 역률 : $\cos\theta = \dfrac{R}{Z} = \dfrac{R}{\sqrt{R^2+(X_L-X_C)^2}} = \dfrac{R}{\sqrt{R^2+(wL-\dfrac{1}{wC})^2}}$

---

7 R=6[Ω], X_C=8[Ω]인 직렬로 접속된 회로에 I=10[A] 전류가 흐른다면 전압 [V]는?

① $60+j80\,[\text{V}]$
❷ $60-j80\,[\text{V}]$
③ $100+j150\,[\text{V}]$
④ $100-j150\,[\text{V}]$

ⓐ 임피던스 $\dot{Z} = R-jXc$
　　　　　 $= 6-j8\,[\Omega]$
　전압 $V = IZ$
　　　　 $= 10\times(6-j8)$
　　　　 $= 60-j80\,[\text{V}]$

8 R=10[Ω], X_L=15[Ω], X_C=15[Ω]인 직렬로 접속된 회로에 V=100[V]의 전압을 인가할 때 흐르는 전류[A]는?

① 6[A]
② 8[A]
❸ 10[A]
④ 12[A]

ⓐ 전류 $I = \dfrac{V}{Z}$
　임피던스 $Z = \sqrt{R^2+(X_L-X_C)^2}$
　　　　　　 $= \sqrt{10^2+(15-15)^2}$
　　　　　　 $= 10\,[\Omega]$
　$\therefore I = \dfrac{V}{Z} = \dfrac{100}{10} = 10\,[\text{A}]$

9 R=4[Ω], X_L=8[Ω], X_C=5[Ω]인 직렬로 접속된 회로에 V=100[V]의 전압을 인가할 때 흐르는 ㉠전류와 ㉡임피던스는?

① ㉠ 5.9[A] ㉡ 용량성
② ㉠ 5.9[A] ㉡ 유도성
③ ㉠ 20[A] ㉡ 용량성
❹ ㉠ 20[A] ㉡ 유도성

ⓐ 임피던스 $Z = \sqrt{R^2+(X_L-X_C)^2}$
　　　　　　 $= \sqrt{4^2+(8-5)^2}$
　　　　　　 $= 5\,[\Omega]$
　$X_L > X_C$: 유도성
　전류 $I = \dfrac{V}{Z} = \dfrac{100}{5} = 20\,[\text{A}]$

7 R-L-C 병렬회로

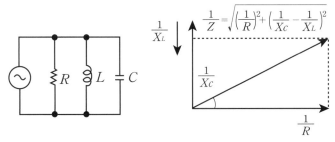

[R-L-C 병렬회로]

1) 어드미턴스(Y-Admittance)

임피던스(Z)의 역수, 기호는 Y, 단위는 [℧]

2) 임피던스(Z)의 어드미턴스(Y) 변환

① $\dot{Z} = R \pm jX\,[\Omega]$ 에서

$$\dot{Y} = \frac{1}{\dot{Z}} = \frac{1}{R \pm jX} = \frac{R \pm jX}{(R \pm jX)(R \pm jX)}$$

$$= \frac{R}{R^2 + X^2} \pm j\frac{X}{R^2 + X^2} = G \pm jB\,[℧]$$

- 실수부 : 컨덕턴스(Conductance) $G = \dfrac{R}{R^2 + X^2}\,[℧]$

- 허수부 : 서셉턴스(Susceptance) $B = \dfrac{X}{R^2 + X^2}\,[℧]$

② $\dot{Y} = \dfrac{1}{\dot{Z}} = \dfrac{1}{R} + j\left(\dfrac{1}{X_C} - \dfrac{1}{X_L}\right) = \dfrac{1}{R} + j\left(wC - \dfrac{1}{wL}\right)\,[℧]$ 에서,

$$Y = \sqrt{\left(\frac{1}{R}\right)^2 + \left(wC - \frac{1}{wL}\right)^2}\,[℧]$$

8 공진회로

1) 직렬공진회로 ⑫

① 직렬공진 조건 : $\dot{Z} = R + j(X_L - X_C) = R + j\left(wL - \dfrac{1}{wC}\right)\,[\Omega]$ 에서,

공진조건 : $wL - \dfrac{1}{wC} = 0$

② 직렬공진 시 임피던스 : $\dot{Z} = R\,[\Omega]\cdots$ 최소

③ 직렬공진 시 전류 : $I_0 = \dfrac{V}{Z} = \dfrac{V}{R}\,[\mathrm{A}]\cdots$ 최대

④ 직렬공진 각 주파수 : $w_0 L - \dfrac{1}{w_0 C} = 0 \to w_0 L = \dfrac{1}{w_0 C}$

$\to {w_0}^2 = \dfrac{1}{LC}$ 에서, 각 주파수 $w_0 = \dfrac{1}{\sqrt{LC}}\,[\mathrm{rad/sec}]$

---

⑩ $\dot{Z} = 2 + j11[\Omega]$과 $\dot{Z} = 4 - j3$ $[\Omega]$이 직렬회로에 교류전압 100[V]을 가할 때 합성 임피던스는?
① 6[Ω]
② 8[Ω]
❸ 10[Ω]
④ 14[Ω]

☞ 합성 임피던스
$Z = (2 + j11) + (4 - j3)$
$= 6 + j8$
$= \sqrt{6^2 + 8^2}$
$= 10[\Omega]$

⑪ $R = 4[\Omega]$, $X = 3[\Omega]$인 $R-L$ $-C$ 직렬회로 5[A]의 전류가 흘렀다면 이 때 전압은?
① 15[V]
② 20[V]
❸ 25[V]
④ 125[V]

☞ $V = I \cdot Z$
$= I \cdot \sqrt{R^2 + X^2}\,[\mathrm{V}]$
$= 5 \times \sqrt{4^2 + 3^2}$
$= 25[\mathrm{V}]$

⑫ $R-L-C$ 직렬공진 회로에서 최소가 되는 것은?
① 저항값
❷ 임피던스값
③ 전류값
④ 전압값

☞ 임피던스 $Z = R + j\left(wL - \dfrac{1}{wC}\right)[\Omega]$

공진조건 $wL - \dfrac{1}{wC} = 0$
임피던스 $Z = R$이므로 최소

⑤ 직렬공진 주파수 $\blacksquare$: $f_0 = \dfrac{1}{2\pi w_0} = \dfrac{1}{2\pi\sqrt{LC}}$ [Hz]

⑥ 직렬공진의 의미 : (허수부 0) = (전압과 전류가 동상) = (역률 1)
= (임피던스 최소) = (전류 최대)

2) 병렬공진회로

① 병렬공진 조건 : $\dot{Y} = \dfrac{1}{R} + j(\dfrac{1}{X_C} - \dfrac{1}{X_L}) = \dfrac{1}{R} + j(wC - \dfrac{1}{wL})$ [℧]에서,

공진조건 : $wC - \dfrac{1}{wL} = 0$

② 병렬공진 시 어드미턴스 : $\dot{Y} = \dfrac{1}{R}$ [℧]···최소

(임피던스 $Z = \dfrac{1}{Y}$ [Ω]···최대)

③ 병렬공진의 의미 : (허수부 0) = (전압과 전류가 동상) = (역률 1)
= (어드미턴스 최대) = (전류 최소)

13 저항 R=15[Ω], 자체 인덕턴스 L=35[mH], 정전용량 C=300[μF]의 직렬회로에서 공진주파수 f_0는 약 몇 [Hz]인가?

① 40
❷ 50
③ 60
④ 70

◉ 직렬공진조건 $w_0L = \dfrac{1}{w_0C}$

$\rightarrow w_0 = \dfrac{1}{\sqrt{LC}}$

공진주파수 $f_0 = \dfrac{1}{2\pi w_0}$

$= \dfrac{1}{2\pi\sqrt{LC}}$

$= \dfrac{1}{2\pi\sqrt{35\times10^{-3}\times300\times10^{-6}}}$

$\fallingdotseq 50$[Hz]

🔌 03 교류전력

1 저항(R) 부하의 전력

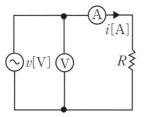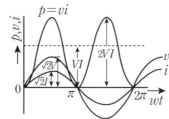

[저항부하의 전력]

1) 순시전력 : 교류회로에서 시간에 따라 변화하는 전압과 전류의 곱

2) 유효전력(평균전력) : 순시전력을 1주기 평균한 값

3) 교류전력(P) : 순시전력을 평균한 값

4) 전력(P) : 전압의 실효값(V)과 전류의 실효값(I)의 곱
$$P = V \cdot I \text{ [W]}$$

2 인덕턴스(L) 부하의 전력

충전과 방전을 되풀이하며 전력소비는 없다.

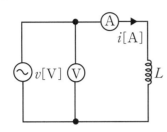 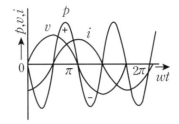

[인덕턴스(L) 부하의 전력]

3 정전용량(C) 부하의 전력

충전과 방전을 되풀이하며 전력소비는 없다.

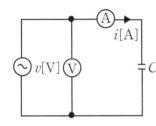 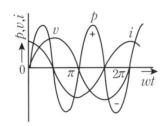

[정전용량(C) 부하의 전력]

4 임피던스(Z) 부하의 전력

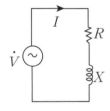 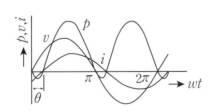

[임피던스(Z) 부하의 전력]

1) 피상전력(Apparent Power) : $P_a = VI$ [VA]

2) 유효전력(Active Power) **1** : $P = VI\cos\theta$ [W] (소비전력, 평균전력)

3) 무효전력(Reactive Power) : $P_r = VI\sin\theta$ [Var]

4) 역률 **2 3** : $\cos\theta = \dfrac{\text{유효전력}}{\text{피상전력}} = \dfrac{P}{P_a}$

(피상전력과 유효전력과의 비)

5) 무효율 : $\sin\theta = \dfrac{\text{무효전력}}{\text{피상전력}} = \dfrac{P_r}{P_a} = \sqrt{1-\cos^2\theta}$

(피상전력과 무효전력과의 비)

1 단상전압 220[V]에 소형 전동기를 접속하였더니 2.5[A]의 전류가 흘렀다. 이때의 역률이 75[%]이었다면, 이 전동기의 소비전력[W]은?

① 187.5[W]

❷ 412.5[W]

③ 545.5[W]

④ 714.5[W]

소비전력(유효전력, 평균전력)

$P = VI\cos\theta$

$= 220\times2.5\times0.75$

$= 412.5$[W]

2 교류회로에서 유효전력을 P, 무효전력 P_r, 피상전력을 P_a이라 하면 역률을 구하는 식은?

❶ $\cos\theta = \dfrac{P}{P_a}$

② $\cos\theta = \dfrac{P_a}{P}$

③ $\cos\theta = \dfrac{P}{P_r}$

④ $\cos\theta = \dfrac{P_r}{P}$

3 200[V], 40[W]의 형광등에 정격 전압이 가해졌을 때 형광등 회로에 흐르는 전류는 0.42[A]이다. 이 형광등의 역률[%]은?

① 37.5

❷ 47.6

③ 57.5

④ 67.5

유효전력 $P = VI\cos\theta$에서,

역률 $\cos\theta = \dfrac{P}{VI}$

$= \dfrac{40}{200\times0.42}$

$= 0.476$

1 3상 교류의 발생

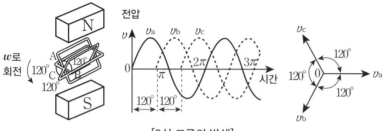

[3상 교류의 발생]

1) 3상 교류의 순시값

① $v_a = \sqrt{2}\sin wt\,[\text{V}]$

② $v_b = \sqrt{2}\sin(wt - \dfrac{2}{3}\pi)\,[\text{V}]$

③ $v_c = \sqrt{2}\sin(wt - \dfrac{4}{3}\pi)\,[\text{V}]$

2) 3상 교류(대칭)의 특징 **1 2**

① 각 기전력, 주파수, 파형이 같을 것

② 위상차가 각각 120°($= \dfrac{2}{3}\pi\,[\text{rad}]$)일 것

2 3상 교류의 결선

1) Y결선

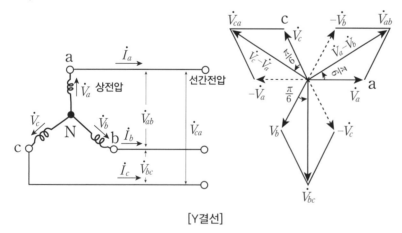

[Y결선]

1 대칭 3상 교류를 올바르게 설명한 것은?

① 3상의 크기 및 주파수가 같고 상차가 60°의 간격을 가진 교류

② 3상의 크기 및 주파수가 각각 다르고 상차가 60°의 간격을 가진 교류

❸ 동시에 존재하는 3상의 크기 및 주파수가 같고 상차가 120°의 간격을 가진 교류

④ 동시에 존재하는 3상의 크기 및 주파수가 같고 상차가 90°의 간격을 가진 교류

2 대칭 3상 교류에서 기전력 및 주파수가 같을 경우 각 상 간의 위상차는 얼마인가?

① π　　② $\dfrac{\pi}{2}$

❸ $\dfrac{2\pi}{3}$　　④ 2π

① 상전압(V_p)과 선간전압(V_ℓ)

$$V_{ab} = 2V_a\cos\frac{\pi}{6} = \sqrt{3}V_a[\text{V}]$$

$$V_\ell = \sqrt{3}V_p \angle \frac{\pi}{6}[\text{V}](\text{위상은 선간전압이 } \frac{\pi}{6}[\text{rad}] \text{ 앞선다.})$$ **3**

② 상전류(I_p)와 선전류(I_ℓ) : $I_\ell = I_p[\text{A}]$ **4**

2) △결선(3각 결선)

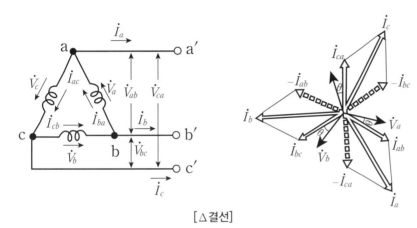

[△결선]

① 상전압(V_p)과 선간전압(V_ℓ) : $V_\ell = V_p$

② 상전류(I_p)와 선전류(I_ℓ)

$$I_a = 2I_{ab}\cos\frac{\pi}{6} = \sqrt{3}I_{ab}[\text{A}]$$

$$I_\ell = \sqrt{3}I_p \angle -\frac{\pi}{6}[\text{A}](\text{위상은 선전류가 } \frac{\pi}{6}[\text{rad}] \text{ 뒤진다.})$$ **5**

3) Y−△변환

① $Y \rightarrow \triangle$등가변환 : $Z_\triangle = 3Z_Y$ **6**

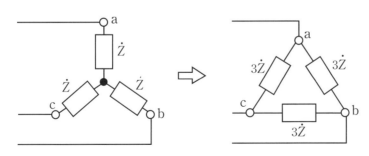

[Y→△등가변환]

3 대칭 3상 교류의 Y결선에서 선간전압이 220[V]일 때 상전압은 약 몇 [V]인가?
① 73   ❷ 127
③ 172   ④ 380

◉ Y결선
$V_\ell = \sqrt{3}V_p \angle \frac{\pi}{6}[\text{V}]$에서,
$$V_p = \frac{V_\ell}{\sqrt{3}} = \frac{220}{\sqrt{3}} = 127[\text{V}]$$

4 선간전압 210[V], 선전류 10[A]의 $Y-Y$회로가 있다. 상전압과 상전류는 각각 얼마인가?
① 약 121[V], 5.77[A]
❷ 약 121[V], 10[A]
③ 약 210[V], 5.77[A]
④ 약 210[V], 10[A]

◉ Y결선
$$V_p = \frac{V_\ell}{\sqrt{3}} = \frac{210}{\sqrt{3}}[\text{V}]$$
$$I_\ell = I_p = 10[\text{A}]$$

5 평형 3상 교류회로에서 △결선할 때 선전류 I_ℓ과 상전류 I_p와의 관계 중 옳은 것은?
① $I_\ell = 3I_p$
② $I_\ell = 2I_p$
❸ $I_\ell = \sqrt{3}I_p$
④ $I_\ell = I_p$

6 세 변의 저항 $R_a=R_b=R_c=15$[Ω]인 Y결선 회로가 있다. 이것과 등가인 △결선 회로의 각 변의 저항은 몇 [Ω]인가?
① 5   ② 10
③ 25   ❹ 45

◉ $Y \rightarrow \triangle$등가변환
$Z_\triangle = 3Z_Y$
$= 3 \times 15 = 45[\Omega]$

② $\Delta \rightarrow Y$ 등가변환 : $Z_Y = \frac{1}{3} Z_\Delta$

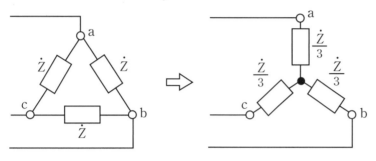

[$\Delta \rightarrow Y$ 등가변환]

4) V결선 [7]

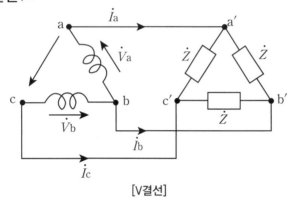

[V결선]

① 출력 : $P = \sqrt{3} VI \cos\theta \,[\text{W}]$

② 변압기 이용률 : $\dfrac{V 결선시 \ 용량}{변압기 \ 2대의 \ 용량} = \dfrac{\sqrt{3} VI}{2VI} = 0.867$

③ 출력비 : $\dfrac{P_V(V 결선시 \ 출력)}{P_\Delta(\Delta 결선시 \ 출력)} = \dfrac{\sqrt{3} VI}{3VI} = 0.577$

③ 3상 교류전력

1) 피상전력(Apparent Power) : $P_a = 3V_p I_p = \sqrt{3} V_\ell I_\ell \,[\text{VA}]$

2) 유효전력(Active Power) : $P = 3V_p I_p \cos\theta = \sqrt{3} V_\ell I_\ell \cos\theta \,[\text{W}]$ [8]
(소비전력, 평균전력)

3) 무효전력(Reactive Power) : $P_r = 3V_p I_p \sin\theta = \sqrt{3} V_\ell I_\ell \sin\theta \,[\text{Var}]$

④ 3상 교류전력의 측정법

1) 1전력계법 : $P = 3P_p \,[\text{W}]$

2) 2전력계법 [9] : $P = P_1 + P_2 \,[\text{W}]$, $P_r = \sqrt{3}(P_1 - P_2) \,[\text{Var}]$,
$P_a = \sqrt{P^2 + P_r^2} \,[\text{VA}]$

---

[7] 3상 전원에서 한 상에 고장이 발생하였다. 이때 3상 부하에 3상 전력을 공급할 수 있는 결선 방법은?
① Y결선
② Δ결선
③ 단상결선
❹ V결선

[8] 선간전압이 13,200[V], 선전류가 800[A], 역률 80[%] 부하의 소비전력은?
① 약 4,878[kW]
② 약 8,448[kW]
❸ 약 14,632[kW]
④ 약 25,344[kW]

🔍 3상 소비전력
$P = 3V_p I_p \cos\theta$
$= \sqrt{3} V_\ell I_\ell \cos\theta \,[\text{W}]$
$= \sqrt{3} \times 13,200 \times 800 \times 0.8$
$\fallingdotseq 14,632 \,[\text{kW}]$

[9] 단상 전력계 2대를 사용하여 2전력계법으로 3상 전력을 측정하고자 한다. 두 전력계의 지시값이 각각 P_1, P_2 [W]이었다. 3상 전력 P[W]를 구하는 식으로 옳은 것은?
① $P = \sqrt{3}(P_1 + P_2)$
② $P = P_1 - P_2$
③ $P = P_1 \times P_2$
❹ $P = P_1 + P_2$

3) 3전력계법 : $P = P_1 + P_2 + P_3 [\text{W}]$

05 비정현파 교류

1 비정현파

1) 비정현파
정현파 외의 일정 주기를 가지는 펄스파, 삼각파, 사각파 등의 파형

2) 비정현파 푸리에 급수의 전개 **①**
$v = V_0 + \Sigma$ = 직류분+기본파+고조파

3) 비정현파의 실효값 **②**
$V = \sqrt{\text{각 파의 실효값의 제곱의 합}} = \sqrt{V_0^2 + V_1^2 + V_2^2 + \cdots\cdots V_n^2}$

4) 왜형률(일그러짐률)
① 고조파 성분이 어느 정도 포함되어 있는가를 나타내는 정도

② 왜형률 $\varepsilon = \dfrac{\text{각 고조파의 실효값}}{\text{기본파의 실효값}} = \dfrac{\sqrt{V_2^2 + V_3^2 \cdots\cdots}}{V_1}$

2 비정현파의 전력

1) 유효전력 : $P = V_1 I_1 \cos\theta_1 + V_2 I_2 \cos\theta_2 + V_3 I_3 \cos\theta_3 + \cdots\cdots$

2) 무효전력 : $P_r = V_1 I_1 \sin\theta_1 + V_2 I_2 \sin\theta_2 + V_3 I_3 \sin\theta_3 + \cdots\cdots$

3) 피상전력 : $P_a = \sqrt{V_1^2 + V_2^2 + V_3^2 \cdots}\ \sqrt{I_1^2 + I_2^2 + I_3^2 \cdots}$

4) 역률 : $\dfrac{P}{P_a} = \dfrac{V_1 I_1 \cos\theta_1 + V_2 I_2 \cos\theta_2 + V_3 I_3 \cos\theta_3}{\sqrt{V_1^2 + V_2^2 + V_3^2 \cdots}\ \sqrt{I_1^2 + I_2^2 + I_3^2 \cdots}}$

3 파형의 파형률과 파고율

1) 파형률 $= \dfrac{\text{실효값}}{\text{평균값}}$ 2) 파고율 $= \dfrac{\text{최대값}}{\text{실효값}}$

파형	실효값	평균값	파형률	파고율
정현파	$\dfrac{V_m}{\sqrt{2}}$	$\dfrac{2V_m}{\pi}$	1.11	1.414
정현반파	$\dfrac{V_m}{2}$	$\dfrac{V_m}{\pi}$	1.57	2
구형파 **③**	V_m	V_m	1	1

① 비정현파를 여러 개의 정현파
의 합으로 표시하는 방법은?
① 중첩의 원리
② 노튼의 정리
❸ 푸리에 분석
④ 테일러의 분석

② $v = 100\sin wt + 100\cos wt [\text{V}]$
의 실효값은?
❶ 100   ② 141
③ 172   ④ 200

비정현파의 실효값
$V = \sqrt{V_0^2 + V_1^2 + V_2^2 + \cdots\cdots V_n^2}$ 에서,
$V_1 = \dfrac{100}{\sqrt{2}} [\text{V}], V_2 = \dfrac{100}{\sqrt{2}} [\text{V}]$

$V = \sqrt{V_1^2 + V_2^2}$
$= \sqrt{(\dfrac{100}{\sqrt{2}})^2 + (\dfrac{100}{\sqrt{2}})^2}$
$= 100 [\text{V}]$

③ 파형률과 파고율이 모두 1인
파형은?
① 삼각파
② 정현파
❸ 구형파
④ 반원파

구형파는 직각파형으로 파형률
과 파고율이 1이다.

구형반파	$\frac{V_m}{\sqrt{2}}$	$\frac{V_m}{2}$	1.41	1.41
삼각파	$\frac{V_m}{\sqrt{3}}$	$\frac{V_m}{2}$	1.15	1.73

[파형률과 파고율 비교]

4 과도현상

회로	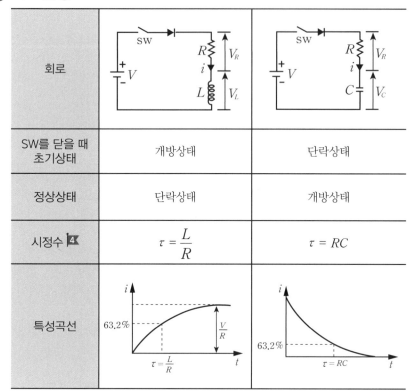
SW를 닫을 때 초기상태	개방상태 　　　　　　　　　 단락상태
정상상태	단락상태 　　　　　　　　　 개방상태
시정수 ◢	$\tau = \dfrac{L}{R}$ 　　　　　　　 $\tau = RC$
특성곡선	

[과도현상]

① 과도현상 : L과 C를 포함한 전기회로에서 순간적인 스위치 작용에 의하여 L, C성질에 의한 에너지 축적으로 정상상태에 이르는 동안 변화하는 현상. 정상상태로부터 다른 정상상태로 변화하는 과정이다.

② R만의 회로에서는 과도현상이 일어나지 않는다. 즉, 과도전류는 없다.

③ 시간적 변화를 가질 수 있는 소자, 즉 L과 C소자에서 과도현상이 발생한다.

④ 과도현상은 시정수가 클수록 오래 지속된다.

⑤ 시정수는 특성근의 절대값의 역이다. 즉, e^{-1}이 되는 t의 값이다.

◢ $R-L$직렬회로에서 R=20$[\Omega]$, L=10$[H]$인 경우 시정수 τ는?
① 0.005[s]
❷ 0.5[s]
③ 2[s]
④ 200[s]

🔍 시정수는 전류가 흐르기 시작하여 정상전류에 도달하기까지의 시간이다.

$\tau = \dfrac{L}{R} = \dfrac{10}{20} = 0.5[s]$

01 각속도 $w=300\,[\text{rad/sec}]$인 사인파 교류의 주파수 $f\,[\text{Hz}]$는 얼마인가?

① $\dfrac{70}{\pi}$ 　　② $\dfrac{150}{\pi}$

③ $\dfrac{180}{\pi}$ 　　④ $\dfrac{360}{\pi}$

01　　답 : ②

각속도 $w=2\pi f\,[\text{rad/sec}]$

주파수 $f=\dfrac{w}{2\pi}=\dfrac{300}{2\pi}=\dfrac{150}{\pi}\,[\text{Hz}]$

---

02 각속도 $w=377\,[\text{rad/sec}]$인 사인파 교류의 주파수는 약 몇 $[\text{Hz}]$인가?

① 30 　　② 60

③ 90 　　④ 120

02　　답 : ②

각속도 $w=2\pi f$

주파수 $f=\dfrac{w}{2\pi}=\dfrac{377}{2\pi}=60\,[\text{Hz}]$

---

03 $v=V_m\sin(wt+30°)\,[\text{V}]$, $i=I_m\sin(wt-30°)\,[\text{A}]$일 때 전압을 기준으로 하면 전류의 위상차는?

① 60도 뒤진다.

② 60도 앞선다.

③ 30도 뒤진다.

④ 30도 앞선다.

03　　답 : ①

위상차 $\theta=\theta_v-\theta_i=(30°)-(-30°)=60°$

v는 i보다 $60°$ 앞선다. 또는 i는 v보다 $60°$ 뒤진다.

---

04 $v=100\sqrt{2}\sin(120wt+\dfrac{\pi}{4})\,[\text{V}]$, $i=100\sin(120wt+\dfrac{\pi}{2})\,[\text{A}]$ 인 경우 전류는 전압보다 위상이 어떻게 되는가?

① $\dfrac{\pi}{2}\,[\text{rad}]$ 만큼 앞선다.

② $\dfrac{\pi}{2}\,[\text{rad}]$ 만큼 뒤진다.

③ $\dfrac{\pi}{4}\,[\text{rad}]$ 만큼 앞선다.

④ $\dfrac{\pi}{4}\,[\text{rad}]$ 만큼 뒤진다.

04　　답 : ③

위상차 $\theta=\theta_v-\theta_i=(\dfrac{\pi}{4})-(\dfrac{\pi}{2})=-\dfrac{\pi}{4}$

v는 i보다 $\dfrac{\pi}{4}$ 뒤진다. 또는 i는 v보다 $\dfrac{\pi}{4}$ 앞선다.

05 $i = I_m \sin wt$ [A]인 교류의 실효값은?

① $\dfrac{I_m}{\sqrt{2}}$ ② $\dfrac{2}{\pi} I_m$

③ I_m ④ $\sqrt{2} I_m$

05   답 : ①

실효값 $I = \dfrac{최대값}{\sqrt{2}} = \dfrac{I_m}{\sqrt{2}}$

06 교류 100[V]의 최대값은 약 몇 [V]인가?

① 90

② 100

③ 111

④ 141

06   답 : ④

실효값 $V = \dfrac{V_m}{\sqrt{2}}$

최대값 $V_m = \sqrt{2} V = \sqrt{2} \times 100 = 141$ [V]

07 5[mH]의 코일에 220[V], 60[Hz]의 교류를 가할 때 전류는 약 몇 [A]인가?

① 43[A]

② 58[A]

③ 87[A]

④ 117[A]

07   답 : ④

전류 $I = \dfrac{V}{X_L} = \dfrac{V}{wL} = \dfrac{V}{2\pi f L}$

$I = \dfrac{V}{2\pi f L} = \dfrac{220}{2\pi \times 60 \times 5 \times 10^{-3}} = 117$ [A]

08 콘덴서의 정전용량이 커질수록 용량 리액턴스 X_C의 값은 어떻게 되는가?

① 무한대로 접근한다.

② 커진다.

③ 작아진다.

④ 변화하지 않는다.

08   답 : ③

$X_C = \dfrac{1}{wC} = \dfrac{1}{2\pi f C} \propto \dfrac{1}{C}$

용량 리액턴스 X_C는 정전용량 C에 반비례한다.

09 그림의 브리지 회로에서 평형이 되었을 때의 C_x는?

① 0.1[μF]

② 0.2[μF]

③ 0.3[μF]

④ 0.4[μF]

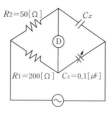

09   답 : ④

평형조건 : $R_2 \times \dfrac{1}{wC_s} = R_1 \times \dfrac{1}{wC_x}$ 에서,

$wC_x = \dfrac{R_1}{R_2} \times wC_s$

$C_x = \dfrac{R_1}{R_2} \times C_s$

$\quad = \dfrac{200}{50} \times 0.1 \times 10^{-6}$

$\quad = 0.4 \times 10^{-6}$ [F]

10 RL 직렬회로에서 임피던스 Z의 크기를 나타내는 식은?

① $R^2 + X_L^2$

② $R^2 - X_L^2$

③ $\sqrt{R^2 + X_L^2}$

④ $\sqrt{R^2 - X_L^2}$

10　　　　　　　　　　답 : ③

임피던스 $\dot{Z} = R + jX_L = R + jwL\,[\Omega]$

임피던스 크기 $Z = \sqrt{R^2 + X_L^2}$

$\qquad\qquad = \sqrt{R^2 + (wL)^2}\,[\Omega]$

---

11 저항 $3\,[\Omega]$, 유도 리액턴스 $4\,[\Omega]$의 직렬회로에 $100\,[\mathrm{V}]$의 교류전압을 가할 때 흐르는 전류와 위상각은 얼마인가?

① $14.3\,[\mathrm{A}]$, $37°$

② $14.3\,[\mathrm{A}]$, $53°$

③ $20\,[\mathrm{A}]$, $37°$

④ $20\,[\mathrm{A}]$, $53°$

11　　　　　　　　　　답 : ④

임피던스 $Z = \sqrt{R^2 + X_L^2} = \sqrt{3^2 + 4^2} = 5\,[\Omega]$

전류 $I = \dfrac{V}{Z} = \dfrac{100}{5} = 20\,[\mathrm{A}]$

위상각 : $\tan\theta = \dfrac{X_L}{R} = \dfrac{4}{3}$

$\qquad \to \theta = \tan^{-1}\dfrac{4}{3} = 53.12$

---

12 직렬 공진회로에서 최대가 되는 것은?

① 전류

② 임피던스

③ 리액턴스

④ 저항

12　　　　　　　　　　답 : ①

$Z = R + j(X_L - X_C) = R + j(wL - \dfrac{1}{wC})\,[\Omega]$

직렬 공진조건 : $wL - \dfrac{1}{wC} = 0$

임피던스 $Z = R$: 최소

전류 $I = \dfrac{V}{Z}$: 최대

---

13 $L\,[\mathrm{H}]$, $C\,[\mathrm{F}]$를 병렬로 결선하고 전압 $[\mathrm{V}]$를 가할 때 전류가 0이 되려면 주파수 f는 몇 $[\mathrm{Hz}]$이어야 하는가?

① $f = 2\pi\sqrt{LC}\,[\mathrm{Hz}]$

② $f = \dfrac{2\pi}{\sqrt{LC}}\,[\mathrm{Hz}]$

③ $f = \dfrac{\sqrt{LC}}{2\pi}\,[\mathrm{Hz}]$

④ $f = \dfrac{1}{2\pi\sqrt{LC}}\,[\mathrm{Hz}]$

13　　　　　　　　　　답 : ④

병렬공진 : $w_0 C - \dfrac{1}{w_0 L} = 0$

각주파수 : $w_0 C = \dfrac{1}{w_0 L} \to w_0^2 = \dfrac{1}{LC}$

$\qquad\qquad \to w_0 = \dfrac{1}{\sqrt{LC}}\,[\mathrm{rad/sec}]$

공진주파수 : $f_0 = \dfrac{1}{2\pi w_0} = \dfrac{1}{2\pi\sqrt{LC}}\,[\mathrm{Hz}]$

---

14 다음 중 병렬 공진회로에서 최대가 되는 것은?

① 임피던스

② 리액턴스

③ 저항

④ 전류

14　　　　　　　　　　답 : ①

어드미턴스 $Y = \dfrac{1}{R} + j(\dfrac{1}{X_C} - \dfrac{1}{X_L})$

$\qquad\qquad = \dfrac{1}{R} + j(wC - \dfrac{1}{wL})\,[\mho]$

병렬 공진조건 : $wC - \dfrac{1}{wL} = 0$

어드미턴스 $Y = \dfrac{1}{R}\,[\mho]$: 최소

임피던스 $Z = \dfrac{1}{Y}\,[\Omega]$: 최대

15 유효전력의 식으로 맞는 것은?

① $VI\cos\theta$

② $VI\sin\theta$

③ $VI\tan\theta$

④ VI

15 전력의 표시   답 : ①

피상전력 $P_a = VI$ [VA]
유효전력 $P = VI\cos\theta$ [W]
무효전력 $P_r = VI\sin\theta$ [Var]

16 복소수 $Z = 3+j4$의 절대값은 얼마인가?

① 2

② 4

③ 5

④ 7

16   답 : ③

복소수 $Z = a+jb$
절대값 $|Z| = \sqrt{a^2+b^2}$
$\quad\quad = \sqrt{3^2+4^2} = 5$

17 $i = 8+j6$ [A]로 표기되는 전류의 크기 I는 몇 [A]인가?

① 6

② 8

③ 10

④ 14

17   답 : ③

복소수 $Z = a+jb$
절대값 $|Z| = \sqrt{a^2+b^2}$
절대값 $|I| = \sqrt{8^2+6^2} = 10$

18 3상 교류를 Y결선하였을 때 선간전압과 상전압, 선전류와 상전류의 관계를 바르게 나타낸 것은?

① 상전압 $= \sqrt{3}$선간전압

② 선간전압 $= \sqrt{3}$상전압

③ 선전류 $= \sqrt{3}$상전류

④ 상전류 $= \sqrt{3}$선전류

18 Y결선   답 : ②

$V_\ell = \sqrt{3}V_p$
$I_\ell = I_p$

19 △결선인 3상 유도전동기의 상전압(V_p)과 상전류(I_p)를 측정하였더니 각각 200 [V], 30 [A]이었다. 이 3상 유도전동기의 선간전압(V_ℓ)과 선전류(I_ℓ)의 크기는 각각 얼마인가?

① $V_\ell = 200$ [V], $I_\ell = 30$ [A]

② $V_\ell = 200\sqrt{3}$ [V], $I_\ell = 30$ [A]

③ $V_\ell = 200\sqrt{3}$ [V], $I_\ell = 30\sqrt{3}$ [A]

④ $V_\ell = 200$ [V], $I_\ell = 30\sqrt{3}$ [A]

19 △결선   답 : ④

$V_\ell = V_p = 200$ [V]
$I_\ell = \sqrt{3}I_p = \sqrt{3}\times30$ [A]

20 평형 3상 △결선에서 선간전압(V_ℓ)과 상전압(V_p)와의 관계가 옳은 것은?

① $V_\ell = \dfrac{1}{\sqrt{3}} V_p$

② $V_\ell = \dfrac{1}{3} V_p$

③ $V_\ell = V_p$

④ $V_\ell = \sqrt{3}\, V_p$

20 △결선   답 : ③

$V_\ell = V_p$
$I_\ell = \sqrt{3}\, I_p$

---

21 대칭 3상 △결선에서 선전류와 상전류와의 위상 관계는?

① 상전류가 $\dfrac{\pi}{6}$[rad] 앞선다.

② 상전류가 $\dfrac{\pi}{6}$[rad] 뒤진다.

③ 상전류가 $\dfrac{\pi}{3}$[rad] 앞선다.

④ 상전류가 $\dfrac{\pi}{3}$[rad] 뒤진다.

21 3상 결선   답 : ①

[△결선]
$V_\ell = V_p$[V], $I_\ell = \sqrt{3}\, I_p \angle -\dfrac{\pi}{6}$[A]
(위상은 선전류가 $\dfrac{\pi}{6}$[rad] 뒤진다.)
[Y결선]
$I_\ell = I_p$[A], $V_\ell = \sqrt{3}\, V_p \angle \dfrac{\pi}{6}$[V]
(위상은 선간전압이 $\dfrac{\pi}{6}$[rad] 앞선다.)

---

22 1대의 출력이 100[kVA]인 단상 변압기 2대로 V결선하여 3상 전력을 공급할 수 있는 최대전력은 몇 [kVA]인가?

① 100[kVA]

② $100\sqrt{2}$ [kVA]

③ $100\sqrt{3}$ [kVA]

④ 200[kVA]

22 V결선   답 : ③

출력 $P_V = \sqrt{3}\, VI$
$\quad\;\; = \sqrt{3}\, P$
$\quad\;\; = \sqrt{3} \times 100$
$\quad\;\; = 100\sqrt{3}$ [kVA]

---

23 1상의 $R = 12$[Ω], $X_L = 16$[Ω]을 직렬로 접속하여 선간전압 200[V]인 대칭 3상 교류 전압을 가할 때의 역률은?

① 약 60[%]

② 약 70[%]

③ 약 80[%]

④ 약 90[%]

23   답 : ①

역률 $\cos\theta = \dfrac{R}{Z}$

임피던스 $Z = \sqrt{R^2 + X^2} = \sqrt{12^2 + 16^2} = 20$[Ω]

∴ 역률 $\cos\theta = \dfrac{R}{Z} = \dfrac{12}{20} = 0.6$

---

24 비사인파의 일반적인 구성이 아닌 것은?

① 삼각파

② 고조파

③ 기본파

④ 직류분

24   답 : ①

비정현파 $v = V_0 + \Sigma$
$\qquad\qquad$ = 직류분+기본파+고조파

25 파형률과 파고율이 모두 1인 파형은?

① 삼각파

② 정현파

③ 구형파

④ 반원파

25 답 : ③

구형파는 직각파형으로 파형률과 파고율이 1
이다.

26 $R=4\,[\Omega]$, $wL=3\,[\Omega]$의 직렬회로에 $v=100\sqrt{2}\sin wt+30\sqrt{2}\sin3wt\,[\mathrm{V}]$ 전압을 가할 때 전력은 약 몇 $[\mathrm{W}]$인가?

① 1,170 $[\mathrm{W}]$

② 1,563 $[\mathrm{W}]$

③ 1,637 $[\mathrm{W}]$

④ 2,116 $[\mathrm{W}]$

26 비정현파 전력   답 : ③

$P = V_1 I_1 \cos\theta_1 + V_3 I_3 \cos\theta_3$에서,

$I_1 = \dfrac{V_1}{Z_1} = \dfrac{100}{\sqrt{4^2+3^2}} = 20\,[\mathrm{A}]$

$I_3 = \dfrac{V_3}{Z_3} = \dfrac{30}{\sqrt{4^2+(3\times3)^2}} = \dfrac{30}{\sqrt{97}}\,[\mathrm{A}]$

$\therefore P = V_1 I_1 \cos\theta_1 + V_3 I_3 \cos\theta_3$

$= 100\times20\times\dfrac{4}{\sqrt{4^2+3^2}}+30\times\dfrac{30}{\sqrt{97}}\times\dfrac{4}{\sqrt{4^2+9^2}}$

$= 1,637\,[\mathrm{W}]$

27 비정현파의 종류에 속하는 직사각형파의 전개식에서 기본파의 진폭 $[\mathrm{V}]$은?(단, $V_m=20\,[\mathrm{V}]$, $T=10\,[\mathrm{mS}]$)

① 23.27 $[\mathrm{V}]$

② 24.47 $[\mathrm{V}]$

③ 25.47 $[\mathrm{V}]$

④ 26.47 $[\mathrm{V}]$

27   답 : ③

직사각형파 $v = \dfrac{4}{\pi}V_m$

$\left(\sin wt+\dfrac{1}{3}\sin3wt+\dfrac{1}{5}\sin5wt\cdots\right)$

기본파 진폭 : $\dfrac{4}{\pi}V_m = \dfrac{4}{\pi}\times20 = 25.47\,[\mathrm{V}]$

28 다음 중 파형률을 나타낸 것은?

① $\dfrac{\text{실효값}}{\text{평균값}}$

② $\dfrac{\text{최대값}}{\text{실효값}}$

③ $\dfrac{\text{평균값}}{\text{실효값}}$

④ $\dfrac{\text{실효값}}{\text{최대값}}$

28   답 : ①

파형률 $= \dfrac{\text{실효값}}{\text{평균값}}$

파고율 $= \dfrac{\text{최대값}}{\text{실효값}}$

29 $R=10\,[\mathrm{k}\Omega]$, $C=5\,[\mu\mathrm{F}]$의 직렬회로에 $110\,[\mathrm{V}]$의 직류전압을 인가했을 때 시정수는?

① 5 $[\mathrm{ms}]$

② 50 $[\mathrm{ms}]$

③ 1 $[\mathrm{s}]$

④ 2 $[\mathrm{s}]$

29   답 : ②

시정수 $\tau = RC\,[\mathrm{s}]$에서,

$\tau = 10\times10^3\times5\times10^{-6} = 5\times10^{-2}\,[\mathrm{s}]$

30 저항 $R=8\,[\Omega]$과 유도 리액턴스 $X_L=6\,[\Omega]$이 직렬로 접속된 회로에 $200\,[\text{V}]$의 교류전압을 인가하는 경우 흐르는 전류$[\text{A}]$와 역률$[\%]$은 각각 얼마인가?

① $20\,[\text{A}]$, $80\,[\%]$

② $10\,[\text{A}]$, $60\,[\%]$

③ $20\,[\text{A}]$, $60\,[\%]$

④ $10\,[\text{A}]$, $80\,[\%]$

30 교류전압 V=IZ 답 : ①

임피던스 $Z = \sqrt{R^2 + X_L^2}$

$\quad = \sqrt{8^2 + 6^2} = 10\,[\Omega]$

전류 $I = \dfrac{V}{Z} = \dfrac{200}{10} = 20\,[\text{A}]$

역률 $\cos\theta = \dfrac{R}{Z} = \dfrac{8}{10} = 0.8$

---

31 임피던스 $\dot{Z}=6+j8\,[\Omega]$에서 컨덕턴스는?

① $0.06\,[\text{℧}]$

② $0.08\,[\text{℧}]$

③ $0.1\,[\text{℧}]$

④ $1.0\,[\text{℧}]$

31 답 : ①

어드미턴스 $\dot{Y} = \dfrac{1}{Z} = G \pm jB\,[\text{℧}]$

$\dot{Y} = \dfrac{1}{\dot{Z}} = \dfrac{1}{6+j8} = \dfrac{6-j8}{(6+j8)(6-j8)}$

$\quad = \dfrac{6}{36^2 + 64^2} - j\dfrac{8}{36^2 + 64^2}$

$\quad = \dfrac{6}{100} - j\dfrac{8}{100}\,[\text{℧}]$

---

32 교류기기나 교류전원의 용량을 나타낼 때 사용되는 것과 그 단위가 바르게 나열된 것은?

① 유효전력 - $[\text{VAh}]$ ② 무효전력 - $[\text{W}]$

③ 피상전력 - $[\text{VA}]$ ④ 최대전력 - $[\text{Wh}]$

32 답 : ③

유효전력 - $[\text{W}]$

무효전력 - $[\text{Var}]$

---

33 선간전압이 $380\,[\text{V}]$인 전원에 $Z=8+j6\,[\Omega]$의 부하를 Y결선으로 접속했을 때 선전류는 약 몇 $[\text{A}]$인가?

① 12

② 22

③ 28

④ 38

33 Y결선 답 : ②

$I_\ell = I_p = \dfrac{V_p}{Z} = \dfrac{\frac{380}{\sqrt{3}}}{\sqrt{8^2+6^2}} = \dfrac{380}{10\sqrt{3}} = 22\,[\text{A}]$

---

34 $\Delta-\Delta$평형회로에서 $E=200\,[\text{V}]$, 임피던스 $Z=3+j4\,[\Omega]$일 때 상전류 $I_p\,[\text{A}]$는 얼마인가?

① $30\,[\text{A}]$

② $40\,[\text{A}]$

③ $5\,[\text{A}]$

④ $66.7\,[\text{A}]$

34 Δ결선 답 : ②

임피던스 $Z = \sqrt{3^2+4^2} = 5\,[\Omega]$

선간전압 $V_\ell = V_p = 200\,[\text{V}]$

선전류 $I_\ell = \sqrt{3}\,I_p$

상전류 $I_p = \dfrac{V_p}{Z} = \dfrac{200}{5} = 40\,[\text{A}]$

35 평형 3상 교류회로의 Y결선 회로로부터 $\triangle$결선 회로로 등가변환 하기 위해서는 어떻게 하여야 하는가?

① 각 상의 임피던스를 3배로 한다.

② 각 상의 임피던스를 $\sqrt{3}$로 한다.

③ 각 상의 임피던스를 $\dfrac{1}{\sqrt{3}}$로 한다.

④ 각 상의 임피던스를 $\dfrac{1}{3}$로 한다.

35 답 : ①

$Y-\Delta$등가변환 : $Z_\Delta = 3Z_Y$

$\Delta-Y$등가변환 : $Z_Y = \dfrac{1}{3}Z_\Delta$

---

36 출력 P[kVA]의 단상변압기 전원 2대를 V결선 할 때의 3상 출력 [kVA]은?

① P ② $\sqrt{3}P$

③ $2P$ ④ $3P$

36 V결선 답 : ②

$P_V = \sqrt{3}P = \sqrt{3}VI$

---

37 용량이 250[kVA] 단상 변압기 3대를 $\triangle$결선으로 운전 중 1대가 고장 나서 V결선으로 운전하는 경우 출력은 약 몇 [kVA]인가?

① 144[kVA]

② 353[kVA]

③ 433[kVA]

④ 525[kVA]

37 V결선 답 : ③

$P_V = \sqrt{3}P = \sqrt{3}VI$
$= \sqrt{3} \times 250 = 433$[kVA]

---

38 주기적인 구형파 신호의 성분은 어떻게 되는가?

① 성분 분석이 불가능하다.

② 직류분 만으로 합성된다.

③ 무수히 많은 주파수의 합성이다.

④ 교류 합성을 갖지 않는다.

38 답 : ③

구형파는 비정현파의 종류이다.

$v = V_0 + \Sigma$ = 직류분+기본파+고조파

---

39 $R=4$[Ω], $\dfrac{1}{wC}=36$[Ω]을 직렬로 접속한 회로에 $v=120\sqrt{2}\sin wt$ $+60\sqrt{2}\sin(3wt+\phi_3)+30\sqrt{2}\sin(5wt+\phi_5)$[V]을 인가했을 때 흐르는 전류의 실효값은 약 몇 [A]인가?

① 3.3[A]

② 4.8[A]

③ 3.6[A]

④ 6.8[A]

39 비정현파의 실효값 답 : ④

$I = \sqrt{I_1^2+I_3^2+I_5^2}$ 에서,

$I_1 = \dfrac{V_1}{Z_1} = \dfrac{100}{\sqrt{4^2+36^2}} = 3.3$[A]

$I_3 = \dfrac{V_3}{Z_3} = \dfrac{60}{\sqrt{4^2+(\frac{1}{3}\times 36)^2}} = 4.7$[A]

$I_5 = \dfrac{V_5}{Z_5} = \dfrac{30}{\sqrt{4^2+(\frac{1}{5}\times 36)^2}} = 3.6$[A]

$\therefore$ 전류의 실효값 $I = \sqrt{I_1^2+I_3^2+I_5^2}$
$= \sqrt{3.3^2+4.7^2+3.6^2}$
$= 6.8$[A]

제2과목

전기기기

Chapter 1
직류기 / 예상문제

Chapter 2
동기기 / 예상문제

Chapter 3
변압기 / 예상문제

Chapter 4
유도전동기 / 예상문제

Chapter 5
정류기 / 예상문제

01 직류 발전기의 구조와 원리

1 직류 발전기의 구조 🔳

1) **계자**(Field Magnet) 🔳 : 자속을 발생하는 부분

2) **전기자**(Armature) : 계자에서 만든 자속을 쇄교하여 기전력을 발생하는 부분

3) **정류자**(Commutator) : 전기자에서 발생된 기전력, 즉 교류를 직류로 변환하는 부분

4) **브러시**(Brush) 🔳 : 정류자면에 접촉하여 외부회로로 전류를 흐르게 하는 부분

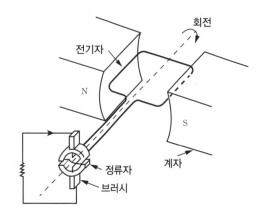

2 직류 발전기의 원리

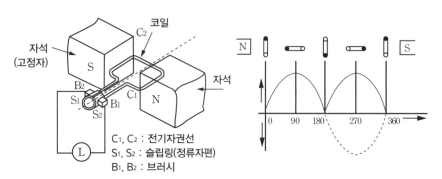

C₁, C₂ : 전기자권선
S₁, S₂ : 슬립링(정류자편)
B₁, B₂ : 브러시

🔳 다음 중 직류기의 주요 구성 3요소가 아닌 것은?
　① 전기자
　② 정류자
　③ 계자
　❹ 보극

🔍 직류기의 구성

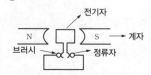

🔳 철심에 권선을 감고 전류를 흘려서 공극(Air Gap)에 필요한 자속을 만드는 것은?
　① 정류자
　❷ 계자
　③ 회전자
　④ 전기자

🔍 계자 : 계자철심과 계자권선으로 구성되어 자속을 발생한다.

🔳 정류자와 접촉하여 전기자 권선과 외부회로를 연결시켜 주는 역할을 하는 것은?
　① 계자
　② 전기자
　❸ 브러시
　④ 계자철심

🔍 브러시 : 접촉저항은 크고 전기 저항과 마찰저항은 작을 것

1) 직류 발전기의 원리

① 플레밍의 오른손법칙에 의하여 코일을 일정한 방향으로 회전시키면 반회전할 때마다 방향이 바뀌는 교류 기전력이 발생한다.

② 이 기전력은 정류자편 S_1, S_2와 브러시 B_1, B_2의 작용에 의하여 직류로 바뀌어 그림의 파형처럼 직류전압이 유기된다.

2) 유도기전력 **4** : 전기자 권선에서 발생한 전압

$$E = pZ\phi\,\frac{n}{a} = pZ\phi\,\frac{N}{60a} = k\phi N\,[\mathrm{V}]$$

p : 극수, Z : 도체수, ϕ : 자속, N : 회전속도[rpm], n : 회전속도[rps], a : 병렬회로수

3 전기자 권선법

1) 2층권 : 직류기는 주로 2층권을 사용하며, 2층권에는 중권과 파권이 있다.

2) 중권(병렬권) **5**

① 저전압 대전류에 사용된다.

② 전기자 병렬 회로수(a) = 브러시(b) = 극수(p)

③ 균압선 접속 : 전기자 권선의 국부적 과열 방지

3) 파권(직렬권)

① 고전압 소전류에 사용된다.

② 전기자 병렬 회로수(a) = 브러시(b) = 극수(p) = 2

02 전기자 반작용과 정류작용

1 전기자 반작용 **1**

1) 전기자 반작용 : 전기자 전류에 의해 발생한 자속이 계자에 의한 주 자속에 영향을 미치는 현상

2) 직류기의 전기자 반작용

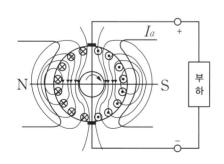
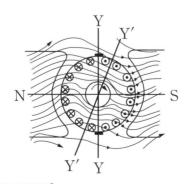

[직류 발전기의 전기자 반작용]

4 직류발전기에서 유도기전력 E를 바르게 나타낸 것은?

❶ $E \propto \phi n$

② $E \propto \phi n^2$

③ $E \propto \dfrac{\phi}{n}$

④ $E \propto \dfrac{n}{\phi}$

🔁 직류 발전기의 유기기전력

$E = pZ\phi\dfrac{n}{a} = pZ\phi\dfrac{N}{60a}$ 에서,

$E = pZ\phi\dfrac{n}{a} \propto \phi n$

5 직류기의 전기자 권선을 중권으로 하였을 때 해당되지 않는 조건은?

① 전기자 권선의 병렬 회로수는 극수와 같다.

❷ 브러시 수는 2개이다.

③ 전압이 낮고, 비교적 전류가 큰 기기에 적합하다.

④ 균압선 접속을 할 필요가 있다.

1 직류 발전기에 있어서 전기자 반작용이 생기는 요인이 되는 전류는?

① 동손에 의한 전류

❷ 전기자 권선에 의한 전류

③ 계자권선의 전류

④ 규소강판에 의한 전류

🔁 전기자 반작용은 전기자 전류가 주 자속에 영향을 주는 것이다.

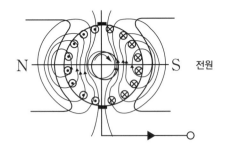 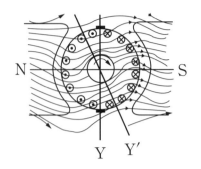

[직류 전동기의 전기자 반작용]

2 전기자 반작용 영향 ☑

1) **감자작용** : 주 자속을 감소시킨다.
  ① 발전기 : 유도기전력 감소
  ② 전동기 : 토크 감소

2) **편자작용** : 중성축을 이동시킨다.
  ① 발전기 : 회전방향
  ② 전동기 : 회전 반대방향

3) **불꽃 발생** : 자속분포 불균일로 인한 국부적 전압 상승으로 불꽃 발생

3 전기자 반작용 대책 ☑

1) **보상권선 설치** : 가장 좋은 대책으로 전기자 전류와 반대방향으로 설치한다.

2) **보극 설치** ☑ : 전기자 반작용을 경감시키고, 양호한 정류를 얻는 데 더욱 효과적이다.

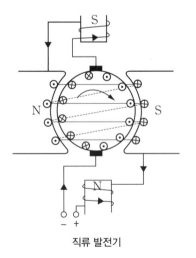
직류 발전기

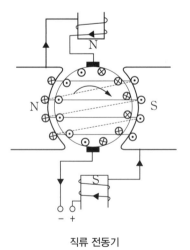
직류 전동기

[보상권선 및 보극 설치]

☑ 직류 발전기의 전기자 반작용의 영향이 아닌 것은?
❶ 절연내력의 저하
② 유도기전력의 저하
③ 중성축의 이동
④ 자속의 감소

☑ 직류 발전기의 전기자 반작용을 없애는 방법으로 옳지 않은 것은?
① 보상권선 설치
② 보극 설치
③ 브러시 위치를 전기적 중성점으로 이동
❹ 균압환 설치

🔄 전기자 반작용의 영향과 대책
• 감자작용 : 보상권선 설치
• 편자작용 : 브러시 위치 회전방향(전기적 중성점)으로 이동
• 불꽃 발생 : 보극 설치

☑ 직류 분권전동기의 보극은 무엇 때문에 쓰이는가?
① 회전수 일정
② 토크 증가
❸ 정류 양호
④ 시동 토크 증가

🔄 보극 설치
• 전기자 반작용 경감
• 양호한 정류

3) **브러시 위치 이동** : 브러시 위치를 전기적 중성점인 회전방향으로 이동

4 정류작용

1) **정류작용** : 직류 발전기의 전기자 권선 안에 유기되는 기전력 교류를 직류로 변환하는 작용

2) **리액턴스 전압** : 전류의 급격한 변화로 리액턴스 전압 $e_L = L\dfrac{di}{dt}$ 유기되어 브러시 간 불꽃 발생

3) **정류곡선**

① 직선정류 : 전류가 직선적으로 균등하게 변환(양호)
② 정현파정류 : 불꽃 발생 안함 (양호)
③ 부족정류 : 브러시 후단에서 불꽃 발생(불량)
④ 과정류 : 브러시 전단에서 불꽃 발생(불량)

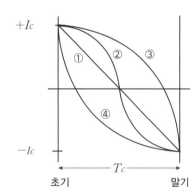

4) **정류개선 대책(불꽃 없는 정류)** **5**

① 보극 설치(전압정류)로 리액턴스 평균전압($e_L = L\dfrac{di}{dt}$)을 작게 한다.
② 리액턴스(L)가 작아야 한다.
② 정류주기(Tc)를 크게 한다.
③ 접촉저항(Rc)이 큰(저항정류) 탄소 브러시를 사용한다.

🔌 03 직류 발전기의 종류와 운전특성

1 직류 발전기의 종류

1) 타여자 발전기 **1**

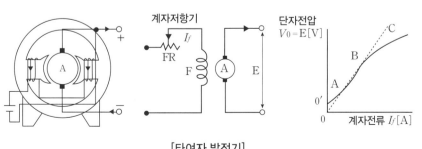

[타여자 발전기]

5 직류기에서 양호한 정류를 얻기 위한 조건이 아닌 것은?
① 정류주기를 크게 한다.
② 전기자 코일의 인덕턴스를 작게 한다.
❸ 평균 리액턴스 전압을 브러시 접촉면 전압 강하보다 크게 한다.
④ 브러시 접촉저항을 크게 한다.

🔍 양호한 정류
• 리액턴스 전압 및 리액턴스가 작을 것
• 정류주기가 클 것
• 브러시 접촉저항이 클 것

1 계자철심에 잔류자기가 없어도 발전되는 직류기는?
① 직권기
❷ 타여자기
③ 분권기
④ 복권기

🔍 타여자 발전기
• 전기자와 계자가 분리되어 있어 별도의 직류전원에서 여자 전류를 공급하는 방식
• 잔류 자속이 없어도 발전 가능

① $E = V + I_a R_a$ $I_a = I$

② 계자권선이 전기자와 접속되어 있지 않으므로 별도의 직류전원에서 여자전류를 공급하는 방식

③ 계자에 잔류자기가 없어도 발전 가능

④ 정전압 발전기로 전압강하가 작고, 전압을 광범위하게 조정하는데 사용

2) 직권 발전기 2

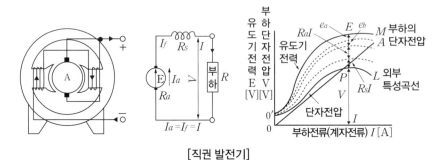

[직권 발전기]

① $E = V + I_a(R_a + R_f)$ $I_a = I = I_f$

② 전기자와 계자 권선의 직렬접속

③ 운전 중 전기자 회전방향을 반대로 하면 잔류자기 소멸로 발전 불가능

④ 무부하시에는 자기여자로 전압을 확립할 수 없음

3) 분권 발전기 3

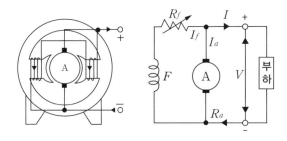

[분권 발전기]

① $E = V + I_a R_a$ $I_a = I + I_f$

② 전기자와 계자 권선의 병렬접속

③ 무부하시 계자권선에 큰 전류가 흘러 고전압이 유기되어 소손됨

④ 정전압 발전기로서 수하특성을 가짐

⑤ 역회전 시 잔류자기 소멸로 발전할 수 없음

⑥ 계자저항기를 사용한 전압조정이 가능하며, 전기 화학용, 전지의 충전용으로 적합

2 무부하에서 자기여자로서 전압을 확립하지 못하는 직류 발전기는?
① 타여자 발전기
② 직권 발전기
③ 분권 발전기
④ 차동복권 발전기

직권 발전기는 무부하시($I_a = I = I_f = 0$)에 전압이 성립하지 못한다.
※ 전압 확립 : 계자전류의 증가로 단자전압이 증가하는 현상 (분권 발전기)

3 직류 분권 발전기를 서서히 단락 상태로 하면 다음 중 어떠한 상태로 되는가?
① 과전류로 소손된다.
② 과전압이 된다.
③ 소전류가 흐른다.
④ 운전이 정지된다.

직류 분권 발전기
• 무부하시 계자권선에 큰 전류가 흘러 고전압이 유기로 소손된다.
• 단락 상태면 전기자 전류가 모두 흐르게 되어 계자전류가 거의 흐르지 않아 자속을 얻을 수 없다.

4) 복권 발전기(내분권 발권기+외분권 발권기) : 외분권 발권기는 다음과 같다.

① 가동 복권 발전기 : 직권자속, 분권자속이 같은 방향

❶ 과복권 발전기
- 무부하 전압 〈 전부하 전압 : 전압 변동률은 (−)
- 급전의 전압강하를 보상하는 경우 사용

❷ 평복권 발전기 4
- 직류전원 및 전기기계의 여자전원으로 사용
- 무부하 전압=전부하 전압 : 전압 변동률은 0

❸ 부족복권 발전기
- 무부하 전압 〉 전부하 전압 : 전압 변동률은 (+)

② 차동 복권 발전기 : 직권자속, 분권자속이 반대 방향
- 수하특성 : 부하가 증가할수록 단자전압이 저하하는 특성(부특성)
- 용접기용 전원으로 사용

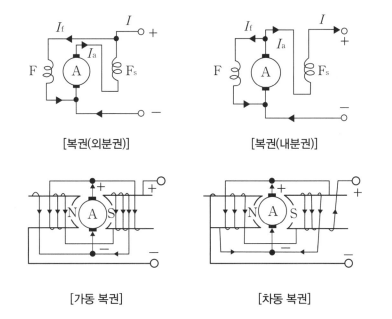

[복권(외분권)]　　[복권(내분권)]

[가동 복권]　　[차동 복권]

2 직류 발전기의 병렬운전 조건 5

① 단자전압이 같을 것
② 각 발전기의 극성이 같을 것
③ 외부 특성 곡선이 일치할 것
④ 수하특성일 것
⑤ 균압선 설치할 것 6
- 병렬운전을 안정하게 운전하기 위해 설치
- 직권 발전기, 복권 발전기

4 직류 발전기 중 무부하 전압과 전부하 전압이 같도록 설계된 직류 발전기는?
① 분권 발전기
② 직권 발전기
❸ 평복권 발전기
④ 차동복권 발전기

5 직류 분권 발전기의 병렬운전 조건에 해당되지 않는 것은?
① 극성이 같을 것
② 단자전압이 같을 것
③ 외부 특성 곡선이 수하특성일 것
❹ 균압 모선을 접속할 것

○ 병렬운전을 안정히 하기 위하여 균압선을 설치하는 발전기 : 직권 발전기, 복권 발전기

6 직류 복권 발전기를 병렬운전할 때 반드시 필요한 것은?
① 과부하 계전기
❷ 균압선
③ 용량이 같을 것
④ 외부 특성 곡선이 일치할 것

3 직류 발전기의 운전특성 곡선 7 8

1) **무부하 (포화)특성 곡선** : 무부하 운전시 계자전류(I_f)와 유도기전력(E) 관계 곡선

2) **부하 포화 곡선** : 계자전류(I_f)와 단자전압(V) 관계 곡선

3) **외부 특성 곡선** : 부하전류(I)와 단자전압(V) 관계 곡선

① 과복권 : $V_n > V_0$
② 평복권 : $V_n = V_0$
③ 부족복권 : $V_n < V_0$
④ 차동복권 : 수하특성

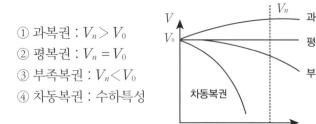

[외부 특성 곡선]

7 직류 발전기의 무부하 포화 곡선은 다음 중 어느 관계를 표시한 것인가?
① 계자전류 대 부하전류
② 부하전류 대 단자전압
❸ 계자전류 대 유도기전력
④ 계자전류 대 회전속도

8 직류 발전기의 부하 포화 곡선은 다음 중 어느 관계를 표시한 것인가?
① 부하전류와 여자전류
② 단자전압과 부하전류
❸ 단자전압과 계자전류
④ 부하전류와 유기기전력

---

04 직류 전동기

1 직류 전동기의 이론

1) **원리** : N극과 S극의 자기장에 전기자 도체를 놓고, 직류 전류를 가하면 도체에 힘이 작용하여 회전력(Torque, 토크)이 발생한다.

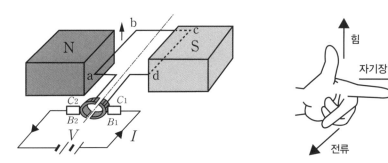

[직류전동기의 원리(플레밍의 왼손법칙)]

2) **역기전력** : $E = pZ\phi \dfrac{N}{60a} = V - I_a R_a = k\phi N \, [\text{V}]$

3) **회전속도** : $N = k\dfrac{E}{\phi} = \dfrac{V - I_a R_a}{\phi} \, [\text{rpm}]$

4) **토크(회전력)** 1 : $\tau = \dfrac{P}{w} = \dfrac{P}{2\pi n} = \dfrac{P}{2\pi}\dfrac{60}{N} = 9.55\dfrac{P}{N} \, [\text{N·m}]$

$\qquad = 0.975\dfrac{P}{N} \, [\text{kg·m}]$

1 직류 전동기의 출력이 50[kW], 회전수가 1,800[rpm]일 때 토크는 약 몇 [kg·m]인가?
① 12　　② 23
❸ 27　　④ 31

토크 $\tau = 0.975\dfrac{P}{N}$

$= 0.975 \times \dfrac{50 \times 10^3}{1,800}$

$= 27.08 \, [\text{kg·m}]$

② 직류 전동기의 종류와 특성

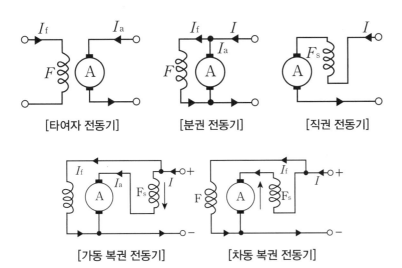

[타여자 전동기]　　[분권 전동기]　　[직권 전동기]

[가동 복권 전동기]　　[차동 복권 전동기]

1) 타여자 전동기 ②
　① 정속도 특성의 전동기
　② 속도를 광범위하게 조정할 수 있으므로 압연기나 엘리베이터 등
　　에 사용

2) 직권 전동기 ③ ④

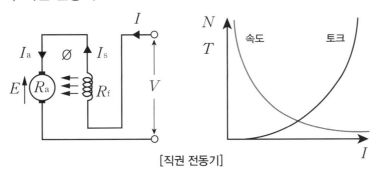

[직권 전동기]

　① $E = V - I_a(R_a + R_f)\,[\mathrm{V}]$　　$I = I_s = I_a\,[\mathrm{A}]$

　② $N = k\,\dfrac{E}{\phi} = \dfrac{V - I_a(R_a + R_f)}{\phi}\,[\mathrm{rpm}]$　　$N \propto \dfrac{1}{\phi} = \dfrac{1}{I}$

　③ $\tau = k\phi I_a = kI_a^2 = kI^2\,[\mathrm{N \cdot m}]$　　$\tau \propto I^2 = \dfrac{1}{N^2}$

　④ 무부하 및 벨트 운전 금지 : 위험 속도에 도달되므로 기어나 체인
　　부하 사용

　　$N \propto \dfrac{1}{\phi} = \dfrac{1}{I}$: $\phi = I = 0 \rightarrow$ 속도 N무한대

　⑤ 정출력 전동기, 저속에서 기동토크가 가장 큰 전동기(전기철도,
　　크레인, 전동차 등)

② 속도를 광범위하게 조정할 수 있어 압연기나 엘리베이터 등에 사용되는 직류 전동기는?
① 직권 전동기
② 분권 전동기
❸ 타여자 전동기
④ 가동 복권 전동기

③ 직류 전동기에서 무부하가 되면 속도가 대단히 높아져서 위험하기 때문에 무부하 운전이나 벨트를 연결한 운전을 해서는 안 되는 전동기는?
❶ 직권 전동기
② 분권 전동기
③ 타여자 전동기
④ 복권 전동기

④ 전기철도에 사용되는 직류 전동기로 가장 적합한 것은?
① 분권 전동기
❷ 직권 전동기
③ 가동복권 전동기
④ 차동복권 전동기

3) 분권 전동기

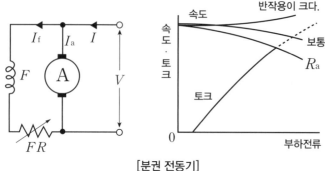

[분권 전동기]

① 정속도 전동기로 공작기계 등에 주로 사용한다.

② 토크는 전기자 전류에 비례한다.

③ 계자회로에 퓨즈를 사용하지 않는다.

4) 복권 전동기

① 가동복권 전동기

② 차동복권 전동기

3 직류 전동기의 운전특성 5

1) 전동기 기동

① 기동 전류를 최소로 하여 기동저항을 최대로 할 것

② 기동 토크를 최대로 하여 계자저항을 최소로 할 것

2) 속도 제어 6

① 전압 제어(V 조정)

• 정토크 제어

• 워드 레오나드 방식 : 대표적 속도제어 방식, Fly-Wheel 없음
(권상기, 승강기, 기중기, 인쇄기, 압연기)

• 일그너 방식 : Fly-Wheel 있음(제철, 제강)

• 직병렬 제어

② 계자 제어

• 정출력 제어

• 자속(ϕ)을 계자저항(R_f)으로 계자전류를 변화시켜 속도 조정

③ 저항 제어 : 전기자 저항(R_a) 조정

3) 전동기 제동 방법 7

① 발전 제동 : 제동 시에 발전을 저항으로 소비하는 제동 방법

② 회생 제동 : 전동기를 발전기로 전환하여 전원에 회생하여 제동
하는 방법

5 직류 분권 전동기의 기동 방법 중 가장 적당한 것은?
① 기동 저항기를 전기자와 병렬로 접속한다.
② 기동 토크를 작게 한다.
③ 계자 저항기의 저항값을 크게 한다.
❹ 계자 저항기의 저항값을 0으로 한다.

6 직류 전동기의 속도제어 방법이 아닌 것은?
① 전압 제어
② 계자 제어
③ 저항 제어
❹ 플러깅 제어

7 직류 전동기의 전기적 제동법이 아닌 것은?
① 발전 제동
② 회생 제동
③ 역전 제동
❹ 저항 제동

③ 역상(역전) 제동(Plugging, 플러깅) : 회전자(전기자)의 접속을
   바꾸어 토크를 반대로 발생시킨(역회전) 후 전동기를 전원에서
   분리하여 급제동 하는 방법

4) 전동기 역회전 방법 🛮

① 극성을 바꾸면 회전방향은 변함이 없다.

② 계자 또는 전기자의 접속을 바꾼다.

🐟 05 직류기의 일반 특성

🔳 직류기의 손실

1) 동손 P_c (가변손＝구리손＝부하손) : 부하전류에 의한 권선에 생기는 손실

2) 철손 P_i (고정손＝무부하손)

① 히스테리시스손 P_h : 손실 대책으로 규소강판 사용

② 와류손 P_e : 손실 대책으로 철심을 성층 사용

3) 기계손 P_m (마찰손＋풍손) : 회전에 의한 손실

4) 표유부하손 : 측정이나 계산으로 구할 수 없는 손실(도체 또는 철심 내부에서 생기는 손실)

🔳 직류기의 효율 🛮

1) 실측 효율 : $\eta = \dfrac{출력}{입력} \times 100\,[\%]$

2) 규약 효율

① 발전기 $\eta = \dfrac{출력}{출력+손실} \times 100\,[\%]$

② 전동기 $\eta = \dfrac{입력-손실}{입력} \times 100\,[\%]$

🔳 직류기의 변동률

1) 전압 변동률 🛮 : $\varepsilon = \dfrac{V_o - V_n}{V_n} \times 100\,[\%]$

V_o : 무부하시 전압, V_n : 정격전압(부하시 전압)

2) 속도 변동률 : $\varepsilon = \dfrac{N_o - N_n}{N_n} \times 100\,[\%]$

N_o : 무부하시 속도, N_n : 정격속도(부하시 속도)

🛮 직류 전동기의 회전 방향을 바꾸려면?

① 전기자 전류의 방향과 계자 전류의 방향을 동시에 바꾼다.

② 발전기로 운전시킨다.

❸ **계자 또는 전기자의 접속을 바꾼다.**

④ 차동복권을 가동복권으로 바꾼다.

🔍 직류 전동기의 회전방향을 바꾸려면 전기자 전류와 계자전류 중 하나의 방향을 바꾸면 된다.

🛮 효율 80[%], 출력 10[kW]일 때 입력은 몇 [kW]인가?

① 7.5   ② 10

❸ **12.5**   ④ 20

🔍 효율 $\eta = \dfrac{출력}{입력} \times 100\,[\%]$에서,

$입력 = \dfrac{출력}{\eta} = \dfrac{10}{0.8}$

$\quad = 12.5\,[\mathrm{kW}]$

🛮 발전기를 정격전압 220[V]로 운전하다가 무부하로 운전하였더니, 단자전압이 253[V]가 되었다. 이 발전기의 전압 변동률은 몇 [%]인가?

❶ **15[%]**   ② 25[%]

③ 35[%]   ④ 45[%]

🔍 전압변동률

$\varepsilon = \dfrac{V_o - V_n}{V_n} \times 100\,[\%]$

$\quad = \dfrac{253-220}{220} \times 100\,[\%] = 15\,[\%]$

4 특수 직류기

1) 전기동력계 : 전동기와 같은 원동기의 출력을 측정하는 데 사용되는 특수 직류기

2) 단극발전기 : 일정 방향의 기전력을 발생하여 정류자가 필요 없는 구조의 발전기로 저전압과 대전류 발생용으로 화학공장이나 저항 용접 등에 사용된다.

3) 승압기 : 직류회로에 직렬로 접속해서 회로의 전압을 광범위하게 제어하기 위하여 사용되는 직류 발전기

4) 직류 스테핑 모터(DC Stepping Motor) ▣

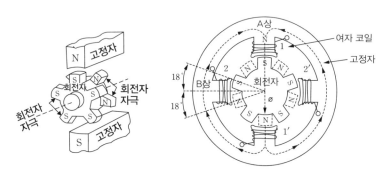

[직류 스테핑 모터의 구조]

① 자동제어에 사용되는 특수 전동기로 정밀한 서보(Servo) 기구에 많이 사용된다.

② 전기신호(펄스)를 받아 회전운동으로 바꾸고 기계적 이동을 한다.

③ 교류 동기 서보 보터에 비하여 효율이 좋고 큰 토크를 발생한다.

④ 전기신호(신호)에 따라 일정한 각도만큼 회전하고, 입력되는 연속신호에 따라 정확하게 반복되며 출력을 이용하여 어떤 특수 기계의 속도, 거리, 방향 등을 정확하게 제어 할 수 있다.

5) 직류 서보 모터 : 세밀한 속도 및 위치제어에 사용되며, 기동, 정지, 제동과 정역회전에 연속적으로 이루어지는 제어에 적합하도록 설계, 제작된 전동기

▣ 교류 동기 서보 모터에 비하여 효율이 훨씬 좋고 큰 토크를 발생하여 입력되는 각 전기신호에 따라 규정된 각도만큼씩 회전하며 회전자는 축방향으로 자화된 영구자석으로서 보통 50개 정도의 톱니로 만들어져 있는 것은?
① 전기동력계
② 유도전동기
❸ 직류 스테핑 모터
④ 동기 전동기

01 플레밍(Fleming)의 오른손법칙에 따른 기전력이 발생되는 기기는?

① 직류 발전기
② 교류 전동기
③ 교류 정류기
④ 교류 용접기

01 답 : ①

플레밍의 왼손법칙은 전동기의 원리에, 플레밍의 오른손법칙은 발전기의 원리에 해당한다.

02 직류 발전기의 전기자 구성으로 옳은 것은?

① 전기자, 철심, 정류자
② 전기자 권선, 전기자 철심
③ 전기자 권선, 계자
④ 전기자 철심, 브러시

02 답 : ②

전기자(Armature)는 기전력이 유도되는 곳으로 전기자 권선과 철심으로 구성되어 있다.

03 직류 발전기에서 자속을 만드는 부분은 어느 것인가?

① 계자 철심
② 정류자
③ 브러시
④ 공극

03 답 : ①

계자(Field)는 주 자속을 발생하는 부분이다.

04 직류기에서 브러시의 역할은?

① 기전력 유도
② 자속 생성
③ 정류 작용
④ 전기자 권선과 외부 회로 접속

04 답 : ④

브러시는 정류자에 접촉하여 전기자 권선과 외부 회로를 연결시켜 준다.

05 직류 발전기를 구성하는 부분 중 정류자란?

① 전기자와 쇄교하는 자속을 만들어 주는 부분
② 자속을 끊어서 기전력을 유기하는 부분
③ 전기자 권선에서 생긴 교류를 직류로 바꾸어 주는 부분
④ 계자 권선과 외부 회로를 연결시켜 주는 부분

05 답 : ③

정류자(Commutator)는 교류를 직류로 변환한다.

06 중권의 극수 p인 직류기에서 전기자 병렬 회로수 a는 어떻게 되는가?

① $a = p$

② $a = 2$

③ $a = 2p$

④ $a = 3p$

06　　　　　　　　답 : ①

중권(병렬권)의 전기자 병렬 회로수 a = 브러시 b = 극수 p

07 10극의 직류 파권 발전기의 전기자 도체수 400, 매극의 자속수 0.02[Wb], 회전수 600[rpm]일 때 기전력은 몇 [V]인가?

① 200

② 220

③ 380

④ 400

07 직류 발전기의 유도기전력　　답 : ④

$E = pZ\phi \dfrac{n}{a} = pZ\phi \dfrac{N}{60a}$ [V]에서,

병렬회로수 $a = 2$(파권)

$\therefore E = pZ\phi \dfrac{N}{60a}$

$= 10 \times 400 \times 0.02 \times \dfrac{600}{60 \times 2}$

$= 400$ [V]

(p : 극수, Z : 도체수, ϕ : 자속, N : 회전속도 [rpm], n : 회전속도 [rps], a : 병렬회로수)

08 자속밀도 0.8[Wb/m²]인 자계에서 길이 50[cm]인 도체가 30[m/s]로 회전할 때 유기되는 기전력[V]은?

① 8

② 12

③ 15

④ 24

08 유도기전력　　　　答 : ②

$e = B\ell v$

$= 0.8 \times 50 \times 10^{-2} \times 30$

$= 12$ [V]

09 보극이 없는 직류기 운전 중 중성점이 위치가 변하지 않는 경우는?

① 과부하

② 전부하

③ 중부하

④ 무부하

09　　　　　　　　답 : ④

무부하 시에는 전기자 전류가 흐르지 않으므로 전기자 반작용이 발생하지 않아 중성점 위치가 변하지 않는다.

10 직류기에서 보극을 두는 가장 주된 목적은?

① 기동 특성을 좋게 한다.

② 전기자 반작용을 크게 한다.

③ 정류 작용을 돕고 전기자 반작용을 약화시킨다.

④ 전기자 자속을 증가시킨다.

10 보극 설치　　　　　답 : ③

• 전기자 반작용 경감

• 양호한 정류

11 계자 권선이 전기자와 접속되어 있지 않은 직류기는?

① 직권기

② 분권기

③ 복권기

④ 타여자기

11　　　　　　　　　답 : ④

타여자기는 별도의 직류전원에서 여자 전류를 공급하는 방식이다.

12 분권 발전기는 잔류 자속에 의하여 잔류 전압을 만들고 이때 여자 전류가 잔류 자속을 증가시키는 방향으로 흐르면, 여자 전류가 점차 증가하면서 단자 전압이 상승하게 된다. 이러한 현상을 무엇이라고 하는가?

① 자기 포화

② 여자 조절

③ 보상 전압

④ 전압 확립

12　　　　　　　　　답 : ④

전압 확립이란, 계자 전류의 증가로 단자 전압이 증가하는 현상을 말한다.

13 직류기에서 전압변동률이 (−)값으로 표시되는 발전기는?

① 분권 발전기

② 과복권 발전기

③ 타여자 발전기

④ 평복권 발전기

13 직류기의 전압변동률　　　　답 : ②

• 전압변동률 (−) : 과복권 발전기

• 전압변동률 (0) : 평복권 발전기

• 전압변동률 (+) : 부족복권 발전기, 타여자 발전기, 분권 발전기

14 다음 중 정속도 전동기에 속하는 것은?

① 유도 전동기

② 직권 전동기

③ 교류 정류자 전동기

④ 분권 전동기

14　　　　　　　　　답 : ④

분권 전동기와 타여자 전동기는 정속도 운전이 가능하다.

15 그림과 같은 접속은 어떤 직류 전동기의 접속인가?

① 타여자 전동기

② 분권 전동기

③ 직권 전동기

④ 복권 전동기

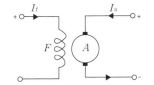

15　　　　　　　　　답 : ①

타여자기는 별도의 직류전원에서 여자 전류를 공급하는 방식이다.

16 직류 직권 전동기의 벨트 운전을 금지하는 이유는?

① 벨트가 벗겨지면 위험속도에 도달한다.

② 손실이 많아진다.

③ 벨트가 마모하여 보수가 곤란하다.

④ 직결하지 않으면 속도제어가 곤란하다.

16　　　　　　　　　　답 : ①

직류 직권 전동기 무부하 및 벨트 운전 금지

$N \propto \dfrac{1}{\phi} = \dfrac{1}{I}$: $\phi = I = 0 \rightarrow$ 속도N무한대

위험 속도에 도달되므로 기어나 체인 부하 사용

17 직류 분권 전동기의 회전 방향을 바꾸기 위해 일반적으로 무엇의 방향을 바꾸어야 하는가?

① 전원

② 주파수

③ 계자 저항

④ 전기자 전류

17　　　　　　　　　　답 : ④

직류기를 역회전하려면 계자 전류나 전기자 전류 중 하나의 방향을 바꾸어 접속한다.

18 직류 전동기를 기동할 때 전기자 전류를 제한하는 가감 저항기를 무엇이라고 하는가?

① 단속기

② 제어기

③ 가속기

④ 기동기

18　　　　　　　　　　답 : ④

기동기는 전기자 전류를 제한하여 기동 토크를 증가시킨다.

19 직류 분권 전동기의 계자 저항을 운전 중에 증가시키면 회전 속도는?

① 증가한다.

② 감소한다.

③ 변함없다.

④ 정지한다.

19 직류 전동기　　　　　　답 : ①

속도 $N = k\dfrac{V - I_a R_a}{\phi}$

계자 저항 R_f이 증가하면 $(R_f \propto \dfrac{1}{I_f} \propto \dfrac{1}{\phi})$ 계자 전류와 자속은 감소한다. 따라서 속도 N은 증가한다.

20 직류 분권 전동기의 계자 전류를 약하게 하면 회전 속도는?

① 감소한다.

② 정지한다.

③ 증가한다.

④ 변함없다.

20 직류 전동기　　　　　　답 : ③

속도 $N = k\dfrac{V - I_a R_a}{\phi}$

계자 전류 I_f가 감소하면 $(R_f \propto \dfrac{1}{I_f} \propto \dfrac{1}{\phi})$ 자속도 감소한다. 따라서 속도 N은 증가한다.

21 워드 레오나드 속도 제어는?

① 저항 제어

② 계자 제어

③ 전압 제어

④ 직병렬 제어

21 전압 제어(V 조정)　　　　답 : ③

- 정토크 제어
- 워드 레오나드 방식 : 대표적 속도제어 방식, Fly-Wheel 없음(권상기, 승강기, 기중기, 인쇄기, 압연기)
- 일그너 방식 : Fly-Wheel 있음(제철, 제강)
- 직병렬 제어

22 입력 12.5[kW], 출력 10[kW]일 때 기기의 손실은 몇 [kW]인가?

① 2.5

② 23.0

③ 24.0

④ 25.5

22　　　　답 : ①

손실 = 입력 - 출력
　　 = 12.5 - 10
　　 = 2.5[kW]

23 직류기의 전기자 철심을 규소 강판으로 성층하여 만드는 이유는?

① 가공하기 쉽다.

② 가격이 염가이다.

③ 철손을 줄일 수 있다.

④ 기계손을 줄일 수 있다.

23　　　　답 : ③

규소 강판을 성층하면 철손을 줄일 수 있다.

24 출력 10[kW], 효율 90[%]인 기기의 손실은 약 몇 [kW]인가?

① 0.6

② 1.1

③ 2.0

④ 2.5

24　　　　답 : ②

$$효율\ \eta = \frac{출력}{입력} \times 100\,[\%]$$

$$= \frac{출력}{출력+손실} \times 100\,[\%]$$

$$손실 = \frac{출력}{\eta} - 출력$$

$$= \frac{10}{0.9} - 10 = 1.11\,[kW]$$

25 직류 발전기를 병렬 운전할 때 균압선이 필요한 직류기는?

① 분권 발전기, 직권 발전기

② 분권 발전기, 복권 발전기

③ 직권 발전기, 과복권 발전기

④ 분권 발전기, 단극 발전기

25　　　　답 : ③

균압선은 병렬운전을 안정하게 운전하기 위해 설치한다.

26 직류기의 권선을 단중 파권으로 감으면?

① 내부 병렬 회로수가 극수만큼 생긴다.
② 내부 병렬 회로수는 극수와 관계없이 언제나 2이다.
③ 저전압 대전류용 권선이다.
④ 균압환을 연결해야 한다.

26 파권(직렬권)　　　　　답 : ②

• 고전압 소전류에 사용된다.
• 전기자 병렬 회로수(a)
　= 브러시(b) = 극수(p) = 2

27 부하의 변화가 심할 때 직류기의 전기자 반작용 방지에 가장 유효한 것은?

① 리액턴스 코일
② 보상권선
③ 공극의 증가
④ 보극

27 보상권선 설치　　　　　답 : ②

• 전기자 반작용의 가장 좋은 대책
• 전기자 전류와 반대방향으로 설치

28 그림과 같은 정류곡선에서 양호한 정류를 얻을 수 있는 곡선은?

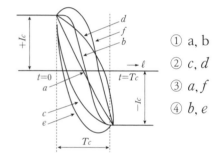

① a, b
② c, d
③ a, f
④ b, e

28 정류곡선　　　　　답 : ①

a-직선정류 : 전류가 직선적으로 균등하게 변환(양호)
b-정현파정류 : 불꽃 발생 안함(양호)
d, f-부족정류 : 브러시 후단에서 불꽃 발생(불량)
c, e-과정류 : 브러시 전단에서 불꽃 발생(불량)

29 직류 분권 발전기를 역회전 하면 어떻게 되는가?

① 발전되지 않는다.
② 정회전 때와 마찬가지다.
③ 과대 전압이 유기된다.
④ 섬락이 일어난다.

29　　　　　답 : ①

직류 분권 발전기를 역회전 시 잔류자기 소멸로 발전할 수 없다.(ϕ = 0이므로, 유도기전력 E = 0)

30 가동 복권 발전기의 내부 결선을 바꾸어 분권 발전기로 하려면?

① 내분권 복권형으로 해야 한다.
② 외분권 복권형으로 해야 한다.
③ 분권 계자를 단락시킨다.
④ 직권 계자를 단락시킨다.

30 가동 복권 발전기　　　　　답 : ④

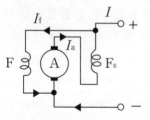

직권 계자 권선 F_s를 단락(연결)시킨다.

31 전기용접용 발전기로 가장 적합한 것은?

① 직류 분권형 발전기
② 차동 복권형 발전기
③ 가동 복권형 발전기
④ 직류 타여자식 발전기

31 차동 복권 발전기　　답 : ②

수하특성(부하가 증가할수록 단자전압이 저하하는 특성)을 가지고 있어 용접기용 전원으로 사용한다.

32 직류 발전기에서 급전선의 전압강하 보상용으로 사용되는 것은?

① 분권기
② 직권기
③ 과복권기
④ 차동복권기

32 과복권 발전기　　답 : ③

전압변동률이 (-)로 설계된 발전기이다.

33 다음 중 직권 전동기의 속도특성을 나타낸 것은?

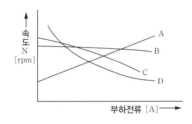

① A　　　　② B
③ C　　　　④ D

33 직권 전동기의 속도　　답 : ④

$$N = k\frac{E}{\phi} = \frac{V - I_a(R_a + R_f)}{\phi} [\text{rpm}]$$
$$\rightarrow 속도 \ N \propto \frac{1}{\phi} = \frac{1}{I}$$

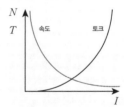

• 속도 N은 부하전류 I에 반비례한다.
$$(N \propto \frac{1}{\phi} = \frac{1}{I})$$
• 토크 τ는 부하전류 I의 제곱에 비례한다.
$$(\tau \propto I^2 = \frac{1}{N^2})$$

34 다음 중 분권 전동기의 속도특성을 나타낸 것은?

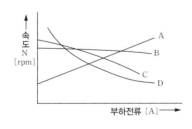

① A　　　　② B
③ C　　　　④ D

34 분권 전동기와 타여자 전동기의 정속도 특성　　답 : ②

35 직류 복권 전동기를 분권 전동기로 사용하려면 어떻게 하여야 하는가?

① 분권 계자를 단락시킨다.
② 부하 단자를 단락시킨다.
③ 직권 계자를 단락시킨다.
④ 전기자를 단락시킨다.

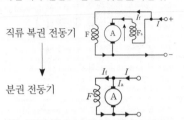
36 직류 전동기의 속도제어 방법 중 속도제어가 원활하고 정토크 제어가 되며 운전효율이 좋은 것은?

① 계자 제어
② 병렬 저항 제어
③ 직렬 저항 제어
④ 전압 제어

37 전기기계의 효율 중 발전기의 규약 효율 η_G은? (단, 입력 P, 출력 Q, 손실 L로 표현한다.)

① $\eta_G = \dfrac{P-L}{P} \times 100\,[\%]$

② $\eta_G = \dfrac{P-L}{P+L} \times 100\,[\%]$

③ $\eta_G = \dfrac{Q}{P} \times 100\,[\%]$

④ $\eta_G = \dfrac{Q}{Q+L} \times 100\,[\%]$

38 직류 전동기에 있어 무부하일 때의 회전수 N_o은 1,200[rpm], 정격부하일 때의 회전수 N_n은 1,150[rpm]이라 한다. 속도변동률은 몇 [%]인가?

① 약 3.45[%]   ② 약 4.16[%]
③ 약 4.35[%]   ④ 약 5.0[%]

39 전기자 전압을 전원 전압으로 일정히 유지하고 계자전류를 조정하여 자속을 변화시킴으로써 속도를 제어하는 제어법은?

① 계자 제어법
② 전기자 전압 제어법
③ 저항 제어법
④ 전압 제어법

40 다음 제동 방법 중 급정지에 가장 좋은 제동 방법은?

① 발전 제동

② 회생 제동

③ 역전 제동

④ 저항 제동

41 전기기기의 철심 재료로 규소 강판을 많이 사용하는 이유로 가장 적당한 것은?

① 와류손을 줄이기 위해서

② 맴돌이 전류를 없애기 위해서

③ 히스테리시스손을 줄이기 위해서

④ 구리손을 줄이기 위해서

42 직류기의 손실 중 기계손에 속하는 것은?

① 풍손

② 와전류손

③ 히스테리시스손

④ 표유부하손

43 전기기계의 철심을 성층하는 가장 적절한 이유는?

① 기계손을 적게 하기 위하여

② 표유부하손을 적게 하기 위하여

③ 히스테리시스손을 적게 하기 위하여

④ 와류손을 적게 하기 위하여

41 역상(역전) 제동(플러깅)　　답 : ③

회전자(전기자)의 접속을 바꾸어 토크를 반대로 발생시킨(역회전) 후 전동기를 전원에서 분리하여 급제동 하는 방법

43 철손 P_i(고정손=무부하손)　　답 : ③

• 히스테리시스손 P_h : 손실 대책으로, 철심을 규소 강판 사용

• 와류손 P_e : 손실 대책으로, 철심을 성층 사용

44　　답 : ①

기계손 P_m은 회전에 의한 손실로 마찰손과 풍손이 있다.

45 철손 P_i(고정손=무부하손)　　답 : ④

• 히스테리시스손 P_h : 손실 대책으로, 철심을 규소 강판 사용

• 와류손 P_e : 손실 대책으로, 철심을 성층 사용

01 동기 발전기의 원리와 구조

1 동기 발전기의 원리

1) 유도기전력 $E = 4.44f\phi N$ [V] (f : 주파수, ϕ : 자속, N : 1상의 권선수)

동기 발전기는 전력계통의 교류발전기로 가장 중요한 요소이며, 전기자는 고정되어 있고, 계자가 회전하면서 플레밍의 오른손법칙에 의하여 자속과 도체가 서로 쇄교하여 교류의 유도기전력을 출력한다. **1**

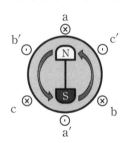
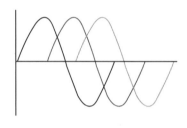

[동기 발전기의 유도기전력]

2) 동기속도 $N_s = \dfrac{120f}{p}$ [rpm] (f : 주파수, p : 극수) **2**

3) 동기 발전기의 출력 $P_s = \dfrac{VE}{X_s}\sin\delta$ [W] **3**

(X_s : 동기리액턴스, E : 유도기전력, V : 단자전압, δ : 부하각)

2 동기 발전기의 구조

1) 회전계자형

① 고정자(전기자) : 전기자 철심(두께 0.35~0.5mm, 규소 2~4%)은 규소강판 성층

② 회전자(계자) : 계자 철심(두께 1.6~3.22mm)은 연강판 성층

③ 여자기 : 계자 권선에 여자 전류를 공급하는 직류전원장치

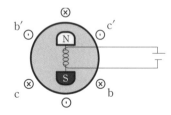

[동기 발전기의 여자기]

---

1 플레밍의 오른손법칙에 따르는 기전력이 발생하는 기기는?
❶ 교류 발전기
② 교류 전동기
③ 교류 정류기
④ 교류 용접기

2 동기속도 1,800[rpm], 주파수 60[Hz]인 동기 발전기의 극수는 몇 극인가?
① 2   ❷ 4
③ 8   ④ 10

◎ 동기속도 $N_s = \dfrac{120f}{p}$ [rpm]에서,

극수 $p = \dfrac{120f}{N_s} = \dfrac{120 \times 60}{1,800}$

= 4극

3 비돌극형 동기 발전기의 단자전압을 V, 유도기전력을 E, 동기 리액턴스를 X_s, 부하각을 δ라 하면 1상의 출력은?

① $\dfrac{VE^2}{X_s}\sin\delta$ [W]

② $\dfrac{V^2E}{X_s}\sin\delta$ [W]

❸ $\dfrac{VE}{X_s}\sin\delta$ [W]

④ $\dfrac{VE}{X_s}\cos\delta$ [W]

2) 전기자 권선법 ⓐ : 전기자 권선법은 유도기전력이 정현파에 가까운 분포권과 단절권을 혼합하여 사용한다.

* (분포권 〉 집중권, 단절권 〉 전절권, 중권 〉 파권, 2층권 〉 단층권)

① 분포권 : 기전력의 파형이 좋아지고, 전기자 동손에 의한 열을 골고루 분포시켜 과열을 방지하는 장점이 있다. (1극 1상당 슬롯 수가 2개 이상인 권선법)

[집중권]　　　　　　　　[분포권]

② 단절권 : 고조파 제거로 파형이 개선된다. (코일의 간격을 자극의 간격보다 작게 하는 권선법)

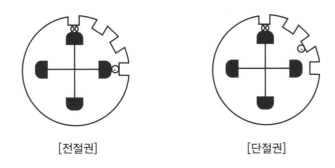

[전절권]　　　　　　　　[단절권]

ⓐ 동기 발전기의 전기자 권선법이 아닌 것은?
❶ 2전절권
② 분포권
③ 2층권
④ 중권

🔍 동기기의 전기자 권선법
• 분포권 〉 집중권 : 파형 개선, 과열방지를 위해 분포권을 채용한다.
• 단절권 〉 전절권 : 파형 개선을 위해 단절권을 채용한다.
• 중권 〉 파권
• 2층권 〉 단층권

🔋 02 동기 발전기의 전기자 반작용과 특성

❶ 동기 발전기의 전기자 반작용

전기자 전류에 의한 자속이 주 자속을 감소시키는 현상으로 다음과 같은 작용이 발생된다.

1) 감자 작용 ⓐ : 동기 발전기에 리액터 L을 연결하게 되면, 전류는 전압보다 위상이 90도 늦은 지상이 되어 주 자속을 감소시키는 방향으로 작용하여 유도기전력이 작아지는 현상

2) 증자 작용 : 동기 발전기에 콘덴서 C를 연결하게 되면, 전류는 전압보다 위상이 90도 빠른 진상이 되어 주 자속을 증가시키는 방향으로 작용하여 유도기전력이 증가되는 현상(자기여자작용)

ⓐ 3상 동기 발전기에 무부하 전압보다 90도 뒤진 전기자 전류가 흐를 때 전기자 반작용은?
❶ 감자 작용을 한다.
② 증자 작용을 한다.
③ 교차 자화작용을 한다.
④ 자기여자 작용을 한다.

3) **교차 자화작용(횡축 반작용)** : 동기 발전기에 저항 R을 연결하게 되면, 전류는 전압과 동상이 되어 주 자속이 직각이 되는 현상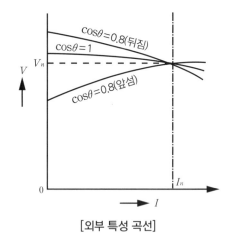

* '동기 전동기'의 전기자 반작용의 경우는 감자 작용과 증자 작용이 서로 바뀌어 나타난다.

2 동기 발전기의 특성

1) **3상 단락 곡선** : 동기 발전기의 모든 단자를 단락시키고 정격속도로 운전할 때 계자전류와 단락전류와의 관계

2) **무부하 포화 곡선** ❸
   ① 무부하시에 단자전압과 계자전류 I_f의 관계곡선
   ② 계자전류와 유도기전력은 비례하면서 증가하지만 전압이 상승함에 따라 자기포화로 전압의 상승 비율은 매우 완만해진다.

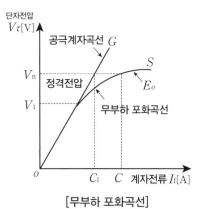

[무부하 포화곡선]

3) **외부 특성 곡선** : 역률 및 계자전류가 일정할 때 단자전압과 부하전류와의 관계를 나타낸 곡선 ❹

[외부 특성 곡선]

❷ 동기기의 전기자 반작용 중에서 전기자 전류에 의한 자기장의 축이 항상 주 자속의 축과 수직이 되면서 자극편 왼쪽에 있는 주 자속은 증가시키고, 오른쪽에 있는 주 자속은 감소시켜 편자작용을 하는 전기자 반작용은?
① 증자 작용
② 감자 작용
❸ 교차 자화작용
④ 직축 반작용

❸ 동기 발전기의 무부하 포화 곡선에 대한 설명으로 옳은 것은?
① 정격전류와 단자전압의 관계이다.
② 정격전류와 정격전압의 관계이다.
③ 계자전류와 정격전압의 관계이다.
❹ 계자전류와 단자전압의 관계이다.

❹ 동기 발전기의 역률 및 계자전류가 일정할 때 단자전압과 부하전류와의 관계를 나타낸 곡선은?
① 단락 특성 곡선
❷ 외부 특성 곡선
③ 토크 특성 곡선
④ 전압 특성 곡선

4) 단락비

① 무부하 포화 곡선과 3상 단락 곡선에서 단락비 K_s **5**

$$K_s = \frac{\text{무부하에서 정격전압을 유지하는 데 필요한 계자전류 } I_{fs}}{\text{정격전류와 같은 단락전류를 흘려주는 데 필요한 계자전류 } I_{fn}}$$

$$= \frac{100}{\%Z_s}$$

② 단락비가 큰 동기기 **6**

- 전기적(장점) : 전기자 반작용이 작다. 전압변동률이 작다. 동기 임피던스가 작다. 단락전류가 크다.
- 기계적(단점) : 공극이 크다. 기계가 무겁고 효율이 낮다.

③ 단락비가 작은 동기기

- 전기적 : 전기자 반작용이 크다. 전압변동률이 크다. 동기 임피던스가 크다. 단락전류가 작다.
- 기계적 : 공극이 좁다. 안정도가 낮다. 기계가 가볍고 효율이 좋다.

5) 전압변동률

① 발전기 정격부하일 때의 전압 V_n과 무부하일 때의 전압 V_0

② 전압 변동률 $\varepsilon = \dfrac{V_0 - V_n}{V_n} \times 100\,[\%]$

🔌 03   동기 발전기의 운전

1 동기 발전기의 병렬운전 조건 **1**

① 기전력의 크기가 같을 것. 다르다면, 무효순환전류가 발생한다.(권선 가열)

② 기전력의 위상이 같을 것. 다르다면, 유효순환전류(동기화전류)가 발생한다.

③ 기전력의 파형이 같을 것. 다르다면, 고조파 순환전류가 발생한다.

④ 기전력의 주파수가 같을 것. 다르다면, 출력이 요동치고 권선이 가열된다.(난조 발생)

2 난조(Hunting)와 방지대책 **2**

1) 난조 : 부하가 급변하여 발생하는 진동. 그 진폭은 점점 작아지지만 공진작용으로 진동이 계속 증대하며 정도가 심해지면 운전이 동기이탈(탈조)된다.

5 단락비가 1.2인 동기 발전기의 %동기 임피던스는 약 몇 [%]인가?
① 68   ❷ 83
③ 100   ④ 120

🔍 단락비

$$K_s = \frac{\text{무부하에서 정격전압 … 계자전력 } I_f}{\text{정격전력과 같은 단락 … 계자전류 } I_n}$$

$$= \frac{100}{\%Z_s} \text{에서,}$$

%동기 임피던스

$$\%Z_s = \frac{100}{K_s} = \frac{100}{1.2} = 83\,[\%]$$

6 단락비가 큰 동기 발전기를 설명하는 것으로 옳은 것은?
❶ 동기 임피던스가 작다.
② 단락 전류가 작다.
③ 전기자 반작용이 크다.
④ 전압 변동률이 크다.

1 동기 발전기의 병렬운전 조건이 아닌 것은?
① 기전력의 크기가 같을 것
② 기전력의 위상이 같을 것
③ 기전력의 주파수가 같을 것
❹ 기전력의 용량이 같을 것

2) 발생원인

① 조속기의 감도가 예민한 경우

② 고조파 성분이 포함된 경우

③ 전기자 저항이 큰 경우

3) 난조 방지대책

① 발전기에 제동 권선 설치

② 예민하지 않은 조속기 사용

③ 회전자에 플라이 휠 효과

④ 부하의 급변 금지

04 동기 전동기

1 동기 전동기의 원리

① 고정자 철심에 감겨 있는 권선에 교류를 인가하여 회전하는 회전자 기장이 발생된다.

② 회전속도 N은 동기 발전기의 교류로 만들어진 회전자기장의 속도 N_s와 같은 속도로 회전하게 된다.

③ 회전속도 $N = N_s = \dfrac{120f}{p}$ [rpm]

2 동기 전동기의 특성

1) 위상 특성 곡선 : 동기 전동기에 단자전압을 일정하게 하고, 회전자의 계자를 변화시키면, 고정자의 전압과 전류의 위상이 변하게 된다.

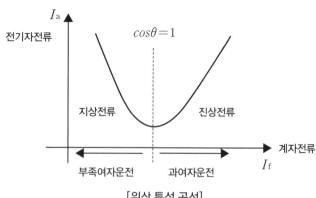

[위상 특성 곡선]

① 부족여자 운전 시에는 전류가 전압보다 느리게 되어 지상이 된다.

② 과여자 운전 시에는 전류가 전압보다 빠르게 되어 진상이 된다.

③ 여자가 적정할 시에는 전류와 전압이 동상이 되어 역률은 1이다.

2 동기 발전기에서 난조 현상에 대한 설명으로 옳지 않은 것은?

① 부하가 급격히 변화하는 경우 발생할 수 있다.

② 제동권선을 설치하여 난조현상을 방지한다.

③ 난조의 정도가 커지면 동기이탈 또는 탈조라 한다.

❹ 난조가 생기면 바로 멈춰야 한다.

☹ 난조(Hunting)
• 부하가 급변하여 발생하는 진동
• 그 진폭은 점점 작아지지만 공진작용으로 진동이 계속 증대하며 정도가 심해지면 운전이 동기이탈(탈조)된다.
• 난조의 방지대책으로 회전자 극의 극편에 홈을 파서 제동 권선을 설치한다.

2) 동기 조상기

① 역률 개선과 전압조정 등을 하기 위해 전력계통에 접속한 무부하의 동기 전동기
② 부족여자로 운전 시에는 지상전류가 흘러 리액터로 작용하여 전압상승 억제
③ 과여자로 운전 시에는 진상전류가 흘러 콘덴서로 작용하여 전압강하 억제

3 동기 전동기의 기동특성

동기 전동기는 기동 시 회전자기장은 동기속도로 회전하나 회전자는 관성으로 인하여 기동토크가 발생되지 않아 정지 상태가 된다. 따라서 다음과 같은 기동법을 사용한다.

1) 자기 기동법 : 계자에 자극표면에 권선을 감아 기동하는 방식(유도 전동기의 원리)으로 계자 권선을 단락하여 고전압 유도에 의한 절연 파괴 위험을 방지한다.

2) 타 기동법 : 유도 전동기나 직류 전동기로 동기속도까지 회전시켜주는 방식   * 유도 전동기는 2극 적은 것을 사용

3) 저주파 기동법 : 저주파로 서서히 높여가면서 동기속도까지 회전시켜주는 방식

4 동기 전동기의 난조 🔳

① 동기 전동기의 부하가 급변하면 회전자가 진동하게 되는데 이를 난조라고 하며, 난조가 심하면 전원과의 동기를 벗어나 정지하기도 한다.
② 난조의 방지책으로 제동 권선을 설치하고, 이 제동 권선은 기동용으로 이용하기도 한다.

5 동기 전동기의 장단점 🔳

1) 장점

① 역률 조정이 가능하다.
② 정속도 운전이 가능하다.
③ 기계적으로 튼튼하다.

2) 단점

① 여자에 필요한 직류전원장치가 필요하다.
② 가격이 비싸고, 취급이 복잡하다.
③ 난조가 발생하기 쉽다.

🔳 동기기에 제동 권선을 설치하는 이유로 옳은 것은?
① 역률 개선
② 출력 증가
③ 전압 조정
❹ **난조 방지**

Ⓠ 난조(Hunting)
· 전동기의 부하가 급격이 변동하면 회전자가 관성으로 주기적으로 진동하는 현상
· 난조가 심하면 전원과의 동기를 벗어나 정지하기도 한다.
· 난조 방지책 : 제동 권선(Damper Winding) 설치(기동용 권선으로 이용)
· 회전자 자극표면에 홈을 파고 도체를 넣어 도체 양 끝에 2개의 단락 고리로 접속한다.

🔳 동기 전동기의 특징으로 잘못된 것은?
① 일정한 속도로 운전이 가능하다.
② 난조가 발생하기 쉽다.
❸ **역률을 조정하기 힘들다.**
④ 공극이 넓어 기계적으로 견고하다.

Ⓠ 동기 전동기는 전력계통의 역률을 조정할 수 있는 동기 조상기로 사용할 수 있다.

01 주파수 60[Hz]를 내는 발전기용 원동기인 터빈 발전기의 최고 속도는 얼마인가?

① 1,800 [rpm]
② 2,400 [rpm]
③ 3,600 [rpm]
④ 4,800 [rpm]

01　　　　　　　　　답 : ③

속도는 극수와 반비례하므로 극수가 최소 $(p=2)$ 일 때, 최고 속도를 낸다.

$$N_s = \frac{120f}{p} = \frac{120 \times 60}{2} = 3,600 \,[\text{rpm}]$$

02 동기 발전기의 공극이 넓을 때의 설명으로 잘못된 것은?

① 안정도가 증대된다.
② 단락비가 크다.
③ 여자 전류가 크다.
④ 전압 변동이 크다.

02 단락비가 큰 동기기　　답 : ④

• 전기적(장점) : 전기자 반작용이 작다. 전압변동률이 작다. 동기 임피던스가 작다. 단락전류가 크다.
• 기계적(단점) : 공극이 크다. 기계가 무겁고 효율이 낮다.

03 3상 33,000[KVA], 22,900[V]인 동기 발전기의 정격 전류는 약 몇 [A]인가?

① 3,228
② 1,664
③ 1,441
④ 832

03　　　　　　　　　답 : ④

3상 정격용량 $P = \sqrt{3}\, VI\,[\text{kVA}]$에서,

정격 전류 $I = \dfrac{P}{\sqrt{3}\,V} = \dfrac{33,000 \times 10^3}{\sqrt{3} \times 22,900} = 832\,[\text{A}]$

04 철심이 포화할 때 동기 발전기의 동기 임피던스는?

① 증가한다.
② 감소한다.
③ 일정하다.
④ 주기적으로 변한다.

04　　　　　　　　　답 : ②

철심이 포화하면 기자력이 발생하여도 동기 임피던스는 감소하게 된다.

05 단락비가 큰 동기기에 대한 설명으로 옳은 것은?

① 기계가 소형이다.
② 전기자 반작용이 크다.
③ 안정도가 높다.
④ 전압 변동률이 크다.

05 2번 해설 참조　　　　답 : ③

06 동기 발전기의 무부하 포화 곡선을 나타낸 것이다. 포화계수에 해당하는 것은?

① $\dfrac{ob}{oc}$ ② $\dfrac{bc'}{bc}$

③ $\dfrac{cc'}{bc'}$ ④ $\dfrac{cc'}{bc}$

06 답 : ③

포화계수는 bc'에 대한 cc'이며, oc'를 공극선이라 한다.

---

07 동기 발전기를 병렬운전 하는 데 필요한 조건이 아닌 것은?

① 기전력의 파형이 작을 것
② 기전력의 위상이 같을 것
③ 기전력의 주파수가 같을 것
④ 기전력의 크기가 같을 것

07 동기 발전기의 병렬운전 조건   답 : ①

• 기전력의 크기가 같을 것
• 기전력의 위상이 같을 것
• 기전력의 파형이 같을 것
• 기전력의 주파수가 같을 것

---

08 병렬운전 중인 동기임피던스 5[Ω]인 2대의 3상 동기 발전기의 유도기전력에 100[V]의 전압 차이가 있다면 무효순환전류는?

① 10[A]
② 15[A]
③ 20[A]
④ 25[A]

08 동기 발전기의 병렬운전 조건   답 : ①

• 기전력의 크기가 같을 것. 다르다면, 무효순환전류가 발생한다.
• 무효순환전류

$$I_c = \frac{V_1 - V_2}{2Z_s} = \frac{100}{2 \times 5} = 10[A]$$

---

09 동기 발전기의 전기자 반작용 현상이 아닌 것은?

① 포화 작용
② 증자 작용
③ 감자 작용
④ 교차 자화 작용

09 동기 발전기의 전기자 반작용   답 : ①

• 감자 작용 : 리액터 L을 연결하게 되면, 전류는 지상이 되어 유도기전력 감소
• 증자 작용 : 콘덴서 C를 연결하게 되면, 전류는 진상이 되어 유도기전력 증가(자기여자작용)
• 교차 자화 작용 : 저항 R을 연결하게 되면, 전류는 동상이 되어 주 자속이 직각이 되는 현상

---

10 동기 발전기에서 전기자 전류가 기전력보다 90도 만큼 위상이 앞설 때의 전기자 반작용은?

① 교차 자화 작용
② 감자 작용
③ 편자 작용
④ 증자 작용

10 동기 발전기의 증자 작용   답 : ④

콘덴서 C를 연결하게 되면, 전류는 진상이 되어 유도기전력이 증가한다.

11 병렬운전 중인 동기 발전기의 난조를 방지하기 위하여 자극면에 유도 전동기의 농형권선과 같은 권선을 설치하는데 이 권선의 명칭을 무엇이라고 하는가?

① 계자 권선
② 제동 권선
③ 전기자 권선
④ 보상 권선

11 난조(Hunting)　　　답 : ②

• 부하가 급변하여 발생하는 진동
• 그 진폭은 점점 작아지지만 공진작용으로 진동이 계속 증대하며 정도가 심해지면 운전이 동기이탈(탈조)된다.
• 난조 방지대책으로 발전기에 제동권선을 설치한다.

12 동기 전동기의 특징으로 잘못된 것은?

① 일정한 속도로 운전이 가능하다.
② 난조가 발생하기 쉽다.
③ 역률을 조정하기 힘들다.
④ 공극이 넓어 기계적으로 견고하다.

12　　　답 : ③

동기 전동기는 전력계통의 역률을 조정할 수 있는 '동기 조상기'로 사용할 수 있다.

13 동기 전동기의 전기자 반작용에 대한 설명이다. 공급전압에 대한 앞선 전류의 전기자 반작용은?

① 감자 작용
② 증자 작용
③ 교차 자화 작용
④ 편자 작용

13　　　답 : ①

동기 전동기의 전기자 반작용의 경우는 동기 발전기의 감자 작용과 증자 작용이 서로 바뀌어 나타난다.
따라서 진상의 경우 동기 발전기는 증자 작용이 나타나지만, 동기 전동기의 경우는 감자 작용이 발생된다.

14 3상 동기 전동기의 단자전압과 부하를 일정하게 유지하고, 회전자 여자전류의 크기를 변화시킬 때 옳은 것은?

① 전기자 전류의 크기와 위상이 바뀐다.
② 전기자 권선의 역기전력은 변하지 않는다.
③ 동기 전동기의 기계적 출력은 일정하다.
④ 회전속도가 바뀐다.

14 V곡선(위상 특성 곡선)　　　답 : ①

여자전류(계자전류)를 변화시키면 전기자 전류와 위상(역률)이 변화된다.

15 전력계통에 접속되어 있는 변압기나 장거리 송전 시 정전 용량으로 인한 충전특성 등을 보상하기 위한 기기는?

① 유도 전동기
② 동기 발전기
③ 유도 발전기
④ 동기 조상기

15　　　답 : ④

동기 조상기는 역률 개선과 전압 조정 등을 하기 위해 전력계통에 접속한 무부하의 동기 전동기다.

16 동기 조상기가 전력용 콘덴서보다 우수한 점은?

① 손실이 적다.　　② 보수가 적다.

③ 지상 역률을 얻는다.　　④ 가격이 싸다.

17 동기 전동기를 자기 기동법으로 가동시킬 때 계자 회로는 어떻게 하여야 하는가?

① 단락시킨다.

② 개방시킨다.

③ 직류를 공급하다.

④ 단상교류를 공급한다.

18 회전 계자형인 동기 전동기에 고정자인 전기자 부분도 회전자의 주위를 회전할 수 있도록 2중 베어링 구조로 되어 있는 전동기로 부하를 건 상태에서 운전하는 전동기는?

① 초 동기 전동기

② 반작용 전동기

③ 동기형 교류 서보 동기

④ 교류 동기 전동기

19 3상 동기 전동기의 자기 기동법에 관한 사항 중 틀린 것은?

① 기동 토크를 적당한 값으로 유지하기 위하여 변압기 탭에 의해 정격전압의 80 [%] 정도로 저압을 가해 기동을 한다.

② 기동 토크는 일반적으로 적고 전부하 토크의 40~60 [%] 정도이다.

③ 제동 권선에 의한 기동 토크를 이용하는 것으로, 제동 권선은 2차 권선으로서 기동 토크를 발생한다.

④ 기동할 때에는 회전자속에 의하여 계자 권선 안에는 고압이 유도되어 절연을 파괴할 우려가 있다.

16　　답 : ③

리액터는 지상 역률용으로, 콘덴서는 진상 역률용으로, 동기 조상기는 지상 및 진상 역률용이 가능하다.

17 동기 전동기의 기동 특성　　답 : ①

• 자기 기동법 : 계자의 자극표면에 권선을 감아 기동하는 방식(유도전동기의 원리)으로 계자권선을 단락하여 고전압 유도에 의한 절연파괴 위험을 방지한다.

• 타 기동법 : 유도 전동기나 직류 전동기로 동기속도까지 회전시켜주는 방식(유도 전동기는 2극 적은 것을 사용)

• 저주파 기동법 : 저주파로 서서히 높여가면서 동기속도까지 회전시켜 주는 방식

18　　답 : ①

초 동기 전동기를 '고정자 회전 기동형'이라고도 한다.

19　　답 : ①

기동 토크를 적당한 값으로 유지하기 위하여 변압기 탭에 의해 정격전압의 30~50 [%] 정도로 저압을 가해 기동을 한다.

20 동기 발전기를 회전 계자형으로 하는 이유가 아닌 것은?

① 고전압에 견딜 수 있게 전기자 권선을 절연하기가 쉽다.

② 전기자 단자에 발생한 고전압을 슬립링 없이 간단하게 외부회로로 인가할 수 있다.

③ 기계적으로 튼튼하게 만드는 데 용이하다.

④ 전기자가 고정되어 있지 않아 제작비용이 저렴하다.

20 회전 계자형 · 답 : ④

계자는 회전하고, 전기자는 고정되어 있다.

---

21 동기 발전기의 권선을 분포권으로 사용하는 이유로 옳은 것은?

① 파형이 좋아진다.

② 권선의 누설 리액턴스가 커진다.

③ 집중권에 비하여 합성 유도기전력이 높아진다.

④ 전기자 권선이 과열되어 소손되기 쉽다.

21 분포권 사용 · 답 : ①

· 기전력의 파형이 좋아진다.
· 전기자 동손에 의한 열을 골고루 분포시켜 과열을 방지한다.

---

22 2대의 동기 발전기가 병렬운전하고 있을 때 동기화전류가 흐르는 경우는?

① 기전력의 크기에 차이가 있을 때

② 기전력의 위상에 차이가 있을 때

③ 부하분담에 차이가 있을 때

④ 기전력의 파형에 차이가 있을 때

22 동기 발전기의 병렬운전 조건 · 답 : ②

기전력의 위상이 같을 것. 다르다면, 순환전류 (동기화전류)가 발생한다.

---

23 동기기에서 난조를 방지하기 위한 것은?

① 계자 권선

② 제동 권선

③ 전기자 권선

④ 난조 권선

23 · 답 : ②

난조의 방지대책으로 회전자극의 극편에 홈을 파서 제동 권선을 설치한다.

---

24 동기 전동기를 송전선의 전압 조정 및 역률 개선에 사용한 것을 무엇이라 하는가?

① 동기 이탈

② 동기 조상기

③ 댐퍼

④ 제동 권선

24 동기 조상기 · 답 : ②

역률 개선과 전압조정 등을 하기 위해 전력계통에 접속한 무부하의 동기 전동기

25 동기 조상기를 과여자로 사용하면?

① 리액터로 작용

② 저항손의 보상

③ 일반 부하의 뒤진 전류 보상

④ 콘덴서 작용

26 동기 전동기의 특징과 용도에 대한 설명으로 잘못된 것은?

① 진상, 지상의 역률 조정이 된다.

② 속도 제어가 원활하다.

③ 시멘트 공장의 분쇄기 등에 사용된다.

④ 난조가 발생하기 쉽다.

27 동기 전동기의 용도로 적합하지 않은 것은?

① 송풍기 ② 압축기

③ 크레인 ④ 분쇄기

25 답 : ④

과여자로 운전 시에는 진상전류가 흘러 콘덴서로 작용하여 전압강하를 억제한다.

26 답 : ②

동기 전동기는 속도가 일정하며, 기동토크가 작다.

27 동기 전동기의 용도 답 : ③

시멘트 분쇄기, 압축기, 송풍기, 동기 조상기 등이다. 크레인은 3상 유도 전동기(권선형)로 사용한다.

Chapter ③ 변압기

01 변압기의 원리와 구조

1 변압기의 원리

1) 전자유도작용 ①

변압기는 전압을 변환하는 기기로서 1차 권선(전원측)에서 교류전압을 공급하면 자속이 발생하여 2차 권선(부하측)과 쇄교하면서 기전력을 유도하는 작용을 한다.

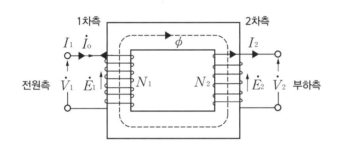

[변압기의 전자유도작용]

2) 유도기전력(유기기전력) ②

1차측 $E_1 = 4.44N_1f\phi_m$ 2차측 $E_2 = 4.44N_2f\phi_m$

$\therefore E \propto Nf\phi_m \ \rightarrow \ \phi_m \propto \dfrac{E}{Nf}$

(ϕ_m : 자속, E : 유도기전력(전압), N : 권수, f : 주파수)

3) 권수비 $a = \dfrac{E_1}{E_2} = \dfrac{N_1}{N_2} = \dfrac{V_1}{V_2} = \dfrac{I_2}{I_1} = \sqrt{\dfrac{R_1}{R_2}}$ ③

4) 등가회로 ④ : 복잡한 전기회로를 등가 임피던스를 사용하여 간단히 변화시킨 회로

---

1 다음 중 변압기의 원리와 관계있는 것은?
① 전기자 반작용
❷ 전자유도작용
③ 플레밍의 오른손법칙
④ 플레밍의 왼손법칙

2 변압기의 자속에 관한 설명으로 옳은 것은?
① 전압과 주파수에 반비례한다.
② 전압과 주파수에 비례한다.
③ 전압에 반비례하고, 주파수에 비례한다.
❹ 전압에 비례하고, 주파수에 반비례한다.

3 1차 전압 13,200[V], 2차 전압 220[V]인 단상 변압기의 1차에 6,000[V]의 전압을 가하면 2차 전압은 몇 [V]인가?
❶ 100   ② 200
③ 50   ④ 250

🄒 권수비

$a = \dfrac{V_1}{V_2} = \dfrac{13,200}{220} = 60$

$V_2 = \dfrac{V_1}{a} = \dfrac{6,000}{60} = 100[\text{V}]$

4 복잡한 전기회로를 등가 임피던스를 사용하여 간단히 변화시킨 회로를 무엇이라고 하는가?
① 유도회로
② 전개회로
❸ 등가회로
④ 단순회로

2 변압기의 구조

1) 변압기의 형식

① 내철형 : 철심이 내측에 있으며 권선이 철심에 감겨져 있음

② 외철형 : 권선이 내측에 있으며 철심이 외측에 있음

③ 권철심형 : 권선 주위에 규소 강대가 나선형으로 감겨져 있음

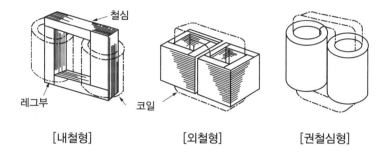

[내철형] [외철형] [권철심형]

2) 철심과 권선

① 철심 : 철손을 적게 하기 위해 규소강판(규소함유량 3~4 [%], 두께 0.35 [mm])을 성층하여 사용 **5**

② 권선 : 둥근 동선(소용량용)과 평각동선(대용량용)으로 권선하며 면사, 종이테이프, 유리섬유 등으로 피복

3) 절연

① 철심과 권선 사이, 권선 상호 간, 권선의 층간을 절연한다.

② 절연물의 최고 허용 온도

절연의 종류	Y	A	E	B	F	H	C
최고허용 온도[℃]	90	105	120	130	155	180	180 이상

3 변압기유

1) 변압기유의 사용목적 **6** : 변압기 권선의 절연과 냉각작용을 하기 위함이다.

2) 변압기유의 구비조건 **7**

① 절연내력이 클 것

② 인화점이 높고, 응고점이 낮을 것

③ 점도가 낮고, 비열이 클 것

④ 화학작용을 일으키지 말 것

5 변압기의 철심에는 철손을 작게 하기 위하여 철이 몇 [%]인 강판을 사용하는가?
① 약 50~55 [%]
② 약 60~65 [%]
③ 약 76~86 [%]
❹ 약 96~97 [%]

6 유입 변압기에 기름을 사용하는 목적이 아닌 것은?
① 열 방산을 좋게 하기 위해
② 냉각을 좋게 하기 위해
③ 절연을 좋게 하기 위해
❹ 효율을 좋게 하기 위해

7 변압기유가 구비해야 할 조건으로 틀린 것은?
① 점도가 낮을 것
② 인화점이 높을 것
❸ 응고점이 높을 것
④ 절연내력이 클 것

3) 변압기유의 열화 방지 [8]

① 컨서베이터(Conservator) 설치 : 변압기 외함 상단에 설치하여 질소를 봉입하고 변압기유와 공기의 접촉으로 인한 열화를 방지한다.

② 브리더 : 변압기의 호흡작용이 브리더를 통하여 이루어지고, 일반적으로 흡수제인 실리카겔로 공기 중의 습기를 흡수한다.

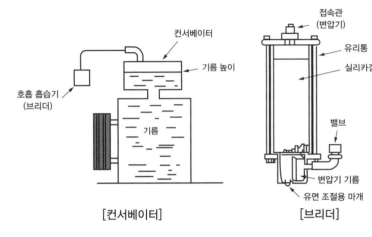

[컨서베이터]   [브리더]

4) 변압기 내부 고장 계전기 [9]

① 부흐홀츠 계전기 : 변압기유의 내부 고장을 검출하여 동작되는 계전기로 주탱크와 컨서베이터 사이의 관에 설치한다.

② 차동 계전기 : 변압기 내부 고장 시 CT 2차 전류의 차에 동작하는 계전기이다.

③ 비율차동 계전기 : 변압기 내부 고장 시 CT 2차 전류의 차가 일정 비율 이상이 되었을 때 동작하는 계전기로 변압기 단락보호용으로 사용된다.

02 변압기의 특성

1 전압변동률 [1]

1) 2차 전압을 기준으로 한 전압변동률 ε

$$\varepsilon = \frac{\text{무부하 2차 전압}-\text{정격 2차 전압}}{\text{정격 2차 전압}}\times100\,[\%] = \frac{V_{20}-V_{2n}}{V_{2n}}\times100\,[\%]$$

2) %저항 강하(p)와 %리액턴스 강하(q) 이용한 전압변동률 ε [2]

$\varepsilon = p\cos\theta+q\sin\theta\,[\%]$(진상인 경우)

$\varepsilon = p\cos\theta-q\sin\theta\,[\%]$(지상인 경우)

---

[8] 변압기에 컨서베이터를 설치하는 목적은?
❶ 열화 방지
② 코로나 방지
③ 강제 순환
④ 통풍 방지

[9] 변압기의 내부 고장에 대한 보호용으로 가장 많이 사용되는 것은?
① 과전류 계전기
② 차동 임피던스
❸ 비율차동 계전기
④ 임피던스 계전기

[1] 어떤 단상 변압기의 2차 무부하 전압이 240[V]이고 정격 부하시의 2차 단자 전압이 230[V]이다. 전압변동률은 몇 [%] 인가?
① 2.35   ② 3.35
❸ 4.35   ④ 5.35

전압변동률

$\varepsilon = \frac{V_{20}-V_{2n}}{V_{2n}}\times100$

$= \frac{240-230}{230}\times100$

$= 4.35\,[\%]$

[2] 변압기의 백분율 저항 강하가 2[%], 백분율 리액턴스 강하가 3[%]일 때 부하 역률이 80[%]인 변압기의 전압변동률[%]은?
① 1.2   ② 2.4
❸ 3.4   ④ 3.6

전압변동률
$\varepsilon = p\cos\theta+q\cos\theta\,[\%]$에서,
$\cos\theta(\text{역률}) = 0.8$
$\rightarrow \sin\theta = \sqrt{1-\cos\theta^2}$
$= \sqrt{1-0.8^2} = 0.6$
$\therefore \varepsilon = p\cos\theta+q\cos\theta\,[\%]$
$= 2\times0.8+3\times0.6$
$= 3.4\,[\%]$

① %저항 강하(p) : 정격전류가 흐를 때 권선저항에 의한 전압강하의 비율을 퍼센트로 나타낸 것

② %리액턴스 강하(q) : 정격전류가 흐를 때 리액턴스에 의한 전압강하의 비율을 퍼센트로 나타낸 것

③ %임피던스 강하(전압변동률의 최대값) : $\%Z = \varepsilon_{max} = \sqrt{p^2+q^2}$

2 단락전류 3

단락사고 시 흐르는 고장전류이며, %Z를 이용한다.

단락전류 $I_s = \dfrac{100}{\%Z} \times I_n$　　(I_n : 정격전류)

3 임피던스 전압, 임피던스 와트(단락 시험)

1) 임피던스 전압 V_s

① 변압기 2차를 단락하고 1차에 인가하는 전압

② 정격전류가 흐를 때 변압기 내의 전압 강하

③ 변압기의 임피던스와 정격전류의 곱

2) 임피던스 와트 P_s : 임피던스 전압일 때의 동손

4 변압기 효율

1) 규약효율

$$\eta = \frac{\text{출력}[\text{kW}]}{\text{입력}[\text{kW}]} = \frac{\text{출력}[\text{kW}]}{\text{출력}[\text{kW}]+\text{손실}[\text{kW}]} \times 100\,[\%]$$

2) 최대효율 조건 : 철손(P_i) = 동손(P_c)

5 변압기 시험

1) 변압기의 극성 시험 4

변압기 2차 권선의 방향에 따라 감극성과 가극성으로 나뉘며, 변압기 1차와 2차 간의 혼촉 발생으로 인한 전압 상승을 방지하기 위하여 감극성을 표준으로 한다.

① 감극성 $V = V_1 - V_2$　　② 가극성 $V = V_1 + V_2$

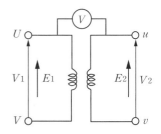　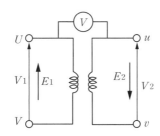

3 어떤 변압기에서 임피던스 강하가 5[%]인 변압기가 운전 중 단락되었을 때 그 단락전류는 정격전류의 몇 배인가?

① 5　　❷ 20
③ 50　　④ 200

🔍 단락전류 $I_s = \dfrac{100}{\%Z} \times I_n$

$I_s = \dfrac{100}{5} \times I_n = 20 I_n$

4 3,300/110[V]의 주상 변압기를 극성시험을 하기 위하여 1차측에 120[V] 전압을 가하였다. 이 변압기가 감극성이라면 전압계의 지시는 얼마인가?

❶ 116[V]　　② 152[V]
③ 212[V]　　④ 242[V]

🔍 감극성 $V = V_1 - V_2$

$a = \dfrac{V_1}{V_2} = \dfrac{3,300}{110} = 30$

$V_2 = \dfrac{V_1}{a} = \dfrac{120}{30} = 4$

$\therefore V = V_1 - V_2$
$\quad = 120 - 4$
$\quad = 116\,[\text{V}]$

2) 변압기의 온도 시험

① 실 부하법 : 실제 부하를 연결하여 시험

② 반환 부하법 : 철손과 동손만을 공급하여 시험하는 방법

3) 변압기의 절연내력 시험 **5** : 변압기유의 절연파괴 전압시험

① 가압 시험 : 충전부분의 절연강도 측정시험

② 유도 시험 : 층간 절연내력 측정시험

③ 충격전압 시험 : 번개 등의 충격전압에 대한 절연내력 시험

5 변압기 절연내력 시험과 관계가 없는 것은?
① 가압시험
② 유도시험
③ 충격시험
❹ 극성시험

6 변압기의 손실

1) 무부하손(무부하 시험)

① 철손 + 유전체손 + 표유부하손 등이며 거의 '철손'으로 구성되어 있다.

② 철손 $P_i = P_h + P_e \rightarrow P_i \propto k\dfrac{V_2}{f}$

(부하와 전압이 일정한 상태라면 주파수는 반비례)

- 히스테리시스손 $P_h = kfB_m^{1.6 \sim 2.0} \,[\mathrm{W/kg}]$
- 와류손 $P_e = k\,t^2 f^2 B_m^{1.6 \sim 2.0} \,[\mathrm{W/kg}]$

2) 부하손(단락 시험)

① 동손 + 표유부하손 등이며 거의 '동손'으로 구성되어 있다.

② 동손 $P_c = I^2 R \,[\mathrm{W}]$

7 변압기 건조 및 냉각 방식

1) 변압기 건조법 : 열풍법, 단락법, 진공법

2) 변압기 냉각 방식 **6**

① 건식 : 자냉식, 풍냉식

② 유입 : 자냉식(주상용), 풍냉식, 수냉식, 송유식(기름을 순환시켜 냉각하는 방식)

③ 송유 : 자냉식, 풍냉식, 수냉식

6 다음 변압기의 냉각 방식의 종류가 아닌 것은?
① 건식 자냉식
② 유입 자냉식
❸ 유입 예열식
④ 유입 송유식

1 3상 결선방식

1) △-△결선

① 제3고조파 전류가 내부에서 순환하여 유도장해가 발생하지 않는다.

② 1상이 고장이 발생하면 V결선으로 사용할 수 있다.

③ 상전류가 선전류의 $\dfrac{1}{\sqrt{3}}$ 이 되어 저전압에 적합하다.

④ 중성점을 접지할 수 없어 지락사고 시 보호가 곤란하다.

2) Y-Y결선

① 선로에 제3고조파의 전류가 흘러서 통신선에 유도 장해를 준다.

② 상전압이 선간전압의 $\dfrac{1}{\sqrt{3}}$ 이 되어 고전압에 적합하다.

③ 중성점을 접지할 수 있어 이상 전압을 방지할 수 있다.

3) △-Y결선과 Y-△결선 ■ 2

① Y결선으로 중성점을 접지할 수 있다.

② △결선으로 제3고조파가 발생되지 않는다.

③ △-Y결선은 승압용 변압기로 발전소용으로 사용된다.

④ Y-△결선은 강압용 변압기로 수전용으로 사용된다.

⑤ 1, 2차 선간전압 사이에 30°의 위상차가 있다.

4) V-V결선

① △-△결선에서 1대의 변압기가 고장이 나면 2대의 변압기로 3상 변압을 계속할 수 있다.

② △결선과 V결선의 출력비 ▣: $\dfrac{P_V}{P_\triangle} = \dfrac{\sqrt{3}P}{3P} = 0.577 = 57.7\,[\%]$

③ V변압기 이용률 : $\dfrac{P_V}{2P} = \dfrac{\sqrt{3}P}{2P} = 0.866 = 86.6\,[\%]$

2 상수변환 결선

1) 3상 교류를 2상 교류로 변환

① 스코트 결선(T결선)

② 우드브리지 결선

③ 메이어 결선

2) 3상 교류를 6상 교류로 변환

① 포크(Fork) 결선(수은 정류기)

② 대각결선

③ 2차 2중 Y결선 및 △결선

■ 수전단 발전소용 변압기 결선에 주로 사용하고 있으며 한쪽은 중성점을 접지할 수 있고 다른 한쪽은 제3고조파에 의한 영향을 없애주는 장점을 가지고 있는 3상 결선 방식은?

① Y-Y　② △-△

❸ Y-△　④ V

✎ Y결선은 중성점 접지가 가능하고, △결선은 제3고조파의 영향을 제거해 준다.

2 변압기 △-Y로 결선할 때 1, 2차 사이의 위상차는?

① 0°　❷ 30°

③ 60°　④ 90°

✎ △-Y와 Y-△은 1, 2차 선간전압 사이에 30°의 위상차가 있다.

▣ △결선 변압기의 1대가 고장으로 제거되어 V결선으로 공급할 때 공급할 수 있는 전력은 고장전 전력에 대하여 약 몇 [%]인가?

❶ 57.7[%]

② 66.7[%]

③ 70.5[%]

④ 86.6[%]

✎ 출력비 $= \dfrac{P_V}{P_\triangle} = \dfrac{\sqrt{3}P}{3P}$

$= 0.577$

$= 57.7\,[\%]$

🔌 04 변압기의 병렬운전

1 병렬운전 조건 🔟

① 각 변압기의 극성이 같을 것. 다르다면 순환전류가 흘러 권선이 소손된다.

② 각 변압기의 권수비가 같을 것. 다르다면 순환전류가 흘러 권선이 과열된다.

③ 1차, 2차의 정격전압이 같을 것. 다르다면 순환전류가 흘러 권선이 과열된다.

④ 각 변압기의 내부저항과 리액턴스 비가 같을 것. 다르다면 전류의 위상차로 변압기 동손이 증가한다.

⑤ 각 변압기의 %임피던스 강하가 같을 것. 다르다면 부하의 분담이 부적당하게 되어 이용률이 저하된다.

⑥ 상회전 방향과 각 변위가 같을 것

🔟 변압기의 병렬운전에서 필요하지 않은 것은?
① 극성이 같을 것
② 전압이 같을 것
❸ 출력이 같을 것
④ 임피던스 전압이 같을 것

2 병렬운전 시 부하 분담전류 🔟

부하분담 시 분담전류는 각각의 %임피던스에 반비례하고 용량에는 비례하게 되어 이용률이 저하된다.

$$\frac{A변압기\ 분담전류}{B변압기\ 분담전류} = \frac{I_A}{I_B} = \frac{\%Z_B}{\%Z_A} \times \frac{P_A[\text{kVA}]}{P_B[\text{kVA}]}$$

🔟 단상 변압기를 병렬운전하는 경우 부하 전류의 분담은 어떻게 되는가?
① 용량에 비례하고 누설 임피던스에 비례한다.
❷ 용량에 비례하고 누설 임피던스에 반비례한다.
③ 용량에 반비례하고 누설 임피던스에 비례한다.
④ 용량에 반비례하고 누설 임피던스에 반비례한다.

3 3상 변압기의 병렬운전 조합

1) 병렬운전이 가능한 조합(짝수조합)

① Δ-Δ와 Δ-Δ

② Y-Y와 Y-Y

③ Y-Δ와 Y-Δ

④ Δ-Y와 Δ-Y

⑤ Δ-Δ와 Y-Y

⑥ Δ-Y와 Y-Δ

2) 병렬운전이 불가능한 조합(홀수조합) 🔟

① Δ-Δ와 Δ-Y

② Y-Y와 Δ-Y

🔟 3상 변압기의 병렬운전이 불가능한 결선 방식으로 짝지어진 것은?
① Δ-Δ와 Y-Y
② Δ-Y와 Δ-Y
③ Y-Y와 Y-Y
❹ Δ-Δ와 Δ-Y

05 특수 변압기

1 단권 변압기

① 권선 하나의 도중에 탭을 만들어 경제적이다.

② 누설자속 및 전압변동률이 작다.

③ 효율이 좋다.

2 3권선 변압기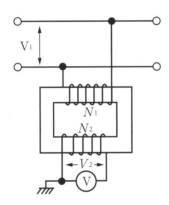

① 3차 권선에 조상기를 접속하여 송전선의 전압 조정과 역률 개선에 사용한다.

② 3차 권선으로부터 발전소나 변전소의 구내전력을 공급할 수 있다.

3 계기용 변성기

1) 계기용 변압기(PT)

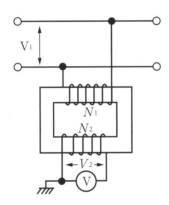

① 특고압 또는 고압을 저압으로 변성하기 위해 사용하는 전압계

② PT 2차 정격전압 : 110[V]

③ 2차 권선은 반드시 접지한다. 1차측은 고전압이므로 1차 권선과 2차 권선 사이에 분포 용량이 존재하여 고압 전류가 흐를 수 있으므로 2차측에 접촉하면 치명적인 위험이 있다.

1 3권선 변압기에 대한 설명으로 옳은 것은?
① 한 개의 전기회로에 3개의 자기회로로 구성되어 있다.
❷ 3차 권선에 조상기를 접속하여 송전선의 전압 조정과 역률 개선에 사용된다.
③ 3차 권선에 단권변압기를 접속하여 송전선의 전압 조정에 사용된다.
④ 고압배전선의 전압을 10[%] 정도 올리는 승압용이다.

2 계기용 변압기의 2차측 단자에 접속하여야 할 것은?
① OCR
❷ 전압계
③ 전류계
④ 전열부하

2) 계기용 변류기(CT)

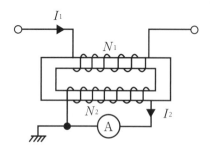

① 대전류를 소전류로 변성하기 위해 사용하는 전류계
② CT 2차 정격전류 : 5[A]
③ 권수비가 매우 작아 2차측을 개방하게 되면 고압이 유발되어 절연이 파괴될 우려가 있으므로 절대로 개방해서는 안 된다. 일반적으로 변류기의 2차가 개방되면 철심이 자기포화로 과열되어 권수가 많은 2차 권선에는 포화자속으로 인한 상당한 고전압이 유기되어 감전과 아크, 절연파괴 등으로 인한 화재의 위험을 초래한다. 따라서 변류기 공사 시에는 반드시 2차측을 단락한 다음 하여야 한다. **3**

4 전압조정 변압기 **4**

① 1차측 탭을 설치하여 전압을 조정하는 변압기
② 전압강하 및 전압이 변동해도 2차 전압을 일정하게 유지하고자 하는 경우에 사용하는 변압기

5 누설 변압기 **5**

① 누설 자속(누설 리액턴스)을 크게 한 변압기로 수하특성을 가진 정전류 변압기
② '네온관 점등용' 및 '아크 용접용' 변압기에 사용

3 변류기 개방 시 2차측을 단락하는 이유는?
❶ 2차측 절연보호
② 2차측 과전류 보호
③ 측정오차 감소
④ 변류비 유지

4 주상 변압기의 고압측에 탭을 여러 개 만든 이유는?
① 역률 개선
② 단자 고장 대비
③ 선로 전류 조정
❹ 선로 전압 조정

5 아크 용접용 변압기와 일반 전력용 변압기와의 다른 점은?
① 권선의 저항이 크다.
❷ 누설 리액턴스가 크다.
③ 효율이 높다.
④ 역률이 좋다.

01 다음 중 변압기에서 자속과 비례하는 것은?

① 권수　　　　　　② 주파수

③ 전압　　　　　　④ 전류

1차측 $E_1 = 4.44N_1f\phi_m$

2차측 $E_2 = 4.44N_2f\phi_m$

$E \propto Nf\phi_m \rightarrow \phi_m \propto \dfrac{E}{Nf}$

(ϕ_m : 자속, E : 전압, N : 권수, f : 주파수)

02 50[Hz]의 변압기에 60[Hz]의 전압을 가할 때 자속밀도는 50[Hz] 때의 몇 배인가?

① $\dfrac{6}{5}$배　　　　② $\dfrac{5}{6}$배

③ $(\dfrac{6}{5})^2$배　　　④ $(\dfrac{5}{6})^2$배

02 유도기전력 $E \propto Nf\phi_m$　　답 : ②

자속밀도 ϕ_m는 주파수 f와 반비례

∴자속밀도 $\phi_m \propto \dfrac{50\,[\text{Hz}]}{60\,[\text{Hz}]} = \dfrac{5}{6}$

03 다음 중 변압기의 1차측이란 무엇을 말하는가?

① 고압측　　　　　② 저압측

③ 전원측　　　　　④ 부하측

03　　　　　　　　답 : ③

변압기의 1차측을 전원측이라 하고, 2차측을 부하측이라 한다.

04 1차 전압 3,300[V], 2차 전압 220[V]인 변압기의 권수비는 얼마인가?

① 15　　　　　　　② 220

③ 3,300　　　　　　④ 7,260

04　　　　　　　　답 : ①

권수비 $a = \dfrac{N_1}{N_2} = \dfrac{V_1}{V_2} = \dfrac{3,300}{220} = 15$

05 변압기의 2차 저항이 0.1[Ω]일 때 1차로 환산하면 360[Ω]이 된다. 이 변압기의 권수비는?

① 30　　　　　　　② 40

③ 50　　　　　　　④ 60

05　　　　　　　　답 : ④

권수비 $a = \dfrac{N_1}{N_2} = \sqrt{\dfrac{R_1}{R_2}} = \sqrt{\dfrac{360}{0.1}} = 60$

06 변압기의 명판에 표시된 정격에 대한 설명으로 틀린 것은?

① 변압기의 정격출력 단위는 [kW]이다.

② 변압기 정격은 2차측을 기준으로 한다.

③ 변압기의 정격은 용량, 전류, 전압, 주파수 등으로 결정한다.

④ 정격이란 정해진 규정에 적합한 범위 내에서 사용할 수 있는 한도이다.

06　　　　　　　　　　답 : ①

변압기의 정격출력은 정격 2차 전압과 정격 2차 전류의 곱이며, 단위는 [KVA]이다.

---

07 변압기유의 열화 방지를 위해 쓰이는 방법이 아닌 것은?

① 방열기

② 브리더

③ 컨서베이터

④ 질소 봉입

07 변압기유의 열화방지 대책　답 : ①

• 컨서베이터(Conservator) 설치 : 변압기 외함 상단에 설치하여 질소를 봉입하고 변압기유와 공기의 접촉으로 인한 열화를 방지한다.

• 브리더 : 변압기의 호흡작용이 브리더를 통하여 이루어지고, 일반적으로 흡수제인 실리카겔로 공기 중의 습기를 흡수한다.

*방열기는 변압기의 열방산 장치이다.

---

08 변압기유가 구비해야 할 조건은?

① 절연 내력이 클 것

② 인화점이 낮을 것

③ 응고점이 높을 것

④ 비열이 작을 것

08 변압기유의 구비조건　　답 : ①

• 절연내력이 클 것

• 인화점이 높고, 응고점이 낮을 것

• 점도가 낮고, 비열이 클 것

• 화학작용을 일으키지 말 것

---

09 변압기의 무부하인 경우에 1차 권선에 흐르는 전류는?

① 정격 전류

② 단락 전류

③ 부하 전류

④ 여자 전류

09 여자 전류　　　　　답 : ④

변압기 2차를 무부하 상태로 개방하고, 변압기 1차에 정격전압을 가할 때 변압기 1차에 흐르는 전류를 말한다.

---

10 절연물을 전극 사이에 삽입하고 전압을 가하면 전류가 흐르는데 이 전류는 무엇인가?

① 과전류

② 접촉전류

③ 단락전류

④ 누설전류

10 누설전류　　　　　답 : ④

절연물의 표면을 통해서 흐르는 전류

11 부흐홀츠 계전기의 설치 위치로 가장 적당한 곳은?

① 변압기 주 탱크 내부

② 컨서베이터 내부

③ 변압기 고압측 부싱

④ 변압기 주 탱크와 컨서베이터 사이

11 부흐홀츠 계전기   답 : ④

• 변압기유의 내부 고장을 검출하여 동작되는 계전기

• 변압기의 주 탱크와 컨서베이터 사이의 관에 설치

---

12 부흐홀츠 계전기로 보호되는 기기는?

① 발전기

② 변압기

③ 전동기

④ 회전 변류기

12   답 : ②

변압기 내부고장을 보호하기 위한 계전기로는 부흐홀츠 계전기, 비율차동 계전기, 차동 계전기 등이 있다.

---

13 변압기에서 전압 변동률이 최대가 되는 부하 역률은?

① $\cos\theta = \dfrac{p}{\sqrt{p+q}}$

② $\cos\theta = \dfrac{p}{\sqrt{p^2+q^2}}$

③ $\cos\theta = \dfrac{p}{p^2+q^2}$

④ $\cos\theta = \dfrac{p}{p+q}$

13 역률 $\cos\theta$ 답 : ②

$$= \dfrac{\%\text{저항 강하}}{\%\text{임피던스 강하}} = \dfrac{p}{\%Z} = \dfrac{p}{\sqrt{p^2+q^2}}$$

---

14 퍼센트 저항 강하 3[%], 리액턴스 강하 4[%]인 변압기의 최대 전압변동률은?

① 1[%]

② 5[%]

③ 7[%]

④ 12[%]

14 %임피던스 강하   답 : ②

(전압변동률의 최대값)

$\%Z = \varepsilon_{max} = \sqrt{p^2+q^2}$ 에서,

$\varepsilon_{max} = \sqrt{p^2+q^2} = \sqrt{3^2+4^2} = 5\,[\%]$

---

15 변압기에서 철손은 부하전류와 어떤 관계인가?

① 부하전류와 비례한다.

② 부하전류의 자승에 비례한다.

③ 부하전류에 반비례한다.

④ 부하전류와 관계없다.

15   답 : ④

철손(히스테리시스손+와류손)은 고정손, 무부하손으로 부하전류와는 무관하다.

16 변압기의 부하와 전압이 일정하고 주파수만 높아지면 어떻게 되는가?

① 철손 감소

② 철손 증가

③ 동손 증가

④ 동손 감소

16 답 : ①

철손 $P_i = P_h + P_e \rightarrow P_i \propto k \dfrac{V^2}{f}$

부하와 전압이 일정한 상태라면 주파수는 반비례한다.

17 정격 2차 전압 및 정격 주파수에 대한 출력[kW]과 전체 손실[kW]이 주어졌을 때 변압기의 규약 효율을 나타내는 식은?

① 효율 $= \dfrac{출력}{입력-전체손실} \times 100\,[\%]$

② 효율 $= \dfrac{출력}{출력+전체손실} \times 100\,[\%]$

③ 효율 $= \dfrac{출력}{입력+전체손실} \times 100\,[\%]$

④ 효율 $= \dfrac{입력-전체손실}{입력} \times 100\,[\%]$

17 변압기 및 발전기의 규약 효율 답 : ②

$\eta = \dfrac{출력}{출력+손실} \times 100\,[\%]$

18 권수비 30인 변압기가 저압측 전압이 8[V]인 경우 극성시험에서 가극성과 감극성의 전압 차이는 몇 [V]인가?

① 24[A]

② 16[A]

③ 8[A]

④ 4[A]

18 극성시험 답 : ②

• 감극성 $V_a = V_1 - V_2$
• 가극성 $V_b = V_1 + V_2$

∴ 전압차 $V = V_a - V_b = (V_1 - V_2) - (V_1 + V_2)$
$= 2V_2 = 2 \times 8[V] = 16[V]$

19 송배전 계통에 거의 사용되지 않는 변압기 3상 결선방식은?

① $Y-\Delta$

② $Y-Y$

③ $\Delta-\Delta$

④ $\Delta-Y$

19 Y-Y 결선방식 답 : ②

제3고조파가 포함되어 있어 기전력의 파형이 왜곡되며, 통신선 유도 장해를 일으킨다.

20 변압기를 $\Delta-Y$ 결선한 경우에 대한 설명으로 옳지 않은 것은?

① 1차 선간전압 및 2차 선간전압의 위상차는 60도이다.

② 제3고조파에 의한 장해가 적다.

③ 1차 변전소의 승압용으로 사용한다.

④ Y결선의 중성점을 접지할 수 있다.

20 답 : ①

1차 선간전압 및 2차 선간전압의 위상차는 30도이다.

21 다음 설명 중 틀린 것은?

① 3상 유도 전압조정기의 회전자 권선은 분로 권선이고, Y결선으로 되어 있다.

② 다이프 슬롯형 전동기는 냉각 효과가 좋아 기동 정지가 빈번한 중대형 저속기에 적당하다.

③ 누설 변압기가 네온사인이나 용접기의 전원으로 알맞은 이유는 수하특성 때문이다.

④ 계기용 변압기의 2차 표준은 110/220 [V]로 되어 있다.

21 답 : ④

계기용 변압기(PT)의 2차 표준은 110 [V]이고 변류기(CT)의 2차 표준은 5 [A]이다.

22 단상 유도전압조정기의 단락권선의 역할은?

① 절연 보호
② 철손 경감
③ 전압강하 경감
④ 전압조정 수월

22 답 : ③

단상 유도전압조정기는 누설리액턴스의 전압강하를 줄이기 위하여 단락권선을 설치한다.

23 다음 중 변압기의 온도상승 시험법으로 가장 널리 사용되는 것은?

① 반환 부하법
② 유도 시험법
③ 절연전압 시험법
④ 고조파 억제법

23 변압기의 온도상승 시험법 답 : ①

• 실 부하법 : 실제 부하를 연결하여 시험
• 반환 부하법 : 철손과 동손만을 공급하여 시험하는 방법

24 용량이 작은 변압기의 단락 보호용으로 주 보호방식으로 사용되는 계전기는?

① 차동전류 계전 방식
② 과전류 계전 방식
③ 비율차동 계전 방식
④ 기계적 계전 방식

24 답 : ②

과전류 계전 방식은 과부하, 단락 보호용이다.

25 변압기의 권선 배치에서 저압 권선을 철심에 가까운 쪽에 배치하는 이유는?

① 전류 용량
② 절연 문제
③ 냉각 문제
④ 구조상 편의

25 답 : ②

변압기 내철형의 경우에는 철심에 직접 저압 권선을 감고, 절연 후 고압 권선을 감는다.

26 E종 절연물의 최고 허용온도는 몇 [℃] 인가?

① 40

② 60

③ 120

④ 155

26 절연물의 최고 허용온도 　　답 : ③

절연의 종류	최고허용온도[℃]
Y	90
A	105
E	120
B	130
F	155
H	180
C	180 이상

27 변압기의 임피던스 전압이란?

① 정격전류가 흐를 때 변압기 내의 전압강하

② 여자전류가 흐를 때 2차측 단자전압

③ 정격전류가 흐를 때 2차측 단자전압

④ 2차 단락전류가 흐를 때 변압기 내의 전압강하

27 임피던스 전압 V_s　　답 : ①

• 변압기 2차를 단락하고 1차에 인가하는 전압

• 정격전류가 흐를 때 변압기 내의 전압강하

• 변압기의 임피던스와 정격전류의 곱

28 출력에 대한 전부하 동손이 2[%], 철손이 1[%]인 변압기의 전부하 효율[%]은?

① 95

② 96

③ 97

④ 98

28　　답 : ③

$$효율\ \eta = \frac{출력[kW]}{입력[kW]} = \frac{출력[kW]}{출력[kW]+손실[kW]}$$

$$= \frac{출력[kW]}{출력[kW]+철손+동손[kW]}$$

$$= \frac{1}{1+0.02+0.01} \times 100 = 97\,[\%]$$

29 변압기의 효율이 가장 좋을 때의 조건은?

① 철손 $= \dfrac{1}{2}$동손

② $\dfrac{1}{2}$철손 = 동손

③ 철손 = 동손

④ 철손 $= \dfrac{2}{3}$동손

29 변압기 최대효율 조건　　답 : ③

철손(P_i) = 동손(P_c)

30 다음 중 변압기의 손실에 해당하지 않는 것은?

① 히스테리시스손

② 동손

③ 와류손

④ 기계손

30　　답 : ④

변압기의 손실 = 철손(히스테리시스손 + 와류손) + 동손

※기계손 = 마찰손 + 풍손

31 다음 중 변압기의 무부하손의 대부분을 차지하는 것은?

① 유전체손

② 동손

③ 철손

④ 저항손

31 변압기의 무부하손　　답 : ③

철손 + 유전체손 + 표유부하손 등이며 거의 철손으로 구성된다.

32 변압기의 부하전류 및 전압이 일정하고 주파수만 낮아지면 어떻게 변하는가?

① 철손이 증가한다.

② 동손이 증가한다.

③ 철손이 감소한다.

④ 동손이 감소한다.

33 변압기의 권선과 철심 사이의 습기를 제거하기 위하여 건조하는 방법이 아닌 것은?

① 열풍법　　　　② 단락법

③ 진공법　　　　④ 가압법

34 3상 전원에서 2상 전원을 얻기 위한 변압기 결선 방법은?

① Δ 결선　　　　② Y 결선

③ V 결선　　　　④ T 결선

35 변압기의 결선 중에서 6상측의 부하가 수은정류기일 때 주로 사용되는 결선은?

① 포크(Fork) 결선

② 환상 결선

③ 2중 3각 결선

④ 대각 결선

32 　　　　답 : ①

철손 $P_i = P_h + P_e \rightarrow P_i \propto k\dfrac{V^2}{f}$

부하와 전압이 일정한 상태라면 주파수는 반비례한다.

33 변압기 건조법 　　답 : ④

열풍법, 단락법, 진공법

※가압법은 절연내력 시험법에 속한다.

34 3상 교류를 2상 교류로 변환 　답 : ④

스코트 결선(T결선), 우드브리지 결선, 메이어 결선

35 3상 교류를 6상 교류로 변환 　답 : ①

포크(Fork) 결선(수은정류기)

01 유도 전동기의 원리와 구조

1 유도 전동기의 원리

1) **원리** : 고정자의 전류에 의하여 회전자장이 만들어지고, 회전자에 전압이 유도되어, 전류와 회전자장 사이에서 회전 토크가 발생한다(회전 자계가 회전하는 방향으로 회전한다).

2) 회전자계(자장)의 생성

$$E_a = E_m \sin wt$$

$$E_b = E_m \sin(wt - \frac{2\pi}{3})$$

$$E_c = E_m \sin(wt - \frac{4\pi}{3})$$

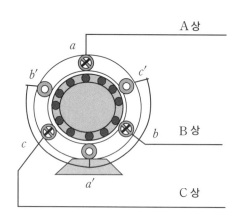

■ 3상 유도 전동기의 회전 방향은 이 전동기에서 발생되는 회전 자계의 회전 방향과 어떤 관계가 있는가?
① 아무 관계가 없다.
❷ 회전 자계의 회전 방향으로 회전한다.
③ **부하 조건에 따라 정해진다.**
④ 회전 자계의 반대 방향으로 회전한다.

2 유도 전동기의 구조

1) 고정자 **Z**

① 철심은 두께 0.35 ~ 0.5[mm]의 규소강판으로 성층한다.

② 권선은 2층 권선의 중권으로 하고, 1극 1상 슬롯 수는 2~3개이다.

2) 회전자

① 농형 회전자

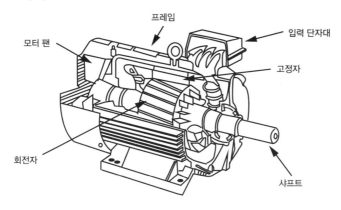

- 회전자 구조가 회전자 철심에 구리막대를 넣고 단락환으로 한다.
- 회전자의 경사진 홈(개방형) **X** : 소음 감소, 기동특성 개선, 파형 개선을 한다.
- 회전자 구조가 간단하고 튼튼하지만, 기동 시 부하전류의 6배가 되어 전동기가 소손될 우려가 있어, 별도의 기동장치가 필요하다.

② 권선형 회전자

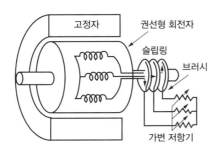

- 회전자 표면에 반폐형의 홈을 만들어 Y결선 하고, 각 상의 슬립링과 브러시를 통해서 기동(가변) 저항기와 연결한다.
- 속도 조정이 자유롭고, 기동(가변) 저항기로 기동전류를 정격전류의 1~1.5배로 줄일 수 있지만, 농형보다 구조가 복잡하다.

Z 유도 전동기의 권선법 중 맞지 않는 것은?
❶ 고정자 권선은 단층 파권이다.
② 고정자 권선은 3상 권선이 쓰인다.
③ 소형 전동기는 보통 4극이다.
④ 홈 수는 24개 또는 36개이다.

X 농형 회전자에 비뚤어진 홈을 쓰는 이유는?
① 출력을 높인다.
② 회전수를 증가시킨다.
❸ 소음을 줄인다.
④ 미관상 좋다.

3) 공극

① 공극이 좁으면
- 기계적으로 진동과 소음 발생
- 전기적으로 누설 리액턴스 증가로 철손 증가

② 공극이 넓으면
- 기계적으로 안정
- 전기적으로 자기저항(여자전류)이 커지고 역률 저하

02 유도 전동기의 이론

1 동기속도 N_s : 회전 자장(자계)의 회전속도

$$N_s = \frac{120 \cdot f}{p} \, [\text{rpm}] \quad (f : \text{주파수}, \, p : \text{극수})$$

2 슬립 s(Slip)과 회전자속도 N[rpm]

1) 슬립 : 동기속도 N_s에 대한 동기속도 N_s [rpm]와 회전자속도 N [rpm] 의 차에 대한 비

$$s = \frac{N_s - N}{N_s} \times 100 \, [\%] \quad \blacksquare$$

$$N = (1-s)N_s = \frac{120f}{p}(1-s) \, [\text{rpm}]$$

2) 슬립의 범위 : $0 < s < 1$ ❷
① 전동기 정지 상태일 때 : $s = 1$, $N = 0$
② 전동기 무부하 운전 시 : $s = 0$, $N = N_s$

3) 유도전동기의 슬립 : 소형인 경우는 $5{\sim}10\,[\%]$, 중대형인 경우는 $2.5{\sim}5\,[\%]$

3 유도기전력

$$E = 4.44kfN\phi \, [\text{V}] \quad (k : \text{권선계수})$$

4 2차 입력 P_2

1) 2차 입력 P_2 = 2차 출력+2차 동손+기타 손실 = $P_o + P_{C2} + P_r$

2) 2차 동손 $P_{C2} = sP_2$ ❸

3) 2차 출력 $P_o = P_2 - P_{C2} = (1-s)P_2$ ❹

4) 2차 효율 $\eta_2 = \dfrac{P_o}{P_2} = \dfrac{N}{N_s} = (1-s)$

---

1 유도 전동기의 동기속도가 1,200[rpm]이고 회전수가 1,176[rpm]일 때 슬립은?
① 0.06   ② 0.04
❸ 0.02   ④ 0.01

슬립 $s = \dfrac{N_s - N}{N_s} \times 100$
$= \dfrac{1,200 - 1,176}{1,200} \times 100$
$= 2\,[\%]$

2 3상 유도 전동기의 슬립의 범위는?
❶ $0 < s < 1$
② $-1 < s < 1$
③ $1 < s < 2$
④ $0 < s < 2$

3 회전자 입력 10[kW], 슬립 4[%]인 3상 유도 전동기의 2차 동손은 약 몇 [kW]인가?
❶ 0.4[kW]
② 1.8[kW]
③ 4.0[kW]
④ 9.6[kW]

2차 동손 $P_{C2} = sP_2$
$= 0.04 \times 10$
$= 0.4\,[\text{kW}]$

4 3상 유도 전동기의 1차 입력 60[kW], 1차 손실 1[kW], 슬립 3[%]일 때 기계적 출력은 약 몇 [kW]인가?
❶ 57   ② 75
③ 95   ④ 100

2차 출력 $P_o = (1-s)P_2$
$= (1-0.03) \times (60-1)$
$= 57.23\,[\text{kW}]$

🔌 03 유도 전동기의 특성

1 토크(Torque) 특성

1) 토크 $\tau = \dfrac{P}{w} = 9.55\dfrac{P}{N}$ [N·m] $= 0.975\dfrac{P}{N}$ [kg·m] **🏴1**

2) $\tau \propto V^2$: 토크는 공급전압의 제곱에 비례한다.

2 속도-토크 특성

① 슬립(s) 또는 속도(N)를 변화시킬 때 토크의 관계를 나타낸 곡선
② 유도 전동기의 회전속도는 부하의 크기, 전압, 2차 회로의 저항 등에 의해 변화한다.

3 비례추이

① 속도-토크의 곡선이 2차 저항의 변화에 비례하여 이동하는 것
② 권선형 유도 전동기의 비례추이를 이용하여 기동 및 속도제어를 할 수 있다.
③ 슬립(s)은 2차 저항에 비례하므로 2차 저항을 변화시킬 수 있는 권선형 유도 전동기에 적용된다. **🏴2**
④ 2차 저항을 변화하여도 최대토크는 불변한다.
⑤ 2차 저항을 크게 하면, 기동전류는 감소하고, 최대토크 시 슬립과 기동토크는 증가한다.
⑥ 출력, 2차 효율, 2차 동손은 비례추이를 할 수 없다.

4 원선도

1) **원선도** : 슬립, 효율, 출력, 역률 등의 여러 특성을 도형으로 표현한 것

2) **원선도 작성에 필요한 시험** **🏴3**
　① 저항 측정
　② 무부하(개방) 시험 : 철손, 여자 전류
　③ 구속(단락) 시험 : 동손, 임피던스 전압, 단락 전류

3) **원선도에서 구할 수 없는 것** : 기계적 출력, 기계손

🏴1 3[kW], 1,500[rpm] 유도 전동기의 토크[N·m]는 약 얼마인가?
① 1.91　❷ 19.1
③ 29.1　④ 114.6

$\begin{aligned} \tau &= \dfrac{P}{w} = 9.55\dfrac{P}{N}[\text{N·m}] \\ &= 9.55 \times \dfrac{3 \times 10^3}{1,500} \\ &= 19.11[\text{N·m}] \end{aligned}$

🏴2 비례추이를 이용하여 속도제어가 되는 전동기는?
❶ 권선형 유도 전동기
② 농형 유도 전동기
③ 직류 분권 전동기
④ 동기 전동기

🏴3 유도 전동기에서 원선도 작성 시 필요하지 않은 시험은?
① 무부하 시험
② 구속 시험
③ 저항 측정
❹ 슬립 측정

🔌 04 유도 전동기의 기동

1 농형 유도 전동기의 기동법 🔟

1) 전전압 기동법
① 정격전압으로 기동하는 방법
② 5[kW] 이하의 소형 전동기에 사용한다.

2) $Y-\Delta$ 기동법
① Y 결선으로 기동 후 정격속도에 도달하면 Δ 결선으로 바꾸어 운전하는 방법
② 5~15[kW] 정도의 중소형 전동기에 사용한다.

3) 기동보상기법 🔟
① 단권 3상변압기를 사용하여 기동전압을 낮추어 기동전류를 제한하는 방법
② 15[kW] 이상의 중대형 전동기에 사용한다.

4) 리액터 기동법 : 리액터를 사용하여 기동전류를 제한하는 방법

2 농형 유도 전동기의 속도 제어법 🔟

1) 주파수 변환법 : 높은 속도를 원하는 곳에 적합하며, 포토전동기, 선박의 추진기 등에 이용한다.

2) 전압 제어법 : 전원전압을 주파수에 반비례하여 변화시켜 속도제어하는 방법

3) 극수 변환법

3 권선형 유도 전동기의 기동법

1) 2차 기동 저항기법 🔟 : 2차 저항을 조절하여 기동토크와 기동전류를 제한하고 속도가 커짐에 따라 외부저항을 감소시키는 방법으로 비례추이에 이용한다.

2) 게르게스법

4 권선형 유도 전동기의 속도 제어법

1) 2차 저항법 : 2차에 저항을 삽입하여 비례추이를 이용한 속도제어 슬립제어

🔟 농형 유도 전동기의 기동법이 아닌 것은?
① $Y-\Delta$ 기동법
② 기동보상기에 의한 방법
③ 전전압 기동법
❹ 2차 저항기법

🔍 2차 저항기법은 권선형 유도 전동기의 기동법이다.

🔟 15[kW] 농형 유도 전동기를 기동하려고 할 때 다음 중 가장 적당한 기동 방법은?
① 분상 기동법
❷ 기동 보상기법
③ 권선형 기동법
④ 슬립부하 기동법

🔟 3상 농형 유도 전동기의 속도 제어에 주로 이용하는 것은?
① 사이리스터 제어
② 2차 저항 제어
❸ 주파수 제어
④ 계자 제어

🔟 권선형에서 비례추이를 이용한 기동법은?
① 리액터 기동법
② 기동 보상기법
❸ 2차 저항법
④ $Y-\Delta$ 기동법

2) **2차 여자법** : 2차 회전자에 2차 유기기전력과 같은 주파수를 갖는
전압(슬립 주파수전압)을 가하여 속도제어 하는 방법

3) **종속접속법** : 2대의 전동기를 종속으로 연결하여 속도를 제어하는
방법(직렬 종속법, 차동 종속법, 병렬 종속법)

5 3상 유도 전동기의 회전방향을 바꾸기 위한 방법

3상의 3선 중 2선의 접속을 바꾼다.

🔌 05 단상 유도 전동기

1 단상 유도 전동기의 종류와 기동토크 순서

1) 단상 유도 전동기의 종류 █1█ █2█

① 반발 기동형 : 기동토크가 가장 크다.

② 반발 유도형

③ 콘덴서 기동형 : 역률이 가장 좋다. 가정용 전동기로 주로 사용한다.

④ 분상 기동형

⑤ 세이딩 코일형

- 역률 및 효율이 낮으며, 기동 토크가 가장 작다.
- 구조가 간단하고, 회전방향을 바꿀 수 없으며 속도 변동률이 크다.
- 회전자는 농형이고 고정자의 성층철심은 몇 개의 돌극으로 되어 있다.

2) 기동토크 순서 : 반발 기동형 〉 반발 유도형 〉 콘덴서 기동형 〉 분상 기동형 〉 세이딩 코일형 █3█

2 단상 유도 전동기의 특징

① 단상 권선에서는 교변(이동) 자기장이 발생한다.

② 기동토크는 0이며, 따라서 별도의 기동장치가 필요하다.

③ 전부하 전류와 무부하 전류의 비율이 크고, 역률과 효율이 나쁘다.

④ 주로 0.75 [kW] 이하의 소형에 사용되고 있으며, 표준출력은 100 [W], 200 [W], 400 [W]이다.

⑤ 회전자는 농형으로 되어 있고, 고정자 권선은 단상 권선으로 되어 있다.

█1█ 다음 중 단상 유도 전동기의 기동 방법에 따른 분류에 속하지 않는 것은?
① 분상 기동형
❷ 저항 기동형
③ 콘덴서 기동형
④ 세이딩 코일형

█2█ 다음 중 역률이 가장 좋은 단상 유도 전동기는?
① 세이딩 코일형
② 분상형 전동기
③ 반발형 전동기
❹ 콘덴서형 전동기

💡 콘덴서가 역률 개선 역할을 하며, 가정용 전동기로 많이 사용한다.

█3█ 다음 중 단상 유도 전동기의 기동 방법 중 기동 토크가 가장 큰 것은?
① 분상 기동형
② 반발 유도형
③ 콘덴서 기동형
❹ 반발 기동형

01 60[Hz], 1,800[rpm]의 동기 전동기에 직결하여 이것을 기동하기 위한 유도 전동기의 적당한 극수는?

① 4극   ② 6극

③ 8극   ④ 10극

01   답 : ①

$N = \dfrac{120f}{p}$ 에서,

극수 $p = \dfrac{120 \times f}{N} = \dfrac{120 \times 60}{1,800} = 4\,[\text{p}]$

02 유도 전동기의 동기속도 N_s, 회전속도 N일 때 슬립 s은?

① $s = \dfrac{N_s - N}{N}$ ② $s = \dfrac{N - N_s}{N}$

③ $s = \dfrac{N_s - N}{N_s}$ ④ $s = \dfrac{N_s + N}{N_s}$

02   답 : ③

회전속도 $N = (1-s)N_s$ [rpm]

슬립 $s = \dfrac{N_s - N}{N_s} \times 100$ [%]

03 유도 전동기에서 슬립이 0이란 것은 어느 것과 같은가?

① 유도 전동기가 동기속도로 회전한다.
② 유도 전동기가 정지 상태이다.
③ 유도 전동기가 전부하 운전 상태이다.
④ 유도 제동기가 역할을 한다.

03   답 : ①

슬립 $s = \dfrac{N_s - N}{N_s} \times 100$ [%]에서,

$N = 0$: 전동기 정지 상태일 때($s = 1$) 기동 시
$N = N_s$: 전동기 무부하 운전 시($s = 0$) 동기속도로 회전

04 유도 전동기에서 슬립이 가장 큰 경우는?

① 무부하 운전 시
② 경부하 운전 시
③ 정격부하 운전 시
④ 기동 시

04   답 : ④

슬립 s의 범위 : $0 < s < 1$
$N = 0$: 전동기 정지 상태일 때($s = 1$) 기동 시
$N = N_s$: 전동기 무부하 운전 시($s = 0$) 동기속도로 회전

05 4극 3상 유도 전동기가 60[Hz]의 전원에 연결되어 4[%]의 슬립으로 회전할 때 회전수는 몇 [rpm]인가?

① 1,656   ② 1,700

③ 1,728   ④ 1,880

05   답 : ③

회전수 $N = (1-s)N_s = (1-s)\dfrac{120f}{p}$

$N = (1-s)\dfrac{120f}{p}$

$= (1-0.04) \times \dfrac{120 \times 60}{4}$

$= 1,728\,[\text{rpm}]$

06 유도 전동기에 대한 설명 중 옳은 것은?

① 유도 발전기일 때의 슬립은 1보다 크다.

② 유도 전동기 회전자 회로의 주파수는 슬립에 반비례한다.

③ 전동기 슬립은 2차 동손을 2차 입력으로 나눈 것과 같다.

④ 슬립이 크면 클수록 2차 효율은 커진다.

06 답 : ③

전동기 슬립 $s = \dfrac{2\text{차 동손}}{2\text{차 입력}} = \dfrac{P_{c2}}{P_2}$

07 15[kW], 60[Hz], 4극의 3상 유도 전동기가 있다. 전부하가 걸렸을 때의 슬립이 4[%]라면 이때의 2차(회전자)측 동손은 약 [kW]인가?

① 1.2   ② 1.0

③ 0.8   ④ 0.6

07 답 : ④

2차 동손 $P_{c2} = sP_2$

2차 입력 $P_2 = \dfrac{P_o}{1-s}$

$\therefore$ 2차 동손 $P_{c2} = sP_2 = s\left(\dfrac{P_o}{1-s}\right)$

$\quad\quad = 0.04 \times \dfrac{15}{1-0.04} = 0.6\,[\text{kW}]$

※ 2차 동손 $P_o = P_2 - P_{c2} = P_2 - sP_2 = (1-s)P_2$

08 일정한 주파수의 전원에서 운전하는 3상 유도 전동기의 전원 전압이 80[%]가 되었다면 토크는 약 몇 [%]가 되는가? (단, 회전수는 변하지 않는 상태로 한다.)

① 55   ② 64

③ 76   ④ 82

08 답 : ②

유도 전동기의 토크 τ는 공급전압의 제곱(V^2)에 비례한다.

$\therefore \tau \propto V^2 = 0.8^2 = 0.64 = 64\,[\%]$

09 단상 유도 전동기의 정회전 슬립이 s이면 역회전 슬립은 어떻게 되는가?

① 1-s   ② 2-s

③ 1+s   ④ 2+s

09 답 : ②

슬립 $s = \dfrac{N_s - N}{N_s}$ 에서,

정회전 $+N : s = \dfrac{N_s - (+N)}{N_s} \rightarrow N = (1-s)N_s$

역회전 $-N : s = \dfrac{N_s - (-N)}{N_s} = \dfrac{N_s + N}{N_s}$

$\quad\quad = \dfrac{N_s + (1-s)N_s}{N_s} = 2-s$

10 권선형 유도 전동기 기동시 회전자 측에 저항을 넣는 이유는?

① 기동 전류 증가

② 기동 토크 감소

③ 회전수 감소

④ 기동 전류 억제와 토크 증대

10 권선형 유도 전동기 답 : ④

회전자에 2차 저항을 접속하여 비례추이에 의한 기동 토크를 얻고 기동 전류를 억제한다.

11 유도 전동기에서 비례추이를 적용할 수 없는 것은?

① 토크　　　　　　　② 1차 전류

③ 부하　　　　　　　④ 역률

11 비례추이　　　　　답 : ③

• 할 수 있는 것 : 1차 전류, 토크, 역률, 동기와트(1차 입력)

• 할 수 없는 것 : 출력, 효율, 2차 동손

12 5.5[kW], 200[V] 유도 전동기의 전전압 기동시의 기동 전류가 150[A] 이었다. 여기에 기동시 기동 전류는 몇 [A]인가?

① 50　　　　　　　　② 70

③ 87　　　　　　　　④ 95

12 Y−△결선　　　　　답 : ①

• Y로 기동하고 △로 운전하는 방식

• 기동 시 Y전류는 전전압 운전 시 △전류의 1/3배

$$\therefore I_Y = \frac{1}{3}I_\triangle = \frac{1}{3} \times 150 = 50[A]$$

13 인견 공업에 쓰여지는 포토 전동기의 속도 제어는?

① 극수 변환에 의한 제어

② 1차 회전에 의한 제어

③ 주파수 변환에 의한 제어

④ 저항에 의한 제어

13　　　　　　　　답 : ③

포토 전동기는 전원 주파수를 변환하여 속도를 제어한다.

14 유도 전동기의 회전자에 슬립 주파수의 전압을 공급하여 속도를 제어하는 것은?

① 자극수 변환법

② 2차 여자법

③ 2차 저항법

④ 인버터 주파수 변환법

14 2차 여자법　　　　답 : ②

권선형 유도 전동기 회전자에 슬립 주파수 (유기기전력과 같은 주파수를 갖는 전압)를 가하여 속도를 제어하는 방법

15 다음 중 유도 전동기의 속도제어에 사용하는 인버터 장치의 약호는?

① CVCF　　　　　　② VVVF

③ CVVF　　　　　　④ VVCF

15　　　　　　　　답 : ②

VVVF(Variable Voltage Variable Frequency) 제어로 인버터 제어라 하며, 전압과 주파수를 가변하여 속도를 제어하는 방법을 말한다.

16 단상 유도 전동기의 기동장치에 의한 분류가 아닌 것은?

① 분상 기동형

② 콘덴서 기동형

③ 세이딩 코일형

④ 회전 계자형

16　　　　　　　　답 : ④

회전 계자형은 동기기 회전자의 구조 분류이다.

17 3상 유도 전동기의 회전 원리를 설명한 것 중 틀린 것은?

① 회전자의 회전속도가 증가하면 도체를 관통하는 자속수는 감소한다.

② 회전자의 회전속도가 증가하면 슬립도 증가한다.

③ 부하를 회전시키기 위해서는 회전자의 속도는 동기속도 이하로 운전되어야 한다.

④ 3상 교류전압을 고정자에 공급하면 고정자 내부에서 회전 자기장이 발생된다.

18 슬립링이 있는 유도 전동기는 무엇인가?

① 농형 유도 전동기

② 권선형 유도 전동기

③ 심홈형 유도 전동기

④ 2중 농형 유도 전동기

19 일반적으로 10[kW] 이하 소용량인 전동기는 동기속도의 몇 [%]에서 최대 토크를 발생시키는가?

① 2[%]　　② 5[%]

③ 80[%]　　④ 98[%]

20 6극 60[Hz] 3상 유도 전동기의 동기속도는 몇 [rpm]인가?

① 200　　② 750

③ 1,200　　④ 1,800

21 전부하에서의 용량 10[kW] 이하인 소형 3상 유도 전동기의 슬립은?

① 0.1~0.5[%]　　② 0.5~5[%]

③ 5~10[%]　　④ 25~50[%]

22 정지 상태에 있는 3상 유도 전동기의 슬립값은?

① ∞　　② 0

③ 1　　④ −1

17　답 : ②

슬립 $s = \dfrac{N_s - N}{N_s} \times 100\,[\%]$

회전자의 회전속도가 증가하면 슬립은 감소한다.

18 권선형 유도 전동기 회전자　답 : ②

회전자 표면에 반폐형의 홈을 만들어 Y결선하고, 각 상의 슬립링과 브러시를 통해서 기동(가변) 저항기와 연결한다.

19　답 : ③

소용량의 전동기는 동기속도의 80[%]에서 최대 토크가 발생한다.

20　답 : ③

$N_s = \dfrac{120 \cdot f}{p} = \dfrac{120 \times 60}{6}$
$= 1,200\,[\text{rpm}]$
(f : 주파수, p : 극수)

21　답 : ③

슬립은 소형인 경우는 5~10[%], 중대형인 경우는 2.5~5[%]이다.

22　답 : ③

슬립 $s = \dfrac{N_s - N}{N_s} \times 100\,[\%]$에서,

$N = 0$: 전동기 정지 상태일 때($s = 1$)
$N = N_s$: 전동기 무부하 운전 시($s = 0$) 동기속도로 회전

23 유도 전동기의 무부하시 슬립값은?

① 4
② 3
③ 1
④ 0

23 22번 해설 참조 답 : ④

24 정지된 유도 전동기가 있다. 1차 권선에서 1상의 직렬 권선수가 100회이고, 1극당의 평균 자속이 0.02[Wb], 주파수 60[Hz]이라고 하면, 1차 권선의 1상에 유도되는 기전력의 실효값은 약 몇 [V]인가?(단, 1차 권선 계수는 1로 한다.)

① 377[V]
② 533[V]
③ 653[V]
④ 730[V]

24 답 : ②

유도기전력 $E = 4.44 kf N\phi$
$= 4.44 \times 1 \times 60 \times 100 \times 0.02$
$= 533[V]$
(k : 권선계수)

25 200[V], 50[Hz], 8극, 15[kW] 3상 유도 전동기에서 전부하 회전수가 720[rpm]이라면 이 전동기의 2차 효율은?

① 86[%]
② 96[%]
③ 98[%]
④ 100[%]

25 2차 효율 답 : ②

$\eta_2 = \dfrac{2차\ 출력}{2차\ 입력} = \dfrac{P_0}{P_2} = (1-s) = \dfrac{N}{N_s}$ 에서,

$N_s = \dfrac{120f}{p} = \dfrac{120 \times 50}{8} = 750[rpm]$

$\therefore \eta_2 = \dfrac{N}{N_s} = \dfrac{720}{750} \times 100 = 96[\%]$

26 3상 유도 전동기의 토크는?

① 2차 유도기전력의 2승에 비례한다.
② 2차 유도기전력에 비례한다.
③ 2차 유도기전력과 무관하다.
④ 2차 유도기전력의 0.5승에 비례한다.

26 토크 $\tau \propto V^2$ 답 : ①

토크는 공급전압의 제곱에 비례한다.

27 3상 권선형 유도 전동기의 기동 시 2차측에 저항을 접속하는 이유는?

① 기동 토크를 크게 하기 위하여
② 회전수를 감소시키기 위하여
③ 기동 전류를 크게 하기 위하여
④ 역률을 개선하기 위하여

27 2차 저항을 크게 하면 답 : ①

• 기동전류는 감소한다.
• 최대 토크 시 슬립과 기동 토크는 증가한다.(비례추이)

28 다음 중 유도 전동기에서 비례추이 할 수 있는 것은?

① 출력　　　　　　　② 2차 동손

③ 효율　　　　　　　④ 역률

28　　　　　　　답 : ④

출력, 2차 효율, 2차 동손은 비례추이를 할 수 없다.

29 3상 유도 전동기의 회전 방향을 바꾸기 위한 방법으로 가장 옳은 것은?

① 3상의 3선 접속을 모두 바꾼다.

② 3상의 3선 중 2선의 접속을 바꾼다.

③ 3상의 3선 중 1선에 리액터를 연결한다.

④ 3상의 3선 중 2선에 같은 값의 리액턴스를 연결한다.

29　　　　　　　답 : ②

1차 권선에 있는 3개의 단자 중 2개의 단자를 서로 바꾸어 준다.(3상의 3선 중 2선의 접속을 바꾼다.)

30 기동 토크가 대단히 작고 역률과 효율이 낮아 전축, 선풍기 등 10[W] 이하의 소형 전동기에 널리 사용되는 단상 유도 전동기는?

① 반발 기동형

② 세이딩 코일형

③ 모노사이클릭형

④ 콘덴서형

30 세이딩 코일형　　　답 : ②

- 역률 및 효율이 낮으며, 기동 토크가 가장 작다.
- 구조가 간단하고, 회전방향을 바꿀 수 없으며 속도 변동률이 크다.

31 단상 유도 전동기에 보조권선을 사용하는 주된 이유는?

① 역률 개선을 한다.

② 회전 자장을 얻는다.

③ 속도 제어를 한다.

④ 기동 전류를 줄인다.

31 단상 유도 전동기　　　답 : ②

단상 권선으로 회전 자장이 아닌 교번(이동) 자기장이 발생한다. 기동토크가 0이며, 따라서 별도의 기동장치로 보조권선이 필요하다.

01 정류작용과 반도체

1 정류작용

① 교류를 직류로 변환하는 것을 정류라 한다. ▥
② 정류작용을 하는 기기를 정류기라 한다.

2 반도체

실리콘(Si), 게르마늄(Ge), 셀렌(Se), 산화구리 등이 있으며, 정류작용을 한다. ▨

1) 진성 반도체 : 실리콘(Si), 게르마늄(Ge)과 같이 불순물이 섞이지 않은 순수한 반도체

2) 불순물 반도체

① N형 반도체
  • 진성반도체에 불순물 5가 인(P), 안티몬(Sb), 비소(As)를 첨가하여 만든다.
  • 반송자는 과잉전자이다.

② P형 반도체 ▤
  • 진성반도체에 불순물 3가 붕소(B), 갈륨(Ga), 인듐(In)을 첨가하여 만든다.
  • 반송자는 정공이다.

3) 반도체(정류기)의 종류

① 다이오드(Diode) : N형과 P형 반도체를 접합하여 전류가 단방향으로 흐른다.
② 트랜지스터(Transistor) : N형과 P형 반도체를 3층으로 접합하여 전류와 전압을 제어한다.
③ TRIAC, FET, SCR, IGBT 등

▥ 제어 정류기의 용도는?
  ① 교류 – 교류 변환
  ② 직류 – 교류 변환
  ❸ 교류 – 직류 변환
  ④ 직류 – 직류 변환

◉ 전력변환장치
  • 컨버터(순변환 장치) : 교류(AC)를 직류(DC)로 변환(정류기)
  • 인버터(역변환 장치) : 직류(DC)를 교류(AC)로 변환

▨ 다음 중 반도체 정류 소자로 사용할 수 없는 것은?
  ① 게르마늄
  ❷ 비스무트
  ③ 실리콘
  ④ 산화구리

▤ P형 반도체의 전기 전도의 주된 역할을 하는 반송자는?
  ① 전자
  ② 가전자
  ③ 불순물
  ❹ 정공

02 정류기와 정류회로

1 다이오드(Diode)

1) PN접합 다이오드 🔳 🔁

① 교류를 직류로 변환하는 대표적인 소자

② 단방향으로만 전류가 흐를 수 있도록 만들어진 소자

③ 과전압 보호로 직렬 추가 접속하고, 과전류 보호로 병렬 추가 접속한다.

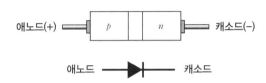

애노드(+) ─ p │ n ─ 캐소드(−)

애노드 ──▶── 캐소드

[다이오드의 구조와 기호]

2) 단상 정류회로 평균값

① 단상 반파 : $E_d = \dfrac{\sqrt{2}V}{\pi} = 0.45V$ [V]

② 단상 전파 : $E_d = \dfrac{2\sqrt{2}V}{\pi} = 0.9V$ [V]

3) 3상 정류회로 평균값

① 3상 반파 : $E_d = 1.17V$ [V]

② 3상 전파 : $E_d = 1.35V$ [V]

4) 맥동률 🔳

① 정류된 직류에 포함되는 교류성분의 정도

$$맥동률 = \frac{교류분}{직류분} \times 100 \, [\%]$$

② 맥동률의 크기 : 단상 반파 〉 단상 전파 〉 3상 반파 〉 3상 전파

🔳 다음 중 반도체로 만든 PN 접합은 주로 무슨 작용을 하는가?

① 증폭작용

② 발진작용

❸ 정류작용

④ 변조작용

🔍 PN접합 다이오드 : 교류를 직류로 변환하는 정류작용

🔁 다이오드를 사용한 정류회로에서 다이오드를 여러 개 직렬로 연결하여 사용하는 경우의 설명으로 가장 옳은 것은?

① 다이오드를 과전류로부터 보호할 수 있다.

❷ 다이오드를 과전압으로부터 보호할 수 있다.

③ 부하출력의 맥동률을 감소시킬 수 있다.

④ 낮은 전압 전류에 적합하다.

🔍 다이오드
- 과전압 보호 : 직렬 추가 접속
- 과전류 보호 : 병렬 추가 접속

🔳 다음 정류방식 중 맥동률이 가장 작은 방식은?

① 단상 반파식

② 단상 전파식

③ 3상 반파식

❹ 3상 전파식

🔍 맥동률 $= \dfrac{교류분}{직류분} \times 100 \, [\%]$

단상 반파(121%) 〉 단상 전파(48%) 〉 3상 반파(17%) 〉 3상 전파(4%)

2 사이리스터(Thyristor)

① 역저지 3단자 사이리스터로서 일반적으로 SCR(Silicon Controlled Rectifier)을 가리킨다.

② 래칭전류는 ON되기 위하여 애노드에서 캐소드로 가는 최소전류

③ 유지전류는 ON상태를 유지하기 위한 최소전류

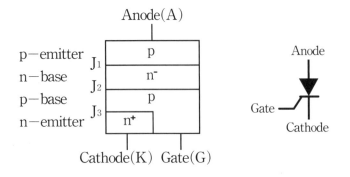

[SCR의 구조와 기호]

3 GTO(Gate Turn-off Thyristor)

① 자기소호가 가능하여 게이트 신호로 On-Off 제어

② 게이트에 역방향의 전류를 흐르게 하는 것으로 턴 오프 가능

③ 전동기의 PWM제어, VVVF 인버터, 차단기 등에 사용한다.

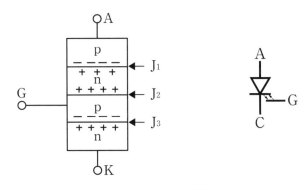

[GTO의 구조와 기호]

1 다음 중 SCR의 기호는?

①
❷
③
④

◉ 기호
• 다이액(DIAC)
• SCR
• 다이오드
• 제너다이오드

2 게이트(Gate)에 신호를 가해 야만 동작되는 소자는?
❶ SCR   ② MPS
③ UJT   ④ DIAC

◉ 역저지 3단자 사이리스터로 게 이트(Gate)에 (+)신호를 가하면 순방향 전류가 흐르며, 역방향에 대한 제어 특성은 없다.

3 다음 중 자기소호 제어용 소 자는?
① SCR   ② TRIAC
③ DIAC   **❹** GTO

◉ 게이트 신호가 (+)일 때 전류가 흐르고 (−)일 때 자기소호 된다.

4 TRIAC(TRIelectrode AC switch, 트라이액)

① 양방향성 3단자 사이리스터로 양방향 On-Off 위상제어
② P-N-P-N-P의 5층 구조로 평균전류만 제어가능
③ 교류의 회전수제어 및 온도제어 등에 사용한다.

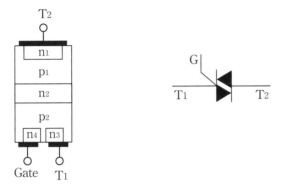

[TRIAC의 구조와 기호]

5 IGBT(Insulated Gate Bipolar Transistor) 🖪

① 소스에 대한 게이트의 전압으로 도통과 차단을 제어한다.
② 게이트에 전압을 인가했을 때에만 컬렉터 전류가 흐른다.
③ 대전력의 고속 스위칭이 가능한 소자

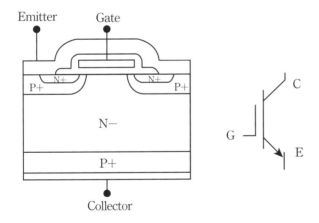

[IGBT의 구조와 기호]

---

4 SCR 2개를 역병렬로 접속한 그림과 같은 기호의 명칭은?
① SCR
❷ TRIAC
③ GTO
④ UJT

5 교류회로에서 양방향 점호(ON) 및 소호(OFF)를 이용하며, 위상제어를 할 수 있는 소자는?
❶ TRIAC
② SCR
③ GTO
④ IGBT

6 다음 중 그림의 기호는?
① SCR
② TRIAC
❸ IGBT
④ GTO

6 트랜지스터

① PNP형과 NPN형, 두 가지 종류가 있다.
② 전류는 컬렉터에서 이미터로만 흐르며 역방향으로는 흐를 수 없다.
③ 도통 상태를 유지하려면 계속 베이스에 전류를 흐르게 해야 한다.

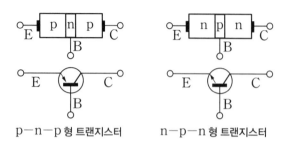

p—n—p 형 트랜지스터   n—p—n 형 트랜지스터

[트랜지스터의 구조와 기호]

7 MOSFET(Metal Oxide Silicon Field Effect Transistor)

① 게이트와 소스 사이에 걸리는 전압으로 제어한다.
② 트랜지스터에 비해 스위칭 속도가 매우 빠르다.
③ 용량이 적어 작은 전력범위에 적용된다.

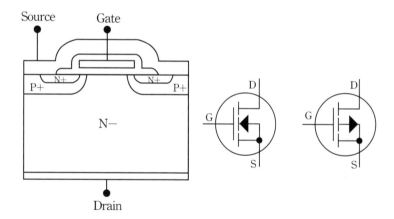

[MOSFET의 구조와 기호]

8 전력변환장치

1) **변압기** : 고압을 저압 또는 저압을 고압으로 변성하는 장치

2) **인버터(Inverter)** : 직류를 교류로 변환시키는 장치 **7**

3) **컨버터(Converter)** : 교류를 직류로 변환시키는 장치

4) **사이클로 컨버터(Cyclo Converter)** : 교류에서 주파수가 다른 교류로 변환하는 장치 **8**

5) **초퍼(Chopper)** : 직류전압의 입력으로 크기가 다른 직류전압의 출력으로 변환하는 장치

6) **회전 변류기** : 교류를 직류로 변환하는 회전기기(대전류용에 사용) **9**
   ① 회전 변류기의 전압조정 방법
   - 직렬 리액턴스에 의한 방법
   - 유도전압조정기를 사용하는 방법
   - 부하 시 전압조정변압기를 사용하는 방법
   - 동기승압기를 사용하는 방법
   ② 회전 변류기 난조의 원인 **10**
   - 브러시 위치가 중성점보다 늦은 위치에 있을 때
   - 직류측 부하가 급변하는 경우
   - 교류를 주파수가 주기적으로 변동하는 경우
   - 역률이 나쁠 때
   - 전기자 회로의 저항이 큰 경우

7 직류를 교류로 변환하는 장치로서 초고속 전동기의 속도 제어용 전원이나 형광등의 고주파 점등에 이용되는 것은?
❶ 인버터
② 컨버터
③ 변성기
④ 변류기

8 교류 전력을 교류로 변환하는 것은?
① 정류기
② 초퍼
③ 인버터
❹ 사이클로 컨버터

9 회전 변류기의 직류측 전압을 조정하려는 방법이 아닌 것은?
① 직렬 리액턴스에 의한 방법
② 유도전압조정기를 사용하는 방법
❸ 여자 전류를 조정하는 방법
④ 동기 승압기에 의한 방법

10 회전 변류기의 난조의 원인이 아닌 것은?
① 직류측 부하의 급격한 변화
② 역률이 매우 나쁠 때
③ 교류측 전원의 주파수의 주기적 변화
❹ 브러시 위치가 전기적 중성축보다 앞설 때

01 일반적으로 반도체의 저항값과 온도와의 관계가 바른 것은?

① 저항값은 온도에 비례한다.

② 저항값은 온도에 반비례한다.

③ 저항값은 온도의 제곱에 반비례한다.

④ 저항값은 온도의 제곱에 비례한다.

01　　　　　　답 : ②

반도체의 저항값은 부의 온도 계수를 가진다. 따라서 저항값은 온도에 반비례한다.

02 직류를 교류로 변환하는 기기는?

① 변류기

② 정류기

③ 초퍼

④ 인버터

02 전력변환장치　　　답 : ④

• 컨버터(순변환 장치) : 교류(AC)를 직류(DC)로 변환(정류기)

• 인버터(역변환 장치) : 직류(DC)를 교류(AC)로 변환

03 애벌런치 항복 전압은 온도 증가에 따라 어떻게 변화하는가?

① 감소한다.

② 증가한다.

③ 증가했다 감소한다.

④ 무관하다.

03 애벌런치 항복 전압　　답 : ②

• 역바이어스된 PN접합에서 자유전자가 기하 급수적으로 늘어나는 현상

• 애벌런치 항복 전압의 증가는 온도가 증가함을 의미한다.

04 단상 반파 정류회로의 전원전압 200[V], 부하저항 10[Ω]이면 부하 전류는 약 몇 [A]인가?

① 4

② 9

③ 13

④ 18

04 단상 반파 정류회로　　답 : ②

$$E_d = \frac{\sqrt{2}V}{\pi} = 0.45 \times 200 = 90 \,[V]$$

$$\therefore 전류\ I = \frac{E_d}{R} = \frac{90}{10} = 9\,[A]$$

05 단상 전파 정류회로에서 직류 전압의 평균값으로 가장 적당한 값은? (단, E는 교류전압의 실효값)

① 1.35E [V]

② 1.17E [V]

③ 0.9E [V]

④ 0.45E [V]

05 단상 정류회로 평균값　　답 : ③

• 단상 반파 : $E_d = \frac{\sqrt{2}V}{\pi} = 0.45E\,[V]$

• 단상 전파 : $E_d = \frac{2\sqrt{2}V}{\pi} = 0.9E\,[V]$

06 단상 전파 정류회로에서 교류 입력이 100[V]이면 직류 출력은 약 몇 [V]인가?

① 45

② 67.5

③ 90

④ 135

06 답 : ③

단상 전파 정류회로 $E_d = 0.9V$
$= 0.9 \times 100 = 90 [V]$

07 60[Hz], 3상 반파 정류회로의 맥동 주파수는?

① 60[Hz]

② 120[Hz]

③ 180[Hz]

④ 360[Hz]

07 답 : ③

3상 반파 정류 $f_0 = 3f = 3 \times 60 = 180 [Hz]$

08 3상 전파 정류회로에서 출력전압의 평균값은? (단, V는 선간 전압의 실효값)

① 0.45V [V]

② 0.9V [V]

③ 1.17V [V]

④ 1.35V [V]

08 3상 전파 정류회로   답 : ④

$$E_d = \frac{3\sqrt{2}}{\pi}V = 1.35V [V]$$

09 다음 정류 방식 중에서 맥동 주파수가 가장 많고 맥동률이 가장 적은 정류 방식은?

① 단상 반파식

② 단상 전파식

③ 3상 반파식

④ 3상 전파식

09 답 : ④

맥동률 $= \dfrac{교류분}{직류분} \times 100 [\%]$

• 맥동률 : 정류된 직류에 포함되는 교류성분의 정도
• 맥동률의 크기 : 단상 반파 〉 단상 전파 〉 3상 반파 〉 3상 전파
• 상수가 높을수록 맥동률은 작아지고 맥동 주파수는 커진다.

10 역저지 3단자에 속하는 것은?

① SCR

② SSS

③ SCS

④ TRIAC

10 SCR   답 : ①

역저지 3단자 사이리스터로 게이트(Gate)에 (+)신호를 가하면 순방향 전류가 흐르며, 역방향에 대한 제어 특성은 없다.

11 그림과 같은 기호가 나타내는 소자는?

① SCR
② TRIAC
③ IGBT
④ Diode

11 답 : ①

SCR은 단방향성 역저지 3단자 사이리스터이다.

12 다음 중 2단자 사이리스터가 아닌 것은?

① SCR
② DIAC
③ SSS
④ Diode

12 답 : ①

SCR은 단방향성 역저지 3단자 사이리스터이다.

13 3상 제어 정류 회로에서 점호각의 최대값은?

① 30도
② 150도
③ 180도
④ 210도

13 답 : ②

점호각의 최대값 $a = 150°(0 \leq a \leq \pi)$

14 양방향성 3단자 사이리스터의 대표적인 것은?

① SCR
② SSS
③ DIAC
④ TRIAC

14 답 : ④

3단자 소자로는 TRIAC, SCR, LASCR, GTO이며, 이중 양방향성 소자는 TRIAC이다.

15 다음 중 턴 오프(소호)가 가능한 소자는?

① GTO
② TRIAC
③ SCR
④ LASCR

15 답 : ①

게이트 신호가 (+)일 때 전류가 흐르고 (-)일 때 자기소호 된다.

16 다음 사이리스터 중 3단자 형식이 아닌 것은?

① SCR
② GTO
③ DIAC
④ TRIAC

16 답 : ③

DIAC은 2단자 소자이다.

17 직류 전동기의 제어에 널리 응용되는 직류-직류 전압 제어장치는?

① 버터
② 컨버터
③ 초퍼
④ 전파 정류

17 초퍼(Chopper) 답 : ③

직류 전압의 입력으로 크기가 다른 직류 전압의 출력으로 변환하는 장치이다.

18 그림은 교류 전동기 속도 제어 회로이다. 전동기 **M**의 종류로 알맞은 것은?

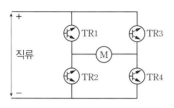

① 단상 유도 전동기
② 3상 유도 전동기
③ 3상 동기 전동기
④ 4상 스텝 전동기

19 그림의 전동기 제어회로에 대한 설명으로 잘못된 것은?

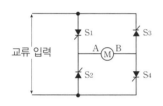

① 교류를 직류로 변환한다.
② 사이리스터 위상제어 회로이다.
③ 전파 정류회로이다.
④ 주파수를 변환하는 회로이다.

20 다음 그림은 전동기 속도제어 회로이다. 〈보기〉에서 ⓐ와 ⓑ를 순서대로 바르게 나열한 것은?

〈보기〉
전동기를 기동할 때는 저항 R을 ⓐ, 전동기를 운전할 때는 저항 R을 ⓑ로 한다.

① ⓐ 최대, ⓑ 최소
② ⓐ 최소, ⓑ 최소
③ ⓐ 최대, ⓑ 최소
④ ⓐ 최소, ⓑ 최대

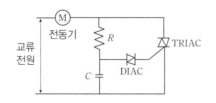

18   답 : ①

인버터를 이용한 방식으로 단상 유도 전동기의 속도제어방법이다.

19   답 : ④

사이리스터 위상제어를 이용한 전파 정류회로이다.

20   답 : ③

양방향 소자인 DIAC으로 신호를 발생하여 TRIAC을 구동하는 전파위상 제어회로이다.

21 반도체 내에서 정공은 어떻게 생성되는가?

① 결합 전자의 이탈

② 자유전자의 이동

③ 접합불량

④ 확산용량

21 답 : ①

정공은 결합 전자의 이탈로 생긴 빈자리를 말한다.

22 그림은 일반적인 반파 정류 회로이다. 변압기 2차 전압의 실효값을 $E[V]$라 할 때 직류 전류 평균값은?(단, 정류기의 전압 강하는 무시한다.)

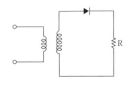

① $\dfrac{E}{R}$

② $\dfrac{E}{2R}$

③ $\dfrac{2\sqrt{2E}}{\pi R}$

④ $\dfrac{\sqrt{2}E}{\pi R}$

22 반파 정류회로 답 : ④

• 직류 전류 평균값 $I_d = \dfrac{E_d}{R}$

• 직류 전압 평균값 $E_d = \dfrac{\sqrt{2}E}{\pi}$

$\therefore I_d = \dfrac{E_d}{R} = \dfrac{\frac{\sqrt{2}E}{\pi}}{R} = \dfrac{\sqrt{2}E}{\pi R}$

23 교류전압의 실효값이 200[V]일 때 단상 반파 정류에 의하여 발생하는 직류 전압의 평균값은 약 몇 [V]인가?

① 45

② 90

③ 105

④ 110

23 답 : ②

직류 전압의 평균값 $E_d = \dfrac{\sqrt{2}V}{\pi} = 0.45V$

$= 0.45 \times 200 = 90\,[V]$

24 다음 단상 전파 정류의 맥동률은?

① 약 0.17

② 약 0.34

③ 약 0.48

④ 약 0.96

24 답 : ③

맥동률 $= \dfrac{교류분}{직류분} \times 100\,[\%]$

단상 반파(121%) 〉 단상 전파(48%) 〉 3상 반파(17%) 〉 3상 전파(4%)

제3과목

전기설비

Chapter 1
전기설비의 개요 / 예상문제

Chapter 2
전선과 전선의 접속 / 예상문제

Chapter 3
배선재료와 전기 측정기 및 공기구 / 예상문제

Chapter 4
옥내 배선 공사 / 예상문제

Chapter 5
배전선로 및 배·분전반 공사 / 예상문제

① 01 전기설비의 기본 용어

1 전압의 종별

전압의 구분	전압의 범위
저압	직류 1,500[V] 이하
	교류 1,000[V] 이하
고압	직류 1,500[V] 초과 7,000[V] 이하
	교류 1,000[V] 초과 7,000[V] 이하
특별고압	7,000[V] 초과

2 전압의 의미

1) 공칭전압 : 전선로를 대표하는 선간 전압(765/345/154/22.9[kV], 380/220/110[V] 등)

2) 정격전압 : 기기가 정상적인 상태에서 운전할 수 있는 전압의 한계치(사용상 기준이 되는 전압)

3) 대지전압

① 비접지식 전로 : 전선 사이의 전압

② 접지식 전로 : 전선과 대지 사이의 전압 – 옥내배선 300[V] 이하(접촉 우려 150[V] 이하)

3 절연저항

절연된 두 물체간에 전압을 가하여 누설전류가 흐를 때 전압과 전류의 비

전로의 사용전압[V]	DC시험전압[V]	절연저항[MΩ]
SELV 및 PELV	250	0.5
FELV, 500[V] 이하	500	1.0
500[V] 초과	1,000	1.0

[주] 특별저압(extra low voltage : 2전압이 AC 50V, DC 120V 이하)으로 SELV(비접지회로 구성) 및 PELV(접지회로 구성)은 1차와 2차가 전기적으로 절연된 회로, FELV는 1차와 2차가 전기적으로 절연되지 않은 회로

4 절연내력

① 접촉저항은 충전부와 대지 간에 상호간 인체 접촉시 인체에 나타나는 저항
② 충전부와 대지 간에 연속 10분간 가함
③ 직류 시험시 = 교류값 × 2배
④ 60[kV] 초과 중성점 접지식 = 최대사용전압×1.1
⑤ 60[kV] 초과 중성점 직접 접지식 = 최대사용전압×0.72

🔥 익힘문제

01 전압의 구분에서 저압 직류전압은 몇 [V] 이하인가?
① 400[V]　　② 500[V]
❸ 1,000[V]　　④ 900[V]
🔍 **1** 전압의 종별 참고(p.156)

02 우리나라의 공칭전압에 해당되는 것은?
① 330[V]　　② 6,900[V]
③ 23,000[V]　　❹ 154,000[V]

03 전압에서 정격전압이란 무엇을 말하는가?
① 비교할 때 기준이 되는 전압
② 그 어떤 기기나 전기재료 등에 실제로 사용하는 전압
③ 지락이 생겨 있는 전기기구의 금속제 외함 등이 인축에 닿을 때 생체에 가해지는 전압
❹ 기계 기구에 대하여 제조사가 보증하는 사용 한도의 전압으로 사용상 기준이 되는 전압
🔍 정격전압은 사용상 기준이 되는 전압을 말한다.

04 백열전등을 사용하는 전광 사인에 전기를 공급하는 전로의 사용전압은 대지전압을 몇 [V] 이하로 하는가?
① 200[V]　　❷ 300[V]
③ 400[V]　　④ 600[V]
🔍 대지전압의 접지식은 전로 전선과 대지 사이의 전압을 말한다. 옥내배선의 경우 대지전압은 300[V] 이하(접촉 우려 150[V] 이하)이다.

05 최대사용전압이 70[kV]인 중성점 직접 접지식 전로의 절연내력 시험전압은 몇 [V]인가?
① 35,000[V]
② 42,000[V]
③ 44,800[V]
❹ 50,400[V]
🔍 60[kV] 초과 중성점 직접 접지식
= 최대사용전압×0.72
= 70,000×0.72 = 50,400[kV]

02 수변전 설비

1 발전소와 변전소

1) 발전소 : 수력, 화력, 원자력 등의 발전 기계 기구를 이용하여 전기를 발생시키는 곳

2) 변전소 : 외부로부터 전송된 전기를 변압기, 정류기, 변류기 등을 이용하여 변성한 후 다시 외부로 전기를 전송하는 곳

2 수변전 설비의 구성

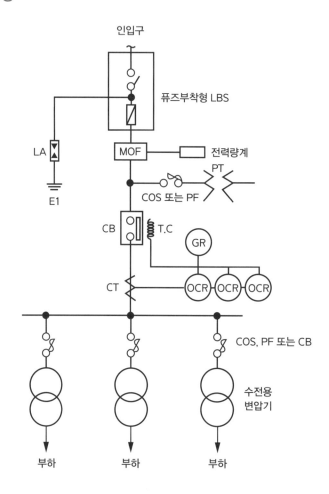

1) 부하개폐기(Load Breaker Switch, LBS)

① 수변전 설비의 인입구 개폐기로 사용

② 정상상태에서 전로를 개폐 및 통전

③ 전력퓨즈(PF) 용단시 결상(단선) 방지

2) 파워퓨즈(전력퓨즈, PF)

① 값이 싸고, 보수하여 사용 가능

② 용단에 의한 결상 우려가 있어서, 부하개폐기(LBS)와 조합하여 사용(PF + LBS)

3) 단로기(Disconnecting Switch, DS)

① 기기의 점검, 수리, 변경 시 무부하 전류 개폐(전력 공급 상태에서 사용할 수 없음)

② 활선으로부터 확실하게 회로를 열어 놓을 목적으로 사용

4) 차단기(Circuit Breaker, CB) : 부하전류 개폐, 사고전류 차단

① 유입차단기(Oil Circuit Breaker, OCB) : 절연유 사용

② 공기차단기(ABB) : 공기 이용

③ 자기차단기(MBB) : 전자력 원리 이용

④ 가스차단기(GCB) : SF$_6$가스 이용

⑤ 진공차단기(VCB) : 진공 원리 이용

⑥ 기중차단기(ACB) : 압축공기 이용

5) 피뢰기(Lighting Arrester, LA)

① 전선로 인입구의 낙뢰나 혼촉 사고 등의 이상전압 상승 억제 및 속류차단

② 제1종 접지공사(10 [Ω] 이하)

③ 정격전압 : 22.9 [kV] 이하의 배전선로 18 [kV], 송전선로 21 [kV]

6) 계기용변성기(Metering Out Fit, MOF)

① 전기사용량을 적산하기 위하여 고압의 전압과 전류를 변성하는 장치

② PT와 CT가 한 탱크 내에 설치

7) 계기용 변압기(Potential Transformer, PT)

① 고전압을 저전압으로 변성

② 2차 정격전압은 110 [V]

8) 변류기(Current Transformer, CT)

① 대전류를 소전류로 변성

② 2차 정격전류는 5 [A]

9) 전력용(진상용) 콘덴서(Static Condenser, SC)

① 역률 개선의 목적으로 부하와 병렬로 접속

② 방전 코일(Discharging Coil, DC) : 과전압 방지로 설치

③ 직렬 리액터(Series Reactor, SR) : 제5고조파의 제거로 파형개선을 직렬로 설치

10) 영상변류기(Zero phase Current Transformer, ZCT)

지락 사고 시 지락 전류를 검출하여 접지 계전기 동작

11) 컷아웃스위치(COS)

변압기 1차측 단락 보호 및 개폐 장치로 사용

01 변전소의 역할로 볼 수 없는 것은?
① 전압의 변성
❷ 전력의 생산
③ 전력의 집중과 배분
④ 전력보호계통

02 변전소의 전력기기를 시험하기 위하여 회로를 분리하거나 또는 계통의 접속을 바꾸거나 하는 경우에 사용되는 것은?
① 나이프 스위치　② 차단기
③ 퓨즈　❹ 단로기

03 특고압 수전설비의 결선 기호와 명칭으로 잘못된 것은?
① CB - 차단기
② DS - 단로기
③ LA - 피뢰기
❹ LF - 전력퓨즈

　🔍 전력퓨즈 - PF(Power Fuse)

04 수변전 설비에서 전력퓨즈의 용단 시 결상을 방지하는 목적으로 사용하는 것은?
① 자동 고장 구분 개폐기
② 선로 개폐기
❸ 부하 개폐기
④ 기중 부하 개폐기

05 자연 공기 내에서 개방할 때 접촉자가 떨어지면서 자연 소호되는 방식을 가진 차단기로 저압의 교류 또는 직류 차단기로 많이 사용되는 것은?
① 유입차단기
② 자기차단기
③ 가스차단기
❹ 기중차단기

06 변전소에서 사용되는 주요 기기로서 ABB는 무엇을 의미하는가?
① 유입차단기
② 자기차단기
❸ 공기차단기
④ 진공차단기

07 수변전 설비에서 차단기의 종류 중 가스차단기에 들어가는 가스의 종류는?
① CO_2　② LPG
❸ SF_6　④ LNG

08 주상 변압기 1차측 보호 장치로 사용되는 것은?
❶ 컷아웃 스위치
② 유입 개폐기
③ 캐치홀더
④ 리클로저

09 수변전 설비의 고압회로에 걸리는 전압을 표시하기 위해 전압계를 시설할 때 고압회로와 전압계 사이에 시설하는 것은?
① 관통형 변압기
② 계기용 변류기
❸ 계기용 변압기
④ 권선형 변류기

10 다음 중 변류기의 약호는?
① CB　❷ CT
③ DS　④ COS

11 수변전 설비 중에서 동력설비 회로의 역률을 개선할 목적으로 사용되는 것은?
① 전력퓨즈　② MOF
③ 지락계전기　❹ 진상용 콘덴서

12 전력용 콘덴서를 회로로부터 개방하였을 때 전하가 잔류함으로서 일어나는 위험의 방지와 재투입 할 때 콘덴서에 걸리는 과전압의 방지를 위하여 무엇을 설치하는가?
① 직렬 리액터　② 전력용 콘덴서
❸ 방전 코일　④ 피뢰기

13 수전전력 500[kW] 이상인 고압 수전설비의 인입구에 낙뢰나 혼촉 사고에 의한 이상전압으로부터 선로와 기기를 보호할 목적으로 시설하는 것은?
① 단로기　② 배선용차단기
❸ 피뢰기　④ 누전 차단기

14 22.9[kV] 이하의 배전선로에서 수전하는 설비의 피뢰기 정격전압은 몇 [kV]인가?
❶ 18[kV]　② 24[kV]
③ 144[kV]　④ 288[kV]

15 고압전로에 지락사고가 생겼을 때 지락전류를 검출하는 데 사용되는 것은?
① CT　❷ ZCT
③ MOF　④ PT

16 고압 또는 특별고압 가공전선로에서 공급을 받는 수용장소의 인입구 또는 이와 근접한 곳에는 무엇을 시설하여야 하는가?
① 계기용 변성기
② 과전류 계전기
③ 접지 계전기
❹ 피뢰기

　🔍 피뢰기의 시설
　• 고압 또는 특별고압 가공전선로에서 공급을 받는 수용장소의 인입구 또는 발변전소의 인입구
　• 가공선로와 지중선로가 만나는 곳에서 선로보호와 기기 보호

1️⃣ 건물의 표준 부하의 상정

건물의 종류	표준부하[VA/㎡]
공장, 공회당, 사원, 교회, 극장, 영화관, 연회장 등	10
기숙사, 여관, 호텔, 병원, 학교, 음식점, 다방, 목욕탕	20
사무실, 은행, 상점, 이발소, 미장원	30
주택, 아파트	40

2️⃣ 변압기 용량

1) 수용률 : $\dfrac{\text{최대수요전력 [kW]}}{\text{부하설비 합계 [kW]}} \times 100\,[\%]$

　① 주택, 아파트, 기숙사, 여관, 호텔, 병원 간선의 수용률 : 50 [%]

　② 사무실, 은행, 학교 간선의 수용률 : 70 [%]

2) 부등률 : $\dfrac{\text{각 부하의 최대수요전력의 합계 [kW]}}{\text{합성최대전력 [kW]}}$

3) 부하율 : $\dfrac{\text{평균수요전력 [kW]}}{\text{최대수요전력 [kW]}} \times 100\,[\%]$

4) 변압기 용량 : $\dfrac{\text{합성최대전력 [kW]}}{\text{역률}} = \dfrac{\text{설비용량[kVA]} \times \text{수용률}}{\text{부등률} \times \text{역률}}\,[\text{kVA}]$

* **몰드 변압기** 코일 주위에 전기적 특성이 큰 에폭시 수지를 고진공으로 침투시키고, 다시 그 주위를 기계적 강도가 큰 에폭시 수지로 몰딩한 변압기로 환경오염방지 및 난연성, 자기소화성을 가지고 있다.

🔧 익힘문제

01 배전설계를 위한 전등 및 소형 전기기계 기구의 부하용량 산정 시 건축물의 종류에 대응한 표준부하에서 원칙적으로 표준부하를 20[VA/m²]으로 적용하여야 하는 건축물은?

　① 교회, 극장　　　　**❷ 학교, 음식점**
　③ 은행, 상점　　　　④ 아파트, 이용원

02 주택, 아파트, 사무실, 은행, 상점, 이발소, 미장원에서 사용하는 표준부하[VA/m²]는?

　① 5　　　　　　　② 10
　③ 20　　　　　　**❹ 30**

03 어느 수용가의 설비용량이 각각 1[kW], 2[kW], 3[kW], 4[kW]인 부하설비가 있다. 그 수용률이 60[%]인 경우, 그 최대수용전력은 몇 [kW]인가?

　① 3[kW]　　　　　**❷ 6[kW]**
　③ 30[kW]　　　　④ 60[kW]

　◉ 수용률 = $\dfrac{\text{최대수요전력 [kW]}}{\text{부하설비 합계 [kW]}}$ 에서,

　　최대수요전력 [kW] = 부하설비 합계 × 수용률
　　　　　　　　　　 = (1+2+3+4)[kW]×0.6
　　　　　　　　　　 = 6[kW]

04 각 수용가의 최대수용전력이 각각 5[kW], 10[kW], 15[kW], 22[kW]이고, 합성최대수요전력이 50[kW]이다. 수용가 상호 간의 부등률은 얼마인가?

　❶ 1.04　　　　　② 2.34
　③ 4.25　　　　　④ 6.94

　◉ 부등률 = $\dfrac{\text{각 부하의 최대수요전력의 합계 [kW]}}{\text{합성최대전력 [kW]}}$

　　　　 = $\dfrac{5+10+15+22}{50} = 1.04$

05 설비용량 600[kW], 부등률 1.2, 수용률 0.6일 때 합성최대전력 [kW]은?

　① 240 [kW]　　　　**❷ 300 [kW]**
　③ 432 [kW]　　　　④ 833 [kW]

　◉ 부등률 = $\dfrac{\text{각 부하의 최대수요전력합계 [kW]}}{\text{합성최대전력 [kW]}} \times 100$ 에서,

　　합성최대전력 [kW] = $\dfrac{\text{각 부하의 최대수요전력합계 [kW]}}{\text{부등률}}$

　　　　　　　　　　 = $\dfrac{\text{설비용량합계[kW]} \times \text{수용률}}{\text{부등률}}$

　　　　　　　　　　 = $\dfrac{600\,[\text{kW}] \times 0.6}{1.2} = 300\,[\text{kW}]$

04 전기설비의 접지

1 접지(Earth) 공사

전기적인 안전을 확보하거나 신호의 간섭을 피하기 위해서 회로의 일부분을 대지에 도선으로 접속하여 전위가 0[V]이 되도록 하는 것

2 접지공사 목적

① 인체 감전사고 방지 　　　　　　　　② 화재사고 방지
③ 전로의 대지전압 및 이상전압 상승 억제 　④ 보호계전기의 동작 확보

3 접지공사의 종류

1) 접지의 목적에 따른 분류

① 계통접지 : 전력계통의 이상현상에 대비하여 대지와 전력계통을 접속하는 방식
　• TN 방식 : 대지(T)-중성선(N)을 연결하는 방식으로 다중접지방식

TN-S 방식	계통 전체에 걸쳐서 중성선(N)과 보호도체(PE)를 분리하여 설치
TN-C 방식	계통 전체에 걸쳐서 중성선(N)과 보호도체(PE)의 기능을 하나의 도체(PEN)에 설치
TN-C-S 방식	계통의 일부분에서 중성선(N)+보호도체(PEN)를 사용하거나, 중성선과 별도의 보호도체(PE)를 사용하는 방식

　• TT 방식 : 변압기(전원)측과 전기설비측이 개별적으로 접지하는 독립접지방식
　• IT 방식 : 변압기측이 절연(Insulation)된 비접지 또는 임피던스(Impedence)이고, 전기설비측은 접지하는 방식
② 보호접지 : 감전보호를 목적으로 기기의 한 점 이상을 기기에 접속
　• 외함접지, 기기접지
　• 등전위 본딩(Bonding) : 전기장비의 노출된 금속부분을 보호접지회로에 연결하여 전위를 같게 하는 것
③ 피뢰시스템 접지 : 뇌격전류를 안전하게 대지로 방류하기 위하여 대지에 접속
④ 변압기 중성점 접지 : 직접 접지, 저항 접지, 리액터 접지, 비접지 계통

2) 접지시설의 종류와 방법

① 단독접지 : 설비들을 각각 독립적으로 접지하는 것으로, (특)고압 계통의 접지극과 저압 접지계통의 접지극을 독립적으로 시설하는 방식
② 공통접지 : 목적이 동일한 것들의 접지극을 상호 접지하는 것으로, 접지(특)고압 계통의 접지극과 저압 계통의 접지극을 등전위 형성을 위해 공통으로 접지하는 방식
③ 통합접지 : 기능상 목적이 다른 접지극을 상호 연결하여 접지하는 것으로, 전력계통접지, 통신접지, 피뢰접지의 접지극을 통합하여 접지하는 방식

3) 보호선(PE)

① PEN선 : 보호선(PE)과 중성선(N)의 기능을 겸한 전선
② PEM선 : 보호선(PE)과 중간선(M)의 기능을 겸한 전선

③ PEL선 : 보호선(PE)과 전압선(L)의 기능을 겸한 전선

4) 주 접지단자의 접속
① 접지도체(접지선)   ② 보호도체(PE)
③ 등전위본딩도체   ④ 기타설비(정보통신시스템, 뇌보호시스템)

5) 접지도체의 단면적
① 보호도체의 최소 단면적

선도체의 단면적 S[mm²]	보호도체의 재질이 선도체와 같은 경우 최소단면적
16[mm²] 이하	S[mm²]
16[mm²] 초과 35[mm²] 이하	16[mm²]
35[mm²] 초과	S[mm²]/2

- 보호도체는 선도체와 동일한 금속재료로 사용
- 산출값이 표준규격과 일치하지 않을 경우 단면적이 큰 쪽 도체를 사용

② 접지도체의 단면적
- 접지도체에 큰 고장전류가 흐르지 않을 경우 : 구리 6[mm²](철제 50[mm²]) 이상
- 접지도체에 피뢰시스템이 접속되는 경우 : 구리 16[mm²](철제 50[mm²]) 이상
- 변압기 중성점 접지도체 : 구리 16[mm²] 이상

6) 전선의 상과 색상

전선의 상(문자)	전선의 색상
L1	갈색
L2	흑색
L3	회색
N	청색
보호도체	녹색-노란색

4 접지공사 방법

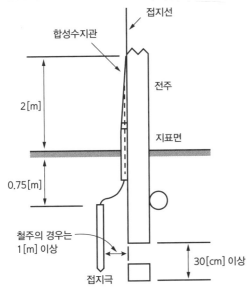

① 접지극은 동관, 아연도금 철봉이나 철관으로 지하 75[cm] 이상 깊이 매설
② 접지극으로 지중에 매설된 3[Ω]의 금속제 수도관 사용 가능
③ 접지극과 지지물(철주) 간 옆면으로 1[m] 이상, 밑면으로 30[cm] 이상 이격
④ 접지선이 절연전선이나 케이블인 경우에는 지표면에서 60[cm] 이상 이격
⑤ 접지선은 지상 2[m] 이상, 지하 75[cm] 이상은 합성수지관 시공
⑥ 접지선은 녹색-노란색으로 표시

01 전기회로에서 실제로 대지를 0[V]의 기준점으로 택하는 경우가 많다. 전기적인 안전을 확보하거나 신호의 간섭을 피하기 위해서 회로의 일부분을 대지에 도선으로 접속하여 0[V]의 전위가 되도록 하는 것을 무엇이라고 하는가?

❶ 접지　　　　② 전압 강하
③ 전기 저항　　　④ 부하

02 접지를 하는 목적이 아닌 것은?

❶ 이상 전압의 발생
② 전로의 대지전압의 저하
③ 보호 계전기의 동작 확보
④ 감전의 방지

03 접지공사에서 접지시스템 시설의 종류에 해당하지 않는 것은?

① 단독접지　　　② 공통접지
③ 통합접지　　　**❹ 피뢰시스템 접지**

🔎 접지시설의 종류와 방법
　① 단독접지 : 설비들을 각각 독립적으로 접지하는 것
　② 공통접지 : 목적이 동일한 것들의 접지극을 상호 접지하는 것
　③ 통합접지 : 기능상 목적이 다른 접지극을 상호 연결하여 접지하는 것

04 사용전압이 440[V]인 3상 유도전동기의 외함 접지공사시 접지도체는 공칭단면적 몇 [mm²] 이상의 연동선이어야 하는가?

① 2.5　　　　　**❷ 6**
③ 10　　　　　④ 16

🔎 접지도의 선정시 최소단면적은 구리의 경우 6[mm²] 이상, 철제의 경우 50[mm²] 이상이다.

05 상도체 및 보호도체의 재질이 구리일 경우 상도체의 단면적이 10[mm²] 일 때 보호도체의 최소 단면적[mm²]은?

① 2.5　　　　　② 6
❸ 10　　　　　④ 16

🔎 보호도체의 최소 단면적

상도체의 단면적 S[mm²]	보호도체의 재질이 선도체와 같은 경우 최소단면적
16[mm²] 이하	S[mm²]
16[mm²] 초과 35[mm²] 이하	16[mm²]
35[mm²] 초과	S[mm²]/2

상도체의 단면적이 16[mm²] 이하일 경우 보호도체의 최소 단면적은 상도체의 단면적과 같다.

06 접지공사에서 접지선을 철주, 기타 금속제를 따라 시설하는 경우 접지극은 지중에서 그 금속체로부터 몇[cm] 이상 띄어 매설하는가?

① 30　　　　　② 60
③ 75　　　　　**❹ 100**

🔎 접지극과 지지물(철주) 간 옆면으로 1[m] 이상, 밑면으로 30[cm] 이상 이격

07 주 접지단자와 접속되는 도체가 아닌 것은?

① 등전위본딩 도체　　② 접지도체
❸ 피뢰시스템 도체　　④ 보호도체

🔎 주 접지단자에 보호 등전위도체, 접지도체, 보호도체 등을 접속하여야 한다.

08 전원의 한 점을 직접 접지하고 설비의 노출 도전부는 전원의 접지전극과 전기적으로 독립적인 접지극에 접속시키는 계통접지 방식은?

① TN　　　**❷ TT**　　　③ TN-S　　　④ IT

🔎 계통접지 : 전력계통의 이상현상에 대비하여 대지와 전력계통을 접속하는 방식
　• TN 방식 : 대지(T)-중성선(N)을 연결하는 방식으로 다중접지방식
　• TT 방식 : 변압기(전원)측과 전기설비측이 개별적으로 접지하는 독립접지방식
　• IT 방식 : 변압기측이 절연(Insulation)된 비접지 또는 임피던스(Impedence)이고, 전기설비측은 접지하는 방식

09 강철 도체의 경우 주 접지단자에 접속하기 위한 보호 등전위본딩 도체는 얼마 [mm²] 이상이어야 하는가?

① 6　　　② 16　　　③ 35　　　**❹ 50**

🔎 주 접지단자에 접속하기 위한 등전위본딩 도체는 설비내에 있는 가장 큰 보호접지도체 단면적의 1/2 이상의 단면적을 가져야 하고 다음의 단면적 이상이어야 한다.
　• 구리 도체 : 6[mm²]
　• 알루미늄 도체 : 16[mm²]
　• 강철 도체 : 50[mm²]

10 전압의 종별에서 특별고압이란?

❶ 7[kV] 넘는 것　　② 5[kV] 넘는 것
③ 14[kV] 넘는 것　　④ 20[kV] 넘는 것

🔎 특별고압 : 7,000[V] 초과

11 접지공사에 사용하는 접지선을 사람이 접촉할 우려가 있는 곳에 시설하는 경우 접지극은 지하 몇 [cm] 이상의 깊이에 매설하여야 하는가?

① 30[cm]　　　② 60[cm]
❸ 75[cm]　　　④ 90[cm]

12 지중에 매설되어 있는 금속제 수도관로는 대지와의 전기 저항값이 얼마 이하로 유지되어야 접극극으로 사용할 수 있는가?

① 1[Ω] 이하　　　**❷ 3[Ω] 이하**
③ 4[Ω] 이하　　　④ 5[Ω] 이하

13 접지공사를 다음과 같이 시행하였다. 잘못된 접지공사는?

① 접지극은 지하 75[cm] 이상 깊이에 매설하였다.
❷ 지표, 지하 모두에 옥외용 비닐절연전선을 사용하였다.
③ 접지선과 접지극은 납땜을 하여 접속하였다.
④ 접지극은 동봉을 사용하였다.

🔎 접지공사 : 접지선은 절연전선(옥외용 비닐절연전선 제외)이나 케이블(통신용 제외)을 사용한다.

1 스위치 기호

스위치(일반)	2극 스위치	방폭형 스위치	3로 스위치
●	●2P	●EX	●3

2 전등 기호

조명등(일반)	벽등	유도등
○	○ㅓ	⊗

3 콘센트 기호

콘센트(벽부착)	콘센트(바닥부착)	콘센트(20A)
◑	●●	◑20A
콘센트(방수형)	비상 콘센트	콘센트(접지형)
◑WP	●● ●●	◑E

4 배전반, 분전반, 제어반 기호

배전반	분전반	제어반
⊠	◣	⋈

5 수변전설비 기호

피뢰기	진상용 콘덴서	교류 차단기

6 배선 기호

천장은폐 배선	노출 배선	지중매설 배선	바닥은폐 배선
————	·············	—·—·—·—	— — — —

7 기타 기호

배선용 차단기	누전차단기	과전류 소자붙이 누전차단기
B	E	BE

개폐기	접지저항 측정용 단자	형광등	지진감지기
S	⊗	⬯—○—⬯	EQ

🔧 익힘문제

01 다음 심벌 명칭은 무엇인가?

① 파워퓨즈
② 단로기
❸ 피뢰기
④ 고압 컷아웃 스위치

🔍 피뢰기(Lighting Arrester, LA) : 전선로 인입구의 낙뢰나 혼촉 사고 등의 이상전압 상승 억제 및 속류를 차단한다.

02 아래 심벌이 나타내는 것은?

① 저항
❷ 진상용 콘덴서
③ 유입 개폐기
④ 변압기

🔍 전력용(진상용) 콘덴서(Static Condenser, SC) : 역률개선의 목적으로 부하와 병렬로 접속한다.

03 배전반을 나타내는 그림 기호는?

❶   ②

③   ④ S

04 다음 중 교류 차단기의 단선도 심벌은?

❶   ②

③   ④

🔍 차단기 심벌

교류 차단기(단선도)

교류 차단기(복선도)

교류 부하개폐기(단선도)

교류 부하개폐기(복선도)

05 다음 중 3로 스위치를 나타내는 그림 기호는?

① ●EX ❷ ●3

③ ●2P ④ ●15A

🔍 스위치 기호
●3(3로 스위치) ●EX(방폭형)
●2P(2극용) ●15A(15A용)

06 아래의 그림 기호가 나타내는 것은?

❶ 비상콘센트
② 형광등
③ 점멸기
④ 접지저항 측정용 단자

🔍 형광등 ⬯—○—⬯
스위치(점멸기) ●
접지저항 측정용 단자 ⊗

01 전압을 저압, 고압 및 특고압으로 구분할 때 교류에서 저압이란?

① 110[V] 이하의 것

② 220[V] 이하의 것

③ 1000[V] 이하의 것

④ 1500[V] 이하의 것

01 전압의 종별　　답 : ③

전압의 구분	전압의 범위
저압	직류 1,500[V] 이하
	교류 1,000[V] 이하
고압	직류 1,500[V] 초과 7,000[V] 이하
	교류 1,000[V] 초과 7,000[V] 이하
특별고압	7,000[V] 초과

02 접지도체는 지하 0.75[m]부터 지표상 2[m]까지의 부분은 어떠한 전선관으로 덮어야 하는가?

① 합성수지관

② 금속관

③ 금속트렁킹

④ 금속몰드

02 접지공사　　답 : ①

접지선은 지상 2[m] 이상, 지하 75[cm] 이상은 합성수지관 시공

03 다선식 옥내배선인 경우 N상(중성선)의 색별 표시는?

① 갈색

② 흑색

③ 회색

④ 청색

03 전선의 상과 색상　　답 : ④

전선의 상(문자)	전선의 색상
L1	갈색
L2	흑색
L3	회색
N	청색
보호도체	녹색-노란색

04 주 접지단자와 접속되는 도체가 아닌 것은?

① 등전위본딩 도체

② 접지도체

③ 피뢰시스템 도체

④ 보호도체

04　　답 : ③

주 접지단자에 보호 등전위도체, 접지도체, 보호도체 등을 접속하여야 한다.

05 전로 이외를 흐르는 전류로서 전로의 절연체 내부 및 표면과 공간을 통하여 선간 또는 대지 사이를 흐르는 전류를 무엇이라고 하는가?

① 지락전류　　② 누설전류

③ 정격전류　　④ 영상전류

05　　답 : ②

누설전류는 절연물 내부나 표면에 흐르는 소량의 전류를 말한다.

06 다음 중 접지의 목적으로 알맞지 않은 것은?

① 감전의 방지

② 전로의 대지 전압 상승

③ 보호계전기 동작 확보

④ 이상 전압의 억제

06 답 : ②

접지의 목적은 인체 감전사고 방지, 화재사고 방지, 전로의 대지전압 및 이상전압 상승 억제, 보호 계전기의 동작 확보 등이다.

07 피뢰시스템을 접지공사할 경우 접지도체의 단면적은 몇 $[mm^2]$ 이상의 연동선이어야 하는가?

① 2.5

② 6

③ 10

④ 16

07 접지도체의 단면적 답 : ④

• 접지도체에 큰 고장전류가 흐르지 않을 경우 : 구리 6$[mm^2]$(철제 50$[mm^2]$) 이상

• 접지도체에 피뢰시스템이 접속되는 경우 : 구리 16$[mm^2]$(철제 50$[mm^2]$) 이상

08 접지사고 발생 시 다른 선로의 전압은 상전압 이상으로 되지 않으며, 이상전압의 위험도 없고 선로나 변압기의 절연 레벨을 저감시킬 수 있는 접지방식은?

① 저항 접지

② 비 접지

③ 직접 접지

④ 소호 리액터 접지

08 답 : ③

직접 접지는 지락사고 시 대지전압 상승을 억제하고, 계전기의 동작을 확실하게 한다.

09 배전선로 보호를 위하여 설치하는 보호 장치는?

① 기중 차단기

② 자동 개폐로 차단기

③ 진공 차단기

④ 누전 차단기

09 답 : ②

기중 차단기, 진공 차단기, 누전 차단기는 수용가 보호 장치이다.

10 수변전 설비의 인입구 개폐기로 많이 사용되고 있으며, 전력 퓨즈의 용단시 결상을 방지하는 목적으로 사용되는 것은?

① 부하 개폐기

② 선로 개폐기

③ 자동 고장 구분 개폐기

④ 기중 부하 개폐기

10 부하 개폐기(Load Breaker Switch, LBS) 답 : ①

• 수변전 설비의 인입구 개폐기로 사용

• 정상상태에서 전로를 개폐 및 통전

• 전력퓨즈(PF) 용단시 결상(단선) 방지

11 부하에 전력을 공급하는 상태에서 사용할 수 없는 개폐기는?

① 유입 차단기
② 자기 차단기
③ 유입 개폐기
④ 단로기

11 단로기(Disconnecting Switch, DS)

답 : ④

• 기기의 점검, 수리, 변경 시 무부하 전류 개폐(부하전류 및 고장전류는 차단 불가능)
• 활선으로부터 확실하게 회로를 열어 놓을 목적으로 사용

12 교류 차단기에 포함되지 않는 것은?

① GCB
② HSCB
③ VCB
④ ABB

12 교류 차단기(Circuit Breaker, CB)

답 : ②

• 유입차단기(Oil Circuit Breaker, OCB) : 절연유 사용
• 공기차단기(ABB) : 공기 이용
• 자기차단기(MBB) : 전자력 원리이용
• 가스차단기(GCB) : SF_6가스 이용
• 진공차단기(VCB) : 진공 원리이용
• 기중차단기(ACB) : 압축공기 이용
※ HSCB : 직류 고속도 차단기

13 가스 절연 개폐기나 가스 차단기에 사용되는 가스인 SF₆의 성질이 아닌 것은?

① 같은 압력에서 공기의 2.5~3.5배의 절연내력이 있다.
② 무색, 무취, 무해 가스이다.
③ 가스 압력 3~4[kgf/cm²]에서는 절연내력은 절연유 이상이다.
④ 소호능력은 공기보다 2.5배 정도 낮다.

13

답 : ④

SF_6 가스의 소호능력은 공기보다 100~200배 정도이다.

14 차단기 ELB의 용어는?

① 유입 차단기
② 진공 차단기
③ 배전용 차단기
④ 누전 차단기

14

답 : ④

• 유입 차단기 : OCB
• 진공 차단기 : VCB
• 배전용 차단기 : MCCB

15 배전용 기구인 컷아웃스위치(COS)의 용도로 알맞은 것은?

① 배전용 변압기의 1차측에 시설하여 변압기의 단락 보호용으로 쓰인다.
② 배전용 변압기의 2차측에 시설하여 변압기의 단락 보호용으로 쓰인다.
③ 배전용 변압기의 1차측에 시설하여 배전구역 전환용으로 쓰인다.
④ 배전용 변압기의 2차측에 시설하여 배전구역 전환용으로 쓰인다.

15 컷아웃스위치(COS)

답 : ①

변압기 1차측 단락 보호 및 개폐 장치로 사용한다.

16 코일 주위에 전기적 특성이 큰 에폭시 수지를 고진공으로 침투시키고, 다시 그 주위를 기계적 강도가 큰 에폭시 수지로 몰딩한 변압기는?

① 건식 변압기
② 유입 변압기
③ 몰드 변압기
④ 타이 변압기

16   답 : ③

몰드 변압기는 환경오염방지 및 난연성, 자기소화성을 가지고 있어 화재발생을 방지한다.

17 수변전 설비의 고압회로에 걸리는 전압을 표시하기 위해 전압계를 시설할 때 고압회로와 전압계 사이에 시설하는 것은?

① 관통형 변압기
② 계기용 변류기
③ 계기용 변압기
④ 권선형 변류기

17 계기용 변압기(Potential
　　Transformer, PT)   답 : ③

• 고전압을 저전압으로 변성
• 2차 정격전압은 110[V]

18 계기용 변류기의 약호는?

① CT
② WH
③ CB
④ DS

18 변류기(Current Transformer, CT)
                                                            답 : ①

• 대전류를 소전류로 변성
• 2차 정격전류는 5[A]

19 역률 개선의 효과로 볼 수 없는 것은?

① 감전사고 감소
② 전력손실 감소
③ 전압강하 감소
④ 설비용량의 이용률 증가

19   답 : ①

역률 개선의 효과는 변압기의 여유율 증가, 전압강하 감소, 전력손실 감소 등이다.

20 수전설비의 저압 배전반 앞에서 계측기를 판독하기 위하여 앞면과 최소 몇 [m] 이상 유지하는 것을 원칙으로 하는가?

① 0.6[m]
② 1.2[m]
③ 1.5[m]
④ 1.7[m]

20 배전반 유지 간격   답 : ③

• 앞면 또는 조작, 계측면 : 1.5[m]
• 뒷면 또는 점검면 : 0.6[m]
• 열상호간 : 1.2[m]

Chapter 2 전선과 전선의 접속

01 전선

1 연선과 단선

1) 단선 : 지름[mm]으로 표시

2) 연선 : 공칭단면적[mm²]으로 표시

① 소선의 총수 $N = 3n(n+1)+1$

② 연선의 지름 $D = (2n+1)d$

③ 소선의 단면적 $s = \dfrac{\pi d^2}{4}$

④ 연선의 단면적 $A = sN = \dfrac{\pi d^2}{4} \times N = \dfrac{\pi D^2}{4}$

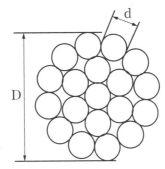

n: 층수

d: 소선의 지름[mm]

2 전선의 구비 조건과 굵기 결정요소

1) 전선의 구비 조건

① 도전율이 클 것

② 기계적 강도가 클 것

③ 밀도(비중)이 작을 것

④ 내구성이 있을 것

⑤ 가공이 쉬울 것

⑥ 가격이 경제적일 것

2) 전선의 굵기 결정요소

① 허용전류

② 허용온도

③ 기계적 강도

④ 전압강하

3 경동선

① 인장강도가 크기 때문에 송배선 선로에 사용된다.

② 전선의 고유저항 : $\dfrac{1}{55}$[Ω·mm²/m]

4 연동선

① 전기저항이 작고 가요성이 풍부해 옥내배선에 사용된다.

② 전선의 고유저항 : $\dfrac{1}{58}$[Ω·mm²/m]

③ 강심알루미늄 연선(Aluminium Conductor Steel Reinforced, ACSR)
- 강심의 바깥에 알루미늄 연선을 꼬아 만든다.
- 경동선에 비해 가볍고, 인장강도가 크다.
- 외경이 커서 코로나 방전 대책으로 사용한다.

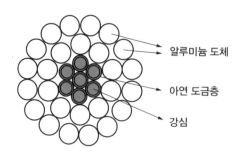

④ 동선 : 염분이 많은 해안지방의 송전용으로 적합하다.

5 절연전선

① 고무 절연전선(RB)
② 비닐 절연전선(IV) : 60[℃] 이상이 되면 절연내력이 저하되고, 절연물이 변질된다.
③ 내열용 비닐 절연전선(HIV)
④ 인입용 비닐 절연전선(DV)
⑤ 옥외용 비닐 절연전선(OW)
⑥ 폴리에틸렌 절연전선(IE)
- 600[V] 이하의 내약품성을 요구하는 곳에 사용한다.
- 내열성이 비닐 절연전선보다 작으며, 내식성이 우수하다.
⑦ 플루오르 수지 절연전선[테플론(Teflon) 절연전선]
- 합성수지 절연체로 피복한 것으로, 사용전압 600[V] 이하에 사용한다.
- 내열성이 우수하며, 기계적 강도가 크고, 흡수성이 없으며, 화학적으로 안정한 절연전선이다.
⑧ 네온전선(N-RV, 고무 비닐 네온전선)
- N-네온전선   • R-고무   • C-클로로프렌   • E-폴리에틸렌   • V-비닐
⑨ 형광등 전선(FL)
- 관등회로전압 1,000[V] 이하 형광 방전등에 사용한다.
- 전선표면의 약호는 1,000VFL로 표시한다.
⑩ 접지용 비닐 절연전선(GV)

6 코드

1) 코드의 특징

① 실내 전등 및 콘센트를 배선하는 경우

② 공칭단면적 : 0.75 / 1.25 / 2.0 / 3.5 / 5.5 / 14 [mm²]

③ 가요성이 풍부하다.

2) 코드 심선의 색깔

① 2심 : 검정색, 흰색

② 3심 : 검정색, 흰색, 적색(또는 녹색)

③ 4심 : 검정색, 흰색, 적색, 녹색(접지선)

3) 코드의 종류

① 고무 코드 : 심선의 단면적 0.5~5.5 [mm²]

② 기구용 비닐 코드 : 심선의 단면적 0.5~2.0 [mm²], 전열용이 아닌 소형 가정용 전기기구(라디오, 선풍기, 냉장고, 텔레비전 등)의 전선에 사용

③ 전열기용 코드 : 겉면을 석면(내열성 우수) 처리한 전선

④ 극장용 코드 : 방습성 절연물질을 혼합시켜 편조

⑤ 금실 코드

- 도금하지 않은 연동박을 2줄의 질긴 무명실에 감은 것을 18가닥을 모아서 다시 그 위에 순고무 테이프로 감고 편조를 한 2조를 꼬아 종이 테이프를 감고 무명실로 대편형의 표면 편조한 것
- 가요성이 풍부하여 전기면도기, 전기이발기, 헤어드라이어 등에 사용

⑥ 캡타이어 코드 : 옥내에서 사용되고, 교류 300 [V] 이하의 소형 전기기구에 사용

7 케이블

1) 캡타이어 케이블

① 주석으로 도금한 연선에 종이 테이프 또는 무명실을 감고 규정된 고무 혼합물을 입힌 후 질긴 고무로 외장한 것으로서 내수성, 내산성, 내알칼리성, 내유성을 가진 이동용 배선에 사용한다.

② 공칭 단면적 : 0.75~100 [mm²]

③ 캡타이어 케이블의 종류

- 1종 : 캡타이어 고무로 피복
- 2종 : 고무 피복이 1종보다 좋다.
- 3종 : 면포를 넣어 강도 보강
- 4종 : 3종에 심선에 고무로 보강

④ 캡타이어 케이블의 심선 색깔
- 단심 : 검정색
- 2심 : 검정색, 흰색
- 3심 : 검정색, 흰색, 빨간색
- 4심 : 검정색, 흰색, 빨간색, 녹색
- 5심 : 검정색, 흰색, 빨간색, 녹색, 노란색

2) 비닐 외장 케이블 : VVR(환형), VVF(평형)

3) 클로로프렌 외장 케이블(RN) : 고압옥내배선용, 고압가공선, 고압인입선, 고압지중케이블로 사용

4) 플렉시블 외장 케이블
① AC(심선에 고무 절연전선 사용) : 건조한 곳의 노출, 은폐 배선용
② ACT(심선에 비닐 절연전선 사용) : 건조한 곳의 노출, 은폐 배선용
③ ACV(절연 컴파운드 사용) : 공장, 상점용
④ ACL(외장 밑에 연피 사용) : 습기, 기름기가 많은 곳

5) 용접용 케이블 : 아크 용접기의 2차측에 사용
① 리드용 제1종 케이블(WCT)
② 리드용 제2종 케이블(WNCT)
③ 홀더용 제1종 케이블(WRCT)
④ 홀더용 제2종 케이블(WRNCT)

6) MI 케이블

7) 연피 케이블 : 특별고압 지중 전선로에서 직접 매설식에 사용

01 같은 굵기로 소선을 여러 줄의 동심원 주위에 배열한 것은?

① 단선　　　　　　　❷ 연선
③ 편조선　　　　　　④ ACSR

02 동심 연선에서 심선을 뺀 층수를 n, 소선의 지름을 d, 소선의 단면적을 s라 할 때 소선 수 N을 구하는 식은?

① $N = n(n+1)$
❷ $N = 3n(n+1)+1$
③ $N = 2n(n+1)+d+1$
④ $N = n(2n+1)d$

03 소선수가 37가닥인 동심 연선의 층수는?

❶ 3　　　　　　　　② 5
③ 7　　　　　　　　④ 9

　연선 : 소선의 총수 $N = 3n(n+1)+1$
　　$n = 1 \rightarrow N = 7$
　　$n = 2 \rightarrow N = 19$
　　$n = 3 \rightarrow N = 37$
　　$n = 4 \rightarrow N = 61$

04 1.6[mm] 19가닥의 경동 연선의 바깥지름[mm]은?

① 11　　　　　　　② 10
③ 9　　　　　　　　❹ 8

　연선의 지름 $D = (2n+1)d$
　　　　　　　　$= (2 \times 2+1) \times 1.6 = 8[mm]$
　$N = 19$이면, $n = 2$

05 나경동선 2.0[mm] 19본 연선의 공칭단면적[mm²]은?

① 50[mm²]　　　　❷ 60[mm²]
③ 80[mm²]　　　　④ 100[mm²]

　연선의 단면적
　$A = sN = \dfrac{\pi d^2}{4} \times N = \dfrac{\pi \times 2^2}{4} \times 19 = 59.66[mm^2]$

06 해안지방의 송전용 나전선에 적당한 것은?

① 철선
② 강심알루미늄선
❸ 동선
④ 알루미늄 합금선

07 다음 중 전선의 굵기를 결정할 때 반드시 생각해야 할 사항으로만 된 것은?

❶ 허용전류, 전압강하, 기계적 강도
② 허용전류, 공사방법, 사용장소
③ 공사방법, 사용장소, 기계적 강도
④ 공사방법, 전압강하, 기계적 강도

08 HIV 전선은 무엇인가?

① 전열기용 캡타이어 케이블
② 전열기용 고무 절연전선
③ 전열기용 평형 절연전선
❹ 내열용 비닐 절연전선

09 다음 중 합성수지 절연체로 피복한 것으로, 사용전압 600[V] 이하에 사용되고, 내열성이 우수하며, 기계적 강도가 크고, 흡수성이 없으며, 화학적으로 안정한 절연전선은?

① 비닐 절연전선
② 인입용 비닐 절연전선
③ 폴리에틸렌 절연전선
❹ 플루오르 수지 절연전선

10 비닐 절연전선의 절연물이 변질하게 되는 최저 온도[℃]는?

① 50　　　　　　　❷ 60
③ 70　　　　　　　④ 90

　비닐 절연전선(IV) : 60[℃] 이상이 되면 절연내력이 저하되고, 절연물이 변질됨

11 600[V] 비닐 절연전선의 약호는?

① DV　　　　　　　❷ IV
③ OW　　　　　　　④ VV

　• DV : 인입용 비닐 절연전선
　• OW : 옥외용 비닐 절연전선
　• VV : 비닐절연 비닐외장케이블

12 절연전선의 피복전선에 15[kV] N-RV의 기호가 새겨져 있다면 무엇인가?

① 15[kV] 고무 폴리에틸렌 네온전선
❷ 15[kV] 고무 비닐 네온전선
③ 15[kV] 형광등 전선
④ 15[kV] 폴리에틸렌 비닐 네온전선

　네온전선(N-RV : 고무 비닐 네온전선)
　　N-네온전선, R-고무, C-클로로프렌, E-폴리에틸렌, V-비닐

13 DV 전선이란?

❶ 인입용 비닐 절연전선
② 형광등 전선
③ 옥외용 비닐 절연전선
④ 600[V] 비닐 절연전선

　• 형광등 전선 : FL
　• 옥외용 비닐 절연전선 : OW
　• 600[V] 비닐 절연전선 : IV

14 전기저항이 작고 부드러운 성질이 있으며, 구부리기가 용이하여 주로 옥내배선에 사용되는 구리선은?

① 경동선　　　　　❷ 연동선
③ 합성연선　　　　④ 중공전선

15 단면적이 0.75[mm²]인 연동연선에 염화비닐수지로 피복한 위에 1,000VFL의 기호가 표시된 것은?

① 네온전선
② 비닐코드
❸ 형광방전등
④ 비닐 절연전선

16 내식성이 우수하고, 600[V] 이하의 내약품성을 요구하는 곳에 사용되는 전선은?

① 비닐 절연전선
② 인입용 비닐 절연전선
❸ 폴리에틸렌 절연전선
④ 플루오르수지 절연전선

17 다음 중 코드의 공칭단면적[mm²]이 아닌 것은?

❶ 6.6　　　　　　② 5.5
③ 2.0　　　　　　④ 1.25

  ◉ 코드의 공칭단면적 : 0.75 / 1.25 / 2.0 / 3.5 / 5.5 / 14[mm²]

18 다음 중 고무 코드선의 4심선의 색깔로 바르게 짝지어진 것은?

① 검정색, 흰색, 빨간색, 파란색
② 검정색, 흰색, 빨간색, 황색
❸ 검정색, 흰색, 빨간색, 녹색
④ 검정색, 흰색, 빨간색, 회색

  ◉ 코드 심선의 색깔
   • 2심 : 검정색, 흰색
   • 3심 : 검정색, 흰색, 적색(또는 녹색)
   • 4심 : 검정색, 흰색, 적색, 녹색(접지선)

19 다음 중 비닐 코드를 사용하지 않는 기구는?

① 형광등, 스탠드
② 냉장고
❸ 전기밥솥
④ 텔레비전

  ◉ 비닐 코드 : 심선의 단면적 0.5~2.0[mm²], 전열용이 아닌 소형 가정용 전기기구(라디오, 선풍기, 냉장고, 텔레비전 등)의 전선에 사용

20 플렉시블 외장 케이블에서 습기, 물기 또는 기름이 있는 곳에서는 어떤 형식이 사용되는가?

① AC　　　　　　② ACT
③ ACV　　　　　❹ ACL

21 옥내저압 이동전선으로 사용되는 캡타이어 케이블 단면적의 최소값[mm²]은?

❶ 0.75　　　　　② 2
③ 5.5　　　　　　④ 8

  ◉ 캡타이어 케이블의 공칭 단면적 : 0.75 ~ 100[mm²]

22 다음 중 캡타이어 케이블에서 캡타이어의 고무 피복 중간에 면포를 넣어 강도를 보강한 것은?

① 1종　　　　　　② 2종
❸ 3종　　　　　　④ 4종

23 다음 중 홀더용 제1종 용접용 케이블의 기호는?

① WCT　　　　　② WNCT
❸ WRCT　　　　④ WRNCT

24 다음 중 특별고압 지중 전선로에서 직접 매설식에 사용하는 것은?

❶ 연피 케이블
② 고무 외장 케이블
③ 클로로프렌 외장 케이블
④ 비닐 외장 케이블

1 전선 접속 시 고려사항

① 전기저항을 증가시키지 말아야 한다.

② 전선의 강도를 80 [%] 이상 유지한다.

③ 접속부위는 절연 효력이 있는 테이프 및 와이어 커넥터 등으로 충분히 피복한다.

④ 장력이 가해지지 않도록 박스 안에서 접속한다.

2 접속의 종류

1) 단선 직선 접속

① 트위스트 접속 : 단면적 6 [mm²] 이하 가는 전선

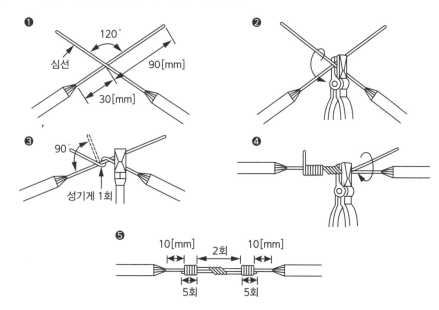

② 브리타니아 접속 : 직경 3.2 [mm] 이상 굵은 전선 – 조인트(접속선) 사용

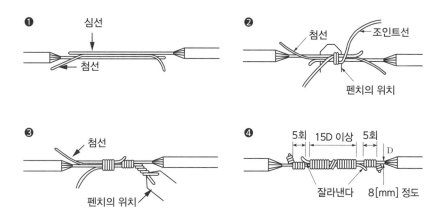

• 첨선을 15배 이상 감기 때문에 지름의 20배 피복을 벗긴다.

2) 연선 직선 접속

　① 권선 접속

　② 단권 접속

　③ 복권 접속

3) 단선 분기 접속

　① 트위스트 접속 : 단면적 6[mm²] 이하 가는 전선

　② 브리타니아 접속 : 직경 3.2[mm] 이상 굵은 전선 – 조인트(접속선 1.0~1.2[mm]) 사용

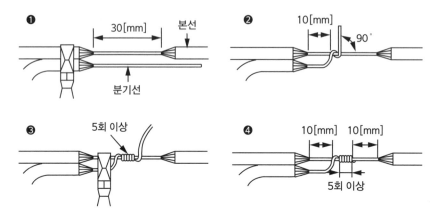

4) 연선 분기 접속

5) 쥐꼬리 접속 : 금속관 또는 합성수지관 공사 시 박스 내에서 접속할 때 사용

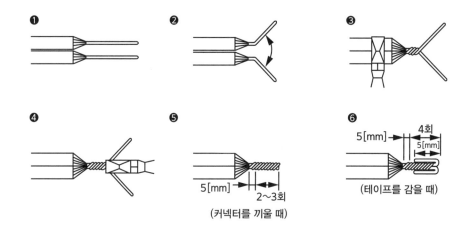

6) 슬리브 접속 : 압축형 슬리브는 비닐제 캡이 필요하다.

7) 와이어 커넥터 접속

① 전선과 전선을 박스 안에서 접속할 때 사용한다.
② 피복 후 전선을 끼우고 돌려주면 접속이 된다.

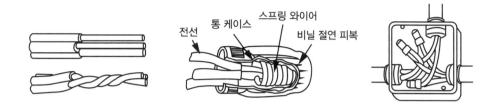

3 전선과 단자의 접속

① 단선 3.2 [mm], 연선 5.5 [mm²] 이하 전선 접속 시 기구 단자에 직접 접속한다.
② 진동이 있는 기계기구 접속 시 2중 너트 또는 스프링 와셔를 사용하여 접속한다.
③ 동관단자는 전선과 기계기구의 단자를 접속할 때 사용한다.

4 납땜 접속

① 슬리브나 커넥터를 사용하지 않고 전선을 접속할 경우에 사용한다.
② 주석 50 [%], 납 50 [%]

5 테이프 접속

① 면 테이프
② 고무 테이프
③ 비닐 테이프
④ 리노 테이프
  • 절연성, 보온성, 내유성은 좋으나, 접착성은 약하다.
  • 연피 케이블 접속용
⑤ 자기 융착 테이프
  • 1.2배로 늘여 감고, 내오존성, 내수성, 내약품성, 내온성이 우수하다.
  • 비닐 외장 케이블, 클로로프렌 외장 케이블 접속에 사용한다.

01 다음은 전선의 접속에 관한 설명이다. 틀린 것은?

① 접속부분의 전기 저항을 증가시켜서는 안 된다.

❷ 전선의 세기를 20[%] 이상 유지해야 한다.

③ 접속부분은 납땜을 한다.

④ 절연을 원래의 절연 효력이 있는 테이프로 충분히 한다.

🔍 전선 접속 시 고려사항
- 전기저항을 증가시키지 말아야 한다.
- 전선의 강도를 80[%] 이상 유지한다.
- 접속부위는 절연 효력이 있는 테이프 및 와이어 커넥터 등으로 충분히 피복한다.
- 장력이 가해지지 않도록 박스 안에서 접속한다.

02 다음 중 단선의 브리타니아 직선 접속에 사용되는 것은?

❶ 조인트선   ② 파라핀선

③ 바인드선   ④ 에나멜선

03 단선의 직선 접속에 트위스트 접속을 하는 선은 몇 [mm²] 이하인가?

① 1.2   ❷ 6

③ 2.6   ④ 3.2

04 다음 중 옥내 배선의 박스 내에서 접속하는 전선 접속은?

① 트위스트 접속

② 브리타니아 접속

❸ 쥐꼬리 접속

④ 슬리브 접속

05 다음 중 테이프를 감을 때 약 1.2배 늘여서 감을 필요가 있는 것은?

① 블랙 테이프   ② 리노 테이프

③ 비닐 테이프   ❹ 자기 융착 테이프

06 접착성은 없지만 절연성, 내온성, 내유성이 있으므로 연피 케이블의 접속에 반드시 사용해야 하는 테이프는?

① 면 테이프   ② 고무 테이프

③ 비닐 테이블   ❹ 리노 테이프

07 단선의 브리타니아 직선 접속시 전선 피복을 벗기는 길이는 전선 지름의 약 몇 배로 하는가?

① 5배   ② 10배

❸ 20배   ④ 30배

🔍 단선의 브리타니아 직선 접속 : 첨선을 15배 이상 감기 때문에 지름의 20배 피복을 벗긴다.

08 저압 옥내 배선에서 전선 상호를 접속할 때 납땜을 하지 않아도 좋은 것은?

① 가는 단선을 조인트선으로 사용하여 접속하는 경우

② 굵은 단선을 트위스트 접속하는 경우

③ 꼬인 선을 같이 접속하는 경우

❹ 압축 슬리브를 사용하는 경우

🔍 납땜 접속은 슬리브나 커넥터를 사용하지 않고 전선을 접속할 경우에 사용한다.

09 다음 중 전선을 서로 접속할 때 비닐제 캡이 필요한 것은?

① 관형 슬리브

② S형 슬리브

❸ 압축형 슬리브

④ 동관단자

🔍 슬리브 접속 시 압축형 슬리브는 비닐제 캡이 필요하다.

10 진동이 있는 기계기구의 단자에 전선을 접속할 때 사용하는 것은?

① 압착 단자

❷ 스프링 와셔

③ 코드 패스터

④ 십자 머리 볼트

🔍 진동이 있는 기계기구 접속 시 2중 너트 또는 스프링 와셔를 사용하여 접속한다.

01 소선수 19가닥, 소선의 지름 2.6[mm]인 전선의 공칭단면적은 얼마인가? (단, 단위는 [mm²]이다.)

① 50

② 60

③ 80

④ 100

01   답 : ④

연선의 단면적 $A = sN = \dfrac{\pi d_2}{4} \times N = \dfrac{\pi D_2}{4}$에서,

공칭단면적 $A = \dfrac{\pi d_2}{4} \times N$

$= \dfrac{\pi}{4} \times 2.6^2 \times 19$

$= 100.825 [mm^2]$

N : 소선수(가닥수), d : 소선의 지름

02 37/3.2[mm]인 경동선이 있다. 이 전선의 바깥지름[mm]은?

① 22.4

② 30.4

③ 14.4

④ 12.4

02   답 : ①

연선의 지름 $D = (2n+1)d$

$= (2 \times 3 + 1) \times 3.2$

$= 22.4 [mm]$

03 다음 중 공칭단면적을 설명한 것으로 틀린 것은?

① 단위는 [mm²]로 나타낸다.

② 전선의 굵기를 표시하는 호칭이다.

③ 계산상의 단면적은 따로 있다.

④ 전선의 실제 단면적과 반드시 같다.

03   답 : ④

전선의 실제 단면적과 반드시 일치하는 것은 아니다.

04 다음 중 사용전압 600[V] 이하의 옥내 공사용 비닐 절연 전선의 기호는?

① OW

② RB

③ IV

④ DV

04   답 : ③

IV(비닐 절연 전선)

OW(옥외용 비닐 절연 전선)

RB(고무 절연 전선)

DV(인입용 비닐 절연 전선)

05 옥외용 비닐 절연 전선은 무슨 색인가?

① 검정색

② 빨간색

③ 흰색

④ 회색

05   답 : ①

주로 옥외용은 검정색을 사용한다.

06 F40[W]의 의미는?

① 수은등 40[W]

② 나트륨등 40[W]

③ 형광등 40[W]

④ 메탈할라이트등 40[W]

06 답 : ③

• 형광등 [F]
• 수은등 [H]
• 나트륨등 [N]
• 메탈할라이트등 [M]

07 다음 중 놓은 열에 의해 전선의 피복을 타는 것을 막기 위해 사용되는 재료는?

① 비닐

② 면

③ 석면

④ 고무

07 답 : ③

전열기용 코드는 겉면을 석면(내열성 우수) 처리한 전선이다.

08 4심 코드에서 접지선에 사용되는 색은?

① 녹색

② 흰색

③ 검정색

④ 빨간색

08 코드 심선의 색깔 답 : ①

2심 : 검정색, 흰색
3심 : 검정색, 흰색, 적색(또는 녹색)
4심 : 검정색, 흰색, 적색, 녹색(접지선)

09 소형 기구용으로 전류는 보통 0.5[A]이고, 전기이발기, 전기면도기, 헤어드라이어 등에 사용되는 코드는?

① 고무 코드

② 금실 코드

③ 극장용 코드

④ 3심 원형 코드

09 금실 코드 답 : ②

가요성이 풍부하여 전기면도기, 전기이발기, 헤어드라이어 등에 사용되는 전선이다.

10 연피가 없는 케이블은?

① 주트권 케이블

② 강대 외장 케이블

③ NM 케이블

④ 연피 케이블

10 고압 옥내 배선용 케이블 답 : ③

비닐 외장 케이블, 클로로프렌 외장 케이블, 연피 케이블, 주트권 연피 케이블, 강대 외장 연피 케이블

11 습기가 많은 장소 또는 물기가 있는 장소의 바닥 위에서 사람이 접촉할 우려가 있는 장소에 시설하는 사용전압이 400[V] 미만의 전구선 및 이동전선은 단면적이 최소 몇 [mm²] 이상인 것을 사용하여야 하는가?

① 0.75

② 1.25

③ 2.0

④ 3.5

11　　　　　　　　　답 : ①

사용전압이 옥내 저압용의 전구선 및 이동전선의 굵기는 방습 또는 고무 캡타이어 코드에 대해서는 단면적 0.75[mm²] 이상을 사용한다.

12 600[V] 이하의 저압회로에 사용하는 비닐 절연 비닐 외장 케이블의 약칭으로 맞는 것은?

① VV　　　　　　　② EV

③ FP　　　　　　　④ CV

12　　　　　　　　　답 : ①

• VV : 비닐 절연 비닐 외장 케이블
• EV : 폴리에틸렌 절연 비닐 외장 케이블
• CV : 가교 폴리에틸렌 절연 비닐 외장 케이블
• FP : 내화전선

13 전선의 접속방법으로, 직접 접속해서는 안 되는 것은?

① 코드와 절연전선과의 접속

② 8[mm²] 이상의 캡타이어 케이블 상호의 접속

③ 비닐 외장 케이블 상호의 접속

④ 비닐 코드 상호의 접속

13 코드 접속기 및 접속함 등의 기구를 사용하여 접속하는 경우　답 : ④

• 캡타이어 케이블 상호간(캡타이어 케이블 – 캡타이어 케이블. 단, 8[mm²] 이상의 캡타이어 케이블 제외)
• 코드 상호간(코드 – 코드)
• 캡타이어와 코드간(캡타이어 케이블 – 코드)

14 접속기 또는 접속함을 사용하지 않고 접속해도 좋은 것은 다음 중 어느 것인가?

① 코드 상호간

② 비닐 외장 케이블과 코드

③ 캡타이어 케이블과 비닐 외장 케이블

④ 절연 전선과 코드

14　　　　　　　　　답 : ④

절연 전선과 코드는 직접 접속이 가능하다.

15 다음 중 알루미늄 전선의 접속 방법으로 적합하지 않은 것은?

① 직선 접속

② 분기 접속

③ 종단 접속

④ 트위스트 접속

15 알루미늄 전선 접속방법　　답 : ④

직선 접속, 분기 접속, 종단 접속
※트위스트 접속은 직선 접속 방법 중의 하나이다.

16 연피가 없는 케이블은 습기나 접속 박스가 없는 경우 케이블의 상호 접속을 어떻게 하는가?

① 클리트(Cleat)를 사용하여 접속

② 납땜 접속

③ 애자를 사용하여 접속

④ 접속함에서 접속

16　　　　　　　　답 : ③

연피가 없는 케이블은 습기나 접속 박스가 없는 경우 애자를 사용하여 케이블을 접속한다.

17 전선과 기구단자 접속 시 누름나사를 덜 죌 때 발생할 수 있는 현상과 거리가 먼 것은?

① 과열

② 화재

③ 절전

④ 전파 잡음

17　　　　　　　　답 : ③

조임이 불량하면 저항 증가로 인한 과열, 화재, 누전, 전파의 장애 등이 발생한다.

18 다음 중 굵은 AI선을 박스 안에서 접속하는 방법으로 적합한 것은?

① 링 슬리브에 의한 접속

② 비틀어 꽂는 형의 전선 접속기에 의한 방법

③ C형 접속기에 의한 접속

④ 맞대기용 슬리브에 의한 압착 접속

18　　　　　　　　답 : ③

AI전선의 접속 방법에는 C형, E형, H형 전선 접속기를 사용한다.

19 브리타니아 분기 접속은 3.2[mm^2] 이상의 굵은 단선인 경우에 이용하는데, 권선 분기 접속의 침선은 보통 몇 [mm] 선을 이용하는가?

① 1.0　　　　　　② 1.6

③ 2.0　　　　　　④ 2.6

19 단선 분기 접속 시 브리타니아 접속의 경우　　　답 : ①

• 직경 3.2[mm] 이상 굵은 전선에 사용

• 조인트(접속선 1.0~1.2[mm]) 사용

20 다음 중 클로로프렌 외장 케이블 서로의 접속에 사용되는 테이프는?

① 비닐 테이프

② 블랙 테이프

③ 리노 테이프

④ 자기 융착 테이프

20 자기 융착 테이프　　　답 : ④

• 1.2배로 늘여 감고, 내오존성, 내수성, 내약품성, 내온성이 우수하다.

• 비닐 외장 케이블, 클로로프렌 외장 케이블 접속에 사용한다.

21 IV전선을 사용한 옥내 배선 공사 시 박스 안에서 사용되는 전선 접속 방법은?

① 브리타니아 접속
② 쥐꼬리 접속
③ 복권 직선 접속
④ 트위스트 접속

21   답 : ②

쥐꼬리 접속은 금속관 또는 합성수지관 공사 시 박스 내에서 접속할 때 사용한다.

22 단면적 6[mm²] 이하의 가는 단선(동전선)의 트위스트 조인트에 해당되는 전선 접속법은?

① 직선 접속
② 분기 접속
③ 슬리브 접속
④ 종단 접속

22 단선 직선 접속   답 : ①

• 트위스트 접속 : 단면적 6[mm²] 이하 가는 전선
• 브리타니아 접속 : 직경 3.2[mm] 이상 굵은 전선 – 조인트(접속선) 사용

23 코드 상호, 캡타이어 케이블 상호 접속 시 사용하여야 하는 것은?

① 와이어 커넥터
② 코드 접속기
③ 케이블 타이
④ 테이블 탭

23 코드 접속기 및 접속함 등의 기구를 사용하여 접속하는 경우   답 : ②

• 캡타이어 케이블 상호간(캡타이어 케이블 – 캡타이어 케이블)
• 코드 상호간(코드 – 코드)
• 캡타이어와 코드간(캡타이어 케이블 – 코드)

24 금속관 공사의 박스 내에서 전선을 접속할 때 가장 좋은 것은?

① 코드 커넥터
② 와이어 커넥터
③ S형 슬리브
④ 컬 플러그

24   답 : ②

커넥터 접속은 전선과 전선을 박스 안에서 접속할 때 사용한다. 피복 후 전선을 끼우고 돌려주면 접속이 된다.

25 다음 중 전선 및 케이블 접속 방법이 잘못된 것은?

① 전선의 세기를 30 [%] 이상 감소시키지 말 것
② 접속 부분은 접속관 기타의 기구를 사용하거나 납땜을 할 것
③ 코드 상호, 캡타이어 케이블 상호, 케이블 상호, 또는 이들 상호를 접속하는 경우에는 코드 접속기, 접속함 기타의 기구를 사용할 것
④ 도체에 알루미늄을 사용하는 전선과 동을 사용하는 전선을 접속하는 경우에는 접속부분에 전기적 부식이 생기지 않도록 할 것

25   답 : ①

전선의 강도를 80 [%] 이상 유지한다.

Chapter 3 배선재료와 전기 측정기 및 공기구

🔌 01 배선재료

1 개폐기(스위치)

1) 나이프 스위치 : 전기실의 배전반이나 분전반에 설치

2) 커버 나이프 스위치
① 전등, 전열, 동력용의 인입 및 분기용
② 300[V], 100[A] 이하에 사용

3) 텀블러 스위치

4) 로터리 스위치(회전 스위치) : 강약을 조절하여 광도나 발열량을 조절한다.

5) 팬던트 스위치 : 전등을 하나씩 개별 점멸하는 버튼식 스위치(1[A], 3[A], 6[A])

6) 캐노피 스위치(플랜지) : 조명기구의 캐노피 안에 스위치가 시설되는 것으로, 풀 스위치의 일종이다.

7) 코드 스위치(중간 스위치) : 코드 중간에서 개폐하는 스위치(전기담요 등)

8) 누름버튼 스위치

9) 3로 스위치 : 두 곳에서 자유로이 점멸할 수 있도록 하기 위해 사용

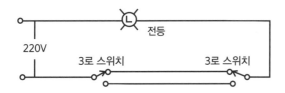

[3로 스위치 2개소 회로도]

10) 타임 스위치
① 호텔 또는 여관의 각 객실 입구등은 1분 이내에 소등하여야 한다.
② 일반주택 또는 아파트 각 호실의 현관등은 3분 이내에 소등하여야 한다.

11) 마그넷 스위치
① 정전이나 저전압에 차단 역할을 하여 전동기 소손을 방지하는 보호 기구
② 과부하 보호 기구

12) 개폐기 시설 장소

① 부하전류를 개폐할 필요가 있는 장소

② 인입구 개폐 필요가 있는 장소(고장, 점검, 수리 등)

③ 퓨즈의 전원측 장소(퓨즈 교체 시 감전 방지)

2 접속 기구

1) 콘센트

2) 플러그

① 멀티 탭(Multi-Tap) : 하나의 콘센트에 2~3가지 기구를 접속할 때 사용한다.

② 테이블 탭(Table Tap) : '익스텐션 코드'라고도 하며 코드의 길이가 짧을 경우 연장하여 사용할 때 이용한다.

3) 소켓

① 리셉터클(Receptacle) : 코드 없이 천장이나 벽에 직접 붙이는 소켓으로 주 용도는 실링라이트 속이나 문, 화장실 등의 글로브 안에 부착한다.

② 로제트(Rosette) : 코드 펜던트를 시설할 때 천장에 코드를 매기 위하여 사용한다.

③ 키리스 소켓 : 먼지가 많은 장소에 사용한다.

3 과전류 차단기

1) 배선용 차단기(No Fuse Breaker, NFB)

① 전류가 비정상적으로 흐를 때 자동적으로 회로를 차단하여 기구를 보호한다.

② 분기회로에서 개폐기 및 자동차단기 두 가지 역할을 한다.

③ 30 [A] 이하인 경우
- 정격전류의 1.25배에서 60분 이내 차단 동작
- 정격전류의 2배에서 2분 이내 차단 동작

2) 퓨즈

① 저압용 퓨즈 : 600 [V] 이하의 전로에 사용하며, 정격전류의 1.1배에 견디어야 함

② 고압용 퓨즈
- 포장 퓨즈 : 정격전류의 1.3배에 견디고, 2배의 전류에는 120분 내에 용단
- 비포장 퓨즈 : 정격전류의 1.25배에 견디고, 2배의 전류에는 2분 내에 용단

③ 통형 퓨즈
- 통내부에 가용체를 넣어 나이프 단자를 퓨즈 홀더에 꽂아서 사용
- 통형 퓨즈 [C], 통형 단자 [F], 나이프형 단자 [K], 재생형 [R], 600 [V] 정격전압 [6]
- 홀더 정격전압 30 [A] : 1/3/5/10/15/20/30 [A]
- 홀더 정격전압 60 [A] : 40/50/60 [A]

④ 텅스텐 퓨즈 : 작은 전류에도 민감하게 용단되며, 주로 전압전류계 등의 소손 방지용으로 사용

3) 누전 차단기(Earth Leakage Breaker, ELB)

① 옥내 배선 선로에서 누전 발생시 자동으로 선로 차단

② 사용전압 50[V]을 초과하는 저압의 기계, 기구를 사람이 쉽게 접촉할 수 있는 곳에 전기를 공급하는 전로

③ 습기가 많은 장소

4) 과전류 차단기 생략 장소 : 중성선과 접지선

익힘문제

01 분전반에 주개폐기가 필요할 때는 어떤 개폐기를 사용하는가?
① 자동 차단기　　　② 팀블러 스위치
③ 배선용 차단기　　**④ 나이프 스위치**

02 커버나이프 스위치는 교류 몇 [V] 이하의 전로에서 정격전류 몇 [A] 이하로 규정되어 있는가?
① 교류 200[V] 이하, 정격전류 300[A] 이하
❷ 교류 300[V] 이하, 정격전류 100[A] 이하
③ 교류 200[V] 이하, 정격전류 500[A] 이하
④ 교류 300[V] 이하, 정격전류 600[A] 이하

03 다음 중 캐노피 스위치의 설명으로 맞는 것은?
① 코드 끝에 붙이는 점멸기
② 코드 중간에 붙이는 점멸기
❸ 전등 기구의 플랜지에 붙이는 점멸기
④ 벽에 매입시키는 스위치

04 소형 스위치 정격에서 팬던트 스위치 정격전류[A]가 아닌 것은?
① 1　　　　　　　**❷ 2**
③ 3　　　　　　　④ 6

05 4개소에서 전등을 자유롭게 점등, 점멸할 수 있도록 하기 위해 배선하고자 할 때 필요한 스위치 수는? (단, SW₃은 3로 스위치, SW₄는 4로 스위치)
① SW₃ 4개　　　　② SW 1개, SW 3개
❸ SW₃ 2개, SW 2개　④ SW 4개

🔎 4개소의 경우에는 3로 스위치 SW₃ 2개와 4로 스위치 SW₄ 2개가 필요하다.

06 조명용 백열전등을 호텔 또는 여관 객실의 입구에 설치할 때나 일반 주택 및 아파트 각 실의 현관에 설치할 때 사용되는 스위치는?
❶ 타임 스위치　　　② 누름버튼 스위치
③ 토글 스위치　　　　④ 로터리 스위치

08 코드 없이 천장이나 벽에 직접 붙이는 일종의 배선재료이며 주용도는 실링라이트 속이나 문, 화장실 등의 글로브 안에 붙이는 것은?
① 로제트　　　　　② 콘센트
❸ 리셉터클　　　　④ 소켓

09 정격전류가 30[A]인 저압전로의 과전류 차단기를 배선용 차단기로 사용하는 경우 정격전류의 2배의 전류가 통과하였을 때 몇 분 이내에 자동적으로 동작하여야 하는가?
① 1분　　　　　　**❷ 2분**
③ 60분　　　　　④ 120분

10 과전류 차단기를 시설하는 퓨즈 중 고압전로에 사용하는 포장 퓨즈는 정격전류의 몇 배에 견뎌야 하는가?
① 1배　　　　　　**❷ 1.3배**
③ 1.25배　　　　④ 2배

11 전압계, 전류계 등의 소손 방지용으로 계기 내에 장치하고 봉입하는 퓨즈는?
❶ 텅스텐 퓨즈　　② 관형 퓨즈
③ 온도 퓨즈　　　　④ 통형 퓨즈

🔎 퓨즈
• 텅스텐 퓨즈 : 작은 전류에도 민감하게 용단되며, 주로 전압전류계 등의 소손 방지용으로 사용
• 통형 퓨즈 : 통내부에 가용체를 넣어 나이프 단자를 퓨즈 홀더에 꽂아서 사용

12 다음 중 과전류 차단기를 시설해야 할 곳은?
① 접지공사의 접지선
❷ 인입선
③ 다선식 선로의 중성선
④ 저압 가공전로의 접지측 전선

🔎 과전류 차단기 생략 장소 : 중성선과 접지선

05 차단기에서 ELB의 용어는?
① 유입 차단기　　　② 진공 차단기
③ 배선용 차단기　　**④ 누전 차단기**

🔎 유입 차단기(OCB), 진공 차단기(VCB), 배전용 차단기(NFB)

06 홀더 정격전류가 60[A]일 때 여기서 사용할 수 있는 통형 퓨즈의 정격전류[A]는?
① 50~60　　　　　② 30~60
❸ 40~60　　　　④ 50~75

02 전기 측정기 및 공기구

1 전기 측정기

1) **도통시험** : 테스터, 마그넷 벨, 메거

2) **접지저항** : 어스 테스터, 코올라시 브리지, 교류의 전압계와 전류계

3) **절연저항 측정** : 메거

4) **충전 유무** : 네온 검전기

5) **와이어 게이지(Wire Gauge)** : 전선의 굵기를 측정하는 기구

6) **버니어 캘리퍼스** : 전선의 외경이나 파이프 등의 내경과 깊이를 측정하는 공구

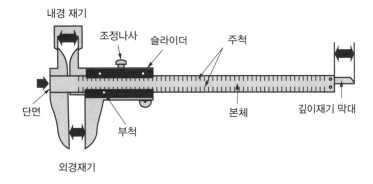

[버니어 캘리퍼스]

2 전기 공기구

1) **펜치** : 전선절단, 접속, 바인드용이며, 사이즈는 150 [mm], 175 [mm], 200 [mm] 등

2) **나이프** : 절연전선의 피복 절연물을 벗기는 공구

3) **드라이버**

4) **와이어 스트리퍼(Wire Striper)** : 전선의 피복을 벗기는 자동 공구

5) **토치램프(Torch Lamp)** : 전선 접속의 납땜과 합성수지관의 가공에 열을 가할 때 사용한다.

6) **클리퍼(Clipper)** : 굵은 전선(22 [mm²] 이상) 절단

7) **스패너(Spanner)**

8) **플라이어(Handy Man Plier)**

9) **펌프 플라이어(Pump Plier)** : 로크너트를 조일 때 사용

10) **프레셔 툴(Pressure Tool)** : 커넥터, 터미널을 압착하는 데 사용

11) **홀소(Key Hole Saw)** : 목재나 철관에 구멍을 뚫을 때 사용

12) **벤더(Bander), 히키(Hickey)** : 금속관을 구부리는 공구

13) **노멀 밴드** : 전선관을 직각으로 구부려 접속하는 것

14) **파이프 커터(Pipe Cutter)** : 금속관 및 프레임 파이프 절단

15) **오스터(Oster)** : 금속관 끝에 나사를 내는 데 사용

16) **녹아웃 펀치(Knock Out Punch)** : 배전반, 분전반 등의 배관을 변경하거나, 캐비닛(철판)에 구멍을 뚫을 때 사용(15/19/25 [mm])

17) **파이프 렌치(Pipe Wrench)** : 금속관을 커플링으로 접속할 때, 금속관을 커플링에 물고 조일 때 사용

18) **파이프 바이스(Pipe Vise)** : 금속관 절단, 나사 낼 때 파이프를 고정시키는 것

19) **리머(Reamer)** : 금속관 내에 날카로운 부분을 다듬어 주는 공구

20) **드라이브이트 툴** : 콘크리트못을 화약의 폭발력을 이용하여 콘크리트에 구멍을 뚫을 때 사용

21) **피시 테이프(Fish Tape)** : 전선관에 전선을 한 가닥 넣을 때 사용

22) **철망 그립(Pulling grip)** : 전선관에 전선을 여러 가닥 넣을 때 사용

23) **쇠톱(Hack Saw)** : 전선관이나 굵은 전선을 끊을 때 사용하며, 톱날은 200/250/300 [mm]

22) **전선 피박기** : 활선상태에서 전선의 피복을 벗기는 공구

01 쇠톱처럼 금속관의 절단이나 프레임 파이프의 절단에 사용하는 공구의 명칭은?

① 리머
❷ 파이프 커터
③ 파이프 렌치
④ 파이프 바이스

02 다음 중 합성수지관 PVC(경질비닐관)을 구부리는 공구는?

❶ 토치 램프
② 파이프 렌치
③ 파이프 밴더
④ 파이프 바이스

03 다음 중 전선의 굵기, 철판, 구리판 등의 두께를 측정하는 것은?

❶ 와이어 게이지
② 파이어 포트
③ 스패너
④ 프레셔 툴

04 다음 중 펜치로 절단하기 힘든 굵은 전선을 절단할 때 사용하는 공구는?

① 펜치
② 파이프 커터
③ 프레셔 툴
❹ 클리퍼

05 어미자와 아들자의 눈금을 이용하여 두께, 깊이, 안지름 및 바깥지름 측정용에 사용하는 것은?

❶ 버니어 캘리퍼스
② 스패너
③ 와이어 스트리퍼
④ 잉글리시 스패너

06 절단한 금속관 끝부분의 내면 다듬질에 쓰이는 공구는?

① 오스터
② 다이스
❸ 리머
④ 커터

07 녹아웃 펀치와 같은 용도로 배전반이나 분전반 등에 구멍을 뚫을 때 사용하는 것은?

① 클리퍼
❷ 홀소
③ 프레스 툴
④ 드라이브이트 툴

08 옥내에 시설하는 저압 전로와 대지 사이의 절연저항 측정에 쓰이는 계기는?

① 코올라시 브리지
② 어스 테스터
❸ 메거
④ 검전기

09 다음 중 충전 중에 저압 옥내 배선의 접지측과 비접지측을 간단히 알아볼 수 있는 기구는?

① 전압계
② 메거
③ 어스 테스터
❹ 네온 검전기

🔎 네온 검전기 : 충전유무 확인

10 전선관 공사에서 금속 전선관의 나사를 낼 때 사용하는 공구는?

① 밴더
② 커플링
③ 로크 너트
❹ 오스터

11 다음 중 피시 테이프의 용도는 무엇인가?

① 전선을 테이핑하기 위해서
② 전선관의 끝마무리를 위해서
❸ 배관에 전선을 넣을 때
④ 합성수지관을 구부릴 때

🔎 피시 테이프(Fish Tape)는 전선관에 전선을 넣을 때 사용하는 강철선이다.

01 급배수 회로 공사에서 탱크의 유량을 자동 제어하는 데 사용되는 스위치는?

① 리밋 스위치

② 플로트리스 스위치

③ 텀블러 스위치

④ 타임 스위치

01　　　　　　　　　　답 : ②

플로트리스 스위치(FLS)는 전극 봉을 이용한 수위 감지에 따라 동작하는 스위치이다.

02 전동기의 자동제어장치에 사용되지 않는 자동스위치는?

① 타임 스위치　　　② 팬던트 스위치

③ 수은 스위치　　　④ 부동 스위치

02　　　　　　　　　　답 : ②

팬던트 스위치는 전등을 하나씩 개별 점멸하는 버튼식 스위치(1[A], 3[A], 6[A])이다.

03 과부하뿐만 아니라 정전이나 저전압에서도 차단되어 전동기 소손을 방지하는 스위치는?

① 안전 스위치

② 마그넷 스위치

③ 자동 스위치

④ 압력 스위치

03 마그넷 스위치　　　답 : ②

정전이나 저전압에 차단 역할을 하여 전동기 소손을 방지하는 보호 기구, 과부하 보호 기구

04 다음 중 인입구용 개폐기는?

① 노퓨즈 차단기

② 풀 스위치

③ 텀블러 스위치

④ 캐노피 스위치

04 배선용 차단기(No Fuse Breaker, NFB)

답 : ①

• 전류가 비정상적으로 흐를 때 자동적으로 회로를 차단하여 기구를 보호한다.

• 분기회로에서 개폐기 및 자동차단기 두 가지 역할을 한다.

• 30[A] 이하 : 정격전류의 1.25배에서 60분 이내 차단 동작한다.

• 30[A] 이상 : 정격전류의 2배에서 2분 이내 차단 동작한다.

05 전동기 과부하 보호장치에 해당되지 않는 것은?

① 전동기용 퓨즈

② 열동 계전기

③ 전동기 보호용 배선용 차단기

④ 전동기 기동장치

05　　　　　　　　　　답 : ④

전동기 기동장치는 기동 시에 전류를 제한하는 기능을 가진다.

06 조명용 백열전등을 여관, 호텔 등의 객실 입구에 설치하는 경우 최대 몇 분 이내에 소등되는 타임 스위치를 시설해야 하는가?

① 1
② 2
③ 3
④ 4

06 타임 스위치 답 : ①

- 주택의 현관 등에 설치하는 경우 : 3분 이내 소등
- 여관, 호텔 등의 객실 입구에 설치하는 경우 : 1분 이내 소등

07 소켓, 리셉터클 등에 전선을 접속할 때 어느 쪽 전선을 중심 접촉면에 접속해야 하는가?

① 접지측
② 중성축
③ 단자측
④ 전압측

07 답 : ④

소켓, 리셉터클 등에 전선을 접속할 때 반드시 전압측 전선에 시설하여야 한다.

08 저압 옥내 간선으로부터 분기하는 곳에 설치하지 않으면 안 되는 것은?

① 자동차단기
② 개폐기와 자동차단기
③ 전자개폐기
④ 개폐기

08 답 : ②

과전류차단기는 분기회로에서 개폐기 및 자동차단기 두 가지 역할을 한다.

09 다음 과전류차단기 중에서 전동기의 과부하 보호 역할을 하지 못하는 것은?

① 온도 퓨즈
② 마그넷 스위치
③ 통형 퓨즈
④ 타임러그 퓨즈

09 답 : ③

통형 퓨즈는 통 내부에 가용체를 넣어 나이프 단자의 퓨즈 홀더에 꽂아서 사용한다.

10 통형 퓨즈의 종별 기호 CF6R에서 F는 무엇을 뜻하는가?

① 정격전압
② 나이프형 단자
③ 재생형
④ 통형 단자

10 통형 퓨즈 답 : ④

- 통 내부에 가용체를 넣어 나이프 단자를 퓨즈 홀더에 꽂아서 사용
- 통형 퓨즈 [C], 통형 단자 [F], 나이프형 단자 [K], 재생형 [R], 600 [V] 정격전압 [6]

11 과전류 차단기로 저압 전로에 사용하는 경우 30[A] 이하의 배선용 차단기는 정격전류 1.25배의 전류가 흐를 때 몇 분 내에 자동적으로 동작하여야 하는가?

① 10분 이내

② 30분 이내

③ 60분 이내

④ 120분 이내

11 30[A] 이하인 경우   답 : ③

- 정격전류의 1.25배에서 60분 이내 차단 동작
- 정격전류의 2배에서 2분 이내 차단 동작

12 다음 중 차단기를 시설해야 하는 곳으로 가장 적당한 것은?

① 다선식 전로의 중성선

② 제2종 접지공사를 한 저압 가공전로의 접지측 전선

③ 고압에서 저압으로 변성하는 2차측의 저압측 전선

④ 접지공사의 접지선

12   답 : ③

과전류 차단기 생략 장소는 중성선과 접지선이다.

13 녹아웃 펀치가 아닌 것은?

① 10[mm]

② 15[mm]

③ 19[mm]

④ 25[mm]

13 녹아웃 펀치   답 : ①

- 배전반, 분전반 등의 배관을 변경 시 사용
- 캐비닛(철판)에 구멍을 뚫을 때 사용 (15/19/25[mm])

14 쇠톱날의 크기가 아닌 것은? (단위 [mm])

① 200

② 250

③ 300

④ 450

14 쇠톱(Hack Saw)   답 : ④

전선관이나 굵은 전선을 끊을 때 사용하며, 톱날은 200/250/300[mm]이다.

15 저압 옥내 배선에 있어서 가장 먼저 시험해야 할 사항은?

① 절연시험

② 절연내력

③ 접지저항

④ 통전

15   답 : ①

절연시험을 통하여 안전점검을 먼저 해야 한다.

16 접지저항이나 전해액 저항 측정에 쓰이는 것은?

① 휘트스톤 브리지

② 전위차계

③ 메거

④ 코올라시 브리지

16 접지저항 측정   답 : ④

- 어스 테스터
- 코올라시 브리지
- 교류의 전압계와 전류계
※ 절연저항 측정 : 메거

17 저압 옥내 배선의 회로 점검을 하는 경우 필요로 하지 않는 것은?

① 어스 테스터

② 슬라이덕스

③ 서킷 테스터

④ 메거

17   답 : ②

슬라이덕스는 전압을 변화시키는 장치이다.

18 절연전선으로 가선된 배선선로에서 활선상태인 경우 전선의 피복을 벗기는 것은 매우 곤란한 작업이다. 이런 경우 활선상태에서 전선의 피복을 벗기는 공구는?

① 전선 피박기

② 애자 커버

③ 와이어 통

④ 데드 앤드 커버

18   답 : ①

전선 피박기는 활선상태에서 전선의 피복을 벗기는 공구이다.
※ 와이어 통 : 절연 봉
※ 데드 앤드 커버 : 감전사고 방지 커버

19 금속관에 여러 가닥의 전선을 넣을 때 매우 편리하게 넣을 수 있는 방법으로 쓰이는 것은?

① 비닐전선

② 철망 그리프

③ 접지선

④ 호밍사

19 철망 그리프(Pulling grip, 풀링그립)
      답 : ②

전선관에 전선을 여러 가닥 넣을 때 사용한다.

20 다음 중 전선의 슬리브 접속에 있어서 펜치와 같이 사용되고 금속관 공사에서 로크너트를 조일 때 사용하는 공구는 어느 것인가?

① 펌프 플라이어

② 히키

③ 비트 익스팬션

④ 클리퍼

20 펌프 플라이어(Pump Plier)
      답 : ①

로크너트를 조일 때 사용한다.

Chapter 4 옥내 배선 공사

○ **옥내배선공사의 개요**

종류	공사방법
전선관시스템	합성수지관공사, 금속관공사, 가요전선관공사
케이블트렁킹시스템	합성수지몰드공사, 금속몰드공사, 금속트렁킹공사(a)
케이블덕팅시스템	플로어덕트공사, 셀룰러덕트공사, 금속덕트공사(b)
애자공사	애자공사
케이블트레이시스템	케이블트레이공사
케이블공사	고정하지 않는 방법, 고정하는 방법, 지지선 방법

a. 금속본체의 커버가 별도로 구성되어 커버를 개폐할 수 있는 금속덕트공사
b. 본체와 커버 구분없이 하나로 구성된 금속덕트공사

01 애자사용 공사

1 애자의 조건 : 절연성, 난연성, 내수성

2 애자공사가 불가능한 장소 : 점검할 수 없는 은폐장소

3 애자공사

1) **사용 전선** : 옥내용 절연전선 (OW 및 DV 제외)
2) **사용 전압** : 600[V] 이하의 저압
3) **이격 거리**

사용전압	전선과 조영재와의 이격거리		전선 지지점간의 거리		전선 상호간격
	건조한 장소	기타의 장소	조영재의 윗면 또는 옆면에 따라 붙일 경우	기타	
400V 미만	2.5cm 이상	2.5cm 이상	2m 이하	2m 이하	6cm 이상
400V 이상		4.5cm 이상		6m 이하	

4 노브 애자

1) **옥내배선의 은폐, 또는 건조하고 전개된 곳의 노출 공사에 사용**
2) **전선 고정 방법**
   ① 일자 바인드 : 단선 3.2[mm], 연선 10[mm²] 이하의 전선
   ② 십자 바인드 : 단선 4.0[mm], 연선 16[mm²] 이상의 전선
   ③ 인류 바인드 : 전선의 인류점

01 애자사용 공사에 의한 옥내배선에서 일반적으로 전선 상호 간의 간격은 몇 [cm] 이상이어야 하는가?

① 2.5[cm]   **❷ 6[cm]**

③ 25[cm]   ④ 60[cm]

02 애자사용 공사를 건조한 장소에 시설하고자 한다. 사용전압이 400[V] 미만인 경우 전선과 조영재 사이의 이격 거리는 최소 몇 [cm] 이상이어야 하는가?

❶ 2.5[cm]   ② 4.5[cm]

③ 6[cm]   ④ 12[cm]

03 애자사용 공사에 사용되는 애자의 구비조건과 거리가 먼 것은?

❶ 광택성   ② 절연성

③ 난연성   ④ 내수성

04 옥내배선의 은폐, 또는 건조하고 전개된 곳의 노출 공사에 사용하는 애자는?

① 현수 애자   **❷ 놉(노브) 애자**

③ 장간 애자   ④ 구형 애자

💡 현수 애자, 장간 애자, 구형 애자는 송배전 선로용이다.

02 합성수지관 공사

1 합성수지관 특징

① 장점 : 내부식성, 절연성이 우수하며 작업이 용이하다.

② 단점 : 열, 충격(강도)에 약하다.

2 합성수지관 규격

① 길이 : 4[m]

② 호칭 : 안지름(내경)에 근사한 짝수(9종) : 14, 16, 22, 28, 36, 42, 54, 70, 82[mm]

③ 두께 : 2[mm] 이상

3 합성수지관 종류

① 경질비닐 전선관

② 폴리에틸렌 전선관(PE관)

③ 합성수지제 가요전선관(Combine Duct, CD관)

4 합성수지관 공사

1) 수용률

① 같은 굵기의 전선일 때 : 전선의 총 단면적이 관 내 단면적의 48% 이하

② 다른 굵기의 전선일 때 : 전선의 총 단면적이 관 내 단면적의 32% 이하

2) 합성수지관 상호접속

① 커플링 사용 : 관 외경의 1.2배 이상

② 접착제 사용 : 관 외경의 0.8배 이상

3) 관 굽힘 작업 : 토치램프 사용

4) 곡률반경 : 내경의 6배 이상

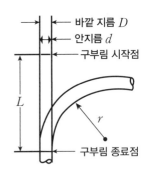

곡률반경 $r = 6d + \dfrac{D}{2}$

d : 전선관의 안지름, D : 전선관의 바깥지름

5) 공사방법

① 사용전압은 600 [V] 이하의 저압으로 절연전선을
   사용할 것(단, OW 제외)

② 연선을 사용할 것(단, 10 [mm²] 이하의 단선,
   16 [mm²] 이하의 알루미늄선은 가능)

③ 관내에 접속점이 없을 것

④ 지지점 간의 간격 : 1.5 [m] 이내(합성수지제 가요
   전선관 : 1 [m] 이내)

⑤ 하나의 관로에 구부러진 곳은 4개소 이내로 제한
   한다.

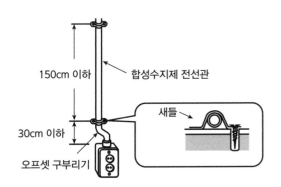

익힘문제

01 경질비닐 전선관의 설명으로 틀린 것은?

❶ 1본의 길이는 3.6 [m]가 표준이다.

② 굵기는 관 안지름의 크기에 가까운 짝수 [mm]로 나타
   낸다.

③ 금속관에 비해 절연성이 우수하다.

④ 금속관에 비해 내식성이 우수하다.

🔍 경질비닐 전선관(합성 수지관)의 1본의 길이는 4 [m]이다.

02 경질비닐 전선관 공사에서 접착제를 사용하여 관 상호를 접
   속할 때 커플링의 관 삽입깊이는?

① 경질 비닐관 내경의 0.8배

❷ 경질 비닐관 외경의 0.8배

③ 경질 비닐관 내경의 1.2배

④ 경질 비닐관 외경의 1.2배

🔍 합성수지관 상호접속
   • 커플링 사용 : 관 바깥지름의 1.2배 이상
   • 접착제 사용 : 관 바깥지름의 0.8배 이상

03 합성수지관 굵기를 부르는 호칭은?

① 반경   ② 단면적

❸ 근사내경   ④ 근사외경

04 합성수지관 공사 시공 시 새들과 새들 사이의 최장 지지 간
   격은?

① 10 [m]   ② 1.2 [m]

❸ 1.5 [m]   ④ 2.0 [m]

🔍 합성수지관 공사 방법
   • 지지점 간의 간격 : 1.5 [m] 이내
   • 합성수지제 가요전선관 : 1 [m] 이내

05 합성수지관의 장점이 아닌 것은?

① 절연이 우수하다.

❷ 기계적 강도가 높다.

③ 내부식성이 우수하다.

④ 시공하기 쉽다.

🔍 합성수지관은 열, 충격(강도)에 약하다.

06 합성수지관 공사에서 하나의 관로 직각 곡률 개소는 몇 개소
   를 초과하여서는 안 되는가?

① 2개소   ② 3개소

❸ 4개소   ④ 5개소

🔍 하나의 관로에 구부러진 곳은 4개소 이내로 제한한다.

03 금속관 공사

1 금속관 특징

1) 장점
① 기계적으로 튼튼하다.
② 접지공사가 완벽하면 감전의 우려가 없다.
③ 단락, 접지사고에 화재의 우려가 적다.
④ 유지보수가 용이하다.

2) 단점
① 부식에 약하다.
② 금속관으로 누전이 발생할 수 있다.
③ 배선 작업 중 전선 피복이 손상을 받을 우려가 있다.

2 규격

1) 길이 : 3.6[m]

2) 호칭

호칭	후강 금속관	박강 금속관
	안지름의 짝수[mm]	바깥지름의 홀수[mm]
	16, 22, 28, 36, 42, 54, 70, 82, 92, 104	15, 19, 25, 31, 39, 51, 63, 75
두께	2.3[mm] 이상	1.6[mm] 이상
특징	양 끝이 나사로 되어 있음	

3) 배관 두께
① 콘크리트 매입 공사용 : 1.2[mm] 이상
② 기타 장소 공사용 : 1.0[mm] 이상

3 금속관 공사

1) 수용률
① 같은 굵기의 전선일 때 : 전선의 총 단면적이 관 내 단면적의 48[%] 이하
② 다른 굵기의 전선일 때 : 전선의 총 단면적이 관 내 단면적의 32[%] 이하

2) 금속관 공사 부품
① 금속관 상호접속 : 유니온 커플링(돌려 끼울 수 없을 경우)
② 금속관을 박스에 접속 : 로크너트(고정용), 절연부싱(전선의 피복보호용)
③ 녹아웃 지름이 접속하는 금속관보다 큰 경우 : 링 리듀서

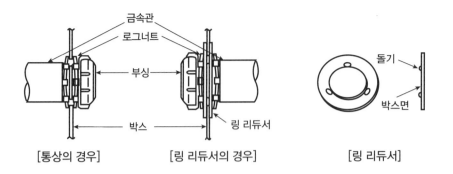

[통상의 경우] [링 리듀서의 경우] [링 리듀서]

④ 관 굽힘 작업 : 밴더, 히키
⑤ 직각공사 시(노출) : 유니버셜 앨보
⑥ 직각공사 시(매입) : 노멀 밴드
⑦ 앤트럽스 캡 : 저압 가공 인입선의 인입구에 사용되며 금속관 공사에서 끝 부분의 빗물 침입을 방지하고, 전선의 피복보호를 위해 금속관 끝에 취부한다.

4) 공사방법

① 절연전선(단, OW 제외) 및 연선을 사용할 것(단, 10[mm] 이하의 단선, 16[mm²] 이하의 알루미늄선은 가능)
② 관내에 접속점이 없을 것
③ 곡률반경 : 내경의 6배 이상
④ 지지간격 : 2[m] 이내
⑤ 전자적 평형 유지 : 왕복 도선(1회로)을 동일 금속관 내에 배선하여야 한다.
⑥ 금속관에 전선 넣기
  • 피시 테이프(Fish Tape) : 전선의 인출입을 용이하게 하기 위하여 관속에 미리 넣어둔 철선
  • 풀박스 (Pull Box) : 전선의 인출입을 용이하게 하기 위하여 시설하는 박스, 관의 굴곡이 3개소가 넘거나 관의 길이가 30[m]를 초과하는 경우

[풀박스]

5) 접지공사

① 접지선과 금속관 연결 : 접지 클램프
② 접지공사 생략조건
  • 4[m] 이하의 금속관을 건조한 장소에 시설할 때
  • 사용전압이 150[V] 이하인 경우, 8[m] 이하의 금속관을 사람의 접촉 우려가 없는 곳에 시설할 때

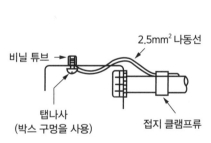

[접지 클램프]

01 금속관 공사의 설명으로 잘못된 것은?

① 교류회로는 1회로의 전선 전부를 동일관 내에 넣는 것을 원칙으로 한다.

② 교류회로에서 전선을 병렬로 사용하는 경우에는 관내에 전자적 불평형이 생기지 않도록 시설한다.

③ 금속관 내에서는 절대로 전선접속을 만들지 않아야 한다.

❹ 관의 두께는 콘크리트에 매입하는 경우 1[mm] 이상이어야 한다.

🔎 배관 두께
  • 콘크리트 매입 공사용 : 1.2[mm] 이상
  • 기타 장소 공사용 : 1.0[mm] 이상

02 금속관 공사는 다른 공사방법에 비해 여러 특징을 가지고 있는데 이것에 속하지 않는 것은?

① 전선이 기계적으로 완전히 보호된다.

② 단락 접지사고에 있어서 화재의 우려가 적다.

③ 방습장치를 할 수 있으므로 전선을 내수적으로 시설할 수 있다.

❹ 접지공사를 하지 않아도 감전의 우려가 없다.

🔎 금속관 접지공사
  • 사용전압 400[V] 미만이면 제3종 접지공사
  • 사용전압 400[V] 이상이면 특별 제3종 접지공사(사람이 접촉할 우려가 없으면 제3종 접지공사)
  • 접지공사 생략조건 : 4[m] 이하의 금속관을 건조한 장소에 시설할 때, 사용전압이 150[V] 이하인 경우, 8[m] 이하의 금속관을 사람의 접촉 우려가 없는 곳에 시설할 때

03 박강 전선관의 표준 굵기가 아닌 것은?

① 15[mm]   ❷ 16[mm]

③ 25[mm]   ④ 39[mm]

04 금속관 공사 시 관을 접지하는 데 사용하는 것은?

① 노출배관용 박스

② 엘보

❸ 접지 클램프

④ 터미널 캡

🔎 금속관 접지공사는 접지 클램프를 사용하여 관로마다 접지를 실시한다.

05 유니온 커플링의 사용 목적은?

① 경이 틀린 금속관 상호의 접속

❷ 돌려 끼울 수 없는 금속관 상호의 접속

③ 금속관의 박스와의 접속

④ 금속관 상호를 나사로 연결하는 접속

🔎 금속관 상호접속 : 유니온 커플링(돌려 끼울 수 없을 경우)

06 콘크리트에 매입하는 금속관 공사에서 직각으로 배관할 때 사용하는 것은?

❶ 노멀 밴드

② 뚜껑이 있는 엘보

③ 서비스 엘보

④ 유니버설 엘보

🔎 금속관 공사
  • 직각 공사 시(노출) : 유니버설 앨보
  • 직각 공사 시(매입) : 노멀 밴드

07 링 리듀서의 용도는?

① 박스의 전선접속에 사용

❷ 녹아웃 지름이 접속하는 금속관보다 큰 경우 사용

③ 녹아웃 구멍을 막는 데 사용

④ 로크너트를 고정하는 데 사용

08 금속관을 조영재에 따라서 시설하는 경우는 새들 또는 행거 등으로 견고하게 지지하고 그 간격을 몇 m 이하로 하는 것이 가장 바람직한가?

❶ 2[m]   ② 3[m]

③ 4[m]   ④ 5[m]

09 다음 중 금속관을 박스에 고정시킬 때 사용되는 것은 어느 것인가?

① 새들   ② 부싱

❸ 로크너트   ④ 클램프

🔎 금속관을 박스에 접속 : 로크너트(고정용), 절연부싱(전선의 피복보호)

04 가요전선관(1종 금속제) 공사

1 가요전선관의 특징

두께 0.8[mm] 이상 아연도 연강대를 나선모양으로 감아 가요성이 좋다.

2 가요전선관의 규격

1) 길이 : 10, 15, 30[m]

2) 호칭 : 안지름의 근사 홀수(3종) : 15, 19, 25[mm]

    ＊2종 가요전선관 : 10, 12, 15, 17, 24, 30, 38, 50, 63, 76, 82, 101[mm]

3) 적용 개소

① 굴곡이 많은 개소, 소규모 증설 공사

② 안전함과 전동기 사이 공사

③ 엘리베이터 공사, 기차·전차 안의 배선 설치공사

3 공사 방법

① 사용전압 400[V] 이상 저압으로, 절연전선(단, OW 제외) 및 연선을 사용할 것

② 관내에 접속점이 없을 것

③ 지지간격 : 1[m] 이내

④ 곡률 반경

• 제1종 : 내경의 6배 이상

• 제2종 : 내경의 3배 이상(작업환경이 불량한 경우는 6배 이상)

⑤ 가요전선관 접속

• 금속관과 가요전선관 접속 : 콤비네이션 커플링

• 가요전선관 상호접속 : 스플릿 커플링

• 박스와 가요전선관 접속 : 스트레이트 박스 커넥터

• 박스와 가요전선관 직각접속 : 앵글 박스 커넥터

[콤비네이션 커플링]　　[스플릿 커플링]　　[스트레이트 박스 커넥터]　　[앵글 박스 커넥터]

01 가요전선관의 크기는 안지름에 가까운 홀수로 최고 얼마까지인가?

① 15[mm]　　　② 19[mm]

❸ 25[mm]　　　④ 13[mm]

🔎 가요전선관의 규격
- 길이 : 10, 15, 30[m]
- 호칭 : 안지름의 근사 홀수(3종) : 15, 19, 25[mm]

02 다음 중 가요전선관과 금속관을 접속하는 데 사용하는 것은?

❶ 콤비네이션 커플링

② 앵글 박스 커넥터

③ 플렉시블 커플링

④ 스트레이트 박스 커넥터

03 1종 가요전선관을 구부릴 경우의 곡률 반지름은 관 안지름의 몇 배 이상으로 하여야 하는가?

① 3배　　　② 4배

③ 5배　　　❹ 6배

🔎 가요전선관 곡률 반경
- 1종 : 내경의 6배 이상
- 2종 : 내경의 3배 이상(작업환경이 불량한 경우는 6배 이상)

04 가요전선관 공사에 대한 설명으로 틀린 것은?

① 가요전선관 상호 접속은 커플링으로 하여야 한다.

❷ 1종 금속제 가요전선관은 두께 0.7[mm] 이하인 것을 사용하여야 한다.

③ 가요전선관 및 그 부품은 기계적, 전기적으로 완전하게 연결하고 적당한 방법으로 조영재 등에 확실하게 지지하여야 한다.

④ 사용전압이 400[V] 미만인 경우는 가요전선관 및 부속품을 접지공사에 의하여 접지하여야 한다.

🔎 가요전선관의 특징 : 두께 0.8[mm] 이상 아연도 연강대를 나선모양으로 감아 가요성이 좋다.

05 2종 가요전선관의 굵기(관의 호칭)가 아닌 것은?

① 10[mm]　　　② 12[mm]

❸ 16[mm]　　　④ 24[mm]

🔎 2종 가요전선관 : 10, 12, 15, 17, 24, 30, 38, 50, 63, 76, 82, 101[mm]

06 사람이 접촉할 우려가 있는 것으로서 가요전선관을 새들 등으로 지지하는 경우 지지점 간의 거리는 얼마 이하이어야 하는가?

① 0.3[m]　　　② 0.5[m]

❸ 1[m]　　　④ 1.5[m]

🔎 지지점 간의 간격
- 가요전선관 : 1[m]
- 합성수지관 : 1.5[m]
- 금속관 : 2[m]

07 건물의 모서리(직각)에서 가요전선관을 박스에 연결할 때 필요한 접속기는?

① 스트레이트 박스 커넥터

❷ 앵글 박스 커넥터

③ 플렉시블 커플링

④ 콤비네이션 커플링

🔎 박스와 가요전선관 직각 접속 : 앵글 박스 커넥터

05 덕트 공사

1 금속덕트 공사

① 설치 : 공장, 빌딩 등에서 전선을 수용하는 간선부분

② 규격 : 폭 5[cm] 이상, 두께 1.2[mm] 이상의 직사각형 금속관 형태

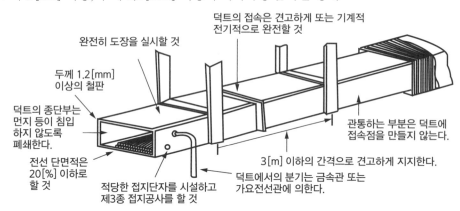

2 버스덕트 공사

① 설치 : 공장, 빌딩 등 저압대용량(800[A] 이상) 배선설비, 이동부하에 전원을 공급하는 경우

② 종류

- 피더 버스덕트 : 도중에 부하를 접속하지 않는 간선용
- 플러그인 버스덕트 : 도중에 부하접속용 꽂음, 플러그가 있음
- 트롤리 버스덕트 : 도중에 이동부하를 접속할 수 있음

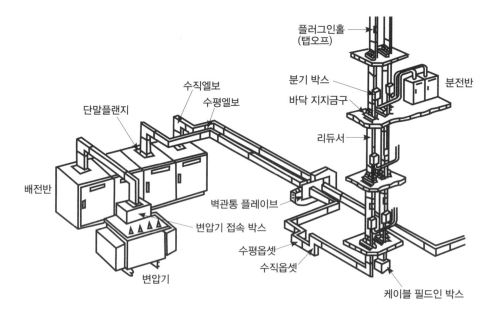

❸ 라이팅덕트 공사

① 설치 : 조명기구 및 소형 전기기기 급전용
② 전원측에 누전차단기 설치

> * 누전차단기 규격 정격감도전류 30[mA] 이하, 동작시간 0.03초 이내

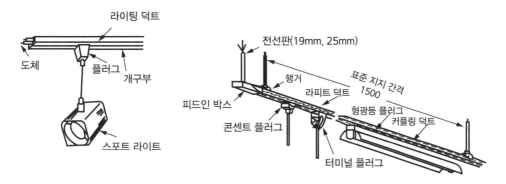

❹ 플로어덕트 공사

① 설치 : 사무용 건물의 통신선 및 사무용기계용, 아웃렛박스 시설용
② 규격 : 두께 2.0[mm] 이상의 아연도금
③ 강철제 덕트로 콘크리트 바닥에 매설
④ 전선을 인출하기 위한 하이텐션 아웃렛, 로우텐션 아웃렛을 설치한다.
⑤ 전선의 접속은 접속함 내에서 실시한다.
⑥ 아이언 플러그로 박스의 플러그 구멍을 메운다.

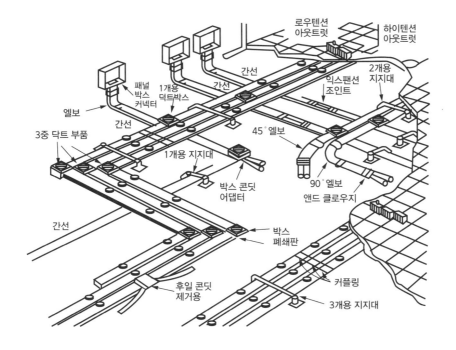

5 셀룰러덕트 공사

① 설치 : 대형 빌딩 철골조 건축물의 바닥 콘크리트 틀
② 규격 : 덕트 부속품의 두께 1.6[mm] 이상의 파형강판

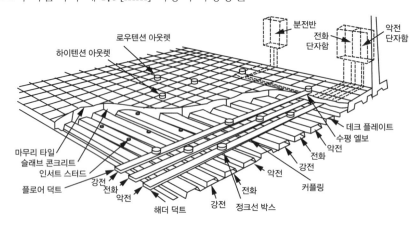

6 덕트 공사

① 덕트의 끝 부분은 막아둔다.(폐쇄)
② 덕트 내 접속점이 없어야 하나, 부득이한 경우 가능하다.
③ DV, IV전선 이상의 절연전선을 사용한다.
④ 접지공사를 한다.
⑤ 덕트 공사 방법

종류		전압 구분	지지간격(수평)	수용률
금속덕트 MD		600[V] 이하	3[m] 이하 (수직 6[m] 이하)	20[%] 이하 (제어회로용 50[%] 이하)
버스덕트	피더 버스덕트			
	플러그인 버스덕트			
	트롤리 버스덕트			
라이팅덕트		400[V] 미만	2[m] 이하	
플로어덕트			×	32[%] 이하
셀룰러덕트			×	20[%] 이하

01 금속덕트 배선에서 금속덕트를 조영재에 붙이는 경우 지지점 간의 거리는?

① 0.3[m] ② 0.6[m]
③ 2.0[m] ❹ 3.0[m]

금속덕트 공사 지지점간의 간격(수평) : 3[m] 이하(수직 6[m] 이하)

02 저압 옥내 배선 공사에서 부득이한 경우 전선 접속을 해도 되는 곳은?

① 가요전선관 내 ② 금속관 내
❸ 금속덕트 내 ④ 경질 비닐관 내

03 플로어덕트 공사의 설명 중 옳지 않은 것은?

① 덕트 상호 및 덕트와 박스 또는 인출구와 접속은 견고하고 전기적으로 완전하게 접속하여야 한다.
② 덕트의 끝부분은 막는다.
③ 덕트 및 박스 기타 부속품은 물이 고이는 부분이 없도록 시설하여야 한다.
❹ 플로어덕트는 특별 제3종 접지공사를 하여야 한다.

덕트 접지공사
• 제3종 접지공사 : 금속덕트, 버스덕트, 플로어덕트, 셀룰러덕트
• 특별 제3종 접지공사 : 셀룰러덕트(강약전류 회로 동일 덕트 시공)

04 플로어덕트의 전선 접속은 어디서 하는가?

① 전선 인출구에서 한다.
❷ 접속함 내에서 한다.
③ 플로어덕트 내에서 한다.
④ 덕트 끝 단부 내에서 한다.

05 금속덕트, 버스덕트, 플로어덕트에는 어떤 접지공사를 하는가?

❶ 모두 제3종 접지공사를 한다.
② 모두 제2종 접지공사를 한다.
③ 특별히 접지하지 않아도 좋다.
④ 금속덕트는 제3종, 버스덕트는 제1종, 플로어덕트는 하지 않는다.

3번 해설 참조

06 플로어덕트 공사에서 금속제 박스는 강판이 몇 [mm] 이상 되는 것을 사용하여야 하는가?

❶ 2.0 ② 1.5
③ 1.2 ④ 1.0

07 절연전선을 동일 플로어덕트 내에 넣을 경우 플로어덕트 크기는 전선의 피복 절연물을 포함한 단면적의 총 합계가 플로어덕트 내 단면적의 몇 [%] 이하가 되도록 선정하여야 하는가?

① 12[%] ② 22[%]
❸ 32[%] ④ 42[%]

플로어덕트 공사 시 전선 단면적은 덕트내 단면적의 32[%] 이하가 되도록 한다.

08 라이팅덕트 공사에 의한 저압 옥내 배선 공사 시 덕트의 지지점 간의 거리는 몇 [m] 이하로 해야 하는가?

① 1.0 ② 1.2
❸ 2.0 ④ 3.0

라이팅덕트의 지지점 간의 거리는 2[m] 이하로 한다.

1 몰드 공사

① 건조하고 전개된 장소

② 점검할 수 있는 은폐장소의 400 [V] 미만에서 가능(접지공사)

③ 전선 상호 간의 간격 12 [mm], 전선과 조영재와의 이격거리 6 [mm] 미만, 지지점 간의 거리 1.5 [m]

④ 사용전선 : 절연전선(옥외용 제외)

2 합성수지 몰드 공사

① 재질 : 염화비닐수지 혼합물

② 규격 : 폭·깊이 3.5 [cm] 이하, 두께 2 [mm] 이상

③ 지지점 간격 : 0.4~0.5 [m] 간격마다 나사, 접착제 등으로 견고하게 부착할 것

3 금속 몰드 공사

① 재질 : 황동, 동으로 만든 연강판

② 규격 : 폭 5 [cm] 이하, 두께 0.5 [mm] 이상

③ 몰드에 넣은 전선의 수

 • 1종 : 10본 이하

 • 2종 : 단면적의 20 [%] 이하(레이스 웨이)

④ 금속 몰드 안에는 반드시 전선의 접속점이 없어야 한다.

⑤ 금속관용 박스의 접속

⚡ **익힘문제**

01 제1종 금속 몰드 배선 공사를 할 때 동일 몰드 내에 넣은 전선수는 최대 몇 본 이하로 하여야 하는가?

① 3

② 5

❸ 10

④ 12

02 합성수지 몰드 배선의 사용전압은 몇 [V] 미만이어야 하는가?

❶ 400

② 600

③ 750

④ 80

03 목재 몰드 공사는 고무 절연선 이상의 절연효력이 있는 것을 쓰고 몰드 안에서는 절대로 전선이 접속점을 만들어서는 안 되는데, 전선 상호간의 간격은 몇 [mm] 이상으로 하여야 하는가?

① 10

② 11

❸ 12

④ 9

🔍 몰드 공사

 • 전선 상호간의 간격 12[mm]

 • 전선과 조영재와의 이격거리 6[mm] 미만

 • 지지점간의 거리 1.5[m]

🔧 07 케이블 공사

1 시설 방법

① 지지점 간의 거리
- 전선을 조영재의 아랫면 또는 옆면에 따라 붙이는 경우 : 2[m] 이하
- 캡타이어 케이블 : 1[m] 이하

② 곡률반경

케이블	단심 케이블	연피케이블 알루미늄피 케이블
외경의 6배 이상	외경의 8배 이상	외경의 12배 이상

③ 케이블과 절연전선의 접속점에는 케이블 헤드를 사용한다.

2 지중시설

① 시설공법 : 직접매설식, 관로식, 암거식
② 직접매설식 : 매설 깊이를 차량 기타 중량물의 압력을 받을 우려가 있는 장소에는 1.0m 이상, 기타 장소에는 0.6m 이상으로 하고 또한 지중 전선을 견고한 트라프 기타 방호물에 넣어 시설하여야 한다. 다만, 다음 각 호의 어느 하나에 해당하는 경우에는 지중전선을 견고한 트라프 기타 방호물에 넣지 아니하여도 된다.

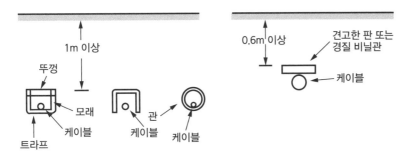

3 캡타이어 케이블 배선공사

① 비닐 절연 비닐 캡타이어 케이블 : 400[V] 미만이고 노출장소나 점검할 수 있는 은폐장소
② 고무 절연 클로로프렌 캡타이어 케이블 : 400[V] 이상이고 노출장소나 점검할 수 없는 은폐장소

4 케이블 트레이의 종류

① 통풍 채널형 케이블 트레이
② 바닥 통풍형 케이블 트레이
③ 바닥 밀폐형 케이블 트레이
④ 사다리형 케이블 트레이

5 저압 옥내 배선공사

① 사용전압 : 400 [V] 미만
② 주택의 전로 인입구에 누전차단기(ELB) 설치
③ 2.5 [mm²] 이상의 연동선
④ 1.0 [mm] 이상의 MI 케이블(미네랄 인슈레이션 케이블)
⑤ 저압 옥내배선의 전압강하 : 간선 및 분기회로에서 표준전압의 2 [%] 이하
⑥ 이동 전선의 시설 : 고무절연 클로르프렌 캡타이어 케이블(단면적 2.5 [mm²] 이상)

🎯 익힘문제

01 콘크리트 직매용 케이블 배선에서 일반적으로 케이블을 구부릴 때는 피복이 손상되지 않도록 그 굴곡부 안쪽의 반경은 케이블 외경의 몇 배 이상으로 하여야 하는가?(단, 단심이 아닌 경우이다.)

① 2배   ② 3배
❸ 6배   ④ 12배

02 케이블 공사에 의한 저압 옥내배선에서 케이블을 조영재의 아랫면 또는 옆면에 따라 붙이는 경우에는 전선의 지지점간의 거리는 몇 [m] 이하이어야 하는가?

① 0.5   ❷ 1
③ 1.5   ④ 2

🔍 케이블 공사 지지점간의 거리

시설 방법	조영재의 수평방향(아랫면, 윗면) MI 케이블, 캡타이어 케이블	조영재의 수직방향
지지점간 거리	1[m] 이하	2[m] 이하

03 케이블을 조영재에 지지하는 경우 이용되는 것으로 맞지 않는 것은?

① 새들   ② 클리트
③ 스테플러   ❹ 터미널 캡

🔍 • 새들, 클리트, 스테플러 : 케이블 지지용
    • 터미널 캡 : 케이블 말단의 터미널 커버

04 금속제 케이블 트레이의 종류가 아닌 것은?

① 통풍 채널형
② 사다리형
③ 바닥 밀폐형
❹ 크로스형

05 다음 중 지중전선로의 매설 방법이 아닌 것은?

① 관로식
② 암거식
③ 직접 매설식
❹ 행거식

🔍 지중전선로 공사 : 관로식, 암거식, 직접 매설식

06 연피케이블을 직접매설식에 의하여 차량 기타 중량물의 압력을 받을 우려가 있는 장소에 시설하는 경우 매설 깊이는 몇 [m] 이상 이어야 하는가?

① 0.6
❷ 1.0
③ 1.2
④ 1.6

🔍 직접매설식 : 매설 깊이를 차량 기타 중량물의 압력을 받을 우려가 있는 장소에는 1.0m 이상, 기타 장소에는 0.6m 이상으로 하고 또한 지중 전선을 견고한 트라프 기타 방호물에 넣어 시설하여야 한다.

08 특수한 장소 및 특수 시설 공사

1 특수한 장소의 시설공사

1) 흥행장의 저압 배선공사(극장, 영화관 등)
① 사용전압 : 400 [V] 미만(제3종 접지공사)
② 각각의 전용 개폐기 및 과전류 차단기 설치
③ 이동용 전선 : 0.75 이상의 캡타이어 케이블

2) 화약류 저장소의 전기설비(전기설비를 설치하지 않으나, 전등용 설비는 가능)
① 전로 대지전압 : 300[V] 이하
② 전기기계기구는 전폐형으로 시설
③ 전원부에 전용 개폐기 및 과전류차단기 설치
④ 개폐기에서 저장소의 인입구까지는 케이블을 지중으로 시설한다.

3) 폭연성 분진 또는 화약류의 분말이 존재하는 곳(마그네슘, 티탄 등이 쌓인 곳)
① 공사 방법 : 금속관 공사, MI 또는 개장된 케이블 공사(캡타이어 케이블 제외)
② 패킹사용 및 금속관 공사 시 5턱 이상 나사 조임 사용
③ 전동기 접속부 : 방폭형 플렉시블 피팅을 사용
④ 이동용 전선 : 0.6/1 [KV] 고무절연 클로로프렌 캡타이어 케이블

4) 가연성 분진이 존재하는 곳(소맥분, 전분, 유황 등의 먼지 발화원이 될 수 있는 곳), 위험물이 있는 곳(셀룰로이드, 성냥 석유 등을 제조하거나 저장하는 곳)
① 공사 방법 : 금속관 공사, 케이블 공사, 합성수지관 공사(2.0 [mm] 이상)
② 이동용 전선 : 0.6/1 [KV] 고무절연 클로로프렌 캡타이어 케이블, 0.6/1 [KV] 비닐절연 캡타이어 케이블

5) 부식성 가스 등이 있는 장소
① 공사방법 : 애자사용 배선, 제2종 금속제 가요전선관 배선, 합성수지관 배선, 케이블 배선, 캡타이어 케이블 배선
② 사용전선 : 절연전선(OW, DV 제외)
③ 개폐기, 콘센트, 과전류 차단기를 시설해서는 안 된다.

2 특수 시설 공사

1) 교통신호등
① 사용전압 : 300 [V] 이하(제3종 접지공사)
② 사용전압 150 [V] 초과 시 누전차단기 설치
③ 제어장치의 전원측에 전용개폐기 및 과전류 차단기를 각 극에 설치

2) 출퇴 표시등 회로
① 사용전압 : 1차 300 [V] 이하, 2차 60 [V] 이하 절연변압기 사용
② 사용전선
• 1 [mm²] 연동선과 동등 이상의 케이블, 코드, 캡타이어 케이블
• 0.65 [mm²] 연동선과 동등 이상의 통신용 케이블

③ 덕트 공사, 금속관 공사, 합성수지관 공사, 가요전선관 공사, 몰드 공사

④ 최대 사용전압 60[V] 이하이고, 정격전류 5[A] 이하로서, 과전류차단기로 보호

3) 소세력 회로

① 전자개폐기 조작회로, 초인벨, 경보벨 등의 회로

② 사용전압 : 1차 전압 300[V] 이하, 2차 전압 60[V] 이하

③ 사용전선 : 코드, 케이블, 캡타이어 케이블

  • 조영재에 직접 취부 시 : 케이블 아니면 1.0[mm²] 이상의 연동선

4) 전기 울타리

① 짐승의 침입이나 가축의 탈출 방지

② 사용전압 : 250[V] 이하

③ 사용전선 : 2.0[mm] 경동선

④ 이격 거리

  • 전선과 지주간 : 2.5[cm] 이상

  • 전선과 시설물, 전선과 수목간 : 30[cm] 이상

5) 유희용 전차

① 사용전압 : 1차측 400[V] 미만, 2차측 직류 60[V] 이하, 교류 40[V] 이하

② 전기공급 전로 : 전용개폐기 설치

6) 전기집진 장치

① 사용전압이 특고압인 전기집진, 정전도장, 전기 탈수장치

② 2차 전압 : DC 6,000[V], 13,000[V]

③ 케이블을 사용하고, 제1종 접지공사(단, 사람이 접촉할 우려가 없는 경우 제3종 접지공사)

④ 변압기 1차측에 전용 개폐기 설치

7) 전격 살충기

① 노출된 도체에 높은 전압을 가하여 전격으로 해충을 살충

② 지표상 3.5[m] 이상의 높이에 설치(자동차단장치 시설시는 1.8[m] 이상)

③ 다른 시설물과의 이격 : 30[cm] 이상

8) 풀장용 조명등 시설

① 사용전압 : 1차 400[V] 이하, 2차 150[V] 이하 절연변압기 사용

② 접지공사 : 특별 제3종 접지공사(2차측 전로는 접지를 하지 않는다.)

③ 사용전선 : 2.5[mm²] 이상 0.6/1[KV] EP 고무절연 클로로프렌 캡타이어 케이블

9) 기타 특수 공사

① 전기부식방지용 공사 : 사용전압은 DC 60[V] 이하일 것

② 사람이 상시 통행하는 터널 내의 공사 : 애자사용 공사, 합성수지관 공사, 금속관 공사, 가요전선관 공사, 케이블 공사

③ 불연성 먼지가 많은 장소의 공사 : 금속관 배선, 금속제 가요전선관 배선, 애자사용 배선, 2[mm] 이상의 합성수지관 공사

01 폭연성 분진이 존재하는 곳의 금속관 공사에 있어서 관 상호 간 및 관과 박스 기타의 부속품, 풀박스 또는 전기기계 기구와의 접속은 몇 턱 이상의 나사 조임으로 접속하여야 하는가?

① 2턱 　　　　　② 3턱
③ 4턱 　　　　　❹ 5턱

🔎 패킹사용 및 금속관 공사 시 5턱 이상 나사 조임 사용

02 셀룰로이드, 성냥, 석유류 등 기타 가연성 위험물질을 제조 또는 저장하는 장소의 배선으로 잘못된 배선은?

① 금속관 배선 　　　② 합성수지관 배선
❸ 플로어덕트 배선 　　④ 케이블 배선

🔎 위험물이 있는 곳(셀룰로이드, 성냥 석유 등을 제조하거나 저장하는 곳) 공사 방법 : 금속관 공사, 케이블 공사, 합성 수지관 공사(2.0[mm] 이상)

03 가연성 가스가 존재하는 장소의 저압시설 공사 방법으로 옳은 것은?

① 가요전선관 공사 　　② 합성수지관 공사
❸ 금속관 공사 　　　　④ 금속몰드 공사

🔎 금속관 공사는 위험물질의 장소 등 거의 모든 장소에 사용할 수 있다.

04 광산이나 갱도 내 가스 또는 먼지의 발생에 의하여 폭발 우려가 있는 장소의 전기공사 방법 중 옳지 않은 것은?

① 금속관은 박강 전선관 또는 이와 동등 이상의 강도를 가지는 것일 것
② 전동기는 과전류가 생겼을 때에 폭연성 분진에 착화할 우려가 없도록 시설할 것
❸ 이동전선은 1종 캡타이어 케이블을 사용할 것
④ 백열전등 및 방전등용 전등기구는 조영재에 직접 견고하게 붙이거나 또는 전등을 다는 관전등 완관 등에 의하여 조영재에 견고하게 붙일 것

🔎 폭발할 우려가 있는 곳에서는 1종 캡타이어 케이블을 사용해서는 안 된다.

05 화약류 저장장소의 배선공사에서 전용 개폐기에서 화약류 저장소의 인입구까지는 어떤 공사를 하여야 하는가?

① 케이블을 사용한 옥측 전선로
② 금속관을 사용한 지중 전선로
❸ 케이블을 사용한 지중 전선로
④ 금속관을 사용한 옥측 전선로

🔎 화약류 저장소의 전기설비(전기설비를 설치하지 않으나, 전등용 설비는 가능)의 배선공사 : 개폐기에서 저장소의 인입구까지는 케이블을 지중으로 시설한다.

06 화약고 등의 위험장소의 배선공사에서 전로의 대지전압은 몇 [V] 이하로 하도록 되어 있는가?

❶ 300 　　　　　② 400
③ 500 　　　　　④ 600

07 무대, 무대 마루 밑, 오케스트라 박스, 영사실, 기타 사람이나 무대 도구가 접촉할 우려가 있는 장소에 시설하는 저압 옥내 배선, 전구선 또는 이동전선은 최고 사용전압이 몇 [V] 미만 이어야 하는가?

① 100 　　　　　② 200
❸ 400 　　　　　④ 700

🔎 흥행장의 저압 배선공사(극장, 영화관 등)의 사용전압은 400[V] 미만, 이동용 전선 0.75 이상의 캡타이어 케이블을 사용한다.

08 목장의 전기울타리에 사용하는 경동선의 지름은 최소 몇 [mm] 이상이어야 하는가?

① 1.6 　　　　　❷ 2.0
③ 2.6 　　　　　④ 3.2

09 불연성 먼지가 많은 장소에 시설할 수 없는 저압 옥내 배선의 방법은?

① 금속관 배선
❷ 두께가 1.2[mm]인 합성수지관 배선
③ 금속제 가요전선관 배선
④ 애자사용 공사

🔎 불연성 먼지가 많은 장소의 공사 : 금속관 배선, 금속제 가요전선관 배선, 애자사용 배선, 2[mm] 이상의 합성수지관 공사

10 지중 또는 수중에 시설되는 금속제의 부식을 방지하기 위한 전기 부식 방지용 회로의 사용전압은?

❶ 직류 60[V] 이하 　　② 교류 60[V] 이하
③ 직류 750[V] 이하 　④ 교류 600[V] 이하

🔎 전기 부식 방지용 공사 : 사용전압은 DC 60[V] 이하일 것

11 다음 [보기] 중 금속관 공사, 애자사용 공사, 합성수지관 공사 및 케이블 공사가 모두 가능한 특수 장소를 옳게 나열한 것은?

[보기]
㉮ 화약고 등의 위험 장소　　㉯ 부식성 가스가 있는 장소
㉰ 위험물 등이 존재하는 장소　　㉱ 불연성 먼지가 많은 장소
㉲ 습기가 많은 장소

① ㉮, ㉯, ㉰ 　　　　② ㉯, ㉰, ㉱
❸ ㉯, ㉱, ㉲ 　　　　④ ㉮, ㉰, ㉲

🔎 전선관 공사
㉮ 화약고 등의 위험 장소 : 금속관, 케이블 공사
㉯ 부식성 가스가 있는 장소 : 금속관, 애자사용, 합성수지, 케이블 공사
㉰ 위험물 등이 존재하는 장소 : 금속관, 케이블, 합성수지 공사
㉱ 불연성 먼지가 많은 장소 : 금속관, 애자사용, 합성수지, 케이블 공사
㉲ 습기가 많은 장소 : 금속관, 애자사용, 합성수지, 케이블 공사

01 애자사용 공사에 의한 저압 옥내 배선에서 잘못된 것은?

① 600[V] 비닐 절연 전선을 사용한다.

② 전선 상호 간의 거리가 6[cm]이다.

③ 전선과 조영재 사이의 이격 거리는 사용 전압이 400[V] 미만인 경우에는 5.5[cm] 이상이어야 한다.

④ 절연성, 내연성 및 내구성이 있어야 한다.

01 애자사용 공사　　답 : ③

구분	전선 상호간	전선-조영재	지지물간 조영재 위, 옆면
400[V] 미만	6[cm] 이상	2.5[cm] 이상	2[m] 이하
400[V] 이상		4.5[cm] 이상	

02 저압 440[V] 옥내 배선공사에서 건조하고 전개된 장소에 시설할 수 없는 배선공사는? (단, 400[V]를 넘는 것)

① 애자사용 공사　　② 금속덕트 공사

③ 플로어덕트 공사　　④ 버스덕트 공사

02　　답 : ③

플로어덕트의 배선공사는 강철제 덕트로 콘크리트 바닥에 매설하고, 전선의 접속은 접속함 내에서 실시한다.

03 저압 옥내 배선에서 400[V] 이상이고 점검할 수 있는 은폐장소에 시공할 수 없는 공사는?

① 합성수지 몰드 공사

② 애자사용 공사

③ 버스덕트 공사

④ 금속덕트 공사

03 몰드 공사　　답 : ①

• 건조하고 전개된 장소
• 점검할 수 있는 은폐장소의 400[V] 미만에서 가능

04 2종 금속몰드 공사에서 같은 몰드 내에서 들어가는 전선은 피복 절연물을 포함하여 단면적의 총합이 몰드 내의 단면적의 몇 [%] 이하로 하여야 하는가?

① 20[%]　　② 30[%]

③ 40[%]　　④ 50[%]

05 금속몰드에 넣은 전선의 수　　답 : ①

• 1종 : 10본 이하
• 2종 : 단면적의 20[%] 이하(레이스 웨이)

05 합성수지관 공사에 의한 옥내 배선의 사용전압[V]의 한도는?

① 1,000　　② 800

③ 600　　④ 400

05 합성수지관 공사방법　　답 : ③

• 사용전압은 600[V] 이하의 저압으로 절연전선을 사용할 것(단, OW 제외)
• 연선을 사용할 것(단, 10[mm²] 이하의 단선, 16[mm²] 이하의 알루미늄선은 가능)
• 관내에 접속점이 없을 것
• 지지점 간의 간격 : 1.5[m] 이내(합성수지제 가요전선관 : 1[m] 이내)
• 하나의 관로에 구부러진 곳은 4개소 이내로 제한한다.

06 합성수지제 가요전선관(PE관 및 CD관)의 호칭으로 포함되지 않는 것은?

① 16[mm]　　② 28[mm]
③ 38[mm]　　④ 42[mm]

06 합성수지관 규격　　답: ③

- 길이: 4[m]
- 호칭: 안지름에 근사한 짝수(9종): 14, 16, 22, 28, 36, 42, 54, 70, 82[mm]
- 두께: 2[mm] 이상

07 금속덕트에 넣은 전선의 단면적(절연피복의 단면적 포함)의 합계는 덕트 내부 단면적의 몇 [%] 이하로 하여야 하는가? (단, 전광표시장치, 출퇴표시등 기타 이와 유사한 장치 또는 제어회로 등의 배선만을 넣는 경우가 아니다.)

① 20[%]　　② 30[%]
③ 40[%]　　④ 50[%]

07 금속덕트 공사　　답: ①

- 전선의 수용률: 덕트 내부 단면적의 20[%] 이하(단, 제어회로용의 경우는 50[%] 이하)

08 다음 중 금속덕트 공사의 설명으로 틀린 것은?

① 금속덕트는 건조하고 전개된 장소에만 사용한다.
② 금속덕트는 2[m] 이하마다 견고하게 지지해야 한다.
③ 금속덕트는 두께 1.2[mm] 이상의 철판을 사용하여 만든다.
④ 금속덕트 내에는 전선 피복을 포함한 덕트 면적 20[%] 이내에 전선을 설치해야 한다.

08 금속덕트 공사　　답: ②

- 지지점간의 간격(수평): 3[m](수직인 경우 6[m])
- 전선의 수용률: 덕트 내부 단면적의 20[%] 이하(단, 제어회로용의 경우는 50[%] 이하)

09 합성수지관 상호간을 연결하는 접속재가 아닌 것은?

① 로크너트
② TS 커플링
③ 콤비네이션 커플링
④ 2호 커넥터

09　　답: ①

로크너트는 금속관을 박스에 접속한다.

10 금속제 가요전선관의 공사방법으로 옳은 것은?

① 가요전선관과 박스와의 직각부분에 연결하는 부속품은 앵글 박스 커넥터이다.
② 가요전선과 금속관과의 접속에 사용하는 부속품은 스트레이트 박스 커넥터이다.
③ 가요전선과 상호접속에 사용하는 부속품은 콤비네이션 커플링이다.
④ 스위치 박스에는 콤비네이션 커플링을 사용하여 가요전선관과 접속한다.

10 가요전선관 접속　　답: ①

- 금속관과 가요전선관 접속: 콤비네이션 커플링
- 가요전선관 상호접속: 스플릿 커플링
- 박스와 가요전선관 직접 접속: 스트레이트 박스 커넥터
- 박스와 가요전선관 직각 접속: 앵글 박스 커넥터

11 금속관 공사에서 금속관을 콘크리트에 매설할 경우 관의 두께는 몇 [mm] 이상의 것이어야 하는가?

① 0.8[mm] ② 1.0[mm]
③ 1.2[mm] ④ 1.5[mm]

12 다음 그림과 같이 금속관을 구부릴 때 일반적으로 A와 B의 관계식은?

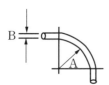

A : 구부러지는 금속관 안측의 반지름
B : 금속관의 안지름

① $A = 2B$ ② $A \geq 2B$
③ $A = 5B$ ④ $A \geq 6B$

13 금속관의 호칭을 바르게 설명한 것은?

① 박강, 후강 모두 안지름으로 [mm] 단위로 표시
② 박강, 후강 모두 바깥지름으로 [mm] 단위로 표시
③ 박강은 바깥지름, 후강은 안지름으로 [mm] 단위로 표시
④ 박강은 안지름, 후강은 바깥지름으로 [mm] 단위로 표시

14 후강 안지름의 굵기 가운데 공칭값[mm]이 아닌 것은?

① 31 ② 36
③ 42 ④ 54

15 금속관을 아웃렛 박스에 로크너트만으로 고정하기 어려울 때 보조적으로 사용되는 재료는?

① 링 리듀서
② 유니온 커플링
③ 커넥터
④ 부싱

---

11 금속관 두께   답 : ③

• 콘크리트 매입 공사용 : 1.2[mm] 이상
• 기타 장소 공사용 : 1.0[mm] 이상

12   답 : ④

곡률반경 $r = 6d + \dfrac{D}{2}$

금속관을 구부릴 때, 안쪽의 반지름(A)은 관 안지름(B)의 6배 이상($A \geq 6B$)이 되어야 한다.

13 금속관의 규격   답 : ③

	후강 금속관	박강 금속관
	안지름의 짝수[mm]	바깥지름의 홀수[mm]
호칭	16,22,28,36,42,54,70,82,92,104	15,19,25,31,39,51,63,75
두께	2.3[mm] 이상	1.6[mm] 이상
특징	양 끝은 나사로 되어 있음	

14 후강 금속관 규격   답 : ①

• 호칭 : 16, 22, 28, 36, 42, 54, 70, 82, 92, 104[mm] (안지름의 짝수)
• 두께 : 2.3[mm] 이상

15 링 리듀서   답 : ①

녹아웃 지름이 접속하는 금속관보다 큰 경우

16 16[mm] 금속 전선관에 나사 내기를 할 때 반 직각 구부리기를 한 곳의 나사산은 몇 산 정도로 하는가?

① 3~4산   ② 5~6산

③ 8~10산   ④ 13~14산

16   답 : ①

반 직각 구부리기 반L형의 관 끝 나사산 횟수는 3~4산이다.

---

17 지중전선로를 직접 매설식에 의하여 시설하는 경우 차량 기타 중량물의 압력을 받을 우려가 있는 장소의 매설 깊이는?

① 0.6[m]

② 1.0[m]

③ 1.5[m]

④ 2.0[m]

17 지중케이블 공사 직접 매설식 깊이
        답 : ②

• 중량물의 압력을 받을 우려가 있는 장소 : 1.0[m] 이상

• 중량물의 압력을 받을 우려가 없는 장소 : 0.6[m] 이상

---

18 티탄을 제조하는 공장으로 먼지가 쌓인 상태에서 착화된 때에 폭발할 우려가 있는 곳에 저압 옥내배선을 설치하고자 한다. 알맞은 공사 방법은?

① 합성수지몰드 공사

② 라이팅덕트 공사

③ 금속몰드 공사

④ 금속관 공사

18   답 : ④

폭연성 분진 또는 화약류의 분말이 존재하는 곳(마그네슘, 티탄 등이 쌓인 곳) 공사방법 : 금속관 공사, 또는 케이블 공사(캡타이어 케이블 제외)

---

19 성냥, 석유류, 셀룰로이드 등 기타 가연성 물질을 제조 또는 저장하는 장소의 배선 방법으로 적당하지 않은 것은?

① 케이블 배선공사

② 방습형 플렉시블 배선공사

③ 합성수지관 배선공사

④ 금속관 배선공사

19   답 : ②

가연성의 물질이 존재하는 곳에는 금속관 공사, 합성수지관 공사, 케이블 공사를 할 수 있다.

---

20 가스 증기 위험 장소의 배선 방법으로 적합하지 않은 것은?

① 옥내배선은 금속관 배선 또는 합성수지관 배선으로 할 것

② 전선관 부속품 및 전선 접속함에는 내압 방폭 구조의 것을 사용할 것

③ 금속관 배선으로 할 경우 관 상호 및 관과 박스는 5턱 이상의 나사 조임으로 견고하게 접속할 것

④ 금속관과 전동기의 접속시 가요성을 필요로 하는 짧은 부분의 배선에는 안전 증가방폭 구조의 플렉시블 피팅을 사용할 것

20   답 : ①

가스증기 위험 장소의 배선은 금속관 배선 또는 케이블 배선을 해야 한다.

21 터널, 갱도 기타 이와 유사한 장소에서 사람이 상시 통행하는 터널 내의 배선 방법으로 적절하지 않은 것은? (단, 사용전압은 저압이다.)

① 라이팅덕트 배선

② 금속제 가요전선관 배선

③ 합성수지관 배선

④ 애자사용 배선

22 흥행장의 400[V] 미만의 저압 전기공사를 시설하는 방법으로 적합하지 않은 것은?

① 영사실에 사용되는 이동전선은 1종 캡타이어 케이블 이외의 캡타이어 케이블을 사용한다.

② 플라이 덕트를 시설하는 경우에는 덕트의 끝부분은 막아야 한다.

③ 무대용의 콘센트 박스, 플라이 덕트 및 보더라이트의 금속제 외함에는 접지공사를 한다.

④ 무대, 무대마루 밑, 오케스트라 박스 및 영사실의 전로에는 과전류 차단기 및 개폐기를 시설하지 않아야 한다.

23 화학류 저장소에서 백열전등이나 형광등 또는 이들에 전기를 공급하기 위한 전기설비를 시설하는 경우 전로의 대지전압은?

① 100[V] 이하

② 150[V] 이하

③ 220[V] 이하

④ 300[V] 이하

24 교통신호등의 제어장치로부터 신호등의 전구까지의 전로에 사용하는 전압은 몇 [V]인가?

① 60

② 100

③ 300

④ 440

---

21 답 : ①

사람이 상시 통행하는 터널 내에는 애자사용 공사, 합성수지관 공사, 금속관 공사, 가요전선관 공사, 케이블 공사를 한다.

22 흥행장의 저압 배선공사(극장, 영화관 등) 답 : ④

• 사용전압 : 400[V] 미만(제3종 접지공사)
• 각각의 전용 개폐기 및 과전류차단기 설치
• 이동용 전선 : 0.75 이상의 캡타이어 케이블

23 답 : ④

화약고 등의 위험장소의 배선공사에서 전로의 대지전압은 300[V] 이하로 한다.

24 교통신호등 답 : ③

• 최대 사용전압 : 300[V] 이하
• 사용전압이 150[V] 초과시 누전차단기 설치
• 제어장치의 전원측에 전용개폐기 및 과전류 차단기를 각 극에 설치

Chapter 5 배전선로 및 배·분전반 공사

01 배전선로 공사

1 가공 인입선 공사

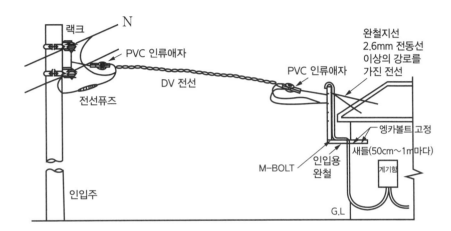

1) 가공 인입선 : 가공선로의 전주 등 지지물에서 분기하여 다른 지지물을 거치지 않고, 수용장소의 인입점에 이른 전선로

2) 사용전선 : 절연전선 및 케이블

3) 가공 인입선 규격
① 저압 : 2.6[mm] 이상의 DV전선(단, 15[m] 이하는 2.0[mm] 이상 가능)
② 고압 : 5.0[mm] 이상의 경동선

4) 가공인입선 높이

구분		저압 인입선[m]	고압 인입선[m]
기타(일반)		4m	5m
도로횡단	일반적인 경우	5m	6m
	기술상 부득이한 경우로 교통에 지장이 없을 때	3m	3.5m
철도, 궤도 횡단		6.5m	6.5m
횡단 보도교 위		3m	3.5m(절연전선, 케이블 3m)

2 연접 인입선

1) 연접 인입선 : 수용장소의 인입선에서 분기하여 다른 지지물을 거치지 않고, 다른 수용장소의 인입점에 이른 전선로

2) 연접 인입선 제한조건

① 분기점으로부터 100[m]을 넘지 않는 지역에 설치하여야 한다.

② 폭 5[m]를 넘는 도로를 횡단하지 않아야 한다.

③ 타 수용가의 옥내를 통과하지 않아야 한다.

④ 전선은 지름 2.6[mm]의 경동선 또는 이와 동등 이상의 세기 및 굵기이어야 한다.

⑤ 고압은 연접할 수 없다.

3 가공 전선로 공사

1) 가공전선로 높이

구분	저압, 고압[m]
기타(일반)	5m
도로횡단	6m
철도, 궤도 횡단	6.5m
횡단 보도교 위	3.5m

* 저압 가공전선과 고압 가공전선을 동일 지지물에 시설하는 경우 상호 이격거리는 50[cm] 이상으로 한다. (단, 고압 가공전선이 케이블인 경우는 30[cm] 이상)

2) 건주공사 : 지지물을 땅에 세우는 공사

① 지지물의 종류

- 철근 콘크리트주(CP주) : 지지물 중 가장 많이 사용한다.
- 목주
- 철주(A종, B종)
- 철탑 : 지선을 사용하여 그 강도를 분담시켜서는 아니 되며, 철탑의 표준 경간은 600[m]이고, 보안공사의 경간은 400[m] 이다.

② 땅에 묻히는 깊이

구분	15[m] 이하	15[m] 초과	16[m] 초과 ~ 20[m] 이하
6.8[kN] 이하	전장$\times\frac{1}{6}$[m]	2.5[m]	2.8[m]
6.8[kN] 초과 ~ 9.8[kN] 이하	전장$\times\frac{1}{6}$[m]+0.3[m]	2.8[m]	–

③ 발판 볼트 : 지표상 1.8[m] 미만 시설해서는 아니 되고, 간격은 0.45[m]씩 양쪽으로 설치한다.

④ 지지물 기초의 안전율 : 2.0 이상

⑤ 근가 : 건주 공사 시 논이나 지반이 약한 곳에 지지물의 넘어짐을 방지하기 위해 시설하는 것

3) 지선공사

① 지선은 지지물의 강도, 전선로의 불평형 장력이 큰 장소에 보강용으로 시설한다.

② 지선의 안전율은 2.5 이상 1가닥 허용 인장하중 4.31[kN] 이상이다.

③ 소선 3가닥 이상의 연선을 사용하며, 소선은 2.6[mm] 이상의 금속선, 또는 2.0[mm] 이상의 아연도 강연선을 사용한다.

④ 지선의 중간에 지선애자를 2.5[m] 이상에 설치하여 절연한다.

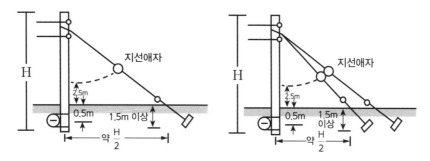

⑤ 지선의 장력을 유지하기 위하여 (콘크리트)근가를 설치한다.

⑥ 지선로드는 지표상 30[cm] 이상이어야 한다.

⑦ 지선의 시설에서 전선로의 직선 부분은 5도 이하의 수평 각도를 이루는 곳을 포함한다.

⑧ 지선 설치주 : 인류주, 각도주

⑨ 보통 지선을 설치할 수 없을 때

  • 궁지선 : 근가를 지지물 근원(전주) 가까이에 시설한다.

  • Y지선 : 다단 완금 시 시설한다.

  • 수평지선 : 전주와 전주 간, 또는 전주와 지주 간에 시설한다.

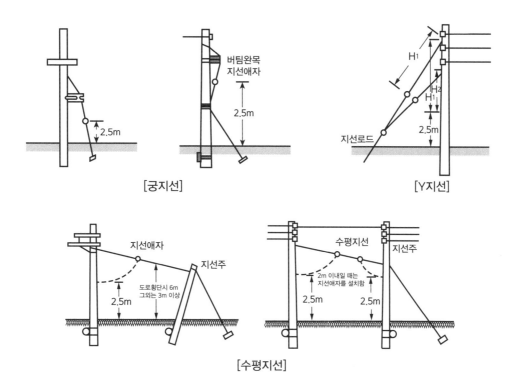

[궁지선]   [Y지선]

[수평지선]

3) **장주공사** : 지지물에 전선과 기구 등을 설치하기 위해 완금이나 애자 등을 장치하는 공사
    ① 완금(완목) : 지지물에 전선을 고정시키기 위해 설치
        - 전선 2개 표준 길이 : 특고압 1,800[mm], 고압 1,400[mm], 저압 900[mm]
        - 전선 3개 표준 길이 : 특고압 2,400[mm], 고압 1,800[mm], 저압 1,400[mm]
    ② 암밴드 : 완금을 고정시킬 때 사용
    ③ 암타이 : 완금이 상하로 움직이지 않도록 고정
    ④ 암타이 밴드 : 암타이를 전주에 고정시키기 위해 사용
    ⑤ 지선밴드 : 지선을 전주에 고정

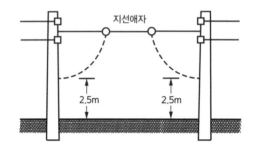

4) **주상 변압기 설치**
    ① 주상 변압기를 전주에 고정 : 행거밴드
    ② 주상 변압기 1차측 인하선 : 클로로프렌 외장케이블
    ③ 1차측 단락보호장치 : COS(컷아웃스위치)
    ④ 주상 변압기 2차측 인하선 : 옥외용 비닐절연 전선(OW)
    ⑤ 2차측 단락보호장치 : 캐치홀더
    ⑥ 2차측에 제2종 접지공사를 한다.

5) **애자**
    ① 구형애자(지선애자, 옥애자) : 지선 중간에 사용
    ② 다구애자 : 인입선을 건물 벽면에 시설할 때 사용
    ③ 인류애자 : 전선로의 인류부분(끝맺음 부분)에 사용
    ④ 현수애자 : 전선로가 분기하거나 인류하는 곳에 사용
    ⑤ 핀애자 : 전선로의 직선 부분의 전선 지지물로 사용
    ⑥ 고압 가지애자 : 전선로의 방향이 바뀌는 곳에 사용

6) **활선작업**
    ① 와이어통 : 충전되어 있는 활선을 움직이거나 작업권 밖으로 밀어낼 때 또는 활선을 다른 장소로 옮길 때 사용하는 절연봉
    ② 전선 피박기 : 활선상태에서 전선의 피복을 벗기는 공구
    ③ 데드앤드 커버 : 인류 또는 내장주의 선로에서 활선 공법을 할 때 작업자가 현수애자 등에 접촉되어 생기는 안전사고를 예방하기 위해 사용

01 연접 인입선 시설 제한규정에 대한 설명으로 잘못된 것은?

① 분기하는 점에서 100[m]를 넘지 않아야 한다.
② 폭 5[m]를 넘는 도로를 횡단하지 않아야 한다.
③ 옥내를 통과하지 않아야 한다.
❹ 분기하는 점에서 고압의 경우에는 200[m]를 넘지 않아야 한다.

🔍 연접 인입선 제한조건
• 분기점으로부터 100[m]을 넘지 않는 지역에 설치하여야 한다.
• 폭 5[m]을 넘는 도로를 횡단하지 않아야 한다.
• 타 수용가의 옥내를 통과하지 않아야 한다.
• 고압은 연접할 수 없다.

02 저압 가공 인입선이 횡단 보도교 위에 시설되는 경우 노면상 몇 [m] 이상의 높이에 설치되어야 하는가?

❶ 3[m]   ② 4[m]
③ 5[m]   ④ 6[m]

🔍 가공 전선로의 높이 제한

구분	저압	고압
철도·궤도 횡단	6.5m 이상	
도로 횡단	5.0m 이상	6.0m
횡단 보교	3.0m 이상	3.5m 이상
기타 장소	4.0m 이상	5.0m 이상

03 OW 전선을 사용하는 저압 구내 가공 인입전선으로 전선의 길이가 15[m]를 초과하는 경우 그 전선의 지름은 몇 [mm] 이상을 사용하여야 하는가?

① 1.6   ② 2.0
❸ 2.6   ④ 3.2

🔍 가공 인입선 규격
• 저압 : 2.6[mm] 이상의 DV전선(단, 15[m] 이하 시 2.0[mm] 이상 가능)
• 고압 : 5.0[mm] 이상의 경동선

04 배전선로 기기설치 공사에서 전주에 승주 시 발판 못 볼트는 지상 몇 [m] 지점에서 180도 방향에 몇 [m] 씩 양쪽으로 설치하여야 하는가?

① 1.5[m], 0.3[m]   ② 1.5[m], 0.45[m]
③ 1.8[m], 0.3[m]   ❹ 1.8[m], 0.45[m]

🔍 발판 볼트 : 지표상 1.8[m] 미만에 시설해서는 아니 되고, 간격은 45[cm] 씩 양쪽으로 설치한다.

05 가공 전선로의 지지물에 하중이 가하여지는 경우에 그 하중을 받는 지지물의 기초 안전율은 일반적으로 얼마 이상이어야 하는가?

① 1.5   ❷ 2.0
③ 2.5   ④ 4.0

🔍 지지물 기초의 안전율 : 2.0 이상

06 설계하중 6.8[kN] 이하인 철근 콘크리트 전주의 길이가 7[m]인 지지물을 건주하는 경우 땅에 묻히는 깊이로 가장 옳은 것은?

❶ 1.2[m]   ② 1.0[m]
③ 0.8[m]   ④ 0.6[m]

🔍 건주 공사

구분	15[m] 이하	15[m] 초과	16[m] 초과~20[m] 이하
6.8[kN] 이하	전장×$\frac{1}{6}$ [m]	2.5[m]	2.8[m]

∴ $7 \times \frac{1}{6} = 1.17$[m] 이상 = 1.2[m]

07 가공 전선물의 지지물을 시설하는 지선의 시설에 맞지 않는 것은?

① 지선의 안전율은 2.5 이상일 것
② 지선의 안전율이 2.5 이상일 경우에 허용 인장하중의 최저는 4.31[kN]으로 할 것
❸ 소선의 지름이 1.6[mm] 이상의 동선을 사용한 것일 것
④ 지선에 연선을 사용할 경우에는 소선 3가닥 이상의 연선일 것

🔍 지선은 소선 3가닥 이상의 연선을 사용하며, 소선은 2.6[mm] 이상의 금속선, 또는 2.0[mm] 이상의 아연도 강연선을 사용한다.

08 가공 전선로의 지지물에 시설하는 지선의 안전율은 얼마 이상이어야 하는가?

① 3.5
② 3.0
❸ 2.5
④ 1.0

🔍 지선의 안전율은 2.5 이상이고, 1가닥 허용 인장하중은 4.31[kN] 이상이다.

09 가공 전선로의 지지물을 지선으로 보강하여서는 안 되는 것은?

① 목주
② A종 철근콘크리트주
③ B종 철근콘크리트주
❹ 철탑

🔍 지선은 지지물의 강도, 전선로의 불평형 장력이 큰 장소에 보강용으로 시설한다. 그러나 철탑은 지선을 사용하여 그 강도를 분담시켜서는 아니 된다.

10 고압 가공전선로의 지지물로 철탑을 사용하는 경우 경간은 몇 [m] 이하이어야 하는가?

① 150[m]   ② 300[m]
③ 500[m]   ❹ 600[m]

🔍 철탑의 표준 경간은 600[m]이고, 보안공사의 경간은 400[m] 이다.

11 토지의 상황이나 기타 사유로 인하여 보통지선을 시설할 수 없을 때 전주와 전주 간 또는 전주와 지주 간에 시설할 수 있는 지선은?

① 보통지선

❷ 수평지선

③ 궁지선

④ Y지선

12 건주 공사 시 논이나 지반이 약한 곳에 지지물(전주)의 넘어짐을 방지하기 위해 시설하는 것은?

① 완금   ❷ 근가

③ 완목   ④ 행거밴드

  ◎ 지반이 약한 곳에서는 특히 견고한 근가를 시설하여야 한다.

13 지선의 시설에서 가공 전선로의 직선 부분이란 수평각도 몇 도까지인가?

① 2   ② 3

❸ 5   ④ 6

  ◎ 지선의 시설에서 전선로의 직선 부분은 5도 이하의 수평 각도를 이루는 곳을 포함한다.

14 고압 가공 전선로의 전선의 조수가 3조일 때 완금의 길이는?

① 1,200[mm]   ② 1,400[mm]

❸ 1,800[mm]   ④ 2,400[mm]

  ◎ 전선 3개 표준 길이 : 특고압 2,400[mm], 고압 1,800[mm], 저압 1,400[mm]

15 철근 콘크리트주에 완금을 고정시키려면 어떤 밴드를 사용하는가?

❶ 암밴드   ② 지선밴드

③ 래크밴드   ④ 행거밴드

  ◎ 밴드의 종류
    • 암밴드 : 완금을 고정시킬 때 사용
    • 암타이 : 완금이 상하로 움직이지 않도록 고정
    • 암타이밴드 : 암타이를 전주에 고정시키기 위해 사용
    • 지선밴드 : 지선을 전주에 고정

16 인류하는 곳이나 분기하는 곳에 사용하는 애자는?

① 구형애자   ② 가지애자

③ 새클애자   ❹ 현수애자

  ◎ 애자의 종류
    • 구형애자(지선애자, 옥애자) : 지선 중간에 사용
    • 다구애자 : 인입선을 건물 벽면에 시설할 때 사용
    • 인류애자 : 전선로의 인류부분(끝맺음 부분)에 사용
    • 현수애자 : 전선로가 분기하거나 인류하는 곳에 사용
    • 핀애자 : 전선로의 직선 부분의 전선 지지물로 사용
    • 고압 가지애자 : 전선로의 방향이 바뀌는 곳에 사용

17 주상 변압기 설치 시 사용하는 것은?

① 완금밴드   ❷ 행거밴드

③ 지선밴드   ④ 암타이밴드

02 배·분전반 공사

1 배·분전반의 용도

1) 배전반

① 고전압을 저전압으로 변성하여 공급하는 설비이다.

② 배전반 내부에는 변압기, 차단기, 계기류 등이 시설되어 있다.

③ 기호 : ⊠

2) 분전반

① 간선에서 각 기계기구로 배선이 분리해 나가는 곳에 설치한다.

② 분전반 내부에는 주개폐기, 분기개폐기, 자동개폐기 등이 시설되어 있다.

③ 기호 : ◩

3) 배·분전반의 두께

① 금속제 : 1.2 [mm] 이상

② 합성수지제 : 1.5 [mm] 이상

2 배·분전반의 종류

1) 배전반의 종류

① 큐비클형(폐쇄식) : 4면이 폐쇄된 캐비닛형으로, 점유면적이 좁고 보수 및 운전이 안전하여 많이 사용

② 데드 프런트식 : 고압 수전반에 사용

③ 라이브 프런트식 : 저압 간선용으로 사용

2) 분전반의 종류

① 나이프식 분전반 : 나이프 스위치를 개폐기로 사용

② 텀블러식 분전반 : 개폐기로 텀블러 스위치, 자동차단기로 퓨즈 사용

③ 브레이크식 분전반 : 개폐기와 자동차단기의 두 가지 역할(배선용 차단기 사용)

3 배·분전반 설치 장소

① 접근이 용이하고 개방된 장소(노출된 장소)

② 전기회로를 쉽게 조작할 수 있는 장소

③ 인입과 인출이 용이한 장소(개폐기를 쉽게 개폐할 수 있는 장소)

④ 안정된 장소

4 배전반 공사

① 고저압 모선을 가공으로 설치 시 : 2.5[m] 이상 높이 유지

② 배전반 전면에서 벽까지 거리 : 2[m] 이상 유지

③ 배전반 조영재와의 거리는 10[cm] 이상 유지

④ 전선 지지점과의 거리는 5[m] 이하로, 조영재에 따르는 경우에는 2[m]로 한다.

⑤ 전선 상호간의 간격은 15[cm] 이상 유지

5 분전반 공사

① 배선을 쉽게 하기 위해 분전반 내부에는 일정 간격을 두어야 한다.

② 분전반은 분기회로의 길이가 30[m] 이하가 되도록 설치한다.

③ 각 층마다 하나 이상을 설치하나, 회로수가 6 이하인 겨우 2개 층을 담당할 수 있다.

6 조명 공사

1) 조명의 4요소

① 밝음 : 충분한 빛이 있어야 한다.

② 크기 : 물체의 시각적 크기가 있어야 한다.

③ 대비 : 밝음과 어두움의 대비가 있어야 한다.

④ 시간과 속도

2) 조명의 용어

① 광속 : 단위 시간에 통과한 광량, 단위는 루미네이트[lm]

② 광도 : 점광원에서 발산광속의 입체각 밀도, 단위는 칸델라[cd]

③ 조도 : 어떤 면에 투사되는 광속의 밀도, 단위는 룩스[lx]

④ 휘도 : 광도의 밀도, 단위는 니트[nt], 스틸브[sb]

3) 조명설계

① 실지수 $k = \dfrac{X \cdot Y}{H(X+Y)}$

(X : 가로길이, Y : 세로길이, H : 광원에서 작업면 높이)

② 광원의 최대 간격 S : $S \leq 1.5H$ (광원에서 작업면 높이)

광원의 최대 간격은 광원에서 작업면 높이의 1.5배 이하일 것

③ 전등 수 : $F \cdot U \cdot N = D \cdot A \cdot E$에서, $N = \dfrac{D \cdot A \cdot E}{F \cdot U}$

(F : 광속, U : 조명률, N : 등수, D : 감광보상률, A : 면적, E : 조도)

4) 조명기구 배광에 의한 분류

① 직접조명 : 하향광속 100~90[%], 상향광속 0~10[%]

② 반직접조명 : 하향광속 90~60[%], 상향광속 10~40[%]

③ 전반확산조명 : 하향광속 60~40 [%], 상향광속 40~60 [%]

④ 반간접조명 : 하향광속 40~10 [%], 상향광속 60~90 [%]

⑤ 간접조명 : 하향광속 10~0 [%], 상향광속 90~100 [%]

5) 조명기구 배치에 의한 분류

① 전반조명 : 작업면의 전체를 균일한 조도가 되도록 조명(공장, 사무실, 교실 등)

② 국부조명 : 작업에 필요한 장소에 맞는 조도를 얻는 방식

③ 전반 국부조명

6) 조명제어 공사

① 3로 스위치 2개로 전등 1개를 2개소에서 점멸이 가능하다.

② 타임스위치

• 주택의 현관 등에 설치하는 경우 : 3분 이내 소등

• 여관, 호텔 등의 객실 입구에 설치하는 경우 : 1분 이내 소등

③ 점멸스위치는 반드시 전압측 전선에 시설하여야 한다.

7 동력설비 공사

1) 전동기의 정격전류

전동기의 정격 전류	간선의 허용전류	과전류 차단기 크기
50[A] 이하인 경우	1.25×전동기 전류의 합계	2.5×간선의 허용전류
50[A] 초과인 경우	1.1×전동기 전류의 합계	

2) 분기회로

① 간선에서 분기하여 전기사용 기계기구에 이르는 부분

② 간선에서 분기하여 3 [m] 이하의 곳에 개폐기 및 과전류차단기 시설

③ 분기회로수 $n = \dfrac{\text{총부하 설비용량[VA]}}{\text{분기회로의 정격용량[VA]}}$

3) 인터록 회로 : 두 개의 입력 중 먼저 동작한 쪽이 다른 쪽의 동작을 금지하는 회로

4) 동력배선에서 경보를 표시 : 황색(오렌지색)

5) 교류 단상 3선식 배전선로

① 중성선은 제2종 접지공사를 한다.

② 중성선은 퓨즈를 사용하지 않고 동선으로 직결한다.

③ 동시 동작형 개폐기를 시설한다.

④ 두 종류의 전압을 얻을 수 있다.

01 점유 면적이 좁고 운전 보수에 안전하며 공장, 빌딩 등의 전기실에 많이 사용되는 배전반은 어떤 것인가?

① 데드 프런트형
② 수직형
❸ 큐비클형
④ 라이브 프런트형

02 배전반 및 분전반의 설치장소로 적합하지 않은 것은?

① 전기회로를 쉽게 조작할 수 있는 장소
② 개폐기를 쉽게 조작할 수 있는 장소
③ 안정된 장소
❹ 은폐된 장소

03 분전반에 대한 설명으로 틀린 것은?

① 배선과 기구는 모두 전면에 배치한다.
② 두께 1.5[mm] 이상의 난연성 합성수지로 제작한다.
③ 강관제의 분전함은 두께 1.2[mm] 이상의 강판으로 제작한다.
❹ 배선은 모두 분전반 이면으로 한다.

🔄 배선을 쉽게 하기 위해 분전반 내부에는 일정 간격을 두어야 한다.

04 옥내 분전반의 설치에 관한 내용 중 틀린 것은?

① 분전반에서 분기회로를 위한 배관의 상승 또는 하강이 용이한 곳에 설치한다.
② 분전반에 넣는 금속제의 함 및 이를 지지하는 구조물은 접지를 하여야 한다.
③ 각 층마다 하나 이상을 설치하나, 회로수가 6 이하인 경우 2개 층을 담당할 수 있다.
❹ 분전반에서 최종 부하까지의 거리는 40[m] 이내로 하는 것이 좋다.

🔄 분전반에서 최종 부하까지의 거리는 30[m] 이내로 하는 것이 좋다.

05 배전반 및 분전반을 넣는 강판제로 만든 함의 최소 두께는?

❶ 1.2[mm]
② 1.5[mm]
③ 2.0[mm]
④ 2.5[mm]

🔄 배·분전반의 두께
• 금속제 : 1.2[mm] 이상
• 합성수지제 : 1.5[mm] 이상

06 실내 전체를 균일하게 조명하는 방식으로 광원을 일정한 간격으로 배치하며 공장, 학교, 사무실 등에서 채용하는 조명 방식은?

① 국부조명
❷ 전반조명
③ 직접조명
④ 간접조명

07 자동화재 탐지설비는 화재의 발생을 초기에 자동적으로 탐지하여 소방대상물의 관계자에게 화재의 발생을 통보해주는 설비이다. 이러한 자동화재 탐지설비의 구성요소가 아닌 것은?

① 수신기
❷ 비상경보기
③ 발신기
④ 중계기

🔄 자동화재 탐지설비의 구성에는 수신기, 발신기, 감지기, 중계기 등이 있다.

08 전등 1개를 2개소에서 점멸하고자 할 때 필요한 3로 스위치는 최소 몇 개인가?

① 1개
❷ 2개
③ 3개
④ 4개

🔄 3로 스위치 2개로 전등 1개를 2개소에서 점멸이 가능하다.

09 정격전류가 40[A]의 3상 200[V] 전동기에 직접 접속하는 전선의 허용전류는 몇 [A] 이상이 필요한가?

① 40
② 44
❸ 50
④ 120

🔄 전동기의 정격 전류

전동기의 정격 전류	전선의 허용전류	과전류 차단기 크기
50[A] 이하인 경우	1.25×전동기 전류의 합계	2.5×전선의 허용전류
50[A] 초과인 경우	1.1×전동기 전류의 합계	

∴ 전선의 허용전류는 1.25×40 = 50[A]

10 간선에서 분기하여 분기 과전류차단기를 거쳐서 부하에 이르는 사이의 배선을 무엇이라고 하는가?

① 간선
② 인입선
③ 중성선
❹ 분기회로

01 100[V] 연접 인입선은 분기하는 점으로부터 최대 얼마의 거리까지 시설하는가?

① 50[m]

② 75[m]

③ 100[m]

④ 150[m]

01 연접 인입선 제한조건　　답 : ③

- 분기점으로부터 100[m]을 넘지 않는 지역에 설치하여야 한다.
- 폭 5[m]을 넘는 도로를 횡단하지 않아야 한다.
- 타 수용가의 옥내를 통과하지 않아야 한다.
- 고압은 연접할 수 없다.

02 전주의 길이가 16[m]인 지지물을 건주하는 경우에 땅에 묻히는 최소 깊이는 몇 [m]인가? (단, 설계하중은 6.8[kN] 이하이다.)

① 1.5　　　　② 2.0

③ 2.5　　　　④ 3.0

02 건주 공사　　답 : ③

구분	15[m] 이하	15[m] 초과	16[m] 초과 ~ 20[m] 이하
6.8[kN] 이하	전장×$\frac{1}{6}$ [m]	2.5[m]	2.8[m]

전주의 길이가 15[m] 초과이므로 2.5[m]

03 사용전압이 35[kV] 이하인 특고압 가공전선과 220[V] 가공전선을 병가할 때 가공선로간의 이격거리는 몇 [m] 이상이어야 하는가?

① 0.5　　　　② 0.75

③ 1.2　　　　④ 1.5

03 특고압 가공전선과 저압 가공전선의 병가 이격거리　　답 : ③

- 35[kV] 이하인 경우 1.2[m] 이상
- 35[kV] 초과인 경우 2[m] 이상

04 저압 인입선 공사 시 저압 가공인입선이 철도 또는 궤도를 횡단하는 경우 레일면상에서 몇 [m] 이상 시설하여야 하는가?

① 3　　　　② 4

③ 5.5　　　　④ 6.5

04 가공 전선로의 높이 제한　　답 : ④

구분	저압	고압
철도·궤도 횡단	6.5m 이상	
도로 횡단	5.0m 이상	6.0m 이상
횡단 보교	3.0m 이상	3.5m 이상
기타 장소	4.0m 이상	5.0m 이상

05 전선로의 종류가 아닌 것은?

① 옥측 전선로

② 지중 전선로

③ 가공 전선로

④ 선간 전선로

05　　답 : ④

전선로에는 가공, 지중, 옥측, 옥상, 수상 전선로 등이 있다.

06 하나의 수용장소의 인입선 접속점에서 분기하여 지지물을 거치지 아니하고 다른 수용장소의 인입선 접속점에 이르는 전선은?

① 가공 인입선

② 구내 인입선

③ 연접 인입선

④ 옥측 배선

07 가공 배전선로 시설에는 전선을 지지하고 각종 기기를 설치하기 위한 지지물이 필요하다. 이 지지물 중 가장 많이 사용되는 것은?

① 철주

② 철탑

③ 강관 전주

④ 철근 콘크리트주

08 주상 작업을 할 때 안전 허리띠용 로프는 허리 부분보다 위로 몇 [°] 정도 높게 걸어야 가장 안전한가?

① 5~10 [°]   ② 10~15 [°]

③ 15~20 [°]   ④ 20~30 [°]

09 한 분전반에서 사용전압이 각각 다른 분기회로가 있을 때 분기회로를 쉽게 식별하기 위한 방법으로 가장 적합한 것은?

① 차단기별로 분리해 놓는다.

② 과전류 차단기 가까운 곳에 각각 전압을 표시하는 명판을 붙여 놓는다.

③ 왼쪽은 고압측 오른쪽은 저압측으로 분류해 놓고 전압 표시는 하지 않는다.

④ 분전반을 철거하고 다른 분전반을 새로 설치한다.

10 전동기의 정역운전을 제어하는 회로에서 2개의 전자개폐기의 작동이 일어나지 않도록 하는 회로는?

① $Y-\Delta$회로

② 자기유지 회로

③ 촌동 회로

④ 인터록 회로

11 일정값 이상의 전류가 흘렀을 때 동작하는 계전기는?

① OCR

② OVR

③ UVR

④ GR

11 계전기의 종류 답 : ①

• 과부하 계전기(OCR) : 과전류가 흐를 때
• 과전압 계전기(OVR) : 과전압일 때
• 부족전압 계전기(UVR) : 부족전압일 때
• 지락 계전기(GR) : 지락전류가 흐를 때

12 다음 중 과부하뿐만 아니라 정전시나 저전압일 때 자동적으로 차단되어 전동기의 소손을 방지하는 스위치는?

① 안전 스위치

② 마그넷 스위치

③ 자동 스위치

④ 압력 스위치

12 답 : ②

마그넷 스위치(MC)는 과부하나 정전시, 저전압일 때 자동적으로 차단되어 전동기의 소손을 방지한다.

13 조명 설계 시 고려해야 할 사항 중 틀린 것은?

① 적당한 조도일 것

② 휘도 대비가 높을 것

③ 균등한 광속 발산도 분포일 것

④ 적당한 그림자가 있을 것

13 답 : ②

눈부심 정도(휘도)가 크면 눈에 피로감이 생기므로 작게 설계하는 것이 좋다.

14 조명기구를 반간접 조명방식으로 설치하였을 때 위(상방향)로 향하는 광속의 양[%]은 얼마인가?

① 0~10

② 10~40

③ 40~60

④ 60~90

14 조명기구 배광에 의한 분류 답 : ④

• 직접조명 : 하향광속 100~90[%],
　　　　　　 상향광속 0~10[%]
• 반직접조명 : 하향광속 90~60[%],
　　　　　　　 상향광속 10~40[%]
• 전반조명 : 하향광속 60~40[%],
　　　　　　 상향광속 40~60[%]
• 반간접조명 : 하향광속 40~10[%],
　　　　　　　 상향광속 60~90[%]
• 간접조명 : 하향광속 10~0[%],
　　　　　　 상향광속 90~100[%]

15 조명용 백열전등을 일반주택 및 아파트 각호실에 설치할 때 형광등에 최대 몇 분 이내에 소등되는 타임스위치를 시설하여야 하는가?

① 1분　　　　② 2분

③ 3분　　　　④ 4분

15 타임스위치 답 : ③

• 주택의 현관 등에 설치하는 경우 : 3분 이내 소등
• 여관, 호텔 등의 객실 입구에 설치하는 경우 : 1분 이내 소등

16 가정용 전등에 사용되는 점멸 스위치를 설치하여야 할 위치에 대한 설명으로 가장 적당한 것은?

① 접지측 전선에 설치한다.

② 중성선에 설치한다.

③ 부하의 2차측에 설치한다.

④ 전압측 전선에 설치한다.

16 답 : ④

점멸 스위치는 반드시 전압측 전선에 시설하여야 한다.

17 저압 배선 중의 전압강하는 간선 및 분기회로에서 각각 표준 전압의 몇 [%] 이하로 하는 것을 원칙으로 하는가?

① 2   ② 4

③ 6   ④ 8

17 답 : ①

전압강하는 표준전압의 2[%] 이하로 한다.

18 간선에 접속하는 전동기의 정격전류의 합계가 100[A]인 경우에 간선의 허용전류가 몇 [A]인 전선의 굵기를 선정하여야 하는가?

① 100   ② 110

③ 125   ④ 200

18 전동기의 정격 전류   답 : ②

전동기의 정격 전류	전선의 허용전류	과전류 차단기 크기
50[A] 이상인 경우	1.25×전동기 전류의 합계	2.5×전선의 허용전류
50[A] 초과인 경우	1.1×전동기 전류의 합계	

전선의 허용전류는 전동기의 정격전류의 합이 50[A] 초과이므로 1.1배이다.

19 110[V]로 인입하는 어느 주택의 총 부하 설비 용량이 7,050[VA]이다. 최소 분기회로수는 몇 회로로 하여야 하는가? (단, 전등 및 소형 전기 기계기구이고, 1,650[VA] 이하마다 분기하게 되었다.)

① 3   ② 5

③ 6   ④ 8

19 분기회로수   답 : ②

$$n = \frac{총부하\ 설비용량[VA]}{분기회로의\ 정격용량[VA]}$$

$$= \frac{7,050}{1,650} = 4.27 = 5회로$$

20 다음 중 전자 개폐기에 부착하여 전동기의 소손 방지를 위하여 사용하는 것은?

① 퓨즈

② 열동 계전기

③ 배선용 차단기

④ 비율 차동 계전기

20 답 : ②

열동 계전기(THR)는 바이메탈을 이용한 과부하 보호용으로 전동기의 소손을 방지한다.

기출문제

★★★
2015~2019년 필기

전체 문제 수 : 60
안 푼 문제 수 : ☐

답안 표기란

1 ① ② ③ ④
2 ① ② ③ ④
3 ① ② ③ ④
4 ① ② ③ ④
5 ① ② ③ ④

1 유효전력의 식으로 옳은 것은? (단, V는 전압, I는 전류, θ는 위상각이다.)

① $VI\cos\theta$　　　　　　② $VI\sin\theta$

③ $VI\tan\theta$　　　　　　④ VI

2 물질에 따라 자석에 반발하는 물체를 무엇이라 하는가?

① 비자성체　　　　　　② 상자성체

③ 반자성체　　　　　　④ 가역자성체

3 전기 전도도가 좋은 순서대로 도체를 나열한 것은?

① 은 → 구리 → 금 → 알루미늄

② 구리 → 금 → 은 → 알루미늄

③ 금 → 구리 → 알루미늄 → 은

④ 알루미늄 → 금 → 은 → 구리

4 전원과 부하가 다같이 Δ결선된 3상 평형회로가 있다. 상전압이 200[V], 부하 임피던스가 $Z=6+j8[\Omega]$인 경우 선전류는 몇 [A]인가?

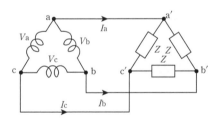

① 20　　　　　　　　② $\dfrac{20}{\sqrt{3}}$

③ $20\sqrt{3}$　　　　　　④ $10\sqrt{3}$

5 공기 중에서 자속밀도 3[Wb/m²]의 평등 자장 속에 길이 10[cm]의 직선 도선을 자장의 방향과 직각으로 놓고 여기에 4[A]의 전류를 흐르게 하면 이 도선이 받는 힘은 몇 [N]인가?

① 0.5　　　　　　　　② 1.2

③ 2.8　　　　　　　　④ 4.2

답안 표기란	
6	① ② ③ ④
7	① ② ③ ④
8	① ② ③ ④
9	① ② ③ ④
10	① ② ③ ④
11	① ② ③ ④
12	① ② ③ ④

6 저항이 10[Ω]인 도체에 1[A]의 전류를 10분간 흘렸다면 발생하는 열량은 몇 [kcal]인가?

① 0.5 ② 1.44
③ 4.46 ④ 6.24

7 다음 회로의 합성 정전용량은[μF]는?

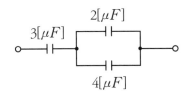

① 5 ② 4
③ 3 ④ 2

8 $e=100\sin(314t-\frac{\pi}{6})$[V]인 파형의 주파수는 약 몇 [Hz]인가?

① 40 ② 50
③ 60 ④ 80

9 정전용량 C[μF]의 콘덴서에 충전된 전하가 $q=\sqrt{2}Q\sin wt$[C]와 같이 변화하도록 하였다면 이때 콘덴서에 흘러들어가는 전류의 값은?

① $i=\sqrt{2}wQ\sin wt$ ② $i=\sqrt{2}wQ\cos wt$
③ $i=\sqrt{2}wQ\sin(wt-60°)$ ④ $i=\sqrt{2}wQ\cos(wt-60°)$

10 4[F]와 6[F]의 콘덴서를 병렬 접속하고 10[V]의 전압을 가했을 때 축적되는 전하량 Q[C]는?

① 19 ② 50
③ 80 ④ 100

11 회로망의 임의의 접속점에 유입되는 전류는 $\Sigma I=0$라는 회로의 법칙은?

① 쿨롱의 법칙 ② 패러데이의 법칙
③ 키르히호프의 제1법칙 ④ 키르히호프의 제2법칙

12 자체 인덕턴스가 각각 160[mH], 250[mH]의 두 코일이 있다. 두 코일 사이의 상호 인덕턴스가 150[mH] 이면 결합계수는?

① 0.5 ② 0.62
③ 0.75 ④ 0.86

답안 표기란

13 ① ② ③ ④

14 ① ② ③ ④

15 ① ② ③ ④

16 ① ② ③ ④

17 ① ② ③ ④

13 전기장의 세기 단위로 옳은 것은?

① H/m
② F/m
③ AT/m
④ V/m

14 기전력이 E[V], 내부저항이 r[ ]인 n개의 전지를 직렬 연결하였다. 전체 내부저항을 옳게 나타낸 것은?

① $\dfrac{r}{n}$
② nr
③ $\dfrac{r}{n^2}$
④ nr^2

15 비정현파의 실효값을 나타낸 것은?

① 최대파의 실효값
② 각 고조파의 실효값의 합
③ 각 고조파의 실효값의 합의 제곱근
④ 각 고조파의 실효값의 제곱의 합의 제곱근

16 평균 반지름이 r[m]이고, 감은 횟수가 N인 환상 솔레노이드에 전류 I[A]가 흐를 때 내부의 자기장의 세기 H[AT/m]는?

① $H = \dfrac{NI}{2\pi r}[\text{AT/m}]$

② $H = \dfrac{NI}{2r}[\text{AT/m}]$

③ $H = \dfrac{2\pi r}{NI}[\text{AT/m}]$

④ $H = \dfrac{2r}{NI}[\text{AT/m}]$

17 그림의 단자 1−2에서 본 노튼 등가회로의 개방단 컨덕턴스는 몇 [℧]인가?

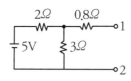

① 0.5
② 1
③ 2
④ 5.8

18 그림의 병렬 공진회로에서 공진 주파수 f_0[Hz]는?

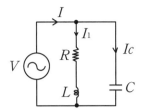

① $f_0 = \dfrac{1}{2\pi}\sqrt{\dfrac{R}{L} - \dfrac{1}{LC}}$

② $f_0 = \dfrac{1}{2\pi}\sqrt{\dfrac{L^2}{R^2} - \dfrac{1}{LC}}$

③ $f_0 = \dfrac{1}{2\pi}\sqrt{\dfrac{1}{LC} - \dfrac{L}{R}}$

④ $f_0 = \dfrac{1}{2\pi}\sqrt{\dfrac{1}{LC} - \dfrac{R^2}{L^2}}$

19 히스테리시스손은 최대 자속밀도 및 주파수의 각각 몇 승에 비례하는가?

① 최대자속밀도 : 1.6, 주파수 : 1.0

② 최대자속밀도 : 1.0, 주파수 : 1.6

③ 최대자속밀도 : 1.0, 주파수 : 1.0

④ 최대자속밀도 : 1.6, 주파수 : 1.6

20 어떤 도체의 길이를 2배로 하고 단면적을 $\dfrac{1}{3}$로 했을 때의 저항은 원래 저항의 몇 배인가?

① 3배

② 4배

③ 6배

④ 9배

21 사용 중인 변류기의 2차를 개방하면?

① 1차 전류가 감소한다.

② 2차 권선에 110[V]가 걸린다.

③ 개방단의 전압은 불변하고 안전하다.

④ 2차 권선에 고압이 유도된다.

22 동기전동기에 관한 내용으로 틀린 것은?

① 기동토크가 작다.

② 역률을 조정할 수 없다.

③ 난조가 발생하기 쉽다.

④ 여자기가 필요하다.

답안 표기란

18 ① ② ③ ④

19 ① ② ③ ④

20 ① ② ③ ④

21 ① ② ③ ④

22 ① ② ③ ④

답안 표기란

23 ① ② ③ ④
24 ① ② ③ ④
25 ① ② ③ ④
26 ① ② ③ ④
27 ① ② ③ ④
28 ① ② ③ ④
29 ① ② ③ ④

23 직류 스테핑 모터(DC Stepping Motor)의 특징이다. 다음 중 가장 옳은 것은?

① 교류 동기 서보 모터에 비하여 효율이 나쁘고 토크 발생도 작다.

② 입력되는 전기신호에 따라 계속하여 회전한다.

③ 일반적인 공작 기계에 많이 사용된다.

④ 출력을 이용하여 특수기계의 속도, 거리, 방향 등을 정확하게 제어할 수 있다.

24 변압기유의 구비 조건으로 옳은 것은?

① 절연 내력이 클 것

② 인화점이 낮을 것

③ 응고점이 높을 것

④ 비열이 작을 것

25 동기전동기의 직류 여자전류가 증가될 때의 현상으로 옳은 것은?

① 진상 역률을 만든다.

② 지상 역률을 만든다.

③ 동상 역률을 만든다.

④ 진상·지상 역률을 만든다.

26 동기기에 제동 권선을 설치하는 이유로 옳은 것은?

① 역률 개선　　　　　　② 출력 증가

③ 전압 조정　　　　　　④ 난조 방지

27 낮은 전압을 높은 전압으로 승압할 때 일반적으로 사용되는 변압기의 3상 결선방식은?

① $\Delta - \Delta$　　　　　　② $\Delta - Y$

③ Y−Y　　　　　　④ Y−Δ

28 선풍기, 가정용 펌프, 헤어 드라이기 등에 주로 사용되는 전동기는?

① 단상 유도 전동기　　　　② 권선형 유도 전동기

③ 동기전동기　　　　　　④ 직류 직권전동기

29 슬립이 4[%]인 유도 전동기에서 동기속도가 1,200[rpm]일 때 전동기의 회전속도[rpm]는?

① 697　　　　　　② 1,051

③ 1,152　　　　　　④ 1,321

30 부흐홀츠 계전기로 보호되는 기기는?

① 변압기 ② 유도 전동기

③ 직류 발전기 ④ 교류 발전기

31 34극 60[MVA], 역률 0.8, 60[Hz], 22/9[kV] 수차발전기의 전부하 손실이 1,600[kW]이면 전부하 효율[%]은?

① 90 ② 95

③ 97 ④ 99

32 주상 변압기의 고압측에 여러 개의 탭을 설치하는 이유는?

① 선로 고장대비 ② 선로 전압조정

③ 선로 역률개선 ④ 선로 과부하 방지

33 3상 유도 전동기의 회전방향을 바꾸려면?

① 전원의 극수를 바꾼다.

② 전원의 주파수를 바꾼다.

③ 3상 전원 3선 중 두 선의 접속을 바꾼다.

④ 기동 보상기를 이용한다.

34 3상 전파 정류회로에서 전원 250[V]일 때 부하에 나타나는 전압[V]의 최대값은?

① 약 177 ② 약 292

③ 약 354 ④ 약 433

35 3단자 사이리스터가 아닌 것은?

① SCS ② SCR

③ TRIAC ④ GTO

36 3상 농형유도 전동기의 Y-△ 기동 시의 기동전류를 전전압 기동 시와 비교하면?

① 전전압 기동전류의 1/3로 된다.

② 전전압 기동전류의 $\sqrt{3}$배로 된다.

③ 전전압 기동전류의 3배로 된다.

④ 전전압 기동전류의 9배로 된다.

37 유도 전동기의 무부하시 슬립은?

① 4 ② 3

③ 1 ④ 0

답안 표기란

30 ① ② ③ ④
31 ① ② ③ ④
32 ① ② ③ ④
33 ① ② ③ ④
34 ① ② ③ ④
35 ① ② ③ ④
36 ① ② ③ ④
37 ① ② ③ ④

답안 표기란

38	① ② ③ ④
39	① ② ③ ④
40	① ② ③ ④
41	① ② ③ ④
42	① ② ③ ④
43	① ② ③ ④
44	① ② ③ ④

38 정류자와 접촉하여 전기자 권선과 외부 회로를 연결하는 역할을 하는 것은?

① 계자   ② 전기자

③ 브러시   ④ 계자철심

39 직류 발전기의 정격전압 100[V], 무부하 전압 109[V]이다. 이 발전기의 전압 변동률 ε[%]은?

① 1   ② 3

③ 6   ④ 9

40 직류 직권전동기의 특징에 대한 설명으로 틀린 것은?

① 부하전류가 증가하면 속도가 크게 감소된다.

② 기동토크가 작다.

③ 무부하 운전이나 벨트를 연결한 운전은 위험하다.

④ 계자권선과 전기자권선이 직렬로 접속되어 있다.

41 애자사용 공사에서 전선 상호 간의 간격은 몇 [cm] 이상이어야 하는가?

① 4   ② 5

③ 6   ④ 8

42 금속몰드의 지지점 간의 거리는 몇 [m] 이하로 하는 것이 가장 바람직한가?

① 1   ② 1.5

③ 2   ④ 3

43 합성수지관 상호 및 관과 박스는 접속 시에 삽입하는 깊이를 관 바깥지름의 몇 배 이상으로 하여야 하는가? (단, 접착제를 사용하지 않은 경우이다.)

① 0.2   ② 0.5

③ 1   ④ 1.2

44 옥내배선의 접속함이나 박스 내에서 접속할 때 주로 사용하는 접속법은?

① 슬리브 접속

② 쥐꼬리 접속

③ 트위스트 접속

④ 브리타니아 접속

답안 표기란

45 ① ② ③ ④
46 ① ② ③ ④
47 ① ② ③ ④
48 ① ② ③ ④
49 ① ② ③ ④
50 ① ② ③ ④

45 화약류의 분말이 전기설비가 발화원이 되어 폭발할 우려가 있는 곳에 시설하는 저압 옥내배선의 공사 방법으로 가장 알맞은 것은?

① 금속관 공사
② 애자 사용 공사
③ 버스덕트 공사
④ 합성수지몰드 공사

46 위험물 등이 있는 곳에서의 저압 옥내배선 공사 방법이 아닌 것은?

① 케이블 공사
② 합성수지관 공사
③ 금속관 공사
④ 애자사용 공사

47 저압 가공 전선이 철도 또는 궤도를 횡단하는 경우에는 레일면상 몇 [m] 이상이어야 하는가?

① 3.5
② 4.5
③ 5.5
④ 6.5

48 가공전선의 지지물에 승탑 또는 승강용으로 사용하는 발판 볼트 등은 지표상 몇 [m] 미만에 시설하여서는 안 되는가?

① 1.2
② 1.5
③ 1.6
④ 1.8

49 합성수지 몰드 공사에서 틀린 것은?

① 전선은 절연 전선일 것
② 합성수지 몰드 안에는 접속점이 없도록 할 것
③ 합성수지 몰드는 홈의 폭 및 깊이가 6.5[cm] 이하일 것
④ 합성수지 몰드와 박스 기타의 부속품과는 전선이 노출되지 않도록 할 것

50 금속관을 절단할 때 사용되는 공구는?

① 오스터
② 녹 아웃 펀치
③ 파이프 커터
④ 파이프 렌치

답안 표기란

51 ① ② ③ ④
52 ① ② ③ ④
53 ① ② ③ ④
54 ① ② ③ ④
55 ① ② ③ ④
56 ① ② ③ ④
57 ① ② ③ ④

51 배전반 및 분전반을 넣은 강판제로 만든 함의 두께는 몇 [mm] 이상인가? (단, 가로 세로의 길이가 30[cm] 초과한 경우이다.)

① 0.8   ② 1.2

③ 1.5   ④ 2.0

52 실링·직접부착등을 시설하고자 한다. 배선도에 표기할 그림 기호로 옳은 것은?

① ⊢─(N)   ② (⊘)

③ (CL)   ④ (R)

53 지중전선로 시설 방식이 아닌 것은?

① 직접 매설식   ② 관로식

③ 트라이식   ④ 암거식

54 조명기구를 배광에 따라 분류하는 경우 특정한 장소만을 고조도로 하기 위한 조명 기구는?

① 직접 조명기구   ② 전반확산 조명기구

③ 광천장 조명기구   ④ 반직접 조명기구

55 과전류차단기로 저압전로에 사용하는 퓨즈를 수평으로 붙인 경우 퓨즈는 정격전류의 몇 배의 전류에 견디어야 하는가?

① 2.0   ② 1.6

③ 1.25   ④ 1.1

56 S형 슬리브를 사용하여 전선을 접속하는 경우의 유의사항이 아닌 것은?

① 전선은 연선만 사용이 가능하다.

② 전선의 끝은 슬리브의 끝에서 조금 나오는 것이 좋다.

③ 슬리브는 전선의 굵기에 적합한 것을 사용한다.

④ 도체는 샌드페이퍼 등으로 닦아서 사용한다.

57 사용전압이 440[V]인 3상 유도전동기의 외함 접지공사시 접지도체는 공칭단면적 몇 [mm²] 이상의 연동선이어야 하는가?

① 2.5   ② 6

③ 10   ④ 16

58 인입용 비닐절연전선을 나타내는 약호는?

① OW

② EV

③ DV

④ NV

59 정격전압 3상 24[kV], 정격차단전류 300[A]인 수전설비의 차단용량은 몇 [MVA]인가?

① 17.26

② 28.34

③ 12.47

④ 24.94

60 고압 이상에서 기기의 점검, 수리 시 무전압, 무전류 상태로 전로에서 단독으로 전로의 접속 또는 분리하는 것을 주목적으로 사용되는 수·변전기기는?

① 기중부하 개폐기

② 단로기

③ 전력퓨즈

④ 컷아웃 스위치

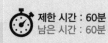
전체 문제 수 : 60
안 푼 문제 수 :

답안 표기란
1 ① ② ③ ④
2 ① ② ③ ④
3 ① ② ③ ④
4 ① ② ③ ④
5 ① ② ③ ④

1 다음 ( ) 안에 들어갈 알맞은 내용은?

> 자기 인덕턴스 1[H]는 전류의 변화율이 1[A/s]일 때, ( )가(이) 발생할 때의 값이다.

① 1[N]의 힘
② 1[J]의 에너지
③ 1[V]의 기전력
④ 1[Hz]의 주파수

2 Q[C]의 전기량이 도체를 이동하면서 한 일을 W[J]이라 했을 때 전위차 V[V]를 나타내는 관계식으로 옳은 것은?

① $V = QW$
② $V = \dfrac{W}{Q}$

③ $V = \dfrac{Q}{W}$
④ $V = \dfrac{1}{QW}$

3 단면적 A[m²], 자로의 길이 1[m], 투자율 μ, 권수 N회인 환상 철심의 자체 인덕턴스 [H]는?

① $\dfrac{\mu AN^2}{\ell}$
② $\dfrac{A\ell N^2}{4\pi\mu}$

③ $\dfrac{4\pi AN^2}{\ell}$
④ $\dfrac{\mu\ell N^2}{A}$

4 자기회로에 강자성체를 사용하는 이유는?

① 자기저항을 감소시키기 위하여
② 자기저항을 증가시키기 위하여
③ 공극을 크게 하기 위하여
④ 주자속을 감소시키기 위하여

5 4[Ω]의 저항에 200[V]의 전압을 인가할 때 소비되는 전력은?

① 20[W]
② 400[W]
③ 2.5[kW]
④ 10[kW]

6 6[Ω]의 저항과, 8[Ω]의 용량성 리액턴스의 병렬회로가 있다. 이 병렬회로의 임피던스는 몇 [Ω]인가?

① 1.5

② 2.6

③ 3.8

④ 4.8

7 평형 3상 교류 회로에서 Δ부하의 한 상의 임피던스가 Z_Δ일 때, 등가 변환한 Y부하의 한 상의 임피던스 Z_Y는 얼마인가?

① $Z_Y = \sqrt{3}Z_\Delta$

② $Z_Y = 3Z_\Delta$

③ $Z_Y = \frac{1}{\sqrt{3}}Z_\Delta$

④ $Z_Y = \frac{1}{3}Z_\Delta$

8 다음 중 전동기의 원리에 적용되는 법칙은?

① 렌츠의 법칙

② 플레밍의 오른손법칙

③ 플레밍의 왼손법칙

④ 옴의 법칙

9 1[eV]는 몇 [J]인가?

① 1

② 1×10^{-10}

③ 1.16×10^4

④ 1.602×10^{-19}

10 평행한 왕복 도체에 흐르는 전류에 의한 작용은?

① 흡인력

② 반발력

③ 회전력

④ 작용력이 없다.

11 저항 50[Ω]인 전구에 $e = 100\sqrt{2}\sin wt$[V]의 전압을 가할 때 순시전류[A]의 값은?

① $\sqrt{2}\sin wt$ [A]

② $2\sqrt{2}\sin wt$ [A]

③ $5\sqrt{2}\sin wt$ [A]

④ $10\sqrt{2}\sin wt$ [A]

12 진공 중에서 같은 크기의 두 자극을 1[m] 거리에 놓았을 때, 그 작용하는 힘이 6.33 $\times 10^4$[N]이 되는 자극 세기의 단위는?

① 1[Wb]

② 1[C]

③ 1[A]

④ 1[W]

13 사인파 교류전압을 표시한 것으로 잘못된 것은? (단, θ는 회전각이며, ω는 각속도이다.)

① $v = V_m \sin\theta$

② $v = V_m \sin wt$

③ $v = V_m \sin 2\pi t$

④ $v = V_m \sin\frac{2\pi}{T}t$

6 ① ② ③ ④
7 ① ② ③ ④
8 ① ② ③ ④
9 ① ② ③ ④
10 ① ② ③ ④
11 ① ② ③ ④
12 ① ② ③ ④
13 ① ② ③ ④

14 공기 중 자장의 세기가 20[AT/m]인 곳에 8×10⁻³[Wb]의 자극을 놓으면 작용하는 힘[N]은?

① 0.16 　　　　　　　　　② 0.32

③ 0.43 　　　　　　　　　④ 0.56

15 평등자계 B[Wb/m²]속을 v[m/sec]의 속도를 가진 전자가 움직일 때 받는 힘[N]은?

① B^2ev 　　　　　　　　② ev/B

③ Bev 　　　　　　　　　④ Bv/e

16 R=8[Ω], L=19.1[mH]의 직렬회로에 5[A]가 흐르고 있을 때 인덕턴스[L]에 걸리는 단자 전압의 크기는 약 몇 [V]인가? (단, 주파수는 60[Hz]이다.)

① 12 　　　　　　　　　　② 25

③ 29 　　　　　　　　　　④ 36

17 무효전력에 대한 설명으로 틀린 것은?

① $P = VI\cos\theta$로 계산된다.

② 부하에서 소모되지 않는다.

③ 단위로는 [Var]를 사용한다.

④ 전원과 부하사이를 왕복하기만 하고 부하에 유효하게 사용되지 않는 에너지이다.

18 두 금속을 접속하여 여기에 전류를 흘리면, 줄열 외에 그 접점에서 열의 발생 또는 흡수가 일어나는 현상은?

① 줄 효과 　　　　　　　　② 홀 효과

③ 제벡 효과 　　　　　　　④ 펠티에 효과

19 전지의 전압강하 원인으로 틀린 것은?

① 국부작용 　　　　　　　② 산화작용

③ 성극작용 　　　　　　　④ 자기방전

20 실효값 5[A], 주파수 f [Hz], 위상 60°인 전류의 순시값 i [A]를 수식으로 옳게 표현한 것은?

① $i = 5\sqrt{2}\sin(2\pi ft + \dfrac{\pi}{2})$ 　　　　② $i = 5\sqrt{2}\sin(2\pi ft + \dfrac{\pi}{3})$

③ $i = 5\sin(2\pi ft + \dfrac{\pi}{2})$ 　　　　　④ $5\sin(2\pi ft + \dfrac{\pi}{3})$

답안 표기란			
14	① ② ③ ④
15	① ② ③ ④
16	① ② ③ ④
17	① ② ③ ④
18	① ② ③ ④
19	① ② ③ ④
20	① ② ③ ④

답안 표기란

21 ① ② ③ ④
22 ① ② ③ ④
23 ① ② ③ ④
24 ① ② ③ ④
25 ① ② ③ ④
26 ① ② ③ ④
27 ① ② ③ ④

21 직류 전동기의 규약 효율을 표시하는 식은?

① $\dfrac{출력}{출력 + 손실} \times 100$

② $\dfrac{출력}{입력} \times 100$

③ $\dfrac{입력 - 손실}{입력} \times 100$

④ $\dfrac{입력}{출력 + 손실} \times 100$

22 부하의 변동에 대하여 단자전압의 변화가 가장 적은 직류 발전기는?

① 직권
② 분권
③ 평복권
④ 과복권

23 부하의 저항을 어느 정도 감소시켜도 전류는 일정하게 되는 수하특성을 이용하여 정전류를 만드는 곳이나 아크용접 등에 사용되는 직류발전기는?

① 직권 발전기
② 분권 발전기
③ 가동복권 발전기
④ 차동복권 발전기

24 변압기유가 구비해야 할 조건 중 맞는 것은?

① 절연내력이 작고 산화하지 않을 것
② 비열이 작아서 냉각 효과가 클 것
③ 인화점이 높고 응고점이 낮을 것
④ 절연재료나 금속에 접촉할 때 화학작용을 일으킬 것

25 다음 단상 유도 전동기 중 기동 토크가 큰 것부터 옳게 나열한 것은?

㉠ 반발 기동형　　㉡ 콘덴서 기동형　　㉢ 분상 기동형　　㉣ 셰이딩 코일형

① ㉠ 〉 ㉡ 〉 ㉢ 〉 ㉣
② ㉠ 〉 ㉣ 〉 ㉡ 〉 ㉢
③ ㉠ 〉 ㉢ 〉 ㉣ 〉 ㉡
④ ㉠ 〉 ㉡ 〉 ㉣ 〉 ㉢

26 유도 전동기의 제동법이 아닌 것은?

① 3상 제동
② 발전 제동
③ 회생 제동
④ 역상 제동

27 변압기, 동기기 등의 층간 단락 등의 내부 고장보호에 사용되는 계전기는?

① 차동 계전기
② 접지 계전기
③ 과전압 계전기
④ 역상 계전기

28 단상 전파 정류회로에서 전원이 220[V]이면 부하에 나타나는 전압의 평균값은 약 몇 [V]인가?

① 99

② 198

③ 257.4

④ 297

29 PN 접합 정류소자의 설명 중 틀린 것은? (단, 실리콘 정류소자인 경우이다.)

① 온도가 높아지면 순방향 및 역방향 전류가 모두 감소한다.

② 순방향 전압은 P형에 (+), N형에 (–) 전압을 가함을 말한다.

③ 정류비가 클수록 정류특성은 좋다.

④ 역방향 전압에서는 극히 작은 전류만이 흐른다.

30 회전자 입력 10[kW], 슬립 3[%]인 3상 유도 전동기의 2차 동손[W]은?

① 300

② 400

③ 500

④ 700

31 변압기의 효율이 가장 좋을 때의 조건은?

① 철손 = 동손

② 철손 = $(\frac{1}{2})$동손

③ 동손 = $(\frac{1}{2})$철손

④ 동손 = 2철손

32 동기 발전기의 전기자 권선을 단절권으로 하면?

① 고조파를 제거한다.

② 절연이 잘 된다.

③ 역률이 좋아진다.

④ 기전력을 높인다.

33 전력계통에 접속되어 있는 변압기나 장거리 송전 시 정전용량으로 인한 충전특성 등을 보상하기 위한 기기는?

① 유도 전동기

② 동기 발전기

③ 유도 발전기

④ 동기 조상기

34 전력 변환 기기가 아닌 것은?

① 변압기

② 정류기

③ 유도 전동기

④ 인버터

35 직류 전동기의 속도제어법이 아닌 것은?

① 전압 제어법 ② 계자 제어법
③ 저항 제어법 ④ 주파수 제어법

36 동기 발전기의 병렬운전에서 기전력의 크기가 다를 경우 나타나는 현상은?

① 주파수가 변한다. ② 동기화전류가 흐른다.
③ 난조 현상이 발생한다. ④ 무효순환전류가 흐른다.

37 변압기에서 2차측이란?

① 부하측 ② 고압측
③ 전원측 ④ 저압측

38 8극 파권 직류발전기의 전기자 권선의 병렬 회로수 **a**는 얼마로 하고 있는가?

① 1 ② 2
③ 6 ④ 8

39 변압기의 절연내력 시험법이 아닌 것은?

① 유도시험 ② 가압시험
③ 단락시험 ④ 충격전압시험

40 동기전동기 중 안정도 증진법으로 틀린 것은?

① 전기자 저항 감소 ② 관성 효과 증대
③ 동기 임피던스 증대 ④ 속응 여자 채용

41 금속관을 구부릴 때 금속관의 단면이 심하게 변형되지 아니하도록 구부려야 하며, 그 안쪽의 반지름은 관 안지름의 몇 배 이상이 되어야 하는가?

① 6 ② 8
③ 10 ④ 12

42 금속관 배관공사를 할 때 금속관을 구부리는 데 사용하는 공구는?

① 히키(Hickey)
② 파이프 렌치(Pipe wrench)
③ 오스터(Oster)
④ 파이프 커터(Pipe cutter)

답안 표기란
35 ① ② ③ ④
36 ① ② ③ ④
37 ① ② ③ ④
38 ① ② ③ ④
39 ① ② ③ ④
40 ① ② ③ ④
41 ① ② ③ ④
42 ① ② ③ ④

43 접지 저항값에 가장 큰 영향을 주는 것은?

① 접지선 굵기
② 접지전극 크기
③ 온도
④ 대지저항

44 접지공사에서 접지선을 철주, 기타 금속제를 따라 시설하는 경우 접지극은 지중에서 그 금속체로부터 몇[cm] 이상 띄어 매설하는가?

① 30
② 60
③ 75
④ 100

45 금속관 공사에서 녹아웃의 지름이 금속관의 지름보다 큰 경우에 사용하는 재료는?

① 로크너트
② 부싱
③ 커넥터
④ 링 리듀서

46 애자 사용 배선공사 시 사용할 수 없는 전선은?

① 고무 절연전선
② 폴리에틸렌 절연전선
③ 플루오르 수지 절연전선
④ 인입용 비닐 절연전선

47 전선의 재료로서 구비해야 할 조건이 아닌 것은?

① 기계적 강도가 클 것
② 가요성이 풍부할 것
③ 고유저항이 클 것
④ 비중이 작을 것

48 접지시스템의 구분에 해당하지 않는 것은?

① 계통접지
② 보호접지
③ 피뢰시스템 접지
④ 단독접지

49 화재 시 소방대가 조명 기구나 파괴용 기구, 배연기 등 소화 활동 및 인명 구조 활동에 필요한 전원으로 사용하기 위해 설치하는 것은?

① 상용전원장치
② 유도등
③ 비상용 콘센트
④ 비상등

답안 표기란				
43	①	②	③	④
44	①	②	③	④
45	①	②	③	④
46	①	②	③	④
47	①	②	③	④
48	①	②	③	④
49	①	②	③	④

답안 표기란
50 ① ② ③ ④
51 ① ② ③ ④
52 ① ② ③ ④
53 ① ② ③ ④
54 ① ② ③ ④
55 ① ② ③ ④
56 ① ② ③ ④

50 가공 전선 지지물의 기초 강도는 주체(主體)에 가하여지는 곡하중(曲荷重)에 대하여 안전율은 얼마 이상으로 하여야 하는가?

① 1.0   ② 1.5

③ 1.8   ④ 2.0

51 전선의 접속에 대한 설명으로 틀린 것은?

① 접속 부분의 전기저항을 20[%] 이상 증가되도록 한다.

② 접속 부분의 인장강도를 80[%] 이상 유지되도록 한다.

③ 접속 부분에 전선 접속 기구를 사용한다.

④ 알루미늄전선과 구리선의 접속 시 전기적인 부식이 생기지 않도록 한다.

52 전주 외등 설치 시 백열전등 및 형광등의 조명기구를 전주에 부착하는 경우 부착한 점으로부터 돌출되는 수평거리는 몇 [m] 이내로 하여야 하는가?

① 0.5   ② 0.8

③ 1.0   ④ 1.2

53 간선에 접속하는 전동기의 정격전류의 합계가 50[A]를 초과하는 경우에는 그 정격전류의 합계의 몇 배에 견디는 전선을 선정하여야 하는가?

① 0.8   ② 1.1

③ 1.25   ④ 3

54 전선 약호가 VV인 케이블의 종류로 옳은 것은?

① 0.6/1kV 비닐절연 비닐시스 케이블

② 0.6/1kV EP 고무절연 클로로프렌시스 케이블

③ 0.6/1kV EP 고무절연 비닐시스 케이블

④ 0.6/1kV 비닐절연 비닐캡타이어 케이블

55 저압 2조의 전선을 설치 시, 크로스 완금의 표준 길이[mm]는?

① 900   ② 1,400

③ 1,800   ④ 2,400

56 전등 1개를 2개소에서 점멸하고자 할 때 3로 스위치는 최소 몇 개 필요한가?

① 4개   ② 3개

③ 2개   ④ 1개

57 수변전 설비 구성기기의 계기용 변압기(PT) 설명으로 맞는 것은?

① 높은 전압을 낮은 전압으로 변성하는 기기이다.

② 높은 전류를 낮은 전류로 변성하는 기기이다.

③ 회로에 병렬로 접속하여 사용하는 기기이다.

④ 부족전압 트립코일의 전원으로 사용된다.

58 폭연성 분진이 존재하는 곳의 저압 옥내배선 공사 시 공사 방법으로 짝지어진 것은?

① 금속관 공사, MI 케이블 공사, 개장된 케이블 공사

② CD 케이블 공사, MI 케이블 공사, 금속관 공사

③ CD 케이블 공사, MI 케이블 공사, 제1종 캡타이어 케이블 공사

④ 개장된 케이블 공사, CD 케이블 공사, 제1종 캡타이어 케이블 공사

59 22.9[kV-Y] 가공전선의 굵기는 단면적이 몇 [mm²] 이상이어야 하는가? (단, 동선의 경우이다.)

① 22   ② 32

③ 40   ④ 50

60 화약고의 배선공사 시 개폐기 및 과전류차단기에서 화약고 인입구까지는 어떤 배선공사에 의하여 시설하여야 하는가?

① 합성수지관 공사로 지중선로

② 금속관 공사로 지중선로

③ 합성수지몰드 지중선로

④ 케이블사용 지중선로

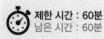
전체 문제 수 : 60
안 푼 문제 수 :

1 콘덴서의 정전용량에 대한 설명으로 틀린 것은?

① 전압에 반비례한다.

② 이동 전하량에 비례한다.

③ 극판의 넓이에 비례한다.

④ 극판의 간격에 비례한다.

2 전류에 의해 만들어지는 자기장의 자기력선 방향을 간단하게 알아내는 방법은?

① 플레밍의 왼손법칙

② 렌츠의 자기유도법칙

③ 앙페르의 오른나사법칙

④ 패러데이의 전자유도법칙

3 그림과 같은 RL 병렬회로에서 $R=25[\Omega]$, $\omega L=\dfrac{100}{3}[\Omega]$ 일 때, 200[V]의 전압을 가하면 코일에 흐르는 전류 $I_L[A]$은?

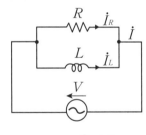

① 3.0

② 4.8

③ 6.0

④ 8.2

4 그림과 같은 회로의 저항값이 $R_1 > R_2 > R_3 > R_4$일 때, 전류가 최소로 흐르는 저항은?

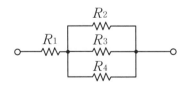

① R_1

② R_2

③ R_3

④ R_4

답안 표기란

5 ① ② ③ ④
6 ① ② ③ ④
7 ① ② ③ ④
8 ① ② ③ ④
9 ① ② ③ ④

5 그림에서 a-b간의 합성저항은 c-d간의 합성저항의 몇 배인가?

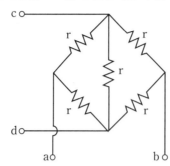

① 1배　　　　　　　　　② 2배
③ 3배　　　　　　　　　④ 4배

6 20분간에 876,000[J]의 일을 할 때 전력은 몇 [kW]인가?

① 0.73　　　　　　　　② 7.3
③ 73　　　　　　　　　④ 730

7 RL 직렬회로에 교류전압 $v=V_m\sin\theta$ [V]를 가했을 때, 회로의 위상각 θ를 나타낸 것은?

① $\tan^{-1}\dfrac{R}{wL}$

② $\tan^{-1}\dfrac{wL}{R}$

③ $\tan^{-1}\dfrac{1}{RwL}$

④ $\tan^{-1}\dfrac{R}{\sqrt{R^2+(wL)^2}}$

8 권수가 150인 코일에서 2초간에 1[Wb]의 자속이 변화한다면, 코일에 발생되는 유도 기전력의 크기는 몇 [V]인가?

① 50　　　　　　　　　② 75
③ 100　　　　　　　　　④ 150

9 평형 3상 교류회로에서 Y결선할 때 선간전압(V_l)과 상전압 (V_p)의 관계는?

① $V_\ell = V_p$　　　　　　② $V_\ell = \sqrt{2}V_p$

③ $V_\ell = \sqrt{3}V_p$　　　　④ $V_\ell = \dfrac{1}{\sqrt{3}}V_p$

10 정전에너지 W[J]를 구하는 식으로 옳은 것은? (C는 콘덴서용량[μF], V는 공급전압 [V]이다.)

① $W = \dfrac{1}{2}CV^2$ ② $W = \dfrac{1}{2}CV$

③ $W = \dfrac{1}{2}C^2V$ ④ $W = 2CV^2$

10 ① ② ③ ④
11 ① ② ③ ④
12 ① ② ③ ④
13 ① ② ③ ④
14 ① ② ③ ④
15 ① ② ③ ④

11 R=5[Ω], L=30[mH]의 RL 직렬회로에 V=200[V], f=60[Hz]의 교류전압을 가할 때 전류의 크기는 약 몇 A인가?

① 8.67 ② 11.42

③ 16.17 ④ 21.25

12 원자핵의 구속력을 벗어나서 물질 내에서 자유로이 이동할 수 있는 것은?

① 중성자 ② 양자

③ 분자 ④ 자유전자

13 복소수에 대한 설명으로 틀린 것은?

① 실수부와 허수부로 구성된다.

② 허수를 제곱하면 음수가 된다.

③ 복소수는 A = a + jb의 형태로 표시한다.

④ 거리와 방향을 나타내는 스칼라 양으로 표시한다.

14 자기 인덕턴스가 각각 L_1과 L_2인 2개의 코일이 직렬로 가동접속되었을 때, 합성 인덕턴스는? (단, 자기력선에 의한 영향을 서로 받는 경우이다.)

① $L = L_1+L_2-M$ [H]

② $L = L_1+L_2-2M$ [H]

③ $L = L_1+L_2+M$ [H]

④ $L = L_1+L_2+2M$ [H]

15 2전력계법으로 3상 전력을 측정할 때 지시값이 P_1=200[W], P_2=200[W]일 때 부하전력[W]은?

① 200[W] ② 400[W]

③ 600[W] ④ 800[W]

답안 표기란

16 ① ② ③ ④

17 ① ② ③ ④

18 ① ② ③ ④

19 ① ② ③ ④

20 ① ② ③ ④

21 ① ② ③ ④

16 1[cm]당 권선수가 10인 무한 길이 솔레노이드에 1[A]의 전류가 흐르고 있을 때 솔레노이드 외부 자계의 세기[AT/m]는?

① 0

② 5

③ 10

④ 20

17 저항이 있는 도선에 전류가 흐르면 열이 발생한다. 이와 같이 전류의 열작용과 가장 관계가 깊은 법칙은?

① 패러데이의 법칙

② 키르히호프의 법칙

③ 줄의 법칙

④ 옴의 법칙

18 다음 중 1[V]와 같은 값을 갖는 것은?

① 1[J/C]

② 1[Wb/m]

③ 1[Ω/m]

④ 1[A·sec]

19 등전위면과 전기력선의 교차 관계는?

① 직각으로 교차한다.

② 30°로 교차한다.

③ 45°로 교차한다.

④ 교차하지 않는다.

20 전기분해를 통하여 석출된 물질의 양은 통과한 전기량 및 화학당량과 어떤 관계인가?

① 전기량과 화학당량에 비례한다.

② 전기량과 화학당량에 반비례한다.

③ 전기량에 비례하고 화학당량에 반비례한다.

④ 전기량에 반비례하고 화학당량에 비례한다.

21 슬립이 일정한 경우 유도 전동기의 공급 전압이 $\frac{1}{2}$로 감소되면 토크는 처음에 비해 어떻게 되는가?

① 2배가 된다.

② 1배가 된다.

③ 1/2로 줄어든다.

④ 1/4로 줄어든다.

22 그림은 전력제어 소자를 이용한 위상제어 회로이다. 전동기의 속도를 제어하기 위해서 '가' 부분에 사용되는 소자는?

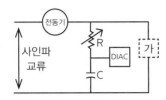

① 전력용 트랜지스터 ② 제너다이오드
③ 트라이액 ④ 레귤레이터 78XX 시리즈

23 다음의 변압기 극성에 관한 설명에서 틀린 것은?

① 우리나라는 감극성이 표준이다.
② 1차와 2차 권선에 유기되는 전압의 극성이 서로 반대이면 감극성이다.
③ 3상 결선 시 극성을 고려해야 한다.
④ 병렬운전 시 극성을 고려해야 한다.

24 그림에서와 같이 ①, ②의 양 자극 사이에 전기자를 가진 코일을 두고 ③, ④에 직류를 공급하여 X, X´를 축으로 하여 코일을 시계 방향으로 회전시키고자 한다. ①, ②의 자극 극성과 ③, ④의 전원 극성을 어떻게 해야 되는가?

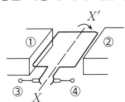

① ①N ②S ③+ ④−   ② ①N ②S ③− ④+
③ ①S ②N ③+ ④−   ④ ①S ②N ③④ 극성에 무관

25 정격이 10,000[V], 500[A], 역률 90[%]의 3상 동기발전기의 단락전류 I_s[A]는? (단, 단락비는 1.3으로 하고, 전기자저항은 무시한다.)

① 450 ② 550
③ 650 ④ 750

답안 표기란

26 ① ② ③ ④
27 ① ② ③ ④
28 ① ② ③ ④
29 ① ② ③ ④
30 ① ② ③ ④

26 그림과 같은 분상 기동형 단상 유도 전동기를 역회전시키기 위한 방법이 아닌 것은?

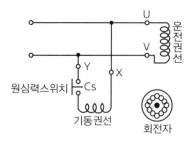

① 원심력 스위치를 개로 또는 폐로 한다.
② 기동권선이나 운전권선의 어느 한 권선의 단자 접속을 반대로 한다.
③ 기동권선의 단자접속을 반대로 한다.
④ 운전권선의 단자접속을 반대로 한다.

27 다음 중 병렬운전 시 균압선을 설치해야 하는 직류 발전기는?

① 분권
② 차동복권
③ 평복권
④ 부족복권

28 2대의 동기발전기 A, B가 병렬운전하고 있을 때 A기의 여자 전류를 증가시키면 어떻게 되는가?

① A기의 역률은 낮아지고 B기의 역률은 높아진다.
② A기의 역률은 높아지고 B기의 역률은 낮아진다.
③ A, B 양 발전기의 역률이 높아진다.
④ A, B 양 발전기의 역률이 낮아진다.

29 권선형에서 비례추이를 이용한 기동법은?

① 리액터 기동법
② 기동 보상기법
③ 2차 저항기동법
④ Y-⊿ 기동법

30 전력용 변압기의 내부 고장 보호용 계전 방식은?

① 역상 계전기
② 차동 계전기
③ 접지 계전기
④ 과전류 계전기

답안 표기란

31 ① ② ③ ④
32 ① ② ③ ④
33 ① ② ③ ④
34 ① ② ③ ④
35 ① ② ③ ④

31 다음의 정류곡선 중 브러시의 후단에서 불꽃이 발생하기 쉬운 것은?

① 직선정류
② 정현파정류
③ 과정류
④ 부족정류

32 동기 발전기에서 역률각이 90도 늦을 때의 전기자 반작용은?

① 증자작용
② 편자작용
③ 교차작용
④ 감자작용

33 유도 전동기가 회전하고 있을 때 생기는 손실 중에서 구리손이란?

① 브러시의 마찰손
② 베어링의 마찰손
③ 표유 부하손
④ 1차, 2차의 권선의 저항손

34 변압기의 임피던스 전압이란?

① 정격전류가 흐를 때의 변압기 내의 전압 강하
② 여자전류가 흐를 때의 2차측 단자 전압
③ 정격전류가 흐를 때의 2차측 단자 전압
④ 2차 단락 전류가 흐를 때의 변압기 내의 전압 강하

35 다음 그림의 직류 전동기는 어떤 전동기인가?

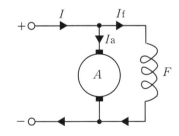

① 직권 전동기   ② 타여자 전동기
③ 분권 전동기   ④ 복권 전동기

답안 표기란

36 ① ② ③ ④
37 ① ② ③ ④
38 ① ② ③ ④
39 ① ② ③ ④
40 ① ② ③ ④
41 ① ② ③ ④

36 애벌런치 항복 전압은 온도 증가에 따라 어떻게 변화하는가?

① 감소한다.　　　　　　　　② 증가한다.

③ 증가했다 감소한다.　　　　④ 무관하다

37 다음 그림은 단상 변압기 결선도이다. 1, 2차는 각각 어떤 결선인가?

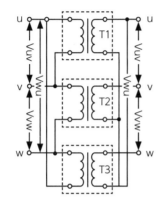

① Y-Y 결선　　　　　　　　② ⊿-Y 결선

③ ⊿-⊿ 결선　　　　　　　　④ Y-⊿ 결선

38 용량이 작은 유도 전동기의 경우 전부하에서의 슬립[%]은?

① 1~2.5　　　　　　　　　　② 2.5~4

③ 5~10　　　　　　　　　　④ 10~20

39 60[Hz], 20,000[kVA]의 발전기의 회전수가 1,200[rpm]이라면, 이 발전기의 극수는 얼마인가?

① 6극　　　　　　　　　　　② 8극

③ 12극　　　　　　　　　　④ 14극

40 변압기를 Δ-Y로 연결할 때 1, 2차간의 위상차는?

① 30°　　　　　　　　　　　② 45°

③ 60°　　　　　　　　　　　④ 90°

41 전선을 접속할 경우의 설명으로 틀린 것은?

① 접속 부분의 전기저항이 증가되지 않아야 한다.

② 전선의 세기를 80% 이상 감소시키지 않아야 한다.

③ 접속 부분은 접속 기구를 사용하거나 납땜을 하여야 한다.

④ 알루미늄 전선과 동선을 접속하는 경우, 전기적 부식이 생기지 않도록 해야 한다.

답안 표기란

42 ① ② ③ ④

43 ① ② ③ ④

44 ① ② ③ ④

45 ① ② ③ ④

46 ① ② ③ ④

47 ① ② ③ ④

48 ① ② ③ ④

42 저압전로의 보호도체 및 중성선의 접속방식에 따른 계통접지에 해당하지 않는 것은?

① TT계통

② TI계통

③ TN계통

④ IT계통

43 전기 난방 기구인 전기담요나 전기장판의 보호용으로 사용되는 퓨즈는?

① 플러그퓨즈

② 온도퓨즈

③ 절연퓨즈

④ 유리관퓨즈

44 가공전선로의 지지물에서 다른 지지물을 거치지 아니하고 수용장소의 인입선 접속점에 이르는 가공전선을 무엇이라 하는가?

① 연접인입선

② 가공인입선

③ 구내전선로

④ 구내인입선

45 합성수지관 공사의 설명 중 틀린 것은?

① 관의 지지점 간의 거리는 1.5[m] 이하로 할 것

② 합성수지관 안에는 전선에 접속점이 없도록 할 것

③ 전선은 절연 전선(옥외용 비닐 절연전선을 제외한다.)일 것

④ 관 상호간 및 박스와는 관을 삽입하는 깊이를 관의 바깥지름의 1.5배 이상으로 할 것

46 정격전류 20[A]인 전동기 1대와 정격전류 5[A]인 전열기 3대가 연결된 분기회로에 시설하는 과전류차단기의 정격전류는?

① 35

② 50

③ 75

④ 100

47 배선설계를 위한 전등 및 소형 전기기계기구의 부하용량 산정 시 건축물의 종류에 대응한 표준부하에서 원칙적으로 표준부하를 20[VA/m²]으로 적용하여야 하는 건축물은?

① 교회, 극장

② 호텔, 병원

③ 은행, 상점

④ 아파트, 미용원

48 화약류 저장소에서 백열전등이나 형광등 또는 이들에 전기를 공급하기 위한 전기설비를 시설하는 경우 전로의 대지전압[V]은?

① 100[V] 이하

② 150[V] 이하

③ 220[V] 이하

④ 300[V] 이하

49 저압 연접인입선의 시설규정으로 적합한 것은?

① 분기점으로부터 90[m] 지점에 시설

② 6[m] 도로를 횡단하여 시설

③ 수용가 옥내를 관통하여 시설

④ 지름 1.5[mm] 인입용 비닐절연전선을 사용

50 다음 중 버스덕트가 아닌 것은?

① 플로어 버스덕트

② 피더 버스덕트

③ 트롤리 버스덕트

④ 플러그인 버스덕트

51 큰 건물의 공사에서 콘크리트에 구멍을 뚫어 드라이브 핀을 경제적으로 고정하는 공구는?

① 스패너
② 드라이브이트 툴

③ 오스터
④ 록 아웃 펀치

52 사람이 쉽게 접촉하는 장소에 설치하는 누전차단기의 사용전압 기준은 몇 [V] 초과인가?

① 60
② 110

③ 150
④ 220

53 동전선의 직선 접속에서 단선 및 연선에 적용되는 접속 방법은?

① 직선 맞대기용 슬리브에 의한 압착접속

② 가는 단선(2.6[mm] 이상)의 분기접속

③ S형 슬리브에 의한 분기접속

④ 터미널 러그에 의한 분기접속

54 지중전선로를 직접매설식에 의하여 시설하는 경우 차량, 기타 중량물의 압력을 받을 우려가 있는 장소의 매설 깊이[m]는?

① 0.6[m] 이상
② 1.0[m] 이상

③ 1.5[m] 이상
④ 2.0[m] 이상

답안 표기란

49	① ② ③ ④
50	① ② ③ ④
51	① ② ③ ④
52	① ② ③ ④
53	① ② ③ ④
54	① ② ③ ④

답안 표기란

55 ① ② ③ ④
56 ① ② ③ ④
57 ① ② ③ ④
58 ① ② ③ ④
59 ① ② ③ ④
60 ① ② ③ ④

55 접지저항 측정방법으로 가장 적당한 것은?

① 절연저항계
② 전력계
③ 교류의 전압, 전류계
④ 코올라우시 브리지

56 전자접촉기 2개를 이용하여 유도 전동기 1대를 정·역운전하고 있는 시설에서 전자접촉기 2대가 동시에 여자되어 상간 단락되는 것을 방지하기 위하여 구성하는 회로는?

① 자기유지회로
② 순차제어회로
③ Y-⊿ 기동 회로
④ 인터록 회로

57 4[m] 이하의 짧은 금속관을 건조한 장소에 시설할 경우 사용전압 몇 [V] 이하에서 접지공사를 생략할 수 있는가?

① 150
② 300
③ 400
④ 600

58 과전류차단기로서 저압전로에 사용되는 배선용 차단기에 있어서 정격전류가 25[A]인 회로에 50[A]의 전류가 흘렀을 때 몇 분 이내에 자동적으로 동작하여야 하는가?

① 1분
② 2분
③ 4분
④ 8분

59 연피 없는 케이블을 배선할 때 직각 구부리기(L형)는 대략 굴곡 반지름을 케이블의 바깥지름의 몇 배 이상으로 하는가?

① 3
② 4
③ 6
④ 10

60 특고압 계기용 변성기 2차측에는 어떤 접지 공사를 하는가?

① 제1종
② 제2종
③ 제3종
④ 특별 제3종

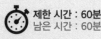
전체 문제 수 : 60
안 푼 문제 수 :

답안 표기란

1 ① ② ③ ④
2 ① ② ③ ④
3 ① ② ③ ④
4 ① ② ③ ④
5 ① ② ③ ④
6 ① ② ③ ④

1 3[kW]의 전열기를 정격 상태에서 20분간 사용하였을 때의 열량은 몇 [kcal]인가?

① 430
② 520
③ 610
④ 860

2 가정용 전등 전압이 200[V]이다. 이 교류의 최대값은 몇 [V]인가?

① 70.7
② 86.7
③ 141.4
④ 282.8

3 Y결선의 전원에서 각 상전압이 100[V]일 때 선간전압은 약 몇 [V]인가?

① 100
② 150
③ 173
④ 195

4 '전류의 방향과 자장의 방향은 각각 나사의 진행방향과 회전 방향에 일치한다.'와 관계가 있는 법칙은?

① 플레밍의 왼손법칙
② 앙페르의 오른나사법칙
③ 플레밍의 오른손법칙
④ 키르히호프의 법칙

5 $I = 8 + j6[A]$로 표시되는 전류의 크기 I는 몇 [A]인가?

① 6
② 8
③ 10
④ 12

6 삼각파 전압의 최대값이 V_m일 때 실효값은?

① V_m
② $\dfrac{V_m}{\sqrt{2}}$
③ $\dfrac{2V_m}{\pi}$
④ $\dfrac{V_m}{\sqrt{3}}$

	답안 표기란
7	① ② ③ ④
8	① ② ③ ④
9	① ② ③ ④
10	① ② ③ ④
11	① ② ③ ④
12	① ② ③ ④

7 L_1, L_2 두 코일이 접속되어 있을 때, 누설자속이 없는 이상적인 코일 간의 상호 인덕턴스는?

① $M = \sqrt{L_1+L_2}$ ② $M = \sqrt{L_1-L_2}$

③ $M = \sqrt{L_1L_2}$ ④ $M = \sqrt{\dfrac{L^1}{L^2}}$

8 10[Ω]의 저항과 R(Ω)의 저항이 병렬로 접속되고 10[Ω]의 전류가 5[A], R(Ω)의 전류가 2[A]이면 저항 R[Ω]은?

① 10   ② 20

③ 25   ④ 30

9 비유전율이 큰 산화티탄 등을 유전체로 사용한 것으로 극성이 없으며 가격에 비해 성능이 우수하여 널리 사용되고 있는 콘덴서의 종류는?

① 전해 콘덴서   ② 세라믹 콘덴서

③ 마일러 콘덴서   ④ 마이카 콘덴서

10 저항 8[Ω]과 코일이 직렬로 접속된 회로에 200[V]의 교류 전압을 가하면 20[A]의 전류가 흐른다. 코일의 리액턴스는 몇 [Ω]인가?

① 2   ② 4

③ 6   ④ 8

11 쿨롱의 법칙에서 2개의 점전하 사이에 작용하는 정전력의 크기는?

① 두 전하의 곱에 비례하고 거리에 반비례한다.

② 두 전하의 곱에 반비례하고 거리에 비례한다.

③ 두 전하의 곱에 비례하고 거리의 제곱에 비례한다.

④ 두 전하의 곱에 비례하고 거리의 제곱에 반비례한다.

12 대칭 3상 Δ 결선에서 선전류와 상전류와의 위상 관계는?

① 상전류가 $\dfrac{\pi}{3}$[rad] 앞선다.

② 상전류가 $\dfrac{\pi}{3}$[rad] 뒤진다.

③ 상전류가 $\dfrac{\pi}{6}$[rad] 앞선다.

④ 상전류가 $\dfrac{\pi}{6}$[rad] 뒤진다.

13 $m_1 = 4 \times 10^{-5}[\text{Wb}]$, $m_2 = 6 \times 10^{-3}[\text{Wb}]$이 $r = 10[\text{cm}]$이면, 두 자극 m_1, m_2 사이에 작용하는 힘은 약 몇 [N]인가?

① 1.52   ② 2.4

③ 24   ④ 152

14 다음 중 큰 값일수록 좋은 것은?

① 접지저항   ② 절연저항

③ 도체저항   ④ 접촉저항

15 $R = 6[\Omega]$, $Xc = 8[\Omega]$일 때 임피던스 $Z = 6 - j8[\Omega]$으로 표시되는 것은 일반적으로 어떤 회로인가?

① RC 직렬회로   ② RL 직렬회로

③ RC 병렬회로   ④ RL 병렬회로

16 다음 설명 중에서 틀린 것은?

① 리액턴스는 주파수의 함수이다.

② 콘덴서는 직렬로 연결할수록 용량이 커진다.

③ 저항은 병렬로 연결할수록 저항값이 작아진다.

④ 코일은 직렬로 연결할수록 인덕턴스가 커진다.

17 자체 인덕턴스 40[mH]의 코일에 10[A]의 전류가 흐를 때 저장되는 에너지는 몇 [J]인가?

① 2   ② 3

③ 4   ④ 8

18 RLC 직렬 공진회로에서 공진주파수는?

① $\dfrac{1}{\pi\sqrt{LC}}$ ② $\dfrac{1}{\sqrt{LC}}$

③ $\dfrac{2\pi}{\sqrt{LC}}$ ④ $\dfrac{1}{2\pi\sqrt{LC}}$

19 $i = I_m \sin wt[\text{A}]$인 사인파 교류에서 wt가 몇 도일 때 순시값과 실효값이 같게 되는가?

① 30°   ② 45°

③ 60°   ④ 90°

답안 표기란

13 ① ② ③ ④
14 ① ② ③ ④
15 ① ② ③ ④
16 ① ② ③ ④
17 ① ② ③ ④
18 ① ② ③ ④
19 ① ② ③ ④

20 전기분해를 하면 석출되는 물질의 양은 통과한 전기량에 관계가 있다. 이것을 나타낸 법칙은?

① 옴의 법칙   ② 쿨롱의 법칙

③ 앙페르의 법칙   ④ 패러데이의 법칙

21 3상 유도 전동기의 2차 저항을 2배로 하면 그 값이 2배로 되는 것은?

① 슬립   ② 토크

③ 전류   ④ 역률

22 다음 제동 방법 중 급정지하는 데 가장 좋은 것은?

① 발전 제동   ② 회생 제동

③ 역상 제동   ④ 단상 제동

23 슬립 s=5%, 2차 저항 r_2=0.1$[\Omega]$인 유도 전동기의 등가저항 R$[\Omega]$은 얼마인가?

① 0.4   ② 0.5

③ 1.9   ④ 2.0

24 동기 전동기의 장점이 아닌 것은?

① 직류 여자가 필요하다.

② 전부하 효율이 양호하다.

③ 역률 1로 운전할 수 있다.

④ 동기 속도를 얻을 수 있다.

25 부흐홀츠 계전기의 설치 위치는?

① 컨서베이터 내부

② 변압기 주탱크 내부

③ 변압기의 고압측 부싱

④ 변압기 본체와 컨서베이터 사이

26 고압전동기 철심의 강판 홈(Slot)의 모양은?

① 반폐형   ② 개방형

③ 반구형   ④ 밀폐형

답안 표기란				
20	①	②	③	④
21	①	②	③	④
22	①	②	③	④
23	①	②	③	④
24	①	②	③	④
25	①	②	③	④
26	①	②	③	④

27 다음 그림은 직류발전기의 분류 중 어느 것에 해당되는가?

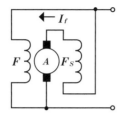

① 분권 발전기　　　　　　② 직권 발전기
③ 자석 발전기　　　　　　④ 복권 발전기

28 100[V], 10[A], 전기자 저항 1[Ω], 회전수 1,800[rpm]인 전동기의 역기전력은 몇 [V]인가?

① 90　　　　　　　　　　② 100
③ 110　　　　　　　　　 ④ 186

29 유도 전동기가 많이 사용되는 이유가 아닌 것은?

① 값이 저렴
② 취급이 어려움
③ 전원을 쉽게 얻음
④ 구조가 간단하고 튼튼함

30 정격속도로 운전하는 무부하 분권 발전기의 계자저항이 60[Ω], 계자전류가 1[A], 전기자저항이 0.5[Ω]라 하면 유도 기전력은 약 몇 [V]인가?

① 30.5　　　　　　　　　② 50.5
③ 60.5　　　　　　　　　④ 80.5

31 변압기의 2차측을 개방하였을 경우 1차측에 흐르는 전류는 무엇에 의하여 결정되는가?

① 저항
② 임피던스
③ 누설 리액턴스
④ 여자 어드미턴스

32 입력으로 펄스신호를 가해주고 속도를 입력펄스의 주파수에 의해 조절하는 전동기는?

① 전기동력계
② 서보전동기
③ 스테핑 전동기
④ 권선형 유도 전동기

33 농형 유도 전동기의 기동법이 아닌 것은?

① 2차 저항기법

② Y-⊿ 기동법

③ 전전압 기동법

④ 기동보상기에 의한 기동법

34 변압기 V결선의 특징으로 틀린 것은?

① 고장 시 응급처치 방법으로도 쓰인다.

② 단상변압기 2대로 3상 전력을 공급한다.

③ 부하증가가 예상되는 지역에 시설한다.

④ V결선 시 출력은 ⊿결선 시 출력과 그 크기가 같다.

35 직류 분권전동기에서 운전 중 계자권선의 저항을 증가하면 회전속도의 값은?

① 감소한다.

② 증가한다.

③ 일정하다.

④ 관계없다.

36 직류 발전기 전기자 반작용의 영향에 대한 설명으로 틀린 것은?

① 브러시 사이에 불꽃을 발생시킨다.

② 주 자속이 찌그러지거나 감소된다.

③ 전기자 전류에 의한 자속이 주 자속에 영향을 준다.

④ 회전방향과 반대방향으로 자기적 중성축이 이동된다.

37 반도체 사이리스터에 의한 전동기의 속도 제어 중 주파수 제어는?

① 초퍼 제어

② 인버터 제어

③ 컨버터 제어

④ 브리지 정류 제어

38 변압기의 용도가 아닌 것은?

① 교류 전압의 변환

② 주파수의 변환

③ 임피던스의 변환

④ 교류 전류의 변환

답안 표기란

33 ① ② ③ ④
34 ① ② ③ ④
35 ① ② ③ ④
36 ① ② ③ ④
37 ① ② ③ ④
38 ① ② ③ ④

답안 표기란				
39	①	②	③	④
40	①	②	③	④
41	①	②	③	④
42	①	②	③	④
43	①	②	③	④
44	①	②	③	④

39 변압기에 대한 설명 중 틀린 것은?

① 전압을 변성한다.

② 전력을 발생하지 않는다.

③ 정격출력은 1차측 단자를 기준으로 한다.

④ 변압기의 정격용량은 피상전력으로 표시한다.

40 동기 발전기의 병렬운전 중 주파수가 틀리면 어떤 현상이 나타나는가?

① 무효 전력이 생긴다.

② 무효 순환전류가 흐른다.

③ 유효 순환전류가 흐른다.

④ 출력이 요동치고 권선이 가열된다.

41 연피 케이블을 직접 매설식에 의하여 차량 기타 중량물의 압력을 받을 우려가 있는 장소에 시설하는 경우 매설 깊이는 몇 [m] 이상이어야 하는가?

① 0.6   ② 1.0

③ 1.2   ④ 1.6

42 하나의 콘센트에 둘 또는 세 가지의 기계기구를 끼워서 사용할 때 사용되는 것은?

① 노출형 콘센트

② 키이리스 소켓

③ 멀티 탭

④ 아이언 플러그

43 전압의 구분에서 저압 직류전압은 몇 [V] 이하인가?

① 600   ② 750

③ 1,500   ④ 7,000

44 배전반 및 분전반의 설치장소로 적합하지 않은 곳은?

① 안정된 장소

② 밀폐된 장소

③ 개폐기를 쉽게 개폐할 수 있는 장소

④ 전기회로를 쉽게 조작할 수 있는 장소

45 주상 변압기의 1차측 보호 장치로 사용하는 것은?

① 컷아웃 스위치

② 자동구분개폐기

③ 캐치홀더

④ 리클로저

46 화약류 저장장소의 배선공사에서 전용 개폐기에서 화약류 저장소의 인입구까지는 어떤 공사를 하여야 하는가?

① 케이블을 사용한 옥측 전선로

② 금속관을 사용한 지중 전선로

③ 케이블을 사용한 지중 전선로

④ 금속관을 사용한 옥측 전선로

47 일반적으로 정크션 박스 내에서 사용되는 전선 접속방식은?

① 슬리브   ② 코드 노트

③ 코드 파스너   ④ 와이어 커넥터

48 합성수지관 배선에서 경질비닐전선관의 굵기에 해당되지 않는 것은? (단, 관의 호칭을 말한다.)

① 14   ② 16

③ 18   ④ 22

49 저압 옥내 간선으로부터 분기하는 곳에 설치하여야 하는 것은?

① 과전압 차단기   ② 과전류 차단기

③ 누전 차단기   ④ 지락 차단기

50 전주를 건주할 경우에 A종 철근콘크리트주의 길이가 10[m]이면 땅에 묻는 표준 깊이는 최저 약 몇 [m]인가? (단, 설계하중이 6.8[kN] 이하이다.)

① 2.5   ② 3.0

③ 1.7   ④ 2.4

51 전로에 지락이 생겼을 경우에 부하기기, 금속제 외함 등에 발생하는 고장전압 또는 지락전류를 검출하는 부분과 차단기 부분을 조합하여 자동적으로 전로를 차단하는 장치는?

① 누전차단장치   ② 과전류차단기

③ 누전경보장치   ④ 배선용차단기

답안 표기란

45	① ② ③ ④
46	① ② ③ ④
47	① ② ③ ④
48	① ② ③ ④
49	① ② ③ ④
50	① ② ③ ④
51	① ② ③ ④

답안 표기란

52	① ② ③ ④
53	① ② ③ ④
54	① ② ③ ④
55	① ② ③ ④
56	① ② ③ ④
57	① ② ③ ④
58	① ② ③ ④

52 소맥분, 전분 기타 가연성의 분진이 존재하는 곳의 저압 옥내 배선 공사 방법에 해당되는 것으로 짝지어진 것은?

① 케이블 공사, 애자 사용 공사

② 금속관 공사, 콤바인 덕트관, 애자 사용 공사

③ 케이블 공사, 금속관 공사, 애자 사용 공사

④ 케이블 공사, 금속관 공사, 합성수지관 공사

53 가로 20[m], 세로 18[m], 천정의 높이 3.85[m], 작업면의 높이 0.85[m], 간접조명 방식인 호텔 연회장의 실지수는 약 얼마인가?

① 1.16

② 2.16

③ 3.16

④ 4.16

54 전선의 도체 단면적이 2.5[mm²]인 전선 3본을 동일 관내에 넣는 경우의 2종 가요전선관의 최소 굵기[mm]는?

① 10

② 15

③ 17

④ 24

55 굵은 전선이나 케이블을 절단할 때 사용되는 공구는?

① 클리퍼

② 펜치

③ 나이프

④ 플라이어

56 ACSR 약호의 품명은?

① 경동연선

② 중공연선

③ 알루미늄선

④ 강심알루미늄 연선

57 물탱크의 물의 양에 따라 동작하는 자동스위치는?

① 부동스위치

② 압력스위치

③ 타임스위치

④ 3로 스위치

58 후강 전선관의 관 호칭은 (㉠) 크기로 정하여 (㉡)로 표시하는데, ㉠과 ㉡에 들어갈 내용으로 옳은 것은?

① ㉠ 안지름   ㉡ 홀수

② ㉠ 안지름   ㉡ 짝수

③ ㉠ 바깥지름 ㉡ 홀수

④ ㉠ 바깥지름 ㉡ 짝수

59 노출장소 또는 점검 가능한 은폐장소에서 제2종 가요전선관을 시설하고 제거하는 것이 부자유하거나 점검 불가능한 경우의 곡률 반지름은 안지름의 몇 배 이상으로 하여야 하는가?

① 2   ② 3

③ 5   ④ 6

60 저고압 가공전선이 철도 또는 궤도를 횡단하는 경우 높이는 궤도면상 몇 [m] 이상이어야 하나?

① 10   ② 8.5

③ 7.5   ④ 6.5

전체 문제 수 : 60
안 푼 문제 수 :

답안 표기란

1	① ② ③ ④
2	① ② ③ ④
3	① ② ③ ④
4	① ② ③ ④
5	① ② ③ ④

1 기전력 120[V], 내부저항(r)이 15[Ω]인 전원이 있다. 여기에 부하저항(R)을 연결하여 얻을 수 있는 최대전력[W]은? (단, 최대전력 전달조건은 r=R이다.)

① 100

② 140

③ 200

④ 240

2 자기 인덕턴스에 축적되는 에너지에 대한 설명으로 가장 옳은 것은?

① 자기 인덕턴스 및 전류에 비례한다.

② 자기 인덕턴스 및 전류에 반비례한다.

③ 자기 인덕턴스와 전류의 제곱에 반비례한다.

④ 자기 인덕턴스에 비례하고 전류의 제곱에 비례한다.

3 권수 300회의 코일에 6[A]의 전류가 흘러서 0.05[Wb]의 자속이 코일을 지난다고 하면, 이 코일의 자체 인덕턴스는 몇 [H]인가?

① 0.25

② 0.35

③ 2.5

④ 3.5

4 RL 직렬회로에서 서셉턴스는?

① $\dfrac{R}{R^2 + X_L^2}$

② $\dfrac{X_L}{R^2 + X_L^2}$

③ $\dfrac{-R}{R^2 + X_L^2}$

④ $\dfrac{-X_L}{R^2 + X_L^2}$

5 전류에 의한 자기장과 직접적으로 관련이 없는 것은?

① 줄의 법칙

② 플레밍의 왼손법칙

③ 비오-사바르의 법칙

④ 앙페르의 오른나사의 법칙

답안 표기란

6 ① ② ③ ④
7 ① ② ③ ④
8 ① ② ③ ④
9 ① ② ③ ④
10 ① ② ③ ④
11 ① ② ③ ④
12 ① ② ③ ④

6 $C_1 = 5[\mu F]$, $C_2 = 10[\mu F]$의 콘덴서를 직렬로 접속하고 직류 30[V]를 가했을 때, C_1 양단의 전압[V]은?

① 5
② 10
③ 20
④ 30

7 3상 교류회로의 선간전압이 13,200[V], 선전류가 800[V], 역률 80[%]의 부하의 소비전력은 약 몇 [MW]인가?

① 4.88
② 8.45
③ 14.63
④ 25.34

8 $1[\Omega \cdot m]$는 몇 $[\Omega \cdot cm]$인가?

① 10^2
② 10^{-2}
③ 10^6
④ 10^{-6}

9 자체 인덕턴스가 1[H]인 코일에 200[V], 60[Hz]의 사인파 교류 전압을 가했을 때 전류와 전압의 위상차는? (단, 저항성분은 모두 무시한다.)

① 전류는 전압보다 위상이 $\dfrac{\pi}{2}$[rad]만큼 뒤진다.

② 전류는 전압보다 위상이 π[rad]만큼 뒤진다.

③ 전류는 전압보다 위상이 $\dfrac{\pi}{2}$[rad]만큼 앞선다.

④ 전류는 전압보다 위상이 π[rad]만큼 앞선다.

10 알칼리 축전지의 대표적인 축전지로 널리 사용되고 있는 2차 전지는?

① 망간전지
② 산화은 전지
③ 페이퍼 전지
④ 니켈 카드뮴 전지

11 파고율, 파형률이 모두 1인 파형은?

① 사인파
② 고조파
③ 구형파
④ 삼각파

12 황산구리($CuSO_2$) 전해액에 2개의 구리판을 넣고 전원을 연결하였을 때 음극에서 나타나는 현상으로 옳은 것은?

① 변화가 없다.
② 구리판이 두꺼워진다.
③ 구리판이 얇아진다.
④ 수소 가스가 발생한다.

답안 표기란

13 ① ② ③ ④
14 ① ② ③ ④
15 ① ② ③ ④
16 ① ② ③ ④
17 ① ② ③ ④
18 ① ② ③ ④

13 두 종류의 금속 접합부에 전류를 흘리면 전류의 방향에 따라 줄열 이외의 열의 흡수 또는 발생 현상이 생긴다. 이러한 현상을 무엇이라 하는가?

① 제벡 효과
② 페란티 효과
③ 펠티에 효과
④ 초전도 효과

14 자극 가까이에 물체를 두었을 때 자화되는 물체와 자석이 그림과 같은 방향으로 자화되는 자성체는?

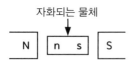

① 상자성체
② 반자성체
③ 강자성체
④ 비자성체

15 다이오드의 정특성이란 무엇을 말하는가?

① PN 접합면에서의 반송자 이동 특성
② 소신호로 동작할 때의 전압과 전류의 관계
③ 다이오드를 움직이지 않고 저항률을 측정한 것
④ 직류전압을 걸었을 때 다이오드에 걸리는 전압과 전류의 관계

16 공기 중에 $10[\mu C]$과 $20[\mu C]$를 $1[m]$ 간격으로 놓을 때 발생되는 정전력[N]은?

① 1.8
② 2.2
③ 4.4
④ 6.3

17 $200[V]$, $2[kW]$의 전열선 2개를 같은 전압에서 직렬로 접속한 경우의 전력은 병렬로 접속한 경우의 전력보다 어떻게 되는가?

① $\frac{1}{2}$로 줄어든다.
② $\frac{1}{4}$로 줄어든다.
③ 2배로 증가된다.
④ 4배로 증가된다.

18 "회로의 접속점에서 볼 때, 접속점에 흘러 들어오는 전류의 합은 흘러 나가는 전류의 합과 같다."라고 정의되는 법칙은?

① 키르히호프의 제1법칙
② 키르히호프의 제2법칙
③ 플레밍의 오른손법칙
④ 앙페르의 오른나사법칙

19 그림과 같은 회로에서 저항 R_1에 흐르는 전류는?

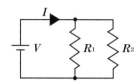

① $(R_1+R_2)I$

② $\dfrac{R_2}{R_1+R_2}I$

③ $\dfrac{R_1}{R_1+R_2}I$

④ $\dfrac{R_1R_2}{R_1+R_2}I$

20 동일한 저항 4개를 접속하여 얻을 수 있는 최대저항값은 최소저항값의 몇 배인가?

① 2

② 4

③ 8

④ 16

21 3상 교류 발전기의 기전력에 대하여 90°늦은 전류가 통할 때의 반작용 기자력은?

① 자극축과 일치하고 감자작용

② 자극축보다 90° 빠른 증자작용

③ 자극축보다 90° 늦은 감자작용

④ 자극축과 직교하는 교차자화작용

22 반파 정류 회로에서 변압기 2차 전압의 실효치를 E[V]라 하면 직류 전류 평균치는?
(단, 정류기의 전압강하는 무시한다.)

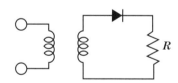

① $\dfrac{E}{R}$

② $\dfrac{1}{2}\cdot\dfrac{E}{R}$

③ $2\dfrac{\sqrt{2}}{\pi}\cdot\dfrac{E}{R}$

④ $\dfrac{\sqrt{2}}{\pi}\cdot\dfrac{E}{R}$

23 1차 전압 6,300[V], 2차 전압 210[V], 주파수 60[Hz]의 변압기가 있다. 이 변압기의 권수비는?

① 30

② 40

③ 50

④ 60

답안 표기란

19 ① ② ③ ④
20 ① ② ③ ④
21 ① ② ③ ④
22 ① ② ③ ④
23 ① ② ③ ④

답안 표기란

24 ① ② ③ ④
25 ① ② ③ ④
26 ① ② ③ ④
27 ① ② ③ ④
28 ① ② ③ ④
29 ① ② ③ ④

24 동기 전동기를 송전선의 전압 조정 및 역률 개선에 사용한 것을 무엇이라 하는가?

① 댐퍼
② 동기이탈
③ 제동 권선
④ 동기 조상기

25 3상 동기 발전기의 상간접속을 Y결선으로 하는 이유 중 틀린 것은?

① 중성점을 이용할 수 있다.
② 선간전압이 상전압의 $\sqrt{3}$배가 된다.
③ 선간전압에 제3고조파가 나타나지 않는다.
④ 같은 선간전압의 결선에 비하여 절연이 어렵다.

26 동기기의 손실에서 고정손에 해당되는 것은?

① 계자철심의 철손
② 브러시의 전기손
③ 계자 권선의 저항손
④ 전기자 권선의 저항손

27 60[Hz], 4극 유도 전동기가 1,700[rpm]으로 회전하고 있다. 이 전동기의 슬립은 약 얼마인가?

① 3.42[%]
② 4.56[%]
③ 5.56[%]
④ 6.64[%]

28 발전기 권선의 층간 단락보호에 가장 적합한 계전기는?

① 차동 계전기
② 방향 계전기
③ 온도 계전기
④ 접지 계전기

29 다음 중 (　　) 속에 들어갈 내용은?

> 유입변압기에 많이 사용되는 목면, 명주, 종이 등의 절연재료는 내열등급 (　　)으로 분류되고, 장시간 지속하여 최고 허용온도 (　　)℃를 넘어서는 안 된다.

① Y종 - 90
② A종 - 105
③ E종 - 120
④ B종 - 130

답안 표기란

30	① ② ③ ④
31	① ② ③ ④
32	① ② ③ ④
33	① ② ③ ④
34	① ② ③ ④
35	① ② ③ ④
36	① ② ③ ④

30 퍼센트 저항 강하 3[%], 리액턴스 강하 4[%]인 변압기의 최대 전압 변동률[%]은?

① 1 [%]　　　　　　　　② 5 [%]

③ 7 [%]　　　　　　　　④ 12 [%]

31 다음 중 자기소호 기능이 가장 좋은 소자는?

① SCR　　　　　　　　② GTO

③ TRIAC　　　　　　　④ LASCR

32 3상 유도 전동기의 속도제어 방법 중 인버터(Inverter)를 이용한 속도 제어법은?

① 극수 변환법

② 전압 제어법

③ 초퍼 제어법

④ 주파수 제어법

33 회전 변류기의 직류측 전압을 조정하려는 방법이 아닌 것은?

① 직렬 리액턴스에 의한 방법

② 여자 전류를 조정하는 방법

③ 동기 승압기를 사용하는 방법

④ 부하시 전압 조정 변압기를 사용하는 방법

34 변압기의 규약 효율은?

① $\dfrac{출력}{입력}\times100\,[\%]$　　　　② $\dfrac{출력}{입력-손실}\times100\,[\%]$

③ $\dfrac{출력}{출력+손실}\times100\,[\%]$　　④ $\dfrac{입력+손실}{입력}\times100\,[\%]$

35 다음 중 권선저항 측정 방법은?

① 메거　　　　　　　　② 전압 전류계법

③ 켈빈 더블 브리지법　　④ 휘스톤 브리지법

36 직류 발전기의 병렬운전 중 한 쪽 발전기의 여자를 늘리면 그 발전기는?

① 부하 전류는 불변, 전압은 증가

② 부하 전류는 줄고, 전압은 증가

③ 부하 전류는 늘고, 전압은 증가

④ 부하 전류는 늘고, 전압은 불변

37 직류 전압을 직접 제어하는 것은?

① 브리지형 인버터

② 단상 인버터

③ 3상 인버터

④ 초퍼형 인버터

38 전동기에 접지공사를 하는 주된 이유는?

① 보안상

② 미관상

③ 역률 증가

④ 감전사고 방지

39 동기기를 병렬운전 할 때 순환전류가 흐르는 원인은?

① 기전력의 저항이 다른 경우

② 기전력의 위상이 다른 경우

③ 기전력의 전류가 다른 경우

④ 기전력의 역률이 다른 경우

40 역률과 효율이 좋아서 가정용 선풍기, 전기세탁기, 냉장고 등에 주로 사용되는 것은?

① 분상 기동형 전동기

② 반발 기동형 전동기

③ 콘덴서 기동형 전동기

④ 세이딩 코일형 전동기

41 3상 4선식 380/220[V] 전로에서 전원의 중성극에 접속된 전선을 무엇이라 하는가?

① 접지선

② 중성선

③ 전원선

④ 접지측선

42 플로어덕트 배선의 사용전압은 몇 [V] 미만으로 제한되는가?

① 220[V]

② 400[V]

③ 600[V]

④ 700[V]

43 자동화재 탐지설비의 구성 요소가 아닌 것은?

① 비상콘센트

② 발신기

③ 수신기

④ 감지기

답안 표기란

37	① ② ③ ④
38	① ② ③ ④
39	① ② ③ ④
40	① ② ③ ④
41	① ② ③ ④
42	① ② ③ ④
43	① ② ③ ④

답안 표기란

44 ① ② ③ ④

45 ① ② ③ ④

46 ① ② ③ ④

47 ① ② ③ ④

48 ① ② ③ ④

49 ① ② ③ ④

50 ① ② ③ ④

44 셀룰로이드, 성냥, 석유류 등 기타 가연성 위험물질을 제조 또는 저장하는 장소의 배선으로 틀린 것은?

① 금속관 배선

② 케이블 배선

③ 플로어덕트 배선

④ 합성수지관(CD관 제외) 배선

45 합성수지관을 새들 등으로 지지하는 경우 지지점간의 거리는 몇 [m] 이하인가?

① 1.5[m] ② 2.0[m]

③ 2.5[m] ④ 3.0[m]

46 금속제 가요전선관 내의 절연전선을 넣을 때는 절연전선의 피복을 포함한 총 단면적이 가요전선관 내부 단면적의 약 몇 [%] 이하가 바람직한가?

① 20 ② 25

③ 33 ④ 50

47 금속관 공사를 할 경우 케이블 손상방지용으로 사용하는 부품은?

① 부싱 ② 엘보

③ 커플링 ④ 로크너트

48 부하의 역률이 규정값 이하인 경우 역률 개선을 위하여 설치하는 것은?

① 저항 ② 리액터

③ 컨덕턴스 ④ 진상용 콘덴서

49 전선을 종단겹침용 슬리브에 의해 종단 접속할 경우 소정의 압축공구를 사용하여 보통 몇 개소를 압착하는가?

① 1 ② 2

③ 3 ④ 4

50 사람이 상시 통행하는 터널 내 배선의 사용 전압이 저압일 때 배선 방법으로 틀린 것은?

① 금속관 배선

② 금속덕트 배선

③ 합성수지관 배선

④ 금속제 가요전선관 배선

51 변압기 중성점에 접지공사를 하는 이유는?

① 전류 변동의 방지

② 전압 변동의 방지

③ 전력 변동의 방지

④ 고저압 혼촉 방지

52 어느 가정집이 40[W] LED등 10개, 1[kW] 전자레인지 1개, 100[W] 컴퓨터 세트 2대, 1[kW] 세탁기 1대를 사용하고, 하루 평균 사용 시간이 LED등은 5시간, 전자레인지 30분, 컴퓨터 5시간, 세탁기 1시간이라면 1개월(30일)간의 사용 전력량[kWh]은?

① 115[kWh]　　　　　　② 135[kWh]

③ 155[kWh]　　　　　　④ 175[kWh]

53 고압 가공전선로의 지지물로 철탑을 사용하는 경우 경간은 몇 [m] 이하로 제한하는가?

① 150　　　　　　② 300

③ 500　　　　　　④ 600

54 금속관 구부리기에 있어서 관의 굴곡이 3개소가 넘거나 관의 길이가 30[m]를 초과하는 경우 적용하는 것은?

① 커플링　　　　　　② 풀박스

③ 로크 너트　　　　　　④ 링 리듀서

55 옥내 배선 공사할 때 연동선을 사용할 경우 전선의 최소 굵기[mm²]는?

① 1.5　　　　　　② 2.5

③ 4　　　　　　④ 6

56 연선 결정에 있어서 중심 소선을 뺀 층수가 3층이다. 전체 소선수는?

① 91　　　　　　② 61

③ 37　　　　　　④ 19

57 접지전극의 매설 깊이는 몇 [m] 이상인가?

① 0.6　　　　　　② 0.65

③ 0.7　　　　　　④ 0.75

답안 표기란				
51	①	②	③	④
52	①	②	③	④
53	①	②	③	④
54	①	②	③	④
55	①	②	③	④
56	①	②	③	④
57	①	②	③	④

58 금속관 절단구에 대한 다듬기에 쓰이는 공구는?

① 리머
② 홀소
③ 프레셔 툴
④ 파이프 렌치

59 동전선의 종단접속 방법이 아닌 것은?

① 동선압착단자에 의한 접속
② 종단겹침용 슬리브에 의한 접속
③ C형 전선접속기 등에 의한 접속
④ 비틀어 꽂는 형의 전선접속기에 의한 접속

60 합성수지관 상호접속 시 관을 삽입하는 깊이는 관 바깥지름의 몇 배 이상으로 하여야 하는가?

① 0.6
② 0.8
③ 1.0
④ 1.2

답안 표기란

58 ① ② ③ ④
59 ① ② ③ ④
60 ① ② ③ ④

전체 문제 수 : 60
안 푼 문제 수 : ☐

답안 표기란

1 ① ② ③ ④
2 ① ② ③ ④
3 ① ② ③ ④
4 ① ② ③ ④
5 ① ② ③ ④
6 ① ② ③ ④

1 다음 ( )안의 알맞은 내용으로 옳은 것은?

> 회로에 흐르는 전류의 크기는 저항에 (㉮)하고, 가해진 전압에 (㉯)한다.

① ㉮ 비례, ㉯ 비례
② ㉮ 비례, ㉯ 반비례
③ ㉮ 반비례, ㉯ 비례
④ ㉮ 반비례, ㉯ 반비례

2 초산은($AgNO_3$) 용액에 1[A]의 전류를 2시간 동안 흘렸다. 이때 은의 석출량[g]은? (단, 은의 전기 화학당량은 1.1×10^{-3}[g/C]이다.)

① 5.44
② 6.08
③ 7.92
④ 9.84

3 평균 반지름이 10[cm]이고 감은 횟수 10회의 원형 코일에 5[A]의 전류를 흐르게 하면 코일 중심의 자장의 세기[AT/m]는?

① 250
② 50
③ 750
④ 1,000

4 3[V]의 기전력으로 300[C]의 전기량이 이동할 때 몇 [J]의 일을 하게 되는가?

① 1,200
② 900
③ 600
④ 100

5 충전된 대전체를 대지(大地)에 연결하면 대전체는 어떻게 되는가?

① 방전한다.
② 반발한다.
③ 충전이 계속된다.
④ 반발과 흡인을 반복한다.

6 반자성체 물질의 특색을 나타낸 것은? (단, μ_s는 비투자율이다.)

① $\mu_s > 1$
② $\mu_s \gg 1$
③ $\mu_s = 1$
④ $\mu_s < 1$

7 비사인파 교류회로의 전력에 대한 설명으로 옳은 것은?

① 전압의 제3고조파와 전류의 제3고조파 성분 사이에서 소비전력이 발생한다.

② 전압의 제2고조파와 전류의 제3고조파 성분 사이에서 소비전력이 발생한다.

③ 전압의 제3고조파와 전류의 제5고조파 성분 사이에서 소비전력이 발생한다.

④ 전압의 제5고조파와 전류의 제7고조파 성분 사이에서 소비전력이 발생한다.

8 $2[\mu F]$, $3[\mu F]$, $5[\mu F]$인 3개의 콘덴서가 병렬로 접속되었을 때의 합성 정전용량$[\mu F]$은?

① 0.97　　　　　　　　② 3

③ 5　　　　　　　　　④ 10

9 PN접합 다이오드의 대표적인 작용으로 옳은 것은?

① 정류작용　　　　　　② 변조작용

③ 증폭작용　　　　　　④ 발진작용

10 $R=2[\Omega]$, $L=10[mH]$, $C=4[\mu F]$으로 구성되는 직렬공진회로의 L과 C에서의 전압 확대율은?

① 3　　　　　　　　　② 6

③ 16　　　　　　　　　④ 25

11 최대눈금 $1[A]$, 내부저항 $10[\Omega]$의 전류계로 최대 $101[A]$까지 측정하려면 몇 $[\Omega]$의 분류기가 필요한가?

① 0.01　　　　　　　② 0.02

③ 0.05　　　　　　　④ 0.1

12 전력과 전력량에 관한 설명으로 틀린 것은?

① 전력은 전력량과 다르다.

② 전력량은 와트로 환산된다.

③ 전력량은 칼로리 단위로 환산된다.

④ 전력은 칼로리 단위로 환산할 수 없다.

13 전자 냉동기는 어떤 효과를 응용한 것인가?

① 제벡 효과　　　　　② 톰슨 효과

③ 펠티에 효과　　　　④ 줄 효과

답안 표기란

7 ① ② ③ ④
8 ① ② ③ ④
9 ① ② ③ ④
10 ① ② ③ ④
11 ① ② ③ ④
12 ① ② ③ ④
13 ① ② ③ ④

14 자속밀도가 2[Wb/m²]인 평등 자기장 중에 자기장과 30°의 방향으로 길이 0.5[m]인 도체에 8[A]의 전류가 흐르는 경우 전자력[N]은?

① 8   ② 4

③ 2   ④ 1

15 어떤 3상 회로에서 선간전압이 200[V], 선전류 25[A], 3상 전력이 7[kW]이었다. 이때의 역률은 약 얼마인가?

① 0.65   ② 0.73

③ 0.81   ④ 0.97

16 3상 220[V], Δ 결선에서 1상의 부하가 $Z=8+j6[\Omega]$이면 선전류[A]는?

① 11   ② $22\sqrt{3}$

③ 22   ④ $\dfrac{22}{\sqrt{3}}$

17 환상 솔레노이드에 감겨진 코일에 권회수를 3배로 늘리면 자체 인덕턴스는 몇 배로 되는가?

① 3   ② 9

③ $\dfrac{1}{3}$ ④ $\dfrac{1}{9}$

18 $+Q_1[C]$과 $-Q_2[C]$과의 전하가 진공 중에서 $r[m]$의 거리에 있을 때 이들 사이에 작용하는 정전기력 $F[N]$는?

① $F = 9 \times 10^{-7} \times \dfrac{Q_1 Q_2}{r^2}$ ② $F = 9 \times 10^{-9} \times \dfrac{Q_1 Q_2}{r^2}$

③ $F = 9 \times 10^{9} \times \dfrac{Q_1 Q_2}{r^2}$ ④ $F = 9 \times 10^{10} \times \dfrac{Q_1 Q_2}{r^2}$

19 다음에서 나타내는 법칙은?

> 유도 기전력은 자신이 발생 원인이 되는 자속의 변화를 방해하려는 방향으로 발생한다.

① 줄의 법칙   ② 렌츠의 법칙

③ 플레밍의 법칙   ④ 패러데이의 법칙

20 임피던스 $Z=6+j8[\Omega]$에서 서셉턴스[℧]는?

① 0.06   ② 0.08

③ 0.6   ④ 0.8

14 ① ② ③ ④
15 ① ② ③ ④
16 ① ② ③ ④
17 ① ② ③ ④
18 ① ② ③ ④
19 ① ② ③ ④
20 ① ② ③ ④

21 3상 유도 전동기의 회전방향을 바꾸기 위한 방법으로 옳은 것은?

① 전원의 전압과 주파수를 바꾸어 준다.

② ⊿-Y 결선으로 결선법을 바꾸어 준다.

③ 기동보상기를 사용하여 권선을 바꾸어 준다.

④ 전동기의 1차 권선에 있는 3개의 단자 중 어느 2개의 단자를 서로 바꾸어 준다.

22 발전기를 정격전압 220[V]로 전부하 운전하다가 무부하로 운전 하였더니 단자전압이 242[V]가 되었다. 이 발전기의 전압 변동률[%]은?

① 10

② 14

③ 20

④ 25

23 6극 직렬권 발전기의 전기자 도체수 300, 매극 자속 0.02[Wb], 회전수 900[rpm]일 때 유도기전력[V]은?

① 90

② 110

③ 220

④ 270

24 동기 조상기의 계자를 부족여자로 하여 운전하면?

① 콘덴서로 작용

② 뒤진 역률 보상

③ 리액터로 작용

④ 저항손의 보상

25 3상 교류 발전기의 기전력에 대하여 $\dfrac{\pi}{2}$[rad] 뒤진 전기자 전류가 흐르면 전기자 반작용은?

① 횡축 반작용으로 기전력을 증가시킨다.

② 증자 작용을 하여 기전력을 증가시킨다.

③ 감자 작용을 하여 기전력을 감소시킨다.

④ 교차 자화작용으로 기전력을 감소시킨다.

26 전기기기의 철심 재료로 규소강판을 많이 사용하는 이유로 가장 적당한 것은?

① 와류손을 줄이기 위해

② 구리손을 줄이기 위해

③ 맴돌이 전류를 없애기 위해

④ 히스테리시스손을 줄이기 위해

27 역병렬 결합의 SCR의 특성과 같은 반도체 소자는?

① PUT

② UJT

③ DIAC

④ TRIAC

21	① ② ③ ④
22	① ② ③ ④
23	① ② ③ ④
24	① ② ③ ④
25	① ② ③ ④
26	① ② ③ ④
27	① ② ③ ④

28 전기기계의 효율 중 발전기의 규약 효율 η_G는 몇 %인가? (단, P는 입력, Q는 출력, L은 손실이다.)

① $\eta_G = \dfrac{P-L}{P} \times 100$

② $\eta_G = \dfrac{P-L}{P+L} \times 100$

③ $\eta_G = \dfrac{Q}{P} \times 100$

④ $\eta_G = \dfrac{Q}{Q+L} \times 100$

29 20[kVA]의 단상 변압기 2대를 사용하여 V-V결선으로 하고 3상 전원을 얻고자 한다. 이때 여기에 접속시킬 수 있는 3상 부하의 용량은 약 몇 [kVA]인가?

① 34.6

② 44.6

③ 54.6

④ 66.6

30 동기 발전기의 병렬운전 조건이 아닌 것은?

① 유도 기전력의 크기가 같을 것

② 동기발전기의 용량이 같을 것

③ 유도 기전력의 위상이 같을 것

④ 유도 기전력의 주파수가 같을 것

31 직류 분권전동기의 기동방법 중 가장 적당한 것은?

① 기동 토크를 작게 한다.

② 계자 저항기의 저항값을 크게 한다.

③ 계자 저항기의 저항값을 0으로 한다.

④ 기동저항기를 전기자와 병렬접속 한다.

32 극수 10, 동기속도 600[rpm]인 동기 발전기에서 나오는 전압의 주파수는 몇 [Hz]인가?

① 50

② 60

③ 80

④ 120

33 변압기유의 구비조건으로 틀린 것은?

① 냉각효과가 클 것

② 응고점이 높을 것

③ 절연내력이 클 것

④ 고온에서 화학반응이 없을 것

답안 표기란

28 ① ② ③ ④
29 ① ② ③ ④
30 ① ② ③ ④
31 ① ② ③ ④
32 ① ② ③ ④
33 ① ② ③ ④

답안 표기란

34 ① ② ③ ④
35 ① ② ③ ④
36 ① ② ③ ④
37 ① ② ③ ④
38 ① ② ③ ④
39 ① ② ③ ④
40 ① ② ③ ④

34 동기기 손실 중 무부하손(no load loss)이 아닌 것은?

① 풍손
② 와류손
③ 전기자 동손
④ 베어링 마찰손

35 직류 전동기의 제어에 널리 응용되는 직류–직류 전압 제어장치는?

① 초퍼
② 인버터
③ 전파정류회로
④ 사이클로 컨버터

36 동기 와트 P_2, 출력 P_0, 슬립 s, 동기속도 Ns, 회전속도 N, 2차 동손 P_{2c}일 때 2차 효율 표기로 틀린 것은?

① $1-s$
② $\dfrac{P_{2c}}{P_2}$
③ $\dfrac{P_0}{P_2}$
④ $\dfrac{N}{N_s}$

37 변압기의 결선에서 제3고조파를 발생시켜 통신선에 유도장해를 일으키는 3상 결선은?

① Y–Y
② $\varDelta$–$\varDelta$
③ Y–$\varDelta$
④ $\varDelta$–Y

38 부흐홀츠 계전기의 설치위치로 가장 적당한 곳은?

① 컨서베이터 내부
② 변압기 고압측 부싱
③ 변압기 주 탱크 내부
④ 변압기 주 탱크와 컨서베이터 사이

39 3상 유도 전동기의 운전 중 급속 정지가 필요할 때 사용하는 제동방식은?

① 단상 제동
② 회생 제동
③ 발전 제동
④ 역상 제동

40 슬립 4[%]인 유도 전동기의 등가 부하 저항은 2차 저항의 몇 배인가?

① 5
② 19
③ 20
④ 24

41 역률 개선의 효과로 볼 수 없는 것은?

① 전력손실 감소
② 전압강하 감소
③ 감전사고 감소
④ 설비 용량의 이용률 증가

42 옥내배선 공사에서 절연전선의 피복을 벗길 때 사용하면 편리한 공구는?

① 드라이버
② 플라이어
③ 압착펜치
④ 와이어 스트리퍼

43 전기설비기술기준의 판단기준에 의하여 애자사용 공사를 건조한 장소에 시설하고 자 한다. 사용 전압이 400[V] 미만인 경우 전선과 조영재 사이의 이격거리는 최소 몇 [cm] 이상이어야 하는가?

① 2.5
② 4.5
③ 6.0
④ 12

44 전선 접속 방법 중 트위스트 직선 접속의 설명으로 옳은 것은?

① 연선의 직선 접속에 적용된다.
② 연선의 분기 접속에 적용된다.
③ 6[mm²] 이하의 가는 단선인 경우에 적용된다.
④ 6[mm²] 초과의 굵은 단선인 경우에 적용된다.

45 건축물에 고정되는 본체부와 제거할 수 있거나 개폐할 수 있는 커버로 이루어지며 절 연전선, 케이블 및 코드를 완전하게 수용할 수 있는 구조의 배선설비의 명칭은?

① 케이블 래더
② 케이블 트레이
③ 케이블 트렁킹
④ 케이블 브라킷

46 금속전선관 공사에서 금속관에 나사를 내기 위해 사용하는 공구는?

① 리머
② 오스터
③ 프레서 툴
④ 파이프 벤더

답안 표기란

41 ① ② ③ ④
42 ① ② ③ ④
43 ① ② ③ ④
44 ① ② ③ ④
45 ① ② ③ ④
46 ① ② ③ ④

답안 표기란

47 ① ② ③ ④
48 ① ② ③ ④
49 ① ② ③ ④
50 ① ② ③ ④
51 ① ② ③ ④
52 ① ② ③ ④

47 성냥을 제조하는 공장의 공사 방법으로 틀린 것은?

① 금속관 공사

② 케이블 공사

③ 금속 몰드 공사

④ 합성수지관 공사(두께 2[mm] 미만 및 난연성이 없는 것은 제외)

48 콘크리트 조영재에 볼트를 시설할 때 필요한 공구는?

① 파이프 렌치   ② 볼트 클리퍼

③ 녹아웃 펀치   ④ 드라이브 이트

49 실내 면적 100[m²]인 교실에 전광속이 2,500[lm]인 40[W] 형광등을 설치하여 평균 조도를 150[lx]로 하려면 몇 개의 등을 설치하면 되겠는가? (단, 조명률은 50[%], 감광 보상률은 1.25로 한다.)

① 15개   ② 20개

③ 25개   ④ 30개

50 교류 배전반에서 전류가 많이 흘러 전류계를 직접 주 회로에 연결할 수 없을 때 사용하는 기기는?

① 전류 제한기

② 계기용 변압기

③ 계기용 변류기

④ 전류계용 절환 개폐기

51 플로어 덕트 공사의 설명 중 틀린 것은?

① 덕트의 끝 부분은 막는다.

② 플로어 덕트는 접지공사를 생략할 수 있다.

③ 덕트 상호 간 접속은 견고하고 전기적으로 완전하게 접속하여야 한다.

④ 덕트 및 박스 기타 부속품은 물이 고이는 부분이 없도록 시설하여야 한다.

52 진동이 심한 전기 기계·기구의 단자에 전선을 접속할 때 사용되는 것은?

① 커플링

② 압착단자

③ 링 슬리브

④ 스프링 와셔

53 전기설비기술기준의 판단기준에 의하여 가공전선에 케이블을 사용하는 경우 케이블은 조가용 선에 행거로 시설하여야 한다. 이 경우 사용전압이 고압인 때에는 그 행거의 간격은 몇 [cm] 이하로 시설하여야 하는가?

① 50
② 60
③ 70
④ 80

54 라이팅 덕트 공사에 의한 저압 옥내배선의 시설 기준으로 틀린 것은?

① 덕트의 끝부분은 막을 것
② 덕트는 조영재에 견고하게 붙일 것
③ 덕트의 개구부는 위로 향하여 시설할 것
④ 덕트는 조영재를 관통하여 시설하지 아니할 것

55 전기설비기술기준의 판단기준에 의한 고압가공전선로 철탑의 경간은 몇 [m] 이하로 제한하고 있는가?

① 150
② 250
③ 500
④ 600

56 A종 철근 콘크리트주의 길이가 9[m]이고, 설계 하중이 6.8[kN]인 경우 땅에 묻히는 깊이는 최소 몇 [m] 이상이어야 하는가?

① 1.2
② 1.5
③ 1.8
④ 2.0

57 전선의 접속법에서 두 개 이상의 전선을 병렬로 사용하는 경우의 시설기준으로 틀린 것은?

① 각 전선의 굵기는 구리인 경우 50[mm²] 이상이어야 한다.
② 각 전선의 굵기는 알루미늄인 경우 70[mm²] 이상이어야 한다.
③ 병렬로 사용하는 전선은 각각에 퓨즈를 설치할 것
④ 동극의 각 전선은 동일한 터미널러그에 완전히 접속할 것

58 정격전류가 50[A]인 저압전로의 과전류 차단기를 배선용 차단기로 사용하는 경우 정격전류의 2배의 전류가 통과하였을 경우 몇 분 이내에 자동적으로 동작하여야 하는가?

① 2분
② 4분
③ 6분
④ 8분

답안 표기란

53 ① ② ③ ④
54 ① ② ③ ④
55 ① ② ③ ④
56 ① ② ③ ④
57 ① ② ③ ④
58 ① ② ③ ④

59 서로 다른 굵기의 절연전선을 동일 관내에 넣는 경우 금속관의 굵기는 전선의 피복절연물을 포함한 단면적의 총합계가 관내 단면적의 몇 [%] 이하가 되도록 선정하여야 하는가?

① 32

② 38

③ 45

④ 48

60 접지공사를 시설하는 주된 목적은?

① 기기의 효율을 좋게 한다.

② 기기의 절연을 좋게 한다.

③ 기기의 누전에 의한 감전을 방지한다.

④ 기기의 누전에 의한 역률을 좋게 한다.

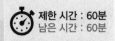
2016년 제4회 전기기능사 필기

전체 문제 수 : 60
안 푼 문제 수 : ☐

답안 표기란

1 ① ② ③ ④
2 ① ② ③ ④
3 ① ② ③ ④
4 ① ② ③ ④
5 ① ② ③ ④
6 ① ② ③ ④

1 2전력계법으로 3상 전력을 측정할 때 지시값이 $P_1=200[W]$, $P_2=200[W]$이었다. 부하전력[W]은?

① 600
② 500
③ 400
④ 300

2 다음은 어떤 법칙을 설명한 것인가?

> 전류가 흐르려고 하면 코일은 전류의 흐름을 방해한다. 또, 전류가 감소하면 이를 계속 유지하려고 하는 성질이 있다.

① 쿨롱의 법칙
② 렌츠의 법칙
③ 패러데이의 법칙
④ 플레밍의 왼손법칙

3 플레밍의 왼손법칙에서 전류의 방향을 나타내는 손가락은?

① 엄지
② 검지
③ 중지
④ 약지

4 진공 중에 $10[\mu C]$과 $20[\mu C]$의 점전하를 1[m]의 거리로 놓았을 때 작용하는 힘[N]은?

① $18\times10^{-1}[N]$
② $2\times10^{-10}[N]$
③ $9.8\times10^{-9}[N]$
④ $98\times10^{-9}[N]$

5 어느 회로의 전류가 다음과 같을 때, 이 회로에 대한 전류의 실효값[A]은?

$$i=3+10\sqrt{2}\sin(wt-\frac{\pi}{6})+5\sqrt{2}\sin(3wt-\frac{\pi}{3})[A]$$

① 11.6
② 23.2
③ 32.2
④ 48.3

6 전력량 1[Wh]와 그 의미가 같은 것은?

① 1[C]
② 1[J]
③ 3,600[C]
④ 3,600[J]

7 평형 3상 회로에서 1상의 소비전력이 P[W]라면, 3상 회로의 전체 소비전력[W]은?

① $2P$

② $\sqrt{2}P$

③ $3P$

④ $\sqrt{3}P$

8 어떤 교류회로의 순시값이 $v = \sqrt{2}V\sin wt$ [V]인 전압에서 $wt = \dfrac{\pi}{6}$ [rad]일 때 $100\sqrt{2}$ [V]이면 이 전압의 실효값[V]은?

① 100

② $100\sqrt{2}$

③ 200

④ $200\sqrt{2}$

9 공기 중에서 m[Wb]의 자극으로부터 나오는 자속수는?

① m

② $\mu_0 m$

③ $\dfrac{1}{m}$

④ $\dfrac{m}{\mu_0}$

10 그림과 같은 RC 병렬회로의 위상각 θ는?

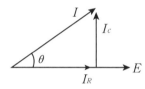

① $\tan^{-1}\dfrac{wC}{R}$

② $\tan^{-1}wCR$

③ $\tan^{-1}\dfrac{R}{wC}$

④ $\tan^{-1}\dfrac{1}{wCR}$

11 0.2[℧]의 컨덕턴스 2개를 직렬로 접속하여 3[A]의 전류를 흘리려면 몇 [V]의 전압을 공급하면 되는가?

① 12

② 15

③ 30

④ 45

12 비유전율 2.5의 유전체 내부의 전속밀도가 2×10^{-6}[C/m²]되는 점의 전기장의 세기는 약 몇 [V/m]인가?

① 18×10^4

② 9×10^4

③ 6×10^4

④ 3.6×10^4

답안 표기란

7 ① ② ③ ④

8 ① ② ③ ④

9 ① ② ③ ④

10 ① ② ③ ④

11 ① ② ③ ④

12 ① ② ③ ④

답안 표기란
13 ① ② ③ ④
14 ① ② ③ ④
15 ① ② ③ ④
16 ① ② ③ ④
17 ① ② ③ ④

13 1차 전지로 가장 많이 사용되는 것은?

① 니켈·카드뮴전지   ② 연료전지

③ 망간건전지   ④ 납축전지

14 그림과 같은 회로에서 a-b간에 $E[V]$의 전압을 가하여 일정하게 하고, 스위치 S를 닫았을 때의 전전류 $I[A]$가 닫기 전 전류의 3배가 되었다면 저항 R_x의 값은 약 몇 $[\Omega]$인가?

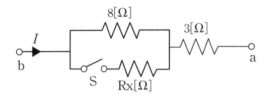

① 0.73   ② 1.44

③ 2.16   ④ 2.88

15 정상상태에서의 원자를 설명한 것으로 틀린 것은?

① 양성자와 전자의 극성은 같다.

② 원자는 전체적으로 보면 전기적으로 중성이다.

③ 원자를 이루고 있는 양성자의 수는 전자의 수와 같다.

④ 양성자 1개가 지니는 전기량은 전자 1개가 지니는 전기량과 크기가 같다.

16 $R_1[\Omega]$, $R_2[\Omega]$, $R_3[\Omega]$의 저항 3개를 직렬 접속했을 때의 합성저항$[\Omega]$은?

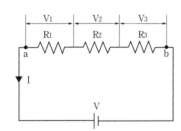

① $R = \dfrac{R_1 \cdot R_2 \cdot R_3}{R_1 + R_2 + R_3}$ ② $R = \dfrac{R_1 + R_2 + R_3}{R_1 \cdot R_2 \cdot R_3}$

③ $R = R_1 \cdot R_2 \cdot R_3$ ④ $R = R_1 + R_2 + R_3$

17 $3[kW]$의 전열기를 1시간 동안 사용할 때 발생하는 열량$[kcal]$은?

① 3   ② 180

③ 860   ④ 2,580

18 영구자석의 재료로서 적당한 것은?

① 잔류자기가 작고 보자력이 큰 것

② 잔류자기와 보자력이 모두 큰 것

③ 잔류자기와 보자력이 모두 작은 것

④ 잔류자기가 크고 보자력이 작은 것

19 전기력선에 대한 설명으로 틀린 것은?

① 같은 전기력선은 흡입한다.

② 전기력선은 서로 교차하지 않는다.

③ 전기력선은 도체의 표면에 수직으로 출입한다.

④ 전기력선은 양전하의 표면에서 나와서 음전하의 표면에서 끝난다.

20 다음 설명 중 틀린 것은?

① 같은 부호의 전하끼리는 반발력이 생긴다.

② 정전유도에 의하여 작용하는 힘은 반발력이다.

③ 정전용량이란 콘덴서가 전하를 축적하는 능력을 말한다.

④ 콘덴서는 전압을 가하는 순간은 단락상태가 된다.

21 고장 시의 불평형 차전류가 평형 전류의 어떤 비율 이상으로 되었을 때 동작하는 계전기는?

① 과전압 계전기

② 과전류 계전기

③ 전압 차동 계전기

④ 비율 차동 계전기

22 단락비가 큰 동기 발전기에 대한 설명으로 틀린 것은?

① 단락 전류가 크다.

② 동기 임피던스가 작다.

③ 전기자 반작용이 크다.

④ 공극이 크고 전압 변동률이 작다.

23 전압을 일정하게 유지하기 위해서 이용되는 다이오드는?

① 발광 다이오드

② 포토 다이오드

③ 제너 다이오드

④ 바리스터 다이오드

답안 표기란

18 ① ② ③ ④

19 ① ② ③ ④

20 ① ② ③ ④

21 ① ② ③ ④

22 ① ② ③ ④

23 ① ② ③ ④

24 변압기의 철심에서 실제 철의 단면적과 철심의 유효 면적과의 비를 무엇이라고 하는가?

① 권수비　　　　　　　② 변류비
③ 변동률　　　　　　　④ 점적률

25 단상 유도 전동기의 기동 방법 중 기동 토크가 가장 큰 것은?

① 반발 기동형　　　　　② 분상 기동형
③ 반발 유도형　　　　　④ 콘덴서 기동형

26 직류기의 파권에서 극수에 관계없이 병렬회로수 a는 얼마인가?

① 1　　　　　　　　　② 2
③ 4　　　　　　　　　④ 6

27 변압기의 무부하 시험, 단락 시험에서 구할 수 없는 것은?

① 동손　　　　　　　　② 철손
③ 절연내력　　　　　　④ 전압 변동률

28 주파수 60[Hz]를 내는 발전기용 원동기인 터빈 발전기의 최고 속도는 얼마인가?

① 1,800[rpm]
② 2,400[rpm]
③ 3,600[rpm]
④ 4,800[rpm]

29 직류 전동기의 최저 절연 저항값[MΩ]은?

① 정격전압[V] / (1,000 + 정격출력[kW])
② 정격출력[kW] / (1,000 + 정격입력[kW])
③ 정격입력[kW] / (1,000 + 정격출력[kW])
④ 정격전압[V] / (1,000 + 정격입력[kW])

30 동기 발전기의 병렬운전 중 기전력의 크기가 다를 경우 나타나는 현상이 아닌 것은?

① 권선이 가열된다.
② 동기화 전력이 생긴다.
③ 무효 순환 전류가 흐른다.
④ 고압측에 감자 작용이 생긴다.

답안 표기란

24　① ② ③ ④
25　① ② ③ ④
26　① ② ③ ④
27　① ② ③ ④
28　① ② ③ ④
29　① ② ③ ④
30　① ② ③ ④

31 변압기의 권수비가 60일 때 2차측 저항이 0.1[Ω]이다. 이것을 1차로 환산하면 몇 [Ω]인가?

① 310 　　　　　　　　② 360
③ 390 　　　　　　　　④ 410

31 ① ② ③ ④
32 ① ② ③ ④
33 ① ② ③ ④
34 ① ② ③ ④
35 ① ② ③ ④
36 ① ② ③ ④

32 전압 변동률 ε의 식은? (단, 정격전압은 V_n, 부무하 전압 V_0이다.)

① $\varepsilon = \dfrac{V_0 - V_n}{V_n} \times 100\,[\%]$ 　　　　② $\varepsilon = \dfrac{V_n - V_0}{V_n} \times 100\,[\%]$

③ $\varepsilon = \dfrac{V_n - V_0}{V_0} \times 100\,[\%]$ 　　　　④ $\varepsilon = \dfrac{V_0 - V_n}{V_0} \times 100\,[\%]$

33 6극 36슬롯 3상 동기 발전기의 매극 매상당 슬롯수는?

① 2 　　　　　　　　② 3
③ 4 　　　　　　　　④ 5

34 주파수 60[Hz]의 회로에 접속되어 슬립 3[%], 회전수 1,164[rpm]으로 회전하고 있는 유도 전동기의 극수는?

① 5극 　　　　　　　② 6극
③ 7극 　　　　　　　④ 10극

35 그림은 트랜지스터의 스위칭 작용에 의한 직류 전동기의 속도제어 회로이다. 전동기의 속도가 $N = k\dfrac{V - I_a R_a}{\phi}$ [rpm]이라고 할 때, 이 회로에서 사용한 전동기의 속도 제어법은?

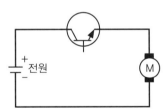

① 전압 제어법 　　　　② 계자 제어법
③ 저항 제어법 　　　　④ 주파수 제어법

36 계자 권선이 전기자와 접속되어 있지 않은 직류기는?

① 직권기 　　　　　　② 분권기
③ 복권기 　　　　　　④ 타여자기

답안 표기란

37	① ② ③ ④
38	① ② ③ ④
39	① ② ③ ④
40	① ② ③ ④
41	① ② ③ ④
42	① ② ③ ④

37 대전류·고전압의 전기량을 제어할 수 있는 자기소호형 소자는?

① FET
② Diode
③ Triac
④ IGBT

38 교류 전동기를 기동할 때 그림과 같은 기동 특성을 가지는 전동기는? (단, 곡선 (1)~(5)는 기동 단계에 대한 토크 특성 곡선이다.)

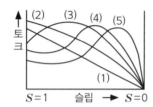

① 반발 유도 전동기
② 2중 농형 유도 전동기
③ 3상 분권 정류자 전동기
④ 3상 권선형 유도 전동기

39 1차 권수 6,000, 2차 권수 200인 변압기의 전압비는?

① 10
② 30
③ 60
④ 90

40 3상 유도 전동기의 정격 전압을 $V_n[V]$, 출력을 $P[W]$, 1차 전류를 $I_1[A]$, 역률을 $\cos\theta$ 라 하면 효율을 나타내는 식은?

① $\dfrac{P \times 10^3}{3V_n I_1 \cos\theta} \times 100\,[\%]$

② $\dfrac{3V_n I_1 \cos\theta}{P \times 10^3} \times 100\,[\%]$

③ $\dfrac{P \times 10^3}{\sqrt{3}V_n I_1 \cos\theta} \times 100\,[\%]$

④ $\dfrac{\sqrt{3}V_n I_1 \cos\theta}{P \times 10^3} \times 100\,[\%]$

41 합성수지 전선관 공사에서 관 상호간 접속에 필요한 부속품은?

① 커플링
② 커넥터
③ 리머
④ 노멀 밴드

42 다음 중 배선기구가 아닌 것은?

① 배전반
② 개폐기
③ 접속기
④ 배선용 차단기

답안 표기란
43 ① ② ③ ④
44 ① ② ③ ④
45 ① ② ③ ④
46 ① ② ③ ④
47 ① ② ③ ④
48 ① ② ③ ④
49 ① ② ③ ④

43 전기설비기술기준의 판단기준에서 가공전선로의 지지물에 하중이 가하여지는 경우에 그 하중을 받는 지지물의 기초 안전율은 얼마 이상인가?

① 0.5   ② 1
③ 1.5   ④ 2

44 최대 사용 전압이 220[V]인 3상 유도 전동기가 있다. 이것의 절연내력시험 전압은 몇 [V]로 하여야 하는가?

① 330   ② 500
③ 750   ④ 1,050

45 피뢰기의 약호는?

① LA   ② PF
③ SA   ④ COS

46 배전반을 나타내는 그림 기호는?

①   ②
③   ④ S

47 조명공학에서 사용되는 칸델라[cd]는 무엇의 단위인가?

① 광도   ② 조도
③ 광속   ④ 휘도

48 케이블 공사에서 비닐 외장 케이블을 조영재의 옆면에 따라 붙이는 경우 전선의 지지점 간의 거리는 최대 몇 [m]인가?

① 1.0   ② 1.5
③ 2.0   ④ 2.5

49 흥행장의 저압 옥내배선, 전구선 또는 이동 전선의 사용전압은 최대 몇 [V] 미만인가?

① 400   ② 440
③ 450   ④ 750

50 누전차단기의 설치목적은 무엇인가?

① 단락   ② 단선

③ 지락   ④ 과부하

51 절연물 중에서 가교폴리에틸렌(XLPE)과 에틸렌 프로필렌고무혼합물(EPR)의 허용 온도[℃]는?

① 70(전선)   ② 90(전선)

③ 95(전선)   ④ 105(전선)

52 금속덕트를 조영재에 붙이는 경우에는 지지점간의 거리는 최대 몇 [m] 이하로 하여야 하는가?

① 1.5   ② 2.0

③ 3.0   ④ 3.5

53 금속 전선관 공사에서 사용되는 후강 전선관의 규격이 아닌 것은?

① 16   ② 28

③ 36   ④ 50

54 완전 확산면은 어느 방향에서 보아도 무엇이 동일한가?

① 광속   ② 휘도

③ 조도   ④ 광도

55 전기설비기술기준의 판단기준에서 교통신호등 회로의 사용전압이 몇 [V]를 초과하는 경우에는 지락 발생 시 자동적으로 전로를 차단하는 장치를 시설하여야 하는가?

① 50   ② 100

③ 150   ④ 200

56 구리 전선과 전기 기계기구 단자를 접속하는 경우에 진동 등으로 인하여 헐거워질 염려가 있는 곳에는 어떤 것을 사용하여 접속하여야 하는가?

① 정 슬리브를 끼운다.

② 평와셔 2개를 끼운다.

③ 코드 패스너를 끼운다.

④ 스프링 와셔를 끼운다.

57 금속관을 구부릴 때 그 안쪽의 반지름은 관 안지름의 최소 몇 배 이상이 되어야 하는가?

① 4   ② 6
③ 8   ④ 10

58 옥내 배선을 합성수지관 공사에 의하여 실시할 때 사용할 수 있는 단선의 최대 굵기 [mm²]는?

① 4   ② 6
③ 10   ④ 16

59 일반용 단심 비닐절연전선의 약호는?

① NRI   ② NF
③ NFI   ④ NR

60 차단기 문자 기호 중 "OCB"는?

① 진공 차단기   ② 기중 차단기
③ 자기 차단기   ④ 유입 차단기

전체 문제 수 : 60
안 푼 문제 수 :

답안 표기란

1 ① ② ③ ④

2 ① ② ③ ④

3 ① ② ③ ④

4 ① ② ③ ④

5 ① ② ③ ④

1 같은 정전 용량의 콘덴서 5개를 가지고 병렬 접속할 때의 값은 직렬 접속할 때의 값보다 어떻게 되는가?

① $\dfrac{1}{25}$로 감소한다.

② $\dfrac{1}{50}$로 감소한다.

③ 25배로 증가한다.

④ 50배로 증가한다.

2 진공 중에 두 점전하 $Q_1[C]$, $Q_2[C]$가 거리 $r[m]$ 사이에서 작용하는 정전력[N]의 크기를 옳게 나타낸 것은?

① $9 \times 10^9 \times \dfrac{Q_1 Q_2}{r^2}$

② $6.33 \times 10^4 \times \dfrac{Q_1 Q_2}{r^2}$

③ $9 \times 10^9 \times \dfrac{Q_1 Q_2}{r}$

④ $6.33 \times 10^4 \times \dfrac{Q_1 Q_2}{r}$

3 진공 중에서 같은 크기의 두 자극을 1[m]의 거리에 놓았을 때, 그 작용하는 힘은?(단, 자극의 세기는 1[Wb]이다.)

① $6.33 \times 10^4 [N]$

② $8.33 \times 10^4 [N]$

③ $9.33 \times 10^5 [N]$

④ $9.09 \times 10^9 [N]$

4 2[V]의 전위차로 5[A]의 전류가 1분 동안 흘렀을 때 한 일은?

① 10[J]

② 60[J]

③ 100[J]

④ 600[J]

5 평균 반지름 $r[m]$의 환상 솔레노이드에 권수가 N일 때 내부 자계가 $H[AT/m]$이었다. 이때 흐르는 전류 $I[A]$는?

① $\dfrac{HN}{2\pi r}$

② $\dfrac{2\pi r}{HN}$

③ $\dfrac{2\pi r H}{N}$

④ $\dfrac{N}{2\pi r H}$

답안 표기란

6 ① ② ③ ④
7 ① ② ③ ④
8 ① ② ③ ④
9 ① ② ③ ④
10 ① ② ③ ④

6 공기 중에서 자속밀도가 0.2[Wb/m²]인 평등 자기장 중에 자기장과 30°의 방향으로 길이 2[m]인 도체에 10[A]의 전류가 흐르는 경우 전자력[N]은?

① 8   ② 4
③ 2   ④ 1

7 두 개의 자체 인덕턴스를 직렬로 접속하여 합성 인덕턴스를 측정하였더니 115[mH]이었다. 한쪽 인덕턴스를 반대로 접속하여 측정하였더니 합성 인덕턴스가 25[mH]로 되었다. 두 코일의 상호 인덕턴스는?

① 25[mH]   ② 45[mH]
③ 65[mH]   ④ 85[mH]

8 L=40[mH]의 코일에 흐르는 전류가 0.2[sec] 동안에 10[A]가 변했다. 코일에 유도되는 기전력[V]은?

① 1   ② 2
③ 3   ④ 4

9 그림의 브리지 회로에서 평형 조건식이 올바른 것은?

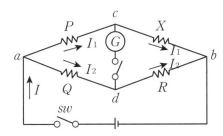

① $PX = QX$ ② $PQ = RX$
③ $PX = QR$ ④ $PR = QX$

10 황산구리($CuSO_4$) 용액에 구리(Cu)와 아연(Zn)판을 넣었을 때 아연판은?

① 수소기체를 발생한다.
② 음극이 된다.
③ 양극이 된다.
④ 황산아연으로 변한다.

답안 표기란	
11	① ② ③ ④
12	① ② ③ ④
13	① ② ③ ④
14	① ② ③ ④
15	① ② ③ ④
16	① ② ③ ④

11 정격출력이 220[V], 40[A]인 단상변압기 2대를 V결선하여 공급할 수 있는 부하용량은 몇 [kVA]인가?

① 5

② 10

③ 15

④ 20

12 평형 3상 교류회로에서 Y결선할 때 선간전압(V_l)과 상전압(V_p)의 관계는?

① $V_p = V_l$

② $V_p = \sqrt{2}V_l$

③ $V_p = \dfrac{1}{\sqrt{3}}V_l$

④ $V_p = \sqrt{3}V_l$

13 다음 그림의 저항 R_1, R_2, R_3의 합성저항 R을 구하면?

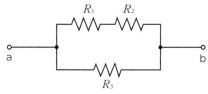

① $R = R_1 + R_2 + R_3$

② $R = \dfrac{(R_1+R_2)R_3}{(R_1+R_2)+R_3}$

③ $R = \dfrac{(R_1+R_3)R_2}{R_1+R_2+R_3}$

④ $R = \dfrac{R_1 R_2 R_3}{R_1+R_2+R_3}$

14 서로 다른 금속 안티몬과 비스무트를 접속하고 한 쪽 금속에서 다른 쪽 금속으로 전류를 흘리면 열의 발생 또는 흡수가 일어나는 현상은?

① 줄 효과

② 홀 효과

③ 제벡 효과

④ 펠티에 효과

15 R=5[Ω], L=26.7[mH]의 직렬회로에 2[A]가 흐르고 있을 때 인덕턴스[L]에 걸리는 단자 전압의 크기는 약 몇 [V]인가? (단, 주파수는 60[Hz]이다.)

① 12

② 20

③ 31

④ 36

16 다음 회로의 전류가 다음과 같을 때, 이 회로에 대한 전류의 실효값[A]은?

$$i = 1 + 5\sqrt{2}\sin(wt - \frac{\pi}{6}) + 2\sqrt{2}\sin(3wt - \frac{\pi}{3})[A]$$

① 1.6

② 3.2

③ 5.5

④ 8.3

답안 표기란

17 ① ② ③ ④
18 ① ② ③ ④
19 ① ② ③ ④
20 ① ② ③ ④
21 ① ② ③ ④
22 ① ② ③ ④

17 주위온도 0[℃]에서의 저항이 5[Ω]인 연동선이 있다. 주위 온도가 50[℃]로 되는 경우 저항은? (단, 0[℃]에서 연동선의 온도계수 $\alpha_0=4.3\times10^{-3}$이다.)

① 2   ② 4

③ 6   ④ 8

18 다음 중 플레밍의 왼손법칙의 원리에 적용되는 것은?

① 발전기의 원리   ② 전동기의 원리

③ 변압기의 원리   ④ 정류기의 원리

19 전류와 자속에 관한 설명 중 옳은 것은?

① 전류와 자속은 항상 폐회로를 이룬다.

② 전류와 자속은 항상 폐회로를 이루지 않는다.

③ 전류는 폐회로이나 자속은 아니다.

④ 자속은 폐회로이나 전류는 아니다.

20 히스테리시스곡선의 ㉠-가로축(횡축)과 ㉡-세로축(종축)은 무엇을 나타내는가?

① ㉠-자속밀도,   ㉡-투자율

② ㉠-자기장의 세기,   ㉡-자속밀도

③ ㉠-자화의 세기,   ㉡-자기장의 세기

④ ㉠-자기장의 세기,   ㉡-투자율

21 직류 발전기의 전기자 반작용의 영향으로 옳은 것은?

① 코일이 자극의 중성축에 있을 때도 브러시 사이에 전압을 유기시켜 불꽃을 발생한다.

② 주자속 분포를 찌그러뜨려 중성축을 고정시킨다.

③ 주자속을 감소시켜 유도 전압을 증가시킨다.

④ 직류 전압이 증가한다.

22 다음 중 전압 변동률이 적고 계자저항기를 사용한 전압조정이 가능하므로 전기 화학용, 전지의 충전용 발전기로 가장 적합한 것은 어느 것인가?

① 타여자 발전기

② 직류 복권 발전기

③ 직류 분권 발전기

④ 직류 직권 발전기

23 2차 입력 P_2, 출력 P_0, 슬립 s, 동기속도 N_s, 회전속도 N, 2차 동손 P_{C2}일 때 2차 효율 표기로 틀린 것은?

① $1-S$

② $\dfrac{P_{C2}}{P_2}$

③ $\dfrac{P_0}{P_2}$

④ $\dfrac{N}{N_s}$

24 전기철도에 사용하는 직류 전동기로 가장 적합한 전동기는?

① 분권 전동기

② 직권 전동기

③ 가동 복권 전동기

④ 차동 복권 전동기

25 다음의 변압기 극성에 관한 설명에서 틀린 것은?

① 우리나라는 감극성이 표준이다.

② 1차와 2차 권선에 유기되는 전압의 극성이 서로 반대이면 감극성이다.

③ 3상 결선 시 극성을 고려해야 한다.

④ 병렬운전 시 극성을 고려해야 한다.

26 변압기유의 구비 조건으로 틀린 것은?

① 점도가 클 것

② 인화점이 높고 응고점이 낮을 것

③ 절연재료에 화학작용을 일으키지 말 것

④ 비열이 클 것

27 유도 전동기의 부하시 슬립은?

① 4

② 3

③ 1

④ 0

28 3상 유도 전동기의 2차 저항을 2배로 하면 그 값이 2배가 되는 것은?

① 슬립

② 토크

③ 전류

④ 역률

29 유도 전동기의 제동법이 아닌 것은?

① 3상 제동

② 발전 제동

③ 회생 제동

④ 역상 제동

답안 표기란

23 ① ② ③ ④
24 ① ② ③ ④
25 ① ② ③ ④
26 ① ② ③ ④
27 ① ② ③ ④
28 ① ② ③ ④
29 ① ② ③ ④

답안 표기란

30 ① ② ③ ④
31 ① ② ③ ④
32 ① ② ③ ④
33 ① ② ③ ④
34 ① ② ③ ④
35 ① ② ③ ④
36 ① ② ③ ④

30 동기 발전기의 난조를 방지하는 가장 유효한 방법은?

① 회전자의 관성을 크게 한다.

② 제동 권선을 자극면에 설치한다.

③ X_s를 작게 하고 동기화력을 크게 한다.

④ 자극수를 적게 한다.

31 동기기의 손실에서 고정손에 해당되는 것은?

① 계자철심의 철손   ② 브러시의 전기손

③ 계자 권선의 저항손   ④ 전기자 권선의 저항손

32 다음 중 자기 소호 제어용 소자는?

① SCR   ② GTO

③ TRIAC   ④ LASCR

33 직류 분권 전동기의 회전 방향을 바꾸려면 어떻게 하여야 하는가?

① 전기자 전류의 방향과 계자 전류의 방향을 동시에 바꾼다.

② 발전기로 운전시킨다.

③ 계자 또는 전기자의 접속을 바꾼다.

④ 차동복권을 가동복권으로 바꾼다.

34 주파수 60[Hz]의 회로에 접속되어 슬립 4[%], 회전수 1,728[rpm]으로 회전하고 있는 유도 전동기의 극수는?

① 4극   ② 6극

③ 8극   ④ 10극

35 동기 발전기에서 역률각이 90도 앞설 때의 전기자 반작용은?

① 증자작용   ② 편자작용

③ 교차작용   ④ 감자작용

36 6극 직렬권 발전기의 전기자 도체수 100, 매극 자속 0.02[Wb], 회전수 900[rpm]일 때 유도기전력[V]은?

① 90   ② 110

③ 220   ④ 270

37 3상 동기 전동기의 토크에 대한 설명으로 옳은 것은?

① 공급 전압 크기에 비례한다.

② 공급 전압 크기의 제곱에 비례한다.

③ 부하각 크기에 반비례한다.

④ 부하각 크기의 제곱에 비례한다.

38 다음 중 직류 전동기에 대한 설명으로 옳은 것은?

① 전기철도용 전동기는 차동복권 전동기이다.

② 분권 전동기는 계자 저항기로 쉽게 회전속도를 조정할 수 있다.

③ 직권 전동기에서는 부하가 줄면 속도가 감소한다.

④ 분권 전동기는 부하에 따라 속도가 현저하게 변한다.

39 강압용 변압기로 수전용으로 사용되는 변압기의 3상 결선방식은?

① △-△

② △-Y

③ Y-Y

④ Y-△

40 측정이나 계산으로 구할 수 없는 손실로 부하 전류가 흐를 때 도체 또는 철심내부에서 생기는 손실을 무엇이라고 하는가?

① 구리손

② 맴돌이 전류손

③ 히스테리시스손

④ 표유부하손

41 옥외용 비닐절연전선을 나타내는 약호는?

① OW

② EV

③ DV

④ NV

42 단선 전선 접속 방법 중 트위스트 직선 접속을 할 수 있는 최대 단면적은 몇 $[\text{mm}^2]$ 이하인가?

① $1.2[\text{mm}^2]$

② $4[\text{mm}^2]$

③ $6[\text{mm}^2]$

④ $10[\text{mm}^2]$

43 금속 전선관 공사에서 금속관에 나사를 내기 위해 사용하는 공구는?

① 리머

② 오스터

③ 프레셔 툴

④ 파이프 벤더

답안 표기란

37 ① ② ③ ④
38 ① ② ③ ④
39 ① ② ③ ④
40 ① ② ③ ④
41 ① ② ③ ④
42 ① ② ③ ④
43 ① ② ③ ④

44 일정 값 이상의 전류가 흘렀을 때 동작하는 계전기는?

① OCR

② OVR

③ UVR

④ GR

45 다음 그림 중 천장은폐 배선 기호는?

① ————————

② ·······················

③ ——·——·——

④ — — — —

46 접지도체는 지하 0.75[m]부터 지표상 2[m]까지의 부분은 어떠한 전선관으로 덮어야 하는가?

① 합성수지관

② 금속관

③ 금속트렁킹

④ 금속몰드

47 저압 크레인 또는 호이스트 등의 트롤리선을 애자사용 공사에 의하여 옥내의 노출장소에 시설하는 경우 트롤리선의 바닥에서의 최소 높이는 몇 [m] 이상으로 설치하는가?

① 2

② 2.5

③ 3

④ 3.5

48 저압 옥내 배선에서 애자사용 배선공사를 할 때 올바른 것은?

① 전선 상호간의 간격은 6[cm] 이상

② 400[V] 초과하는 경우 전선과 조영재 사이의 이격거리는 2.5[cm] 미만

③ 전선의 지지점간의 거리는 조영재의 윗면 또는 옆면에 따라 붙일 경우에는 3[m] 이상

④ 애자사용 공사에 사용되는 애자는 절연성, 난연성 및 내수성과 무관

49 다음 중 금속관 공사에 관하여 설명한 것으로 틀린 것은?

① 사람이 접촉할 우려가 없는 경우에는 접지를 사용한다.

② 옥외용 비닐 절연전선을 사용한다.

③ 콘크리트에 매설하는 것은 전선관의 두께를 1.2[mm] 이상으로 한다.

④ 전선은 연선을 사용한다.

50 무대 마루 밑, 오케스트라 박스, 영사실, 기타 사람이나 무대 도구가 접촉할 우려가 있는 장소에 시설하는 저압옥내 배선, 전구선 또는 이동전선은 최고 사용전압이 몇 [V] 미만이어야 하는가?

① 100

② 200

③ 400

④ 700

44 ① ② ③ ④
45 ① ② ③ ④
46 ① ② ③ ④
47 ① ② ③ ④
48 ① ② ③ ④
49 ① ② ③ ④
50 ① ② ③ ④

답안 표기란

51 ① ② ③ ④
52 ① ② ③ ④
53 ① ② ③ ④
54 ① ② ③ ④
55 ① ② ③ ④
56 ① ② ③ ④
57 ① ② ③ ④

51 저압 가공 전선의 인입선이 도로를 횡단하는 경우 노면상 설치 높이는 몇 $[m]$ 이상이어야 하는가?

① 3   ② 4
③ 5   ④ 6.5

52 학교, 사무실, 은행의 간선의 수용률은 얼마인가?

① 40 [%]   ② 50 [%]
③ 60 [%]   ④ 70 [%]

53 주택, 아파트, 사무실, 은행, 상점, 미장원, 이발소에서 사용하는 표준부하$[VA/m^2]$는 일반적으로 얼마로 적용하여야 하는가?

① 5 $[VA/m^2]$ ② 10 $[VA/m^2]$
③ 20 $[VA/m^2]$ ④ 30 $[VA/m^2]$

54 실내 전체를 균일하게 조명하는 방식으로 광원을 일정한 간격으로 배치하며 공장, 학교, 사무실 등에서 채용하는 조명방식은?

① 국부조명   ② 전반조명
③ 직접조명   ④ 간접조명

55 조명용 백열전등을 호텔 또는 여관 객실의 입구에 설치할 때나 일반 주택 및 아파트 객실의 현관에 설치할 때 사용되는 스위치는?

① 타임스위치   ② 누름버튼스위치
③ 토글스위치   ④ 로터리스위치

56 아래 심벌이 나타내는 것은?

① 저항   ② 진상용 콘덴서
③ 유입 개폐기   ④ 변압기

57 배전반, 분전반 등의 배관을 변경하거나, 캐비닛(철판)에 구멍을 뚫을 때 사용하는 공구는?

① 오스터   ② 클리퍼
③ 토치램프   ④ 녹아웃 펀치

58 화약류 저장장소의 배선공사에서 전용 개폐기에서 화약류 저장소의 인입구까지는 어떤 공사를 하여야 하는가?

① 케이블을 사용한 옥측 전선로

② 금속관을 사용한 지중 전선로

③ 케이블을 사용한 지중 전선로

④ 금속관을 사용한 옥측 전선로

59 한 분전반에서 사용전압이 각각 다른 분기회로가 있을 때 분기회로를 쉽게 식별하기 위한 방법으로 가장 적합한 것은?

① 차단기별로 분리해 놓는다.

② 과전류 차단기 가까운 곳에 각각 전압을 표시하는 명판을 붙여 놓는다.

③ 왼쪽은 고압측 오른쪽은 저압측으로 분류해 놓고 전압 표시는 하지 않는다.

④ 분전반을 철거하고 다른 분전반을 새로 설치한다.

60 조명 설계 시 고려해야 할 사항 중 틀린 것은?

① 적당한 조도일 것

② 휘도 대비가 높을 것

③ 균등한 광속 발산도 분포일 것

④ 적당한 그림자가 있을 것

전체 문제 수 : 60
안 푼 문제 수 :

1 줄의 법칙에 있어서 발생하는 열량의 계산으로 맞는 것은?

① $H = 0.24I^2R$

② $H = 0.24I^2Rt$

③ $H = 0.024I^2Rt$

④ $H = 0.24IR^2t$

2 다음 중 저항값이 클수록 좋은 것은?

① 접지저항

② 절연저항

③ 도체저항

④ 접촉저항

3 그림과 같은 회로에서 합성저항은 몇 [Ω]인가?

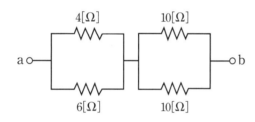

① 6.6 [Ω]

② 7.4 [Ω]

③ 8.7 [Ω]

④ 9.4 [Ω]

4 다음 중 자기작용에 대한 설명으로 옳은 것은?

① 기자력의 단위는 [AT]이다.

② 자기회로에서 자속을 발생시키기 위한 힘을 기전력이라고 한다.

③ 자기회로의 자기저항이 작은 경우는 누설 자속이 매우 크다.

④ 평행한 두 도체 사이에 전류가 반대 방향으로 흐르면 흡인력이 작용한다.

5 정전용량 $C_1 = 70[\mu F]$와 $C_2 = 30[\mu F]$가 직렬로 접속할 때의 합성 정전용량은 몇 $[\mu F]$인가?

① 14

② 21

③ 50

④ 150

답안 표기란

6 ① ② ③ ④
7 ① ② ③ ④
8 ① ② ③ ④
9 ① ② ③ ④
10 ① ② ③ ④
11 ① ② ③ ④
12 ① ② ③ ④

6 대전된 물질이 갖는 전기의 크기를 무엇이라고 하는가?

① 자속　　　　　　　　② 콘덴서

③ 정전용량　　　　　　④ 전하

7 10분간 3,600,000[J]의 일을 할 때 전력은 몇 [kW]인가?

① 0.6　　　　　　　　② 6

③ 60　　　　　　　　④ 600

8 평형 3상 교류회로에서 Y결선할 때 선간전압(V_l)이 380[V]이면 상전압(V_p)은 약 몇 [V]인가?

① 110　　　　　　　　② 220

③ 380　　　　　　　　④ 440

9 "기전력의 합은 전압 강하의 합과 같다"라고 정의되는 법칙은?

① 키르히호프의 제1법칙　　　② 키르히호프의 제2법칙

③ 플레밍의 오른손법칙　　　④ 앙페르의 오른나사법칙

10 부하와 전원이 △ 결선된 3상 평형회로에서 상전압은 200[V], 부하 임피던스가 Z=3 + j4[Ω]인 경우 상전류는 몇 [A]인가?

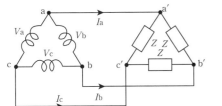

① 30

② 40

③ 50

④ $40\sqrt{3}$

11 다음 설명 중에서 틀린 것은?

① 코일은 직렬로 연결할수록 인덕턴스가 커진다.

② 콘덴서는 직렬로 연결할수록 용량이 커진다.

③ 저항은 병렬로 연결할수록 저항치가 작아진다.

④ 리액턴스는 주파수의 함수이다.

12 같은 크기의 두 자극 $m_1 = 10^{-4}$[Wb], $m_2 = 10^{-4}$[Wb]을 진공 중에서 1[m]의 거리에 놓았을 때, 그 작용하는 힘은?

① 6.33×10^{-5}[N]　　　　② 6.33×10^{-4}[N]

③ 9.33×10^{-5}[N]　　　　④ 9.33×10^{-4}[N]

답안 표기란

13 ① ② ③ ④

14 ① ② ③ ④

15 ① ② ③ ④

16 ① ② ③ ④

17 ① ② ③ ④

18 ① ② ③ ④

13 평균 반지름이 r[m]이고, 감은 횟수가 N인 환상 솔레노이드에 전류 I[A]가 흐를 때 내부의 자기장의 세기 H[AT/m]에 대한 설명 중 틀린 것은?

① 자기장의 세기는 권수에 비례한다.

② 자기장의 세기는 평균 반지름에 비례한다.

③ 자기장의 세기는 전류에 비례한다.

④ 자기장의 세기의 단위는 [AT/m]이다.

14 공기 중에서 자속밀도 10[Wb/m²]의 평등 자장 속에 길이 60[cm]의 직선 도선을 자장의 방향과 30도의 각을 이루고 5[A]의 전류를 흐르게 하면 이 도선이 받는 힘은 몇 [N]인가?

① 10
② 15
③ 20
④ 25

15 3상 교류회로의 선간전압이 22,900[V], 선전류가 700[A], 역률 90[%]의 부하의 소비전력은 약 몇 [MW]인가?

① 20
② 25
③ 30
④ 35

16 방전 후 충전하여 사용이 불가능한 1차 전지로 가장 많이 사용되는 것은?

① 망간전지

② 연료 전지

③ 납축전지

④ 니켈 카드뮴 전지

17 전기장 내에 단위 정전하를 놓았을 때 작용하는 힘은 무엇인가?

① 자속밀도

② 전기장의 세기

③ 전위

④ 전속

18 단상 전력계 2대를 사용하여 2전력계법으로 3상 전력을 측정할 때, 두 전력계가 지시하는 값이 P_1[W], P_2[W]라면 부하전력[W]은?

① $P = P_1 - P_2$[W]

② $P = P_1 + P_2$[W]

③ $P = P_1 \times P_2$[W]

④ $P = \sqrt{3}(P_1 + P_2)$[W]

19 다음 그림에서 평형조건으로 맞는 식은?

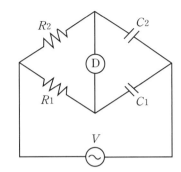

① $C_1 R_2 = C_2 R_1$

② $C_1 R_1 = C_2 R_2$

③ $C_1 C_2 = R_1 R_2$

④ $\dfrac{1}{C_1 C_2} = R_1 R_2$

20 교류전력의 유효전력 단위로 옳은 것은?

① [VA]

② [W]

③ [Var]

④ [Wh]

21 변압기의 2차측 저항이 0.1[Ω]이다. 이것을 1차로 환산했을 때 360[Ω]이라면 변압기의 권수비는?

① 50

② 60

③ 70

④ 100

22 중권 극수 **p**인 직류기의 병렬회로수 **a**는 얼마인가?

① $a = p$

② $a = 2p$

③ $a = 3p$

④ $a = 2$

23 직류 발전기에서 브러시와 접촉하여 전기자에서 발생된 기전력을 직류로 변환하는 부분은?

① 계자

② 전기자

③ 슬립링

④ 정류자

24 보호계전기 시험을 하기 위한 유의사항이 아닌 것은?

① 시험회로 결선 시 교류와 직류 확인

② 시험회로 결선 시 교류의 극성 확인

③ 계전기 시험 장비의 오차 확인

④ 영점의 정확성 확인

답안 표기란

19 ① ② ③ ④
20 ① ② ③ ④
21 ① ② ③ ④
22 ① ② ③ ④
23 ① ② ③ ④
24 ① ② ③ ④

25 전기기기의 철심 재료로 규소강판을 많이 사용하는 이유로 가장 적당한 것은?

① 와류손을 줄이기 위해

② 구리손을 줄이기 위해

③ 맴돌이 전류를 없애기 위해

④ 히스테리시스손을 줄이기 위해

26 동기발전기를 회전계자형으로 하는 이유가 아닌 것은?

① 고전압에 견딜 수 있게 전기자 권선을 절연하기가 쉽다.

② 전기자 단자에 발생한 고전압을 슬립링 없이 간단하게 외부회로로 인가할 수 있다.

③ 기계적으로 튼튼하게 만드는 데 용이하다.

④ 전기자가 고정되어 있지 않아 제작비용이 저렴하다.

27 일종의 전류계전기로 보호대상 설비에 유입되는 전류와 유출되는 전류의 차에 의해 동작하는 계전기는?

① 차동 계전기

② 접지 계전기

③ 과전압 계전기

④ 역상 계전기

28 동기 전동기의 단자전압과 부하를 일정하게 유지하고 직류 여자전류의 크기를 변화시킬 때의 현상으로 옳은 것은?

① 전기자 전류의 크기와 위상이 바뀐다.

② 전기자 권선의 역기전력은 변하지 않는다.

③ 동기전동기의 기계적 출력은 일정하다.

④ 회전속도가 바뀐다.

29 다음 중 동기기로 운전할 때 안정도 증진법으로 틀린 것은?

① 단락비를 크게 한다.

② 회전자의 관성을 크게 한다.

③ 영상 임피던스를 크게 한다.

④ 동기 임피던스를 크게 한다.

30 동기 발전기의 무부하 포화곡선에 대한 설명으로 옳은 것은?

① 정격전류와 단자전압의 관계이다.

② 정격전류와 정격전압의 관계이다.

③ 계자전류와 정격전압의 관계이다.

④ 계자전류와 단자전압의 관계이다.

답안 표기란

25 ① ② ③ ④
26 ① ② ③ ④
27 ① ② ③ ④
28 ① ② ③ ④
29 ① ② ③ ④
30 ① ② ③ ④

31 3상 유도 전동기의 슬립의 범위는?

① $0 < s < 1$ ② $-1 < s < 0$
③ $1 < s < 2$ ④ $0 < s < 2$

32 정격이 5.5[kW], 200[V]인 유도 전동기의 전전압 기동시의 전류가 150[A]이었다. 여기에 Y−Δ 기동 시 기동 전류는 몇 [A]인가?

① 50 ② 70
③ 90 ④ 100

33 직류 파권 발전기의 극수는 6, 전기자 도체수 400, 매극의 자속수 0.01[Wb], 회전수 600[rpm]일 때 기전력은 몇 [V]인가?

① 100 ② 120
③ 180 ④ 200

34 동기기의 전기자 권선법이 아닌 것은?

① 전절권 ② 분포권
③ 2층권 ④ 중권

35 전부하에서 2차 전압이 100[V]이고 전압 변동률이 2[%]인 단상변압기가 있다. 1차 전압은 약 몇 [kV]인가? (단, 1차 권선과 2차 권선의 권수비는 20:1이다.)

① 1 ② 2
③ 3 ④ 4

36 직류 전동기의 출력이 50[kW], 회전수가 1,800[rpm]일 때 토크는 약 몇 [kg·m]인가?

① 12 ② 23
③ 27 ④ 31

37 동기 전동기에서 난조를 방지하기 위하여 자극면에 설치하는 권선을 무엇이라고 하는가?

① 제동권선 ② 계자권선
③ 전기자권선 ④ 보상권선

38 고정자의 두 극에 홈을 파고 저항이 큰 나동선의 단락된 링 코일을 설치하여 회전자계를 만들고 토크를 발생시켜 기동하는 것은?

① 분상 기동형 ② 콘덴서 구동형
③ 세이딩 코일형 ④ 반발 기동형

답안 표기란

31 ① ② ③ ④
32 ① ② ③ ④
33 ① ② ③ ④
34 ① ② ③ ④
35 ① ② ③ ④
36 ① ② ③ ④
37 ① ② ③ ④
38 ① ② ③ ④

답안 표기란

39 ① ② ③ ④
40 ① ② ③ ④
41 ① ② ③ ④
42 ① ② ③ ④
43 ① ② ③ ④
44 ① ② ③ ④

39 동기 전동기에 대한 설명으로 틀린 것은?

① 정속도 전동기이고, 저속도에서 특히 효율이 좋다.

② 역률을 조정할 수 있다.

③ 난조가 일어나기 쉽다.

④ 직류 여자기가 필요하지 않다.

40 직류를 교류로 변환하는 장치는?

① 정류기   ② 충전기

③ 인버터   ④ 컨버터

41 주로 저압 가공전선로 또는 인입선에 사용되는 애자로서 주로 앵글베이스 스트랩과 스트랩볼트 인류바인드선(비닐절연 바인드선)과 함께 사용하는 애자는?

① 고압 핀 애자

② 저압 핀 애자

③ 저압 인류 애자

④ 라인포스트 애자

42 저압 연접인입선의 시설규정을 설명한 것으로 옳은 것은?

① 타 수용가의 옥내를 통과하지 않아야 한다.

② 폭 6 [m]을 넘는 도로를 횡단하지 않아야 한다.

③ 분기점으로부터 150 [m]을 넘지 않는 지역에 설치하여야 한다.

④ 지름 1.5 [mm] 인입용 비닐절연전선을 사용해야 한다.

43 다음 중 접지의 목적으로 알맞지 않은 것은?

① 감전사고 방지

② 이상전압의 억제

③ 전로의 대지전압 상승

④ 보호계전기의 동작 확보

44 전력케이블로 많이 사용되는 CV케이블의 명칭은?

① 비닐 절연 비닐시스 케이블

② 가교 폴리에틸렌 절연 비닐시스 케이블

③ 폴리에틸렌 절연 비닐시스 케이블

④ 고무 절연 클로로프렌시스 케이블

답안 표기란

45 ① ② ③ ④
46 ① ② ③ ④
47 ① ② ③ ④
48 ① ② ③ ④
49 ① ② ③ ④
50 ① ② ③ ④

45 빛의 밝기를 표현할 때 사용하는 것으로 단위면적당 입사광속을 무엇이라고 하는가?

① 광속
② 휘도
③ 조도
④ 광도

46 가공전선 지지물의 기초 강도는 주체(主體)에 가하여지는 곡하중(曲荷重)에 대하여 안전율을 얼마 이상으로 하여야 하는가?

① 1.0
② 1.5
③ 1.8
④ 2.0

47 전선과 기구단자와의 접속에 관한 다음의 설명 중 틀린 것은?

① 접속점에 장력이 걸리지 않도록 시설한다.
② 전선을 1본만 접속할 수 있는 구조의 단자는 보조기구를 써서라도 2본의 전선을 접속한다.
③ 기구단자 누름나사형, 크램프형이거나 이와 유사한 구조가 아닌 경우는 단면적 10[mm²]를 초과하는 단선 또는 단면적 6[mm²]를 초과하는 연선에 터미널리그를 부착한다.
④ 전선을 나사로 고정하는 경우에 진동 등으로 헐거워질 우려가 있는 장소는 2중 너트, 스프링와셔 및 나사풀림 방지 기구가 있는 것을 사용한다.

48 2종 금속 몰드 공사에서 같은 몰드 내에 들어가는 전선은 피복 절연물을 포함하여 단면적의 총합이 몰드 내의 단면적의 몇 [%] 이하로 하여야 하는가?

① 20[%]
② 30[%]
③ 40[%]
④ 50[%]

49 합성수지관 공사에서 지지점간의 거리는 몇 [m] 이하로 하는 것이 가장 바람직한가?

① 1
② 1.5
③ 2
④ 3

50 저압 옥내 배선 공사에서 인입용 비닐 절연전선을 사용해서는 안 되는 공사는?

① 애자사용 공사
② 합성수지관 공사
③ 금속관 공사
④ 금속덕트 공사

답안 표기란

51 ① ② ③ ④
52 ① ② ③ ④
53 ① ② ③ ④
54 ① ② ③ ④
55 ① ② ③ ④
56 ① ② ③ ④

51 다음 중 단선의 브리타니아 직선 접속에 사용되는 것은?

① 조인트선   ② 파라핀선

③ 바인드선   ④ 에나멜선

52 셀룰로이드, 성냥, 석유류 등 기타 가연성 위험물질을 제조 또는 저장하는 장소의 배선으로 틀린 것은?

① 배선은 금속관 배선, 합성수지관 배선, 케이블 배선을 한다.

② 금속관은 박강전선관 또는 이와 동등 이상의 강도가 있는 것을 사용한다.

③ 두께가 2[mm] 미만의 합성수지제 전선관을 사용한다.

④ 합성수지관 배선에 사용하는 합성수지관 및 박스 기타 부속품은 손상될 우려가 없도록 시설한다.

53 다음 중 전선의 굵기를 측정하는 것은?

① 프레셔 툴

② 스패너

③ 파이어 포트

④ 와이어 게이지

54 다음 중 공칭단면적을 설명한 것으로 틀린 것은?

① 단위는 [mm²]로 나타낸다.

② 전선의 굵기를 표시하는 호칭이다.

③ 계산상의 단면적은 따로 있다.

④ 전선의 실제 단면적과 반드시 같다.

55 링 리듀서는 무엇을 하는 데 사용하는가?

① 박스 내의 전선 접속에 사용

② 녹아웃 구멍을 막는 데 사용

③ 녹아웃 직경이 접속하는 금속관보다 큰 경우에 사용

④ 로크 너트를 고정하는 데 사용

56 정격전류가 30[A] 이하인 저압전로의 과전류차단기를 배선용차단기로 사용하는 경우 정격전류의 1.25배의 전류가 통과하였을 경우 몇 분 이내에 자동적으로 동작하여야 하는가?

① 2분   ② 4분

③ 60분   ④ 80분

57 버스덕트의 종류 중 덕트 도중에 부하를 접속할 수 없도록 한 것은?

① 플로어 버스덕트

② 피더 버스덕트

③ 트롤리 버스덕트

④ 플러그인 버스덕트

58 금속관 공사 시 관을 접지하는 데 사용하는 것은?

① 노출배관용 박스

② 엘보

③ 접지 클램프

④ 터미널 캡

59 다음 중 3로 스위치를 나타내는 그림 기호는?

① ●EX ② ●3

③ ●2P ④ ●15A

60 배전용 기구인 컷아웃스위치(COS)의 용도로 알맞은 것은?

① 배전용 변압기의 1차측에 시설하여 변압기의 단락 보호용으로 쓰인다.

② 배전용 변압기의 2차측에 시설하여 변압기의 단락 보호용으로 쓰인다.

③ 배전용 변압기의 1차측에 시설하여 배전구역 전환용으로 쓰인다.

④ 배전용 변압기의 2차측에 시설하여 배전구역 전환용으로 쓰인다.

전체 문제 수 : 60
안 푼 문제 수 :

답안 표기란

1	① ② ③ ④
2	① ② ③ ④
3	① ② ③ ④
4	① ② ③ ④
5	① ② ③ ④
6	① ② ③ ④

1 1[kWh]는 몇 [J]인가?

① 3.6×10^6 [J]

② 8.6×10^6 [J]

③ 360 [J]

④ 860 [J]

2 다음 중 반자성체에 해당하는 물질은?

① 알루미늄

② 코발트

③ 안티몬

④ 망간

3 납축전지의 전해액은 무엇인가?

① 수산화나트륨

② 염화나트륨

③ 물

④ 묽은 황산

4 200[μF]의 콘덴서에 1,000[V]의 전압을 가하여 충전한 뒤 저항을 통하여 방전시키면 저항에 발생하는 열량은 몇 [cal]인가?

① 12

② 24

③ 36

④ 43

5 전기분해에 의해서 구리를 정제하는 경우, 음극에서 구리 1[kg]을 석출하기 위해서는 200[A]의 전류를 약 몇 시간[h] 흘려야 하는가? (단, 구리의 전기화학당량은 0.3293 $\times 10^{-3}$[g/C]임)

① 2.11 [h]

② 4.22 [h]

③ 8.44 [h]

④ 12.56 [h]

6 동일한 크기의 저항을 10개 접속하는 경우에 합성저항의 값이 최소가 되는 접속은?

① 모두 직렬접속

② 모두 병렬접속

③ 직렬접속과 병렬접속의 혼합

④ 5개를 직렬로 접속하고 이것을 2조로 병렬접속

7 전류가 만드는 자장의 세기와 관련이 있는 법칙은?

① 비오-사바르(Biot-Savart)의 법칙

② 렌츠의 법칙

③ 키르히호프의 법칙

④ 옴의 법칙

8 긴 직선 도선에 I의 전류가 흐를 때 이 도선으로부터 r만큼 떨어진 곳의 자기장의 세기는?

① 전류 I에 반비례하고 거리 r에 비례한다.

② 전류 I에 비례하고 거리 r에 반비례한다.

③ 전류 I의 제곱에 반비례하고 거리 r에 반비례한다.

④ 전류 I에 반비례하고 거리 r의 제곱에 반비례한다.

9 콘덴서의 정전용량에 대한 설명으로 틀린 것은?

① 정전용량은 전압에 반비례한다.

② 정전용량은 이동 전하량에 비례한다.

③ 정전용량은 극판의 넓이에 비례한다.

④ 정전용량은 극판의 간격에 비례한다.

10 권선수 50인 코일에 5[A]의 전류가 흘렀을 때 10^{-3}[Wb]의 자속이 코일 전체를 쇄교하였다면 이 코일의 자체 인덕턴스는?

① 10[mH]   ② 20[mH]

③ 30[mH]   ④ 40[mH]

11 비정현파가 발생하는 원인과 거리가 먼 것은?

① 옴의 법칙   ② 자기포화

③ 히스테리시스   ④ 전기자 반작용

12 RL 직렬회로에 교류전압 $v = V_m \sin\theta$[V]를 가했을 때, 회로의 위상각 θ를 나타낸 것은?

① $\tan^{-1} \dfrac{R}{wL}$ ② $\tan^{-1} \dfrac{wL}{R}$

③ $\tan^{-1} \dfrac{1}{RwL}$ ④ $\tan^{-1} \dfrac{R}{\sqrt{R^2 + (wL)^2}}$

7	① ② ③ ④
8	① ② ③ ④
9	① ② ③ ④
10	① ② ③ ④
11	① ② ③ ④
12	① ② ③ ④

13 공기 중에서 자속밀도 3[Wb/m²]의 평등 자장 속에 길이 10[cm]의 직선 도선을 자장의 방향과 직각으로 놓고 여기에 4[A]의 전류를 흐르게 하면 이 도선이 받는 힘은 몇 [N]인가?

① 0.5

② 1.2

③ 2.8

④ 4.2

14 전자석의 특징으로 옳지 않은 것은?

① 전류의 방향이 바뀌면 전자석의 극도 바뀐다.

② 코일을 감은 횟수가 많을수록 강한 전자석이 된다.

③ 전류를 많이 공급하면 무한정 자력이 강해진다.

④ 같은 전류라도 코일속에 철심을 넣으면 강한 전자석이 된다.

15 정전기 발생 방지책으로 틀린 것은?

① 대전 방지제의 사용

② 접지 및 보호구의 착용

③ 배관 내 액체의 흐름 속도 제한

④ 대기의 습도를 30[%] 이하로 건조함 유지

16 다음 중 파고율을 나타낸 것은?

① $\dfrac{\text{실효값}}{\text{평균값}}$

② $\dfrac{\text{최대값}}{\text{실효값}}$

③ $\dfrac{\text{평균값}}{\text{실효값}}$

④ $\dfrac{\text{실효값}}{\text{최대값}}$

17 R=6[Ω], X_C=8[Ω]인 직렬로 접속된 회로에 I=10[A] 전류가 흐른다면 전압 [V]는?

① 60+j80[V]

② 60-j80[V]

③ 100+j150[V]

④ 100-j150[V]

18 전압 220[V], 전류 15[A], 역률 0.9인 단상 전동기 사용 시 소비전력[W]은?

① 1,050[W]

② 2,970[W]

③ 3,300[W]

④ 5,144[W]

19 어느 교류전압의 순시값이 v=311sin(120πt)[V]라고 하면 이 전압의 실효값은 약 몇 [V]인가?

① 180[V]   ② 220[V]

③ 440[V]   ④ 622[V]

20 다음 중 자체 인덕턴스의 크기를 변화시킬 수 있는 것은?

① 투자율   ② 유전율

③ 전도율   ④ 저항률

21 직류 전동기를 기동할 때 전기자 전류를 제한하는 가감 저항기를 무엇이라고 하는가?

① 단속기   ② 제어기

③ 가속기   ④ 기동기

22 직류 전동기의 전기적 제동법이 아닌 것은?

① 발전 제동   ② 회생 제동

③ 역전 제동   ④ 저항 제동

23 직류 발전기에서 전압 정류의 역할을 하는 것은?

① 보극   ② 탄소 브러시

③ 전기자   ④ 계자

24 직류 발전기에 있어서 전기자 반작용이 생기는 요인이 되는 전류는?

① 동손에 의한 전류

② 전기자 권선에 의한 전류

③ 계자권선의 전류

④ 규소강판에 의한 전류

25 동기 발전기의 돌발 단락 전류를 주로 제한하는 것은?

① 누설 리액턴스

② 역상 리액턴스

③ 동기 리액턴스

④ 권선저항

답안 표기란
19 ① ② ③ ④
20 ① ② ③ ④
21 ① ② ③ ④
22 ① ② ③ ④
23 ① ② ③ ④
24 ① ② ③ ④
25 ① ② ③ ④

26 동기 전동기의 자기 기동에서 계자권선을 단락하는 이유는?

① 기동이 쉽다.

② 기동권선으로 이용한다.

③ 고전압 유도에 의한 절연파괴 위험을 방지한다.

④ 전기자 반작용을 방지한다.

27 동기기의 위상 특성 곡선에서 전기자 전류가 가장 작게 흐를 때의 역률은?

① 1

② 0.9(진상)

③ 0.9(지상)

④ 0

28 전기 용접기용 발전기로 가장 적합한 것은?

① 직류 분권 발전기

② 차동 복권 발전기

③ 가동 복권 발전기

④ 직류 타여자 발전기

29 직류 분권 발전기의 병렬운전 조건에 해당되지 않는 것은?

① 극성이 같을 것

② 단자전압이 같을 것

③ 외부특성곡선이 수하특성일 것

④ 균압선을 접속할 것

30 변압기에 대한 설명으로 틀린 것은?

① 전압을 변성한다.

② 전력을 발생하지 않는다.

③ 정격 출력은 1차측 단자를 기준으로 한다.

④ 변압기의 정격용량은 피상전력으로 표시한다.

31 히스테리시스손은 최대 자속밀도 및 주파수의 각각 몇 승에 비례하는가?

① 최대자속밀도 : 1.6, 주파수 : 1.0

② 최대자속밀도 : 1.0, 주파수 : 1.6

③ 최대자속밀도 : 1.0, 주파수 : 1.0

④ 최대자속밀도 : 1.6, 주파수 : 1.6

26	① ② ③ ④
27	① ② ③ ④
28	① ② ③ ④
29	① ② ③ ④
30	① ② ③ ④
31	① ② ③ ④

32 변압기에서 퍼센트 저항강하 3[%], 리액턴스강하 4[%]일 때 역률 0.8(지상)에서의 전압 변동률[%]은?

① 2.4[%] ② 3.6[%]
③ 4.8[%] ④ 6.0[%]

33 변압기의 병렬운전에서 필요하지 않은 것은?

① 극성이 같을 것 ② 전압이 같을 것
③ 출력이 같을 것 ④ 임피던스 전압이 같을 것

34 유도 전동기에서 슬립이 0이란 것은 무엇을 의미하는가?

① 유도 전동기가 동기 속도로 회전한다.
② 유도 전동기가 정지 상태이다.
③ 유도 전동기가 전부하 상태이다.
④ 유도 전동기가 제동기의 역할을 한다.

35 농형 유도 전동기의 특징으로 틀린 것은?

① 구조가 간단하다. ② 보수가 용이하다.
③ 효율이 좋다. ④ 속도 조정이 쉽다.

36 슬립이 3[%]인 유도 전동기에서 동기속도가 1,800[rpm]일 때 전동기의 회전속도 [rpm]는?

① 1,715 ② 1,726
③ 1,746 ④ 1,790

37 3상 농형 유도 전동기의 속도제어에 주로 이용하는 것은?

① 정류제어 ② 2차 저항제어
③ 주파수제어 ④ 계자제어

38 다이오드를 사용한 정류회로에서 다이오드를 여러 개 직렬로 연결하여 사용하는 경우의 설명으로 가장 옳은 것은?

① 다이오드를 과전류로부터 보호할 수 있다.
② 다이오드를 과전압으로부터 보호할 수 있다.
③ 부하출력의 맥동률을 감소시킬 수 있다.
④ 낮은 전압 전류에 적합하다.

답안 표기란

32 ① ② ③ ④
33 ① ② ③ ④
34 ① ② ③ ④
35 ① ② ③ ④
36 ① ② ③ ④
37 ① ② ③ ④
38 ① ② ③ ④

39 다음 중 SCR의 기호는?

① 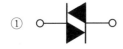   ②

③    ④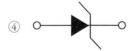

40 회전 변류기의 직류측 전압을 조정하려는 방법이 아닌 것은?

① 직렬 리액턴스에 의한 방법
② 유도전압조정기를 사용하는 방법
③ 여자 전류를 조정하는 방법
④ 동기 승압기에 의한 방법

41 접지도체에 큰 고장전류가 흐르지 않을 경우에 접지도체는 단면적 몇 [mm²] 이상의 구리선을 사용하여야 하는가?

① 2.5   ② 6
③ 10   ④ 16

42 전압을 저압, 고압 및 특고압으로 구분할 때 교류에서 저압이란?

① 110[V] 이하의 것   ② 220[V] 이하의 것
③ 1000[V] 이하의 것   ④ 1500[V] 이하의 것

43 전압계, 전류계 등의 소손 방지용으로 계기 내에서 장치하고 봉입하는 퓨즈는 어느 것인가?

① 통형 퓨즈   ② 관형 퓨즈
③ 온도 퓨즈   ④ 텅스텐 퓨즈

44 다선식 옥내배선인 경우 N상(중성선)의 색별 표시는?

① 갈색   ② 흑색
③ 회색   ④ 청색

45 평균 구면 광도 I[cd]의 전등에서 발산되는 전광속 수[lm]는?

① $4\pi I$ ② $2\pi I$
③ πI ④ $4\pi^2 I$

답안 표기란

39 ① ② ③ ④
40 ① ② ③ ④
41 ① ② ③ ④
42 ① ② ③ ④
43 ① ② ③ ④
44 ① ② ③ ④
45 ① ② ③ ④

답안 표기란

46 ① ② ③ ④

47 ① ② ③ ④

48 ① ② ③ ④

49 ① ② ③ ④

50 ① ② ③ ④

46 교류 고압 배전반에서 전압이 높고 위험하여 전압계를 직접 주 회로에 병렬 연결할 수 없을 때 쓰이는 기기는?

① 전류 제한기   ② 계기용 변압기

③ 계기용 전류기   ④ 전압계용 절환 개폐기

47 다음 그림은 단선 직선 접속 방법 중 무엇을 나타내는가?

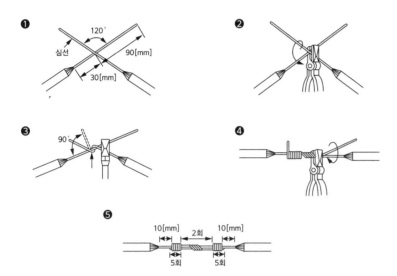

① 트위스트 접속   ② 브리타니아 접속

③ 조인트 접속   ④ 슬리브 접속

48 수전설비의 저압 배전반 앞에서 계측기를 판독하기 위하여 앞면과 최소 몇 [m] 이상 유지하는 것을 원칙으로 하는가?

① 0.6[m]   ② 1.2[m]

③ 1.5[m]   ④ 1.7[m]

49 다음 중 금속관의 호칭을 바르게 설명한 것은?

① 박강, 후강 모두 안지름으로 [mm] 단위로 표시

② 박강, 후강 모두 바깥지름으로 [mm] 단위로 표시

③ 박강은 바깥지름, 후강은 안지름으로 [mm] 단위로 표시

④ 박강은 안지름, 후강은 바깥지름으로 [mm] 단위로 표시

50 다음 중 커넥터 및 터미널을 압착하는 데 사용하는 공구는?

① 펜치   ② 파이프 커터

③ 프레셔 툴   ④ 클리퍼

답안 표기란

51	① ② ③ ④
52	① ② ③ ④
53	① ② ③ ④
54	① ② ③ ④
55	① ② ③ ④
56	① ② ③ ④

51 옥내에 시설하는 저압의 이동전선에서 사용하는 캡타이어 케이블의 최소 단면적으로 옳은 것은?

① 0.75 [mm²]　　　　　　　　② 1.25 [mm²]

③ 2.0 [mm²]　　　　　　　　④ 3.5 [mm²]

52 다음 중 애자사용 공사에 사용되는 애자의 구비조건과 거리가 먼 것은?

① 광택성　　　　　　　　② 절연성

③ 난연성　　　　　　　　④ 내수성

53 다음 [보기] 중 금속관 공사, 애자사용 공사, 합성수지관 공사 및 케이블 공사가 모두 가능한 특수 장소를 옳게 나열한 것은?

┌─────────────── 보기 ───────────────┐
㉮ 화약고 등의 위험 장소　　　　㉯ 부식성 가스가 있는 장소
㉰ 위험물 등이 존재하는 장소　　㉱ 불연성 먼지가 많은 장소
㉲ 습기가 많은 장소
└─────────────────────────────────┘

① ㉮, ㉯, ㉰　　　　　　　② ㉯, ㉰, ㉱

③ ㉯, ㉱, ㉲　　　　　　　④ ㉮, ㉱, ㉲

54 금속제 가요전선관의 공사방법으로 옳은 것은?

① 가요전선관과 박스와의 직각부분에 연결하는 부속품은 앵글 박스 커넥터이다.

② 가요전선과 금속관과의 접속에 사용하는 부속품은 스트레이트 박스 커넥터이다.

③ 가요전선과 상호접속에 사용하는 부속품은 콤비네이션 커플링이다.

④ 스위치 박스에는 콤비네이션 커플링을 사용하여 가요전선관과 접속한다.

55 합성수지몰드 공사의 시공에서 잘못된 것은?

① 사용 전압 400 [V] 미만에 사용할 것

② 점검할 수 있고 전개된 장소에 사용할 것

③ 베이스를 조영재에 부착하는 경우 1 [m] 간격마다 나사 등으로 견고하게 부착할 것

④ 베이스와 캡이 완전하게 결합하여 충격으로 이탈되지 않을 것

56 폭연성 분진 또는 화약류의 분말이 전기설비가 발화원이 되어 폭발할 우려가 있는 곳에 시설하는 저압 옥내 배선 공사 방법은?

① 합성수지몰드 공사

② 애자사용 공사

③ 금속몰드 공사

④ 금속관 공사

57 다음 중 과전류 차단기를 설치하는 곳은?

① 간선의 전원측 전선
② 접지공사의 접지선
③ 단선식 전로의 중성선
④ 접지공사를 한 저압 가공 전선의 접지측 전선

58 배전반 및 분전반의 설치장소로 적합한 곳은?

① 은폐된 장소
② 이동이 심한 장소
③ 개폐기를 쉽게 개폐할 수 없는 장소
④ 전기회로를 쉽게 조작할 수 있는 장소

59 주상 변압기 설치 시 사용하는 것은?

① 완금 밴드   ② 행거 밴드
③ 지선 밴드   ④ 암타이 밴드

60 다음 심벌의 명칭은?

① 과전압 계전기   ② 환풍기
③ 콘센트   ④ 룸에어컨

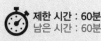
전체 문제 수 : 60
안 푼 문제 수 :

답안 표기란

1 ① ② ③ ④
2 ① ② ③ ④
3 ① ② ③ ④
4 ① ② ③ ④
5 ① ② ③ ④
6 ① ② ③ ④

1 일반적으로 절연체를 서로 마찰시키면 이들 물체는 전기를 띠게 된다. 이와 같은 현상은?

① 분극
② 정전
③ 대전
④ 코로나

2 자석의 성질로 옳은 것은?

① 자석은 고온이 되면 자력이 증가한다.
② 자기력선에는 고무줄과 같은 장력이 존재한다.
③ 자력선은 자석 내부에서도 N극에서 S극으로 이동한다.
④ 자력선은 자성체는 투과하고, 비자성체는 투과하지 못한다.

3 다음은 평판 콘덴서에 대해서 쓴 것이다. 옳지 않은 것은?

① 정전 용량은 금속판 사이에 있는 유전체의 유전율에 비례한다.
② 정전 용량은 금속판의 거리에 반비례한다.
③ 정전 용량은 금속판의 면적에 비례한다.
④ 정전 용량은 금속판의 넓이에 반비례한다.

4 전하가 전위차 100[V]인 두 점 사이를 이동하는 데 500[J]의 일을 하였다면 이 전하의 전기량[C]은?

① 0.2
② 1
③ 3
④ 5

5 공기 중에서 m[Wb]의 자극으로부터 나오는 자속 수는?

① m
② $\mu_0 m$
③ $\dfrac{1}{m}$
④ $\dfrac{m}{\mu_0}$

6 자기 인덕턴스가 각각 L_1과 L_2인 2개의 코일이 직렬로 다른 방향으로 접속(차동접속)되었을 때, 합성 인덕턴스는? (단, 자기력선에 의한 영향을 서로 받는 경우이다.)

① $L = L_1 + L_2 - M$ [H]
② $L = L_1 + L_2 - 2M$ [H]
③ $L = L_1 + L_2 + M$ [H]
④ $L = L_1 + L_2 + 2M$ [H]

답안 표기란

7 ① ② ③ ④
8 ① ② ③ ④
9 ① ② ③ ④
10 ① ② ③ ④
11 ① ② ③ ④
12 ① ② ③ ④
13 ① ② ③ ④

7 용량 5[Ah]인 납축전지가 있다. 이 축전지의 전하량[C]은?

① 30

② 3,600

③ 18,000

④ 72,000

8 길이 1[cm]당 5회 감은 무한장 솔레노이드가 있다. 이것을 흘렸을 때 솔레노이드 내부 자장의 세기가 1,000[AT/m]이었다면 솔레노이드에 흐른 전류[A]는?

① 1[A]

② 2[A]

③ 3[A]

④ 4[A]

9 비유전율 2.5의 유전체 내부의 전속밀도가 2×10^{-6}[C/m²]되는 점의 전기장의 세기는?

① 18×10^4[V/m]

② 9×10^4[V/m]

③ 6×10^4[V/m]

④ 3.6×10^4[V/m]

10 2차 전지의 대표적인 납축전지는 전해액으로 묽은 황산을 사용하는데 비중은 약 얼마인가?

① 1.11~1.21

② 1.23~1.26

③ 2.25~2.28

④ 3.15~3.25

11 어떤 회로에 100[V]의 전압을 가했더니 5[A]의 전류가 흘러 2,400[cal]의 열량이 발생하였다. 전류가 흐른 시간은 몇 [sec]인가?

① 10

② 20

③ 30

④ 40

12 자기 히스테리시스 곡선의 횡축과 종축은 어느 것을 나타내는가?

① 자기장의 크기와 자속밀도

② 투자율과 자속밀도

③ 투자율과 잔류자기

④ 자기장의 크기와 보자력

13 10[Ω]과 15[Ω]의 병렬 회로에서 10[Ω]에 흐르는 전류가 3[A]이라면 전체 전류[A]는?

① 2

② 3

③ 4

④ 5

답안 표기란

14 ① ② ③ ④
15 ① ② ③ ④
16 ① ② ③ ④
17 ① ② ③ ④
18 ① ② ③ ④
19 ① ② ③ ④

14 어떤 전압계의 측정범위를 10배로 하려면 배율기의 저항을 전압계 내부저항의 몇 배로 하여야 하는가?

① 10
② 1/10
③ 9
④ 1/9

15 비사인파의 일반적인 구성은?

① 직류분 + 기본파 + 구형파
② 직류분 + 기본파 + 고조파
③ 직류분 + 고조파 + 삼각파
④ 직류분 + 고조파 + 구형파

16 저항 $R=4[\Omega]$과 유도 리액턴스 $X_L=3[\Omega]$이 직렬로 접속된 회로에 200[V]의 교류전압을 인가하는 경우 흐르는 전류[A]와 역률[%]은 각각 얼마인가?

① 20[A], 80[%]
② 40[A], 60[%]
③ 20[A], 60[%]
④ 40[A], 80[%]

17 대칭 3상 교류를 올바르게 설명한 것은?

① 동시에 존재하는 3상의 크기 및 주파수가 같고 상차가 120°의 간격을 가진 교류
② 3상의 크기 및 주파수가 각각 다르고 상차가 120°의 간격을 가진 교류
③ 3상의 크기 및 주파수가 같고 상차가 60°의 간격을 가진 교류
④ 동시에 존재하는 3상의 크기 및 주파수가 같고 상차가 60°의 간격을 가진 교류

18 용량이 150[kVA] 단상 변압기 3대를 Δ결선으로 운전 중 1대가 고장 나서 V결선으로 운전하는 경우 출력은 약 몇 [kVA]인가?

① 173[kVA]
② 260[kVA]
③ 433[kVA]
④ 525[kVA]

19 저항 $R=15[\Omega]$, 자체 인덕턴스 $L=35[mH]$, 정전용량 $C=300[\mu F]$의 직렬회로에서 공진주파수 f_0는 약 몇 [Hz]인가?

① 40
② 50
③ 60
④ 70

20 어떤 회로에 v=200sinwt의 전압을 가했더니 i=50sin(wt+$\frac{\pi}{2}$)의 전류가 흘렀다. 이 회로는?

① 저항회로   ② 유도성회로

③ 용량성회로   ④ 임피던스회로

21 직류 발전기에서 급전선의 전압강하 보상용으로 사용되는 것은?

① 분권기   ② 직권기

③ 과복권기   ④ 차동복권기

22 무부하 전압과 전부하 전압이 같은 값을 가지는 특성의 발전기는?

① 직권 발전기   ② 차동복권 발전기

③ 평복권 발전기   ④ 과복권 발전기

23 전기자 저항 1[Ω], 전기자 전류 20[A], 유도 기전력 110[V]인 직류 분권 발전기의 단자전압[V]은?

① 90   ② 100

③ 101   ④ 102

24 직류 전동기의 속도 제어 방법 중 속도 제어가 원활하고 정토크 제어가 되며 운전효율이 좋은 것은?

① 계자 제어   ② 병렬 저항 제어

③ 직렬 저항 제어   ④ 전압 제어

25 동기기의 전기자 권선법이 아닌 것은?

① 전절권   ② 분포권

③ 2층권   ④ 중권

26 동기 발전기의 역률 및 계자전류가 일정할 때 단자전압과 부하전류와의 관계를 나타낸 곡선은?

① 단락 특성 곡선   ② 외부 특성 곡선

③ 토크 특성 곡선   ④ 전압 특성 곡선

20 ① ② ③ ④
21 ① ② ③ ④
22 ① ② ③ ④
23 ① ② ③ ④
24 ① ② ③ ④
25 ① ② ③ ④
26 ① ② ③ ④

답안 표기란

27 ① ② ③ ④
28 ① ② ③ ④
29 ① ② ③ ④
30 ① ② ③ ④
31 ① ② ③ ④
32 ① ② ③ ④
33 ① ② ③ ④

27 병렬운전 중인 동기 임피던스 10[Ω]인 2대의 3상 동기 발전기의 유도 기전력에 200[V]인 전압 차이가 있다면 무효순환전류[A]는?

① 5
② 10
③ 20
④ 40

28 동기 전동기를 자기 기동법으로 가동시킬 때 계자 회로는 어떻게 하여야 하는가?

① 단락시킨다.
② 개방시킨다.
③ 직류를 공급한다.
④ 단상교류를 공급한다.

29 동기 전동기의 특징과 용도에 대한 설명으로 잘못된 것은?

① 진상, 지상의 역률 조정이 된다.
② 속도 제어가 원활하다.
③ 시멘트 공장의 분쇄기 등에 사용된다.
④ 난조가 발생하기 쉽다.

30 주상용 변압기에 일반적으로 사용하는 냉각방식은 무엇인가?

① 건식 자냉식
② 유입 자냉식
③ 유입 수냉식
④ 유입 송유식

31 3상 변압기의 병렬운전이 불가능한 결선 방식으로 짝지어진 것은?

① Δ-Δ와 Y-Y
② Δ-Y와 Δ-Y
③ Y-Y와 Y-Y
④ Δ-Δ와 Δ-Y

32 1차 권수가 100회, 자속이 4.5×10^{-3}[Wb]인 단상 변압기가 있다. 주파수 60[Hz]를 사용할 때의 철심에 발생하는 유도기전력은 약 몇 [V]인가?

① 100[V]
② 120[V]
③ 200[V]
④ 220[V]

33 아크 용접용 변압기와 일반 전력용 변압기와의 다른 점은?

① 권선의 저항이 크다.
② 누설 리액턴스가 크다.
③ 효율이 높다.
④ 역률이 좋다.

34 변압기의 결선 중에서 6상측의 부하가 수은 정류기일 때 주로 사용되는 결선은?

① 포크(Fork) 결선   ② 환상 결선

③ 2중 3각 결선   ④ 대각 결선

35 변압기 컨서베이터의 사용 목적은?

① 일정한 유압을 유지

② 과부하로부터의 변압기 보호

③ 냉각 장치의 효과를 높임

④ 변압기유의 열화 방지

36 농형 회전자에 비뚤어진 홈을 쓰는 이유로 잘못된 것은?

① 기동 특성 개선을 한다.

② 파형 개선을 한다.

③ 소음 경감을 한다.

④ 미관상 좋다.

37 회전자 입력 10[kW], 슬립 3[%]인 유도 전동기의 동손은 몇 [kW]인가?

① 0.3[kW]   ② 1.8[kW]

③ 3.0[kW]   ④ 9.6[kW]

38 3상 유도 전동기의 토크는?

① 2차 유도기전력의 2승에 비례한다.

② 2차 유도기전력에 비례한다.

③ 2차 유도기전력과 무관하다.

④ 2차 유도기전력의 0.5승에 비례한다.

39 그림은 일반적인 반파 정류 회로이다. 변압기 2차 전압의 실효값을 E[V]라 할 때 직류 전류 평균값은? (단, 정류기의 전압 강하는 무시한다.)

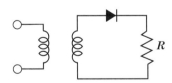

① $\dfrac{E}{R}$ ② $\dfrac{E}{2R}$

③ $\dfrac{2\sqrt{2}E}{\pi R}$ ④ $\dfrac{\sqrt{2}E}{\pi R}$

답안 표기란

34 ① ② ③ ④
35 ① ② ③ ④
36 ① ② ③ ④
37 ① ② ③ ④
38 ① ② ③ ④
39 ① ② ③ ④

답안 표기란
40	① ② ③ ④
41	① ② ③ ④
42	① ② ③ ④
43	① ② ③ ④
44	① ② ③ ④
45	① ② ③ ④
46	① ② ③ ④

40 SCR(실리콘 정류소자)의 특징으로 적합하지 않은 것은?

① 열의 발생이 적다.

② 과전압에 약하다.

③ 정류 작용을 할 수 있다.

④ 정방향 및 역방향 제어 특성이 있다.

41 폭연성 분진이 존재하는 곳의 금속관 공사에 있어서 관 상호간 및 관과 박스 기타의 부속품, 풀박스 또는 전기기계 기구와의 접속은 몇 턱 이상의 나사 조임으로 접속하여야 하는가?

① 2턱

② 3턱

③ 4턱

④ 5턱

42 다음 중 굵은 AI선을 박스 안에서 접속하는 방법으로 적합한 것은?

① 링 슬리브에 의한 접속

② 비틀어 꽂는 형의 전선 접속기에 의한 방법

③ C형 접속기에 의한 접속

④ 맞대기용 슬리브에 의한 압착 접속

43 주 접지단자와 접속되는 도체가 아닌 것은?

① 등전위본딩 도체

② 접지도체

③ 피뢰시스템 도체

④ 보호도체

44 다음 중 옥내에 시설하는 저압 전로와 대지 사이의 절연 저항 측정에 사용되는 계기는?

① 멀티 테스터

② 메거

③ 어스 테스터

④ 클램프 미터

45 변압기의 보호 및 개폐를 위해 사용되는 특고압 컷아웃스위치(COS)는 변압기 용량의 몇 [kVA] 이하에 사용되는가?

① 100 [kVA]

② 200 [kVA]

③ 300 [kVA]

④ 500 [kVA]

46 가연성 가스가 존재하는 저압 옥내 전기설비 공사방법으로 옳은 것은?

① 가요전선관 공사

② 애자사용 공사

③ 금속관 공사

④ 금속몰드 공사

47 가요전선관 공사에 다음의 전선을 사용하였다. 옳게 사용한 것은?

① 알루미늄 35[mm²] 단선

② 절연전선 16[mm²] 단선

③ 절연전선 10[mm²] 연선

④ 알루미늄 25[mm²] 단선

48 10[mm²] 이상의 굵은 단선의 분기 접속은 어떤 분기 접속으로 하는가?

① 브리타니아 분기 접속

② 단권 분기 접속

③ 복권 분기 접속

④ 트위스트 분기 접속

49 순고무 30[%] 이상을 함유한 고무 혼합물로 피복하고 내유, 내산, 내알칼리, 내수성을 갖게 만든 케이블은?

① 연피 케이블

② 비닐 시스 케이블

③ 캡타이어 케이블

④ 플레시블 시스 케이블

50 금속관 공사의 인입구의 관 끝에 사용하는 것은?

① 앤트런스 캡

② 강제 부싱

③ 서비스 엘보

④ 링 리듀서

51 합성수지관을 구부리는 공구는?

① 토치 램프

② 파이프 렌치

③ 파이프 벤더

④ 파이프 바이스

52 차단기 문자 기호 중 "MBB"는?

① 진공 차단기

② 기중 차단기

③ 자기 차단기

④ 유입 차단기

53 전선의 상과 전선의 색상이 다르게 연결된 것은?

① L1 – 갈색

② L2 – 흑색

③ L3 – 회색

④ 보호도체(PE) – 청색

47	①	②	③	④
48	①	②	③	④
49	①	②	③	④
50	①	②	③	④
51	①	②	③	④
52	①	②	③	④
53	①	②	③	④

54 저압 가공 전선의 1선에 접지공사를 하였을 때 이 전선을 무엇이라고 하는가?

① 중성선
② 전압선
③ 피뢰선
④ 접지측 전선

55 합성수지관 상호 및 관과 박스를 접착제를 사용하여 접속 시에 삽입하는 깊이를 관 바깥지름의 몇 배 이상으로 하여야 하는가?

① 0.5
② 0.8
③ 1
④ 1.2

56 F40[W]의 의미는?

① 수은등 40[W]
② 나트륨등 40[W]
③ 형광등 40[W]
④ 메탈할라이트등 40[W]

57 전등 1개를 4개소에서 자유롭게 점멸하고자 할 때 3로 스위치와 4로 스위치는 각각 몇 개 필요한가?

① 3로 스위치 – 1개   4로 스위치 – 3개
② 3로 스위치 – 2개   4로 스위치 – 2개
③ 3로 스위치 – 3개   4로 스위치 – 1개
④ 3로 스위치 – 2개   4로 스위치 – 1개

58 저압 배선 중의 전압강하는 간선 및 분기회로에서 각각 표준전압의 몇 [%] 이하로 하는 것을 원칙으로 하는가?

① 2
② 4
③ 6
④ 8

59 다음 중 과부하 뿐만 아니라 정전 시나 저전압일 때 자동적으로 차단되어 전동기의 소손을 방지하는 스위치는?

① 안전 스위치
② 마그넷 스위치
③ 자동 스위치
④ 압력 스위치

60 주상 작업을 할 때 안전 허리띠용 로프는 허리 부분보다 위로 몇 [°] 정도 높게 걸어야 가장 안전한가?

① 5~10[°]
② 10~15[°]
③ 15~20[°]
④ 20~30[°]

답안 표기란

54 ① ② ③ ④
55 ① ② ③ ④
56 ① ② ③ ④
57 ① ② ③ ④
58 ① ② ③ ④
59 ① ② ③ ④
60 ① ② ③ ④

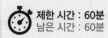
전체 문제 수 : 60
안 푼 문제 수 :

답안 표기란	
1	① ② ③ ④
2	① ② ③ ④
3	① ② ③ ④
4	① ② ③ ④
5	① ② ③ ④

1 정전흡인력에 대한 설명 중 옳은 것은?

① 정전흡인력은 전압의 제곱에 비례한다.

② 정전흡인력은 극과 간격에 비례한다.

③ 정전흡인력은 극판 면적의 제곱에 비례한다.

④ 정전흡인력은 쿨롱의 법칙으로 직접 계산한다.

2 용량을 변화시킬 수 있는 콘덴서는?

① 바리콘

② 마일러 콘덴서

③ 전해 콘덴서

④ 세라믹 콘덴서

3 다음 중 전위의 단위가 아닌 것은?

① $[A \cdot \Omega]$

② $[J/C]$

③ $[V]$

④ $[V/m]$

4 코일의 성질에 대한 설명으로 틀린 것은?

① 코일은 공진하는 성질이 있다.

② 코일은 상호유도작용을 한다.

③ 코일은 직렬로 연결할수록 인덕턴스가 작아진다.

④ 코일은 전류의 변화를 방해하려는 성질이 있다.

5 전기력선의 특징을 설명한 것으로 틀린 것은?

① 전기력선은 양전하 표면에서 나와 음전하 표면에서 끝난다.

② 전기력선 밀도가 그 곳의 전장의 세기를 나타낸다.

③ 전기력선은 도체 표면에 수직으로 출입하며 도체 내부에 전기력선이 존재한다.

④ 전기력선의 방향은 장기장의 방향과 같다.

6 일정 전압을 가하고 있는 평행판 전극에 극판 간격을 3배로 하면 전장의 세기는 몇 배로 되는가?

① $\dfrac{1}{3}$배

② $\dfrac{1}{\sqrt{3}}$배

③ 3배

④ 9배

7 L=50[mH]의 코일에 흐르는 전류가 0.5[sec] 동안에 10[A]가 변했다. 코일에 유도되는 기전력[V]은?

① 1

② 2

③ 3

④ 4

8 길이 l의 도선이 자속밀도 B의 평등 자장 안에서 자속과 수직방향으로 속도 v로 이동하였다면 유도되는 기전력은 몇 [V]인가?

① $\dfrac{B\ell}{v}$

② $\dfrac{Bv}{\ell}$

③ $\dfrac{v\ell}{B}$

④ $B\ell v$

9 어떤 도체의 단면을 단위시간 t초 동안에 통과하는 전하량 Q[C]을 무엇이라고 하는가?

① 전압

② 저항

③ 전류

④ 역률

10 다음 중 ( ) 안에 알맞은 내용을 바르게 나열한 것은?

> 회로에 가해진 전압의 크기는 저항에 (㉮)하고, 흐르는 전류에 (㉯)한다.

① ㉮-비례 ㉯-비례

② ㉮-비례 ㉯-반비례

③ ㉮-반비례 ㉯-비례

④ ㉮-반비례 ㉯-반비례

11 그림의 회로에서 ab 사이의 합성저항은 몇 [Ω]인가?

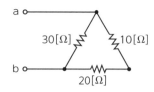

① 10[Ω]

② 15[Ω]

③ 20[Ω]

④ 25[Ω]

답안 표기란

6 ① ② ③ ④

7 ① ② ③ ④

8 ① ② ③ ④

9 ① ② ③ ④

10 ① ② ③ ④

11 ① ② ③ ④

12 100[V], 100[W] 전구의 필라멘트 저항은 몇 [Ω]인가?

① 1
② 10
③ 100
④ 1,000

13 다음 (㉮)와 (㉯)에 들어갈 내용으로 알맞은 것은?

> 분류기는 (㉮)의 측정범위를 넓히기 위한 목적으로 사용하는 것으로서, 회로에 (㉯)로 접속하는 저항기를 말한다.

① ㉮-전압계 ㉯-병렬
② ㉮-전류계 ㉯-병렬
③ ㉮-전압계 ㉯-직렬
④ ㉮-전류계 ㉯-직렬

14 표준 연동의 고유저항값[$\Omega \cdot mm^2/m^2$]은?

① $\dfrac{1}{55}$
② $\dfrac{1}{56}$
③ $\dfrac{1}{57}$
④ $\dfrac{1}{58}$

15 주파수 10[Hz]의 주기는?

① 0.1 [sec]
② 0.6 [sec]
③ 1 [sec]
④ 6 [sec]

16 정격 220[V], 60[W]의 백열전구에 교류 전압을 가할 때 전압과 전류의 위상 관계는?

① 전압이 전류보다 90도 앞선다.
② 전류가 전압보다 90도 앞선다.
③ 전압이 전류보다 90도 뒤진다.
④ 전압과 전류는 동상이다.

17 2[A], 500[V]의 회로에서 전력이 800[W]일 때 역률 [%]은?

① 60
② 70
③ 80
④ 90

12	① ② ③ ④	
13	① ② ③ ④	
14	① ② ③ ④	
15	① ② ③ ④	
16	① ② ③ ④	
17	① ② ③ ④	

18 $\dot{Z}=2 + j11[\Omega]$과 $\dot{Z}=4 - j3[\Omega]$이 직렬회로에 교류전압 100[V]을 가할 때 합성 임피던스는?

① 6[Ω]
② 8[Ω]
③ 10[Ω]
④ 14[Ω]

19 R–L–C 직렬공진 회로에서 최소가 되는 것은?

① 저항값
② 임피던스값
③ 전류값
④ 전압값

20 RC 직렬회로에서의 시정수 RC와 과도현상과의 관계로 옳은 것은?

① 시정수 RC의 값이 클수록 과도현상은 빨리 사라진다.
② 시정수 RC의 값이 클수록 과도현상은 오랫동안 지속된다.
③ 시정수 RC의 값이 작을수록 과도현상은 천천히 사라진다.
④ 시정수 RC의 값은 과도현상의 지속시간과 관계가 없다.

21 직류 발전기의 전기자 반작용의 영향이 아닌 것은?

① 절연내력의 저하
② 유도기전력의 저하
③ 중성축의 이동
④ 자속의 감소

22 그림과 같은 정류 곡선에서 양호한 정류를 얻을 수 있는 곡선은?

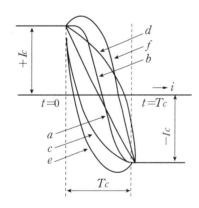

① a, b
② c, d
③ a, f
④ b, e

답안 표기란

23 ① ② ③ ④
24 ① ② ③ ④
25 ① ② ③ ④
26 ① ② ③ ④
27 ① ② ③ ④
28 ① ② ③ ④

23 계자 철심에 잔류자기가 없어도 발전되는 직류기는?

① 직권기
② 타여자기
③ 분권기
④ 복권기

24 무부하에서 자기여자로서 전압을 확립하지 못하는 직류 발전기는?

① 타여자 발전기
② 직권 발전기
③ 분권 발전기
④ 차동복권 발전기

25 직류 분권 전동기의 기동 방법 중 가장 적당한 것은?

① 기동 저항기를 전기자와 병렬로 접속한다.
② 기동 토크를 작게 한다.
③ 계자 저항기의 저항값을 크게 한다.
④ 계자 저항기의 저항값을 0으로 한다.

26 동기 전동기의 V곡선에서 횡축이 표시하는 것은?

① 계자 전류
② 전기자 전류
③ 단자 전압
④ 토크

27 다음 중 변압기의 원리와 관계있는 것은?

① 전기자 반작용
② 전자 유도 작용
③ 플레밍의 오른손법칙
④ 플레밍의 왼손법칙

28 변압기의 철심에는 철손을 작게 하기 위하여 철이 몇 [%]인 강판을 사용하는가?

① 약 50~55 [%]
② 약 60~65 [%]
③ 약 76~86 [%]
④ 약 96~97 [%]

29 E종 절연물의 최고 허용온도는 몇 [℃]인가?

① 40

② 60

③ 120

④ 155

30 다음 중 변압기의 온도상승 시험법으로 가장 널리 사용되는 것은?

① 반환 부하법

② 유도 시험법

③ 절연전압 시험법

④ 고조파 억제법

31 권수비 30인 변압기의 저압측 전압이 8[V]인 경우 극성시험에서 가극성과 감극성의 전압차이는 몇 [V]인가?

① 24[V]

② 16[V]

③ 8[V]

④ 4[V]

32 3[kW], 1,500[rpm] 유도 전동기의 토크[N·m]는 약 얼마인가?

① 1.91

② 19.1

③ 29.1

④ 114.6

33 15[kW] 농형 유도 전동기를 기동하려고 할 때 다음 중 가장 적당한 기동 방법은?

① 분상 기동법

② 기동 보상기법

③ 권선형 기동법

④ 슬립부하 기동법

34 단상 유도 전동기에 보조권선을 사용하는 주된 이유는?

① 역률 개선을 한다.

② 회전 자장을 얻는다.

③ 속도 제어를 한다.

④ 기동 전류를 줄인다.

35 일반적으로 10[kW] 이하 소용량인 전동기는 동기속도의 몇 [%]에서 최대 토크를 발생시키는가?

① 2[%]

② 5[%]

③ 80[%]

④ 98[%]

36 유도 전동기의 회전자에 슬립 주파수의 전압을 공급하여 속도를 제어하는 것은?

① 자극수 변환법

② 2차 여자법

③ 2차 저항법

④ 인버터 주파수 변환법

답안 표기란

29	① ② ③ ④
30	① ② ③ ④
31	① ② ③ ④
32	① ② ③ ④
33	① ② ③ ④
34	① ② ③ ④
35	① ② ③ ④
36	① ② ③ ④

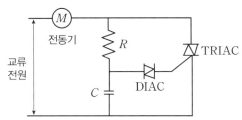

답안 표기란

37 ① ② ③ ④
38 ① ② ③ ④
39 ① ② ③ ④
40 ① ② ③ ④
41 ① ② ③ ④
42 ① ② ③ ④

37 3상 유도 전동기의 회전원리를 설명한 것 중 틀린 것은?

① 회전자의 회전속도가 증가하면 도체를 관통하는 자속수는 감소한다.

② 회전자의 회전속도가 증가하면 슬립도 증가한다.

③ 부하를 회전시키기 위해서는 회전자의 속도는 동기속도 이하로 운전되어야 한다.

④ 3상 교류전압을 고정자에 공급하면 고정자 내부에서 회전 자기장이 발생된다.

38 교류 전력을 교류로 변환하는 것은?

① 정류기   ② 초퍼

③ 인버터   ④ 사이클로 컨버터

39 다음 그림은 전동기 속도제어 회로이다. [보기]에서 a와 b를 순서대로 바르게 나열한 것은?

보기

전동기를 기동할 때는 저항 **R**을 (a), 전동기를 운전할 때는 저항 **R**을 (b)로 한다.

① a-최대, b-최소   ② a-최소, b-최소

③ a-최대, b-최소   ④ a-최소, b-최대

40 P형 반도체의 전기 전도의 주된 역할을 하는 반송자는?

① 전자   ② 가전자

③ 불순물   ④ 정공

41 피뢰시스템을 접지공사할 경우 접지도체의 단면적은 몇 [mm²] 이상의 연동선이어야 하는가?

① 2.5   ② 6

③ 10   ④ 16

42 변전소의 역할로 볼 수 없는 것은?

① 전압의 변성   ② 전력의 생산

③ 전력의 집중과 배분   ④ 전력보호계통

답안 표기란

43 ① ② ③ ④
44 ① ② ③ ④
45 ① ② ③ ④
46 ① ② ③ ④
47 ① ② ③ ④
48 ① ② ③ ④
49 ① ② ③ ④
50 ① ② ③ ④

43 자연 공기 내에서 개방할 때 접촉자가 떨어지면서 자연 소호되는 방식을 가진 차단기로 저압의 교류 또는 직류 차단기로 많이 사용되는 것은?

① 유입차단기
② 자기차단기
③ 가스차단기
④ 기중차단기

44 MOF는 무엇의 약자인가?

① 계기용 변압기
② 계기용 변압 변류기
③ 계기용 변류기
④ 시험용 변압기

45 전력용 콘덴서를 회로로부터 개방하였을 때 전하가 잔류함으로서 일어나는 위험의 방지와 재투입 할 때 콘덴서에 걸리는 과전압의 방지를 위하여 무엇을 설치하는가?

① 직렬 리액터
② 전력용 콘덴서
③ 방전 코일
④ 피뢰기

46 전동기에 접지공사를 하는 주된 이유는?

① 보안상
② 미관상
③ 역률증가
④ 감전사고방지

47 해안지방의 송전용 나전선에 적당한 것은?

① 철선
② 강심알루미늄선
③ 동선
④ 알루미늄 합금선

48 HIV 전선은?

① 전열기용 캡타이어 케이블
② 전열기용 고무 절연전선
③ 전열기용 평형 절연전선
④ 내열용 비닐 절연전선

49 다음 중 특별고압 지중 전선로에서 직접 매설식에 사용하는 것은?

① 연피 케이블
② 고무 외장 케이블
③ 클로로프렌 외장 케이블
④ 비닐 외장 케이블

50 접착성은 없지만 절연성, 내온성, 내유성이 있으므로 연피 케이블의 접속에 반드시 사용해야 하는 테이프는?

① 면 테이프
② 고무 테이프
③ 비닐 테이프
④ 리노 테이프

51 코드 없이 천장이나 벽에 직접 붙이는 일종의 배선재료이며 주용도는 실링라이트 속이나 문, 화장실 등의 글로브 안에 붙이는 것은?

① 로제트　　　　　　　　　　② 콘센트
③ 리셉터클　　　　　　　　　　④ 소켓

52 다음 중 전선의 슬리브 접속에 있어서 펜치와 같이 사용되고 금속관 공사에서 로크너트를 조일 때 사용하는 공구는 어느 것인가?

① 펌프 플라이어　　　　　　　② 히키
③ 비트 익스팬션　　　　　　　④ 클리퍼

53 옥내배선의 은폐, 또는 건조하고 전개된 곳의 노출 공사에 사용하는 애자는?

① 현수 애자　　　　　　　　　② 놉(노브) 애자
③ 장간 애자　　　　　　　　　④ 구형 애자

54 유니온 커플링의 사용 목적은?

① 경이 틀린 금속관 상호의 접속
② 돌려 끼울 수 없는 금속관 상호의 접속
③ 금속관의 박스와의 접속
④ 금속관 상호를 나사로 연결하는 접속

55 다음 중 가요전선관과 금속관을 접속하는 데 사용하는 것은?

① 콤비네이션 커플링　　　　　② 앵글 박스 커넥터
③ 플렉시블 커플링　　　　　　④ 스플릿 박스 커넥터

56 목장의 전기울타리에 사용하는 경동선의 지름은 최소 몇 [mm] 이상이어야 하는가?

① 1.6　　　　　　　　　　　② 2.0
③ 2.6　　　　　　　　　　　④ 3.2

57 교통신호등의 제어장치로부터 신호등의 전구까지의 전로에 사용하는 전압은 몇 [V]인가?

① 60　　　　　　　　　　　② 100
③ 300　　　　　　　　　　　④ 440

51	① ② ③ ④
52	① ② ③ ④
53	① ② ③ ④
54	① ② ③ ④
55	① ② ③ ④
56	① ② ③ ④
57	① ② ③ ④

58 가공 배전선로 시설에는 전선을 지지하고 각종 기기를 설치하기 위한 지지물이 필요하다. 이 지지물 중 가장 많이 사용되는 것은?

① 철주 ② 철탑

③ 강관 전주 ④ 철근 콘크리트주

59 다음 중 충전되어 있는 활선을 움직이거나 작업권 밖으로 밀어낼 때 또는 활선을 다른 장소로 옮길 때 사용하는 절연봉은?

① 애자 커버 ② 전선 커버

③ 와이어통 ④ 금속 피박기

60 점유 면적이 좁고 운전 보수에 안전하며 공장, 빌딩 등의 전기실에 많이 사용되는 배전반은 어떤 것인가?

① 데드 프런트형 ② 수직형

③ 큐비클형 ④ 라이브 프런트형

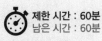
전체 문제 수 : 60
안 푼 문제 수 : ☐

답안 표기란

1 ① ② ③ ④
2 ① ② ③ ④
3 ① ② ③ ④
4 ① ② ③ ④
5 ① ② ③ ④
6 ① ② ③ ④

1 다음 중 '물질 중의 자유전자가 과잉된 상태'란 무엇을 의미하는가?

① (−)대전상태　　　　　　② 발열상태
③ 중성상태　　　　　　　　④ (+)대전상태

2 100[μF]의 콘덴서에 1,000[V]의 전압을 가하여 충전한 뒤 저항을 통하여 방전시키면 저항에 발생하는 열량은 몇 [cal]인가?

① 3　　　　　　　　　　　② 5
③ 12　　　　　　　　　　　④ 43

3 동일한 용량의 콘덴서 5개를 병렬로 접속하였을 때의 합성용량을 C_p라 하고, 5개를 직렬로 접속하였을 때의 합성용량을 C_s라 할 때 C_p와 C_s의 관계는?

① $C_p = 5C_s$　　　　　　② $C_p = 10C_s$
③ $C_p = 25C_s$　　　　　　④ $C_p = 50C_s$

4 전기장 중에 단위 전하를 놓았을 때 그것에 작용하는 힘은 어느 값과 같은가?

① 전장의 세기　　　　　　② 전하
③ 전위　　　　　　　　　　④ 전위차

5 다음 중 자기장 내에서 같은 크기 m[Wb]의 자극이 존재할 때 자기장의 세기가 가장 큰 물질은?

① 초합금　　　　　　　　　② 페라이트
③ 구리　　　　　　　　　　④ 니켈

6 비오–사바르(Biot–Savart)의 법칙과 가장 관계가 깊은 것은?

① 전류가 만드는 자장의 세기
② 전류와 전압의 관계
③ 기전력과 자계의 세기
④ 기전력과 자속의 변화

답안 표기란

7 ① ② ③ ④
8 ① ② ③ ④
9 ① ② ③ ④
10 ① ② ③ ④
11 ① ② ③ ④
12 ① ② ③ ④
13 ① ② ③ ④

7 자기회로의 길이 l[m], 단면적 A[m²], 투자율 μ[H/m]일 때 자기저항 R[AT/Wb]을 나타낸 것은?

① $R = \dfrac{\mu\ell}{A}$　　　　　　　② $R = \dfrac{A}{\mu\ell}$

③ $R = \dfrac{\mu A}{\ell}$　　　　　　　④ $R = \dfrac{\ell}{\mu A}$

8 단면적 4[cm²], 자기 통로의 평균길이 50[cm], 코일 감은 횟수 1,000회, 비투자율 2,000인 환상 솔레노이드가 있다. 이 솔레노이드의 자체 인덕턴스는? (단, 진공 중의 투자율 μ_0는 $4\pi \times 10^{-7}$임)

① 약 2[H]　　　　　　　② 약 20[H]
③ 약 200[H]　　　　　　④ 약 2,000[H]

9 전류를 계속 흐르게 하려면 전압을 연속적으로 만들어주는 어떤 힘이 필요하게 되는데, 이 힘을 무엇이라 하는가?

① 자기력　　　　　　　② 전자력
③ 기전력　　　　　　　④ 전기장

10 컨덕턴스 G[℧], 저항 R[Ω], 전압 V[V], 전류 I[A]일 때 G와의 관계가 옳은 것은?

① $G = \dfrac{R}{V}$　　　　　　　② $G = \dfrac{I}{V}$

③ $G = \dfrac{V}{R}$　　　　　　　④ $G = \dfrac{V}{I}$

11 기전력 E, 내부저항 r인 전지 n개를 직렬로 연결하여 이것에 외부저항 R을 직렬 연결하였을 때 흐르는 전류 I[A]는?

① $I = \dfrac{E}{nr+R}$　　　　　　② $I = \dfrac{nE}{r+R}$

③ $I = \dfrac{nE}{r+Rn}$　　　　　　④ $I = \dfrac{nE}{R+nr}$

12 5[Wh]는 몇 [J]인가?

① 3,600　　　　　　　② 18,000
③ 12,000　　　　　　　④ 6,000

13 전압계의 측정범위를 넓히기 위한 목적으로 전압계에 직렬로 접속하는 저항기를 무엇이라 하는가?

① 전위차계(Potentiometer)　　② 분압계(Voltage Divider)
③ 분류기(Shunt)　　　　　　④ 배율기(Multiplier)

14 패러데이 법칙과 관계없는 것은?

① 전극에서 석출되는 물질의 양은 통과한 전기량에 비례한다.

② 전해질이나 전극이 어떤 것이라도 같은 전기량이면 항상 같은 화학당량의 물질을 석출한다.

③ 화학당량이란 $\dfrac{원자량}{원자가}$ 을 말한다.

④ 석출되는 물질의 양은 전류의 세기와 전기량의 곱으로 나타낸다.

15 $e=100\sqrt{2}\sin(100wt-\dfrac{\pi}{3})$[V]인 정현파 교류전압의 주파수는 얼마인가?

① 50[Hz]　　　　　　　② 60[Hz]

③ 100[Hz]　　　　　　④ 314[Hz]

16 자기 인덕턴스 10[mH]의 코일에 50[Hz], 314[V]의 교류전압을 가했을 때 몇 [A]의 전류가 흐르는가? (단, 코일의 저항은 없는 것으로 하며, π=3.14로 계산한다.)

① 10　　　　　　　　　② 31.4

③ 62.8　　　　　　　　④ 100

17 전압 220[V] 1상 부하 Z=8 + j6[Ω]인 ⊿회로의 선전류는 약 몇 [A]인가?

① 22　　　　　　　　　② $22\sqrt{3}$

③ 11　　　　　　　　　④ $\dfrac{22}{\sqrt{3}}$

18 어느 회로에 200[V]의 교류전압을 가할 때 $\dfrac{\pi}{6}$[rad] 위상이 높은 10[A]의 전류가 흐른다. 이 회로의 전력[W]은?

① 3,452　　　　　　　② 2,361

③ 1,732　　　　　　　④ 1,215

19 평형 3상 Y결선할 때 상전류(I_p)와 선전류(I_l)과의 관계는?

① $I_\ell = 3I_p$　　　　　② $I_\ell = \sqrt{3}I_p$

③ $I_\ell = I_p$　　　　　　④ $I_\ell = \dfrac{1}{3}I_p$

20 비정현파의 실효값을 나타낸 것은?

① 최대파의 실효값

② 각 고조파의 실효값의 합

③ 각 고조파의 실효값의 합의 제곱근

④ 각 고조파의 실효값의 제곱의 합의 제곱근

답안 표기란

14　① ② ③ ④
15　① ② ③ ④
16　① ② ③ ④
17　① ② ③ ④
18　① ② ③ ④
19　① ② ③ ④
20　① ② ③ ④

답안 표기란

21 ① ② ③ ④
22 ① ② ③ ④
23 ① ② ③ ④
24 ① ② ③ ④
25 ① ② ③ ④
26 ① ② ③ ④

21 직류 발전기에서 계자의 주된 역할은?

① 기전력을 유도한다.

② 자속을 만든다.

③ 정류작용을 한다.

④ 정류자면을 접촉한다.

22 직류기에서 전기자 반작용을 방지하기 위한 보상권선의 전류의 방향은 어떻게 되는가?

① 전기자 권선의 전류 방향과 같다.

② 전기자 권선의 전류 방향과 반대이다.

③ 계자권선의 전류 방향과 반대이다.

④ 계자전류의 방향과 반대이다.

23 직류 직권 전동기의 회전수(N)와 토크(τ)와의 관계는?

① $\tau \propto \dfrac{1}{N}$ ② $\tau \propto \dfrac{1}{N^2}$

③ $\tau \propto N$ ④ $\tau \propto N^{\frac{3}{2}}$

24 직류 분권 전동기의 계자 전류를 약하게 하면 회전 속도는?

① 감소한다. ② 정지한다.

③ 증가한다. ④ 변함없다.

25 동기 발전기의 공극이 넓을 때의 설명으로 잘못된 것은?

① 안정도가 증대된다. ② 단락비가 크다.

③ 여자 전류가 크다. ④ 전압 변동이 크다.

26 동기 발전기의 무부하 포화곡선을 나타낸 것이다. 포화계수에 해당하는 것은?

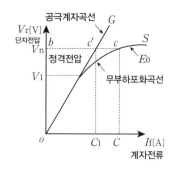

① $\dfrac{ob}{oc}$ ② $\dfrac{bc'}{bc}$

③ $\dfrac{cc'}{bc'}$ ④ $\dfrac{cc'}{bc}$

답안 표기란

27 ① ② ③ ④
28 ① ② ③ ④
29 ① ② ③ ④
30 ① ② ③ ④
31 ① ② ③ ④
32 ① ② ③ ④
33 ① ② ③ ④

27 동기 발전기에서 난조 현상에 대한 설명으로 옳지 않은 것은?

① 부하가 급격히 변화하는 경우 발생할 수 있다.

② 제동 권선을 설치하여 난조현상을 방지한다.

③ 난조의 정도가 커지면 동기이탈 또는 탈조라 한다.

④ 난조가 생기면 바로 멈춰야 한다.

28 동기 전동기의 계자 전류를 가로축에, 전기자 전류를 세로축으로 하여 나타낸 V곡선에 관한 설명으로 옳지 않은 것은?

① 위상 특성 곡선이라 한다.

② 부하가 클수록 V곡선은 아래쪽으로 이동한다.

③ 곡선의 최저점은 역률 1에 해당한다.

④ 계자 전류를 조정하여 역률을 조정할 수 있다.

29 동기 전동기의 용도로 적합하지 않은 것은?

① 송풍기   ② 압축기

③ 크레인   ④ 분쇄기

30 변압기의 정격 1차 전압이란?

① 정격 출력일 때의 1차 전압

② 무부하에 있어서 1차 전압

③ 정격 2차 전압 × 권수비

④ 임피던스 전압 × 권수비

31 변압기 절연물의 열화 정도를 파악하는 방법으로서 적절하지 않은 것은?

① 유전정접

② 유중가스분석

③ 접지저항측정

④ 흡수전류나 잔류전류측정

32 절연물을 전극 사이에 삽입하고 전압을 가하면 전류가 흐르는데 이 전류는 무엇인가?

① 과전류   ② 접촉전류

③ 단락전류   ④ 누설전류

33 송배전 계통에 거의 사용되지 않는 변압기 3상 결선방식은?

① Y-Δ   ② Y-Y

③ Δ-Δ   ④ Δ-Y

답안 표기란

34 ① ② ③ ④
35 ① ② ③ ④
36 ① ② ③ ④
37 ① ② ③ ④
38 ① ② ③ ④
39 ① ② ③ ④
40 ① ② ③ ④

34 3상 유도 전동기의 최고 속도는 우리나라에서 몇 [rpm]인가?

① 3,600　　　　　　② 3,000

③ 1,800　　　　　　④ 1,500

35 주파수 60[Hz]의 회로에 접속되어 슬립 3[%], 회전수 1,168[rpm]으로 회전하고 있는 유도 전동기의 극수는?

① 5극　　　　　　② 6극

③ 7극　　　　　　④ 10극

36 회전자 입력을 P_2, 슬립을 s라 할 때 3상 유도 전동기의 기계적 출력의 관계식은?

① sP_2　　　　　　② $(1-s)P_2$

③ s^2P_2　　　　　　④ $\dfrac{P_2}{s}$

37 3상 유도 전동기에서 원선도 작성에 필요한 시험은?

① 전력 측정　　　　　　② 부하 시험

③ 전압 측정 시험　　　　　　④ 무부하 시험

38 $e=\sqrt{2}E\sin wt[V]$의 정현파 전압을 가했을 때 직류 평균값 $E_d=0.45E[V]$인 회로는?

① 단상 반파 정류회로　　　　　　② 단상 전파 정류회로

③ 3상 반파 정류회로　　　　　　④ 3상 전파 정류회로

39 SCR의 특성 중 적합하지 않은 것은?

① PNPN 구조로 되어 있다.

② 정류 작용을 할 수 있다.

③ 정방향 및 역방향의 제어 특성이 있다.

④ 고속도의 스위칭 작용을 할 수 있다.

40 ON, OFF를 고속도로 변환할 수 있는 스위치이고 직류 변압기 등에 사용되는 회로는 무엇인가?

① 초퍼 회로　　　　　　② 인버터 회로

③ 컨버터 회로　　　　　　④ 정류기 회로

답안 표기란

41 ① ② ③ ④
42 ① ② ③ ④
43 ① ② ③ ④
44 ① ② ③ ④
45 ① ② ③ ④
46 ① ② ③ ④
47 ① ② ③ ④
48 ① ② ③ ④

41 건축물에 고정되는 본체부와 제거할 수 있거나 개폐할 수 있는 커버로 이루어지며 절연전선, 케이블 및 코드를 완전하게 수용할 수 있는 구조의 배선설비의 명칭은?

① 케이블 레더　　　　　　　　② 케이블 트레이
③ 케이블 트러킹　　　　　　　④ 케이블 브라킷

42 사용 전압 415[V]의 3상 3선식 전선로의 1선과 대지 간에 필요한 절연저항값의 최소값은? (단, 최대 공급 전류는 500[A]이다.)

① 2,560[Ω]　　　　　　　　② 1,660[Ω]
③ 3,210[Ω]　　　　　　　　④ 4,512[Ω]

43 지중에 매설되어 있는 금속제 수도관로는 접지공사의 접지극으로 사용할 수 있다. 이때 수도관로는 대지와의 전기저항값이 얼마 이하여야 하는가?

① 1[Ω]　　　　　　　　　② 2[Ω]
③ 3[Ω]　　　　　　　　　④ 4[Ω]

44 가스 절연 개폐기나 가스 차단기에 사용되는 가스인 SF_6의 성질이 아닌 것은?

① 같은 압력에서 공기의 2.5~3.5배의 절연내력이 있다.
② 무색, 무취, 무해 가스이다.
③ 가스 압력 3~4[kgf/cm²]에서는 절연내력은 절연유 이상이다.
④ 소호능력은 공기보다 2.5배 정도 낮다.

45 우리나라의 공칭전압에 해당되는 것은?

① 330[V]　　　　　　　　② 6,900[V]
③ 23,000[V]　　　　　　　④ 154,000[V]

46 4심 코드에서 접지선에 사용되는 색은?

① 녹색　　　　　　　　　② 흰색
③ 검정색　　　　　　　　④ 빨간색

47 다음 중 주로 케이블을 보호하는 외장에 사용되는 것은?

① 마닐라 삼　　　　　　　② 목재
③ 절연 종이　　　　　　　④ 황마

48 다음 중 연피 케이블의 끝단 처리에 사용되는 것은?

① 블랙 테이프　　　　　　② 비닐 테이프
③ 컴파운드　　　　　　　④ 고무 테이프

답안 표기란

49 ① ② ③ ④
50 ① ② ③ ④
51 ① ② ③ ④
52 ① ② ③ ④
53 ① ② ③ ④
54 ① ② ③ ④
55 ① ② ③ ④

49 가정용 전등 점멸 스위치는 반드시 무슨 측 전선에 접속해야 하는가?

① 전원측　　　　　　　　② 접지측
③ 노퓨즈 브레이크　　　　④ 통형 퓨즈

50 정격전류 30[A] 이하의 A종 퓨즈는 정격전류 200[%]에서 몇 분 이내 용단되어야 하는가?

① 2분　　　　　　　　　② 4분
③ 6분　　　　　　　　　④ 8분

51 접지저항이나 전해액 저항 측정에 쓰이는 것은?

① 휘스톤 브리지　　　　　② 전위차계
③ 메거　　　　　　　　　④ 코올라시 브리지

52 애자사용 공사의 일반 상식에 어긋나는 설명은?

① 조영재 옆면, 밑면에 따라 6[m] 이하마다 애자를 박는다.
② 바인드선 끝 매듭은 전선의 반대쪽에 맨다.
③ 전선이 직각 굴곡 되는 곳에서는 직각쪽에 애자를 박는다.
④ 전선의 시작점 종점에는 인류 바인드로 한다.

53 합성수지관의 1가닥(규격품)의 길이[m]는?

① 3.6　　　　　　　　　② 2
③ 4　　　　　　　　　　④ 3

54 금속 덕트 공사에 있어서 전광표시장치, 출퇴표시장치 등 기타 이와 유사한 장치 또는 제어회로 등의 배선반을 공사할 때는 절연전선의 단면적은 금속덕트 내부 단면적의 몇 [%]까지 차지할 수 있는가?

① 20[%]　　　　　　　② 30[%]
③ 40[%]　　　　　　　④ 50[%]

55 금속관 공사에 필요한 공구가 아닌 것은?

① 파이프 바이스　　　　　② 스트리퍼
③ 리머　　　　　　　　　④ 오스터

답안 표기란

56 ① ② ③ ④
57 ① ② ③ ④
58 ① ② ③ ④
59 ① ② ③ ④
60 ① ② ③ ④

56 흥행장에 시설하는 전구선이 아크 등에 접근하여 과열될 우려가 있을 경우 어떤 전선을 사용하는 것이 바람직한가?

① 비닐 피복전선
② 내열성 피복전선
③ 내약품성 피복전선
④ 내화학성 피복

57 비교적 장력이 적고 다른 종류의 지선을 시설할 수 없는 경우에 적용하며 지선용 근가를 지지물 근원 가까이 매설하여 시설하는 지선은?

① Y지선
② 궁지선
③ 공동지선
④ 수평지선

58 저압 연접인입선은 인입선에서 분기하는 점으로부터 몇 [m]를 넘지 않은 지역에 시설하고 폭 몇 [m]을 넘는 도로를 횡단하지 않아야 하는가?

① 50[m], 4[m]
② 100[m], 5[m]
③ 150[m], 6[m]
④ 200[m], 8[m]

59 저압 전로의 접지측 전선을 식별하는 데 애자의 빛깔에 의하여 표시하는 경우 어떤 색깔의 애자를 접지측으로 하여야 하는가?

① 백색
② 청색
③ 갈색
④ 황갈색

60 천장에 작은 구멍을 뚫어 그 속에 등기구를 매입시키는 방식으로 건축의 공간을 유효하게 하는 조명방식은?

① 코브 방식
② 코퍼 방식
③ 밸런스 방식
④ 다운라이트 방식

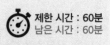
전체 문제 수 : 60

안 푼 문제 수 : ☐

답안 표기란

1	① ② ③ ④
2	① ② ③ ④
3	① ② ③ ④
4	① ② ③ ④
5	① ② ③ ④
6	① ② ③ ④

1 어떤 전지에서 10분 동안 3[A]의 전류가 흘렀다면 이 전지에서 나온 전기량은?

① 180[C] ② 500[C]

③ 1,800[C] ④ 3,000[C]

2 두 콘덴서 C_1, C_2가 병렬로 접속되어 있을 때 합성 정전용량은?

① $C_1 + C_2$ ② $\dfrac{1}{C_1} + \dfrac{1}{C_2}$

③ $\dfrac{C_1 C_2}{C_1 + C_2}$ ④ $\dfrac{C_1 + C_2}{C_1 C_2}$

3 전하의 성질에 대한 설명 중 옳지 않은 것은?

① 같은 종류의 전하는 흡인하고 다른 종류의 전하끼리는 반발한다.

② 대전체에 들어 있는 전하를 없애려면 접지시킨다.

③ 대전체의 영향으로 비대전체에 전기가 유도된다.

④ 전하는 가장 안정한 상태를 유지하려는 성질이 있다.

4 다음 중에서 자석의 일반적인 성질에 대한 설명으로 틀린 것은?

① N극과 S극이 있다.

② 자력선은 N극에서 나와 S극으로 향한다.

③ 자력이 강할수록 자기력선의 수가 많다.

④ 자석은 고온이 되면 자력이 증가한다.

5 자화력(자기장의 세기)을 표시하는 식과 관계 있는 것은?

① NI ② $\mu I \ell$

③ $\dfrac{NI}{\mu}$ ④ $\dfrac{NI}{\ell}$

6 자극의 세기 4[Wb], 자축의 길이 10[cm]의 막대자석이 100[AT/m]의 평등자장 내에서 20[N·m]의 회전력을 받았다면 이때 막대자석과 자장이 이루는 각도는?

① 10° ② 30°

③ 60° ④ 90°

답안 표기란

7 ① ② ③ ④

8 ① ② ③ ④

9 ① ② ③ ④

10 ① ② ③ ④

11 ① ② ③ ④

12 ① ② ③ ④

13 ① ② ③ ④

7 누설자속이 발생되기 어려운 경우는 어느 것인가?

① 자로에 공극이 있는 경우

② 자로의 자속 밀도가 높은 경우

③ 철심이 자기 포화되어 있는 경우

④ 자기회로의 자기저항이 작은 경우

8 2개의 코일을 서로 근접시켰을 때 한 쪽 코일의 전류가 변화하면 다른 쪽 코일에 유도 기전력이 발생하는 현상을 무엇이라고 하는가?

① 상호 결합   ② 자체 유도

③ 상호 유도   ④ 자체 결합

9 도체의 전기저항에 대한 설명으로 옳은 것은?

① 길이와 단면적에 비례한다.

② 길이와 단면적에 반비례한다.

③ 길이에 비례하고 단면적에 반비례한다.

④ 길이에 반비례하고 단면적에 비례한다.

10 $4[\Omega]$, $6[\Omega]$, $8[\Omega]$의 저항을 병렬접속할 때 합성저항은 약 몇 $[\Omega]$인가?

① 1.8   ② 2.5

③ 3.6   ④ 4.5

11 내부저항이 $0.1[\Omega]$인 전지 10개를 병렬연결하면, 전체 내부저항은?

① $0.01[\Omega]$ ② $0.05[\Omega]$

③ $0.1[\Omega]$ ④ $1[\Omega]$

12 기전력 $50[V]$, 내부저항 $5[\Omega]$인 전원이 있다. 이 전원에 부하를 연결하여 얻을 수 있는 최대전력은?

① $125[W]$ ② $250[W]$

③ $500[W]$ ④ $1,000[W]$

13 $1[kWh]$는 몇 $[kcal]$인가?

① 8,600   ② 4,200

③ 2,400   ④ 860

답안 표기란

14 ① ② ③ ④
15 ① ② ③ ④
16 ① ② ③ ④
17 ① ② ③ ④
18 ① ② ③ ④

14 용량 45[Ah]인 납축전지에서 3[A]의 전류를 연속하여 얻는다면 몇 시간 동안 이 축전지를 이용할 수 있는가?

① 10시간   ② 15시간

③ 30시간   ④ 45시간

15 다음 [보기]의 전압과 전류의 위상차는 어떻게 되는가?

보기

$$v = \sqrt{2}V\sin\left(wt - \frac{\pi}{3}\right)[V] \qquad i = \sqrt{2}I\sin\left(wt - \frac{\pi}{6}\right)[A]$$

---

① 전류가 $\frac{\pi}{3}$ 만큼 앞선다.   ② 전압이 $\frac{\pi}{3}$ 만큼 앞선다.

③ 전압이 $\frac{\pi}{6}$ 만큼 앞선다.   ④ 전류가 $\frac{\pi}{6}$ 만큼 앞선다.

16 그림의 브리지 회로에서 평형이 되었을 때의 C_x는?

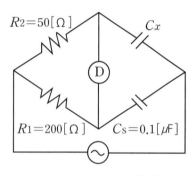

① $0.1\,[\mu F]$ ② $0.2\,[\mu F]$

③ $0.3\,[\mu F]$ ④ $0.4\,[\mu F]$

17 직렬 공진회로에서 최대가 되는 것은?

① 전류   ② 임피던스

③ 리액턴스   ④ 저항

18 저항 4[Ω], 유도 리액턴스 8[Ω], 용량 리액턴스 5[Ω]이 직렬로 된 회로에서의 역률은 얼마인가?

① 0.8   ② 0.7

③ 0.6   ④ 0.5

19 Y–Y결선 회로에서 선간 전압이 200[V]일 때 상전압은 약 몇 [V]인가?

① 100   ② 115

③ 120   ④ 135

20 주기적인 구형파 신호의 성분은 어떻게 되는가?

① 성분 분석이 불가능하다.   ② 직류분 만으로 합성된다.

③ 무수히 많은 주파수의 합성이다.   ④ 교류 합성을 갖지 않는다.

21 8극 중권 직류 발전기의 전기자 권선의 병렬회로수 a는 얼마로 하는가?

① 1   ② 2

③ 6   ④ 8

22 직류 직권 발전기의 설명 중 틀린 것은?

① 계자권선과 전기자권선이 직렬로 접속되어 있다.

② 승압기로 사용하며 수전 전압을 일정하게 유지하고자 할 때 사용된다.

③ 단자전압 V, 유도기전력 E, 부하전류 I, 전기자저항 및 직권 계자저항을 각각 R_a, R_s라 할 때, $V = E + I(R_a + R_s)$ [V]이다.

④ 부하전류에 의하여 여자되므로 무부하시 자기여자에 의한 전압확립은 일어나지 않는다.

23 다음 그림의 전동기는 어떤 전동기인가?

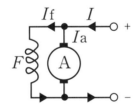

① 직권 전동기   ② 타여자 전동기

③ 분권 전동기   ④ 복권 전동기

24 정격전압 230[V] 정격전류 28[A]에서 직류 전동기의 속도가 1,680[rpm]이다. 무부하에서의 속도가 1,733[rpm]이라고 할 때 속도 변동률은 약 [%]인가?

① 6.1   ② 5.0

③ 4.6   ④ 3.2

답안 표기란

19 ① ② ③ ④
20 ① ② ③ ④
21 ① ② ③ ④
22 ① ② ③ ④
23 ① ② ③ ④
24 ① ② ③ ④

25 직류 발전기를 병렬운전할 때 균압선이 필요한 직류기는?

① 분권 발전기, 직권 발전기

② 분권 발전기, 복권 발전기

③ 직권 발전기, 과복권 발전기

④ 분권 발전기, 단극 발전기

26 동기 발전기의 권선을 분포권으로 하면 어떻게 되는가?

① 권선의 리액턴스가 커진다.

② 파형이 좋아진다.

③ 난조를 방지한다.

④ 집중권에 비하여 합성 유도기전력이 높아진다.

27 동기 발전기의 병렬운전에서 한 쪽의 계자 전류를 증대시켜 유도기전력을 크게 하면 어떤 현상이 발생되는가?

① 한 쪽이 전동기가 된다.

② 아무 이상이 없다.

③ 고주파전류가 흐른다.

④ 무효순환전류가 흐른다.

28 난조 방지와 관계가 없는 것은?

① 제동 권선을 설치한다.

② 전기자 권선의 저항을 작게 한다.

③ 축 세륜을 붙인다.

④ 조속기의 감도를 예민하게 한다.

29 동기 전동기의 전기자 반작용에 대한 설명이다. 공급전압에 대한 앞선 전류의 전기자 반작용은?

① 감자 작용　　　② 증자 작용

③ 교차 자화 작용　④ 편자 작용

30 권수비가 100인 변압기에 있어서 2차측의 전류가 1,000[A]일 때, 이것을 1차측으로 환산하면?

① 16[A]　　　② 10[A]

③ 9[A]　　　④ 6[A]

25	① ② ③ ④
26	① ② ③ ④
27	① ② ③ ④
28	① ② ③ ④
29	① ② ③ ④
30	① ② ③ ④

답안 표기란

31 ① ② ③ ④

32 ① ② ③ ④

33 ① ② ③ ④

34 ① ② ③ ④

35 ① ② ③ ④

36 ① ② ③ ④

31 변압기 외함 내에 들어 있는 기름을 펌프로 이용하여 외부에 있는 냉각 장치로 보내서 냉각시킨 다음 냉각된 기름을 다시 외함의 내부로 공급하는 방식으로, 냉각효과가 크기 때문에 30,000[kVA] 이상의 대용량 변압기에서 사용하는 냉각방식은?

① 건식 풍냉식

② 유압 자냉식

③ 유입 풍냉식

④ 유입 송유식

32 변압기에서 철손은 부하전류와 어떤 관계인가?

① 부하전류와 비례한다.

② 부하전류의 자승에 비례한다.

③ 부하전류에 반비례한다.

④ 부하전류와 관계없다.

33 고장에 의하여 생긴 불평형의 전류차가 평형 전류의 어떤 비율 이상으로 되었을 때 동작하는 것으로, 변압기 내부 고장의 보호용으로 사용되는 계전기는?

① 과전류 계전기

② 방향 계전기

③ 비율차동 계전기

④ 역상 계전기

34 자체 인덕턴스 20[mH]의 코일에 20[A]의 전류를 흘릴 때 저장 에너지는 몇 [J]인가?

① 2   ② 4

③ 6   ④ 8

35 슬립이 0.05이고 전원 주파수가 60[Hz]인 유도 전동기 회로의 주파수[Hz]는?

① 1   ② 2

③ 3   ④ 4

36 일정한 주파수의 전원에서 운전하는 3상 유도 전동기의 전원 전압이 80[%]가 되었다면 토크는 약 몇 [%]가 되는가? (단, 회전수는 변하지 않는 상태로 한다.)

① 55   ② 64

③ 76   ④ 82

답안 표기란

37 ① ② ③ ④
38 ① ② ③ ④
39 ① ② ③ ④
40 ① ② ③ ④
41 ① ② ③ ④

37 무부하시 유도 전동기는 역률이 낮지만 부하가 증가하면 역률이 높아지는 이유로 가장 알맞은 것은?

① 전압이 떨어지므로
② 효율이 좋아지므로
③ 전류가 증가하므로
④ 2차측 저항이 증가하므로

38 다음 그림에 대한 설명으로 틀린 것은?

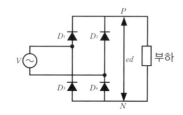

① 브리지(Bridge) 회로라고도 한다.
② 실제의 정류기로 널리 쓰인다.
③ 반파 정류회로라고도 한다.
④ 전파 정류회로라고도 한다.

39 게이트(Gate)에 신호를 가해야만 작동하는 소자는?

① SCR
② MPS
③ UJT
④ DIAC

40 다음 중에서 초퍼나 인버터용 소자가 아닌 것은?

① TRIAC
② GTO
③ SCR
④ BJT

41 전기기기의 금속제 외함에 접지공사를 하는 주된 목적은?

① 기기의 효율 향상
② 기기의 절연효과 증대
③ 기기의 역률 개선
④ 기기의 누전에 의한 감전사고 방지

답안 표기란
42 ① ② ③ ④
43 ① ② ③ ④
44 ① ② ③ ④
45 ① ② ③ ④
46 ① ② ③ ④
47 ① ② ③ ④
48 ① ② ③ ④

42 전로 이외를 흐르는 전류로서 전로의 절연체 내부 및 표면과 공간을 통하여 선간 또는 대지 사이를 흐르는 전류를 무엇이라고 하는가?

① 지락전류　　　　　　　② 누설전류
③ 정격전류　　　　　　　④ 영상전류

43 사람이 접촉될 우려가 있는 곳에 시설하는 경우 접지극은 지하 몇 [cm] 이상의 깊이에 매설하여야 하는가?

① 30　　　　　　　　　② 45
③ 50　　　　　　　　　④ 75

44 다음 중 단로기의 기능으로 적합한 것은?

① 무부하 회로의 개폐
② 부하전류의 개폐
③ 고장전류의 차단
④ 3상 동시 개폐

45 공칭단면적 8[mm²] 되는 연선의 구성은 소선의 지름이 1.2[mm]일 때 소선수는 몇 가닥으로 되어 있는가?

① 3　　　　　　　　　② 4
③ 6　　　　　　　　　④ 7

46 다음 중 높은 열에 의해 전선의 피복이 타는 것을 막기 위해 사용되는 재료는?

① 비닐　　　　　　　　② 면
③ 석면　　　　　　　　④ 고무

47 다음 중 캡타이어 케이블 3심의 고무 절연체의 색깔을 바르게 나타낸 것은?

① 검정색, 빨간색, 노란색
② 검정색, 흰색, 녹색
③ 흰색, 빨간색, 노란색
④ 검정색, 흰색, 빨간색

48 다음 중 나전선과 절연전선 접속 시 접속부분의 전선의 세기는 일반적으로 어느 정도 유지해야 하는가?

① 80[%] 이상　　　　　② 70[%] 이상
③ 60[%] 이상　　　　　④ 50[%] 이상

49 다음 중 저압 개폐기를 생략하여도 좋은 장소는?

① 부하 전류를 단속할 필요가 있는 개소

② 인입구 기타 고장, 점검, 측정 수리 등에서 개로할 필요가 있는 개소

③ 퓨즈의 전원측으로 분기회로용 과전류차단기 이후의 퓨즈가 플러그 퓨즈와 같이 퓨즈 교환 시에 충전부에 접촉할 우려가 없을 경우

④ 퓨즈의 전원측

50 먼지가 많은 장소에 사용하는 소켓은 다음 중 어느 것인가?

① 키 소켓   ② 풀 스위치

③ 분기 스위치   ④ 키리스 소켓

51 접지저항 측정 방법으로 적당하지 못한 것은?

① 코올라시 브리지 이용

② 교류의 전압계와 전류계 사용

③ 어스 테스터 사용

④ 테스터 사용

52 저압 옥내 배선에서 400[V] 이상이고 점검할 수 있는 은폐 장소에 시공할 수 없는 공사는?

① 합성수지 몰드 공사   ② 애자 사용 공사

③ 버스 덕트 공사   ④ 금속 덕트 공사

53 합성수지관 공사에 의한 저압 옥내 배선공사에서 잘못된 것은?

① 관 구 및 내면은 전선의 피복을 손상하지 아니하도록 매끈할 것

② IV선 3.2[mm] 사용

③ 관의 지지점간의 거리를 2[m]로 함

④ 관 상호를 접속할 때 삽입깊이를 관 외경의 1.2배로 함

54 덕트 공사의 종류가 아닌 것은?

① 금속 덕트 공사   ② 케이블 덕트 공사

③ 버스 덕트 공사   ④ 플로어 덕트 공사

49	① ② ③ ④
50	① ② ③ ④
51	① ② ③ ④
52	① ② ③ ④
53	① ② ③ ④
54	① ② ③ ④

답안 표기란

55 ① ② ③ ④
56 ① ② ③ ④
57 ① ② ③ ④
58 ① ② ③ ④
59 ① ② ③ ④
60 ① ② ③ ④

55 금속관 공사에서 접지공사를 생략해도 좋은 것은?

① 관의 길이가 4[m] 이하인 건조한 장소

② 사람이 접촉할 우려가 있는 100[V] 회로로 관 길이가 6[m] 이상

③ 사람이 접촉할 우려가 없는 장소의 3상 200[V] 회로로 관의 길이 8[m] 이상

④ 건조한 장소의 100[V] 전등회로로서 관의 길이가 10[m] 이상

56 터널, 갱도 기타 이와 유사한 장소에서 사람이 상시 통행하는 터널 내의 배선 방법으로 적절하지 않은 것은? (단, 사용전압은 저압이다.)

① 라이팅덕트 배선

② 금속제 가요전선관 배선

③ 합성수지관 배선

④ 애자사용 배선

57 전주의 길이가 15[m] 이하인 경우 땅에 묻히는 깊이는 전장의 얼마 이상인가?

① 1/8 이상　　　　　　② 1/6 이상

③ 1/4 이상　　　　　　④ 1/3 이상

58 도로를 횡단하여 시설하는 지선의 높이는 지표상 몇 [m] 이상이어야 하는가?

① 5[m]　　　　　　　② 6[m]

③ 8[m]　　　　　　　④ 10[m]

59 가공전선로의 지선에 사용되는 애자는?

① 노브 애자　　　　　② 인류 애자

③ 현수 애자　　　　　④ 구형 애자

60 실내 전반조명을 하고자 한다. 작업대로부터 광원의 높이가 2.4[m]인 위치에 조명기구를 배치할 때 벽에서 한 기구 이상 떨어진 기구에서 기구간의 거리는 일반적인 경우 최대 몇 [m]로 배치하여 설치하는가? (단, S≤1.5H 를 사용하여 구하도록 한다.)

① 1.8　　　　　　　② 2.4

③ 3.2　　　　　　　④ 3.6

전체 문제 수 : 60
안 푼 문제 수 : ☐

답안 표기란

1 ① ② ③ ④

2 ① ② ③ ④

3 ① ② ③ ④

4 ① ② ③ ④

5 ① ② ③ ④

1 3[C]의 전기량이 두 점 사이를 이동하여 144[J]의 일을 하였다면 이 두 점 사이의 전위차는 몇 [V]인가?

① 12

② 24

③ 48

④ 64

2 0.2[μF] 콘덴서와 0.1[μF] 콘덴서를 병렬연결하여 40[V]의 전압을 가할 때 0.2[μF]에 축적되는 전하[μC]의 값은?

① 2

② 4

③ 8

④ 12

3 전하 및 전기력에 대한 설명으로 틀린 것은?

① 전하에는 양(+)전하와 음(-)전하가 있다.

② 비유전율이 큰 물질일수록 전기력은 커진다.

③ 대전체의 전하를 없애려면 대전체와 대지를 도선으로 연결하면 된다.

④ 두 전하 사이에 작용하는 전기력선은 전하의 크기에 비례하고, 거리의 제곱에 반비례한다.

4 진공 중에서 같은 크기의 두 자극을 1[m] 거리에 놓았을 때, 그 작용하는 힘은? (단, 자극의 세기는 1[Wb]이다.)

① 6.33×10^4[N]

② 8.33×10^4[N]

③ 9.33×10^5[N]

④ 9.09×10^9[N]

5 다음 중 자기력선(Line Of Magnetic Force)에 대한 설명으로 옳지 않은 것은?

① 자석의 N극에서 시작하여 S극에서 끝난다.

② 자기장의 방향은 그 점을 통과하는 자기력선의 방향으로 표시한다.

③ 자기력선은 상호간에 교차한다.

④ 자기장의 크기는 그 점에 있어서의 자기력선의 밀도를 나타낸다.

6 길이 4[m]의 균일한 자로에 6,400회의 도선을 감고 10[mA]의 전류를 흘릴 때 자로의 자장의 세기는?

① 4[AT/m]
② 16[AT/m]
③ 40[AT/m]
④ 160[AT/m]

7 플레밍의 왼손법칙에서 자기장의 방향을 나타내는 것은?

① 약지
② 중지
③ 검지
④ 엄지

8 자체 인덕턴스 40[mH]와 90[mH]인 두 개의 코일이 있다. 두 코일 사이에 누설자속이 없다고 한다면 상호 인덕턴스는?

① 50[mH]
② 60[mH]
③ 65[mH]
④ 130[mH]

9 전도율의 단위는?

① [Ω·m]
② [℧·m]
③ [Ω/m]
④ [℧/m]

10 그림과 같은 회로 A−B에서 본 합성저항은 몇 [Ω]인가?

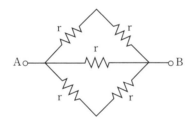

① $\dfrac{r}{2}$
② r
③ $\dfrac{3}{2}r$
④ $2r$

11 기전력 1.5[V], 내부저항 0.1[Ω]의 전지 10개를 직렬로 연결하고 2[Ω]의 저항을 가진 전구에 연결할 때 전구에 흐르는 전류는 몇 [A]인가?

① 2
② 3
③ 4
④ 5

답안 표기란

6 ① ② ③ ④
7 ① ② ③ ④
8 ① ② ③ ④
9 ① ② ③ ④
10 ① ② ③ ④
11 ① ② ③ ④

12 다음 중 전력량 1[J]과 같은 것은?

① 1[cal]
② 1[W·s]
③ 1[kg·m]
④ 860[N·m]

13 다음 중 저저항 측정에 사용되는 브리지는?

① 휘스톤 브리지
② 빈 브리지
③ 멕스웰 브리지
④ 켈빈 더블 브리지

14 종류가 다른 두 금속을 접합하여 폐회로를 만들고 두 접합점의 온도를 다르게 하면 이 폐회로에 기전력이 발생하여 전류가 흐르게 되는 현상을 자칭하는 것은?

① 줄의 법칙(Joule's Law)
② 톰슨 효과(Thomson Effect)
③ 펠티에 효과(Peltier Effect)
④ 제벡 효과(Seebeck Effect)

15 어떤 정현파 교류의 최대값이 $V_m=220$[V]이면 평균값 V_a는?

① 약 71[V]
② 약 100[V]
③ 약 127[V]
④ 약 140[V]

16 그림의 브리지 회로에서 미지의 인덕턴스 L_x을 구하면?

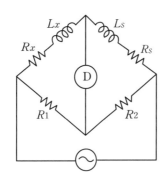

① $L_x = \dfrac{R_2}{R_1} \times L_s$
② $L_x = \dfrac{R_1}{R_2} \times L_s$
③ $L_x = \dfrac{R_s}{R_1} \times L_s$
④ $L_x = \dfrac{R_1}{R_s} \times L_s$

답안 표기란

12 ① ② ③ ④
13 ① ② ③ ④
14 ① ② ③ ④
15 ① ② ③ ④
16 ① ② ③ ④

답안 표기란

17 ① ② ③ ④
18 ① ② ③ ④
19 ① ② ③ ④
20 ① ② ③ ④
21 ① ② ③ ④

17 교류에서 무효전력 P_r[Var]은?

① VI

② $VI\cos\theta$

③ $VI\sin\theta$

④ $VI\tan\theta$

18 대칭 3상 교류에서 기전력 및 주파수가 같을 경우 각 상간의 위상차는 얼마인가?

① π

② $L_x = \dfrac{\pi}{2}\times L_s$

③ $\dfrac{2\pi}{3}$

④ 2π

19 저항 5[Ω], 유도리액턴스 30[Ω], 용량리액턴스 18[Ω]인 RLC 직렬회로에 130[V]의 교류전압을 가할 때 흐르는 전류[A]는?

① 10[A], 유도성

② 10[A], 용량성

③ 5.9[A], 유도성

④ 5.9[A], 용량성

20 그림과 같은 평형 3상 $\varDelta$회로를 등가 Y결선으로 환산하면 각 상의 임피던스는 몇 [Ω]이 되는가? (단, Z=12[Ω]이다.)

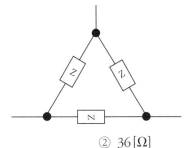

① 48[Ω]

② 36[Ω]

③ 4[Ω]

④ 3[Ω]

21 10극의 직류 파권 발전기의 전기자 도체수 400, 매극의 자속수 0.02[Wb], 회전수 600[rpm]일 때 기전력은 몇 [V]인가?

① 200

② 220

③ 380

④ 400

답안 표기란	
22	① ② ③ ④
23	① ② ③ ④
24	① ② ③ ④
25	① ② ③ ④
26	① ② ③ ④
27	① ② ③ ④

22 분권 발전기는 잔류 자속에 의하여 잔류 전압을 만들고 이때 여자 전류가 잔류 자속을 증가시키는 방향으로 흐르면, 여자 전류가 점차 증가하면서 단자 전압이 상승하게 된다. 이러한 현상을 무엇이라고 하는가?

① 자기 포화

② 여자 조절

③ 보상 전압

④ 전압 확립

23 그림과 같은 접속은 어떤 직류 전동기의 접속인가?

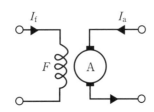

① 타여자 전동기

② 분권 전동기

③ 직권 전동기

④ 복권 전동기

24 전기기계의 와류손을 감소하기 위한 적합한 방법은?

① 규소 강판에 성층 철심을 사용한다.

② 보상권선을 설치한다.

③ 교류전원을 사용한다.

④ 냉각 압연한다.

25 철심이 포화할 때 동기 발전기의 동기 임피던스는?

① 증가한다.

② 감소한다.

③ 일정하다.

④ 주기적으로 변한다.

26 2극 3,600[rpm]인 동기 발전기와 병렬운전하려는 12극 동기 발전기의 회전수는 몇 [rpm]인가?

① 600

② 1,200

③ 1,800

④ 3,600

27 동기 전동기의 특징으로 잘못된 것은?

① 일정한 속도로 운전이 가능하다.

② 난조가 발생하기 쉽다.

③ 역률을 조정하기 힘들다.

④ 공극이 넓어 기계적으로 견고하다.

28 동기 조상기가 전력용 콘덴서보다 우수한 점은?

① 손실이 적다.　　　　　　② 보수가 적다.

③ 지상 역률을 얻는다.　　　④ 가격이 싸다.

29 1차 전압 3,300[V], 2차 전압 220[V]인 변압기의 권수비는 얼마인가?

① 15　　　　　　　　　　② 22

③ 33　　　　　　　　　　④ 110

30 변압기유의 열화방지를 위해 쓰이는 방법이 아닌 것은?

① 방열기　　　　　　　　② 브리더

③ 컨서베이터　　　　　　④ 질소 봉입

31 변압기에서 퍼센트 저항강하 3[%], 리액턴스강하 4[%]일 때 역률 0.8(지상)에서의 전압 변동률은?

① 2.4[%]　　　　　　　② 3.6[%]

③ 4.8[%]　　　　　　　④ 6.0[%]

32 변압기의 절연내력 시험 중 권선의 층간 절연 시험은?

① 충격전압 시험　　　　② 무부하 시험

③ 가압 시험　　　　　　④ 유도 시험

33 단상 유도전압조정기의 단락권선의 역할은?

① 절연 보호　　　　　　② 철손 경감

③ 전압강하 경감　　　　④ 전압조정 수월

34 50[Hz], 6극인 3상 유도 전동기의 전부하에서 회전수가 955[rpm]일 때 슬립 [%]은?

① 4　　　　　　　　　　② 4.5

③ 5　　　　　　　　　　④ 5.5

35 유도 전동기에 대한 설명 중 옳은 것은?

① 유도 발전기일 때의 슬립은 1보다 크다.

② 유도 전동기 회전자 회로의 주파수는 슬립에 반비례한다.

③ 전동기 슬립은 2차 동손을 2차 입력으로 나눈 것과 같다.

④ 슬립이 크면 클수록 2차 효율은 커진다.

답안 표기란

28	① ② ③ ④
29	① ② ③ ④
30	① ② ③ ④
31	① ② ③ ④
32	① ② ③ ④
33	① ② ③ ④
34	① ② ③ ④
35	① ② ③ ④

36 권선형 유도 전동기의 기동 시 회전자 측에 저항을 넣는 이유는?

① 기동 전류 증가

② 기동 토크 감소

③ 회전수 감소

④ 기동 전류 억제와 토크 증대

37 단상 유도 전동기의 기동법 중에서 기동 토크가 가장 작은 것은?

① 반발 유도형

② 반발 기동형

③ 콘덴서 기동형

④ 분상 기동형

38 다음 정류 방식 중에서 맥동 주파수가 가장 많고 맥동률이 가장 적은 정류 방식은?

① 단상 반파식

② 단상 전파식

③ 3상 반파식

④ 3상 전파식

39 양방향으로 전류를 흘릴 수 있는 양방향성 소자는?

① SCR

② GTO

③ TRIAC

④ MOSFET

40 그림의 전동기 제어회로에 대한 설명으로 잘못된 것은?

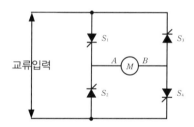

① 교류를 직류로 변환한다.

② 사이리스터 위상제어 회로이다.

③ 전파 정류회로이다.

④ 주파수를 변환하는 회로이다.

41 변압기의 중성점에 접지공사를 하는 주된 목적은?

① 전류변동 방지

② 전압변동 방지

③ 전력변동 방지

④ 고저압 혼촉방지

42 중성점 접지공사의 접지저항값을 결정하는 가장 큰 요인은?

① 변압기의 용량

② 가공전선로의 연장

③ 변압기 1차측의 퓨즈 용량

④ 1선 지락전류

답안 표기란

36 ① ② ③ ④
37 ① ② ③ ④
38 ① ② ③ ④
39 ① ② ③ ④
40 ① ② ③ ④
41 ① ② ③ ④
42 ① ② ③ ④

답안 표기란

43 ① ② ③ ④
44 ① ② ③ ④
45 ① ② ③ ④
46 ① ② ③ ④
47 ① ② ③ ④
48 ① ② ③ ④
49 ① ② ③ ④
50 ① ② ③ ④

43 건축물의 종류에서 표준부하를 10[VA/m²]으로 하여야 하는 건축물은 다음 중 어느 것인가?

① 강당, 극장
② 학교, 음식점
③ 은행, 상점
④ 아파트, 이용원

44 변류비 100/5[A]의 변류기(CT)와 5[A]의 전류계를 사용하여 부하전류를 측정한 경우 전류계의 지시가 4[A]이었다. 이 부하전류는 몇 [A]인가?

① 30[A]
② 40[A]
③ 60[A]
④ 80[A]

45 옥외용 비닐 절연 전선은 무슨 색인가?

① 검정색
② 빨간색
③ 흰색
④ 회색

46 다음 중 금실 코드를 사용할 수 없는 전기기기는?

① 전기 모포
② 헤어드라이어
③ 전기이발기
④ 전기면도기

47 습기가 많은 장소 또는 물기가 있는 장소의 바닥 위에서 사람이 접촉할 우려가 있는 장소에 시설하는 사용전압이 400[V] 미만의 전구선 및 이동전선은 단면적이 최소 몇 [mm²] 이상인 것을 사용하여야 하는가?

① 0.75
② 1.25
③ 2.0
④ 3.5

48 접속 박스 내에서 절연전선을 쥐꼬리 접속한 후 접속과 절연을 위해 사용되는 재료는?

① 링형 슬리브
② S형 슬리브
③ 와이어 커넥터
④ 터미널 리그

49 전자 개폐기에 부착되어 전동기의 소손 방지를 위하여 사용되는 것은?

① 퓨즈
② 열동 계전기
③ 배선용 차단기
④ 수은 계전기

50 저압전로에서 사용하는 과전류 차단기용 퓨즈를 수평으로 붙인 경우 견디어야 할 전류는 정격전류의 몇 배로 정하고 있는가?

① 1.1배
② 1.2배
③ 1.25배
④ 1.5배

답안 표기란

51 ① ② ③ ④

52 ① ② ③ ④

53 ① ② ③ ④

54 ① ② ③ ④

55 ① ② ③ ④

56 ① ② ③ ④

51 절연전선으로 가설된 배선선로에서 활선상태인 경우 전선의 피복을 벗기는 것은 매우 곤란한 작업이다. 이런 경우 활선상태에서 전선의 피복을 벗기는 공구는?

① 전선 피박기
② 애자 커버
③ 와이어 통
④ 데드 앤드 커버

52 금속몰드 공사의 설명으로 틀린 것은?

① 금속몰드 내에서 공사상 부득이한 경우에는 전선의 접속점을 만들어도 좋다.
② 구리로 견고하게 제작된 것을 사용한다.
③ 건조하고 점검할 수 있는 은폐 장소에 시공할 수 있다.
④ 금속몰드 4[m] 초과된 것에는 접지공사를 한다.

53 가요전선관을 설명한 것으로 옳은 것은?

① 저압 옥내 배선의 사용전압이 400[V] 이상인 경우에는 가요전선관에 접지공사를 하여야 한다.
② 가요전선관은 건조하고 점검할 수 없는 은폐장소에만 시설한다.
③ 가요전선관 안에는 전선에 접속점이 없도록 한다.
④ 1종 금속제 가요전선관은 두께 0.7[mm] 이하인 것이어야 한다.

54 다음 중 금속덕트 공사 방법과 거리가 먼 것은?

① 덕트의 말단은 열어 놓을 것
② 금속덕트는 3[m] 이하의 간격으로 견고하게 지지할 것
③ 금속덕트의 뚜껑은 쉽게 열리지 않도록 시설할 것
④ 금속덕트 상호는 견고하고 또한 전기적으로 완전하게 접속할 것

55 캡타이어 케이블을 조영재에 시설하는 경우 그 지지점 간의 거리는 얼마로 하여야 하는가?

① 1[m]
② 1.5[m]
③ 2.0[m]
④ 2.5[m]

56 흥행장의 저압 공사에서 잘못된 것은?

① 무대, 무대 밑, 오케스트라 박스 및 영사실의 전로에는 전용 개폐기 및 과전류 차단기를 시설할 필요가 없다.
② 무대용의 콘센트, 박스, 플라이 덕트 및 보더 라이트의 금속제 외함에는 접지공사를 하여야 한다.
③ 플라이 덕트는 조영재 등에 견고하게 시설하여야 한다.
④ 사용전압 400[V] 미만의 이동전선은 0.6/1[KV] 고무절연 클로로프렌 캡타이어 케이블을 사용한다.

57 저압 가공전선과 고압 가공전선을 동일 지지물에 시설하는 경우 상호 이격거리는 몇 [cm] 이상이어야 하는가?

① 20 [cm]　　　　　　　　② 30 [cm]

③ 40 [cm]　　　　　　　　④ 50 [cm]

58 가공 전선의 지지물이 아닌 것은?

① 목주　　　　　　　　② 지선

③ 철근 콘크리트주　　　　④ 철탑

59 다음 중 인류 또는 내장주의 선로에서 활선 공법을 할 때 작업자가 현수애자 등에 접촉되어 생기는 안전사고를 예방하기 위해 사용하는 것은?

① 활선 커버　　　　　　② 가스 개폐기

③ 데드 앤드 커버　　　　④ 프로텍터 차단기

60 주위온도가 일정 상승률 이상이 되는 경우에 작동하는 것으로서 일정한 장소의 열에 의하여 작동하는 화재 감지기는?

① 차동식 스포트형 감지기　　　② 차동식 분포형 감지기

③ 광전식 연기 감지기　　　　　④ 이온화식 연기 감지기

전체 문제 수 : 60
안 푼 문제 수 : ☐

1 어떤 콘덴서에 1,000[V]의 전압을 가하였더니 5×10^{-3}[C]의 전하가 축적되었다. 이 콘덴서의 용량은?

① 2.5[μF] ② 5[μF]
③ 250[μF] ④ 5,000[μF]

2 다음 중 콘덴서의 접속법에 대한 설명으로 알맞은 것은?

① 직렬로 접속하면 용량이 커진다.
② 병렬로 접속하면 용량이 작아진다.
③ 콘덴서는 직렬접속만 가능하다.
④ 직렬로 접속하면 용량이 작아진다.

3 전기장에 대한 설명으로 옳지 않은 것은?

① 대전된 무한장 원통의 내부 전기장은 0이다.
② 대전된 구(球)의 내부 전기장은 0이다
③ 대전된 도체 내부의 전하 및 전기장은 모두 0이다.
④ 도체 표면의 전기장은 그 표면에 평행이다.

4 다음 설명 중 틀린 것은?

① 앙페르의 오른나사법칙 : 전류의 방향을 오른나사가 진행하는 방향으로 하면, 이 때 발생되는 자기장의 방향은 오른나사의 회전방향이 된다.
② 렌츠의 법칙 : 유도기전력은 자신의 발생 원인이 되는 자속의 변화를 방해하려는 방향으로 발생한다.
③ 패러데이의 전자유도법칙 : 유도기전력의 크기는 코일을 지나는 자속의 매초 변화량과 코일의 권수에 비례한다.
④ 쿨롱의 법칙 : 두 자극 사이에 작용하는 자력의 크기는 양 자극의 세기의 곱에 비례하며, 자극 간의 거리의 제곱에 비례한다.

답안 표기란

5 ① ② ③ ④
6 ① ② ③ ④
7 ① ② ③ ④
8 ① ② ③ ④
9 ① ② ③ ④
10 ① ② ③ ④
11 ① ② ③ ④

5 전류와 자속에 관한 설명 중 옳은 것은?

① 전류와 자속은 항상 폐회로를 이룬다.

② 전류와 자속은 항상 폐회로를 이루지 않는다.

③ 전류는 폐회로이나 자속은 아니다.

④ 자속은 폐회로이나 전류는 아니다.

6 반지름 5[cm], 권수 100회인 원형 코일에 15[A]의 전류가 흐르면 코일 중심의 자장의 세기는 몇 [AT/m]인가?

① 750　　　　　　　　　② 3000

③ 15,000　　　　　　　　④ 22,500

7 패러데이의 전자유도 법칙에 유도 기전력의 크기는 코일을 지나는 (㉠)의 매초 변화량과 코일의 (㉡)에 비례한다. ㉠과 ㉡에 알맞은 내용은?

① ㉠ 자속, ㉡ 굵기　　　　② ㉠ 자속, ㉡ 권수

③ ㉠ 전류, ㉡ 권수　　　　④ ㉠ 전류, ㉡ 굵기

8 자기 인덕턴스에 축적되는 에너지에 대한 설명으로 가장 옳은 것은?

① 자기 인덕턴스 및 전류에 비례한다.

② 자기 인덕턴스 및 전류에 반비례한다.

③ 자기 인덕턴스에 비례하고 전류의 제곱에 비례한다.

④ 자기 인덕턴스에 반비례하고 전류의 제곱에 반비례한다.

9 일반적으로 온도가 높아지게 되면 전도율이 켜져서 온도계수가 부(–)의 값을 가지는 것이 아닌 것은?

① 구리　　　　　　　　　② 반도체

③ 탄소　　　　　　　　　④ 전해액

10 1[Ω], 2[Ω], 3[Ω]의 저항 3개를 이용하여 합성저항을 2.2[Ω]으로 만들고자 할 때 접속방법을 옳게 설명한 것은?

① 저항 3개를 직렬로 접속한다.

② 저항 3개를 병렬로 접속한다.

③ 2[Ω]과 3[Ω]을 병렬로 연결한 다음 1[Ω]의 저항을 직렬로 접속한다.

④ 1[Ω]과 2[Ω]을 병렬로 연결한 다음 3[Ω]의 저항을 직렬로 접속한다.

11 규격이 같은 축전지 2개를 병렬로 연결하였다. 다음 중 옳은 것은?

① 용량과 전압이 모두 2배　　　② 용량과 전압이 모두 (1/2)배

③ 용량은 불변이고 전압은 2배　　④ 용량은 2배가 되고 전압은 불변

답안 표기란

12 ① ② ③ ④
13 ① ② ③ ④
14 ① ② ③ ④
15 ① ② ③ ④
16 ① ② ③ ④
17 ① ② ③ ④
18 ① ② ③ ④

12 3[kW]의 전열기를 정격 상태에서 20분간 사용할 때의 발열량은 몇 [kcal]인가?

① 600

② 864

③ 1,440

④ 3,600

13 그림의 브리지 회로에서 평형 조건식이 올바른 것은?

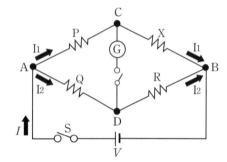

① $PX = QX$

② $PQ = RX$

③ $PX = QR$

④ $PR = QX$

14 서로 다른 종류의 안티몬과 비스무트의 두 금속을 접속하여 여기에 전류를 통하면, 그 접점에서 열의 발생 또는 흡수가 일어난다. 줄열과 달리 전류의 방향에 따라 열의 흡수와 발생이 다르게 나타나는 이 현상은?

① 펠티에 효과(Peltier Effect)

② 제벡 효과(Seebeck Effect)

③ 제3금속의 법칙

④ 열전 효과

15 e=141.4sin(100πt)[V]의 교류전압이 있다. 이 교류의 실효값은 몇 [V]인가?

① 100

② 110

③ 141

④ 282

16 R=3[Ω], wL=8[Ω], $\dfrac{1}{wC}$=4[Ω]인 RLC 직렬회로의 임피던스는 몇 [Ω]인가?

① 5

② 8.5

③ 12.4

④ 15

17 어떤 회로의 부하전류가 10[A], 역률이 0.85일 때 부하의 유효전류는 몇 [A]인가?

① 6.5

② 8.5

③ 10

④ 12

18 평형 3상 교류회로에서 Y결선할 때 상전압(V_p)과 선간전압(V_l)의 관계는?

① $V_\ell = V_p$

② $V_\ell = \sqrt{2}V_p$

③ $V_\ell = \sqrt{3}V_p$

④ $V_\ell = \dfrac{1}{\sqrt{3}}V_p$

답안 표기란

19 ① ② ③ ④
20 ① ② ③ ④
21 ① ② ③ ④
22 ① ② ③ ④
23 ① ② ③ ④
24 ① ② ③ ④
25 ① ② ③ ④

19 대칭 3상 ⊿결선에서 선전류와 상전류와의 위상 관계는?

① 상전류가 $\dfrac{\pi}{6}$ [rad] 앞선다.

② 상전류가 $\dfrac{\pi}{6}$ [rad] 뒤진다.

③ 상전류가 $\dfrac{\pi}{3}$ [rad] 앞선다.

④ 상전류가 $\dfrac{\pi}{3}$ [rad] 뒤진다.

20 다음 중 파형률을 나타낸 것은?

① $\dfrac{실효값}{평균값}$

② $\dfrac{최대값}{실효값}$

③ $\dfrac{평균값}{실효값}$

④ $\dfrac{실효값}{최대값}$

21 직류 발전기에서 전기자 반작용을 없애는 방법으로 옳은 것은?

① 브러시 위치를 전기적 중성점이 아닌 곳으로 이동시킨다.

② 보극과 보상권선을 설치한다.

③ 브러시의 압력을 조정한다.

④ 보극을 설치하되 보상권선은 설치하지 않는다.

22 복권 발전기의 병렬 운전을 안전하게 하기 위하여 두 발전기의 전기자와 직권 권선의 접촉점에 연결해야 하는 것은?

① 균압선

② 집전환

③ 합성저항

④ 브러시

23 직류 직권 전동기의 벨트 운전을 금지하는 이유는?

① 벨트가 벗겨지면 위험속도에 도달한다.

② 손실이 많아진다.

③ 벨트가 마모하여 보수가 곤란하다.

④ 직결하지 않으면 속도제어가 곤란하다.

24 출력 10[kW], 효율 90[%]인 기기의 손실은 약 몇 [kW]인가?

① 0.6

② 1.1

③ 2.0

④ 2.5

25 단락비가 큰 동기기에 대한 설명으로 옳은 것은?

① 기계가 소형이다.

② 전기자 반작용이 크다.

③ 안정도가 높다.

④ 전압 변동률이 크다.

답안 표기란
26 ① ② ③ ④
27 ① ② ③ ④
28 ① ② ③ ④
29 ① ② ③ ④
30 ① ② ③ ④
31 ① ② ③ ④
32 ① ② ③ ④

26 동기 발전기의 전기자 반작용 현상이 아닌 것은?

① 포화 작용   ② 증자 작용

③ 감자 작용   ④ 교차 자화 작용

27 동기 전동기의 여자전류를 변화시켜도 변하지 않는 것은? (단, 공급전압과 부하는 일정하다.)

① 동기속도   ② 역기전력

③ 역률   ④ 전기자 전류

28 3상 동기 전동기의 자기 기동법에 관한 사항 중 틀린 것은?

① 기동 토크를 적당한 값으로 유지하기 위하여 변압기 탭에 의해 정격전압의 80 [%] 정도로 저압을 가해 기동을 한다.

② 기동 토크는 일반적으로 작고 전부하 토크의 40~60 [%] 정도이다.

③ 제동 권선에 의한 기동 토크를 이용하는 것으로, 제동 권선은 2차 권선으로서 기동 토크를 발생한다.

④ 기동할 때에는 회전자속에 의하여 계자 권선 안에는 고압이 유도되어 절연을 파괴할 우려가 있다.

29 변압기의 명판에 표시된 정격에 대한 설명으로 틀린 것은?

① 변압기의 정격출력 단위는 [kW]이다.

② 변압기 정격은 2차측을 기준으로 한다.

③ 변압기의 정격은 용량, 전류, 전압, 주파수 등으로 결정한다.

④ 정격이란 정해진 규정에 적합한 범위 내에서 사용할 수 있는 한도이다.

30 변압기의 여자 전류가 일그러지는 이유는 무엇 때문인가?

① 와류(맴돌이 전류) 때문에

② 자기포화와 히스테리시스 현상 때문에

③ 누설리액턴스 때문에

④ 선간의 정전용량 때문에

31 일정 전압 및 일정 파형에서 주파수가 상승하면 변압기 철손은 어떻게 되는가?

① 증가한다.   ② 감소한다.

③ 불변이다.   ④ 어떤 기간 동안 증가한다.

32 용량이 작은 변압기의 단락 보호용으로 주 보호방식으로 사용되는 계전기는?

① 차동전류 계전 방식   ② 과전류 계전 방식

③ 비율차동 계전 방식   ④ 기계적 계전 방식

33 4극 24홈 표준 농형 3상 유도 전동기의 매극 매상당의 홈수는?

① 6

② 3

③ 2

④ 1

34 슬립 3[%]인 3상 유도 전동기의 2차 동손이 0.3[kW]일 때 회전자 입력[kW]은?

① 6[kW]

② 8[kW]

③ 10[kW]

④ 12[kW]

35 유도 전동기에서 비례추이를 적용할 수 없는 것은?

① 토크

② 1차 전류

③ 부하

④ 역률

36 세이딩 코일형 유도 전동기의 특징으로 틀린 것은?

① 역률과 효율이 좋고 구조가 간단하여 세탁기 등 가정용 기기에 많이 쓰인다.

② 회전자는 농형이고 고정자의 성층철심은 몇 개의 돌극으로 되어 있다.

③ 기동 토크가 작고 출력이 10[W] 이하의 소형 전동기에 주로 사용된다.

④ 운전 중에도 세이딩 코일에 전류가 흐르고 속도 변동률이 크다.

37 단상 유도 전동기의 기동장치에 의한 분류가 아닌 것은?

① 분상 기동형

② 콘덴서 기동형

③ 세이딩 코일형

④ 회전계자형

38 다음 중 전력 제어용 반도체 소자가 아닌 것은?

① LED

② TRIAC

③ GTO

④ IGBT

39 전압을 일정하게 유지하기 위하여 이용되는 다이오드는?

① 발광 다이오드

② 포토 다이오드

③ 제너 다이오드

④ 바리스터 다이오드

40 반도체 사이리스터에 의한 전동기의 속도 제어 중 주파수 제어는?

① 초퍼 제어

② 인버터 제어

③ 컨버터 제어

④ 브리지 정류 제어

41 접지공사에서 접지시스템 시설의 종류에 해당하지 않는 것은?

① 단독접지

② 공통접지

③ 통합접지

④ 피뢰시스템 접지

답안 표기란				
33	①	②	③	④
34	①	②	③	④
35	①	②	③	④
36	①	②	③	④
37	①	②	③	④
38	①	②	③	④
39	①	②	③	④
40	①	②	③	④
41	①	②	③	④

42 전동기에 접지공사를 하는 주된 이유는?

① 보안상　　　　　　　② 미관상

③ 감전사고 방지　　　　④ 안전 운행

43 일반적으로 학교 건물이나 은행 건물 등의 간선의 수용률은 얼마인가?

① 50 [%]　　　　　　　② 60 [%]

③ 70 [%]　　　　　　　④ 80 [%]

44 설치면적과 설치비용이 많이 들지만 가장 이상적이고 효과적인 진상용 콘덴서 설치 방법은?

① 수전단 모선에 설치

② 수전단 모선과 부하측에 분산하여 설치

③ 부하측에 분산하여 설치

④ 가장 큰 부하측에만 설치

45 고무 절연 전선 및 비닐 절연 전선에서 몇 [℃]를 넘으면 절연물이 변질되고, 전선을 손상할 뿐만 아니라 화재의 원인도 되는가?

① 100 [℃]　　　　　　② 90 [℃]

③ 75 [℃]　　　　　　　④ 60 [℃]

46 자동차 타이어와 같은 질긴 고무 외피로서 전기적 성질보다 기계적 성질에 중점을 두고 만든 전선의 피복 재료는?

① 면　　　　　　　　　② 캡타이어

③ 석면　　　　　　　　④ 주트

47 다음 중 전선의 굵기를 결정할 때 반드시 생각해야 할 사항으로만 된 것은?

① 허용전류, 전압강하, 기계적 강도

② 허용전류, 공사방법, 사용장소

③ 공사방법, 사용장소, 기계적 강도

④ 공사방법, 전압강하, 기계적 강도

48 절연전선 상호의 접속에서 잘못되어 있는 것은?

① 트위스트, 슬리브를 사용

② 와이어 커넥터를 사용

③ 압축 슬리브를 사용

④ 굵기 3.2 [mm]인 전선을 꼬아서 접속

답안 표기란

42	① ② ③ ④
43	① ② ③ ④
44	① ② ③ ④
45	① ② ③ ④
46	① ② ③ ④
47	① ② ③ ④
48	① ② ③ ④

답안 표기란

49 ① ② ③ ④

50 ① ② ③ ④

51 ① ② ③ ④

52 ① ② ③ ④

53 ① ② ③ ④

54 ① ② ③ ④

49 조명용 백열전등을 일반주택 및 아파트 각 호실에 설치할 때 현관등은 최대 몇분 이내에 소등되는 타임 스위치를 시설해야 하는가?

① 1

② 2

③ 3

④ 4

50 다음 중 차단기를 시설해야 하는 곳으로 가장 적당한 것은?

① 다선식 전로의 중성선

② 접지공사를 한 저압 가공전로의 접지측 전선

③ 고압에서 저압으로 변성하는 2차측의 저압측 전선

④ 접지공사의 접지선

51 전기공사에서 사용하는 공구와 작업 내용이 잘못된 것은?

① 토치램프 – 합성수지관 가공하기

② 홀소 – 분전반 구멍 뚫기

③ 와이어 스트리퍼 – 전선 피복 벗기기

④ 피시 테이프 – 전선관 보호

52 다음 중 금속 몰드와 금속관용 박스의 접속에 사용되는 것은?

① 커플링

② 박스 커넥터

③ 코너 박스

④ 콤비네이션 커넥터

53 가요전선관을 설명한 것으로 옳은 것은?

① 가요전선관의 크기는 바깥지름에 가까운 홀수로 만든다.

② 가요전선관은 건조하고 점검할 수 없는 은폐장소에 한하여 시설한다.

③ 작은 증설공사 안전함과 전동기 사이의 공사 등에 적합하다.

④ 가요전선관을 고정할 때에는 조영재에 2 [m] 이하마다 새들을 고정한다.

54 다음 그림과 같이 금속관을 구부릴 때 일반적으로 A와 B의 관계식은?

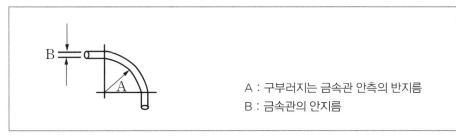

A : 구부러지는 금속관 안측의 반지름

B : 금속관의 안지름

① $A = 2B$

② $A \geq B$

③ $A = 5B$

④ $A \geq 6B$

55 소맥분, 전분, 기타 가연성 분진이 존재하는 곳의 저압 옥내 배선 공사 방법에 해당하지 않는 것은?

① 케이블 공사
② 금속관 공사
③ 애자사용 공사
④ 합성수지관 공사

56 진열장 안에 400[V] 미만의 저압 옥내 배선 시 외부에서 보기 쉬운 곳에 사용하는 전선은 단면적이 몇 [mm²] 이상의 코드 또는 캡타이어 케이블이어야 하는가?

① 0.75
② 1.25
③ 2.0
④ 3.5

57 고압 보안공사 시 고압 가공전선로의 경간은 철탑의 경우 몇 [m] 이하이어야 하는가?

① 100[m]
② 150[m]
③ 400[m]
④ 600[m]

58 특고압(22.9kV−Y) 가공전선로의 완금 접지 시 접지선은 어느 곳에 연결하여야 하는가?

① 변압기
② 전주
③ 지선
④ 중성선

59 분전반의 종류 중 개폐기와 자동차단기의 두 가지 역할을 하게 하여 분전반 전체가 소형으로 되고 또 조작이 안전하여 누구나 쉽게 취급할 수 있는 분전반은?

① 나이프 분전반
② 텀블러식 분전반
③ 브레이크식 분전반
④ 거터 페이스식 분전반

60 저압 옥내 간선에서 전동기의 정격전류가 40[A]일 때 전선의 허용전류는 몇 [A]인가?

① 44
② 50
③ 60
④ 100

답안 표기란

55	① ② ③ ④
56	① ② ③ ④
57	① ② ③ ④
58	① ② ③ ④
59	① ② ③ ④
60	① ② ③ ④

수험번호 :

수험자명 :

제한 시간 : 60분
남은 시간 : 60분

전체 문제 수 : 60
안 푼 문제 수 :

답안 표기란

1	① ② ③ ④
2	① ② ③ ④
3	① ② ③ ④
4	① ② ③ ④

1 저항의 병렬접속에서 합성저항을 구하는 설명으로 옳은 것은?

① 연결된 저항을 모두 합하면 된다.

② 각 저항값의 역수에 대한 합을 구하면 된다.

③ 저항값의 역수에 대한 합을 구하고 다시 그 역수를 구하면 된다.

④ 각 저항값을 모두 합하고 저항 숫자로 나누면 된다.

2 직류발전기의 전기자의 주된 역할은?

① 기전력을 유도한다.

② 자속을 만든다.

③ 정류 작용을 한다.

④ 회전자와 외부회로를 접속한다.

3 다음 ㉠과 ㉡에 들어갈 내용으로 알맞은 것은?

> 배율기는 ㉠의 측정범위를 넓히기 위한 목적으로 사용하는 것으로서, 회로에 ㉡로 접속하는 저항기를 말한다.

① ㉠ 전압계, ㉡ 병렬

② ㉠ 전류계, ㉡ 병렬

③ ㉠ 전압계, ㉡ 직렬

④ ㉠ 전류계, ㉡ 직렬

4 '익스텐션 코드(Extension Cord)'라고도 하며 코드의 길이가 짧을 경우 연장하여 사용하는 것은?

① 테이블 탭(Table Tap)

② 멀티 탭(Multi Tap)

③ 아이언 플러그(Iron Plug)

④ 작업등(Extension Light)

답안 표기란

5 ① ② ③ ④
6 ① ② ③ ④
7 ① ② ③ ④
8 ① ② ③ ④
9 ① ② ③ ④
10 ① ② ③ ④
11 ① ② ③ ④

5 그림의 브리지 회로에서 평형이 되었을 때의 C_x는?

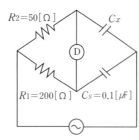

① $0.1\,[\mu F]$ ② $0.2\,[\mu F]$

③ $0.3\,[\mu F]$ ④ $0.4\,[\mu F]$

6 다음 중 테이프를 감을 때 1.2배 정도 늘려 감을 필요가 있는 것은?

① 비닐 테이프   ② 블랙 테이프

③ 리노 테이프   ④ 자기 융착 테이프

7 환상 솔레노이드에 감겨진 코일에 권회수를 2배로 늘리면 자체 인덕턴스는 몇 배로 되는가?

① 2   ② 4

③ $\dfrac{1}{2}$ ④ $\dfrac{1}{4}$

8 콘덴서의 정전용량이 커질수록 용량 리액턴스 X_C의 값은 어떻게 되는가?

① 무한대로 접근한다.   ② 커진다.

③ 작아진다.   ④ 변화하지 않는다.

9 목욕탕에 취부해도 좋은 기구는?

① 리셉터클   ② 콘덴서

③ 텀블러 스위치   ④ 방수 소켓

10 200[V], 10[W]의 형광등에 정격 전압이 가해졌을 때 형광등 회로에 흐르는 전류는 0.42[A]이다. 이 형광등의 역률[%]은?

① 37.5   ② 47.6

③ 57.5   ④ 67.5

11 $v=100\sqrt{2}\sin wt\,[V]$의 전압을 저항 100[Ω]의 전구에 가할 때 순시전류 i[A]는 얼마인가?

① $\sqrt{2}\sin wt$ ② $2\sqrt{2}\sin wt$

③ $5\sqrt{2}\sin wt$ ④ $10\sqrt{2}\sin wt$

답안 표기란

12 ① ② ③ ④
13 ① ② ③ ④
14 ① ② ③ ④
15 ① ② ③ ④
16 ① ② ③ ④
17 ① ② ③ ④
18 ① ② ③ ④

12 중성점 접지용 접지도체는 공칭단면적 몇 [mm²] 이상의 연동선이어야 하는가?

① 2.5
② 6
③ 10
④ 16

13 전선에 안전하게 흘릴 수 있는 최대 전류를 무슨 전류라 하는가?

① 과도 전류
② 전도 전류
③ 허용 전류
④ 맥동 전류

14 접지공사의 경우 접지선은 특별한 경우를 제외하고는 어떤 색으로 표시를 하여야 하는가?

① 갈색
② 흑색
③ 회색
④ 녹색–노란색

15 전하의 성질에 대한 설명 중 옳지 않은 것은?

① 같은 종류의 전하는 흡인하고 다른 종류의 전하끼리는 반발한다.
② 대전체에 들어 있는 전하를 없애려면 접지시킨다.
③ 대전체의 영향으로 비대전체에 전기가 유도된다.
④ 전하는 가장 안정한 상태를 유지하려는 성질이 있다.

16 다음 중 콘덴서의 접속법에 대한 설명으로 알맞은 것은?

① 직렬로 접속하면 용량이 커진다.
② 병렬로 접속하면 용량이 작아진다.
③ 콘덴서는 직렬접속만 가능하다.
④ 직렬로 접속하면 용량이 작아진다.

17 R–L 직렬회로에서 R=20[Ω], L=10[H]인 경우 시정수 τ는?

① 0.005 [s]
② 0.5 [s]
③ 2 [s]
④ 200 [s]

18 어느 회로에 200[V]의 교류전압을 가할 때 $\frac{\pi}{6}$ [rad] 위상이 높은 10[A]의 전류가 흐른다. 이 회로의 전력[W]은?

① 3,452
② 2,361
③ 1,732
④ 1,215

답안 표기란	
19	① ② ③ ④
20	① ② ③ ④
21	① ② ③ ④
22	① ② ③ ④
23	① ② ③ ④
24	① ② ③ ④

19 MOF란 무엇을 뜻하는가?

① 계기용 변압기　　　　　　② 계기용 변압변류기

③ 계기용 변류기　　　　　　④ 시험용 변압기

20 권선형 유도 전동기 기동 시 회전자축에 저항을 넣는 이유는?

① 기동전류 증가

② 기동토크 감소

③ 회전수 감소

④ 기동전류 억제와 토크 증대

21 아래 그림처럼 평행한 도체에 전류의 방향이 같을 때에 작용하는 힘은?

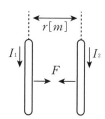

① 흡인력　　　　　　　　　② 반발력

③ 회전력　　　　　　　　　④ 작용력이 없다.

22 자기 인덕턴스가 각각 L_1과 L_2인 2개의 코일이 직렬로 가동접속되었을 때, 합성 인덕턴스는? (단, 자기력선에 의한 영향을 서로 받는 경우이다.)

① $L = L_1+L_2-M$ [H]

② $L = L_1+L_2-2M$ [H]

③ $L = L_1+L_2+M$ [H]

④ $L = L_1+L_2+2M$ [H]

23 교류 전력에서 일반적으로 전기기기의 용량을 표시하는 데 쓰이는 전력은?

① 피상전력　　　　　　　　② 유효전력

③ 무효전력　　　　　　　　④ 평균전력

24 직류 복권발전기를 병렬운전할 때 반드시 필요한 것은?

① 과부하 계전기

② 균압선

③ 용량이 같을 것

④ 외부특성 곡선이 일치할 것

25 직류 복권발전기의 직권계자권선은 어디에 설치되어 있는가?

① 주자극 사이에 설치

② 분권계자권선과 같은 철심에 설치

③ 주자극 표면에 홈을 파고 설치

④ 보극 표면에 홈을 파고 설치

26 선간 전압이 380[V]인 전원에 $Z=8+j6[\Omega]$의 부하를 Y결선으로 접속했을 때 선전류는 약 몇 [A]인가?

① 12
② 22

③ 28
④ 38

27 다음 중 직류전동기에 대한 설명으로 옳은 것은?

① 직권전동기는 부하가 줄면 속도가 감소한다.

② 분권전동기는 계자 저항기로 쉽게 회전속도를 조정할 수 있다.

③ 차동복권전동기는 전기철도용으로 사용한다.

④ 분권전동기는 부하에 따라 속도가 현저하게 변한다.

28 직류전동기의 전기적 제동법이 아닌 것은?

① 발전 제동
② 회생 제동

③ 역전 제동
④ 단상 제동

29 비오–사바르의 법칙과 가장 관계가 깊은 것은?

① 전류가 만드는 자장의 세기

② 전류와 전압의 관계

③ 기전력과 자계의 세기

④ 기전력과 자속의 변화

30 동기 발전기의 병렬운전에서 한 쪽의 계자 전류를 증대시켜 유도기전력을 크게 하면 어떤 현상이 발생되는가?

① 한 쪽이 전동기가 된다.
② 아무 이상이 없다.

③ 고조파전류가 흐른다.
④ 무효순환전류가 흐른다.

31 동기발전기에서 난조 현상에 대한 설명으로 옳지 않은 것은?

① 부하가 급격히 변화하는 경우 발생할 수 있다.

② 제동권선을 설치하여 난조현상을 방지한다.

③ 난조의 정도가 커지면 동기이탈 또는 탈조라 한다.

④ 난조가 생기면 바로 멈춰야 한다.

답안 표기란

25 ① ② ③ ④
26 ① ② ③ ④
27 ① ② ③ ④
28 ① ② ③ ④
29 ① ② ③ ④
30 ① ② ③ ④
31 ① ② ③ ④

답안 표기란

32 ① ② ③ ④
33 ① ② ③ ④
34 ① ② ③ ④
35 ① ② ③ ④
36 ① ② ③ ④
37 ① ② ③ ④
38 ① ② ③ ④

32 변압기의 2차 저항이 0.1[Ω]일 때 1차로 환산하면 250[Ω]이 된다. 이 변압기의 권수비는?

① 30　　　　　　　　　　② 40
③ 50　　　　　　　　　　④ 60

33 변압기의 여자전류가 일그러지는 이유는 무엇 때문인가?

① 와류(맴돌이 전류) 때문
② 자기포화와 히스테리시스손 현상 때문
③ 누설 리액턴스 때문
④ 선간의 정전용량 때문

34 쇠톱처럼 금속관의 절단이나 프레임 파이프의 절단에 사용하는 공구의 명칭은?

① 리머　　　　　　　　　② 파이프 커터
③ 파이프 렌치　　　　　　④ 파이프 바이스

35 변압기유의 열화 방지와 관계가 가장 먼 것은?

① 브리더　　　　　　　　② 컨서베이터
③ 불활성 질소　　　　　　④ 부싱

36 고장에 의하여 생긴 불평형의 전류차가 평형 전류의 어떤 비율 이상으로 되었을 때 동작하는 것으로, 변압기 내부 고장의 보호용으로 사용되는 계전기는?

① 과전류 계전기　　　　　② 방향 계전기
③ 비율차동 계전기　　　　④ 역상 계전기

37 다음 설명 중 틀린 것은?

① 3상 유도전압 조정기의 회전자권선은 분로권선이고 Y결선으로 되어 있다.
② 디프 슬롯형 전동기는 냉각효과가 좋아 기동 정지가 빈번한 중대형 저속기에 적당하다.
③ 누설 변압기가 네온사인이나 용접기의 전원으로 알맞은 이유는 수하 특성 때문이다.
④ 계기용 변압기의 2차 표준은 100/200[V]로 되어 있다.

38 기동 전동기로서 유도 전동기를 사용하려고 한다. 동기 전동기의 극수가 10극인 경우 유도 전동기의 극수는?

① 8극　　　　　　　　　② 10극
③ 12극　　　　　　　　　④ 14극

답안 표기란

39 ① ② ③ ④

40 ① ② ③ ④

41 ① ② ③ ④

42 ① ② ③ ④

43 ① ② ③ ④

44 ① ② ③ ④

39 일정한 주파수의 전원에서 운전하는 3상 유도 전동기의 전원 전압이 80[%]가 되었다면 토크는 약 몇[%]가 되는가? (단, 회전수는 변하지 않는 상태로 한다.)

① 55

② 64

③ 76

④ 82

40 다음 정류방식 중 맥동률이 가장 작은 방식은?

① 단상 반파식

② 단상 전파식

③ 3상 반파식

④ 3상 전파식

41 금속관 공사의 설명으로 잘못된 것은?

① 교류회로는 1회로의 전선 전부를 동일관 내에 넣는 것을 원칙으로 한다.

② 교류회로에서 전선을 병렬로 사용하는 경우에는 관 내에 전자적 불평형이 생기지 않도록 시설한다.

③ 금속관 내에서는 절대로 전선접속을 만들지 않아야 한다.

④ 관의 두께는 콘크리트에 매입하는 경우 1 [mm] 이상이어야 한다.

42 게이트에(Gate)에 신호를 가해야만 동작되는 소자는?

① SCR

② MPS

③ UJT

④ DIAC

43 그림은 교류 전동기 속도 제어 회로이다. 전동기 M의 종류로 알맞은 것은?

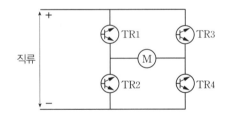

① 단상 유도 전동기

② 3상 유도 전동기

③ 3상 동기 전동기

④ 4상 스텝 전동기

44 ACSR에 관한 서술로 적당한 것은?

① ACSR은 같은 저항의 동선보다 외경이 커서 코로나(Corona) 방지에 유리하다.

② ACSR은 경동선보다 풍압하중이 적다.

③ ACSR은 경동선보다 인장강도가 크므로 단면적이 작아도 좋다.

④ ACSR은 경동선에 비하여 자중이 적어서 가선공사가 용이하다.

답안 표기란

45	① ② ③ ④
46	① ② ③ ④
47	① ② ③ ④
48	① ② ③ ④
49	① ② ③ ④
50	① ② ③ ④
51	① ② ③ ④

45 다음 중 역률이 가장 좋은 전동기는?

① 직류 분권 전동기
② 동기 전동기
③ 농형 유도 전동기
④ 가동 복권 전동기

46 무대나 오케스트라 박스, 영사실 등 흥행장에 사용하는 이동전선으로 사용할 수 없는 것은?

① 1종 캡타이어 케이블
② 2종 캡타이어 케이블
③ 3종 캡타이어 케이블
④ 4종 캡타이어 케이블

47 10[mm²] 이상의 굵은 단선의 분기접속은 무슨 접속으로 하는가?

① 트위스트 접속
② 단권분기 접속
③ 브리타니아 접속
④ 복권 접속

48 다음 중 물탱크의 수위를 조절하는 데 필요한 자동 스위치는 어느 것인가?

① TDR
② TLRS
③ CS
④ FLS

49 다음 중 가요전선관과 금속관을 접속하는 데 사용하는 것은?

① 콤비네이션 커플링
② 앵글 박스 커넥터
③ 스플릿 커플링
④ 스트레이트 박스 커넥터

50 다음 중 피시 테이프(Fish Tape)의 용도는 무엇인가?

① 전선을 테이핑하기 위해서
② 전선관의 끝마무리를 위해서
③ 배관에 전선을 넣을 때
④ 합성수지관을 구부릴 때

51 전기분해를 통하여 석출된 물질의 양은 통과한 전기량 및 화학당량과 어떤 관계인가?

① 전기량과 화학당량에 비례한다.
② 전기량과 화학당량에 반비례한다.
③ 전기량에 비례하고 화학당량에 반비례한다.
④ 전기량에 반비례하고 화학당량에 비례한다.

답안 표기란

52 ① ② ③ ④
53 ① ② ③ ④
54 ① ② ③ ④
55 ① ② ③ ④
56 ① ② ③ ④
57 ① ② ③ ④

52 옥내배선 설계 시 인입구의 위치는 어느 곳이 가장 좋은가?

① 출입구 바로 옆에 둔다.

② 사람들의 손이 잘 닿지 않는 곳에 둔다.

③ 옥내부하의 중심이고 옥외전선로와 가까운 곳에 둔다.

④ 옥내선로에서 멀고 옥내부하의 중심에 둔다.

53 긴 직선 도선에 I의 전류가 흐를 때 이 도선으로부터 r만큼 떨어진 곳의 자기장의 세기는?

① 전류 I에 반비례하고 거리 r에 비례한다.

② 전류 I에 비례하고 거리 r에 반비례한다.

③ 전류 I의 제곱에 반비례하고 거리 r에 반비례한다.

④ 전류 I에 반비례하고 거리 r의 제곱에 반비례한다.

54 금속관 공사를 할 경우 케이블 손상방지용으로 사용하는 부품은?

① 부싱   ② 엘보

③ 커플링   ④ 로크너트

55 평형 3상 교류회로의 Y결선 회로로부터 Δ결선 회로로 등가변환하기 위해서는 어떻게 하여야 하는가?

① 각 상의 임피던스를 3배로 한다.

② 각 상의 임피던스를 $\sqrt{3}$로 한다.

③ 각 상의 임피던스를 $\frac{1}{\sqrt{3}}$로 한다.

④ 각 상의 임피던스를 $\frac{1}{3}$로 한다.

56 유도 전동기에서 슬립이 0이란 무엇을 의미하는가?

① 유도 전동기가 동기속도로 회전한다.

② 유도 전동기가 정지 상태이다.

③ 유도 전동기가 전부하 운전 상태이다.

④ 유도 전동기가 제동기의 역할을 한다.

57 정격전압 220[V]인 전동기의 접지공사에서 굵기와 저항값은 얼마인가?

① 1.5[mm²], 80[Ω]

② 2.5[mm²], 100[Ω]

③ 4[mm²], 120[Ω]

④ 6[mm²], 150[Ω]

58 배선용 차단기(MCCB)는 원칙적으로 어떻게 사용해야 하는가?

① 부하전류 크기보다 작은 전류차단 용량의 것을 사용한다.

② 보호하려는 회로 중 가장 가는 전선의 허용 전류치 이하의 것을 사용한다.

③ 부하전류의 크기보다 큰 것을 사용한다.

④ 보호하려는 회로 중 가장 굵은 전선의 허용 전류치 이하의 것을 사용한다.

59 합성수지관의 특성은?

① 내열성   ② 내부식성

③ 내한성   ④ 내충격성

60 라이팅덕트 공사에 의한 저압 옥내 배선 공사 시 덕트의 지지점 간의 거리는 몇 [m] 이하로 해야 하는가?

① 1.0   ② 1.2

③ 2.0   ④ 3.0

전체 문제 수 : 60
안 푼 문제 수 : ☐

답안 표기란

1 ① ② ③ ④

2 ① ② ③ ④

3 ① ② ③ ④

4 ① ② ③ ④

5 ① ② ③ ④

1 진공 중에서 비유전율 ϵ_s의 값은?

① 1
② 6.33×10^4
③ 8.85×10^{-12}
④ 9×10^9

2 평행판 전극에 일정 전압을 가하면서 극판의 간격을 2배로 하면 내부 전기장의 세기는 어떻게 되는가?

① 4배로 커진다.
② $\frac{1}{2}$배로 작아진다.

③ 2배로 커진다.
④ $\frac{1}{4}$배로 작아진다.

3 진공 중에 두 자극 m_1, m_2을 $r[m]$의 거리에 놓았을 때, 그 작용하는 힘$[N]$은?

① $F = \dfrac{1}{4\pi\mu_0} \times \dfrac{m_1,\ m_2}{r}\ [\mathbf{N}]$

② $F = \dfrac{1}{4\pi\mu_0} \times \dfrac{m_1,\ m_2}{r^2}\ [\mathbf{N}]$

③ $F = 4\pi\mu_0 \times \dfrac{m_1,\ m_2}{r}\ [\mathbf{N}]$

④ $F = 4\pi\mu_0 \times \dfrac{m_1,\ m_2}{r^2}\ [\mathbf{N}]$

4 비투자율이 1인 환상철심 중의 자장의 세기가 $H[\mathbf{AT/m}]$이었다. 이때 비투자율이 10인 물질로 바꾸면 철심의 자속밀도$[\mathbf{Wb/m^2}]$는?

① 1/10로 줄어든다.
② 10배 커진다.
③ 50배 커진다.
④ 100배 커진다.

5 전류에 의해 발생되는 자기장에서 자력선의 방향을 간단하게 알아내는 법칙은?

① 오른나사의 법칙
② 플레밍의 왼손법칙
③ 주회적분의 법칙
④ 줄의 법칙

답안 표기란

6	① ② ③ ④
7	① ② ③ ④
8	① ② ③ ④
9	① ② ③ ④
10	① ② ③ ④
11	① ② ③ ④
12	① ② ③ ④

6 1[cm]당 권선수가 10인 무한길이 솔레노이드에 1[A]의 전류가 흐르고 있을 때 솔레노이드 외부자계의 세기[AT/m]는?

① 0

② 10

③ 100

④ 1,000

7 자속의 변화에 의한 유도기전력의 방향 결정은?

① 렌츠의 법칙

② 패러데이의 법칙

③ 앙페르의 법칙

④ 줄의 법칙

8 자체 인덕턴스 각각의 두 원통 코일이 서로 직교하고 있다. 두 코일 사이의 상호 인덕턴스[H]는?

① $L_1 + L_2$

② $L_1 L_2$

③ 0

④ $\sqrt{L_1 L_2}$

9 1.5[V]의 전위차로 3[A]의 전류가 3분 동안 흘렀을 때 한 일은?

① 1.5[J]

② 13.5[J]

③ 810[J]

④ 2,430[J]

10 10[Ω] 저항 5개를 가지고 얻을 수 있는 가장 작은 합성저항 값은?

① 1[Ω]

② 2[Ω]

③ 4[Ω]

④ 5[Ω]

11 그림과 같은 회로에서 4[Ω]에 흐르는 전류[A] 값은?

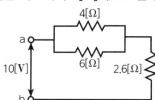

① 0.6

② 0.8

③ 1.0

④ 1.2

12 기전력 4[V], 내부저항 0.2[Ω]인 전지 10개를 직렬로 접속하고 두 극 사이에 부하 R을 접속하였더니 4[A]의 전류가 흘렀다. 이때 외부저항은 몇 [Ω]이 되겠는가?

① 6

② 7

③ 8

④ 9

답안 표기란

13 ① ② ③ ④
14 ① ② ③ ④
15 ① ② ③ ④
16 ① ② ③ ④
17 ① ② ③ ④
18 ① ② ③ ④

13 전지(Battery)에 관한 사항이다. 감극제(Depolarizer)는 어떤 작용을 막기 위해 사용되는가?

① 분극작용
② 방전
③ 순환전류
④ 전기분해

14 각속도 w=377[rad/sec]인 사인파 교류의 주파수는 약 몇 [Hz]인가?

① 30
② 60
③ 90
④ 120

15 $v=100\sqrt{2}\sin(120\pi t+\frac{\pi}{4})[V]$, $i=100\sin(120\pi t+\frac{\pi}{2})[V]$인 경우, 전류는 전압보다 위상이 어떻게 되는가?

① $\frac{\pi}{2}[rad]$만큼 앞선다.

② $\frac{\pi}{2}[rad]$만큼 뒤진다.

③ $\frac{\pi}{4}[rad]$만큼 앞선다.

④ $\frac{\pi}{4}[rad]$만큼 뒤진다.

16 5[mH]의 코일에 220[V], 60[Hz]의 교류를 가할 때 전류는 약 몇 [A]인가?

① 43[A]
② 58[A]
③ 87[A]
④ 117[A]

17 저항 3[Ω], 유도리액턴스 4[Ω]의 직렬회로에 100[V]의 교류전압을 가할 때 흐르는 전류와 위상각은 얼마인가?

① 14.3[A], 37°
② 14.3[A], 53°
③ 20[A], 37°
④ 20[A], 53°

18 직렬 공진회로에서 최대가 되는 것은?

① 전류
② 임피던스
③ 리액턴스
④ 저항

답안 표기란

19 ① ② ③ ④

20 ① ② ③ ④

21 ① ② ③ ④

22 ① ② ③ ④

23 ① ② ③ ④

24 ① ② ③ ④

25 ① ② ③ ④

19 △결선인 3상 유도전동기의 상전압(V_p)과 상전류(I_p)를 측정하였더니 각각 200[V], 30[A]이었다. 이 3상 유도전동기의 선간전압(V_l)과 선전류(I_l)의 크기는 각각 얼마인가?

① $V_\ell = 200[V]$, $I_\ell = 30[A]$

② $V_\ell = 200\sqrt{3}[V]$, $I_\ell = 30[A]$

③ $V_\ell = 200\sqrt{3}[V]$, $I_\ell = 30\sqrt{3}[A]$

④ $V_\ell = 200[V]$, $I_\ell = 30\sqrt{3}[A]$

20 파형률과 파고율이 모두 1인 파형은?

① 삼각파   ② 정현파

③ 구형파   ④ 반원파

21 직류발전기를 구성하는 부분 중 정류자란?

① 전기자와 쇄교하는 자속을 만들어주는 부분

② 자속을 끊어서 기전력을 유기하는 부분

③ 전기자 권선에서 생긴 교류를 직류로 바꾸어주는 부분

④ 계자권선과 외부회로를 연결시켜주는 부분

22 중권의 극수 p인 직류기에서 전기자 병렬 회로수 a는 어떻게 되는가?

① $a = p$ ② $a = 2$

③ $a = 2p$ ④ $a = 3p$

23 직류기에서 보극을 두는 가장 주된 목적은?

① 기동 특성을 좋게 한다.

② 전기자 반작용을 크게 한다.

③ 정류 작용을 돕고 전기자 반작용을 약화시킨다.

④ 전기자 자속을 증가시킨다.

24 직류기에서 전압변동률이 [−]값으로 표시되는 발전기는?

① 분권 발전기

② 과복권 발전기

③ 타여자 발전기

④ 평복권 발전기

답안 표기란

26 ① ② ③ ④
27 ① ② ③ ④
28 ① ② ③ ④
29 ① ② ③ ④
30 ① ② ③ ④
31 ① ② ③ ④

25 직류 분권전동기의 회전 방향을 바꾸기 위해 일반적으로 무엇의 방향을 바꾸어야 하는가?

① 전원
② 주파수
③ 계자저항
④ 전기자 전류

26 동기발전기의 공극이 넓을 때의 설명으로 잘못된 것은?

① 안정도 증대된다.
② 단락비가 크다.
③ 여자 전류가 크다.
④ 전압 변동이 크다.

27 병렬운전 중인 동기발전기의 난조를 방지하기 위하여 자극 면에 유도전동기의 농형권선과 같은 권선을 설치하는데 이 권선의 명칭을 무엇이라고 하는가?

① 계자 권선
② 제동 권선
③ 전기자 권선
④ 보상 권선

28 동기전동기의 전기자 반작용에 대한 설명이다. 공급전압에 대한 앞선 전류의 전기자 반작용은?

① 감자 작용
② 증자 작용
③ 교차 자화 작용
④ 편자 작용

29 3상 동기전동기의 단자전압과 부하를 일정하게 유지하고, 회전자 여자전류의 크기를 변화시킬 때 옳은 것은?

① 전기자 전류의 크기와 위상이 바뀐다.
② 전기자 권선의 역기전력은 변하지 않는다.
③ 동기 전동기의 기계적 출력은 일정하다.
④ 회전속도가 바뀐다.

30 동기전동기를 자기 기동법으로 가동시킬 때 계자 회로는 어떻게 하여야 하는가?

① 단락시킨다.
② 개방시킨다.
③ 직류를 공급하다.
④ 단상교류를 공급한다.

31 1차 전압 3300[V], 2차 전압 220[V]인 변압기의 권수비는 얼마인가?

① 15
② 220
③ 3300
④ 7260

32 변압기의 무부하인 경우에 1차 권선에 흐르는 전류는?

① 정격 전류   ② 단락 전류

③ 부하 전류   ④ 여자 전류

33 변압기의 부하와 전압이 일정하고 주파수만 높아지면 어떻게 되는가?

① 철손 감소   ② 철손 증가

③ 동손 증가   ④ 동손 감소

34 변압기를 Δ–Y 결선한 경우에 대한 설명으로 옳지 않은 것은?

① 1차 선간전압 및 2차 선간전압의 위상차는 60도이다.

② 제3고조파에 의한 장해가 적다.

③ 1차 변전소의 승압용으로 사용한다.

④ Y결선의 중성점을 접지할 수 있다.

35 유도 전동기의 동기속도 N_s, 회전속도 N일 때 슬립 s은?

① $s = \dfrac{N_s - N}{N}$ ② $s = \dfrac{N - N_s}{N}$

③ $s = \dfrac{N_s - N}{N_s}$ ④ $s = \dfrac{N_s + N}{N_s}$

36 3상 유도 전동기의 토크는?

① 2차 유도기전력의 2승에 비례한다.

② 2차 유도기전력에 비례한다.

③ 2차 유도기전력과 무관하다.

④ 2차 유도기전력의 0.5승에 비례한다.

37 전동기의 회전 방향을 바꾸는 역회전의 원리를 이용한 제동 방법은?

① 역상 제동   ② 유도 제동

③ 발전 제동   ④ 회생 제동

38 다음 중 유도 전동기에서 비례추이 할 수 있는 것은?

① 출력   ② 2차동손

③ 효율   ④ 역률

39 역저지 3단자에 속하는 것은?

① SCR   ② SSS

③ SCS   ④ TRIAC

	답안 표기란
32	① ② ③ ④
33	① ② ③ ④
34	① ② ③ ④
35	① ② ③ ④
36	① ② ③ ④
37	① ② ③ ④
38	① ② ③ ④
39	① ② ③ ④

40 양방향성 3단자 사이리스터의 대표적인 것은?

① SCR   ② SSS

③ DIAC   ④ TRIAC

41 전원의 한 점을 직접 접지하고 설비의 노출 도전부는 전원의 접지전극과 전기적으로 독립적인 접지극에 접속시키는 계통접지 방식은?

① TN   ② TT

③ TN-S   ④ IT

42 다음 중 접지의 목적으로 알맞지 않은 것은?

① 감전의 방지   ② 전로의 대지 전압 상승

③ 보호계전기 동작 확보   ④ 이상 전압의 억제

43 부하에 전력을 공급하는 상태에서 사용할 수 없는 개폐기는?

① 유입 차단기   ② 자기 차단기

③ 유입 개폐기   ④ 단로기

44 코일 주위에 전기적 특성이 큰 에폭시 수지를 고진공으로 침투시키고, 다시 그 주위를 기계적 강도가 큰 에폭시 수지로 몰딩한 변압기는?

① 건식 변압기   ② 유입 변압기

③ 몰드 변압기   ④ 타이 변압기

45 수전설비의 저압 배전반 앞에서 계측기를 판독하기 위하여 앞면과 최소 몇 [m] 이상 유지하는 것을 원칙으로 하는가?

① 0.6[m]   ② 1.2[m]

③ 1.5[m]   ④ 1.7[m]

46 다음 중 공칭단면적을 설명한 것으로 틀린 것은?

① 단위는 [mm²]로 나타낸다.

② 전선의 굵기를 표시하는 호칭하다.

③ 계산상의 단면적은 따로 있다.

④ 전선의 실제 단면적과 반드시 같다.

47 다음 중 높은 열에 의해 전선의 피복을 타는 것을 막기 위해 사용되는 재료는?

① 비닐   ② 면

③ 석면   ④ 고무

40	① ② ③ ④
41	① ② ③ ④
42	① ② ③ ④
43	① ② ③ ④
44	① ② ③ ④
45	① ② ③ ④
46	① ② ③ ④
47	① ② ③ ④

답안 표기란	
48	① ② ③ ④
49	① ② ③ ④
50	① ② ③ ④
51	① ② ③ ④
52	① ② ③ ④
53	① ② ③ ④

48 전선 약호가 CN–CV–W인 케이블의 품명은?

① 동심중성선 수밀형 전력케이블

② 동심중성선 차수형 전력케이블

③ 동심중성선 수밀형 저독성 난연 전력케이블

④ 동심중성선 차수형 저독성 난연 전력케이블

49 600[V] 이하의 저압회로에 사용하는 비닐 절연 비닐 외장 케이블의 약칭으로 맞는 것은?

① VV ② EV

③ FP ④ CV

50 과전류 차단기로 저압 전로에 사용하는 경우 30[A] 이하의 배선용 차단기는 정격전류 1.25배의 전류가 흐를 때 몇 분 내에 자동적으로 동작하여야 하는가?

① 10분 이내 ② 30분 이내

③ 60분 이내 ④ 120분 이내

51 전동기 과부하 보호장치에 해당되지 않는 것은?

① 전동기용 퓨즈

② 열동 계전기

③ 전동기 보호용 배선용 차단기

④ 전동기 기동장치

52 금속관에 여러 가닥의 전선을 넣을 때 매우 편리하게 넣을 수 있는 방법으로 쓰이는 것은?

① 비닐전선 ② 철망 그리프

③ 접지선 ④ 호밍사

53 다음 중 전선 및 케이블 접속 방법이 잘못된 것은?

① 전선의 세기를 30[%] 이상 감소시키지 말 것

② 접속 부분은 접속관 기타의 기구를 사용하거나 납땜을 할 것

③ 코드 상호, 캡타이어 케이블 상호, 케이블 상호, 또는 이들 상호를 접속하는 경우에는 코드 접속기, 접속함 기타의 기구를 사용할 것

④ 도체에 알루미늄을 사용하는 전선과 동을 사용하는 전선을 접속하는 경우에는 접속부분에 전기적 부식이 생기지 않도록 할 것

54 애자사용 공사에 사용되는 애자의 구비조건과 거리가 먼 것은?

① 광택성

② 절연성

③ 난연성

④ 내수성

55 합성수지관 공사에 대한 설명으로 틀린 것은?

① 관 상호의 접속에 접착제를 사용하였기 때문에 관을 삽입하는 깊이를 관 바깥지름의 0.6배로 하였다.

② 관 내의 전선으로 지름 3.2[mm]인 단선을 사용한다.

③ 관 내의 전선에 인입용 비닐 절연 전선을 사용한다.

④ 관의 지지점 간의 거리를 1.5[m]로 하였다.

56 한 분전반에서 사용전압이 각각 다른 분기회로가 있을 때 분기회로를 쉽게 식별하기 위한 방법으로 가장 적합한 것은?

① 차단기별로 분리해 놓는다.

② 과전류 차단기 가까운 곳에 각각 전압을 표시하는 명판을 붙여 놓는다.

③ 왼쪽은 고압측 오른쪽은 저압측으로 분류해 놓고 전압 표시는 하지 않는다.

④ 분전반을 철거하고 다른 분전반을 새로 설치한다.

57 저압 가공 인입선의 인입구에 사용되며 금속관 공사에서 끝 부분의 빗물 침입을 방지하는 데 적당한 것은?

① 엔드

② 앤트럽스 캡

③ 부싱

④ 라미플

58 저압 옥내 배선 공사에서 부득이한 경우 전선 접속을 해도 되는 곳은?

① 가요전선관 내

② 금속관 내

③ 금속덕트 내

④ 경질 비닐관 내

59 다음 중 지중전선로의 매설 방법이 아닌 것은?

① 관로식

② 암거식

③ 직접 매설식

④ 행거식

60 주상 변압기를 철근 콘크리트주에 설치할 때 사용되는 것은?

① 행거

② 암 밴드

③ 암타이 밴드

④ 행거 밴드

전체 문제 수 : 60
안 푼 문제 수 :

답안 표기란

1 ① ② ③ ④
2 ① ② ③ ④
3 ① ② ③ ④
4 ① ② ③ ④
5 ① ② ③ ④
6 ① ② ③ ④

1 유효전력의 식으로 맞는 것은?

① $VI\cos\theta$

② $VI\sin\theta$

③ $VI\tan\theta$

④ VI

2 1[μF], 3[μF], 6[μF]의 콘덴서 3개를 병렬로 연결할 때 합성 정전용량은 몇 [μF]인가?

① 10

② 8

③ 6

④ 4

3 200[μF]의 콘덴서를 충전하는 데 9[J]의 일이 필요하였다. 충전 전압은 몇 [V]인가?

① 200

② 300

③ 450

④ 900

4 투자율 μ의 단위는?

① AT/m

② Wb/m^2

③ AT/Wb

④ H/m

5 공기 중 자장의 세기 20[AT/m]인 곳에 8×10^{-3}[Wb]의 자극을 놓으면 작용하는 힘 [N]은?

① 0.16

② 0.32

③ 0.43

④ 0.56

6 평균 반지름 r[m]의 환상 솔레노이드에 권수가 N일 때 내부 자계가 H[AT/m] 이었다. 이때 흐르는 전류 I[A]는?

① $\dfrac{HN}{2\pi r}$

② $\dfrac{2\pi r}{HN}$

③ $\dfrac{2\pi rH}{N}$

④ $\dfrac{N}{2\pi rH}$

7 무한히 긴 평행 두 직선이 있다. 이들 도선에 같은 방향으로 일정한 전류가 흐를 때 상호간에 작용하는 힘은? (단, **r**은 두 도선 간의 거리이다.)

① 흡인력이며 r이 클수록 작아진다.

② 반발력이며 r이 클수록 작아진다.

③ 흡인력이며 r이 클수록 커진다.

④ 반발력이며 r이 클수록 커진다.

8 자체 인덕턴스 40[mH]와 90[mH]인 두 개의 코일이 있다. 양 코일 사이에 누설자속이 없다고 하면 상호 인덕턴스는 몇 [mH]인가?

① $20[mH]$

② $40[mH]$

③ $50[mH]$

④ $60[mH]$

9 자기 히스테리시스 곡선의 횡축과 종축은 어느 것을 나타내는가?

① 자기장의 크기와 자속밀도

② 투자율과 자속밀도

③ 투자율과 잔류자기

④ 자기장의 크기와 보자력

10 어떤 도체에 **t**초 동안에 **Q[C]**의 전기량이 이동하면 이때 흐르는 전류 **I[A]**는?

① $I = Qt[A]$

② $I = Q^2t[A]$

③ $I = \dfrac{t}{Q}[A]$

④ $I = \dfrac{Q}{t}[A]$

11 다음 회로에서 10[Ω]에 걸리는 전압은 몇 [V]인가?

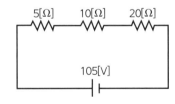

① 2

② 10

③ 20

④ 30

12 키르히호프의 법칙을 맞게 설명한 것은?

① 제1법칙은 전압에 관한 법칙이다.

② 제1법칙은 전류에 관한 법칙이다.

③ 제1법칙은 회로망의 임의의 한 폐회로 중의 전압강하의 대수합과 기전력의 대수합은 같다.

④ 제2법칙은 회로망에 유입하는 전력의 합은 유출하는 전류의 합과 같다.

13 저항 100[Ω]의 부하에서 10[kW]의 전력이 소비되었다면 이때 흐르는 전류는 몇 [A]인가?

① 1   ② 2

③ 5   ④ 10

14 어떤 전압계의 측정범위를 10배로 하려면 배율기의 저항을 전압계 내부저항의 몇 배로 하여야 하는가?

① 10   ② 1/10

③ 9   ④ 1/9

15 전극의 불순물로 인하여 기전력이 감소하는 현상을 무엇이라 하는가?

① 국부작용   ② 성극작용

③ 전기분해   ④ 감극작용

16 주파수 100[Hz]의 주기는?

① 0.01[sec]   ② 0.6[sec]

③ 1.7[sec]   ④ 6,000[sec]

17 자체 인덕턴스가 0.01[H]인 코일에 100[V], 60[Hz]의 사인파 전압을 가할 때 유도 리액턴스는 약 몇 [Ω]인가?

① 3.77   ② 6.28

③ 12.28   ④ 37.68

18 대칭 3상 교류의 Y결선에서 선간전압이 220[V]일 때 상전압은 약 몇 [V]인가?

① 73   ② 127

③ 172   ④ 380

답안 표기란	
12	① ② ③ ④
13	① ② ③ ④
14	① ② ③ ④
15	① ② ③ ④
16	① ② ③ ④
17	① ② ③ ④
18	① ② ③ ④

답안 표기란

19 ① ② ③ ④
20 ① ② ③ ④
21 ① ② ③ ④
22 ① ② ③ ④
23 ① ② ③ ④
24 ① ② ③ ④
25 ① ② ③ ④

19 R=4[Ω], X_L=8[Ω], X_C=5[Ω]인 직렬로 접속된 회로에 V=100[V]의 전압을 인가할 때 흐르는 ㉠전류와 ㉡임피던스는?

① ㉠ 5.9[A], ㉡ 용량성   ② ㉠ 5.9[A], ㉡ 유도성

③ ㉠ 20[A], ㉡ 용량성   ④ ㉠ 20[A], ㉡ 유도성

20 교류회로에서 유효전력을 P, 무효전력을 P_r, 피상전력을 P_a이라 하면 역률을 구하는 식은?

① $\cos\theta = \dfrac{P}{P_a}$ ② $\cos\theta = \dfrac{P_a}{P}$

③ $\cos\theta = \dfrac{P}{P_r}$ ④ $\cos\theta = \dfrac{P_r}{P}$

21 직류 발전기에서 자속을 만드는 부분은 어느 것인가?

① 계자철심   ② 정류자

③ 브러시   ④ 공극

22 보극이 없는 직류기 운전 중 중성점이 위치가 변하지 않는 경우는?

① 과부하   ② 전부하

③ 중부하   ④ 무부하

23 계자권선이 전기자와 접속되어 있지 않은 직류기는?

① 직권기   ② 분권기

③ 복권기   ④ 타여자기

24 직류 분권 전동기의 계자 전류를 약하게 하면 회전 속도는?

① 감소한다.   ② 정지한다.

③ 증가한다.   ④ 변함없다.

25 직류 발전기를 병렬 운전할 때 균압선이 필요한 직류기는?

① 분권 발전기, 직권 발전기

② 분권 발전기, 복권 발전기

③ 직권 발전기, 과복권 발전기

④ 분권 발전기, 단극 발전기

답안 표기란

26 ① ② ③ ④
27 ① ② ③ ④
28 ① ② ③ ④
29 ① ② ③ ④
30 ① ② ③ ④
31 ① ② ③ ④

26 전력계통에 접속되어 있는 변압기나 장거리 송전 시 정전 용량으로 인한 충전특성 등을 보상하기 위한 기기는?

① 유도전동기　　　　　　② 동기발전기
③ 유도발전기　　　　　　④ 동기조상기

27 동기전동기의 용도로 적합하지 않는 것은?

① 송풍기　　　　　　　　② 압축기
③ 크레인　　　　　　　　④ 분쇄기

28 회전 계자형인 동기전동기에 고정자인 전기자 부분도 회전자의 주위를 회전할 수 있도록 2중 베어링 구조로 되어 있는 전동기로 부하를 건 상태에서 운전하는 전동기는?

① 초 동기전동기
② 반작용 전동기
③ 동기형 교류 서보 동기
④ 교류 동기전동기

29 동기발전기를 병렬운전 하는 데 필요한 조건이 아닌 것은?

① 기전력의 파형이 작을 것
② 기전력의 위상이 같을 것
③ 기전력의 주파수가 같을 것
④ 기전력의 크기가 같을 것

30 변압기의 2차 저항이 0.1[Ω]일 때 1차로 환산하면 360[Ω]이 된다. 이 변압기의 권수비는?

① 30　　　　　　　　　② 40
③ 50　　　　　　　　　④ 60

31 부흐홀츠 계전기로 보호되는 기기는?

① 발전기　　　　　　　　② 변압기
③ 전동기　　　　　　　　④ 회전 변류기

답안 표기란

32 ① ② ③ ④
33 ① ② ③ ④
34 ① ② ③ ④
35 ① ② ③ ④
36 ① ② ③ ④
37 ① ② ③ ④

32 정격 2차 전압 및 정격 주파수에 대한 출력[kW]과 전체 손실[kW]이 주어졌을 때 변압기의 규약 효율을 나타내는 식은?

① 효율 $= \dfrac{입력}{입력-전체손실} \times 100[\%]$

② 효율 $= \dfrac{출력}{출력+전체손실} \times 100[\%]$

③ 효율 $= \dfrac{출력}{입력+전체손실} \times 100[\%]$

④ 효율 $= \dfrac{입력-전체손실}{입력} \times 100[\%]$

33 단상 유도전압조정기의 단락권선의 역할은?

① 절연 보호   ② 철손 경감
③ 전압강하 경감   ④ 전압조정 수월

34 유도 전동기에서 슬립이 가장 큰 경우는?

① 무부하 운전 시   ② 경부하 운전 시
③ 정격부하 운전 시   ④ 기동 시

35 동기기의 손실에서 고정손에 해당되는 것은?

① 계자철심의 철손   ② 브러시의 전기손
③ 계자권선의 저항손   ④ 전기자 권선의 저항손

36 단상 유도 전동기의 기동 방법 중 기동 토크가 가장 큰 것은?

① 분상 기동형   ② 반발 유도형
③ 콘덴서 기동형   ④ 반발 기동형

37 유도 전동기의 회전자에 슬립 주파수의 전압을 공급하여 속도 제어하는 것은?

① 자극수 변환법   ② 2차 여자법
③ 2차 저항법   ④ 인버터 주파수 변환법

38 그림과 같은 기호가 나타내는 소자는?

① SCR
② TRIAC
③ IGBT
④ Diode

39 직류 전동기의 제어에 널리 응용되는 직류–직류 전압 제어장치는?

① 인버터
② 컨버터
③ 초퍼
④ 전파 정류

40 측정이나 계산으로 구할 수 없는 손실로 부하 전류가 흐를 때 도체 또는 철심내부에서 생기는 손실을 무엇이라고 하는가?

① 구리손
② 맴돌이 전류손
③ 히스테리시스손
④ 표유부하손

41 변압기 고압측 전로의 1선 지락전류가 5[A]일 때 접지저항[Ω]의 최댓값은?(단, 혼촉에 의한 대지전압은 150[V]이다.)

① 25
② 30
③ 35
④ 40

42 피뢰시스템을 접지공사할 경우 접지도체의 단면적은 몇 [mm²] 이상의 연동선이어야 하는가?

① 2.5
② 6
③ 10
④ 16

43 교류 차단기에 포함되지 않는 것은?

① GCB
② HSCB
③ VCB
④ ABB

44 배전용 기구인 컷아웃스위치(COS)의 용도로 알맞은 것은?

① 배전용 변압기의 1차측에 시설하여 변압기의 단락 보호용으로 쓰인다.
② 배전용 변압기의 2차측에 시설하여 변압기의 단락 보호용으로 쓰인다.
③ 배전용 변압기의 1차측에 시설하여 배전구역 전환용으로 쓰인다.
④ 배전용 변압기의 2차측에 시설하여 배전구역 전환용으로 쓰인다.

답안 표기란

38 ① ② ③ ④
39 ① ② ③ ④
40 ① ② ③ ④
41 ① ② ③ ④
42 ① ② ③ ④
43 ① ② ③ ④
44 ① ② ③ ④

답안 표기란

45 ① ② ③ ④
46 ① ② ③ ④
47 ① ② ③ ④
48 ① ② ③ ④
49 ① ② ③ ④
50 ① ② ③ ④
51 ① ② ③ ④
52 ① ② ③ ④

45 역률 개선의 효과로 볼 수 없는 것은?

① 감전사고 감소

② 전력손실 감소

③ 전압강하 감소

④ 설비용량의 이용률 증가

46 다음 중 사용전압 600[V] 이하의 옥내 공사용 비닐 절연전선의 기호는?

① OW ② RB

③ IV ④ DV

47 옥내 이동전선으로 사용하는 코드의 최소 단면적은 몇 [mm²] 인가?

① 0.6 ② 0.75

③ 0.9 ④ 1.25

48 캡타이어 케이블은 단심에서부터 몇 심까지 있는가?

① 2 ② 3

③ 4 ④ 5

49 전선의 접속방법으로, 직접 접속해서는 안 되는 것은?

① 코드와 절연전선과의 접속

② 8[mm²] 이상의 캡타이어 케이블 상호의 접속

③ 비닐 외장 케이블 상호의 접속

④ 비닐 코드 상호의 접속

50 소켓, 리셉터클 등에 전선을 접속할 때 어느 쪽 전선을 중심 접촉면에 접속해야 하는가?

① 접지측 ② 중성축

③ 단자측 ④ 전압측

51 저압 옥내 배선에 있어서 가장 먼저 시험해야 할 사항은?

① 절연시험 ② 절연내력

③ 접지저항 ④ 통전

52 전선에 압착단자를 접속시키는 공구는?

① 와이어 스트리퍼 ② 프레셔 툴

③ 볼트 클리퍼 ④ 드라이브이트

답안 표기란

53 ① ② ③ ④
54 ① ② ③ ④
55 ① ② ③ ④
56 ① ② ③ ④
57 ① ② ③ ④
58 ① ② ③ ④

53 IV전선을 사용한 옥내 배선 공사 시 박스 안에서 사용되는 전선 접속 방법은?

① 브리타니아 접속　　　　　　② 쥐꼬리 접속

③ 복권 직선 접속　　　　　　　④ 트위스트 접속

54 애자사용 공사를 건조한 장소에 시설하고자 한다. 사용전압이 400[V] 미만인 경우 전선과 조영재 사이의 이격 거리는 최소 몇 [cm] 이상이어야 하는가?

① 2.5[cm]　　　　　　　　　② 4.5[cm]

③ 6[cm]　　　　　　　　　　④ 12[cm]

55 합성수지관 공사에서 하나의 관로 직각 곡률 개소는 몇 개소를 초과하여서는 안 되는가?

① 2개소　　　　　　　　　　② 3개소

③ 4개소　　　　　　　　　　④ 5개소

56 금속관 공사는 다른 공사방법에 비해 여러 특징을 가지고 있는데 다음 중 속하지 않는 것은?

① 전선이 기계적으로 완전히 보호된다.

② 단락 접지사고에 있어서 화재의 우려가 적다.

③ 방습장치를 할 수 있으므로 전선을 내수적으로 시설할 수 있다.

④ 접지공사를 하지 않아도 감전의 우려가 없다.

57 금속관 배관공사에서 절연부싱을 사용하는 이유는?

① 박스 내에서 전선의 접속을 방지

② 관이 손상되는 것을 방지

③ 관 단에서 전선의 인입 및 교체 시 발생하는 전선의 손상 방지

④ 관의 입구에서 조영재의 접속을 방지

58 건물의 모서리(직각)에서 가요전선관을 박스에 연결할 때 필요한 접속기는?

① 스틀렛 박스 커넥터

② 앵글 박스 커넥터

③ 플렉시블 커플링

④ 콤비네이션 커플링

59 버스덕트 공사에서 도중에 부하를 접속할 수 있도록 제작한 덕트는?

① 피더 버스덕트

② 플러그인 버스덕트

③ 트롤리 버스덕트

④ 이동부하 버스덕트

60 전동기의 정역운전을 제어하는 회로에서 2개의 전자개폐기의 작동이 일어나지 않도록 하는 회로는?

① $Y - \Delta$ 회로

② 자기유지 회로

③ 촌동 회로

④ 인터록 회로

전체 문제 수 : 60
안 푼 문제 수 :

답안 표기란

1 ① ② ③ ④
2 ① ② ③ ④
3 ① ② ③ ④
4 ① ② ③ ④
5 ① ② ③ ④

1 전기와 자기의 요소를 서로 대칭되게 나타내지 않은 것은?

① 전계 – 자계
② 전속 – 자속
③ 전속밀도 - 자기량
④ 유전율 – 투자율

2 다음 그림에서 저항 7[Ω]에 흐르는 전류는 몇 [A]인가? (단, B점의 전위는 120[V]이고, C점의 전위는 50[V]이다.)

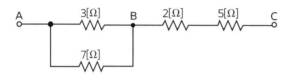

① 7[A]
② 5[A]
③ 3[A]
④ 1[A]

3 어드미턴스 Y_1, Y_2 병렬일 때 합성 어드미턴스는?

① $\dfrac{Y_1Y_2}{Y_1+Y_2}$
② Y_1+Y_2
③ $\dfrac{1}{Y_1+Y_2}$
④ $\dfrac{1}{Y_1}$

4 L_1, L_2 두 코일이 접속되어 있을 때, 누설자속이 없는 이상적인 코일 간의 상호 인덕턴스는?

① $M = \sqrt{L_1+L_2}$
② $M = \sqrt{L_1-L_2}$
③ $M = \sqrt{L_1L_2}$
④ $M = \sqrt{\dfrac{L_1}{L_2}}$

5 콘덴서 C[F]에 전압 V[V]을 인가하여 콘덴서에 축적되는 에너지가 W[J]이 되었다면 전압 V[V]은?

① $\dfrac{2W}{C}$
② $\dfrac{2W^2}{C}$
③ $\sqrt{\dfrac{2W}{C^2}}$
④ $\sqrt{\dfrac{2W}{C}}$

답안 표기란

6 ① ② ③ ④
7 ① ② ③ ④
8 ① ② ③ ④
9 ① ② ③ ④
10 ① ② ③ ④
11 ① ② ③ ④
12 ① ② ③ ④

6 황산구리($CuSO_4$) 전해액에 2개의 구리판을 넣고 전원을 연결하였을 때 음극에서 나타나는 현상으로 옳은 것은?

① 변화가 없다.　　　　　　　② 구리판이 두터워진다.
③ 구리판이 얇아진다.　　　　④ 수소 가스가 발생한다.

7 RC 직렬회로에서의 시정수 RC와 과도현상과의 관계로 옳은 것은?

① 시정수 RC의 값이 클수록 과도현상은 빨리 사라진다.
② 시정수 RC의 값이 클수록 과도현상은 오랫동안 지속된다.
③ 시정수 RC의 값이 작을수록 과도현상은 천천히 사라진다.
④ 시정수 RC의 값은 과도현상의 지속시간과 관계가 없다.

8 다음 중 전위의 단위가 아닌 것은?

① $A \cdot [\Omega]$　　　　　　　② J/C
③ V　　　　　　　　　　　　④ V/m

9 초산은($AgNO_3$)용액에 1[A]의 전류를 2시간 동안 흘렸다. 이때 은의 석출량[g]은? (단, 은의 전기 화학당량은 $1.1 \times 10^{-3}[g/C]$ 이다.)

① 5.44　　　　　　　　　　② 6.08
③ 7.92　　　　　　　　　　④ 9.84

10 R[Ω]의 저항 3개가 Δ결선으로 되어 있는 것을 Y결선으로 환산하면 1상의 저항은?

① $\dfrac{R}{3}$　　　　　　　　　② R
③ $3R$　　　　　　　　　　　④ $\dfrac{3}{R}$

11 다음 중 자체 인덕턴스의 크기를 변화시킬 수 있는 것은?

① 투자율　　　　　　　　　② 유전율
③ 전도율　　　　　　　　　④ 저항률

12 일반적인 경우 교류를 사용하는 전기난로의 전압과 전류의 위상에 대한 설명으로 옳은 것은?

① 전압과 전류는 동상이다.
② 전압이 전류보다 90도 앞선다.
③ 전류가 전압보다 90도 앞선다.
④ 전류가 전압보다 60도 앞선다.

13 전류에 의한 자기장의 방향을 결정하는 법칙은?

① 앙페르의 오른나사의 법칙

② 플레밍의 오른손 법칙

③ 플레밍의 왼손 법칙

④ 렌츠의 전자유도 법칙

14 콘덴서 중 극성을 가지고 있는 콘덴서로서 교류회로에 사용할 수 없는 것은?

① 마일러 콘덴서   ② 마이카 콘덴서

③ 세라믹 콘덴서   ④ 전해 콘덴서

15 교류회로에서 전압과 전류의 위상차를 θ[rad]라고 할 때 $\cos\theta$를 회로의 무엇이라고 하는가?

① 전압변동률   ② 파형률

③ 효율   ④ 역률

16 유전율의 단위는?

① $[H/m]$ ② $[V/m]$

③ $[C/m^2]$ ④ $[F/m]$

17 줄의 법칙에서 발열량 계산식으로 옳게 표시한 것은?

① $H = 0.24I^2R$ ② $H = 0.024I^2Rt$

③ $H = 0.024I^2R^2$ ④ $H = 0.24I^2Rt$

18 출력 P[kVA]의 단상변압기 전원 2대를 V결선 할 때의 3상 출력 [kVA]은?

① P ② $\sqrt{3}P$

③ $2P$ ④ $3P$

19 다음 중 불평등 전장에서 국부적인 방전 방식은?

① 불꽃   ② 아크

③ 글로브   ④ 코로나

답안 표기란

13 ① ② ③ ④

14 ① ② ③ ④

15 ① ② ③ ④

16 ① ② ③ ④

17 ① ② ③ ④

18 ① ② ③ ④

19 ① ② ③ ④

20 비정현파를 여러 개의 정현파의 합으로 표시하는 방법은?

① 중첩의 원리   ② 노튼의 정리

③ 푸리에 분석   ④ 테일러의 분석

21 다음 중 제동 권선에 의한 기동 토크를 이용하여 동기전동기를 기동시키는 방법은?

① 저주파 기동법   ② 고조파 기동법

③ 기동 보상기법   ④ 자기 기동법

22 동기 발전기의 병렬운전 조건이 아닌 것은?

① 유도기전력의 크기가 같을 것

② 동기발전기의 용량이 같을 것

③ 유도기전력의 위상이 같을 것

④ 유도기전력의 주파수가 같을 것

23 동기 발전기의 돌발 단락 전류를 주로 제한하는 것은?

① 누설 리액턴스   ② 역상 리액턴스

③ 동기 리액턴스   ④ 권선저항

24 동기 발전기의 권선을 분포권으로 하면 어떻게 되는가?

① 권선의 리액턴스가 커진다.

② 파형이 좋아진다.

③ 난조를 방지한다.

④ 집중권에 비하여 합성 유도기전력이 높아진다.

25 전기 용접기용 발전기로 가장 적합한 것은?

① 직류분권 발전기   ② 차동복권 발전기

③ 가동복권 발전기   ④ 직류 타여자 발전기

26 직류 전동기의 속도제어법이 아닌 것은?

① 전압 제어법   ② 계자 제어법

③ 저항 제어법   ④ 주파수 제어법

답안 표기란

20 ① ② ③ ④
21 ① ② ③ ④
22 ① ② ③ ④
23 ① ② ③ ④
24 ① ② ③ ④
25 ① ② ③ ④
26 ① ② ③ ④

답안 표기란

27 ① ② ③ ④
28 ① ② ③ ④
29 ① ② ③ ④
30 ① ② ③ ④
31 ① ② ③ ④
32 ① ② ③ ④
33 ① ② ③ ④
34 ① ② ③ ④

27 다음 중 정속도 전동기에 속하는 것은?

① 유도 전동기　　　　　　② 직권 전동기

③ 교류 정류자 전동기　　　④ 분권 전동기

28 직류 전동기의 전기적 제동법이 아닌 것은?

① 발전 제동　　　　　　　② 회생 제동

③ 역전 제동　　　　　　　④ 저항 제동

29 변압기, 동기기 등의 층간 단락 등의 내부 고장보호에 사용되는 계전기는?

① 차동 계전기　　　　　　② 접지 계전기

③ 과전압 계전기　　　　　④ 역상 계전기

30 직류 발전기에서 전압 정류의 역할을 하는 것은?

① 보극　　　　　　　　　② 탄소 브러시

③ 전기자　　　　　　　　④ 계자

31 주상용 변압기에 일반적으로 사용하는 냉각방식은 무엇인가?

① 건식 자냉식　　　　　　② 유입 자냉식

③ 유입 수냉식　　　　　　④ 유입 송유식

32 변압기에서 퍼센트 저항강하 3[%], 리액턴스강하 4[%]일 때 역률 0.8(지상)에서의 전압 변동률은?

① 2.4[%]　　　　　　　　② 3.6[%]

③ 4.8[%]　　　　　　　　④ 6.0[%]

33 변압기의 철심에는 철손을 작게 하기 위하여 철이 몇 [%]인 강판을 사용하는가?

① 약 50~55[%]　　　　　② 약 60~65[%]

③ 약 76~86[%]　　　　　④ 약 96~97[%]

34 다음 중 변압기의 원리와 관계있는 것은?

① 전기자 반작용　　　　　② 전자 유도 작용

③ 플레밍의 오른손법칙　　④ 플레밍의 왼손법칙

35 농형 유도전동기의 기동법이 아닌 것은?

① $Y - \Delta$ 기동법
② 기동 보상기에 의한 방법
③ 전전압 기동법
④ 2차 저항기법

36 4극 24홈 표준 농형 3상 유도전동기의 매극 매상당의 홈 수는?

① 6
② 3
③ 2
④ 1

37 3상 유도전동기의 1차 입력 60[kW], 1차 손실 1[kW], 슬립 3[%]일 때 기계적 출력은 약 몇 [kW]인가?

① 57
② 75
③ 95
④ 100

38 다음 중 정역 운전을 할 수 없는 단상 유도전동기는?

① 분상 기동형
② 세이딩 코일형
③ 반발 기동형
④ 콘덴서 기동형

39 빛을 발하는 반도체 소자로서 각종 전자 제품류와 자동차 계기판 등의 전자 표시에 활용되는 것은?

① 발광 다이오드
② 포토 다이오드
③ 제너 다이오드
④ 바리스터 다이오드

40 다이오드를 사용한 정류회로에서 다이오드를 여러 개 직렬로 연결하여 사용하는 경우의 설명으로 가장 옳은 것은?

① 다이오드를 과전류로부터 보호할 수 있다.
② 다이오드를 과전압으로부터 보호할 수 있다.
③ 부하출력의 맥동률을 감소시킬 수 있다.
④ 낮은 전압 전류에 적합하다.

41 진동이 심한 전기 기계·기구의 단자에 전선을 접속할 때 사용되는 것은?

① 커플링
② 압착단자
③ 링 슬리브
④ 스프링 와셔

답안 표기란	
35	① ② ③ ④
36	① ② ③ ④
37	① ② ③ ④
38	① ② ③ ④
39	① ② ③ ④
40	① ② ③ ④
41	① ② ③ ④

답안 표기란

42 ① ② ③ ④
43 ① ② ③ ④
44 ① ② ③ ④
45 ① ② ③ ④
46 ① ② ③ ④
47 ① ② ③ ④
48 ① ② ③ ④
49 ① ② ③ ④

42 다음 중 단선의 브리타니아 직선 접속에 사용되는 것은?

① 조인트선   ② 파라핀선

③ 바인드선   ④ 에나멜선

43 다음 중 옥내에 시설하는 저압 전로와 대지 사이의 절연 저항 측정에 사용되는 계기는?

① 멀티 테스터   ② 메거

③ 어스 테스터   ④ 클램프 미터

44 교통신호등의 제어장치로부터 신호등의 전구까지의 전로에 사용하는 전압은 몇 [V] 인가?

① 60   ② 100

③ 300   ④ 440

45 옥외용 비닐절연전선을 나타내는 약호는?

① OW   ② EV

③ DV   ④ NV

46 다음 중 전선을 접속하는 경우 전선의 강도는 몇 [%] 이상 감소시키지 않아야 하는가?

① 10   ② 20

③ 40   ④ 80

47 금속관 공사에서 녹아웃의 지름이 금속관의 지름보다 큰 경우에 사용하는 재료는?

① 로크너트   ② 부싱

③ 콘넥터   ④ 링 리듀서

48 연피 없는 케이블을 배선할 때 직각 구부리기(L형)는 대략 굴곡 반지름을 케이블의 바깥지름의 몇 배 이상으로 하는가?

① 3   ② 4

③ 6   ④ 10

49 박강 전선관에서 관의 호칭이 잘못 표현된 것은?

① 15[mm]   ② 19[mm]

③ 22[mm]   ④ 25[mm]

답안 표기란

50 ① ② ③ ④
51 ① ② ③ ④
52 ① ② ③ ④
53 ① ② ③ ④
54 ① ② ③ ④
55 ① ② ③ ④
56 ① ② ③ ④

50 강철 도체의 경우 주 접지단자에 접속하기 위한 보호 등전위본딩 도체는 얼마 $[mm^2]$ 이상이어야 하는가?

① 6   ② 16

③ 35   ④ 50

51 수변전 설비의 고압회로에 걸리는 전압을 표시하기 위해 전압계를 시설할 때 고압회로와 전압계 사이에 시설하는 것은?

① 수전용 변압기   ② 계기용 변류기

③ 계기용 변압기   ④ 권선형 변류기

52 철근 콘크리트주의 길이가 12[m]인 지지물을 건주하는 경우에는 땅에 묻히는 최소의 길이는 얼마인가? (단, 설계하중은 6.8[kN] 이하이다.)

① 1.0[m]   ② 1.2[m]

③ 1.5[m]   ④ 2.0[m]

53 ACB의 약호는?

① 기중차단기   ② 유입차단기

③ 공기차단기   ④ 가스차단기

54 점유 면적이 좁고 운전 보수에 안전하며 공장, 빌딩 등의 전기실에 많이 사용되는 배전반은 어떤 것인가?

① 데드 프런트형   ② 수직형

③ 큐비클형   ④ 라이브 프런트형

55 저압 옥내 간선에서 전동기의 정격전류가 40[A]일 때 전선의 허용전류는 몇 [A] 인가?

① 44   ② 50

③ 60   ④ 100

56 전력용 콘덴서를 회로로부터 개방하였을 때 전하가 잔류함으로서 일어나는 위험의 방지와 재투입 할 때 콘덴서에 걸리는 과전압의 방지를 위하여 무엇을 설치하는가?

① 직렬 리액터   ② 전력용 콘덴서

③ 방전 코일   ④ 피뢰기

57 F40[W]의 의미는?

① 수은등 40[W]

② 나트륨등 40[W]

③ 형광등 40[W]

④ 메탈할라이트등 40[W]

58 전등 1개를 4개소에서 자유롭게 점멸하고자 할 때 3로 스위치와 4로 스위치는 각각 몇 개 필요한가?

① 3로 스위치 – 1개, 4로 스위치 – 3개

② 3로 스위치 – 2개, 4로 스위치 – 2개

③ 3로 스위치 – 3개, 4로 스위치 – 1개

④ 3로 스위치 – 2개, 4로 스위치 – 1개

59 셀룰로이드, 성냥, 석유류 등 기타 가연성 위험물질을 제조 또는 저장하는 장소의 배선으로 틀린 것은?

① 금속관 배선

② 케이블 배선

③ 플로어덕트 배선

④ 합성수지관(CD관 제외) 배선

60 금속제 가요전선관의 공사방법으로 옳은 것은?

① 가요전선관과 박스와의 직각부분에 연결하는 부속품은 앵글 박스 커넥터이다.

② 가요전선과 금속관과의 접속에 사용하는 부속품은 스트레이트 박스 커넥터이다.

③ 가요전선과 상호접속에 사용하는 부속품은 콤비네이션 커플링이다.

④ 스위치 박스에는 콤비네이션 커플링을 사용하여 가요전선관과 접속한다.

2015년 제1회 전기기능사 필기 정답 및 해설

정답

01	①	02	③	03	①	04	③	05	②	06	②	07	④	08	②	09	②	10	④
11	③	12	③	13	④	14	②	15	④	16	①	17	①	18	④	19	①	20	③
21	④	22	②	23	④	24	②	25	①	26	④	27	②	28	①	29	③	30	①
31	③	32	②	33	③	34	③	35	①	36	③	37	④	38	②	39	④	40	②
41	③	42	②	43	④	44	②	45	①	46	④	47	④	48	④	49	②	50	③
51	②	52	③	53	③	54	①	55	④	56	①	57	②	58	③	59	③	60	②

해설

01 전력의 표시

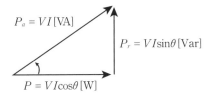

- 단상 교류의 경우
  - 피상전력 $P_a = VI$ [VA]
  - 유효전력 $P = VI\cos\theta$ [W] $= P_a\cos\theta$ [W](평균전력 = 소비전비)
  - 무효전력 $P_r = VI\sin\theta$ [Var] $= P_a\sin\theta$
- 3상 교류의 경우
  - 피상전력 $P_a = 3V_pI_p = \sqrt{3}V_\ell I_\ell$ [VA]
  - 유효전력 $P = 3V_pI_p\cos\theta = \sqrt{3}V_\ell I_\ell\cos\theta$ [W] $= P_a\cos\theta$
  (평균전력 = 소비전력)
  - 무효전력 $P_r = 3V_pI_p\sin\theta = \sqrt{3}V_\ell I_\ell\sin\theta$ [Var] $= P_a\sin\theta$

02 자성체

- 강자성체 : 상자성체 중 강도가 세게 자화되어 서로 당기는 물질
- 반자성체 : 자석에 대하여 같은 극으로 자화되어 서로 반발하는 물질
- 상자성체 : 자석에 대하여 반대의 극으로 자화되어 서로 당기는 물질
- 비자성체 : 자화되지 않는 물체
- 가역자성체 : 모양은 변하나 본질은 변하지 않는 물체

[자성체 비교]

구분	특성		종류
강자성체	$\mu_s \gg 1$	자기저항 $R_m = \dfrac{l}{\mu A}$ (아주 작다)	철(Fe), 니켈(Ni), 코발트(Co), 망간(Mn)
상자성체	$\mu_s > 1$	자기저항 $R_m = \dfrac{l}{\mu A}$ (작다)	텅스텐(W), 알루미늄(Al), 산소(O), 백금(Pt)
반자성체	$\mu_s < 1$	자기장 $H = \dfrac{B}{\mu}$ (크다)	은(Ag), 구리(Cu), 아연(Zn), 비스무트(Bi), 납(Pb)

03 전기 전도도(전도율, 도전율)

- 전기가 잘 흐르는 정도로 전기저항의 역수로 나타낸다.
- 전기저항 $R = \dfrac{\rho \cdot l}{A} = \dfrac{l}{\sigma \cdot A}$ [Ω]
- 고유저항 $\rho = \dfrac{RA}{l} = \dfrac{[\Omega m^2]}{[m]} = [\Omega m]$
- 도전율 $\sigma = \dfrac{1}{\rho} = \dfrac{1}{[\Omega m]} = \dfrac{\Omega}{m}$

04 Δ결선 : $I_\ell = \sqrt{3}I_p$(선전류가 30도 뒤진다.) $V_\ell = V_p$

- 임피던스 $Z = \sqrt{6^2 + 8^2} = 10$ [Ω]
- 상전류 $I_p = \dfrac{V_p}{Z} = \dfrac{200}{10} = 20$ [A]
- 선전류 $I_\ell = \sqrt{3} \cdot I_p = 20\sqrt{3}$ [A]

05 직선 도체에 작용하는 힘 F=BIlsinθ [N]

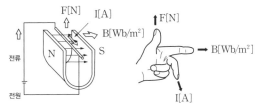

- 자속밀도 B [Wb/m²]의 평등 자장 내에 자장과 직각방향으로 ℓ [m]의 도체를 놓고 I [A]의 전류를 흘리면 도체가 받는 힘 $F = BI\ell\sin\theta$ [N]
- $F = BI\ell\sin\theta = 3 \times 4 \times 10 \times 10^{-2} \times \sin90° = 1.2$ [N]

06 줄의 법칙(Joule's Law)

- 저항 R [Ω]에 I [A]의 전류를 t [sec] 동안 흘릴 때 발생한 열(줄열)
- 열량 $H = Pt$ [J] $= I^2Rt$ [J] $= 0.24Pt$ [cal] $= 0.24I^2Rt$ [cal]
  ※ 1 [J] = 0.24 [cal]
- ∴ $H = 0.24I^2Rt = 0.24 \times 1^2 \times 10 \times (10 \times 60) = 1.44$ [kcal]

07 콘덴서의 접속(저항의 접속과 반대로 한다.)

• 병렬부 합성용량 : $C_p = C_2 + C_4 = 2 + 4 = 6\,[\mu\mathrm{F}]$

• 합성용량 : $C = \dfrac{C_3 \cdot C_p}{C_3 + C_p} = \dfrac{3 \times 6}{3 + 6} = \dfrac{18}{9} = 2\,[\mu\mathrm{F}]$

08 교류의 표시

• 순시값 : $e = V_m\sin\theta = V_m\sin(wt \pm \theta) = V_m\sin(2\pi ft \pm \theta)$

$\qquad = V_m\sin\left(\dfrac{2\pi}{T}t \pm \theta\right)[\mathrm{V}]$

• 최대값 : $V_m = 100\,[\mathrm{V}]$

• 평균값 : $V_a = \dfrac{2}{\pi}V_m = \dfrac{2}{\pi} \times 100\,[\mathrm{V}]$

• 실효값 : $V = \dfrac{1}{\sqrt{2}}V_m = \dfrac{1}{\sqrt{2}} \times 100\,[\mathrm{V}]$

• 위상차 : $\theta = \theta_1 - \theta_2 = 0 - \dfrac{\pi}{6}$ $\left(\theta = \dfrac{\ell}{r} = \dfrac{2\pi r}{r} = 2\pi\right)$

• 각속도 : $w = 2\pi f = 314$ $\left(w = \dfrac{\theta}{t} = 2\pi n = 2\pi f\right)$

$\therefore$ 주파수 $f = \dfrac{w}{2\pi} = \dfrac{314}{2\pi} = 50\,[\mathrm{Hz}]$ $\left(f = \dfrac{1}{T} : 1초에 반복되는 사이클\right)$

09

• $i = \dfrac{\Delta q}{\Delta t} = \dfrac{\Delta(\sqrt{2}Q\sin wt)}{\Delta t}$

• $i = \sqrt{2}wQ\sin\left(wt + \dfrac{\pi}{2}\right) = \sqrt{2}wQ\cos wt \rightarrow \sin\left(wt + \dfrac{\pi}{2}\right) = \cos wt$

10 전하량 Q=CV[C]

• 병렬합성 $C = C_4 + C_6 = 4 + 6 = 10\,[\mathrm{F}]$
• 전하량 $Q = CV = 10 \times 10 = 100\,[\mathrm{C}]$

11 키르히호프의 법칙

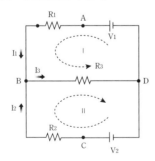

• 키르히호프의 제1법칙(전류의 법칙) : 흘러들어오는 전류의 합 = 흘러나가는 전류의 합($I_1 + I_2 = I_3$, $I_1 + I_2 - I_3 = 0$, $\Sigma I = 0$)
• 키르히호프의 제2법칙(전압의 법칙) : 기전력의 합 = 전압 강하의 합($V_1 = I_1R_1 + I_3R_3$, $V_2 = I_2R_2 + I_3R_3$)

12 상호 인덕턴스 $\mathbf{M = k\sqrt{L_1 L_2}}$

• 결합계수 $k = \dfrac{M}{\sqrt{L_1 L_2}} = \dfrac{150}{\sqrt{160 \times 250}} = \dfrac{150}{\sqrt{40{,}000}} = 0.75$

• 누설자속이 없는 이상적일 때 결합계수 : $k = 1 \rightarrow M = \sqrt{L_1 L_2}$

13 전기장(전장, 전계) 세기(E)

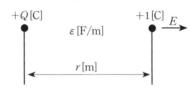

• $Q\,[\mathrm{C}]$의 전하로부터 $r\,[\mathrm{m}]$의 거리에 있는 점에서의 전기장 세기

$E = \dfrac{1}{4\pi\varepsilon} \cdot \dfrac{Q}{r^2}\,[\mathrm{V/m}]$

14 전지의 접속회로

• 전지의 직렬접속 : 총 기전력 $E_t = nE\,[\mathrm{V}]$,

내부저항 합 $r_t = nr\,[\Omega]$, 전류 $I = \dfrac{E_t}{R + r_t} = \dfrac{nE}{R + nr}\,[\mathrm{A}]$

• 전지의 병렬접속 : 총 기전력은 $E\,[\mathrm{V}]$,

내부저항 합 $r_t = \dfrac{r}{n}\,[\Omega]$, 전류 $I = \dfrac{E}{R + \dfrac{r}{n}}\,[\mathrm{A}]$

15 비정현파

• 비정현파의 푸리에 급수 전개 : $v = V_0 + \Sigma$ = 직류분+기본파+고조파
• 비정현파의 실효값 : V $\sqrt{\text{각 파의 실효값의 제곱의 합}}$

$\qquad = \sqrt{V_0{}^2 + V_1{}^2 + V_2{}^2 + \cdots\cdots V_n{}^2}$

16 자기장의 세기 H[AT/m]

• 앙페르의 주회적분 법칙에 의한 자기장의 세기 : $\Sigma H \Delta \ell = \Delta I$

• 비오-사바르의 법칙에 의한 자기장의 세기 : $\Delta H = \dfrac{I\Delta\ell}{4\pi r^2}\sin\theta\,[\mathrm{AT/m}]$

• 원형코일 중심의 자기장의 세기 : $H = \dfrac{NI}{2r}\,[\mathrm{AT/m}]$

• 무한직선 도체에 의한 자기장의 세기 : $H = \dfrac{I}{2\pi r}\,[\mathrm{AT/m}]$

• 환상 솔레노이드 자기장의 세기 : $H = \dfrac{NI}{2\pi r}\,[\mathrm{AT/m}]$

• 무한장 솔레노이드 자기장의 세기 : $H = \dfrac{NI}{\ell}\,[\mathrm{AT/m}]$

17

전원측 단락하고, 단자 1-2에서 보면

• R_2와 R_3 병렬접속 : 합성저항 $R_p = \dfrac{R_2 \times R_3}{R_2 + R_3} = \dfrac{2 \times 3}{2 + 3} = 1.2\,[\Omega]$

• R_p와 $R_{0.8}$ 직렬접속 : 총 저항 $R = R_p + R_{0.8} = 1.2 + 0.8 = 2\,[\Omega]$

• 컨덕턴스 $G = \dfrac{1}{R} = \dfrac{1}{2} = 0.5\,[\mho]$

18 병렬 공진 회로

- 전류 $I = I_L + I_C$

$$I_L = \frac{V}{Z_L} = \frac{V}{R+jwL} = \left(\frac{R+jwL}{(R+jwL)(R-jwL)}\right)V = \left(\frac{R-jwL}{R^2+w^2L^2}\right)V$$

$$= \left(\frac{R}{R^2+w^2L^2} - j\frac{wL}{R^2+w^2L^2}\right)V$$

$$I_C = \frac{V}{Z_C} = \frac{V}{\frac{1}{jwC}} = jwCV$$

$$I = I_L + I_C = \left(\frac{R}{R^2+w^2L^2} + j\left(wC - \frac{wL}{R^2+w^2L^2}\right)\right)V$$

- 공진 조건 : $wC = \dfrac{wL}{R^2+w^2L^2}$ 에서,

$$wC(R^2+w^2L^2) = wL \rightarrow CR^2+Cw^2L^2 = L \rightarrow Cw^2L^2 = L-CR^2$$

$$w^2 = \frac{L-CR^2}{CL^2} = \frac{L}{CL^2} - \frac{CR^2}{CL^2} = \frac{1}{CL} - \frac{R^2}{L^2} \rightarrow w = \sqrt{\frac{1}{CL} - \frac{R^2}{L^2}}$$
$$= 2\pi f_0$$

- 공진 주파수 : $f_0 = \dfrac{1}{2\pi}\sqrt{\dfrac{1}{CL} - \dfrac{R^2}{L^2}}$

19 손실

- 무부하손(고정손) : 철손 P_i(히스테리시스손 P_h + 와류손 P_e)
  - 히스테리시스손 $P_h \propto f^1 B_m^{1.6\sim2.0}$ B_m : 최대자속밀도,
                                f : 주파수
  - 와류손 $P_e \propto tf^2 B_m^{2.0}$ t : 강판두께
- 부하손(가변손) = 구리손(동손) : $P_c = i^2 R$

  ※ 철손 $P_i \propto k\dfrac{V^2}{f}$

- 철손은 일정 전압, 일정파형 상태에서 전압의 제곱에 비례하고, 주파수에 반비례한다.
- 철손은 무부하손(고정손)으로 부하 전류와는 무관하다.

20

- 전기저항 $R = \rho\dfrac{1}{A}[\Omega]$에서, ℓ에는 비례하고 A에는 반비례한다.

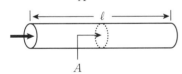

- $R = \rho\dfrac{1}{A} \propto \dfrac{2}{\frac{1}{3}} = 6배$

  ρ : 도체의 고유저항[$\Omega\cdot$m], A : 도체의 단면적[m²], ℓ : 길이[m]

21 계기용 변류기(CT)

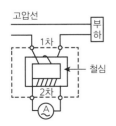

- 대전류를 소전류로 변성하기 위해 사용하는 전류계
- CT 2차 정격전류 : 5[A]
- 권수비가 매우 작아 2차측을 개방하게 되면 고압이 유발되어 절연이 파괴될 우려가 있으므로 절대로 개방해서는 안 된다. 일반적으로 변류기의 2차가 개방되면 철심이 자기포화로 과열되어 권수가 많은 2차 권선에는 포화자속으로 인한 상당한 고전압이 유기되어 감전과 아크, 절연파괴 등으로 인한 화재의 위험을 초래한다. 따라서 변류기 공사 시에는 반드시 2차측을 단락한 다음 하여야 한다.

22 동기 전동기

- 기동토크가 작다.
  - 기동토크는 0이다.
  - 기동 시 기동권선을 '제동 권선'으로 이용한다.
- 역률을 조정할 수 있다 : V(위상특성) 곡선
  - 계자전류의 가감으로 역률을 조정이 가능하다.
  - 동기전동기를 송전선로에 접속하면 '동기조상기'라 부른다.
- 난조(Hunting)가 발생하기 쉽다.(단점 : '제동 권선' 설치)
  - 조속기가 너무 예민한 경우
  - 관성모멘트가 작은 경우
  - 고조파가 포함되어 있을 때
  - 원동기에 전기자 저항이 큰 경우
- 여자기가 필요하다.(단점)
  - 계자에 여자전류의 직류전원장치가 필요하다.

23 직류 스테핑 모터(DC Stepping Motor)

- 자동제어에 사용되는 특수 전동기로 정밀한 서보(Servo) 기구에 많이 사용된다.
- 전기신호(펄스)를 받아 회전운동으로 바꾸고 기계적 이동을 한다.
- 교류 동기 서보 보터에 비하여 효율이 좋고 큰 토크를 발생한다.
- 전기신호(펄스)에 따라 일정한 각도만큼 회전하고, 입력되는 연속신호에 따라 정확하게 반복되며 출력을 이용하여 어떤 특수 기계의 속도, 거리, 방향 등을 정확하게 제어할 수 있다.

24 변압기유의 구비조건

- 절연내력이 클 것(수분이 포함되면 저하된다.)
  - 변압기유 절연내력 : 12[kV/mm]
  - 공기 절연내력 : 2[kV/mm]
- 인화점이 높고, 응고점이 낮을 것
- 점도가 낮고, 비열이 클 것
- 화학작용을 일으키지 말 것

25 동기 전동기

- V곡선(위상특성곡선)에서 여자전류가 증가될수록 역률은 진상이 된다.

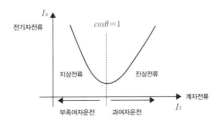

- 동기 전동기는 계자전류(여자전류)의 증감으로 역률을 진상, 지상 및 항상 100[%]로 운전할 수 있다.
- 동기 전동기를 송전선로에 접속하면 '동기 조상기'라 부른다.

26 난조(Hunting)

- 전동기의 부하가 급격이 변동하면 회전자가 관성으로 주기적으로 진동하는 현상이다.
- 난조가 심하면 전원과의 동기를 벗어나 정지하기도 한다.
- 난조 발생원인
  - 조속기가 너무 예민한 경우
  - 관성모멘트가 작은 경우
  - 고조파가 포함되어 있는 경우
  - 원동기에 전기자 저항이 큰 경우
- 난조 방지책 : 제동 권선(Damper Winding) 설치(기동용 권선으로 이용)
  - 회전자 자극표면에 홈을 파고 도체를 넣어 도체 양 끝에 2개의 단락 고리로 접속한다.

27 3상 결선방식

- Δ-Δ결선
  - 제3고조파 전류가 내부에서 순환하여 유도장해가 발생하지 않는다.
  - 1상이 고장이 발생하면 V결선으로 사용할 수 있다.
  - 상전류가 선전류의 $\frac{1}{\sqrt{3}}$이 되어 저전압에 적합하다.
  - 중성점을 접지할 수 없어 지락사고 시 보호가 곤란하다.
- Y-Y결선
  - 중성점을 접지할 수 있어 이상 전압을 방지할 수 있다.
  - 상전압이 선간전압의 $\frac{1}{\sqrt{3}}$이 되어 고전압에 적합하다.
  - 선로에 제3고조파의 전류가 흘러서 통신선에 유도 장해를 준다.
- Δ-Y결선과 Y-Δ결선
  - Y결선으로 중성점을 접지할 수 있다.
  - Δ결선으로 제3고조파가 발생되지 않는다.
  - Δ-Y결선은 승압용 변압기로 발전소용으로 사용된다.
  - Y-Δ결선은 강압용 변압기로 수전용으로 사용된다.
  - 1, 2차 선간전압 사이에 30°의 위상차가 있다.
- V-V결선
  - Δ-Δ결선에서 1대의 변압기가 고장이 나면 2대의 변압기로 3상 변압을 계속할 수 있다.
  - Δ결선과 V결선의 출력비 : $\frac{P_V}{P_\Delta} = \frac{\sqrt{3}P}{3P} = 0.577 = 57.7[\%]$
  - V변압기 이용률 : $\frac{P_V}{2P} = \frac{\sqrt{3}P}{2P} = 0.866 = 86.6[\%]$

28 단상 유도 전동기의 특징

- 고정자 권선에 단상교류가 흐르면 회전자는 축방향으로 N극, S극 성의 크기만 변화하는 교번자계가 생길 뿐이라서 기동토크가 발생하지 않아 기동이 불가하며, 기동장치가 필요하다.
- 전부하 전류와 무부하 전류의 비율이 크고, 역률과 효율이 나쁘다.
- 주로 0.75[kW] 이하의 소형, 가정용에 사용되고 있으며, 표준출력은 100[W], 200[W], 400[W]이다.
- 회전자는 농형으로 되어 있고, 고정자 권선은 단상 권선으로 되어 있다.

29 슬립(Slip)

- 슬립 : $s = \frac{N_s - N}{N_s} \times 100 = 4[\%]$
- 동기속도 : $N_s = \frac{120f}{p} = 1,200[rpm]$
- 회전속도 : $N = (1-s)N_s = (1-0.04) \times 1,200 = 1,152[rpm]$

30 변압기 내부고장 계전기

- 부흐홀츠 계전기(Bucholtz Relay, BHR) : 변압기 내부고장 시 절연유와 절연물에서 분해되어 발생하는 가스량(기포)과 유압(유속)에 의한 이상 검출하여 동작되는 계전기로 주탱크와 컨서베이터 사이의 관에 설치한다.
- 차동 계전기 : 변압기 내부 고장 시 CT 2차 전류의 차에 동작하는 계전기
- 비율 차동 계전기(DFR) : 변압기 내부 고장 시 CT 2차 전류의 차가 일정 비율 이상이 되었을 때 동작하는 계전기로 변압기 단락 및 지락(접지)사고 보호용으로 사용된다.

31 효율

- 실측효율(실제 측정값 사용계산) : 실측효율 $\eta = \frac{출력}{입력} \times 100(\%)$
- 규약효율(손실값을 기준으로 계산)
  - 발전기 규약효율 $\eta = \frac{출력}{출력+손실} \times 100(\%)$ → 발전기는 출력기준
  - 변압기 규약효율 $\eta = \frac{출력}{출력+손실} \times 100(\%)$ → 변압기는 출력기준
  - 전동기 규약효율 $\eta = \frac{입력-손실}{입력} \times 100(\%)$ → 전동기는 입력기준
- 출력 : 유효전력[kW] = 피상전력×역률
  $= 60 \times 10^6 \times 0.8 = 48,000[kW]$
- 발전기 규약효율 $\eta = \frac{출력}{출력+손실} \times 100$
  $= \frac{48,000[kW]}{48,000[kW]+1,600[kW]} \times 100 = 96.7(\%)$

32 주상 변압기 탭 전환 변압기 (Tap Changing Transformer)

- 전압을 조정하기 위한 탭은 고압 권선에 만들어지는 것이 보통이다.
- 변압기에 여러 개의 탭을 만드는 것은 2차측 부하변동에 따른 전압을 조정하기 위한 것이다.
- 고압측에 5개의 탭으로 되어있으며, 표준은 3번이다.
- 2차측 1단자는 고저압 혼촉에 위한 위험 방지를 위해 제2종 접지 공사를 한다.

33 회전방향 바꾸기

- 직류기 : 전기자권선이나 계자권선 중 하나의 회로를 반대로 접속한다.
- 단상 유도 전동기
  - 운전권선(주권선)과 기동권선(보조권선)을 바꾸어 결선한다.
  - 콘덴서는 어느 한 권선과 직렬로 연결한다.
- 3상 유도 전동기 : 3상 전원 중 2상의 결선을 바꾸어 결선한다.(3선 중 2선을 바꾸어 결선)

34 정류회로

- 단상 반파 평균값(직류값) : $V_a = E_d = \dfrac{\sqrt{2}V}{\pi} = 0.45\,[\text{V}]$

- 단상 전파 평균값(직류값) : $V_a = E_d = \dfrac{2\sqrt{2}V}{\pi} = 0.9\,[\text{V}]$

- 3상 반파 평균값(직류값) : $V_a = E_d = 1.17\,[\text{V}]$
- 3상 전파 평균값(직류값) : $V_a = E_d = 1.35V = 1.35 \times 250 = 337\,[\text{V}]$

- 3상 전파 실효값 $V = \dfrac{1}{\sqrt{2}}V_m$에서,

  최대값 $V_m = \sqrt{2}V = \sqrt{2} \times 250 = 356\,[\text{V}]$

35 3단자 사이리스터

- TRIAC(트라이액-TRIelectrode AC switch) : 양방향성 3단자 사이리스터로 양방향 On-Off 위상제어
- SCR(Silicon Controlled Rectifier) : 역저지 3단자 사이리스터
- GTO : 게이트 신호가 (+)일 때 전류가 흐르고 (-)일 때 자기소호된다.

36 Y-Δ결선

- Δ결선 : $I_\ell = \sqrt{3}I_p$(선전류가 30도 뒤진다.)　　$V_\ell = V_p$
- Y결선 : $V_\ell = \sqrt{3}V_p$(선간전압이 30도 앞선다.)　　$I_\ell = I_p$
- 전류와 등가임피던스

$$I_Y = I_\ell = I_p = \frac{V_p}{Z} = \frac{V_\ell}{\sqrt{3}Z}\,[\text{A}]$$

$$I_\Delta = I_\ell = \sqrt{3}I_p = \sqrt{3}\frac{V_p}{Z} = \sqrt{3}\frac{V_\ell}{Z}\,[\text{A}]$$

$$\frac{I_Y}{I_\Delta} = \frac{\frac{V_\ell}{\sqrt{3}Z}}{\sqrt{3}\frac{V_\ell}{Z}} = \frac{\frac{1}{\sqrt{3}}}{\sqrt{3}} = \frac{1}{3}$$

$$I_\Delta = 3I_Y \text{ 또한 } Z_\Delta = 3Z_Y$$

- 기동전류$(I_Y) = \dfrac{\text{전전압 전류}(I_\Delta)}{3}$

37 유도 전동기 슬립

$s = \dfrac{N_s - N}{N_s}$에서,

- 무부하시 : 동기속도로 회전하므로 $N = N_s$　$\rightarrow s = 0$
- 부하시(기동시) : 정지상태이므로 $N = 0$　$\rightarrow s = 1$

38 직류기의 구조

- 계자(Field Magnet) : 자속을 발생하는 부분
- 전기자(Armature) : 계자에서 만든 자속을 쇄교하여 기전력을 발생하는 부분
- 정류자(Commutator) : 전기자에서 발생된 기전력, 즉 교류를 직류로 변환하는 부분
- 브러시(Brush) : 정류자면에 접촉하여 외부회로로 전류를 흐르게 하는 부분

39 전압 변동률

- 직류발전기

$$\varepsilon = \frac{\text{무부하전압 } V_0 - \text{정격전압 } V_n}{\text{정격전압 } V_n} \times 100\,[\%]$$

$$= \frac{109 - 100}{100} \times 100 = 9\,[\%]$$

- 변압기

$$\varepsilon = \frac{\text{무부하전압 } V_0 - \text{정격전압 } V_n}{\text{정격전압} V_n} \times 100\,[\%] = p\cos\theta \pm q\sin\theta$$

40 직권기와 분권기 비교(속도특성곡선-토크특성곡선)

- 직권기
  - 가변속도(전철), 토크가 크다.
  - $\tau \propto I_a^2$　　$\tau \propto \dfrac{1}{N^2}$
  - 벨트사용 운전 금지 : 무부하 운전 시 전동기의 속도는 무한대이므로 위험하다.
- 분권기
  - 정속도(충전용), 토크가 작다.
  - $\tau \propto I_a$　　$\tau \propto \dfrac{1}{N}$
  - 계자회로에 퓨즈사용 금지 : 단선 시 전동기는 부족여자 특성을 가지므로 고속되어 위험하다.

41 애자사용 공사 이격거리

- 전선 상호 : 6[cm] 이상
- 전선과 조영재
  - 400[V] 미만 : 2.5[cm] 이상
  - 400[V] 이상 : 4.5[cm] 이상(건조 시 2.5[cm] 이상)
- 전선간 지지점 : 2[m] 이하

42 지지점 간 거리

- 가요전선관, 캡타이어케이블 : 1[m]
- 합성수지관, 금속몰드 : 1.5[m]
- 애자, 금속관, 라이팅덕트, 케이블 : 2[m]
- 금속덕트 : 3[m]

> ※금속몰드 공사
> - 연강관으로 만든 베이스와 커버로 구성
> - 400[V] 미만 건조된 장소 및 점검할 수 있는 은폐장소(제3종 접지)
> - 노출공사용, 스위치, 콘센트의 배선기구 인하용

43 합성수지관 공사

- 합성수지관 상호접속
  - 커플링 사용 : 관 외경의 1.2배 이상
  - 접착제 사용 : 관 외경의 0.8배 이상
- 수용률
  - 같은 굵기의 전선 : 관 내 단면적의 48[%] 이하
  - 다른 굵기의 전선 : 관 내 단면적의 32[%] 이하
- 점검할 수 없는 은폐장소

- 사용전압은 600[V] 이하의 저압으로 절연전선을 사용할 것(단, OW 제외)
- 연선을 사용할 것(단, 10[mm²] 이하의 단선, 16[mm²] 이하의 알루미늄선은 가능)
- 관내에 접속점이 없을 것
- 지지점간의 간격 : 1.5[m] 이내(합성수지제 가요전선관 : 1[m] 이내)
- 하나의 관로에 구부러진 곳은 4개소 이내로 제한한다.

44 쥐꼬리 접속
- 금속관 또는 합성수지관 공사 시 박스 내에서 접속할 때 사용
- 가는 전선을 박스 안에서 접속
- 커넥터 사용 시 심선을 2~3회 감아서 종단
- 테이핑을 하는 경우는 4회 이상 감아서 종단

45 폭연성 분진 또는 화약류의 분말이 존재하는 곳(마그네슘, 티탄 등이 쌓인 곳)
- 공사 방법 : 금속관 공사, 또는 케이블 공사(캡타이어 케이블 제외)
- 패킹사용 및 금속관 공사 시 5턱 이상 나사 조임 사용
- 전동기 접속부 : 방폭형 플렉시블 피팅
- 이동용 전선 : 0.6/1[KV] 고무절연 클로로프렌 캡타이어 케이블

46 가연성 분진이 존재하는 곳(소맥분, 전분, 유황 등의 먼지 발화원이 될 수 있는 곳), 위험물이 있는 곳(셀룰로이드, 성냥 석유 등을 제조하거나 저장하는 곳)의 공사
- 공사 방법 : 금속관 공사, 케이블 공사, 합성수지관 공사(2.0[mm] 이상)
- 이동용 전선 : 0.6/1[KV] 고무절연 클로로프렌 캡타이어 케이블, 0.6/1[KV] 비닐절연 캡타이어 케이블

47 가공 전선로의 높이 제한

구분	저압	고압
철도·궤도 횡단	6.5[m] 이상	
도로 횡단	5.0[m] 이상	6.0[m] 이상
횡단 보교	3.0[m] 이상	3.5[m] 이상
기타 장소	4.0[m] 이상	5.0[m] 이상

48 지지물의 발판 볼트
- 지표상 1.8[m] 미만 시설에서 해서는 아니 된다.
- 간격은 0.45[m]씩 양쪽으로 설치한다.

49 몰드 공사
- 건조하고 전개된 장소
- 점검할 수 있는 은폐장소의 400[V] 미만에서 가능(3종 접지공사)
- 전선 상호간의 간격 12[mm], 전선과 조영재와의 이격거리 6[mm] 미만, 지지점의 거리 1.5[m]
- 사용전선 : 절연전선(옥외용 제외)
- 합성수지 몰드 공사 재질 : 염화비닐수지 혼합물
- 합성수지 몰드 공사 규격 : 폭·깊이 3.5[cm] 이하, 두께 2[mm] 이상

50
- 파이프 커터(Pipe Cutter) : 금속관 및 프레임 파이프 절단
- 오스터(Oster) : 금속관 끝에 나사를 내는 데 사용한다.
- 녹아웃 펀치(Knock Out Punch) : 배전반, 분전반 등의 배관을 변경하거나, 캐비닛(철판)에 구멍을 뚫을 때 사용한다.(15/19/25[mm])
- 파이프 렌치(Pipe Wrench) : 금속관을 커플링으로 접속할 때, 금속관을 커플링에 물고 조일 때 사용한다.

51 배·분전반의 두께
- 금속제 : 1.2[mm] 이상
- 합성수지제 : 1.5[mm] 이상

52 전등 심벌

⊢—(N) : 벽등(나트륨등)

○ : 외등

(CL) : 실링·직접부착등

(R) : 리셉터클

53 지중시설
- 관로식 : 공간이 1[m³] 이상인 경우 환풍 장치를 해야 한다.
- 직접 매설식
  - 중량물의 압력을 받을 우려가 있는 장소 : 1.0[m] 이상
  - 중량물의 압력을 받을 우려가 없는 장소 : 0.6[m] 이상
- 암거식 : 사람이 들어가서 작업할 수 있는 방식

54 조명기구 배광에 의한 분류
- 직접조명 : 하향광속 100~90[%], 상향광속 0~10[%]
- 반직접조명 : 하향광속 90~60[%], 상향광속 10~40[%]
- 전반확산조명 : 하향광속 60~40[%], 상향광속 40~60[%]
- 반간접조명 : 하향광속 40~10[%], 상향광속 60~90[%]
- 간접조명 : 하향광속 10~0[%], 상향광속 90~100[%]

55 과전류차단기 퓨즈
- 저압용 퓨즈 : 600[V] 이하의 전로에 사용하며, 정격전류의 1.1배에 견디어야 한다.
- 고압용 퓨즈
  - 포장 퓨즈 : 정격전류의 1.3배에 견디고, 2배의 전류에는 120분 내에 용단
  - 비포장 퓨즈 : 정격전류의 1.25배에 견디고, 2배의 전류에는 2분 내에 용단

56 슬리브
- S형 슬리브 접속은 단선 및 연선 사용이 가능하다.
- 전선의 슬리브 접속에 사용되는 공구는 펌프 플라이어(Pump Plier)이다.
- 압축형 슬리브는 비닐제 캡이 필요하다.

57 접지공사의 종류
- 접지도의 선정시 최소단면적은 구리의 경우 6[mm²] 이상, 철제의 경우 50[mm²] 이상이다.

58 절연전선의 종류
- 고무 절연전선 [RB]
- 비닐 절연전선 [IV]
- 내열용 비닐 절연전선 [HIV]
- 인입용 비닐 절연전선 [DV]
- 옥외용 비닐 절연전선 [OW]
- 폴리에틸렌 절연전선 [IE]
- 폴리에틸렌 절연비닐시스 케이블[EV]
- 비닐 절연 네온전선 [NV]
- 형광등 전선 [FL]
- 접지용 비닐 절연전선 [GV]

59 3상 차단용량(피상전력) $P_a = \sqrt{3}VI$ [kVA]
$$\therefore P_a = \sqrt{3}VI = \sqrt{3} \times 24 \times 10^3 \times 300 = 12.47 \times 10^3 [kVA]$$

60 수변전 설비
- 부하개폐기(Load Breaker Switch, LBS)
  - 수변전 설비의 인입구 개폐기로 사용
  - 정상상태에서 전로를 개폐 및 통전
  - 전력퓨즈(PF) 용단시 결상(단선) 방지
- 파워퓨즈(전력퓨즈, PF)
  - 값이 싸고, 보수하여 사용이 가능하다.
  - 용단에 의한 결상 우려가 있어서, 부하개폐기(LBS)와 조합하여 사용한다.(PF + LBS)
- 단로기(Disconnecting Switch, DS)
  - 기기의 점검, 수리, 변경시 무부하 전류 개폐
  - 전력 공급 상태에서 사용할 수 없다.
  - 활선으로부터 확실하게 회로를 열어 놓을 목적으로 사용
- 차단기(Circuit Breaker-CB) : 부하전류 개폐, 사고전류 차단
  - 유입차단기(Oil Circuit Breaker, OCB) : 절연유 사용
  - 공기차단기(ABB) : 공기 이용
  - 자기차단기(MBB) : 전자력 원리이용
  - 가스차단기(GCB) : SF₆가스 이용
  - 진공차단기(VCB) : 진공 원리이용
  - 기중차단기(ACB) : 압축공기 이용
- 피뢰기(Lighting Arrester, LA) : 이상전압 상승 억제 및 속류차단
- 계기용변성기(Metering Out Fit, MOF) : 고압의 전압과 전류를 변성하는 장치
- 계기용 변압기(Potential Transformer, PT) : 고전압을 저전압으로 변성(2차 110[V])
- 변류기(Current Transformer, CT) : 대전류를 소전류로 변성(2차 5[A])
- 전력용 콘덴서(Static Condenser, SC) : 역률개선의 목적으로 부하와 병렬로 접속
- 영상변류기(Zero phase Current Transformer, ZCT) : 지락 사고시 지락 전류를 검출
- 컷아웃스위치(COS) : 변압기 1차측 단락 보호 및 개폐 장치로 사용

정답

01	③	02	②	03	①	04	①	05	④	06	④	07	④	08	③	09	④	10	②
11	②	12	①	13	③	14	①	15	③	16	④	17	①	18	④	19	②	20	②
21	③	22	③	23	④	24	①	25	①	26	①	27	①	28	②	29	①	30	①
31	①	32	①	33	④	34	③	35	④	36	④	37	①	38	③	39	③	40	③
41	①	42	①	43	④	44	④	45	④	46	④	47	③	48	④	49	③	50	④
51	①	52	③	53	②	54	①	55	①	56	③	57	①	58	①	59	①	60	④

해설

01 인덕턴스(L)

- 코일의 자체 유도능력 정도를 나타내는 값(단위 : [H] 헨리)
- 자체 유도 기전력 : N회의 코일에 흐르는 전류 I가 Δt [sec] 동안에 [A]만큼 변화하여 코일과 쇄교하는 자속 ϕ가 $\Delta\phi$ [Wb]만큼 변화하였을 때의 자체 유도 기전력

$$e = -N\frac{\Delta\phi}{\Delta t}\,[\text{V}] = -L\frac{\Delta I}{\Delta t}\,[\text{V}] = 1\,[\text{H}]\times\frac{1\,[\text{A}]}{1\,[\text{s}]} = 1\,[\text{V}]$$

02 전위와 전위차

- 전위 : Q[C]의 전하에서 r[m] 떨어진 지점의 전기장 세기

$$\text{전위 } V = Er = \frac{Q}{4\pi\varepsilon r^2}\cdot r = \frac{Q}{4\pi\varepsilon r}\,[\text{V}]$$

- 전위차 : 단위 전하 Q[C]를 A점에서 B점으로 이동하는 데 필요한 일 W[J]의 양

$$\text{전위차 } V\,[\text{V}] = \frac{W\,[\text{J}]}{Q\,[\text{C}]}$$

03 환상 솔레노이드의 자체 인덕턴스

- 자속 $\phi = BA = H\cdot\mu A = \mu_0\mu_s\cdot\dfrac{NI}{\ell}\cdot A$ [Wb]

- 자체 인덕턴스 $L = \dfrac{N\phi}{I} = \dfrac{N}{I}\times\dfrac{\mu_0\mu_s\cdot A\cdot NI}{\ell} = \dfrac{\mu AN^2}{\ell}$ [H]

04 자성체

- 강자성체 : 상자성체 중 강도가 세게 자화되어 서로 당기는 물질
- 반자성체 : 자석에 대하여 같은 극으로 자화되어 서로 반발하는 물질
- 상자성체 : 자석에 대하여 반대의 극으로 자화되어 서로 당기는 물질
- 비자성체 : 자화되지 않는 물체
- 가역자성체 : 모양은 변하나 본질은 변하지 않는 물체

[자성체 비교]

구분		특성	종류
강자성체	$\mu_s \gg 1$	자기저항 $R_m = \dfrac{l}{\mu A}$ (아주 작다)	철(Fe), 니켈(Ni), 코발트(Co), 망간(Mn)
상자성체	$\mu_s > 1$	자기저항 $R_m = \dfrac{l}{\mu A}$ (작다)	텅스텐(W), 알루미늄(Al), 산소(O), 백금(Pt)
반자성체	$\mu_s < 1$	자기장 $H = \dfrac{B}{\mu}$ (크다)	은(Ag), 구리(Cu), 아연(Zn), 비스무트(Bi), 납(Pb)

05

$$\text{전력 } P\,[\text{W}] = \frac{W\,[\text{J}]}{t\,[\text{sec}]} = \frac{Q\cdot V}{t} = \frac{It\cdot V}{t} = IV$$

$$\therefore P\,[\text{W}] = IV = I^2R = \frac{V^2}{R} = \frac{200^2}{4} = 10\,[\text{kW}]$$

06 RC 회로

- 직렬 접속
  - 임피던스 $Z = R - jX_C = \sqrt{R^2 + X_C^2} = \sqrt{6^2 + 8^2} = 10\,[\Omega]$
- 병렬 접속
  - 어드미턴스 $Y = \dfrac{1}{Z} = \dfrac{1}{R} + j\dfrac{1}{X_C} = \sqrt{\left(\dfrac{1}{R}\right)^2 + \left(\dfrac{1}{X_C}\right)^2}$
  - 임피던스 $Z = \dfrac{1}{\sqrt{\left(\dfrac{1}{R}\right)^2 + \left(\dfrac{1}{X_C}\right)^2}} = \dfrac{1}{\sqrt{\left(\dfrac{1}{6}\right)^2 + \left(\dfrac{1}{8}\right)^2}} = 4.8\,[\Omega]$

7 Δ-Y결선

- Δ결선 : $I_\ell = \sqrt{3}I_p$(선전류가 30도 뒤진다.)　　$V_\ell = V_p$
- Y결선 : $V_\ell = \sqrt{3}V_p$(선간전압이 30도 앞선다.)　　$I_\ell = I_p$

• 전류와 등가임피던스

$$I_Y = I_\ell = I_p = \frac{V_p}{Z} = \frac{V_\ell}{\sqrt{3}Z} \, [A]$$

$$I_\Delta = I_\ell = \sqrt{3}I_p = \sqrt{3}\frac{V_p}{Z} = \sqrt{3}\frac{V_\ell}{Z} \, [A]$$

$$\frac{I_Y}{I_\Delta} = \frac{\frac{V_\ell}{\sqrt{3}Z}}{\sqrt{3}\frac{V_\ell}{Z}} = \frac{\frac{1}{\sqrt{3}}}{\sqrt{3}} = \frac{1}{3}$$

$$I_\Delta = 3I_Y \quad 또한 \quad Z_\Delta = 3Z_Y$$

• 등가 변환한 Y부하의 한 상의 임피던스 $Z_Y = \frac{1}{3}Z_\Delta$

8 플레밍의 법칙

• 플레밍의 왼손법칙 : 전자력의 방향(전동기의 원리)

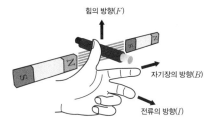

• 플레밍의 오른손법칙 : 유도 기전력의 방향(발전기의 원리)

09

전위차 $V \, [V] = \frac{W \, [J]}{Q \, [C]}$ 에서,

$$W \, [J] = QV = eV = 1.602 \times 10^{-19} \times 1 = 1.602 \times 10^{-19} \, [J]$$

10 평행 도체 사이에 작용하는 힘

• 평행한 두 도체가 $r \, [m]$만큼 떨어져 있고 각 도체에 흐르는 전류가 $I_1 \, [A]$, $I_2 \, [A]$라 할 때 두 도체에 사이에 작용하는 힘

$$F = \frac{2I_1 I_2}{r} \times 10^{-7} \, [N/m]$$

• 흡인력(인력) : 평행도선(전류 방향이 같을 때)에 작용하는 힘
• 반발력(척력) : 왕복도선(전류 방향이 반대일 때)에 작용하는 힘

11

순시전류 $i = I_m \sin wt$ 에서,

최대전류 $I_m = \frac{V_m}{R} = \frac{100\sqrt{2}}{50} = 2\sqrt{2}$

$$\therefore i = I_m \sin wt = 2\sqrt{2} \sin wt$$

12 쿨롱의 법칙(Coulomb's Law)

• 두 자극 $m_1 \, [Wb]$, $m_2 \, [Wb]$이 $r \, [m]$ 사이에 작용하는 힘

$$F = \frac{1}{4\pi\mu} \cdot \frac{m_1 m_2}{r^2} = \frac{1}{4\pi\mu_0 \mu_s} \cdot \frac{m_1 m_2}{r^2} \, [N]$$

$$F = 6.33 \times 10^4 \times \frac{m_1 m_2}{1^2} = 6.33 \times 10^4 \, [N]$$

• 자극의 세기 $m_1 m_2 = 1 \, [Wb]$

13 사인파 교류전압의 표시

$$v = V_m \sin\theta \quad \left(\theta = \frac{\ell}{r} \quad \theta = \frac{\theta}{t} \right)$$

$$v = V_m \sin\theta = V_m \sin wt \quad (\theta = wt)$$

$$v = V_m \sin wt = V_m \sin 2\pi ft \quad (w = 2\pi f)$$

$$v = V_m \sin 2\pi ft = V_m \sin \frac{2\pi t}{T} \quad \left(f = \frac{1}{T} \right)$$

$$\therefore v = V_m \sin\theta = \sin wt = V_m \sin 2\pi ft = V_m \sin \frac{2\pi t}{T} \, [V]$$

14 자기력 F=mH[N]

• 자기장의 세기 $H = \frac{1}{4\pi\mu} \cdot \frac{m}{r^2} \, [AT/m]$

• 자기력 $F = mH = 8 \times 10^{-3} \times 20 = 0.16 \, [N]$

15 전자력

• 전하(전자)에 작용하는 힘
• $F = BQv = Bev \, [N]$ e : 전자의 전하 $Q = 1.602 \times 10^{-19} \, [C]$

16 RL 직렬회로

• $X_L = wL = 2\pi fL = 2 \times 3.14 \times 60 \times 19.1 \times 10^{-3} = 7.2 \, [\Omega]$
• $V_L = I \times X_L \times = 5 \times 7.2 = 36 \, [V]$

17 전력의 표시

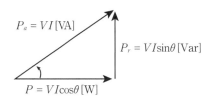

• 단상 교류의 경우
 – 피상전력 $P_a = VI \, [VA]$
 – 유효전력 $P = VI\cos\theta \, [W] = P_a \cos\theta \, [W]$(평균전력 = 소비전비)
 – 무효전력 $P_r = VI\sin\theta \, [Var] = P_a \sin\theta$

18 펠티에 효과(Peltier Effect)

- 서로 다른 금속 A, B를 접속하고 한쪽 금속에서 다른 쪽 금속으로 전류를 흘리면 열의 발생 또는 흡수가 일어나는 현상
- 용도 : 전자냉동(흡열), 온풍기(발열)

> ※제백 효과(Seebeck Effect)
> - 서로 다른 금속 A, B를 접속하고 접속점을 서로 다른 온도로 유지하면 기전력이 생겨 일정한 방향으로 전류가 흐르는 현상
> - 용도 : 열전 온도계, 열전형 계기

19 전지의 작용

- 국부작용 : 전지에 포함되어 있는 불순물에 의해 전극과 불순물이 국부적인 하나의 전지를 이루어 전지 내부에서 순환하는 전류가 생겨 화학변화가 일어나 기전력을 감소시키는 현상(방지법 : 전극에 수은 도금, 순도가 높은 재료 사용)
- 분극(성극)작용 : 전지에 전류가 흐르면 양극에 수소가스가 생겨 이온의 이동을 방해하여 기전력이 감소하는 현상(감극제 : 분극(성극) 작용에 의한 기체를 제거하여 전극의 작용을 활발하게 유지시키는 산화물)
- 자기방전 : 자연 방전으로 기전력이 감소되는 현상
- 산화작용 : 양(+)극에는 환원반응, 음(+)극에는 산화반응이 일어나는 현상

20 교류의 표시

- 순시값 $i = I_m\sin\theta = I_m\sin(wt\pm\theta) = I_m\sin(2\pi ft\pm\theta)$

$$= I_m\sin\left(\frac{2\pi}{T}t\pm\theta\right)[A]$$

- 실효값 $I = \frac{1}{\sqrt{2}}I_m \rightarrow$ 최대값 $I_m = \sqrt{2}I = 5\sqrt{2}$
- 위상 $\theta = +60° = +\frac{\pi}{3}$
- 순시값 $i = 5\sqrt{2}\sin(2\pi ft+60°) = 5\sqrt{2}\sin\left(2\pi ft+\frac{\pi}{3}\right)[A]$

21 효율

- 실측효율(실제 측정값 사용계산) : 실측효율 $\eta = \frac{출력}{입력}\times100(\%)$
- 규약효율(손실값을 기준으로 계산)
  - 발전기 규약효율 $\eta = \frac{출력}{출력+손실}\times100(\%) \rightarrow$ 발전기는 출력기준
  - 변압기 규약효율 $\eta = \frac{출력}{출력+손실}\times100(\%) \rightarrow$ 변압기는 출력기준
  - 전동기 규약효율 $\eta = \frac{입력-손실}{입력}\times100(\%) \rightarrow$ 전동기는 입력기준

22 직류 발전기

- 타여자 발전기
  - 계자와 전기자에 전원이 따로 공급되는 방식
  - 잔류자기가 필요 없다.
  - 실험용 계기로 주로 사용, 대용량에 사용. 압연기, 엘리베이터
- 직권 발전기(직렬접속) : 힘이 좋아 크레인, 전기철도용, 속도 변동률이 크다.

- 분권 발전기(병렬접속) : 속도조절, 정속도, 환풍기, 속도 변동률이 작다.
- 가동복권 발전기
  - 과복권 발전기 : 급전선의 전압 강하 보상용
  - 평복권 발전기 : 전압 변동률이 0이므로 단자전압의 변화가 적다.(직류전원 및 여자기)
- 차동복권 발전기
  - 직권자속, 분권자속이 반대 방향
  - 수하특성 : 부하가 증가할수록 단자전압이 저하하는 특성(부특성-용접기용 전원)

23 22번 해설 참조

24 변압기유의 구비조건

- 절연내력이 클 것
- 인화점이 높고, 응고점이 낮을 것
- 점도가 낮고, 비열이 클 것
- 화학작용을 일으키지 말 것

25 단상 유도 전동기

- 단상 유도 전동기의 특징
  - 고정자 권선에 단상교류가 흐르면 회전자는 축방향으로 N극, S극성의 크기만 변화하는 교번자계가 생길 뿐이라서 기동토크가 발생하지 않아 기동이 불가하며, 기동장치가 필요하다.
  - 전부하 전류와 무부하 전류의 비율이 크고, 역률과 효율이 나쁘다.
  - 주로 0.75[kW] 이하의 소형, 가정용에 사용되고 있으며, 표준출력은 100[W], 200[W], 400[W]이다.
  - 회전자는 농형으로 되어 있고, 고정자 권선은 단상 권선으로 되어 있다.
- 단상 유도 전동기 종류
  - 반발 기동형 : 기동토크가 가장 크다.
  - 콘덴서 기동형 : 역률이 가장 좋다. 가정용 전동기로 주로 사용한다.
  - 세이딩 코일형 : 역률 및 효율이 낮으며, 기동 토크가 가장 작다. 또한 구조가 간단하고, 회전방향을 바꿀 수 없으며 속도 변동률이 크다.
- 기동토크 순서
  - 반발 기동형 〉 반발 유도형 〉 콘덴서 기동형 〉 분상 기동형 〉 세이딩 코일형

26 전동기 제동 방법

- 발전 제동 : 제동 시에 발전을 저항으로 소비하는 제동 방법
- 회생 제동 : 전동기를 발전기로 전환하여 전원에 회생하여 제동하는 방법
- 역상 제동(플러깅, Plugging) : 회전자의 토크를 반대로 발생시킨(역회전) 후 전동기를 전원에서 분리하여 급제동 하는 방법

27 차동 계전기

- 1차 전류와 2차 전류의 차에 의하여 동작하는 계전기
- 변압기, 동기기의 층간단락 등의 내부 고장 시 동작하는 계전기

28 정류회로

- 단상 반파 평균값(직류값) : $V_a = E_d = \dfrac{\sqrt{2}V}{\pi} = 0.45V\,[\text{V}]$

- 단상 전파 평균값(직류값) : $V_a = E_d = 2\pi ft + \dfrac{2\sqrt{2}V}{\pi} = 0.9V\,[\text{V}]$
$= 0.9 \times 220 = 198\,[\text{V}]$

- 3상 반파 평균값(직류값) : $V_a = E_d = 1.17V\,[\text{V}]$
- 3상 전파 평균값(직류값) : $V_a = E_d = 1.35V\,[\text{V}]$

29 반도체 부성저항 특성

온도가 증가하면 저항(R)은 감소하며 따라서 전류(I)는 증가한다.

30 2차 입력 P_2

- 2차 입력 P_2 = 2차 출력+2차 동손+기타 손실 = $P_o+P_{C2}+P_r$
- 2차 동손 $P_{C2} = sP_2 = 0.03 \times 10 \times 10^3 = 300\,[\text{W}]$
- 2차 출력 P_o = 2차 입력-2차 동손 = $P_2-P_{C2} = (1-s)P_2$
- 2차 효율 $\eta_2 = \dfrac{\text{2차 출력}}{\text{2차 입력}} = \dfrac{P_o}{P_2} = \dfrac{N}{N_s} = (1-s)$

31 변압기의 최대 효율 조건

- 부하손(동손) = 무부하손(철손) : $P_c = P_i$
- $\left(\dfrac{1}{m}\right)$ 부하일 때 : $P_i = \left(\dfrac{1}{m}\right)^2 P_c$

32 동기 발전기의 전기자 권선법

- 전기자 권선법은 유도 기전력이 정현파에 가까운 분포권과 단절권을 혼합하여 사용한다.
- 분포권 : 기전력의 파형이 좋아지고, 전기자 동손에 의한 열을 골고루 분포시켜 과열을 방지하는 장점이 있다. (1극 1상당 슬롯 수가 2개 이상인 권선법)
- 단절권 : 기전력이 작아지지만, 고조파 제거로 파형은 개선된다. (코일의 간격을 자극의 간격보다 작게 하는 권선법)

33 동기 조상기

- 역률 개선과 전압조정 등을 하기 위해 전력계통에 접속한 무부하의 동기 전동기
- 부족여자로 운전 시에는 지상전류가 흘러 리액터로 작용하여 전압 상승 억제
- 과여자로 운전 시에는 진상전류가 흘러 콘덴서로 작용하여 전압강하 억제

> ※자기여자 : 발전기를 무부하나 경부하로 운전할 경우 수전단에 충전전류가 흘러 단자전압이 상승하는 현상이며, 방지책은 다음과 같다.
> - 수전단의 전압을 낮추어야 함 : 유도성 부하 연결(변압기 또는 리액터)
> - 동기 조상기 설치로 부족여자 운용
> - 병렬 운전
> - 단락비를 크게 한다.

34 전력 변환 장치

- 변압기 : 교류전압 변환 장치
- 정류기 : 교류-직류 변환 장치
- 인버터 : 직류-교류 변환 장치
- 유도 전동기 : 전기에너지-기계에너지 변환 기기

35 직류 전동기 속도제어법

$$N = k\dfrac{E}{\phi} = k\dfrac{V-I_aR_a}{\phi}\,[\text{rpm}]$$

- 전압 제어법(V) : 정토크 제어, 조정범위가 넓어서 많이 사용, 직병렬제어, 일그너 방식, 워드레오나드 방식
- 계자 제어법(ϕ) : 정출력 제어, 정밀 제어
- 저항 제어법(R_a) : 전압강하가 큼

36 동기 발전기의 병렬운전 조건

- 기전력의 크기가 같을 것. 다르면, 무효순환전류가 발생한다.(권선가열)
- 기전력의 위상이 같을 것. 다르면, 유효순환전류(동기화전류)가 발생한다.
- 기전력의 파형이 같을 것. 다르면, 고조파순환전류가 발생한다.
- 기전력의 주파수가 같을 것. 다르면, 출력이 요동치고 권선이 가열된다.(난조발생)

37 변압기

- 1차측 : 전원측
- 2차측 : 부하측

38 직류기의 전기자 권선법

2층권 사용하며, 중권과 파권이 있다.
- 중권(병렬권) : 저전압 대전류에 사용된다.
  - 전기자 병렬회로수(a) = 브러시(b) = 극수(p)
  - 균압접속 : 전기자 권선의 국부적 과열 방지
- 파권(직렬권) : 고전압 소전류에 사용된다.
  - 전기자 병렬회로수(a) = 브러시(b) = 극수(p) = 2

39 변압기의 절연내력 시험법

- 변압기유의 절연파괴 전압시험
- 가압시험 : 충전부분의 절연강도 측정시험
- 유도시험 : 층간 절연내력 측정시험
- 충격전압시험 : 번개 등의 충격전압에 대한 절연내력 시험

> ※단락시험 : 동손, 임피던스 와트, 임피던스 전압 등을 측정하기 위한 시험

40 동기 전동기의 안정도 증대

- 단락비가 크다.
- 전기자 반작용, 전압 변동률, 동기 임피던스는 작아진다.
- 공극이 크고 무겁고 효율이 낮다.

41 곡률반경

$$r = 6d + \frac{D}{2} \quad (d : \text{전선관의 안지름}, \; D : \text{전선관의 바깥지름})$$

- 금속관을 구부릴 때, 안쪽의 반지름(A)은 관 안지름(B)의 6배 이상이 되어야 한다.

42 금속관 공사 공구

- 히키(Hickey), 벤더(Bander) : 금속관을 구부리는 공구
- 파이프 렌치(Pipe Wrench) : 금속관을 커플링으로 접속할 때, 금속관을 커플링에 물고 조일 때 사용한다.
- 오스터(Oster) : 금속관 끝에 나사를 내는 데 사용한다.
- 파이프 커터(Pipe Cutter) : 금속관 및 프레임 파이프 절단

43 접지저항

- 접지극과 대지 사이에 발생하는 전기저항
- 주요소는 전극과 인접한 대지저항이다.

44 접지공사 방법

접지극과 지지물(철주) 간 옆면으로 1[m] 이상, 밑면으로 30[cm] 이상 이격

45 링 리듀서

녹아웃 지름이 접속하는 금속관보다 큰 경우 사용한다.

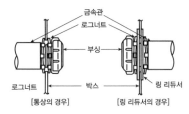

46 애자사용 공사

- 애자의 조건 : 절연성, 난연성, 내수성
- 애자공사가 불가능한 장소 : 점검할 수 없는 은폐장소
- 사용 전선 : 옥내용 절연전선(옥외용 OW 및 인입용 DV 제외)
- 사용 전압 : 600[V] 이하의 저압

47 전선의 구비조건

- 도전율이 좋아야 한다(은 〉 구리 〉 금 〉 알루미늄 〉 철).
- 기계적 강도가 커야 한다(인장강도).
- 비중이 낮아야 한다(가벼움).
- 가요성이 좋아야 한다(구부림).
- 경제성이 좋아야 한다(저비용).

48 접지공사

접지시스템은 계통접지, 보호접지, 피뢰시스템 접지 등으로 구분한다.

49 비상 콘센트

조명 등의 소화 활동에 필요한 장비에 전원을 공급하기 위한 설비

50 가공 전선로 공사의 안전율

- 지지물 기초의 안전율 : 2.0 이상
- 지선의 안전율 : 2.5 이상

51 전선 접속 시 고려사항

- 전기저항을 증가시키지 말아야 한다.
- 전선의 강도를 80[%] 이상 유지한다.
- 접속부위는 절연 효력이 있는 테이프 및 와이어 커넥터 등으로 충분히 피복한다.
- 장력이 가해지지 않도록 박스 안에서 접속한다.

52 전주 외등 조명기구 및 부착 금구

돌출되는 수평거리는 1[m] 이내로 하여야 한다.

53 전동기의 정격전류

전동기의 정격전류	간선의 허용전류	과전류 차단기 크기
50[A] 이하인 경우	1.25×전동기 전류의 합계	2.5×간선의 허용전류
50[A] 초과인 경우	1.1×전동기 전류의 합계	

54 케이블

- 0.6/1kV 비닐절연 비닐시스 케이블 : VV
- 0.6/1kV EP 고무절연 클로로프렌시스 케이블 : PN
- 0.6/1kV EP 고무절연 비닐시스 케이블 : PV
- 0.6/1kV 비닐절연 비닐캡타이어 케이블 : VCT

55 완금(완목)

- 지지물에 전선을 고정시키기 위해 설치한다.
- 전선 2개의 표준 길이 : 특고압 1,800[mm], 고압 1,400[mm], 저압 900[mm]
- 전선 3개의 표준 길이 : 특고압 2,400[mm], 고압 1,800[mm], 저압 1,400[mm]

56 3로 스위치

3로 스위치 2개로 전등 1개를 2개소에서 점등

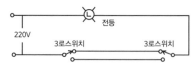

57 PT와 CT

- 계기용 변압기(Potential Transformer, PT)
  - 고전압을 저전압으로 변성
  - 2차 정격전압은 110[V]
- 변류기(Current Transformer, CT)
  - 대전류를 소전류로 변성
  - 2차 정격전류는 5[A]

58 폭연성 분진 또는 화약류의 분말이 존재하는 곳 (마그네슘, 티탄 등이 쌓인 곳)

- 공사 방법 : 금속관 공사, MI 또는 개장된 케이블 공사(캡타이어 케이블 제외)
- 패킹사용 및 금속관 공사 시 5턱 이상 나사 조임 사용
- 전동기 접속부 : 방폭형 플렉시블 피팅 사용
- 이동용 전선 : 0.6/1[KV] 고무절연 클로로프렌 캡타이어 케이블

59 22.9[kV-Y] 가공전선의 최소 굵기

- 동선 : 22[mm²] 이상
- ACSR : 32[mm²] 이상

60 화약류 저장소의 전기설비

- 전기설비를 설치하지 않으나, 전등용 설비는 가능하다.
- 대지전압은 300[V] 이하
- 전기기계기구는 전폐형으로 시설
- 전원부에 전용 개폐기 및 과전류차단기 설치
- 개폐기에서 저장소의 인입구까지는 케이블을 지중으로 시설한다.

정답

01	④	02	③	03	③	04	②	05	②	06	①	07	②	08	②	09	③	10	①
11	③	12	④	13	④	14	④	15	②	16	①	17	③	18	①	19	①	20	①
21	④	22	③	23	②	24	②,③	25	②	26	①	27	③	28	①	29	①	30	②
31	④	32	④	33	④	34	①	35	③	36	①	37	②	38	①	39	①	40	①
41	②	42	②	43	②	44	②	45	④	46	③	47	②	48	④	49	①	50	①
51	②	52	①	53	①	54	②	55	④	56	④	57	③	58	②	59	③	60	①

해설

01 평판 도체의 정전용량

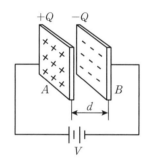

S : 극판의 간격
d : 극판의 간격

- 전기장의 세기 $E = \dfrac{V}{d}$ [V/m] $\rightarrow V = E \cdot d$

- 전속밀도 $D = \dfrac{Q}{S} = \varepsilon E$ [C/m²] $\rightarrow Q = \varepsilon E \cdot S$

- 정전용량 $C = \dfrac{Q}{V} = \dfrac{\varepsilon E \cdot S}{E \cdot d} = \varepsilon \dfrac{S}{d}$ [F]

- 정전용량은 극판의 면적과 전하량에 비례하고, 극판의 간격과 전압에는 반비례한다.

02 앙페르의 오른나사법칙

- 직선전류 : 엄지-전류의 방향

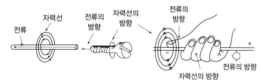

- 코일전류 : 엄지-자기력선의 방향

※ 렌츠의 법칙 : 유도 기전력의 방향 $e = -N\dfrac{\Delta\phi}{\Delta t}$ [V]

※ 패러데이 법칙 : 유도 기전력의 크기 $e = N\dfrac{\Delta\phi}{\Delta t}$ [V]

03 RL 병렬회로

- 전압 $V = V_R = V_L = 200$ [V]

- 전류 $I_R = \dfrac{V_R}{R} = \dfrac{200\,[\text{V}]}{25\,[\Omega]} = 8$ [A]

- 전류 $I_L = \dfrac{V_L}{X_L} = \dfrac{200\,[\text{V}]}{\frac{100}{3}\,[\Omega]} = 6$ [A]

04 옴의 법칙 V=IR

- 전류 $I = \dfrac{V}{R} \propto \dfrac{1}{R}$: 전류는 저항에 반비례이므로 저항이 크면 전류는 작아진다.

- 저항이 R_1이 가장 크나 R_1은 직렬 연결이므로 전체 전류를 받는다. 그러므로 병렬 연결되어 있는 저항 중에 가장 저항이 큰 R_2가 최소의 전류가 흐른다.

05 평형브리지

- a-b간의 합성저항은 휘스톤 브리지와 같이 회로가 평형을 유지해 가운데 r은 전류가 흐르지 않아 개방된 상태이며 따라서 2r과 2r 2개가 병렬연결되어 있는 상태로 합성저항은 r이 된다.

$a-b$(평형브리지) : $\dfrac{2r \times 2r}{2r + 2r} = \dfrac{4r^2}{4r} = r$

- c-d간의 합성저항은 2r과 r 그리고 2r 3개가 병렬연결되어 있는 상태로 합성저항은 (r/2)이 된다.

$c-d$(병렬 : 2r과 r) : $\dfrac{2r \times r}{2r + r} = \dfrac{2r^2}{3r} = \dfrac{2r}{3}$

$c-d\left(\text{합성} : \dfrac{2r}{3}\text{과 } 2r\right) : \dfrac{\frac{2r}{3} \times 2r}{\frac{2r}{3} + 2r} = \dfrac{\frac{4r^2}{3}}{\frac{8r}{3}} = \dfrac{12r^2}{25r} = \dfrac{r}{2}$

• a-b간의 합성저항은 c-d간의 합성저항의 2배

$$\frac{c-d}{a-b} = \frac{\frac{r}{2}}{r} = \frac{1}{2} \qquad \therefore a-b = 2(c-d)$$

06

전력 $P[\text{W}] = \dfrac{W[\text{J}]}{t[\text{s}]} = \dfrac{876{,}000[\text{J}]}{20 \times 60[\text{s}]} = 730[\text{W}] = 0.73[\text{kW}]$

07 R-L 직렬회로

 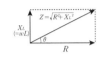

• 임피던스 $\dot{Z} = R + jX_L = R + jwL[\Omega]$,
$$Z = \sqrt{R^2 + X_L^2} = \sqrt{R^2 + (wL)^2}[\Omega]$$

• 전압과 전류 : $V = IZ[\text{V}]$,
$$I = \frac{V}{Z} = \frac{V}{\sqrt{R^2 + X_L^2}} = \frac{V}{\sqrt{R^2 + (wL)^2}}[\text{A}]$$

• 위상차 : 전압 V가 전류 I보다 θ만큼 앞선다.
$$\theta = \tan^{-1}\frac{X_L}{R} = \tan^{-1}\frac{wL}{R}$$

• 역률 : $\cos\theta = \dfrac{R}{Z} = \dfrac{R}{\sqrt{R^2 + X_L^2}} = \dfrac{R}{\sqrt{R^2 + (wL)^2}}$

08

기전력 $e = N\dfrac{\varDelta\phi}{\varDelta t} = L\dfrac{\varDelta I}{\varDelta t}$에서,

• $LI = N\phi, \qquad L = \dfrac{N\phi}{I}[\text{H}]$

• 유도 기전력 $e = N\dfrac{\varDelta\phi}{\varDelta t} = 150회 \times \dfrac{1[\text{Wb}]}{2[\text{s}]} = 75[\text{V}]$

09 3상 결선

• Δ결선 : $I_\ell = \sqrt{3}I_p$(선전류가 30도 뒤진다.) $\qquad V_\ell = V_p$
• Y결선 : $V_\ell = \sqrt{3}V_p$(선간전압이 30도 앞선다.) $\qquad I_\ell = I_p$

10 저장에너지

• 콘덴서에 축적되는 에너지 $W = \dfrac{1}{2}QV = \dfrac{1}{2}CV^2 = \dfrac{Q^2}{2C}[\text{J}]$ $(Q = CV)$

• 코일에 축적되는 에너지 $W = \dfrac{1}{2}LI^2[\text{J}]$

11 R-L 직렬회로

• 임피던스 $\dot{Z} = R + jX_L = R + jwL[\Omega]$
$$Z = \sqrt{R^2 + X_L^2} = \sqrt{R^2 + (wL)^2} = \sqrt{5^2 + (2\pi \times 60 \times 30 \times 10^{-3})^2} = \sqrt{152}[\Omega]$$

• 전압과 전류 : $V = IZ[\text{V}]$, $I = \dfrac{V}{Z} = \dfrac{200}{\sqrt{152}} = 16.17[\text{A}]$

12 자유전자(Free Electron)

• 원자의 구속에서 벗어나 자유롭게 이동하는 전자
• 자유전자의 이동으로 전기 발생

13

스칼라는 방향은 없고 크기만 갖는 물리량이며, 벡터는 방향과 크기를 갖는 물리량이다.

14 인덕턴스의 접속

• 가동접속 : $L_{ab} = L_1 + L_2 + 2M[\text{H}]$
• 차동접속 : $L_{ab} = L_1 + L_2 - 2M[\text{H}]$

15 3상 교류전력의 측정법

• 1전력계법 : $P = 3P_p[\text{W}]$
• 2전력계법 : $P = P_1 + P_2 = 200[\text{W}] + 200[\text{W}] = 400[\text{W}]$
• 3전력계법 : $P = P_1 + P_2 + P_3[\text{W}]$

16 무한장 솔레노이드 자기장의 세기 $H = \dfrac{NI}{\ell}[\text{AT/m}]$

– 내부자계 $H = \dfrac{NI}{\ell} = \dfrac{1 \times 10}{1 \times 10^{-2}} = 1 \times 10^3[\text{AT/m}]$

– 외부자계 $H = 0$

17 줄열

• 줄의 법칙 : 저항 $R[\Omega]$에 $I[\text{A}]$의 전류를 $t[\text{sec}]$ 동안 흘릴 때 발생한 열(줄열)

• 열량 $H = Pt = I^2Rt[\text{J}] = \dfrac{1}{4.186}I^2Rt[\text{cal}] = 0.24I^2Rt[\text{cal}]$

※ $1[\text{J}] = 0.24[\text{cal}]$
※ $1[\text{kWh}] = 3.6 \times 10^6[\text{J}] = 3.6 \times 10^6 \times 0.24[\text{cal}] \fallingdotseq 860[\text{kcal}]$

18 전위

• 전위 : $Q[\text{C}]$의 전하에서 $r[\text{m}]$ 떨어진 지점의 전기장 세기
$$전위\ V = Er = \frac{Q}{4\pi\varepsilon r^2} \cdot r = \frac{Q}{4\pi\varepsilon r}[\text{V}]$$

• 전위차 : 단위 전하를 A점에서 B점으로 이동하는 데 필요한 일의 양
$$전위차\ V[\text{V}] = \frac{W[\text{J}]}{Q[\text{C}]}$$

19 등전위면

• 전장 내에서 전위가 같은 각 점을 포함한 면을 말한다.
• 등전위면과 전기력선은 수직으로 만난다.
• 등전위면끼리는 만나지 않는다.

20 패러데이 법칙

석출량 $W = kQ = kIt[\text{g}]$에서, $(Q$: 전기량, I : 전류, t : 시간(초))
• 전기분해의 전극에 석출되는 물질의 양은 전해액을 통과한 전기량 Q에 비례

- 총 전기량이 같으면 물질의 석출량은 그 물질의 화학당량 k에 비례
- 전기화학당량 $k = \dfrac{\text{원자량}}{\text{원자가}}$: 1 [C]의 전하에서 석출되는 물질의 양

21 전동기의 토크 τ

- 유도 전동기의 토크 : $\tau \propto V^2 \propto \left(\dfrac{1}{2}\right)^2 \propto \dfrac{1}{4}$
- 동기 전동기의 토크 : $\tau \propto V$

22

다이액과 트라이액을 조합하여 위상제어를 통한 전동기의 속도제어 회로도이다.

23 변압기 극성

- 가극성 : $V = V_1 + V_2$(극성이 서로 반대 방향)
- 감극성 : $V = V_1 - V_2$(극성이 서로 같은 방향) – 국내 표준

24 플레밍의 왼손법칙(전동기 원리)

- 자기장 : ① N → ② S   전류 : ③ – ← ④ +

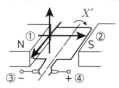

- 자기장 : ① S ← ② N   전류 : ③ + → ④ –

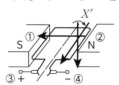

25 단락전류

단락사고 시 흐르는 고장전류이며, $\%Z_s$를 이용한다.

- 단락비 $K_s = \dfrac{\text{단락전류}}{\text{정격전류}} = \dfrac{I_s}{I_n} = \dfrac{100}{\%Z_s}$
- 단락전류 $I_s = \dfrac{100}{\%Z_s} \times I_n = K_s I_n = 1.3 \times 500 = 650$ [A]

26 분상 기동형 단상 유도 전동기

- '기동'시에는 원심력스위치(CS)는 ON되어 기동되고, 그 후에 다시 원심력으로 자동 OFF된다.
- '역회전'시에는 기동권선 또는 운전권선 중 한 권선의 단자접속을 반대로 하면 된다.

27 균압선

- 병렬운전을 안정히 하기 위해 두 발전기의 전기자와 직권 권선의 접촉점에 연결하는 것
- 직권계자가 있는 직권 발전기와 복권(평복권, 과복권) 발전기에는 균압선을 설치한다.

28 동기 발전기 병렬운전

- 병렬운전 중에 동기발전기의 여자전류를 변화시키면 역률의 변화를 일으킨다.
- 여자전류 증가 시에는 그 발전기는 역률이 저하되고, 다른 발전기의 역률은 높아진다.

29 비례추이

- 슬립(s)은 2차 저항에 비례하므로 2차 저항을 변화시킬 수 있는 권선형 유도 전동기에 적용된다.
- 권선형 유도 전동기의 비례추이를 이용하여 기동 및 속도제어를 할 수 있다.
- 속도-토크의 곡선이 2차 저항의 변화에 비례하여 이동하는 것
- 2차 저항을 변화하여도 최대토크는 불변한다.
- 2차 저항을 크게 하면, 기동전류는 감소하고, 최대토크 시 슬립과 기동토크는 증가한다.
- 출력, 2차 효율, 2차 동손은 비례추이를 할 수 없다.

30 변압기 내부고장 계전기

- 부흐홀츠 계전기 : 변압기유의 내부 고장을 검출하여 동작되는 계전기로 주탱크와 컨서베이터 사이의 관에 설치한다.
- 차동계전기 : 변압기 내부 고장 시 CT 2차 전류의 차에 동작하는 계전기
- 비율차동계전기 : 변압기 내부 고장 시 CT 2차 전류의 차가 일정 비율 이상이 되었을 때 동작하는 계전기로 변압기 단락보호용으로 사용된다.

31 정류 곡선

- 직선정류 : 전류가 직선적으로 균등하게 변환(양호)
- 정현파정류 : 불꽃 발생 안함(양호)
- 부족정류 : 브러시 후단에서 불꽃 발생(불량)
- 과정류 : 브러시 전단에서 불꽃 발생(불량)

32 동기 발전기의 전기자 반작용

- 전기자 전류에 의한 자속이 주 자속을 감소시키는 현상
- 감자작용(직축반작용) : 리액터 L을 연결하면, 전류는 위상이 90도 늦은 지상이 되어 주 자속을 감소시키는 방향으로 작용하여 유도 기전력이 작아지는 현상
- 증자작용(직축반작용) : 콘덴서 C를 연결하면, 전류는 위상이 90도 빠른 진상이 되어 주 자속을 증가시키는 방향으로 작용하여 유도 기 전력이 증가되는 현상(자기여자작용)
- 교차자화작용(횡축반작용) : 저항 R를 연결하면, 전류는 동상이 되어 주 자속이 직각이 되는 현상
※주의 : '동기 전동기'의 경우는 감자작용과 증자작용이 서로 바뀌어 나타난다.

33 구리손(동손) : 가변손

구리손이란 전기기계에서 코일, 즉 구리선에 발생하는 저항 손실이다.

34 변압기의 임피던스 전압 ($E_s = I_n Z$)

- 변압기 내에 정격전류가 흐를 때의 내부전압 강하
- 변압기에서 저압측을 단락하여 고압측에 정격전류가 흐를 때 가한 전압

- 정격전류가 흐르고 있을 때의 권선 임피던스에 의한 전압강하 ($E_s = I_nZ$)

35 직류 전동기의 종류

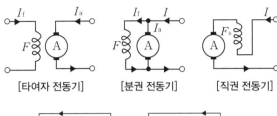

[타여자 전동기]   [분권 전동기]   [직권 전동기]

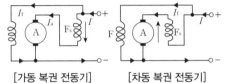

[가동 복권 전동기]   [차동 복권 전동기]

36 애벌런치 항복 전압

- 역바이어스된 pn접합에서 자유전자가 기하급수적으로 늘어나는 현상으로 온도 혹은 농도가 증가하면 항복 전압도 따라서 증가한다.(전압이 온도에 비례한다.)

37 Δ-Y 결선

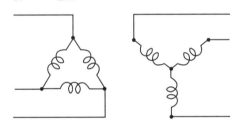

38 유도 전동기의 슬립

- 소용량 : 5~10 [%]
- 중대용량 : 2.5~5 [%]

39

동기속도 $N_s = \dfrac{120f}{p}$ 에서,

극수 $p = \dfrac{120f}{N_s} = \dfrac{120 \times 60}{1,200} = 6$극

40 Δ-Y결선과 Y-Δ결선

- Y결선으로 중성점을 접지할 수 있다.
- Δ결선으로 제3고조파가 발생되지 않는다.
- Δ-Y결선은 승압용 변압기로 발전소용으로 사용된다.
- Y-Δ결선은 강압용 변압기로 수전용으로 사용된다.
- 1, 2차 선간전압 사이에 $\dfrac{\pi}{6}(30°)$의 위상차가 있다.

41 전선 접속 시 고려사항

- 전기저항을 증가시키지 말아야 한다.

- 전선의 강도를 80 [%] 이상 유지한다.(20% 이상 감소시키지 않아야 한다.)
- 접속부위는 절연 효력이 있는 테이프 및 와이어 커넥터 등으로 충분히 피복한다.
- 장력이 가해지지 않도록 박스 안에서 접속한다.

42 저압전로의 보호도체 및 중성선의 접속방식에 따른 분류

TT계통, TN계통, IT계통

43 온도퓨즈

과열 등 일정 온도 이상이 되면 용단된다.

44 가공전선

- 가공인입선 : 가공선로의 전주 등 지지물에서 분기하여 다른 지지물을 거치지 않고, 수용장소의 인입점에 이르는 가공전선
- 연접인입선 : 수용장소의 인입선에서 분기하여 다른 지지물을 거치지 않고, 다른 수용장소의 인입점에 이르는 가공전선

45 합성수지관 공사

- 합성수지관 상호접속
  - 커플링 사용 : 관 외경의 1.2배 이상
  - 접착제 사용 : 관 외경의 0.8배 이상
- 수용률
  - 같은 굵기의 전선 : 관 내 단면적의 48 [%] 이하
  - 다른 굵기의 전선 : 관 내 단면적의 32 [%] 이하
- 점검할 수 없는 은폐장소
- 사용전압은 600 [V] 이하의 저압으로 절연전선을 사용할 것(단, OW 제외)
- 연선을 사용할 것(단, 10 [mm²] 이하의 단선, 16 [mm²] 이하의 알루미늄선은 가능)
- 관내에 접속점이 없을 것
- 지지점간의 간격 : 1.5 [m] 이내(합성수지제 가요전선관 : 1 [m] 이내)
- 하나의 관로로 구부러진 곳은 4개소 이내로 제한한다.

46 과전류차단기 정격전류

- 전동기 : 정격전류의 3배
- 전열기 : 정격전류의 1배
- $I_n = 3\Sigma I_m + 1\Sigma I_h = 3 \times 20 [A] \times 1$대$+1 \times 5 [A] \times 3$대 $= 75 [A]$

47 건물의 표준 부하의 상정

- 5 [VA/m²] 표준 부하 : 복도, 계단, 세면장, 창고, 다락
- 10 [VA/m²] 표준 부하 : 공장, 종교시설, 극장, 연회장, 강당, 관람석
- 20 [VA/m²] 표준 부하 : 학교, 음식점, 다방, 대중목욕탕, 병원, 호텔, 기숙사, 여관
- 30 [VA/m²] 표준 부하 : 주택, 아파트, 사무실, 은행, 상점, 미장원, 이발소

48

화약고 등의 위험장소의 배선공사에서 전로의 대지전압은 300 [V] 이하로 한다.

49 연접인입선

- 수용장소의 인입선에서 분기하여 다른 지지물을 거치지 않고, 다른 수용장소의 인입점에 이르는 전선로
- 연접인입선 제한조건
  - 분기점으로부터 100[m]을 넘지 않는 지역에 설치하여야 한다.
  - 폭 5[m]을 넘는 도로를 횡단하지 않아야 한다.
  - 타 수용가의 옥내를 통과하지 않아야 한다.
  - 전선은 지름 2.6[mm]의 경동선 또는 이와 동등 이상의 세기 및 굵기이어야 한다.
  - 고압은 연접할 수 없다.

50 버스덕트 종류

- 피더 버스덕트 : 도중에 부하를 접속하지 않는 간선용
- 플러그인 버스덕트 : 도중에 부하접속용 꽂음 플러그가 있음
- 트롤리 버스덕트 : 도중에 이동부하를 접속할 수 있음

51 드라이브이트 툴(Drive-it Tool)

- 콘크리트못을 화약의 폭발력을 이용하여 콘크리트에 구멍을 뚫을 때 사용한다.
- 권총형을 하고 있으며 내부에 화약을 충전하여 그 폭발력으로 사용한다.

52 누전차단기(ELB) 설치

60[V] 초과 개소

53

동전선에서 직선 접속은 선을 겹치거나 구부리지 않은 상태로 접속하는 것으로 직선 맞대기용 슬리브에 의한 압착 접속 방법을 사용한다.

54 직접 매설식

- 중량물의 압력을 받을 우려가 있는 장소 : 1.0[m] 이상
- 중량물의 압력을 받을 우려가 없는 장소 : 0.6[m] 이상

55 코올라우시 브리지(Kohlraush Bridge)식

- 접지봉 [E]-보조접지봉 [P]-보조접지봉 [C]을 10[m] 간격으로 매입하고 검류계의 지시를 0으로 한다.
- 이때 지시하는 값이 접지 저항값이다.

56 인터록 회로

두 개의 입력 중 먼저 동작한 쪽이 다른 쪽의 동작을 금지하는 회로

57 금속관 공사

금속관공사에서 사용전압이 400[V] 이하의 경우 관의 길이가 4[m] 이하인 것을 건조한 장소에 시설하는 경우에는 접지공사를 생략할 수 있다.

58 배선용 차단기 동작시간

정격전류	동작시간 (분)	
	1.25배의 전류 때	2배의 전류 때
30[A] 이하	60	2
30[A] 초과 50[A] 이하	60	4
50[A] 초과 100[A] 이하	120	6

- 30[A] 이하에서 50[A]인 2배의 전류가 흘렀으므로 2분 이내

59 곡률반경

- 연피 없는 케이블 : 외경의 6배 이상
- 단심 케이블 : 외경의 8배 이상
- 연피 케이블 : 외경의 12배 이상

60 접지공사의 종류

- 제1종 접지공사 : 10[Ω] 이하 - 6[mm²] 이하
  - 피뢰기, 피뢰침, 항공장해등, 전기집진기, 정전방전기
  - 특고압 계기용변성기 외함 및 2차측(MOF)
  - 고압 및 특고압 기계기구
- 제2종 접지공사 : $\dfrac{150[V]}{1선지락전류[A]}$ [Ω] - 고압 6[mm²] 이하, 특고압 16[mm²] 이상
  - 특고압 또는 고압을 저압으로 변성하는 변압기 2차측 중성점
  - 주상 변압기 2차측, 수용장소의 인입구 추가접지
  - 금속제 혼촉 방지판
- 제3종 접지공사 : 100[Ω] 이하 - 2.5[mm²] 이상
  - 400[V] 미만 기계기구 외함
  - 고압변성기 2차측 전로, 완금장치
  - 지중전선로 외함, 조가용선 외함, 네온변압기 외함
- 특별 제3종 접지공사 : 10[Ω] 이하 - 2.5[mm²] 이상
  - 400[V] 이상 기계기구
  - 풀용 수중조명등 용기 외함 및 금속제 외함
  - 분수대 조명등 용기 외함

정답

01	④	02	④	03	③	04	②	05	③	06	④	07	③	08	③	09	②	10	③
11	④	12	③	13	①	14	②	15	①	16	②	17	①	18	④	19	②	20	④
21	①	22	③	23	③	24	①	25	④	26	③	27	④	28	①	29	③	30	③
31	④	32	③	33	①	34	④	35	②	36	③	37	②	38	②	39	②	40	④
41	②	42	③	43	③	44	②	45	①	46	③	47	④	48	③	49	②	50	③
51	①	52	④	53	③	54	②	55	①	56	④	57	①	58	②	59	④	60	④

해설

01 열량

$H = Pt\,[\text{J}] = I^2Rt = 0.24Pt\,[\text{cal}] = 0.24I^2Rt\,[\text{cal}]$

$\therefore H = 0.24Pt\,[\text{cal}] = 0.24 \times 3 \times 20 \times 60 = 864\,[\text{kcal}]$

02 교류의 전압과 전류

- 순시값 : 교류는 시간에 따라 변하고 있으므로 임의의 순간에서 전압 또는 전류의 크기

$e = V_m\sin\theta = V_m\sin wt = V_m\sin 2\pi ft = V_m\sin\dfrac{2\pi}{T}t\,[\text{V}]$

- 최대값 : 교류의 순시값 중에서 가장 큰 값 : $V_m\,[\text{V}]$
- 평균값 : 정현파 교류의 1주기를 평균하면 0이 되므로, 반주기를 평균한 값

$V_a = \dfrac{2}{\pi}V_m\,[\text{V}]$

- 실효값 : 교류의 크기를 직류와 동일한 일을 하는 교류의 크기로 바꿔 나타냈을 때의 값

$V = \dfrac{1}{\sqrt{2}}V_m\,[\text{V}] \quad \rightarrow \quad$ 최대값 $V_m = \sqrt{2} \times V = \sqrt{2} \times 200 = 282.8\,[\text{V}]$

03 Y결선

- 상전압(V_p)과 선간전압(V_ℓ) : $V_\ell = \sqrt{3}V_p \angle \dfrac{\pi}{6}$

$\left(\text{위상은 } \dfrac{\pi}{6}\,[\text{rad}]\text{만큼 앞선다.}\right)$

$V_\ell = \sqrt{3}V_p = \sqrt{3} \times 100 = 173\,[\text{V}]$

※ 상전류(I_p)와 선전류(I_ℓ) : $I_\ell = I_p\,[\text{A}]$

04

- 앙페르의 오른나사법칙 : 전류에 의하여 생기는 자기장의 자기력선의 방향을 결정
- 플레밍의 왼손법칙 : 전자력의 방향(전동기의 원리)
- 플레밍의 오른손법칙 : 유도기전력의 방향(발전기의 원리)
- 키르히호프의 제1법칙(전류의 법칙) : 흘러들어오는 전류의 합 = 흘러나가는 전류의 합
- 키르히호프의 제2법칙(전압의 법칙) : 기전력의 합 = 전압 강하의 합

05

$|I| = \sqrt{8^2 + 6^2} = 10\,[\text{A}]$

06 파형의 파형률과 파고율

파형률 $= \dfrac{\text{실효값}}{\text{평균값}}$ 　파고율 $= \dfrac{\text{최대값}}{\text{실효값}}$

파형	실효값	평균값	파형률	파고율
정현파	$\dfrac{V_m}{\sqrt{2}}$	$\dfrac{2V_m}{\pi}$	1.11	1.414
정현반파	$\dfrac{V_m}{2}$	$\dfrac{V_m}{\pi}$	1.57	2
구형파	V_m	V_m	1	1
구형반파	$\dfrac{V_m}{\sqrt{2}}$	$\dfrac{V_m}{2}$	1.41	1.41
삼각파	$\dfrac{V_m}{\sqrt{3}}$	$\dfrac{V_m}{2}$	1.15	1.73

07

상호 인덕턴스 $M = k\sqrt{L_1L_2}$ 에서,

누설자속이 없는 이상적일 때 결합계수 : $k = 1 \rightarrow M = \sqrt{L_1L_2}$

08 저항의 병렬회로 $V = V_{10} = V_R$

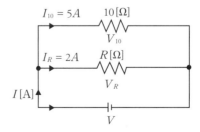

- $10\,[\Omega]$의 전압 : $V_{10} = V_R = V = I_{10}R_{10} = 5 \times 10 = 50\,[\text{V}]$
- $R\,[\Omega]$의 저항 : $R = \dfrac{V}{I_R} = \dfrac{50}{2} = 25\,[\Omega]$

09 콘덴서(Condenser, 캐피시터)

두 도체 사이에 유전체를 넣어 전하를 축적할 수 있게 만든 장치

- 전해 콘덴서 : 금속 표면에 산화피막을 만들어 유전체로 이용, 소형으로 큰 정전용량을 얻을 수 있으나, 극성이 있어 교류회로에는 부적합하다.
- 세라믹 콘덴서 : 비유전율이 큰 산화티탄 등을 유전체로 사용한 것으로 극성이 없으며 가격대비 성능이 우수하여 가장 많이 사용한다.
- 마일러 콘덴서 : 유전체는 폴리에스테르 필름, 양면에 금속박을 대고 원통형으로 감은 것으로 내열성과 절연저항이 양호하다.
- 마이카 콘덴서 : 운모와 금속박막으로 되어 있으며, 온도변화에 의한 용량변화가 작고 절연저항이 높은 표준 콘덴서로 사용한다.

10 임피던스

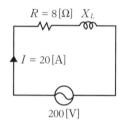

$Z = \dfrac{V}{I} = \dfrac{200}{20} = 10\,[\Omega]$

- $Z = \sqrt{R^2 + X_L{}^2} = \sqrt{8^2 + X_L{}^2} = 10\,[\Omega]$
- $10^2 = 8^2 + X_L{}^2$, $X_L{}^2 = 10^2 - 8^2$, $X_L = 6\,[\Omega]$

11 쿨롱의 법칙(Coulomb's Law)

- 두 점 전하 $Q_1[C]$, $Q_2[C]$이 r[m] 사이에 작용하는 정전기력(F)의 크기는 두 전하의 곱에 비례하고, 전하 사이의 거리의 제곱에 반비례한다.

  정전기력 $F = \dfrac{1}{4\pi\varepsilon}\cdot\dfrac{Q_1 Q_2}{r^2} = \dfrac{1}{4\pi\varepsilon_0\varepsilon_s}\cdot\dfrac{Q_1 Q_2}{r^2}$[N]

12 3상 교류의 결선

- Y결선
  - 상전압(V_p)과 선간전압(V_ℓ) : $V_\ell = \sqrt{3}V_p \angle \dfrac{\pi}{6}$ [V]

    $\left(\text{위상은 선간전압이 } \dfrac{\pi}{6} \text{[rad]만큼 앞선다.}\right)$

  - 상전류(I_p)와 선전류(I_ℓ) : $I_\ell = I_p$[A]
- Δ결선
  - 상전압(V_p)과 선간전압(V_ℓ) : $V_\ell = V_p$
  - 상전류(I_p)와 선전류(I_ℓ) : $I_\ell = \sqrt{3}I_p \angle -\dfrac{\pi}{6}$[A]

    $\left(\text{위상은 선전류가 } \dfrac{\pi}{6} \text{[rad]만큼 뒤진다.}\right)$

13 쿨롱의 법칙

$F = 6.33 \times 10^4 \times \dfrac{m_1 m_2}{r^2}$

$\therefore F = 6.33 \times 10^4 \times \dfrac{(4\times10^{-5})\times(6\times10^{-3})}{(10\times10^{-2})^2} = 1.52$[N]

14 절연저항

- 절연저항은 값이 클수록 절연 효과가 좋다.

- 사용전압에 따른 절연저항의 크기
  - 대지전압 150[V] 이하 : 0.1 [MΩ]
  - 대지전압 150[V] 초과 300[V] 이하 : 0.2[MΩ]
  - 사용전압 300[V] 초과 400[V] 미만 : 0.3[MΩ]
  - 사용전압 400[V] 이상 : 0.4[MΩ]

15 임피던스(Z)

- RL 직렬회로 $\dot{Z} = R + jX_L = R + jwL\,[\Omega]$,

  $Z = \sqrt{R^2 + X_L{}^2} = \sqrt{R^2 + (wL)^2}[\Omega]$

- RC 직렬회로 $\dot{Z} = R - jX_C = R - j\dfrac{1}{wC}\,[\Omega]$,

  $Z = \sqrt{R^2 + X_C{}^2} = \sqrt{R^2 + \left(\dfrac{1}{wC}\right)^2}[\Omega]$

16 임피던스의 연결

- 유도성 리액턴스 $X_L = wL = 2\pi f L$: 주파수와 비례한다.
- 용량성 리액턴스 $X_C = \dfrac{1}{wC} = \dfrac{1}{2\pi f C}$: 주파수와 반비례한다.

- 저항 : 직렬로 연결하면 커지고 병렬로 연결하면 작아진다.
- 콘덴서 : 직렬로 연결하면 작아지고 병렬로 연결하면 커진다.
- 코일 : 직렬로 연결하면 커지고 병렬로 연결하면 작아진다.

17 코일에 축적되는 에너지

$W = \dfrac{1}{2}LI^2 = \dfrac{1}{2}\times40\times10^{-3}\times10^2 = 2$ [J]

18 RLC 직렬 공진회로

- 직렬 공진 조건 :

  $\dot{Z} = R + j(X_L - X_C) = R + j\left(wL - \dfrac{1}{wC}\right)[\Omega]$에서,

  $wL - \dfrac{1}{wC} = 0 \cdots$ 공진조건

- 직렬 공진 시 임피던스 : $\dot{Z} = R\,[\Omega] \cdots$ 최소
- 직렬 공진 시 전류 : $I_0 = \dfrac{V}{Z} = \dfrac{V}{R}$ [A] $\cdots$ 최대
- 직렬 공진 각 주파수 : $w_0 L - \dfrac{1}{w_0 C} = 0$에서,

  $w_0 L = \dfrac{1}{w_0 C} \rightarrow w_0{}^2 = \dfrac{1}{LC}$ $\therefore w_0 = \dfrac{1}{\sqrt{LC}}$[rad/sec]

- 직렬 공진 주파수 : $f_0 = \dfrac{1}{2\pi w_0} = \dfrac{1}{2\pi\sqrt{LC}}$[Hz]
- 직렬 공진의 의미 : (허수부 0) = (전압과 전류가 동상) = (역률 1)

  = (임피던스 Z 최소) = (전류 최대)

19

순시값 $i = I_m \sin wt$ [A], 실효값 $I = \dfrac{1}{\sqrt{2}}I_m$[A]에서,

순시값 = 실효값 : $I_m \sin wt = \dfrac{1}{\sqrt{2}}I_m \rightarrow \sin wt = \dfrac{1}{\sqrt{2}}$

$\therefore wt = \sin^{-1}\left(\dfrac{1}{\sqrt{2}}\right) = 45°$

20 패러데이 법칙(Faraday' Law)

- 전기분해의 전극에 석출되는 물질의 양은 전해액을 통과한 전기량에 비례
- 총 전기량이 같으면 물질의 석출량은 그 물질의 화학당량에 비례
- 석출량 $W = kQ = kIt$ [g] (Q : 전기량, I : 전류, t : 시간[초])
- 전기화학당량 $k = \dfrac{원자량}{원자가}$: 1 [C]의 전하에서 석출되는 물질의 양

21 비례추이

- 슬립(s)은 2차 저항에 비례하므로 $\left(s = \dfrac{r_2}{X_s}\right)$ 권선형 유도 전동기에 적용된다.
- 권선형 유도 전동기의 비례추이를 이용하여 기동 및 속도제어를 할 수 있다.
- 속도-토크의 곡선이 2차 저항의 변화에 비례하여 이동하는 것
- 2차 저항을 변화하여도 최대토크는 불변한다.
- 2차 저항을 크게 하면, 기동전류는 감소하고, 최대토크 시 슬립과 기동토크는 증가한다.
- 출력, 2차 효율, 2차 동손은 비례추이를 할 수 없다.

22 전동기 제동 방법

- 발전 제동 : 제동 시에 발전을 저항으로 소비하는 제동 방법
- 회생 제동 : 전동기를 발전기로 전환하여 전원에 회생하여 제동하는 방법
- 역상 제동(플러깅, Plugging) : 회전자의 토크를 반대로 발생시킨 (역회전) 후 전동기를 전원에서 분리하여 급제동하는 방법

23

등가저항 $R = \dfrac{1-s}{s} \cdot r_2 = \dfrac{1-0.05}{0.05} \times 0.1 = 1.9$

24 동기 전동기의 단점

- 별도의 직류 여자기가 필요하여 설비비가 많이 든다.
- 속도 조정이 어렵고, 난조가 발생할 우려가 있다.

25 부흐홀츠 계전기

- 변압기유의 내부 고장을 검출하여 동작되는 계전기
- 주탱크와 컨서베이터 사이의 관에 설치

26 유도 전동기 철심의 강판 홈(Slot)

- 슬롯은 저압용에는 반폐형을 사용하고, 고압용에는 개방형을 사용한다.
- 경사진 홈(개방형)은 소음 감소. 기동특성 개선, 파형 개선을 한다.

27 복권 발전기

분권 발전기 + 직권 발전기

28 직류 전동기 역기전력

$E = pZ\phi\dfrac{N}{60a} = V - I_aR_a = k\phi N$ [V]

$\therefore E = V - I_a \cdot R_a = 100 - (10 \times 1) = 90$ [V]

29 유도 전동기의 특징

- 전원을 쉽게 얻을 수 있다.
- 비용이 저렴하고, 구조가 간단하며 튼튼하다.
- 취급이 용이하고, 부하변화에 대하여 정속도 특성을 가진다.

30 분권 발전기의 기전력

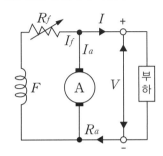

- $I_a = I_f + I \rightarrow$ 무부하 $I = 0$, $I_a = I_f$
- $E = I_aR_a + I_fR_f = 1 \times 6 + 1 \times 0.5 = 60.5$ [V]

31

변압기의 2차측을 개방하여 무부하 상태가 될 경우, 1차측에는 무부하 손실인 철손에 여자전류가 1차 권선에 흐르게 된다. 이 여자회로에는 여자 어드미턴스, 여자 컨덕턴스, 여자 서셉턴스가 있다.

32 직류 스테핑 전동기(DC Stepping Motor)

- 자동제어에 사용되는 특수 전동기로 정밀한 서보(Servo) 기구에 많이 사용된다.
- 전기신호(펄스)를 받아 회전운동으로 바꾸고 기계적 이동을 한다.
- 교류 동기 서보 모터에 비하여 효율이 좋고 큰 토크를 발생한다.
- 전기신호(펄스)에 따라 일정한 각도만큼 회전하고, 입력되는 연속 신호에 따라 정확하게 반복되며 출력을 이용하여 어떤 특수 기계의 속도, 거리, 방향 등을 정확하게 제어 할 수 있다.

33 유도 전동기 기동법

- 농형 유도 전동기 : 직입 기동(전전압기동), Y-Δ 기동, 리액터 기동, 기동 보상기법
- 권선형 유도 전동기 : 2차 저항기법, 게르게스법

34 V결선

- 1대의 변압기가 고장이 나면 2대의 변압기로 3상 변압을 계속할 수 있다.
- 현재는 경부하이나, 부하의 증가가 예상되는 지역에 시설한다.
- Δ결선과 V결선의 출력비 : $\dfrac{P_V}{P_\Delta} = \dfrac{\sqrt{3}P}{3P} = 0.577 = 57.7$ [%]
- V변압기 이용률 : $\dfrac{P_V}{2P} = \dfrac{\sqrt{3}P}{2P} = 0.866 = 86.6$ [%]

35

- $N = k\dfrac{E}{\phi} = \dfrac{V - I_aR_a}{\phi}$ [rpm], $N \propto \dfrac{1}{\phi} = \dfrac{1}{I_f} = \dfrac{R_f}{V}$
- 계자권선의 저항이 증가하면 전류가 감소되어, 회전속도는 증가한다.

36 발전기의 전기자 반작용

- 전기자 전류에 의한 자속이 주 자속을 감소시키고 일그러지는 현상
- 전기적 중성축이 회전방향으로 이동된다.(전동기 : 회전방향과 반대방향으로 이동)
- 브러시에 불꽃이 발생한다.
- 기전력이 감소된다(전동기 : 토크가 감소되고, 회전수는 증가한다).

37

VVVF(Variable Voltage Variable Frequency) 제어는 인버터 제어라 불리우며, 전압과 주파수를 가변하여 속도를 제어하는 방법을 말한다.

38

변압기 권수비 $a = \dfrac{E_1}{E_2} = \dfrac{N_1}{N_2} = \dfrac{V_1}{V_2} = \dfrac{I_1}{I_2} = \sqrt{\dfrac{R_1}{R_2}} = \sqrt{\dfrac{Z_1}{Z_2}}$

- 교류 전압, 교류 전류, 임피던스 등을 변환하며 주파수는 동일 주파수의 교류로 공급한다.

39 변압기의 표시

- 1차측은 전원측, 2차측은 부하측을 의미한다.
- 변압기 정격은 2차측을 기준으로 하며, 전압과 전류의 곱으로 단위는 [KVA]이다.

40 동기 발전기의 병렬운전 조건

- 기전력의 크기가 같을 것. 다르다면, 무효순환전류가 발생한다.(권선가열)
- 기전력의 위상이 같을 것. 다르다면, 유효순환전류(동기화전류)가 발생한다.
- 기전력의 파형이 같을 것. 다르다면, 고조파순환전류가 발생한다.
- 기전력의 주파수가 같을 것. 다르다면, 출력이 요동치고 권선이 가열된다.(난조발생)

41 직접매설식

매설 깊이를 차량 기타 중량물의 압력을 받을 우려가 있는 장소에는 1.0m 이상, 기타 장소에는 0.6m 이상으로 하고 또한 지중 전선을 견고한 트라프 기타 방호물에 넣어 시설하여야 한다.

42 플러그

- 멀티 탭(Multi-Tap) : 하나의 콘센트에 2~3가지의 기구를 접속할 때 사용한다.
- 테이블 탭(Table tap) : '익스텐션코드'라고도 하며 코드의 길이가 짧을 경우 연장하여 사용할 때 이용한다.

43 전압의 종별

전압의 구분	전압의 범위
저압	직류 1500[V] 이하
	교류 1000[V] 이하
고압	직류 1500[V] 초과 7000[V] 이하
	교류 1000[V] 초과 7000[V] 이하
특별고압	7000[V] 초과

44 배·분전반 설치 장소

- 접근이 용이하고 개방된 장소(노출된 장소)
- 전기회로를 쉽게 조작할 수 있는 장소
- 인입과 인출이 용이한 장소(개폐기를 쉽게 개폐할 수 있는 장소)
- 안정된 장소

45

- 컷아웃 스위치(COS) : 변압기 1차측 단락 보호 및 개폐 장치로 사용
- 캐치홀더 : 변압기의 2차측 보호 장치로 사용
- 리클로저 : 낙뢰나 수목 등의 접촉에 의한 순간적인 사고로 계통에서 분리된 구간을 신속히 계통에 재투입시켜 계통의 안정도를 향상시키고, 정전시간을 단축시키기 위해 사용되는 계전기

46 화약류 저장소의 전기설비

- 전기설비를 설치하지 않으나, 전등용 설비는 가능하다.
- 대지전압은 300[V] 이하
- 전기기계기구는 전폐형으로 시설
- 전원부에 전용 개폐기 및 과전류차단기 설치
- 개폐기에서 저장소의 인입구까지는 케이블을 지중으로 시설한다.

47 와이어 커넥터 접속

- 전선과 전선을 박스 안에서 접속할 때 사용한다.
- 피복 후 전선을 끼우고 돌려주면 접속이 된다.

48 합성수지관 규격

- 길이 : 4[m]
- 호칭 : 안지름에 근사한 짝수(9종) : 14, 16, 22, 28, 36, 42, 54, 70, 82[mm]
- 두께 : 2[mm] 이상

49 분기회로

- 간선에서 분기하여 전기사용 기계 기구에 이르는 부분으로, 간선에서 분기하여 3[m] 이하의 곳에 개폐기 및 과전류 차단기를 시설한다.
- 분기회로수 $n = \dfrac{\text{총부하설비용량[VA]}}{\text{분기회로의 정격용량[VA]}}$

50 건주 공사

구분	15[m] 이하	15[m] 초과	16[m] 초과~20[m] 이하
6.8[kN] 이하	전장×$\dfrac{1}{6}$[m]	2.5[m]	2.8[m]

$\therefore 10 \times \dfrac{1}{6} = 1.66$

51 누전차단기(ELB)

- 옥내 배선 선로에서 누전 발생 시 자동으로 선로 차단
- 사람이 쉽게 접촉할 우려가 있는 장소에 시설하는 사용전압 60[V]를 초과하는 금속제 외함을 가지는 기계 기구에 전기를 공급하는 경우에 시설

52 가연성 분진이 존재하는 곳(소맥분, 전분, 유황 등의 먼지 발화원이 될 수 있는 곳), 위험물이 있는 곳(셀룰로이드, 성냥 석유 등을 제조하거나 저장하는 곳)

- 공사 방법 : 금속관 공사, 케이블 공사, 2.0[mm] 이상의 합성수지관 공사
- 이동용 전선 : 0.6/1[KV] 고무절연 클로로프렌 캡타이어 케이블, 0.6/1[KV] 비닐절연 캡타이어 케이블

53 조명설계 실지수

$$k = \frac{XY}{H(X+Y)} = \frac{20 \times 18}{(3.85 - 0.85) \times (20 + 18)} = 3.16$$

X : 가로 길이, Y : 세로 길이, H : (천정 높이-작업면 높이)

54 2종 가요전선관 규격

10(1본), 12(2본), 15(2~3본), 17(4본), 24(5~6본), 30, 38, 50, 63, 76, 82, 101[mm]

55 클리퍼(Cilpper)

굵은 전선(22[mm²] 이상) 절단

56 강심알루미늄 연선
(ACSR, Aluminium Conductor Steel Reinforced)

- 강심의 바깥에 알루미늄 연선을 꼬아 만든다.
- 경동선에 비해 가볍고, 인장강도가 크다.
- 외경이 커서 코로나 방전 대책으로 사용한다.

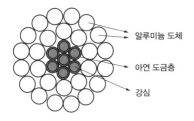

- 알루미늄 도체
- 아연 도금층
- 강심

57 자동스위치

- 부동스위치 : 수위 부력의 압력에 의하여 동작하는 스위치
- 플로트리스 스위치(FLS) : 전극 봉을 이용한 수위 감지에 따라 동작하는 스위치
- 타임스위치
  - 주택 및 아파트 현관등(3분 이내 소등)
  - 여관, 호텔 등의 객실 현관등(1분 이내 소등)
- 3로 스위치 : 두 곳에서 자유로이 점멸할 수 있도록 하기 위해 사용

58 금속관의 규격

- 후강 금속관(안지름-짝수) : 16, 22, 28, 36, 42, 54, 70, 82, 92, 104[mm], 두께 2.3[mm]
- 박강 금속관(바깥지름-홀수) : 15, 19, 25, 31, 39, 51, 63, 75[mm], 두께 1.6[mm]

59 가요전선관 곡률 반경

- 제1종 가요전선관 : 내경의 6배 이상
- 제2종 가요전선관 : 내경의 3배 이상(작업환경이 불량한 경우는 6배 이상)

60 가공전선로의 높이 제한

구분	저압	고압
철도·궤도 횡단	6.5[m] 이상	
도로 횡단	5.0[m] 이상	6.0[m] 이상
횡단 보고	3.0[m] 이상	3.5[m] 이상
기타 장소	4.0[m] 이상	5.0[m] 이상

정답

01	④	02	④	03	③	04	④	05	①	06	③	07	③	08	①	09	①	10	④
11	③	12	②	13	③	14	②	15	④	16	①	17	②	18	①	19	②	20	④
21	①	22	④	23	①	24	④	25	④	26	④	27	③	28	①	29	②	30	②
31	②	32	④	33	②	34	③	35	③	36	④	37	④	38	④	39	④	40	③
41	②	42	②	43	①	44	③	45	①	46	③	47	①	48	④	49	②	50	②
51	④	52	②	53	④	54	②	55	②	56	③	57	④	58	①	59	③	60	④

해설

01 최대전력 조건 : 외부저항 R=내부저항 r

• 합성저항 $R_0 = r+R = 15+15 = 30\,[\Omega]$

• 전류 $I = \dfrac{V}{R_0} = \dfrac{V}{(r+R)} = \dfrac{120\,[\text{V}]}{30\,[\Omega]} = 4\,[\text{A}]$

• 최대전력 $P = I^2R = 4^2\times15 = 240\,[\text{W}]$

02 저장(축적)에너지 W

• 코일에 축적되는 에너지 $W = \dfrac{1}{2}LI^2\,[\text{J}]$

• 콘덴서에 축적되는 에너지 $W = \dfrac{1}{2}CV^2\,[\text{J}]$

03 자체 인덕턴스

$LI = N\phi \rightarrow L = \dfrac{N\phi}{I}\,[\text{H}]$

$\therefore L = \dfrac{300\times0.05}{6} = 2.5\,[\text{H}]$

04 어드미턴스(Y-Admittance)

• 임피던스(Z)의 역수(기호는 Y, 단위는 [℧])

• $\dot{Z} = R+jX\,[\Omega]$에서

$\dot{Y} = \dfrac{1}{\dot{Z}} = \dfrac{1}{R+jX_L} = \dfrac{R-jX_L}{(R+jX_L)(R-jX_L)}$

$\quad = \dfrac{R}{R^2+X_L^2} - j\dfrac{X_L}{R^2+X_L^2} = G-jB\,[\text{℧}]$

• 실수부 : 컨덕턴스(Conductance) $G = \dfrac{R}{R^2+X_L^2}\,[\text{℧}]$

• 허수부 : 서셉턴스(Susceptance) $B = \dfrac{-X_L}{R^2+X_L^2}\,[\text{℧}]$

05 자기 작용

• 플레밍의 왼손법칙 : 자기장의 방향(B) - 검지

• 비오-사바르의 법칙 : 자기장의 세기(H)

• 앙페르의 오른나사의 법칙 : 자기장의 방향

※줄의 법칙(Joule's Law) : 저항 $R\,[\Omega]$에 전류 $I\,[\text{A}]$을 $t\,[\text{sec}]$ 동안 흘릴 때 발생한 열(줄열)

06

$V_1 = \dfrac{C_2}{C_1+C_2}\times V = \dfrac{10}{5+10}\times30 = 20\,[\text{V}]$

07 3상 전력

$P = 3V_pI_p\cos\theta = \sqrt{3}V_lI_l\cos\theta = \sqrt{3}\times13,200\times800\times0.8\times10^{-6}$

$\quad = 14.63\,[\text{MW}]$

(V_p : 상전압, I_p : 상전류, V_l : 선간전압, I_l : 선전류)

08

$1\,[\Omega\cdot\text{m}] = 10^2\,[\Omega\cdot\text{cm}] = 10^3\,[\Omega\cdot\text{mm}]$

09 전류와 전압의 위상차

• R(저항)만의 회로 : 전압과 전류의 위상은 서로 동상이다.

• L(인덕턴스 : 유도성 리액턴스)만의 회로 : 전류는 전압보다 위상이 $\dfrac{\pi}{2}$ 뒤진다.

• C(커패시턴스 : 용량성 리액턴스)만의 회로 : 전류는 전압보다 위상이 $\dfrac{\pi}{2}$ 앞선다.

10 전지

• 1차 전지 : 방전 후 충전하여 사용이 불가능한 망간전지

• 2차 전지 : 방전 후 충전하여 사용이 가능한 납축전지, 니켈 카드뮴 전지

11 구형파

• 수많은 고조파들의 합으로, 파형은 직사각형 모양

• 실효값 = 평균값 = 최대값(V_m)

• 파형률 $\dfrac{\text{실효값}}{\text{평균값}} = 1$　　파고율 $\dfrac{\text{최대값}}{\text{실효값}} = 1$

12 황산구리(CuSO₄)의 전기분해

- 전해액에 전류가 흘러 화학변화를 일으키는 현상
- 양극(+)에는 구리판이 얇아진다.(산화반응)
- 음극(−)에는 구리판이 두꺼워진다.(환원반응)

13 펠티에 효과(Peltier Effect)

- 서로 다른 금속 A, B를 접속하고 한 쪽 금속에서 다른 쪽 금속으로 전류를 흘리면 열의 발생 또는 흡수가 일어나는 현상
- 용도 : 전자냉동(흡열), 온풍기(발열)

14 자성체

- 강자성체 : 상자성체 중 강도가 세게 자화되어 서로 당기는 물질
- 반자성체 : 자석에 대하여 같은 극으로 자화되어 서로 반발하는 물질
- 상자성체 : 자석에 대하여 반대의 극으로 자화되어 서로 당기는 물질
- 비자성체 : 자화되지 않는 물체
- 가역자성체 : 모양은 변하나 본질은 변하지 않는 물체

[자성체 비교]

구분	특성	종류	비고
강자성체	$\mu_s \gg 1$	철(Fe), 니켈(Ni), 코발트(Co), 망간(Mn)	자기저항 $R_m = \dfrac{l}{\mu A}$
상자성체	$\mu_s > 1$	텅스텐, 알루미늄(Al), 산소(O), 백금(Pt)	−
반자성체	$\mu_s < 1$	은, 구리(Cu), 아연(Zn), 비스무트(Bi), 납(Pb)	자기장 $H = \dfrac{B}{\mu}$

15 다이오드 정특성

다이오드에 순방향과 역방향 바이어스를 걸었을 때의 전압과 전류의 특성

16 쿨롱의 법칙

$$F = 9 \times 10^9 \times \frac{Q_1 Q_2}{r^2} \,[\text{N}]$$

$$\therefore F = 9 \times 10^9 \times \frac{(10 \times 10^{-6}) \times (20 \times 10^{-6})}{1^2} = 1.8\,[\text{N}]$$

17

- 전열선 저항 $R = \dfrac{V^2}{P} = \dfrac{200^2}{2 \times 10^3} = 20\,[\Omega]$

- 직렬접속 : 합성저항 $R_s = 20 \times 2 = 40\,[\Omega]$

  전력 $P_s = \dfrac{V^2}{R_s} = \dfrac{200^2}{40} = 1{,}000\,[\text{W}]$

- 병렬접속 : 합성저항 $R_p = \dfrac{20}{2} = 10\,[\Omega]$

  전력 $P_p = \dfrac{V^2}{R_p} = \dfrac{200^2}{10} = 4{,}000\,[\text{W}]$

- $\dfrac{P_s}{P_p} = \dfrac{1{,}000\,[\text{W}]}{4{,}000\,[\text{W}]} = \dfrac{1}{4}$

18 키르히호프의 법칙

- 키르히호프의 제1법칙(전류의 법칙) : 흘러들어오는 전류의 합 = 흘러나가는 전류의 합

- 키르히호프의 제2법칙(전압의 법칙) : 기전력의 합 = 전압 강하의 합

19 저항의 병렬접속회로

- 저항 R_1, R_2에 흐르는 전류는 각 저항의 크기에 반비례하여 흐른다.

- 저항 R_1에 흐르는 전류 $I_1 = \dfrac{R_2}{R_1 + R_2} \times I$

- 저항 R_2에 흐르는 전류 $I_2 = \dfrac{R_1}{R_1 + R_2} \times I$

20 저항의 접속

- 저항의 직렬접속(최대) : $R = nr = 4r$

- 저항의 병렬접속(최소) : $R = \dfrac{r}{n} = \dfrac{r}{4}$

- $\dfrac{\text{최대 저항}}{\text{최소 저항}} = \dfrac{4r}{\dfrac{r}{4}} = \dfrac{4 \times 4r}{r} = 16$

21 '동기 발전기'의 전기자 반작용

전기자 전류에 의한 자속이 주 자속을 감소시키는 현상

- 감자 작용 : 동기 발전기에 리액터 L을 연결하게 되면, 전류는 전압보다 위상이 90도 늦은 지상이 되어 주 자속을 감소시키는 방향으로 작용하여 유도 기전력이 작아지는 현상
- 증자 작용 : 동기 발전기에 콘덴서 C를 연결하게 되면, 전류는 전압보다 위상이 90도 빠른 진상이 되어 주 자속을 증가시키는 방향으로 작용하여 유도 기전력이 증가되는 현상(자기여자작용)
- 교차 자화작용 : 동기발전기에 저항 R을 연결하게 되면, 전류는 전압은 동상이 되어 주자속이 직각이 되는 현상

※ 증자 및 감자작용의 반작용 기자력은 자극축과 일치한다.

※ 주의 : '동기 전동기'의 전기자 반작용의 경우는 감자작용과 증자작용이 서로 바뀌어 나타난다.

22 정류회로의 평균값

- 단상 반파 : $E_d = \dfrac{\sqrt{2}E}{\pi} = 0.45E\,[\text{V}]$,

  직류 전류 : $I_d = \dfrac{E_d}{R} = \dfrac{\dfrac{\sqrt{2}E}{\pi}}{R} = \dfrac{\sqrt{2}}{\pi}\dfrac{E}{R}\,[\text{A}]$

- 단상 전파 : $E_d = \dfrac{2\sqrt{2}E}{\pi} = 0.9E\,[\text{V}]$
- 3상 반파 : $E_d = 1.17E\,[\text{V}]$
- 3상 전파 : $E_d = 1.35E\,[\text{V}]$

23 권수비

$$a = \frac{E_1}{E_2} = \frac{N_1}{N_2} = \frac{V_1}{V_2} = \frac{I_2}{I_1} = \sqrt{\frac{R_1}{R_2}}$$

$$\therefore a = \frac{V_1}{V_2} = \frac{6{,}300}{210} = 30$$

24 동기 조상기

- 역률 개선과 전압 조정 등을 하기 위해 전력계통에 접속한 무부하의 동기 전동기

- 부족여자로 운전 시에는 지상전류가 흘러 리액터로 작용하여 전압 상승 억제
- 과여자로 운전 시에는 진상전류가 흘러 콘덴서로 작용하여 전압강하 억제

25 동기 발전기 상간접속(Y결선 또는 2중 Y결선)
- 중성점 이용이 가능하다.
- 상전압 $V_p = \dfrac{1}{\sqrt{3}} \times$ 선간전압
- 절연이 유리하다.
- 동기 발전기의 상간접속 Y결선의 경우는 전기각이 120도 간격으로 배치된 각 상에서 유기된 전압의 제3고조파 성분이 같아져 선간전압(단자부)에서는 서로 상쇄되어 사라진다.

26 동기기의 손실
- 무부하손(고정손) = 철손 + 기계손
- 부하손(가변손) = 동손(저항손)

27
- 슬립 $s = \dfrac{N_s - N}{N_s} \times 100\,[\%]$
- 회전속도 $N = (1-s)N_s = \dfrac{120f}{p}(1-s)\,[\text{rpm}]$
- 동기속도 $N_s = \dfrac{120f}{p} = \dfrac{120 \times 60}{4} = 1{,}800\,[\text{rpm}]$
- $\therefore s = \dfrac{N_s - N}{N_s} \times 100 = \dfrac{1{,}800 - 1{,}700}{1{,}800} \times 100 = 5.56\,[\%]$

28 차동 계전기
- 변압기, 동기기(발전기) 등의 권선에 설치하여 층간 단락 등의 내부고장 보호용 계전기
- 입력전류와 출력전류의 차이가 발생할 때 판단하여 동작

29 변압기의 내열 등급

내열 등급	Y종	A종	E종	B종	F종	H종	C종
허용 온도	90℃	105℃	120℃	130℃	155℃	180℃	180℃ 초과

- Y종 [90℃] : 목면, 명주, 종이 등으로 구성
- A종 [105℃] : 목면, 명주, 종이 등으로 구성되어 니스를 함침하고 기름에 묻힌 것
※ 유입변압기(니스로 함침하고 기름을 묻힌 것)에는 A종이 사용된다.

30 %저항 강하(p)와 %임피던스 강하(q) 이용한 전압 변동률 ε
- %저항 강하(p) : 정격전류가 흐를 때 권선저항에 의한 전압강하의 비율을 [%]로 나타낸 것
- %임피던스 강하(q) : 정격전류가 흐를 때 리액턴스에 의한 전압강하의 비율을 [%]로 나타낸 것
- %임피던스 강하 $\%Z$ = 전압변동률의 최대값 ε_{max}
  $= \sqrt{p^2 + q^2} = \sqrt{3^2 + 4^2} = 5\,[\%]$
- $\varepsilon = p\cos\theta + q\sin\theta\,[\%]$ (지상인 경우)
- $\varepsilon = p\cos\theta - q\sin\theta\,[\%]$ (진상인 경우)

31 GTO(Gate Turn-off Thyristor)

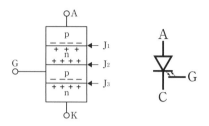

- 게이트 신호로 On-Off 제어(자기소호 가능)
- 게이트에 역방향의 전류를 흐르게 하는 것으로 턴 오프 가능
- 전동기의 PWM제어, VVVF 인버터, 차단기 등에 사용

32
$N_s = \dfrac{120f}{p}$ 에서, 인버터 제어는 VVVF(Variable Voltage Variable Frequency) 제어로 전압과 주파수를 가변하여 속도를 제어하는 방법을 말한다. ※주로 주파수를 가변한다.

33 회전 변류기
- 교류를 직류로 변환하는 회전기기(대전류용에 사용)
- 회전 변류기의 전압조정방법 : 직렬 리액턴스에 의한 방법, 유도전압조정기를 사용하는 방법, 부하시 전압조정변압기를 사용하는 방법, 동기승압기를 사용하는 방법
- 회전 변류기 난조의 원인 : 브러시 위치가 중성점보다 늦은 위치에 있을 때, 직류 측 부하가 급변하는 경우, 교류를 주파수가 주기적으로 변동하는 경우, 역률이 나쁠 때, 전기자 회로의 저항이 큰 경우

34 규약 효율 η
- 변압기 $\eta = \dfrac{\text{출력}}{\text{출력} + \text{손실}} \times 100\,[\%]$
- 발전기 $\eta = \dfrac{\text{출력}}{\text{출력} + \text{손실}} \times 100\,[\%]$
- 전동기 $\eta = \dfrac{\text{입력} - \text{손실}}{\text{입력}} \times 100\,[\%]$
※ 실측효율 $\eta = \dfrac{\text{출력}}{\text{입력}} \times 100\,(\%)$

35 저항측정 방법
- 켈빈 더블 브리지법 : 저저항(권선저항)
- 휘스톤 브리지법 : 중저항(일반회로저항)
- 메거 : 고저항(절연저항)

36 여자전류를 늘린 발전기
- 계자전류의 증가로 부하 전류 및 전압은 증가한다.
- 역률은 감소한다.

37 초퍼(Chopper)
- 직류전압의 입력으로 크기가 다른 직류전압의 출력으로 변환하는 장치
- ON, OFF를 고속도로 변환할 수 있는 스위치이고 직류 변압기 등에 사용되는 회로

• 직류 전동기의 제어에 널리 응용되는 직류–직류 전압 제어장치

38 접지공사 목적
• 인체 감전사고 방지
• 화재사고 방지
• 전로의 대지전압 및 이상전압 상승 억제
• 보호 계전기의 동작 확보

39 동기 발전기의 병렬운전 조건
• 기전력의 크기가 같을 것. 다르다면, 무효순환전류가 발생한다.
• 기전력의 위상이 같을 것. 다르다면, 순환전류(동기화전류)가 발생한다.
• 기전력의 파형이 같을 것. 다르다면, 고조과 순환전류가 발생한다.
• 기전력의 주파수가 같을 것. 다르다면, 출력이 요동치고 권선이 가열된다.

40 단상 유도 전동기 종류
• 반발 기동형 : 기동토크가 가장 크다.
• 콘덴서 기동형 : 역률이 가장 좋다. 가정용 전동기로 주로 사용한다.
• 세이딩 코일형 : 역률 및 효율이 낮으며, 기동 토크가 가장 작다. 또한 구조가 간단하고, 회전방향을 바꿀 수 없으며 속도 변동률이 크다.

41 중성선
다선식 전로에서 전원의 중성극에 접속된 전선
※ 접지측선 : 접지한 중성선 또는 접지된 전선

42 덕트 공사
• 플로어덕트 공사
 - 사무용 건물의 통신선 및 사무용기계용 아웃렛박스 시설용
 - 강철제 덕트로 콘크리트 바닥에 매설
 - 규격 : 두께 2.0 [mm] 이상의 아연도금
 - 전선의 접속은 접속함 내에서 실시한다.
• 덕트의 끝 부분은 막아둔다.(패쇄)
• 덕트 내 접속점이 없어야 하나, 부득이한 경우 가능하다.
• DV, IV전선 이상의 절연전선을 사용한다.
• 접지공사
 - 제3종 : 금속덕트, 버스덕트, 플로어덕트, 셀룰러덕트(사용전압 400 [V] 미만)
 - 특별 제3종 : 셀룰러덕트(강약전류 회로 동일 덕트 시공)

43 자동화재 탐지설비의 구성요소
감지기 → 발신기 → 중계기 → 수신기 → 음향장치

44 가연성 분진이 존재하는 곳(소맥분, 전분, 유황 등의 먼지 발화원이 될 수 있는 곳), 위험물이 있는 곳(셀룰로이드, 성냥 석유 등을 제조하거나 저장하는 곳)
• 공사 방법 : 금속관 공사, 케이블 공사, 2.0 [mm] 이상의 합성수지관 공사
• 이동용 전선 : 0.6/1 [KV] 고무절연 클로로프렌 캡타이어 케이블, 0.6/1 [KV] 비닐절연 캡타이어 케이블

45 지지점간 거리
• 가요전선관, 캡타이어 케이블 : 1 [m]
• 합성수지관, 금속몰드 : 1.5 [m]
• 애자, 금속관, 라이팅덕트, 케이블 : 2 [m]
• 금속덕트 : 3 [m]

46
금속제 가요전선관의 굵기는 케이블 또는 절연도체의 내부 단면적이 가요전선관 단면적의 1/3을 초과하지 않도록 하는 것이 바람직하다.

47
• 고정용 : 로크너트
• 전선의 피복보호용 : 절연부싱

48 진상용 콘덴서 설치
부하와 병렬로 접속하여 전류와 전압의 위상차를 감소시켜 역률을 개선할 목적으로 설치한다.

49 종단겹침용 슬리브에 의한 종단 접속
압축공구를 사용하여 보통 2개소를 압착한다.

50 사람이 상시 통행하는 터널 내의 공사
애자사용 공사, 합성수지관 공사, 금속관 공사, 가요전선관 공사, 케이블 공사

51 제2종 접지공사
• $\dfrac{150\,[V]}{1선지락전류\,[A]}\,[\Omega]$ - 고압 6 [mm²] 이하, 특고압 1 [mm²] 이상
• 특고압 또는 고압을 저압으로 변성하는 변압기 2차측 중성점
• 주상 변압기 2차측, 수용장소의 인입구 추가접지
• 금속제 혼촉 방지판

52 전력량[kWh] 계산

설비	용량 [W]	수 량	일 사용 시간[h]	월 사용전력량[kWh]
LED등	40	10	5	40 [W]×10개×5h×30일 = 60 [kWh]
전자레인지	1,000	1	0.5	1,000 [W]×1개×0.5h×30일 = 15 [kWh]
컴퓨터	100	2	5	100 [W]×2개×5h×30일 = 30 [kWh]
세탁기	1,000	1	1	1,000 [W]×1개×1h×30일 = 30 [kWh]
계				135 [kWh]

53 철탑 공사

- 지선을 사용하여 그 강도를 분담시켜서는 아니 된다.
- 철탑의 표준 경간은 600[m]이고, 보안공사의 경간은 400[m]이다.
※목주, A종 철주 또는 A종 철근 콘크리트주 : 150[m] 이하
※B종 철주 또는 B종 철근 콘크리트주 : 250[m] 이하

54 풀박스(Pull Box)

전선의 인출입을 용이하게 하기 위하여 시설하는 박스관의 굴곡이 3개소가 넘거나 관의 길이가 30[m]를 초과하는 경우

※금속관 공사
- 유니온 커플링 : 금속관 상호접속(돌려 끼울 수 없을 경우)
- 로크 너트 : 금속관을 박스에 접속(고정용)
- 링 리듀서 : 녹아웃 지름이 접속하는 금속관보다 큰 경우에 접속

55 저압 옥내 배선 공사

- 사용전압 : 400[V] 미만
- 주택의 전로 인입구에 누전차단기(ELB) 설치
- 2.5[mm²] 이상의 연동선 사용
- 1.0[mm] 이상의 MI 케이블(미네랄 인슈레이션 케이블)
- 저압 옥내배선의 전압강하 : 간선 및 분기회로에서 표준전압의 2[%] 이하
- 중성선 및 접지측 전선 : 백색 또는 회색
- 접지선 : 녹색
- 이동 전선의 시설 : 고무절연 클로르프렌 캡타이어 케이블로(단면적 2.5[mm²] 이상)

56 소선의 총수

$N = 3n(n+1)+1 = 3 \times 3(3+1)+1 = 37$

57 접지공사 방법

- 접지극은 지하 75[cm] 이상 깊이에 매설한다.
- 접지선은 절연전선이나 케이블을 사용한다.
- 지지물이 금속제(철주)인 경우 접지극과 1[m] 이상 이격한다.
- 접지선은 지상 2[m]와 지하 75[cm] 이상은 합성수지관에서 넣어서 시공한다.
- 지중에 매설된 3[Ω] 이하의 금속제 수도관을 접지극으로 사용할 수 있다.
- 접지선은 특별한 경우를 제외하고는 녹색의 색으로 표시를 하여야 한다.
- 접지저항이란 접지극과 대지 사이에 발생하는 전기저항이다.

58

- 리머(Reamer) : 금속관 내에 날카로운 부분을 다듬어 주는 공구
- 홀소(Key Hole Saw) : 목재나 철판에 구멍을 뚫을 때 사용한다.
- 프레셔 툴(Pressure Tool) : 커넥터, 터미널을 압착하는 데 사용한다.
- 파이프 렌치(Pipe Wrench) : 금속관을 커플링으로 접속할 때, 금속관을 커플링에 물고 조일 때 사용한다.

59

C형 접속기의 접속은 알루미늄전선을 박스 안에서 접속 시 사용한다.

60 합성수지관 상호접속

- 커플링 사용 : 관 바깥지름의 1.2배 이상
- 접착제 사용 : 관 바깥지름의 0.8배 이상

2016년 제2회 전기기능사 필기 정답 및 해설

정답

01	③	02	③	03	①	04	②	05	①	06	④	07	①	08	④	09	①	10	④
11	④	12	②	13	③	14	②	15	③	16	②	17	②	18	③	19	②	20	②
21	④	22	①	23	④	24	③	25	③	26	④	27	④	28	④	29	①	30	②
31	③	32	①	33	②	34	③	35	①	36	②	37	③	38	④	39	④	40	④
41	③	42	④	43	①	44	③	45	③	46	②	47	④	48	④	49	①	50	③
51	②	52	④	53	①	54	③	55	④	56	②	57	③	58	②	59	①	60	③

해설

01 옴의 법칙(Ohm's Law)

$I[\text{A}] = \dfrac{V[\text{V}]}{R[\Omega]}$ 에서,

전류 I는 저항 R에는 반비례하고, 전압 V에는 비례한다.

02

전류의 화학작용인 패러데이 법칙(Faraday' Law)에서, 전기분해의 전극에 석출되는 물질의 양은 전해액을 통과한 전기량에 비례한다.

∴ 석출량 $W = kQ = kIt = 1.1 \times 10^{-3} \times 1 \times 2 \times 3{,}600 = 7.92\,[\text{g}]$

03 원형코일 중심의 자기장

$$H = \frac{NI}{2r}[\text{AT/m}]$$

• 반지름이 $r[\text{m}]$이고 감은 횟수가 N회인 원형 코일에 $I[\text{A}]$ 전류를 흘릴 때 코일 중심에 생기는 자기장의 세기

$H = \dfrac{NI}{2r}[\text{AT/m}] = \dfrac{10 \times 5}{2 \times 10 \times 10^{-2}} = 250\,[\text{AT/m}]$

04 전압(전위차)

$V[\text{V}] = \dfrac{W[\text{J}]}{Q[\text{C}]}$ 에서, $W = Q \cdot V = 300[\text{C}] \times 3[\text{V}] = 900[\text{J}]$

05 접지(어스, Earth)

대지의 전위는 $0[\text{V}]$이므로 충전된 대전체를 대지에 연결하면 전하가 대지로 방전된다.

06 자성체

• 강자성체 : 자기유도에 의해 강하게 자화되어 쉽게 자석이 되는 물질$(\mu_s \gg 1)$
 [철(Fe), 니켈(Ni), 코발트(Co), 망간(Mn)]

• 상자성체 : 강자성체와는 같은 방향으로 자화되는 물질$(\mu_s > 1)$
 [알루미늄(Al), 산소(O), 백금(Pt)]

• 반자성체 : 강자성체와는 반대로 자화되는 물질$(\mu_s < 1)$
 [구리(Cu) 아연(Zn), 비스무트(Bi), 납(Pb)]

07

비사인파 교류회로의 전력은 전압과 전류의 고조파 차수가 같을 때 발생한다.

08 콘덴서의 병렬접속

$C = C_1 + C_2 + C_3 = 2 + 3 + 5 = 10\,[\mu\text{F}]$

※ 콘덴서의 병렬접속 계산식은 저항의 직렬접속 계산식과 동일하다.

09 PN접합 다이오드

• 교류를 직류로 변환(정류)하는 대표적인 소자
• 단방향으로만 전류가 흐를 수 있도록 만들어진 소자
• 과전압 보호로 직렬 추가 접속하고, 과전류 보호로 병렬 추가 접속한다.

10 RLC 직렬공진회로

• 전압 확대율(첨예도) $Q = \dfrac{1}{R}\sqrt{\dfrac{L}{C}} = \dfrac{1}{2}\sqrt{\dfrac{10 \times 10^{-3}}{4 \times 10^{-6}}} = 25$

11 분류기(Shunt)

• 전류계와 병렬로 접속하는 저항기로 전류계 측정범위 확대용

• 배율 $n = \dfrac{I_o}{I} = \left(1 + \dfrac{R_o}{R_S}\right)$

• 분류 저항 $R_s = \dfrac{R_o}{n-1} = \dfrac{10}{101-1} = 0.1\,[\Omega]$

12 전력(P)과 전력량(W)

- 전력 $P\,[\text{W}] = \dfrac{W\,[\text{J}]}{t\,[\text{s}]}$ → 전력은 $[\text{W}]$로 환산된다.
- 전력량 $W\,[\text{J}] = Pt\,[\text{W·s}] = 0.24\,[\text{cal}]$ → 전력량은 칼로리 $[\text{cal}]$로 환산된다.
- $\therefore$ 전력량 $W\,[\text{kWh}] = 0.24 \times 10^3 \times 60 \times 60 = 860\,[\text{kcal}]$

13 펠티에 효과(Peltier Effect)

서로 다른 금속 A, B를 접속하고 한 쪽 금속에서 다른 쪽 금속으로 전류를 흘리면 열의 발생 또는 흡수가 일어나는 현상으로 용도는 전자 냉동(흡열), 온풍기(발열) 등이다.

14

$F = BI\ell\sin\theta\,[\text{N}] = 2 \times 8 \times 0.5 \times \sin 30° = 4\,[\text{N}] \left(\sin 30° = \dfrac{1}{2}\right)$

15

3상 전력 $P = \sqrt{3} \times$ 선간전압 $\times$ 선전류 $\times$ 역률 $= \sqrt{3}V_l I_l \cos\theta$

$\therefore$ 역률 $\cos\theta = \dfrac{P}{\sqrt{3}V_l I_l} = \dfrac{7 \times 10^3}{\sqrt{3} \times 200 \times 25} = 0.808$

16

$|Z| = \sqrt{R^2 + X^2} = \sqrt{8^2 + 6^2} = 10\,[\Omega]$, $V_p = 220\,[\text{V}]$

$\therefore \Delta$결선에서 선전류 $I_l = \sqrt{3}I_p = \sqrt{3} \times \dfrac{V_p}{Z} = \sqrt{3} \times \dfrac{220}{10} = 22\sqrt{3}\,[\text{A}]$

17 환상 솔레노이드의 자체 인덕턴스

- 자속 $\phi = BA = \mu HA = \mu_0\mu_s \dfrac{ANI}{\ell}\,[\text{Wb}]$
- 자체 인덕턴스 $L = \dfrac{N\phi}{I} = \dfrac{\mu_0\mu_s AN^2}{\ell}\,[\text{H}]$에서, $L \propto N^2 = 3^2 = 9$

18 쿨롱의 법칙(Coulomb's Law)

- 두 점 전하 $Q_1\,[\text{C}]$, $Q_2\,[\text{C}]$이 $r\,[\text{m}]$ 사이에 작용하는 정전기력(F)의 크기는 두 전하의 곱에 비례하고, 전하 사이의 거리의 제곱에 반비례한다.
- 정전기력 $F = \dfrac{1}{4\pi\varepsilon} \cdot \dfrac{Q_1 Q_2}{r^2} = \dfrac{1}{4\pi\varepsilon_0\varepsilon_s} \cdot \dfrac{Q_1 Q_2}{r^2} = k\dfrac{Q_1 Q_2}{r^2}\,[\text{N}]$

  $= 9 \times 10^9 \times \dfrac{Q_1 Q_2}{r^2}$
- 진공 중 $k = \dfrac{1}{4\pi\varepsilon_0} = \dfrac{1}{4\pi \times 8.855 \times 10^{-12}} = 9 \times 10^9$

19 전자유도(유도 기전력) 법칙

- 렌츠의 법칙(Lenz's Law) : 유도 기전력의 방향 $e = -N\dfrac{\Delta\phi}{\Delta t}\,[\text{V}]$

  유도 기전력의 방향은 자속의 변화를 방해하는 방향으로 결정한다.
- 패러데이 법칙(Faraday's Law) : 유도 기전력의 크기 $e = N\dfrac{\Delta\phi}{\Delta t}\,[\text{V}]$

  유도 기전력의 크기는 자속의 시간적 변화에 비례한다.

20 어드미턴스(Y-Admittance)

- 임피던스 Z의 역수 : 기호는 Y, 단위는 $[\mho]$
- $\dot{Z} = R \pm jX\,[\Omega]$에서

  $\dot{Y} = \dfrac{1}{\dot{Z}} = \dfrac{1}{R \pm jX} = \dfrac{R \pm jX}{(R \pm jX)(R \pm jX)}$

  $= \dfrac{R}{R^2 + X^2} \pm j\dfrac{X}{R^2 + X^2} = G \pm jB\,[\mho]$
- 실수부 : 컨덕턴스(Conductance) $G = \dfrac{R}{R^2 + X^2} = \dfrac{6^2}{6^2 + 8^2} = 0.06\,[\mho]$
- 허수부 : 서셉턴스(Susceptance) $B = \dfrac{X}{R^2 + X^2} = \dfrac{8^2}{6^2 + 8^2} = 0.08\,[\mho]$

21

3상 유도 전동기의 회전방향을 바꾸기 위한 방법은 3상의 3선 중 2선의 접속을 바꾼다.

22 발전기의 전압 변동률

- 발전기 정격부하일 때의 전압(V_n)과 무부하일 때의 전압(V_0)
- 전압 변동률 $\varepsilon = \dfrac{V_0 - V_n}{V_n} \times 100 = \dfrac{242 - 220}{220} \times 100 = 10\,[\%]$

23 직류 발전기의 전기자에서 유기되는 기전력

$E = pZ\phi\dfrac{n}{a} = pZ\phi\dfrac{N}{60a} = 6 \times 300 \times 0.02 \times \dfrac{900}{60 \times 2}$

$= 270\,[\text{V}]$ (직렬권 = 파권 : $a = 2$)

p : 극수, Z : 도체수, ϕ : 자속, N : 회전속도$[\text{rpm}]$,

n : 회전속도$[\text{rps}]$, a : 병렬회로수

24 동기 조상기

- 역률 개선과 전압 조정 등을 하기 위해 전력계통에 접속한 무부하의 동기 전동기
- 부족여자로 운전 시에는 지상전류가 흘러 리액터로 작용하여 전압 상승 억제
- 과여자로 운전 시에는 진상전류가 흘러 콘덴서로 작용하여 전압강하 억제

25 '동기 발전기'의 전기자 반작용

- 전기자 전류에 의한 자속이 주 자속을 감소시키는 현상
- 감자 작용 : 동기 발전기에 리액터 L을 연결하게 되면, 전류는 전압보다 위상이 90도 늦은 지상이 되어 주 자속을 감소시키는 방향으로 작용하여 유도 기전력이 작아지는 현상
- 증자 작용 : 동기 발전기에 콘덴서 C를 연결하게 되면, 전류는 전압보다 위상이 90도 빠른 진상이 되어 주 자속을 증가시키는 방향으로 작용하여 유도 기전력이 증가되는 현상(※자기여자작용)
- 교차 자화작용 : 동기발전기에 저항 R을 연결하게 되면, 전류는 전압은 동상이 되어 주 자속이 직각이 되는 현상

※ 증자 및 감자작용의 반작용 기자력은 자극축과 일치한다.

※주의 : '동기 전동기'의 전기자 반작용의 경우는 감자작용과 증자작용이 서로 바뀌어 나타난다.

26 변압기의 철손=히스테리시스손 + 와류손

- 히스테리시스손 : 규소강판(규소함량 3~4%, 두께 0.35mm) 사용
- 와류손 : 성층

27 TRIAC(트라이액, TRIelectrode AC switch)

- 2개의 SCR을 역병렬로 접속
- 양방향성 3단자 사이리스터로 양방향 On-Off 위상제어
- P-N-P-N-P의 5층 구조로 평균전류만 제어가능
- 교류의 회전수제어 및 온도제어 등에 사용한다.

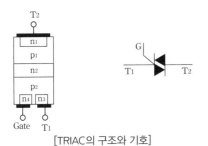

[TRIAC의 구조와 기호]

28 규약 효율

- 발전기 $\eta = \dfrac{출력}{출력+손실} \times 100\,[\%] = \dfrac{Q}{Q+L} \times 100\,[\%]$
- 변압기 $\eta = \dfrac{출력}{출력+손실} \times 100\,[\%] = \dfrac{Q}{Q+L} \times 100\,[\%]$
- 전동기 $\eta = \dfrac{입력-손실}{입력} \times 100\,[\%] = \dfrac{P-L}{P} \times 100\,[\%]$

29 V-V결선

- $\Delta-\Delta$결선에서 1대의 변압기가 고장이 나면 2대의 변압기로 3상 변압을 계속할 수 있다.
- V결선의 출력 : $P_V = \sqrt{3}P = \sqrt{3} \times 20\,[kVA] = 34.64\,[kVA]$
- Δ결선과 V결선의 출력비 : $\dfrac{P_V}{P_\Delta} = \dfrac{\sqrt{3}P}{3P} = 0.577 = 57.7\,[\%]$
- V 변압기 이용률 : $\dfrac{P_V}{2P} = \dfrac{\sqrt{3}P}{2P} = 0.866 = 86.6\,[\%]$

30 동기 발전기의 병렬운전 조건

- 기전력의 크기가 같을 것. 다르다면, 무효순환전류가 발생한다.
- 기전력의 위상이 같을 것. 다르다면, 순환전류(동기화전류)가 발생한다.
- 기전력의 파형이 같을 것. 다르다면, 고조파 순환전류가 발생한다.
- 기전력의 주파수가 같을 것. 다르다면, 출력이 요동치고 권선이 가열된다.

31 전동기의 기동방법

기동토크를 최대로 하여 계자저항을 최소로 해야 한다.

32 동기속도

$N_s = \dfrac{120f}{p}\,[rpm]$ (주파수 : f, 극수 : p)

$f = \dfrac{N_s \cdot p}{120} = \dfrac{600 \times 10}{120} = 50\,[Hz]$

33 변압기유의 구비조건

- 절연내력이 클 것
- 인화점이 높고, 응고점이 낮을 것
- 점도가 낮고, 비열이 클 것
- 화학작용을 일으키지 말 것

34 직류기의 손실

- 부하손(가변손) : 전기손(브러시) + 저항손(계자권선) + 동손 P_c(전기자권선)
- 무부하손(고정손) : 철손 P_i(히스테리시스손 P_h + 와류손 P_e) + 기계손 P_m(마찰손 + 풍손)
- 표유부하손 : 측정이나 계산으로 구할 수 없는 손실(도체 또는 철심내부에서 생기는 손실)

35 전력변환장치

- 변압기 : 고압을 저압 또는 저압을 고압으로 변성하는 장치
- 인버터(Inverter) : 직류를 교류로 변환시키는 장치
- 컨버터(Converter) : 교류를 직류로 변환시키는 장치
- 사이클로 컨버터(Cyclo Converter) : 교류에서 주파수가 다른 교류로 변환하는 장치
- 초퍼(Chopper) : 직류전압의 입력으로 크기가 다른 직류전압의 출력으로 변환하는 장치
- 회전변류기 : 교류를 직류로 변환하는 회전기기(대전류용에 사용)

36

2차효율 $\eta_2 = \dfrac{출력}{입력} = \dfrac{P_0}{P_2} = \dfrac{(1-s)P_2}{P_2} = (1-s) = \dfrac{N}{N_s}$

※ 슬립 $s = \dfrac{N_s-N}{N_s} = \dfrac{P_{2c}}{P_2}$

37 Y-Y결선

- 중성점을 접지할 수 있어 이상 전압을 방지할 수 있다.
- 상전압이 선간전압의 $\dfrac{1}{\sqrt{3}}$이 되어 고전압에 적합하다.
- 선로에 제3고조파의 전류가 흘러서 통신선에 유도 장해를 준다.

38 부흐홀츠(Buchholz) 계전기

- 변압기유의 내부 고장을 검출하여 동작되는 계전기
- 변압기의 주 탱크와 컨서베이터 사이의 관에 설치

※ 컨서베이터(Conservator) : 변압기 외함 상단에 설치하여 질소를 봉입하고 변압기유와 공기의 접촉으로 인한 열화를 방지

39 전동기 제동법

- 발전 제동 : 제동시에 발전을 저항으로 소비하는 제동 방법
- 회생 제동 : 전동기를 발전기로 전환하여 전원에 회생하여 제동하는 방법
- 역전 제동(플러깅, Plugging) : 전기자의 접속을 바꾸어 토크를 반대로 발생시킨(역회전) 후 전동기를 전원에서 분리하여 급제동 하는 방법

40

- 등가 부하 저항 : R, 2차 저항 : r_2, 슬립 : s
- 등가 부하 저항 $R = \dfrac{r_2}{s} - r_2 = \dfrac{r_2}{s} - \dfrac{sr_2}{s} = \dfrac{r_2 - sr_2}{s} = \dfrac{1-s}{s} \times r_2$
- $R = \dfrac{1-0.04}{0.04} \times r_2 = 24r_2$: 등가 부하 저항은 2차 저항의 24배이다.

41 역률 개선 효과

- 설비용량의 이용률 증가
- 전압강하 감소
- 선로손실 감소
- 전력요금 경감

42 와이어 스트리퍼(Wire Striper)

전선의 피복을 벗기는 자동 공구

43 애자사용 공사 이격거리

- 전선 상호 : 6[cm] 이상
- 전선과 조영재
  - 400[V] 미만 : 2.5[cm] 이상
  - 400[V] 이상 : 4.5[cm] 이상(건조 시 2.5[cm] 이상)
- 전선간 지지점 : 2[m] 이하

44 전선의 접속

- 트위스트 접속 : 단선 직선 접속으로 단면적 6[mm²] 이하, 2.6[mm] 가는 전선
- 브리타니아 접속 : 단선 직선 접속으로 단면적 10[mm²] 이상, 3.2[mm] 굵은 전선 ※조인트(접속선) 사용

45 케이블 트렁킹(Cable Trunking)

- 건축물에 고정되는 본체부와 제거할 수 있거나 개폐할 수 있는 커버(Cover)로 이루어진 것
- 절연전선, 케이블 및 코드를 완전히 수용할 수 있는 구조의 배선설비
※케이블 트레이(Cable Tray) : 전선을 연속적으로 포설할 수 있는 레일이 있으나, 커버는 없는 것

46

- 오스터(Oster) : 금속관 끝에 나사를 내는 데 사용한다.
- 리머(Reamer) : 금속관 내에 날카로운 부분을 다듬어 주는 공구
- 프레셔 툴(Pressure Tool) : 커넥터, 터미널을 압착하는 데 사용한다.
- 벤더(Bander), 히키(Hickey) : 금속관 구부리는 공구

47 가연성 분진이 존재하는 곳(소맥분, 전분, 유황 등의 먼지 발화원이 될 수 있는 곳), 위험물이 있는 곳(셀룰로이드, 성냥 석유 등을 제조하거나 저장하는 곳)

- 공사 방법 : 금속관 공사, 케이블 공사, 2.0[mm] 이상의 합성수지관 공사
- 이동용 전선 : 0.6/1[KV] 고무절연 클로로프렌 캡타이어 케이블, 0.6/1[KV] 비닐절연 캡타이어 케이블

48 드라이브 이트(Drive-it)

- 콘크리트에 볼트나 못 등을 박아 넣는 공구
- 화약을 충전하여 그 폭발력을 이용

49 조명 설계(전등 수)

$FUN = EAD$에서, $N = \dfrac{EAD}{FU} = \dfrac{150 \times 100 \times 1.25}{2,500 \times 5} = 15$개

(F : 광속, U : 조명률, N : 등 수, D : 감광보상률, A : 면적, E : 조도)

50 계기용 변압기(PT)와 계기용 변류기(CT)

- 계기용 변압기(Potential Transformer, PT) : 고전압을 저전압으로 변성, 2차 정격전압은 110[V]
- 계기용 변류기(Current Transformer, CT) : 대전류를 소전류로 변성, 2차 정격전류는 5[A]

51 덕트 공사

- 덕트의 끝 부분은 막아둔다.(패쇄)
- 덕트 내 접속점이 없어야 하나, 부득이한 경우 가능하다.
- DV, IV전선 이상의 절연전선을 사용한다.
- 접지공사를 한다.
- 플로어 덕트 공사
  - 사무용 건물의 통신선 및 사무용기계용 아웃렛박스 시설용
  - 강철제 덕트로 콘크리트 바닥에 매설
  - 규격 : 두께 2.0[mm] 이상의 아연도금
  - 전선의 접속은 접속함 내에서 실시한다.

52 스프링 와셔(Spring Lock Washer)

- 진동이 있는 기계기구 접속 시 2중 너트 또는 스프링 와셔를 사용하여 접속
- 비틀어져 끊어진 원형 모양으로 진동에 의한 나사 풀림을 방지한다.

53 가공전선에 케이블을 사용하는 경우

- 케이블은 조가용선에 행거로 시설할 것
- 조가용선은 철선으로 케이블을 행거에 매달 때 사용한다.
- 행거의 간격을 50[cm] 이하로 할 것(고압)

54

- 덕트 공사
  - 덕트의 끝 부분은 막아둔다.(패쇄)
  - 덕트 내 접속점이 없어야 하나, 부득이한 경우 가능하다.
  - DV, IV전선 이상의 절연전선을 사용한다.

- 라이팅 덕트 공사

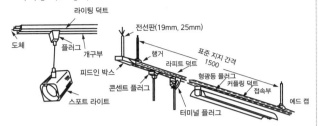

  - 조명기구 및 소형 전기기기 급전용
  - 전원측에 누전차단기 설치
    (누전차단기 규격 : 정격감도전류 30 [mA] 이하, 동작시간 0.03
    초 이내)

55 철탑

- 지선을 사용하여 그 강도를 분담시켜서는 아니 된다.
- 철탑의 표준 경간은 600 [m]이고, 보안공사의 경간은 400 [m]이다.

56 건주 공사

구분	15[m] 이하	15[m] 초과	16[m] 초과~ 20[m] 이하
6.8 [kN] 이하	전장$\times\frac{1}{6}$ [m]	2.5 [m]	2.8 [m]

$\therefore 9 \times \frac{1}{6} = 1.5$ [m] 이상

57 두 개 이상의 전선을 병렬 사용하는 경우

- 각 전선의 굵기는 동선 50 [mm²] 이상 또는 알루미늄 70 [mm²] 이상으로 하고, 전선은 같은 도체, 재료, 길이, 굵기의 것을 사용할 것
- 같은 극의 각 전선은 동일한 터미널러그에 완전히 접속할 것
- 병렬로 사용하는 전선에는 각각에 퓨즈를 설치하지 말 것

58 배선용 차단기

- 배선용 차단기의 경우 30 [A] 이하에서
  - 정격전류의 1.25배에서 60분 이내 차단 동작
  - 정격전류의 2배에서 2분 이내 차단 동작
- 배선용 차단기의 경우 30 [A] 초과~50 [A] 이하에서
  - 정격전류의 1.25배에서 60분 이내 차단 동작
  - 정격전류의 2배에서 4분 이내 차단 동작

59 금속관 공사 수용률

- 같은 굵기 : 관 내 단면적의 48 [%] 이하
- 다른 굵기 : 관 내 단면적의 32 [%] 이하

60 접지(Earth)

- 전기적인 안전을 확보하거나 신호의 간섭을 피하기 위해서 회로의 일부분을 대지에 도선으로 접속하여 0전위가 되도록 하는 것
- 접지공사 목적
  - 인체 감전사고 방지
  - 화재사고 방지
  - 전로의 대지전압 및 이상전압 상승 억제
  - 보호 계전기의 동작 확보

정답

01	③	02	②	03	③	04	①	05	①	06	④	07	③	08	③	09	④	10	②
11	③	12	②	13	③	14	①	15	①	16	④	17	④	18	②	19	①	20	②
21	④	22	③	23	③	24	④	25	①	26	②	27	③	28	③	29	①	30	⑦
31	②	32	①	33	①	34	④	35	①	36	④	37	④	38	④	39	②	40	③
41	①	42	①	43	④	44	②	45	①	46	②	47	①	48	③	49	①	50	③
51	②	52	③	53	④	54	②	55	③	56	④	57	②	58	③	59	④	60	④

해설

01 2전력계법

- 부하전력(유효전력)$P = (P_1 + P_2)$[W] $= 200 + 200 = 400$[W]
- 무효전력$P_r = \sqrt{3}(P_1 - P_2)$[Var]
- 피상전력 $P_a = \sqrt{P^2 + P_r^2}$[VA]

02 전자유도의 렌츠의 법칙(Lenz's Law)

- 유도 기전력의 방향 $e = -N\dfrac{\Delta\phi}{\Delta t}$ [V]
- 유도 기전력의 방향은 자속의 변화를 방해하는 방향으로 결정한다.

03 전자력의 방향

- 플레밍의 왼손법칙(Fleming's Left-hand Rule) : 전동기의 회전 방향 결정
- 힘의 방향(F) - 엄지, 자기장의 방향(B) - 검지, 전류의 방향(I) - 중지

04 진공 중의 정전기력

$F = \dfrac{1}{4\pi\varepsilon} \cdot \dfrac{Q_1 Q_2}{r^2} = 9\times10^9 \times \dfrac{(10\times10^{-6})(20\times10^{-6})}{1^2} = 18\times10^{-1}$[N]

05 비정현파의 실효값

$I = \sqrt{\text{각 파의 실효값의 제곱의 합}} = \sqrt{I_0^2 + I_1^2 + I_2^2 + \cdots\cdots I_n^2}$ 에서,

실효값 $I_0 = 3$, $I_1 = \dfrac{1}{\sqrt{2}} I_{1m} = \dfrac{10\sqrt{2}}{\sqrt{2}} = 10$, $I_3 = \dfrac{1}{\sqrt{2}} I_{3m} = \dfrac{5\sqrt{2}}{\sqrt{2}} = 5$

$I = \sqrt{I_0^2 + I_1^2 + I_2^2 + \cdots\cdots I_n^2} = \sqrt{3^2 + 10^2 + 5^2} = 11.58$[A]

06

1[Wh] $= 1\times3,600$[W·sec] $= 3,600$[J]

※1[J]은 1[W]의 전력으로 1[sec] 동안 한 일이다.

07 3상 회로 소비전력[W]

- 평형 3상 출력 $P_\Delta = 3P$
- V결선 출력 $P_V = \sqrt{3}P$

08 순시값 $v = \sqrt{2}V\sin wt$

- $\sin wt = \sin\dfrac{\pi}{6} = \sin30° = \dfrac{1}{2}$
- $v = \sqrt{2}V\sin wt = \sqrt{2}V\left(\dfrac{1}{2}\right) = \left(\dfrac{\sqrt{2}}{2}\right)V = 100\sqrt{2}$
- 실효값 $V = 100\sqrt{2}\times\dfrac{2}{\sqrt{2}} = 200$[V]

09 가우스의 정리(Gauss Theorem)

임의의 폐곡면 내에 전체 자하량 m[Wb]이 있을 때 이 폐곡면을 통해서 나오는 자기력선의 총수는 $\dfrac{m}{\mu}$개다. 공기 중에서는 $\dfrac{m}{\mu_0}$개다.

10

RC 직렬은 $\tan\theta = \dfrac{X_C}{R}$에서, $\theta = \tan^{-1}\dfrac{X_C}{R} = \tan^{-1}\dfrac{1}{wCR}$이다.

따라서 RC 병렬은 RC 직렬의 역수이므로 위상각 $\theta = \tan^{-1}wCR$

11

- 컨덕턴스 2개 직렬 $G = \dfrac{0.2\times0.2}{0.2+0.2} = 0.1$
- 컨덕턴스 $G = \dfrac{1}{R}$ [℧]에서, $R = \dfrac{1}{G}$

$\therefore V = IR = I\times\dfrac{1}{G} = 3\times\dfrac{1}{0.1} = 30$[V]

12

전속밀도 $D = \varepsilon E$ [C/m²]에서,

$E = \dfrac{D}{\varepsilon} = \dfrac{D}{\varepsilon_0 \varepsilon_s} = \dfrac{2\times10^{-6}}{8.855\times10^{-12}\times2.5} = 9\times10^4$ [V/m]

13 전지

- 1차 전지 : 방전 후 충전하여 사용이 불가능한 망간전지
- 2차 전지 : 방전 후 충전하여 사용이 가능한 납축전지, 니켈 카드뮴 전지

14

스위치를 On의 경우와 Off의 경우에 전류를 구하면,

$$S_{on} \rightarrow I_{on} = \frac{E}{R_s} = \frac{E}{\dfrac{8R_X+3}{8+R_X}} = \frac{E}{\dfrac{8R_X+3(8+R_X)}{8+R_X}} = \frac{8+R_X}{8R_X+3(8+R_X)} \times E$$

$$S_{off} \rightarrow I_{off} = \frac{E}{R_s} = \frac{E}{8+3} = \frac{1}{11} \times E$$

스위치 *On* 전류가 *Off* 전류의 3배이므로 $I_{on} = 3I_{off}$

$$\frac{8+R_X}{8R_X+3(8+R_X)} = 3 \times \frac{1}{11}, \ 11R_X+88 = 33R_X+72, \ 22R_X = 16$$

$$\therefore R_X = \frac{16}{22} = 0.727$$

15 중성상태

양성자(+)와 전자(−)의 수가 동일한 상태

16 저항의 접속회로

• 저항의 직렬접속 : 합성저항 $R = R_1+R_2+R_3+\cdots+R_n\,[\Omega]$
• 저항의 병렬접속 :

$$합성저항 \ R_0 = \frac{1}{\dfrac{1}{R_1}+\dfrac{1}{R_2}+\dfrac{1}{R_3}+\cdots+\dfrac{1}{R_n}}\,[\Omega]$$

17

$$1\,[\text{kWh}] = 3.6 \times 10^6\,[\text{W·sec}] = 3.6 \times 10^6\,[\text{J}]$$
$$= 3.6 \times 10^6 \times 0.24\,[\text{cal}] ≒ 860\,[\text{kcal}]$$
$$3\,[\text{kW}] \times 1h = 3\,[\text{kWh}] = 3 \times 860\,[\text{kcal}] = 2,580\,[\text{kcal}]$$

18

일반적으로 히스테리시스 곡선의 면적을 보면, 영구자석은 크고, 전자석은 작다. 따라서 영구자석의 경우는 거의 사각형이 이뤄질 정도로 면적이 크기 때문에 잔류자기와 보자력이 크다. 전자석의 경우는 잔류자기는 크고 보자력은 작다.

19 전기력선의 특징

• 전기력선은 양전하의 표면에서 나와 음전하의 표면에서 끝난다.
• 전기력선은 접선방향이 그 점에서의 전장의 방향이다.
• 전기력선은 수축하려는 성질이 있으며 같은 전기력선은 반발한다.
• 전기력선은 수직한 단면적의 전기력선 밀도가 그 곳의 전장의 세기를 나타낸다.
• 전기력선은 서로 교차하지 않는다.
• 전기력선은 도체 표면에 수직으로 출입하며 도체 내부에는 전기력선이 없다.
• 전기력선은 등전위면과 직교한다.

20

정전유도에 의하여 작용하는 힘은 흡인력이다.

21 변압기 내부고장 계전기

• 부흐홀츠 계전기 : 변압기유의 내부 고장을 검출하여 동작되는 계전기로 주탱크와 컨서베이터 사이의 관에 설치한다.
• 차동 계전기 : 변압기 내부 고장 시 CT 2차 전류의 차에 동작하는 계전기
• 비율 차동 계전기 : 변압기 내부 고장 시 CT 2차 전류의 차가 일정 비율 이상이 되었을 때 동작하는 계전기로 변압기 단락보호용으로 사용된다.

22 단락비가 큰 동기기

• 전기적(장점) : 전기자 반작용이 작다. 전압 변동률이 작다. 동기 임피던스가 작다. 단락전류가 크다.
• 기계적(단점) : 공극이 크다. 기계가 무겁고 효율이 낮다.

23 다이오드

• 발광 다이오드 : LED 램프 이용
• 포토 다이오드(수광 다이오드) : 광 검출 특성 이용
• 제너 다이오드 : 정전압 소자로 항복전압(역방향 전압의 한계) 특성 이용
• 바리스터 다이오드 : 전압에 의한 저항의 변화로 과전압 보호 회로에 이용

24

점적률은 코일이 감겨져 있는 철의 면적이 차지하는 비율이며, 일반적으로 변압기의 점적률은 95[%] 정도이다.

25 단상 유도 전동기의 기동 토크 순서

반발 기동형 〉 반발 유도형 〉 콘덴서 기동형 〉 분상 기동형 〉 세이딩 코일형

26 직류기의 전기자 권선법

• 중권(병렬권) : 전기자 병렬회로수(a) = 브러시(b) = 극수(p)
• 파권(직렬권) : 전기자 병렬회로수(a) = 브러시(b) = 극수(p) = 2

27 변압기의 손실

• 무부하손(무부하 시험) : 철손(히스테리시스손 + 와류손) + 유전체손 + 표유부하손
• 부하손(단락 시험) : 동손 + 표유부하손

28

속도 $N_s = \dfrac{120f}{p}$은 극수와 반비례, 주파수와는 비례한다. 따라서 극수가 최소($p = 2$)일 때, 최고 속도를 낸다.

$$N_s = \frac{120f}{p} = \frac{120 \times 60}{2} = 3,600\,[\text{rpm}]$$

29 절연저항

• 절연된 두 물체간에 전압을 가하여 누설전류가 흐를 때 전압과 전류의 비
• 저압 전동기 전로의 절연저항
  - 대지전압 150[V] 이하 : 0.1[MΩ]
  - 대지전압 150[V] 초과 300[V] 이하 : 0.2[MΩ]
  - 사용전압 300[V] 초과 400[V] 미만 : 0.3[MΩ]
  - 사용전압 400[V] 이상 : 0.4[MΩ]
• 고압 전동기 전로의 절연저항

$$\frac{정격전압\,[\text{V}]}{1,000+정격출력\,[\text{kW 또는 kVA}]}\,[\text{MΩ}]$$

30 동기 발전기의 병렬운전 조건

- 기전력의 크기가 같을 것. 다르다면, 무효순환전류가 발생한다.
- 기전력의 위상이 같을 것. 다르다면, 순환전류(동기화전류)가 발생한다.
- 기전력의 파형이 같을 것. 다르다면, 고조파 순환전류가 발생한다.
- 기전력의 주파수가 같을 것. 다르다면, 출력이 요동치고 권선이 가열된다.

31 권수비

$$a = \frac{E_1}{E_2} = \frac{N_1}{N_2} = \frac{V_1}{V_2} = \frac{I_2}{I_1} = \sqrt{\frac{R_1}{R_2}} \text{에서,}$$

$$\sqrt{\frac{R_1}{R_2}} = \sqrt{\frac{R_1}{0.1}} = 60, \ \frac{R_1}{0.1} = 60^2 \ \therefore R_1 = 360$$

32 전압 변동률

- 발전기 정격부하일 때의 전압(V_n)과 무부하일 때의 전압(V_0)
- 전압 변동률 $\varepsilon = \dfrac{V_0 - V_n}{V_n} \times 100 \, [\%]$

33

매극 매상당의 홈(슬롯)수 $q = \dfrac{\text{홈(슬롯)수}}{\text{극수} \times \text{상수}}$

홈(슬롯)수 = 36, 극수 = 6, 상수 = 3, $\therefore q = \dfrac{36}{6 \times 3} = 2$

34

회전수 $N = (1-s)N_s = (1-s)\dfrac{120f}{p}$ 에서,

극수 $p = (1-s)\dfrac{120f}{N_s} = (1-0.03) \times \dfrac{120 \times 60}{1,164} = 6$극

35

트랜지스터(Transistor)는 N형과 P형 반도체를 3층으로 접합하여 전류와 전압을 제어한다.

36 타여자 발전기

계자권선이 전기자와 접속되어 있지 않으므로 별도의 직류전원에서 여자전류를 공급하는 방식

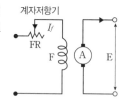

37 IGBT(Insulated Gate Bipolar Transistor)

- 소스에 대한 게이트의 전압으로 도통과 차단을 제어한다.
- 게이트에 전압을 인가했을 때에만 컬렉터 전류가 흐른다.
- 대전력의 고속 스위칭이 가능한 소자

38

회전자 권선(2차 권선저항)을 N배 하면 그때의 슬립(Slip) S도 2차 권선저항에 대하여 N로 변화한다. 이 모양을 나타낸 것이 문제의 그림

과 같으며 이 특성을 비례추이(Proportional Shifting)라고 하고 이것이 권선형 유도전동기의 큰 특성이다.

39 권수비

$$a = \frac{E_1}{E_2} = \frac{N_1}{N_2} = \frac{V_1}{V_2} = \frac{I_2}{I_1} = \sqrt{\frac{R_1}{R_2}} \text{에서}$$

전압비 = 권수비 = $a = \dfrac{V_1}{V_2} = \dfrac{N_1}{N_2} = \dfrac{6,000}{200} = 30$

40

전동기 출력 P $= \sqrt{3}V_n I_1 \cos\theta \cdot \eta$ 에서,

효율 $\eta = \dfrac{P \times 10^3}{\sqrt{3}V_n I_1 \cos\theta} \times 100 \, [\%]$

41 합성수지관 접속

- 관 상호 접속 : 커플링(관 외경의 1.2배 이상), 접착제(관 외경의 0.8배 이상)
- 관과 박스 접속 : 커넥터
- 금속관 내에 날카로운 부분을 다듬어 주는 공구 : 리머(Reamer)
- 전선관을 직각으로 구부려 접속하는 것 : 노멀 밴드

42

배전반은 저전압으로 변성하여 공급하는 설비로서 변압기, 차단기, 계기류 및 배선기구 등이 시설되어 있다.
배선기구(배선재료)에는 개폐기, 콘센트 등 접속기구, 각종 차단기 등이 있다.

43 가공전선로 공사의 안전율

- 지지물 기초의 안전율 : 2.0 이상
- 지선의 안전율: 2.5 이상

44

절연내력시험이 저압의 경우 최대 사용 전압의 1.5배이므로,
220[V] × 1.5 = 330[V]
다만, 시험전압의 최소값은 500[V]이다.

45 피뢰기(Lighting Arrester, LA)

전선로 인입구의 낙뢰나 혼촉 사고 등의 이상전압 상승 억제 및 속류 차단

46

배전반	분전반	제어반	개폐기
⊠	◣	⧓	S

47 조명의 용어

- 광속 : 단위 시간에 통과한 광량. 단위는 루미네이트[lm]
- 광도 : 점광원에서 발산광속의 입체각 밀도. 단위는 칸델라[cd]
- 조도 : 어떤 면에 투사되는 광속의 밀도. 단위는 룩스[lx]
- 휘도 : 광도의 밀도. 단위는 니트[nt], 스틸브[sb]

48 케이블 공사 지지점간 거리

- 2[m] 이하 : 전선을 조영재의 아랫면 또는 옆면에 따라 붙이는 경우
- 1[m] 이하 : 캡타이어 케이블

49 흥행장의 저압 배선공사(극장, 영화관 등)

- 사용전압 : 400[V] 미만(제3종 접지공사)
- 각각의 전용 개폐기 및 과전류 차단기 설치
- 이동용 전선 : 0.75[mm²] 이상의 캡타이어 케이블

50 누전차단기(ELB)

옥내 배선 선로에서 누전(지락) 발생 시 자동으로 선로 차단

51 절연물의 최대허용 온도

- 염화비닐(PVC) : 70[℃]
- 가교폴리에틸렌(XLPE), 에틸렌 프로필렌고무혼합물(EPR) : 90[℃]

52 지지점 간 거리

- 가요전선관, 캡타이어케이블 : 1[m]
- 합성수지관, 금속몰드 : 1.5[m]
- 애자, 금속관, 라이팅덕트, 케이블 : 2[m]
- 금속덕트 : 3[m]

53 금속관의 규격

- 후강 금속관 : 16, 22, 28, 36, 42, 54, 70, 82, 92, 104[mm], 두께 2.3[mm]
- 박강 금속관 : 15, 19, 25, 31, 39, 51, 63, 75[mm], 두께 1.6[mm]

54 완전 확산면

- 휘도가 보는 각도에 상관없이 일정한 표면
- 휘도(B) : 광원의 빛나는 정도(눈부심 정도), 단위는 니트[nt], 스틸브[sb]

55 교통신호등

- 최대 사용전압 : 300[V] 이하
- 사용전압이 150[V] 초과시 누전차단기 설치
- 제어장치의 전원측에 전용개폐기 및 과전류 차단기를 각 극에 설치

56 스프링 와셔(Spring Lock Washer)

- 진동이 있는 기계기구 접속 시 2중 너트 또는 스프링 와셔를 사용하여 접속
- 비틀어져 끊어진 원형 모양으로 진동에 의한 나사 풀림을 방지한다.

57

금속관을 구부릴 때, 안쪽의 반지름은 관 안지름의 6배 이상이어야 한다.

58 합성수지관 공사방법

- 사용전압은 600[V] 이하의 저압으로 절연전선을 사용할 것(단, OW 제외)
- 연선을 사용할 것(단, 10[mm²] 이하의 단선, 16[mm²] 이하의 알루미늄선은 가능)

59 비닐 절연전선 약호

- NR : 450/750[V] 일반용 단심 비닐절연전선
- NF : 450/750[V] 일반용 유연성 단심 비닐절연전선
- NRI : 300/500[V] 기기 배선용 단심 비닐절연전선
- NFI : 300/500[V] 기기 배선용 유연성 단심 비닐절연전선

60 차단기(Circuit Breaker, CB)

- 유입 차단기(OCB) : 절연유 사용(Oil Circuit Breaker)
- 공기 차단기(ABB) : 공기 이용
- 자기 차단기(MBB) : 전자력 원리이용
- 가스 차단기(GCB) : SF₆가스 이용
- 진공 차단기(VCB) : 진공 원리이용
- 기중 차단기(ACB) : 압축공기 이용(저압용)

정답

01	③	02	①	03	①	04	④	05	③	06	③	07	①	08	②	09	④	10	②
11	③	12	③	13	②	14	④	15	②	16	③	17	③	18	②	19	①	20	②
21	①	22	③	23	②	24	②	25	②	26	①	27	③	28	①	29	①	30	②
31	①	32	②	33	③	34	①	35	①	36	①	37	①	38	②	39	④	40	④
41	①	42	③	43	②	44	①	45	①	46	①	47	④	48	①	49	②	50	③
51	③	52	④	53	④	54	②	55	①	56	②	57	④	58	③	59	②	60	②

해설

01 같은 정전 용량의 콘덴서 접속

- 병렬 접속 : $C_p = nC = 5C$

- 직렬 접속 : $C_s = \dfrac{C}{n} = \dfrac{C}{5}$

- $C_p = xC_s \rightarrow x = \dfrac{C_p}{C_s} = \dfrac{5C}{\dfrac{C}{5}} = \dfrac{25C}{C} = 25$배

02 쿨롱의 법칙(진공 중)

- 전기장 : $F = \dfrac{1}{4\pi\varepsilon_0} \times \dfrac{Q_1 Q_2}{r^2} = 9 \times 10^9 \times \dfrac{Q_1 Q_2}{r^2}$ [N]

- 자기장 : $F = \dfrac{1}{4\pi\mu_0} \times \dfrac{m_1 m_2}{r^2} = 6.33 \times 10^4 \times \dfrac{m_1 m_2}{r^2}$ [N]

03 쿨롱의 법칙

$F = \dfrac{1}{4\pi\mu} \cdot \dfrac{m_1 m_2}{r^2} = k \cdot \dfrac{m_1 m_2}{r^2}$ [N]에서,

- 투자율 $\mu = \mu_0 \mu_s$(진공 중 $\mu_0 = 4\pi \times 10^{-7}$ [H/m], 비투자율 $\mu_s = 1$)

- $k = \dfrac{1}{4\pi\mu} = \dfrac{1}{4\pi\mu_0 \mu_s} = 6.33 \times 10^4$

- $F = \dfrac{1}{4\pi\mu} \times \dfrac{m_1 m_2}{r^2}$ [N] $= 6.33 \times 10^4 \times \dfrac{1 \times 1}{1^2} = 6.33 \times 10^4$ [N]

04

V [V] $= \dfrac{W\,[\mathrm{J}]}{Q\,[\mathrm{C}]}$ 에서, $W = VQ = VIt = 2 \times 5 \times 1 \times 60 = 600$ [J]

05 환상 솔레노이드

자기장의 세기 $H = \dfrac{NI}{2\pi r}$ [AT/m]에서, $I = \dfrac{2\pi r H}{N}$

06 전자력 $F = BI\ell\sin\theta$[N]

- 자기장과 30°방향 : $\sin 30° = \dfrac{1}{2}$

- 전자력 $F = BI\ell\sin\theta = 0.2 \times 10 \times 2 \times \dfrac{1}{2} = 2$ [N]

07 상호 인덕턴스

- 가동접속 $L_{ab} = L_1 + L_2 + 2M = 125$ [mH]

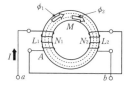

- 차동접속 $L_{ab} = L_1 + L_2 - 2M = 25$ [mH]

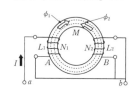

가동접속 $L_{ab} = L_1 + L_2 + 2M = 125$ [mH]
- 차동접속 $L_{ab} = L_1 + L_2 - 2M = 25$ [mH]

$4M = 100$ [mH] $\therefore M = 25$ [mH]

08 유도기전력

$e = L\dfrac{\Delta I}{\Delta t}$ [V] $= 40 \times 10^{-3} \times \dfrac{10}{0.2} = 2$ [V]

09 휘스톤 브리지(Wheatstone Bridge)

- 평형 조건 : $PI_1 = QI_2$, $XI_1 = RI_2$, $PR = QX$
- 평형 조건 시에는 c-d간의 전위차가 0[V]가 되어 검류계 G에는 전류가 흐르지 않는다.

10 황산구리(CuSO₄)의 전기분해
(전해액에 전류가 흘러 화학변화를 일으키는 현상)

- 양극(+)에는 구리판
- 음극(-)에는 아연판
- 양극에 수소기체 발생

11 V결선

- 1대의 변압기가 고장이 나면 2대의 변압기로 3상 변압을 계속할 수 있다.
- 현재는 경부하이나, 부하의 증가가 예상되는 지역에 시설한다.
- V결선 출력 : $P_V = \sqrt{3}P = \sqrt{3}VI = \sqrt{3} \times 220 \times 40 = 15.242$ [kVA]
- Δ결선과 V결선의 출력비 : $\dfrac{P_V}{P_\Delta} = \dfrac{\sqrt{3}P}{3P} = 0.577 = 57.7$ [%]
- V변압기 이용률 : $\dfrac{P_V}{2P} = \dfrac{\sqrt{3}P}{2P} = 0.866 = 86.6$ [%]

12 3상 결선

- Δ결선 : $I_\ell = \sqrt{3}I_p$ (선전류가 30도 뒤진다.)　　$V_\ell = V_p$
- Y결선 : $V_\ell = \sqrt{3}V_p$ (선간전압이 30도 앞선다.)　　$I_\ell = I_p$

13 저항의 직병렬 접속

- 직렬 저항 $R_s = R_1 + R_2$
- 합성 저항 : $R = \dfrac{R_s R_3}{R_s + R_3} = \dfrac{(R_1 + R_2)R_3}{(R_1 + R_2) + R_3}$

14 펠티에 효과(Peltier Effect)

두 금속을 접속하여 여기에 전류를 흘리면, 줄열 외에 그 접점에서 열의 발생 또는 흡수가 일어나는 현상. 용도로는 전자냉동(흡열), 온풍기(발열) 등이다.

※ 제벡 효과(Seebeck Effect) : 서로 다른 금속 A, B를 접속하고 접속점을 서로 다른 온도로 유지하면 기전력이 생겨 일정한 방향으로 전류가 흐르는 현상. 용도로는 열전 온도계, 열전형 계기 등이다.

15 RL 직렬회로

- $X_L = wL = 2\pi fL = 2 \times 3.14 \times 60 \times 26.7 \times 10^{-3} = 10$ [Ω]
- $V_L = I \times X_L = 2 \times 10 = 20$ [V]

16 비정현파의 실효값

$I = \sqrt{\text{각 파의 실효값의 제곱의 합}} = \sqrt{I_0^2 + I_1^2 + I_2^2 + \cdots\cdots I_n^2}$

실효값 $I_0 = 1$, $I_1 = \dfrac{1}{\sqrt{2}}I_{1m} = \dfrac{5\sqrt{2}}{\sqrt{2}} = 5$, $I_3 = \dfrac{1}{\sqrt{2}}I_{3m} = \dfrac{2\sqrt{2}}{\sqrt{2}} = 2$

$\therefore I = \sqrt{I_0^2 + I_1^2 + I_2^2 + \cdots\cdots I_n^2} = \sqrt{1^2 + 5^2 + 2^2} = 5.477$ [A]

17

$R_t = R_0[1 + a_0(t - t_0)] = 5 \times [1 + 4 \times 10^{-3}(50 - 0)] = 6$ [Ω]

18 플레밍의 왼손법칙(Fleming's Left-hand Rule)

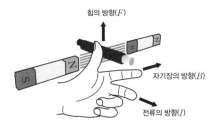

힘의 방향(F)

자기장의 방향(B)

전류의 방향(I)

- 전자력의 방향 : 전동기의 원리

19

- 전기회로의 전류와 자기회로의 자속은 항상 폐회로를 이룬다.
- 전류는 (+)에서 (−)로 흘러 폐회로이다.
- 자속은 N극에서 S극으로 흘러 폐회로이다.

20 히스테리시스 곡선

- 철심 코일에서 전류를 증가시키면 자장의 세기 H는 전류에 비례하여 증가하지만 자속밀도 B는 자장에 비례하지 않고 포화현상과 자기이력현상 등이 일어나는 현상
- 자기장의 세기 H : 가로축(횡축)과 만나는 점을 보자력이라 한다.
- 자속밀도 B : 세로축(종축)과 만나는 점을 잔류자기라 한다.

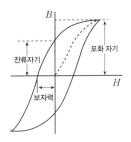

21 전기자 반작용 영향

- 감자작용 : 주 자속 감소
  - 발전기 : 유도 기전력 감소
  - 전동기 : 토크 감소
- 편자작용 : 중성축 이동
  - 발전기 : 회전방향
  - 전동기 : 회전방향 반대방향
- 자속 분포 불균일로 국부적 전압 상승으로 불꽃 발생

22 직류 분권 발전기

- 전기자와 계자 권선의 병렬접속
- 무부하시 계자권선에 큰 전류가 흘러 고전압이 유기되어 소손됨
- 정전압 발전기로서 수하특성을 가진다.
- 역회전 시 잔류자기 소멸로 발전할 수 없다.
- 계자저항기를 사용한 전압조정이 가능
- 전기 화학용, 전지의 충전용으로 적합하다.

23

- 2차 입력 P_2 = 2차 출력+2차 동손+기타 손실 = $P_0 + P_{C2} + P_r$
- 2차 동손 $P_{C2} = sP_2$
- 2차 출력 P_0 = 2차 입력−2차 동손 = $P_2 - P_{C2} = (1-s)P_2$
- 2차 효율 $\eta_2 = \dfrac{\text{2차 출력}}{\text{2차 입력}} = \dfrac{P_0}{P_2} = \dfrac{N}{N_s} = (1-s)$

24 직류 전동기의 종류

- 타여자 : 압연기, 권상기, 크레인
- 직권 : 전기철도, 전동차
- 분권 : 공작기계, 선박의 펌프

25 변압기 극성

- 가극성 : $V = V_1 + V_2$ (극성이 서로 반대 방향)
- 감극성 : $V = V_1 - V_2$ (극성이 서로 같은 방향) − 국내 표준

26 변압기유의 구비조건

- 절연내력이 클 것(변압기유 : 12[kV/mm] 공기 : 2[kV/mm] - 수분이 포함되면 저하된다.)
- 인화점이 높고, 응고점이 낮을 것
- 점도가 낮고, 비열이 클 것
- 화학작용을 일으키지 말 것

27 유도전동기 슬립

슬립 $s = \dfrac{N_s - N}{N_s}$에서,

- 무부하시 : 동기속도로 회전하므로 $N = N_s \rightarrow s = 0$
- 부하시(기동시) : 정지상태이므로 $N = 0 \rightarrow s = 1$

28 비례추이

- 슬립(s)은 2차 저항에 비례하므로 2차 저항을 변화시킬 수 있는 권선형 유도전동기에 적용된다.
- 권선형 유도 전동기의 비례추이를 이용하여 기동 및 속도제어를 할 수 있다.
- 속도-토크의 곡선이 2차 저항의 변화에 비례하여 이동하는 것
- 2차 저항을 변화하여도 최대토크는 불변한다.
- 2차 저항을 크게 하면, 기동전류는 감소하고, 최대토크 시 슬립과 기동토크는 증가한다.
- 출력, 2차 효율, 2차 동손은 비례추이를 할 수 없다.

29 전동기 제동 방법

- 발전 제동 : 제동 시에 발전을 저항으로 소비하는 제동 방법
- 회생 제동 : 전동기를 발전기로 전환하여 전원에 회생하여 제동하는 방법
- 역상 제동(플러깅, Plugging) : 회전자의 토크를 반대로 발생시킨 (역회전) 후 전동기를 전원에서 분리하여 급제동 하는 방법

30 난조(Hunting)

- 전동기의 부하가 급격히 변동하면 회전자가 관성으로 주기적으로 진동하는 현상
- 난조가 심하면 전원과의 동기를 벗어나 정지하기도 한다.
- 난조 발생원인
  - 조속기가 너무 예민한 경우
  - 관성모멘트가 작은 경우
  - 고조파가 포함되어 있는 경우
  - 원동기에 전기자 저항이 큰 경우
- 난조 방지책 : 제동 권선(Damper Winding) 설치(기동용 권선으로 이용)
  - 회전자 자극표면에 홈을 파고 도체를 넣어 도체 양 끝에 2개의 단락 고리로 접속한다.

31 동기기의 손실

- 무부하손(고정손) = 철손 + 기계손
- 부하손(가변손) = 동손(저항손)

32 GTO(Gate Turn-off Thyristor)

- 게이트 신호로 On-Off 제어(자기소호 가능)
- 게이트에 역방향의 전류를 흐르게 하는 것으로 턴 오프 가능
- 전동기의 PWM제어, VVVF 인버터, 차단기 등에 사용한다.

33 회전방향 바꾸기

- 직류기 : 전기자권선이나 계자권선 중 하나의 회로를 반대로 접속한다.
- 단상 유도 전동기
  - 운전권선(주권선)과 기동권선(보조권선)을 바꾸어 결선한다.
  - 콘덴서는 어느 한 권선과 직렬로 연결한다.
- 3상 유도 전동기 : 3상 전원 중 2상의 결선을 바꾸어 결선한다.(3선 중 2선을 바꾸어 결선)

34

회전수 $N = (1-s)N_s = (1-s)\dfrac{120f}{p}$에서,

극수 $p = (1-s)\dfrac{120f}{N_s} = (1-0.04) \times \dfrac{120 \times 60}{1,728} = 4$극

35 동기 발전기의 전기자 반작용

- 전기자 전류에 의한 자속이 주 자속을 감소시키는 현상
- 감자작용(직축반작용) : 리액터 L을 연결하면, 전류는 위상이 90도 늦은 지상이 되어 주 자속을 감소시키는 방향으로 작용하여 유도 기전력이 작아지는 현상
- 증자작용(직축반작용) : 콘덴서 C를 연결하면, 전류는 위상이 90도 빠른 진상이 되어 주 자속을 증가시키는 방향으로 작용하여 유도 기전력이 증가되는 현상(자기여자작용)
- 교차자화작용(횡축반작용) : 저항 R을 연결하면, 전류는 동상이 되어 주 자속이 직각이 되는 현상
- ※주의 : '동기 전동기'의 경우는 감자작용과 증자작용이 서로 바뀌어 나타난다.

36 직류 발전기의 전기자에서 유기되는 기전력

$E = pZ\phi\dfrac{n}{a} = pZ\phi\dfrac{N}{60a} = 6 \times 100 \times 0.02 \times \dfrac{900}{60 \times 2} = 90\,[\text{V}]$

(직렬권 = 파권 : $a = 2$)

p : 극수, Z : 도체수, ϕ : 자속, N : 회전속도[rpm],
n : 회전속도[rps], a : 병렬회로수

37 동기 전동기의 토크

$\tau = \dfrac{VE}{wx_s}\sin\delta\,[\text{N}\cdot\text{m}] \propto V$

- 토크는 공급전압의 크기에 비례한다.

38 직류 전동기의 종류

- 직권 : 부하가 줄면 전류 감소, 자속이 줄어 속도 증가(전기철도, 전동차)
- 분권 : 계자 저항기에 의한 자속의 변화로 회전속도 조정 가능(공작기계, 선박의 펌프)

39 3상 결선방식

- Δ-Δ결선
  - 제3고조파 전류가 내부에서 순환하여 유도장해가 발생하지 않는다.
  - 1상이 고장이 발생하면 V결선으로 사용할 수 있다.
  - 상전류가 선전류의 $\frac{1}{\sqrt{3}}$이 되어 저전압에 적합하다.
  - 중성점을 접지할 수 없어 지락사고 시 보호가 곤란하다.
- Y-Y결선
  - 중성점을 접지할 수 있어 이상 전압을 방지할 수 있다.
  - 상전압이 선간전압의 $\frac{1}{\sqrt{3}}$이 되어 고전압에 적합하다.
  - 선로에 제3고조파의 전류가 흘러서 통신선에 유도 장해를 준다.
- Δ-Y결선과 Y-Δ결선
  - Y결선으로 중성점을 접지할 수 있다.
  - Δ결선으로 제3고조파가 발생되지 않는다.
  - Δ-Y결선은 승압용 변압기로 발전소용으로 사용된다.
  - Y-Δ결선은 강압용 변압기로 수전용으로 사용된다.
  - 1, 2차 선간전압 사이에 30°의 위상차가 있다.
- V-V결선
  - Δ-Δ결선에서 1대의 변압기가 고장이 나면 2대의 변압기로 3상 변압을 계속할 수 있다.
  - Δ결선과 V결선의 출력비 : $\frac{P_V}{P_\Delta} = \frac{\sqrt{3}P}{3P} = 0.577 = 57.7\,[\%]$
  - V변압기 이용률 : $\frac{P_V}{2P} = \frac{\sqrt{3}P}{2P} = 0.866 = 86.6\,[\%]$

40 손실

- 무부하손(고정손) = 철손 + 기계손
- 부하손(가변손) = 동손(저항손)
- 표유부하손 : 측정이나 계산으로 구할 수 없는 손실(도체 또는 철심내부에서 생기는 손실)

41 절연전선의 종류

- 고무 절연전선 [RB]
- 비닐 절연전선 [IV]
- 내열용 비닐 절연전선 [HIV]
- 인입용 비닐 절연전선 [DV]
- 옥외용 비닐 절연전선 [OW]
- 폴리에틸렌 절연전선 [IE]
- 폴리에틸렌 절연비닐시스 케이블 [EV]
- 비닐 절연 네온전선 [NV]
- 형광등 전선 [FL]
- 접지용 비닐 절연전선 [GV]

42 전선의 접속

- 트위스트 접속 : 단선 직선 접속으로 단면적 6 [mm²] 이하, 2.6 [mm] 가는 전선
- 브리타니아 접속 : 단선 직선 접속으로 단면적 10 [mm²] 이상, 3.2 [mm] 굵은 전선

43 오스터(Oster)

금속관 끝에 나사를 내는 데 사용한다.

※ 리머(Reamer)는 금속관내에 날카로운 부분을 다듬어 주는 공구

44 계전기

- OCR : 과부하 계전기(과전류 계전기) – 과전류 보호용으로 회로의 단락사고 방지
- OVR : 과전압 계전기
- UVR : 부족전압 계전기
- GR : 접지 계전기

45 배선 기호

천장은폐 배선	노출 배선	지중매설 배선	바닥은폐 배선
———————	....	—·—·—·	— — — — —

46 접지공사

접지선은 지상 2[m] 이상, 지하 75[cm] 이상은 합성수지관 시공

47 트롤리선(Trolley Wire)

- 주행 크레인이나 전동차 등과 같이 전동기를 보유하는 이동기기에 전기를 공급하기 위한 접촉전선
- 트롤리선의 최소 높이는 바닥에서 3.5 [m]이다.

48 애자사용 공사

- 애자의 조건 : 절연성, 난연성, 내수성
- 애자공사가 불가능한 장소 : 점검할 수 없는 은폐장소
- 사용 전선 : 옥내용 절연전선 (옥외용 OW 및 인입용 DV 제외)
- 사용 전압 : 600 [V] 이하의 저압
- 이격거리

구분	전선 상호간	전선-조영재	지지물간 조영재 윗면, 옆면
400 [V] 미만	6 [cm] 이상	2.5 [cm] 이상	2 [m] 이하
400 [V] 이상		4.5 [cm] 이상	

49 금속관 공사

- 배관 두께 : 콘크리트 매입 : 1.2 [mm] 이상(기타 장소 : 1.0 [mm] 이상)
- 절연전선(단, OW 제외)을 사용할 것
- 연선을 사용할 것(단, 10 [mm] 이하의 단선, 16 [mm²] 이하의 알루미늄선은 가능)
- 관내에 접속점이 없을 것
- 곡률반경 : 내경의 6배 이상
- 지지간격 : 2 [m] 이내
- 전자적 평형 유지 : 왕복 도선(1회로)을 동일 금속관 내에 배선하여야 한다
- 접지공사
  - 사용전압 400 [V] 미만 : 제3종 접지공사
  - 사용전압 400 [V] 이상 : 특별 제3종 접지공사(단 사람의 접촉우려가 없으면 제3종 접지공사)

50 흥행장의 저압 배선공사(극장, 영화관 등)

- 사용전압은 400 [V] 미만(제3종 접지공사)
- 각각의 전용 개폐기 및 과전류차단기 설치
- 이동용 전선 : 0.75 [mm²] 이상의 캡타이어 케이블

51 가공 전선로의 높이 제한

구분	저압	고압
철도·궤도 횡단	6.5[m] 이상	
도로 횡단	5.0[m] 이상	6.0[m] 이상
횡단 보교	3.0[m] 이상	3.5[m] 이상
기타 장소	4.0[m] 이상	5.0[m] 이상

52 변압기 간선의 수용률

$$수용률 = \frac{최대수요전력\,[kW]}{부하설비합계\,[kW]} = \times 100\,[\%]$$

- 주택, 아파트, 기숙사, 여관, 호텔, 병원 간선의 수용률 : 50[%]
- 사무실, 은행, 학교 간선의 수용률 : 70[%]

53 건물의 표준 부하의 상정

- 5[VA/m²] 표준 부하 : 복도, 계단, 세면장, 창고, 다락
- 10[VA/m²] 표준 부하 : 공장, 종교시설, 극장, 연회장, 강당, 관람석
- 20[VA/m²] 표준 부하 : 학교, 음식점, 다방, 대중목욕탕, 병원, 호텔, 기숙사, 여관
- 30[VA/m²] 표준 부하 : 주택, 아파트, 사무실, 은행, 상점, 미장원, 이발소

54 조명기구 배치에 의한 분류

- 전반조명 : 작업면의 전체를 균일한 조도가 되도록 조명(공장, 사무실, 학교교실 등)
- 국부조명 : 작업에 필요한 장소에 맞는 조도를 얻는 방식

55 타임스위치

- 주택의 현관 등에 설치하는 경우 : 3분 이내 소등
- 여관, 호텔 등의 객실 입구에 설치하는 경우 : 1분 이내 소등

56 진상용 콘덴서(Static Condenser, SC)

역률 개선의 목적으로 부하와 병렬로 접속한다.

57 녹아웃 펀치(Knock Out Punch)

- 배전반, 분전반과 연결된 배관을 변경하거나, 이미 설치되어 있는 캐비닛에 구멍을 뚫을 때 사용한다.
- 규격 : 15[mm] / 19[mm] / 25[mm]

※홀소(Key Hole Saw) : 녹아웃 펀치와 같은 용도로 목재나 철관에 구멍을 뚫을 때 사용한다.

58 화약류 저장소의 전기설비

- 전기설비를 설치하지 않으나, 전등용 설비는 가능하다.
- 전로의 대지전압은 300[V] 이하, 사용전압은 400[V] 이하
- 전기기계기구는 전폐형으로 시설
- 전원부에 전용 개폐기 및 과전류차단기 설치
- 개폐기에서 저장소의 인입구까지는 케이블을 지중으로 시설한다.

59

사용전압을 쉽게 식별할 수 있도록 그 전압을 표시한다.

60

눈부심 정도(휘도)가 크면 눈에 피로감이 생기므로 낮게 설계하는 것이 좋다.

2017년 제1회 전기기능사 필기 CBT 정답 및 해설

정답

01	②	02	②	03	②	04	①	05	②	06	④	07	②	08	②	09	②	10	②
11	②	12	②	13	②	14	②	15	②	16	①	17	②	18	②	19	②	20	②
21	②	22	①	23	④	24	②	25	④	26	④	27	①	28	①	29	④	30	④
31	①	32	①	33	②	34	①	35	②	36	③	37	②	38	③	39	④	40	③
41	③	42	②	43	③	44	②	45	③	46	④	47	②	48	①	49	②	50	①
51	①	52	③	53	④	54	④	55	③	56	③	57	②	58	③	59	②	60	①

해설

01 줄의 법칙(Joule's Law)
- 저항 $R[\Omega]$에 $I[A]$의 전류를 $t[sec]$ 동안 흘릴 때 발생한 열(줄열)
- 열량 $H = P \cdot t[J] = I^2 R \cdot t[J] = 0.24Pt[cal]$
$= 0.24I^2 Rt[cal]$ ※ $1[J] = 0.24[cal]$

02 절연저항
- 절연저항은 값이 클수록 절연 효과가 좋다.
- 절연된 두 물체 사이에 전압을 가하여 누설전류가 흐를 때 전압과 전류의 비
- 사용전압에 따른 절연저항의 크기
  - 대지전압 150[V] 이하 : 0.1[MΩ]
  - 대지전압 150[V] 초과 300[V] 이하 : 0.2[MΩ]
  - 사용전압 300[V] 초과 400[V] 미만 : 0.3[MΩ]
  - 사용전압 400[V] 이상 : 0.4[MΩ]
- ※접지저항이란 접지극과 대지 사이에 발생하는 전기저항으로 작을수록 좋다.

03 합성저항
$R = \dfrac{4 \times 6}{(4+6)} + \dfrac{10 \times 10}{(10+10)} = 2.4+5 = 7.4[\Omega]$

04 자기작용
- 기자력 F = $NI[AT]$: 자속을 만드는 원동력
- 자기저항 $R = \dfrac{\ell}{\mu A}[AT/Wb]$: 자속의 발생을 방해하는 성질의 정도로, 자기저항이 작은 경우는 누설 자속이 거의 발생하지 않는다.
- 흡인력(인력)은 평행도선(전류 방향이 같을 때)에 작용하는 힘
- 반발력(척력)은 왕복도선(전류 방향이 반대일 때)에 작용하는 힘

05 콘덴서 직렬접속
$C = \dfrac{C_1 \cdot C_2}{C_1 + C_2} = \dfrac{70 \cdot 30}{70+30} = \dfrac{2,100}{100} = 21[\mu F]$

※콘덴서 직렬접속의 합성용량은 저항의 병렬접속 계산방법과 동일하다.

06 전하(Electric Charge)
어떤 물체가 대전되었을 때 그 물체가 가지고 있는 전기

07 전력
$P[W] = \dfrac{W[J]}{t[s]} = \dfrac{3,600,000[J]}{10 \times 60[s]} = 6,000[W] = 6[kW]$

08 3상 결선
- Δ결선 : $I_\ell = \sqrt{3}I_p$(선전류가 30도 뒤진다.) $V_\ell = V_p$
- Y결선 : $V_\ell = \sqrt{3}V_p$(선간전압이 30도 앞선다.) $I_\ell = I_p$
- Y결선 : $V_p = \dfrac{1}{\sqrt{3}}V_\ell = \dfrac{1}{\sqrt{3}} \times 380 = 219.3[V]$

09 키르히호프의 법칙
- 키르히호프의 제1법칙(전류의 법칙) : 흘러들어오는 전류의 합 = 흘러나가는 전류의 합
- 키르히호프의 제2법칙(전압의 법칙) : 기전력의 합 = 전압 강하의 합

10
- Δ결선 $I_\ell = \sqrt{3}I_p$(선전류가 30도 뒤진다.) $V_\ell = V_p$
- 임피던스 $Z = \sqrt{3^2 + 4^2} = 5[\Omega]$
- 상전류 $I_p = \dfrac{V_p}{Z} = \dfrac{200}{5} = 40[A]$
- 선전류 $I_l = \sqrt{3} \cdot I_p = 40\sqrt{3}[A]$

11
콘덴서의 직렬접속은 용량이 작아진다.

12 쿨롱의 법칙

$F = \dfrac{1}{4\pi\mu} \cdot \dfrac{m_1 m_2}{r^2}$ [N]에서,

• 투자율 $\mu = \mu_0\mu_s$(진공 중 $\mu_0 = 4\pi\times10^{-7}$[H/m], 비투자율 $\mu_s = 1$)

• $k = \dfrac{1}{4\pi\mu} = \dfrac{1}{4\pi\mu_0\mu_s} = 6.33\times10^4$

$\therefore F = \dfrac{1}{4\pi\mu}\times\dfrac{m_1 m_2}{r^2}$[N] $= 6.33\times10^4\times\dfrac{10^{-4}\times10^{-4}}{1^2} = 6.33\times10^{-4}$[N]

13 환상 솔레노이드 자기장의 세기

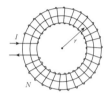

$H = \dfrac{NI}{2\pi r}$[AT/m]

14 직선 도체에 작용하는 힘

$F = BI\ell\sin\theta$ [N] $= 10\times5\times60\times10^{-2}\times\sin30° = 15$ [N]

15 3상 전력

$P = 3V_p I_p\cos\theta = \sqrt{3}V_l I_l\cos\theta$
$= \sqrt{3}\times22,900\times700\times0.9 = 24.99$[MW]
(V_p : 상전압, I_p : 상전류, V_l : 선간전압, I_l : 선전류)

16 전지

• 1차 전지 : 방전 후 충전하여 사용이 불가능한 망간전지
• 2차 전지 : 방전 후 충전하여 사용이 가능한 납축전지, 니켈 카드뮴 전지

17 전기장(전장, 전계) 세기(E)

• Q[C]의 전하로부터 r[m]의 거리에 있는 점에서의 전기장 세기

• $E = \dfrac{1}{4\pi\varepsilon} \cdot \dfrac{Q}{r^2}$ [V/m]

• 전기장 세기 단위 : $E = \dfrac{F}{Q} = \dfrac{[\text{N}]}{[\text{C}]} = \dfrac{[\text{N·m}]}{[\text{C·m}]} = \dfrac{[\text{J}]}{[\text{C}][\text{m}]} = \dfrac{[\text{V}]}{[\text{m}]}$

18 3상 교류전력의 측정법

• 1전력계법 : $P = 3P_p$[W]
• 2전력계법 : $P = P_1 + P_2$[W]
• 3전력계법 : $P = P_1 + P_2 + P_3$[W]

19 브리지 평형조건 $PR = QX$

• 콘덴서가 있는 평형조건 : $\dfrac{1}{C_1}\times R_2 = \dfrac{1}{C_2}\times R_1$

• $C_1 R_1 = C_2 R_2$

20 전력의 표시

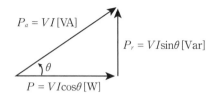

• 단상 교류의 경우
  - 피상전력 $P_a = VI$[VA]
  - 유효전력 $P = VI\cos\theta$[W] $= P_a\cos\theta$[W]
    (평균전력 = 소비전비)
  - 무효전력 $P_r = VI\sin\theta$[Var] $= P_a\sin\theta$
• 3상 교류의 경우
  - 피상전력 $P_a = 3V_p I_p = \sqrt{3}V_l I_l$[VA]
  - 유효전력 $P = 3V_p I_p\cos\theta = \sqrt{3}V_l I_l\cos\theta$[W] $= P_a\cos\theta$
    (평균전력 = 소비전력)
  - 무효전력 $P_r = 3V_p I_p\sin\theta = \sqrt{3}V_l I_l\sin\theta$[Var] $= P_a\sin\theta$

21 권수비

$a = \dfrac{E_1}{E_2} = \dfrac{N_1}{N_2} = \dfrac{V_1}{V_2} = \dfrac{I_2}{I_1} = \sqrt{\dfrac{R_1}{R_2}}$

$\therefore a = \sqrt{\dfrac{R_1}{R_2}} = \sqrt{\dfrac{360}{0.1}} = 60$

22 직류기의 전기자 권선법

• 중권(병렬권) : 전기자 병렬회로수(a) = 브러시(b) = 극수(p)
• 파권(직렬권) : 전기자 병렬회로수(a) = 브러시(b) = 극수(p) = 2

23 직류기의 구조

• 계자(Field Magnet) : 자속을 발생하는 부분
• 전기자(Armature) : 계자에서 만든 자속을 쇄교하여 기전력을 발생하는 부분
• 정류자(Commutator) : 전기자에서 발생된 기전력, 즉 교류를 직류로 변환하는 부분
• 브러시(Brush) : 정류자면에 접촉하여 외부회로로 전류를 흐르게 하는 부분

24 보호계전기 시험

• 보호계전기의 정상 작동 여부와 특성을 시험하는 것
• 회로 결선 시 직류의 극성은 확인하고, 교류의 극성은 확인할 필요는 없다.

25 변압기의 철손＝히스테리시스손 + 와류손

• 히스테리시스손 : 규소강판(규소함량 3~4%, 두께 0.35mm) 사용
• 와류손 : 성층

26 동기 발전기

• 회전계자형 : 계자는 회전하고, 전기자는 고정되어 있다.
• 고압인 전기자가 고정되어 있어 전기자 권선을 절연하기가 쉽다.
• 구조가 간단한 계자의 회전이 유리하고 기계적으로 튼튼하게 만드는 데 용이하다.

27 변압기 내부고장 계전기

- 부흐홀츠 계전기(Bucholtz Relay, BHR) : 변압기 내부고장 시 절 연유와 절연물에서 분해되어 발생하는 가스량(기포)과 유압(유속)에 의한 이상 검출하여 동작되는 계전기로 주탱크와 컨서베이터 사이의 관에 설치한다.
- 차동 계전기(DCR) : 변압기 내부 고장 시 CT 2차 전류의 차에 동작하는 계전기
- 비율 차동 계전기(DFR) : 변압기 내부 고장 시 CT 2차 전류의 차가 일정 비율 이상이 되었을 때 동작하는 계전기로 변압기 단락 및 지락(접지)사고 보호용으로 사용된다.

28 동기 전동기의 V곡선(위상특성곡선)

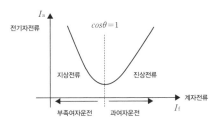

- 계자전류(여자전류)의 증감으로 전기자 전류가 변화한다.
- 계자전류(여자전류)의 증감으로 역률을 진상, 지상 및 항상 100[%]로 운전할 수 있다.
- 역률을 조정할 수 있어 송전선로에 접속하면 '동기조상기'라 부른다.

29 동기 전동기의 안정도가 증대되면

- 단락비, 회전자의 관성, 역상 임피던스, 영상 임피던스는 커진다.
- 전기자 반작용, 전압 변동률, 동기 임피던스는 작아진다.
- 속응여자방식을 채용한다.

30 무부하 포화곡선

무부하시에 단자전압과 계자전류 I_f의 관계곡선

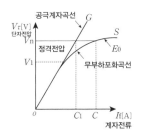

31 슬립 s와 회전자속도 $N[\text{rpm}]$

- 슬립 $s = \dfrac{N_s - \text{N}}{N_s} \times 100 [\%]$
- 회전자속도 $N = (1-s)N_s$
- 슬립 $s = 1 \rightarrow N = 0$: 전동기 정지 상태일 때
- 슬립 $s = 0 \rightarrow N = N_s$: 전동기 무부하 운전 시
- 슬립의 범위 : $0 < s < 1$
- 슬립은 소형인 경우는 5~10[%], 중대형인 경우는 2.5~5[%]

32 Y-Δ 결선

$I_\Delta = 3I_Y$에서,

운전 전류 $I_Y = \dfrac{1}{3}I_\Delta = \dfrac{1}{3} \times 150 = 50[\text{A}]$

33 직류 발전기의 유기되는 기전력

$$E = pZ\phi\frac{n}{a} = pZ\phi\frac{N}{60a}$$

- 파권 : 병렬회로수 $a = 2$
- 유도기전력 $E = 6 \times 400 \times 0.01 \times \dfrac{600}{60 \times 2} = 120[\text{V}]$

  p : 극수, Z : 도체수, ϕ : 자속, N : 회전속도[rpm], n : 회전속도[rps], a : 병렬회로수

34 동기기의 전기자 권선법

- 2층권 : 직류기는 주로 2층권 사용하며, 2층권에는 중권과 파권이 있다.
- 중권(병렬권) : 저전압 대전류에 사용, 균압접속
- 파권(직렬권) : 고전압 소전류에 사용된다
- 고조파 제거로 파형 개선을 위해 전절권보다 단절권을 채용한다.

35 변압기 2차 전압을 기준으로 한 전압 변동률 ε

- $\varepsilon = \dfrac{\text{무부하 2차 전압} - \text{정격 2차 전압}}{\text{정격 2차 전압}} \times 100[\%]$

  $= \dfrac{V_{20} - V_{2n}}{V_{2n}} \times 100[\%]$

- $0.02 = \dfrac{V_{20} - 100}{100} \rightarrow V_{20} = 102[\text{V}]$
- 권수비 $a = \dfrac{V_{1n}}{V_{2n}} \rightarrow V_{1n} = aV_{2n} = 20 \times 102 = 2{,}040 = 2[\text{kV}]$

36 토크(회전력)

$$\tau = \frac{P}{w} = \frac{P}{2\pi n} = \frac{P}{2\pi}\frac{60}{N} = 9.55\frac{P}{N}[\text{N·m}] = 0.975\frac{P}{N}[\text{kg·m}]$$

$$\therefore \tau = 0.975\frac{P}{N} = 0.975 \times \frac{50 \times 10^3}{1{,}800} = 27.08[\text{kg·m}]$$

37 난조(Hunting)

- 전동기의 부하가 급격이 변동하면 회전자가 관성으로 주기적으로 진동하는 현상
- 난조가 심하면 전원과의 동기를 벗어나 정지하기도 한다.
- 난조 발생원인
  - 조속기가 너무 예민한 경우
  - 관성모멘트가 작은 경우
  - 고조파가 포함되어 있는 경우
  - 원동기에 전기자 저항이 큰 경우
- 난조 방지책 : 제동 권선(Damper Winding) 설치(기동용 권선으로 이용)
  - 회전자 자극표면에 홈을 파고 도체를 넣어 도체 양 끝에 2개의 단락 고리로 접속한다.

38 세이딩 코일형

- 역률 및 효율이 낮으며, 기동 토크가 가장 작다.
- 구조가 간단하고, 회전방향을 바꿀 수 없으며 속도 변동률이 크다.
- 회전자는 농형이고 고정자의 성층철심은 몇 개의 돌극으로 되어 있다.

39 동기 전동기의 장단점

장점	단점
• 역률 조정 가능 • 정속도 운전 가능 • 기계적 튼튼함	• 직류전원장치 필요 • 가격이 비싸고, 취급 복잡 • 난조 발생

40 전력변환장치

- 변압기 : 고압을 저압 또는 저압을 고압으로 변성하는 장치
- 인버터(Inverter) : 직류를 교류로 변환시키는 장치
- 컨버터(Converter) : 교류를 직류로 변환시키는 장치
- 사이클로 컨버터(Cyclo Converter) : 교류에서 주파수가 다른 교류로 변환하는 장치
- 초퍼(Chopper) : 직류전압의 입력으로 크기가 다른 직류전압의 출력으로 변환하는 장치
- 회전변류기 : 교류를 직류로 변환하는 회전기기(대전류용에 사용)
- 정류기 : 교류-직류 변환 장치

41 애자의 종류

- 인류 애자 : 전선로의 인류부분(끝맺음 부분)에 사용(전선을 당겨서 처지는 것을 방지하는 애자로 가공전선로 및 인입선에 사용)
- 구형 애자(지선 애자, 옥 애자) : 지선 중간에 사용
- 다구 애자 : 인입선을 건물 벽면에 시설할 때 사용
- 현수 애자 : 전선로가 분기하거나 인류하는 곳에 사용
- 핀 애자 : 전선로의 직선 부분의 전선 지지물로 사용
- 고압 가지 애자 : 전선로의 방향이 바뀌는 곳에 사용

42 연접인입선

- 수용장소의 인입선에서 분기하여 다른 지지물을 거치지 않고, 다른 수용장소의 인입점에 이르는 전선로
- 연접 인입선 제한조건
  - 분기점으로부터 100 [m]을 넘지 않는 지역에 설치하여야 한다.
  - 폭 5 [m]을 넘는 도로를 횡단하지 않아야 한다.
  - 타 수용가의 옥내를 통과하지 않아야 한다.
  - 전선은 지름 2.6 [mm]의 경동선 또는 이와 동등 이상의 세기 및 굵기의 것이어야 한다.
  - 고압은 연접할 수 없다.

43 접지공사 목적

- 인체 감전사고 방지
- 화재사고 방지
- 전로의 대지전압 및 이상전압 상승 억제
- 보호 계전기의 동작 확보

44 케이블

- EV : 폴리에틸렌 절연비닐시스 케이블
- CV : 가교 폴리에틸렌 절연비닐시스 케이블
- VV : 비닐절연 비닐시스 케이블
- VCT : 비닐절연 비닐캡타이어 케이블
- BN : 부틸고무절연 클로로프렌시스 케이블
- RN : 고무절연 클로로프렌시스 케이블

45 조명의 용어

- 광속 : 단위 시간에 통과한 광량. 단위는 루미네이트 [lm]
- 광도 : 점광원에서 발산광속의 입체각 밀도. 단위는 칸델라 [cd]
- 조도 : 어떤 면에 투사되는 광속의 밀도. 단위는 룩스 [lx]
- 휘도 : 광도의 밀도. 단위는 니트 [nt], 스틸브 [sb]

46 가공전선로 공사의 안전율

- 지지물 기초의 안전율 : 2.0 이상
- 지선의 안전율 : 2.5 이상

47

접속전선을 1본만 접속할 수 있는 구조의 단자는 2본 이상의 전선을 접속하지 말아야 한다.

48 금속 몰드에 넣은 전선의 수

- 1종 금속 몰드 : 10본 이하
- 2종 금속 몰드 : 단면적의 20 [%] 이하(레이스 웨이)

49 지지점간 거리

- 가요전선관, 캡타이어케이블 : 1 [m]
- 합성수지관, 금속몰드 : 1.5 [m]
- 애자, 금속관, 라이팅덕트, 케이블 : 2 [m]
- 금속덕트 : 3 [m]

50 애자사용 공사

- 애자의 조건 : 절연성, 난연성, 내수성
- 애자공사가 불가능한 장소 : 점검할 수 없는 은폐장소
- 사용 전선 : 옥내용 절연전선 (옥외용 OW 및 인입용 DV 제외)
- 사용 전압 : 600 [V] 이하의 저압

51 브리타니아 접속

직경 3.2 [mm] 이상 굵은 전선 – 조인트(접속선) 사용

52 가연성 분진이 존재하는 곳(소맥분, 전분, 유황 등의 먼지 발화원이 될 수 있는 곳), 위험물이 있는 곳(셀룰로이드, 성냥 석유 등을 제조하거나 저장하는 곳)

- 공사 방법 : 금속관 공사, 케이블 공사, 2.0 [mm] 이상의 합성수지관 공사
- 이동용 전선 : 0.6/1 [KV] 고무절연 클로로프렌 캡타이어 케이블, 0.6/1 [KV] 비닐절연 캡타이어 케이블

53 와이어 게이지(Wire Gauge)

전선의 굵기를 측정하는 기구

54

전선의 실제 단면적과 반드시 일치하는 것은 아니다.

55 링 리듀서

녹아웃 지름이 접속하는 금속관보다 큰 경우에 접속한다.

56 배선용 차단기

- 배선용 차단기의 경우 30[A] 이하에서
  - 정격전류의 1.25배에서 60분 이내 차단 동작
  - 정격전류의 2배에서 2분 이내 차단 동작
- 배선용 차단기의 경우 30[A] 초과 ~ 50[A] 이하에서
  - 정격전류의 1.25배에서 60분 이내 차단 동작
  - 정격전류의 2배에서 4분 이내 차단 동작

57 버스덕트 종류

- 피더 버스덕트 : 도중에 부하를 접속하지 않는 간선용
- 플러그인 버스덕트 : 도중에 부하접속용 꽂음 플러그가 있음
- 트롤리 버스덕트 : 도중에 이동부하를 접속할 수 있음

58

금속관 접지공사는 접지 클램프를 사용하여 관로마다 접지를 실시한다.

59

● $_{EX}$(방폭형)

● $_{2P}$(2극용)

● $_{15A}$(15A용)

60 컷아웃 스위치(COS)

변압기 1차측 단락 보호 및 개폐 장치로 사용한다.

2017년 제2회 전기기능사 필기 CBT 정답 및 해설

정답

01	①	02	③	03	④	04	②	05	②	06	②	07	①	08	②	09	④	10	①
11	①	12	②	13	②	14	③	15	④	16	②	17	②	18	②	19	②	20	①
21	④	22	③	23	①	24	②	25	②	26	③	27	①	28	②	29	④	30	③
31	①	32	③	33	③	34	①	35	④	36	①	37	③	38	②	39	②	40	③
41	②	42	③	43	④	44	④	45	①	46	②	47	①	48	③	49	③	50	①
51	①	52	①	53	③	54	①	55	③	56	④	57	①	58	④	59	②	60	③

해설

01 전력

$$P[\text{W}] = \frac{W[\text{J}]}{t[\text{sec}]} \rightarrow Pt[\text{W·sec}] = W[\text{J}]$$

$$\therefore 1[\text{kWh}] = 1,000[\text{W}] \times 3,600[\text{sec}] = 3,600,000[\text{W·sec}]$$
$$= 3.6 \times 10^6[\text{J}]$$

02 자성체

- 강자성체 : 상자성체 중 강도가 세게 자화되어 서로 당기는 물질
- 반자성체 : 자석에 대하여 같은 극으로 자화되어 서로 반발하는 물질
- 상자성체 : 자석에 대하여 반대의 극으로 자화되어 서로 당기는 물질
- 비자성체 : 자화되지 않는 물체
- 가역자성체 : 모양은 변하나 본질은 변하지 않는 물체

[자성체 비교]

구분		특성	종류
강자성체	$\mu_s \gg 1$	자기저항 $R_m = \dfrac{l}{\mu A}$ (아주 작다)	철(Fe), 니켈(Ni), 코발트(Co), 망간(Mn)
상자성체	$\mu_s > 1$	자기저항 $R_m = \dfrac{l}{\mu A}$ (작다)	텅스텐(W), 알루미늄(Al), 산소(O), 백금(Pt)
반자성체	$\mu_s < 1$	자기장 $H = \dfrac{B}{\mu}$ (크다)	은(Ag), 구리(Cu), 아연(Zn), 비스무트(Bi), 납(Pb)

03 납축전지

- 양극 : 이산화납(PbO₂)
- 음극 : 납(Pb)
- 전해액 : 묽은 황산(H₂SO₄)
- 비중 : 1.23~1.26
- 축전지의 기전력 : $2V$ (방전 종기 전압 : $1.8V$)

04 열량

$$H[\text{cal}] = 0.24 \times Pt = 0.24 \times W[\text{J}]$$

- 콘덴서의 정전에너지 $W = \dfrac{1}{2}CV^2 = \dfrac{1}{2} \times 200 \times 10^{-6} \times 1,000^2 = 100[\text{J}]$

- 저항에 발생하는 열량 $H = 0.24 \times W[\text{J}] = 0.24 \times 100 = 24[\text{cal}]$

05 Faraday's Law(패러데이 법칙)

석출양 $W = kQ = kIt[\text{g}]$에서, (k : 전기화학당량)

$$t = \frac{W}{kI} = \frac{1 \times 10^3}{0.3293 \times 10^{-3} \times 200} = 15,784[\text{sec}] = 4.22[\text{h}]$$

06 동일한 크기의 저항 접속

- 직렬접속 : $R_0 = nR = 10R$ (합성저항 최대)
- 병렬접속 : $R_0 = \dfrac{R}{n} = \dfrac{R}{10} = 0.1R$ (합성저항 최소)

07 비오-사바르(Biot-Savart)의 법칙

도선에 전류 $I[\text{A}]$을 흘릴 때 도선의 $\Delta\ell$에서 $r[\text{m}]$ 떨어지고 각도가 θ인 점 P에서의 자장의 세기를 알아내는 법칙으로 자기장의 세기

$$\Delta H = \frac{I \Delta \ell}{4\pi r^2} \sin\theta \, [\text{AT/m}]$$

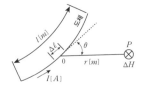

08 무한(긴) 직선 도체에 의한 자기장의 세기

$$H = \frac{I}{2\pi r}[\text{AT/m}]$$

09 평판 도체의 정전용량

- 전기장의 세기 $E = \dfrac{V}{d}[\text{V/m}] \rightarrow V = E \cdot d$
- 전속밀도 $D = \dfrac{Q}{S} = \varepsilon E[\text{C/m}^2] \rightarrow Q = \varepsilon E \cdot S$
- 정전용량 $C = \dfrac{Q}{V} = \dfrac{\varepsilon E \cdot S}{E \cdot d} = \varepsilon \dfrac{S}{d}[\text{F}]$
  (S : 극판의 간격, d : 극판의 간격)

- 정전용량은 극관의 면적과 전하량에 비례하고, 극관의 간격과 전압에는 반비례한다.

10 자체 인덕턴스

$LI = N\phi$에서,

$$L = \frac{N\phi}{I} = \frac{50\times10^{-3}}{5} = 10\times10^{-3}[\text{H}]$$

11 비정현파

정현파 외의 일정 주기를 가지는 펄스파, 삼각파, 사각파 등의 파형
※옴의 법칙은 '도체에 흐르는 전류는 전압에 비례하고, 저항에는 반비례한다.'라는 법칙으로 비정현파의 발생 원인과는 관련이 없다.

12 RL 직렬회로

 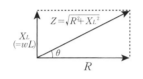

- 임피던스(Z) : $\dot{Z} = R+jX_L = R+jwL[\Omega]$,
  $$Z = \sqrt{R^2+X_L^2} = \sqrt{R^2+(wL)^2}[\Omega]$$
- 전압과 전류 : $V = IZ[\text{V}]$, $I = \dfrac{V}{Z} = \dfrac{V}{\sqrt{R^2+X_L^2}} = \dfrac{V}{\sqrt{R^2+(wL)^2}}[\text{A}]$
- 위상차 : $\tan\theta = \dfrac{X_L}{R}$ → $\theta = \tan^{-1}\dfrac{X_L}{R} = \tan^{-1}\dfrac{wL}{R}$

  전압 V가 전류 I보다 θ만큼 앞선다.
- 역률 : $\cos\theta = \dfrac{R}{Z} = \dfrac{R}{\sqrt{R^2+X_L^2}} = \dfrac{R}{\sqrt{R^2+(wL)^2}}$

13 직선 도체에 작용하는 힘

- 자장과 직각방향 : $\sin90° = 1$
- 도선이 받는 힘 $F = BI\ell\sin\theta = 3\times4\times10\times10^{-2}\times1 = 1.2[\text{N}]$

14

- 전자석은 전기장의 세기이므로 $H = \dfrac{NI}{2\pi r}[\text{AT/m}]$
- 전류와 권수에는 비례한다.
- 무한정 전류를 공급하면 코일에 열이 발생한다.

15

대기의 습도가 높으면 정전기는 발생하지 않는다.

16

$$\text{파형률} = \frac{\text{실효값}}{\text{평균값}} \quad \text{파고율} = \frac{\text{최대값}}{\text{실효값}}$$

17 교류전압

$V = IZ = I(R-jX_C)$에서,
$Z = R-jX_C = 6-j8[\Omega]$
$\therefore V = IZ = 10\times(6-j8) = 60-j80[\text{V}]$

18 전력의 표시

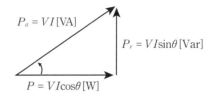

- 단상 교류의 경우
  - 피상전력 $P_a = VI[\text{VA}]$
  - 유효전력 $P = VI\cos\theta[\text{W}] = P_a\cos\theta[\text{W}]$(평균전력 = 소비전력)
  - 무효전력 $P_r = VI\sin\theta[\text{Var}] = P_a\sin\theta$
- 소비전력 $P = VI\cos\theta[\text{W}] = 220\times15\times0.9 = 2,970[\text{W}]$

19 순시값

$v = V_m\sin wt = 311\sin(120\pi t)[\text{V}]$에서,
최대값 $V_m = 311[\text{V}]$

$\therefore$ 실효값 $V = \dfrac{1}{\sqrt{2}}V_m = \dfrac{1}{\sqrt{2}}\times311 = 220[\text{V}]$

20 환상 솔레노이드의 자체 인덕턴스

- 자속 $\phi = BA = \mu HA = \mu\dfrac{ANI}{\ell}[\text{Wb}]$
- 자체 인덕턴스 $L = \dfrac{N\phi}{I} = \dfrac{\mu AN^2}{\ell}[\text{H}]$
- 자체 인덕턴스는 투자율 μ에 비례한다.

21 기동기

전기자 전류를 제한하여 기동 토크를 증가시킨다.

22 전동기의 제동법

- 발전 제동 : 제동 시에 발전을 저항으로 소비하는 제동 방법
- 회생 제동 : 전동기를 발전기로 전환하여 전원에 회생하여 제동하는 방법
- 역상 제동(플러깅, Plugging) : 회전자의 토크를 반대로 발생시킨 (역회전) 후 전동기를 전원에서 분리하여 급제동 하는 방법

23 보극 설치

전기자 반작용을 경감시키고, 양호한 정류를 얻는 데 효과적이다.

24 전기자 반작용

전기자 전류가 주 자속에 영향을 주는 것이다.

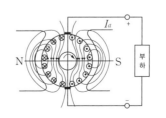 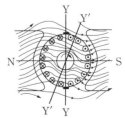

25 누설 리액턴스

- 동기 리액턴스 = 누설 리액턴스(돌발 단락 전류 제한) + 역상 리액턴스(역상 전류 제한)
- 단락 전류가 흐른 뒤에 전기자 반작용은 작용하고, 돌발 단락 전류를 제한하는 것은 권선저항보다 큰 누설 리액턴스이다.

26 동기 전동기의 자기 기동법

- 계자의 자극표면에 권선을 감아 기동하는 방식(유도전동기의 원리)
- 계자권선을 단락하여 고전압 유도에 의한 절연파괴 위험을 방지한다.

27 동기기 위상 특성 곡선(V곡선)

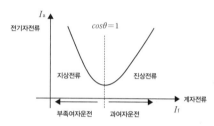

- 그림에서 전기자 전류가 최소일 때 역률 $\cos\theta$은 1이다.

28 차동 복권 발전기

- 직권자속, 분권자속이 반대 방향
- 수하특성 : 부하가 증가할수록 단자전압이 저하하는 특성(부특성 – 용접기용 전원)

29

균압선을 설치하는 발전기는 직권 발전기와 복권 발전기이다.

30 변압기

- 전압을 변환하는 기기로서 1차 권선(전원측)에서 교류전압을 공급하면 자속이 발생하여 2차 권선(부하측)과 쇄교하면서 기전력을 유도하는 작용을 한다.
- 정격 출력은 2차측 단자를 기준으로 한다.

31 손실

- 무부하손(고정손) : 철손 P_i(히스테리시스손 P_h + 와류손 P_e)
  - 히스테리시스손 $P_h \propto f^1 B_m^{1.6\sim2.0}$ (B_m : 최대자속밀도, f : 주파수)
  - 와류손 $P_e \propto tf^2 B_m^{2.0}$ (t : 강판두께)
- 부하손(가변손) : 구리손(동손) : $P_c = i^2 R$

※일정 전압, 일정 파형 상태라면, 철손 $P_i \propto k\dfrac{\mathrm{V}^2}{f}$

32 %저항강하(p)와 %리액턴스강하(q) 이용한 전압 변동률 ε

- %저항강하(p) : 정격전류가 흐를 때 권선저항에 의한 전압강하의 비율을 [%]로 나타낸 것
- %리액턴스강하(q) : 정격전류가 흐를 때 리액턴스에 의한 전압강하의 비율을 [%]로 나타낸 것
- %임피던스 강하 %Z = 전압변동률의 최대값 ε_{max}
  $= \sqrt{p^2+q^2} = \sqrt{3^2+4^2} = 5\,[\%]$
- 지상인 경우 $\varepsilon = p\cos\theta+q\sin\theta = 3\times0.8+4\times0.6 = 4.8\,[\%]$
- 진상인 경우 $\varepsilon = p\cos\theta-q\sin\theta\,[\%]$

33 변압기의 병렬운전 조건

- 각 변압기의 극성이 같을 것. 다르다면 순환전류가 흘러 권선이 소손된다.
- 각 변압기의 권수비가 같을 것. 다르다면 순환전류가 흘러 권선이 과열된다.
- 1차, 2차의 정격전압이 같을 것. 다르다면 순환전류가 흘러 권선이 과열된다.
- 각 변압기의 내부저항과 리액턴스 비가 같을 것. 다르다면 전류의 위상차로 변압기 동손이 증가한다.
- 각 변압기의 %임피던스 강하가 같을 것. 다르다면 부하의 분담이 부적당하게 되어 이용률이 저하된다.
- 상회전 방향과 각 변위가 같을 것.

34 유도 전동기 슬립 s

슬립 $s = \dfrac{N_s-N}{N_s} \times 100\,[\%]$

- 무부하시 : $N = N_s$(동기속도로 회전) $\rightarrow s = 0$
- 부하시(기동시) : $N = 0$(정지상태) $\rightarrow s = 1$

35 농형 유도 전동기의 특징

- 장점 : 구조가 간단하고, 보수가 용이하며, 효율이 좋다.
- 단점 : 속도 조정이 어렵고, 기동 토크가 작다.

36 슬립(Slip)

동기 속도와 회전자 속도의 차에 대한 비

- 슬립 $s = \dfrac{N_s-N}{N_s} \times 100 = 3\,[\%]$
- 동기속도 $N_s = \dfrac{120f}{p} = 1,800\,[\mathrm{rpm}]$
- 회전속도 $N = (1-s)N_s = (1-0.03)\times1,800 = 1,746\,[\mathrm{rpm}]$

37 농형 유도 전동기 회전속도

- 주파수제어 : VVVF(Variable Voltage Variable Frequency) 제어로 전압과 주파수를 가변하여 속도를 제어하는 방법으로 인버터 제어라고도 한다.
- 극수제어 : 극수는 회전속도에 반비례하므로 극수가 작을수록 회전속도는 커진다.

38 다이오드

- 과전압 보호로 직렬 추가 접속
- 과전류 보호로 병렬 추가 접속

39

① : 다이액, ② : SCR, ③ : 다이오드, ④ : 제너다이오드

40 회전 변류기의 전압조정방법

- 직렬 리액턴스에 의한 방법
- 유도전압조정기를 사용하는 방법
- 부하시 전압조정변압기를 사용하는 방법
- 동기 승압기를 사용하는 방법

41 접지도체의 단면적

- 접지도체에 큰 고장전류가 흐르지 않을 경우 : 구리 6[mm²](철제 50[mm²]) 이상
- 접지도체에 피뢰시스템이 접속되는 경우 : 구리 16[mm²](철제 50[mm²]) 이상

42 전압의 종별

전압의 구분	전압의 범위
저압	직류 1500[V] 이하
	교류 1000[V] 이하
고압	직류 1500[V] 초과 7000[V] 이하
	교류 1000[V] 초과 7000[V] 이하
특별고압	7000[V] 초과

43 퓨즈

- 텅스텐 퓨즈 : 작은 전류에도 민감하게 용단되며, 주로 전압전류계 등의 소손 방지용으로 사용
- 통형 퓨즈 : 통 내부에 가용체를 넣어 나이프 단자를 퓨즈 홀더에 꽂아서 사용
- 온도 퓨즈 : 주위 온도에 의하여 용단되는 것으로 전기담요 등 보온용 절연기에 사용

44 전선의 상과 색상

전선의 상(문자)	전선의 색상
L1	갈색
L2	흑색
L3	회색
N	청색
보호도체	녹색-노란색

45 광원의 전광속 F[lm]

- 구면 광원의 전광속 F[lm] = $4\pi I$
- 원통 광원의 전광속 F[lm] = $\pi^2 I$

46 계기용 변압기(PT)

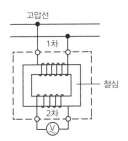

- 특고압 또는 고압을 저압으로 변성하기 위해 사용하는 전압계
- PT 2차 정격전압 : 110[V]

- 2차 권선은 반드시 접지한다(1차측은 고전압이므로 1차 권선과 2차 권선 사이에 분포 용량이 존재하여 고압 전류가 흐를 수 있으므로 2차측에 접촉하면 치명적인 위험이 있다).

47 트위스트 접속

단선 직선 접속으로 단면적 6[mm²] 이하, 2.6[mm] 가는 전선을 사용

48 배전반 유지 간격

- 앞면 또는 조작, 계측면 : 1.5[m]
- 뒷면 또는 점검면 : 0.6[m]
- 열상호간 : 1.2[m]

49 금속관의 규격

	후강 금속관	박강 금속관
	안지름(내경)의 짝수[mm]	바깥지름(외경)의 홀수[mm]
호칭	16, 22, 28, 36, 42, 54, 70, 82, 92, 104	15, 19, 25, 31, 39, 51, 63, 75
두께	2.3[mm] 이상	1.6[mm] 이상

50 프레셔 툴(Pressure Tool)

커넥터, 터미널을 압착하는 데 사용한다.

51

사용전압 400[V] 미만 저압의 이동전선은 0.6/1[KV] 고무절연 클로로프렌 캡타이어 케이블을 사용한다.

52 애자사용 공사

- 애자의 조건 : 절연성, 난연성, 내수성
- 애자공사가 불가능한 장소 : 점검할 수 없는 은폐장소
- 사용 전선 : 옥내용 절연전선 (옥외용 OW 및 인입용 DV 제외)
- 사용 전압 : 600[V] 이하의 저압

53 전선관 공사

- 화약고 등의 위험 장소 : 금속관, 케이블 공사
- 부식성 가스가 있는 장소 : 금속관, 애자사용, 합성수지, 케이블 공사
- 위험물 등이 존재하는 장소 : 금속관, 케이블, 합성수지 공사
- 불연성 먼지가 많은 장소 : 금속관, 애자사용, 합성수지, 케이블 공사
- 습기가 많은 장소 : 금속관, 애자사용, 합성수지, 케이블 공사

54 가요전선관 접속

- 앵글 박스 커넥터 : 박스와 가요전선관 직각 접속
- 스트레이트 박스 커넥터 : 박스와 가요전선관 직접 접속
- 콤비네이션 커플링 : 금속관과 가요전선관 접속
- 스플릿 커플링 : 가요전선관 상호 접속

앵글	스트레이트	콤비네이션	스플릿

55 합성수지 몰드 공사

- 사용전압 : 400[V] 미만
- 점검할 수 있고 전개된 장소
- 지지간격 : 0.4~0.5[m] 간격마다 나사, 접착제 등으로 견고하게 부착할 것

56 폭연성 분진 또는 화약류의 분말이 존재하는 곳 (마그네슘, 티탄 등이 쌓인 곳)

금속관 공사, 또는 케이블 공사(캡타이어 케이블 제외)

57

과전류 차단기 생략 장소는 중성선과 접지선이다.

58 배·분전반 설치 장소

- 접근이 용이하고 개방된 장소(노출된 장소)
- 전기회로를 쉽게 조작할 수 있는 장소
- 인입과 인출이 용이한 장소(개폐기를 쉽게 개폐할 수 있는 장소)
- 안정된 장소

59 행거 밴드

주상 변압기를 전주에 고정한다.

60 콘센트 심벌

콘센트(방수형)	콘센트(방폭형)	콘센트(접지형)
⚇WP	⚇EX	⚇E

2017년 제3회 전기기능사 필기 CBT 정답 및 해설

정답

01	③	02	②	03	④	04	④	05	④	06	②	07	③	08	②	09	②	10	②
11	②	12	①	13	④	14	③	15	②	16	④	17	①	18	②	19	②	20	③
21	③	22	③	23	①	24	④	25	①	26	②	27	②	28	①	29	②	30	②
31	④	32	②	33	②	34	①	35	④	36	④	37	①	38	①	39	④	40	④
41	④	42	③	43	③	44	②	45	③	46	③	47	③	48	①	49	③	50	①
51	①	52	③	53	④	54	④	55	②	56	③	57	②	58	①	59	②	60	②

해설

01 대전(Electrification)
절연체가 서로 마찰되면서 전기를 띠는 현상

02 자석의 성질
- 자석은 고온이 되면 자력이 감소하고 저온이 되면 자력이 증가한다.
- 자기력선은 비자성체는 투과한다.
- 자기력선은 자극으로부터 나온다.
- 자력선은 N극에서 나와 S극으로 향한다.

03 평판 도체의 정전용량
- 전기장의 세기 $E = \dfrac{V}{d}$ [V/m] → $V = E \cdot d$
- 전속밀도 $D = \dfrac{Q}{S} = \varepsilon E$ [C/m²] → $Q = \varepsilon E \cdot S$
- 정전용량 $C = \dfrac{Q}{V} = \dfrac{\varepsilon E \cdot S}{E \cdot d} = \varepsilon \dfrac{S}{d}$ [F]
  (S : 극판의 간격, d : 극판의 간격)
- 정전용량은 극판의 면적과 전하량에 비례하고, 극판의 간격과 전압에는 반비례한다.

04
전압(전위차) V [V] $= \dfrac{W\,[\text{J}]}{Q\,[\text{C}]}$ 에서,

전하의 전기량 $C = \dfrac{W\,[\text{J}]}{V\,[\text{V}]} = \dfrac{500}{100} = 5$ [C]

05 가우스의 정리(Gauss Theorem)
임의의 폐곡면 내에 전체 자하량 m [Wb]이 있을 때 이 폐곡면을 통해서 나오는 자기력선의 총수는 $\dfrac{m}{\mu}$개다. 공기 중에서는 $\dfrac{m}{\mu_0}$개다.

06 인덕턴스의 접속
- 가동접속 : $L_{ab} = L_1 + L_2 + 2M$ [H]
- 차동접속 : $L_{ab} = L_1 + L_2 - 2M$ [H]

07
전류 $I = \dfrac{Q}{t}$ 에서,
전하량 $Q = It = 5\,[\text{A}] \times 3{,}600\,[\text{sec}] = 18{,}000$ [C]

08 무한장 솔레노이드 자기장의 세기
- 내부자계의 자기장의 세기 $H = \dfrac{NI}{\ell}$ [AT/m]에서,
  전류 $I = \dfrac{H\ell}{N} = \dfrac{1{,}000 \times 1 \times 10^{-2}}{5} = 2$ [A]
- 외부자계의 자기장의 세기 $H = 0$

09
전속밀도$(D) = \varepsilon E$ [C/m²]에서,
전기장의 세기 $E = \dfrac{D}{\varepsilon} = \dfrac{D}{\varepsilon_o \varepsilon_s} = \dfrac{2 \times 10^{-6}}{8.855 \times 10^{-12} \times 2.5} = 9 \times 10^4$ [V/m]

10 납축전지
- 양극 : 이산화납(PbO_2)
- 음극 : 납(Pb)
- 전해액 : 묽은 황산(H_2SO_4) - 비중 1.23 ~ 1.26
- 축전지의 기전력 : 2V (방전 종기 전압 : 1.8V)

11 줄의 법칙(Joule's Law)
- 저항 R [Ω]에 I [A]의 전류를 t [sec] 동안 흘릴 때 발생한 열(줄열)
- 열량 $H = Pt = 0.24Pt$ [cal] $= 0.24VIt$ [cal]
  ※ 1 [J] = 0.24 [cal]
- 시간 $t = \dfrac{H}{0.24VI} = \dfrac{2{,}400}{0.24 \times 100 \times 5} = 20$ [sec]

12 히스테리시스 곡선

철심 코일에서 전류를 증가시키면 자장의 세기 H(횡축-보자력)는 전류에 비례하여 증가하지만 자속밀도 B(종축-잔류자기)는 자장에 비례하지 않고 포화현상과 자기이력현상 등이 일어나는 현상

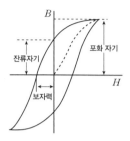

13 저항의 병렬회로

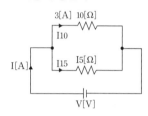

- 전류는 저항과 반비례이므로 $I_{10\Omega} = 3[\text{A}] = \dfrac{15[\Omega]}{10[\Omega]+15[\Omega]} \times I$
- 전체 전류 $I = 3 \times \dfrac{25}{15} = 5[\text{A}]$

14 배율기의 저항

전압계의 측정범위를 10배로 하려면 외부에 9배로 큰 저항이 있어야 전압을 분배하게 된다. 따라서 9:1의 형태로 배율기의 저항은 9배로 하여야 한다.

15 비정현파(비사인파)의 푸리에 급수 전개

비사인파 $v = V_0 + \Sigma$ = 직류분+기본파+고조파

16

- 교류전압 $V = I \cdot Z$
- 임피던스 $Z = \sqrt{R^2 + X_L^2} = \sqrt{4^2 + 3^2} = 5[\Omega]$
- 전류 $I = \dfrac{V}{Z} = \dfrac{200}{5} = 40[\text{A}]$
- 역률 $\cos\theta = \dfrac{R}{Z} = \dfrac{4}{5} = 0.8$

17 대칭 3상 교류의 특징

- 각 기전력의 크기와 주파수 및 파형이 같을 것
- 위상차가 $120°\left(\dfrac{2}{3}\pi[\text{rad}]\right)$일 것

18 V결선 시 출력

$P_V = \sqrt{3}P = \sqrt{3}VI = \sqrt{3} \times 150 = 260[\text{kVA}]$

19 직렬 공진조건

$w_0L = \dfrac{1}{w_0C}$에서 $w_0 = \dfrac{1}{\sqrt{LC}}$

$\therefore$ 공진 주파수 $f_0 = \dfrac{1}{2\pi w_0} = \dfrac{1}{2\pi\sqrt{LC}} = \dfrac{1}{2\pi\sqrt{35 \times 10^{-3} \times 300 \times 10^{-6}}}$

$\fallingdotseq 50[\text{Hz}]$

20 진상전류

전류 i가 전압 v보다 $\dfrac{\pi}{2}$ 앞선다. 따라서 용량성(C) 성분의 회로이다.

※지상전류이면 유도성(L) 성분의 회로이다.

21 복권 발전기

- 가동복권 발전기
  - 과복권 발전기 : 급전선의 전압강하 보상용
  - 평복권 발전기 : 전압 변동률이 0이므로 단자전압 변화 적다.(직류전원 및 여자기)
- 차동복권 발전기
  - 직권자속, 분권자속이 반대 방향
  - 수하특성 : 부하가 증가할수록 단자전압이 저하하는 특성(부특성-용접기용 전원)

22 복권 발전기

- 평복권 발전기 : 무부하 전압 = 전부하 전압 (전압 변동률 = 0)
- 과복권 발전기 : 무부하 전압 〈 전부하 전압 (전압 변동률 = (-))
- 부족복권 발전기 : 무부하 전압 〉 전부하 전압 (전압 변동률 = (+))

23 직류 분권 발전기

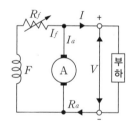

- 유도 기전력 E = $V + I_aR_a$ $I_a = I + I_f$
- 단자전압 $V = E - I_aR_a = 110 - 20 \times 1 = 90[\text{V}]$

24 직류 전동기 속도 제어법

$N = k\dfrac{E}{\phi} = k\dfrac{V - I_aR_a}{\phi}[\text{rpm}]$

- 전압 제어법(V)
  - 단자전압 조정으로 정토크 제어, 조정범위가 넓어서 많이 사용
  - 직병렬제어, 일그너 방식, 워드레오나드 방식
- 계자 제어법(ϕ) : 정출력 제어, 정밀 제어
- 저항 제어법(R_a) : 전압강하가 큼

25 동기기의 전기자 권선법

전기자 권선법은 유도 기전력이 정현파에 가까운 분포권과 단절권을 혼합하여 사용한다.

26 외부 특성 곡선

외부 특성 곡선은 단자전압과 부하전류와의 관계이다.

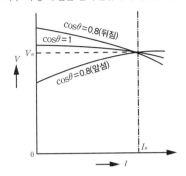

27

병렬운전 조건 중 기전력의 크기가 다르다면, 무효순환전류가 발생한다.

무효순환전류 $I = \dfrac{V}{Z} = \dfrac{200\,[\mathrm{V}]}{10\,[\Omega]+10\,[\Omega]} = 10\,[\mathrm{A}]$

28 동기 전동기의 자기 기동법

계자의 자극표면에 권선을 감아 기동하는 방식(유도 전동기의 원리)으로 계자 권선을 단락하여 고전압 유도에 의한 절연파괴 위험을 방지한다.

29 동기 전동기의 특징과 용도

- 장점 : 역률 조정 가능, 정속도 운전 가능, 기계적 튼튼함
- 단점 : 직류전원장치 필요, 가격이 비싸고 취급 복잡, 난조 발생
- 용도 : 시멘트 분쇄기, 압축기, 송풍기, 동기 조상기

30 변압기 냉각 방식

- 건식 : 자냉식, 풍냉식
- 유입 : 자냉식(주상용), 풍냉식, 수냉식, 송유식(기름을 순환시켜 냉각하는 방식)
- 송유 : 자냉식, 풍냉식, 수냉식

31 변압기의 병렬운전이 불가능한 조합

홀수조합 : Δ-Δ와 Δ-Y / Y-Y와 Δ-Y

32 변압기의 유도기전력

$E = 4.44Nf\phi_m$ (ϕ_m : 자속, N : 권수, f : 주파수)
$\quad = 4.44\times100\times60\times4.5\times10^{-3} = 120\,[\mathrm{V}]$

33 누설 변압기

- 누설자속을 크게 한 변압기로 수하특성을 가진 정전류 변압기
- '네온관 점등용' 및 '아크 용접용' 변압기에 사용

34 포크(Fork) 결선(수은 정류기)

3상 교류를 6상 교류로 변환

35 컨서베이터(Conservator) 설치

- 변압기 외함 상단에 설치하여 질소를 봉입
- 변압기유와 공기의 접촉으로 인한 열화를 방지

36 농형 회전자의 경사진 홈

소음 감소, 기동 특성 개선, 파형 개선을 한다.

37

- 유도 전동기 슬립 $s = \dfrac{2\text{차 출력}}{2\text{차 입력}} = \dfrac{P_{C2}}{P_2}$
- 2차 동손 $P_{C2} = sP_2 = 0.03\times10\,[\mathrm{kW}] = 0.3\,[\mathrm{kW}]$

38 전동기의 토크 τ

- 유도 전동기의 토크 : $\tau \propto V^2$ (토크는 공급전압의 제곱에 비례한다.)
- 동기 전동기의 토크 : $\tau \propto V$ (토크는 공급전압에 비례한다.)

39 반파 정류회로

- 직류 전류 평균값 $I_d = \dfrac{E_d}{R}$
- 직류 전압 평균값 $E_d = \dfrac{2\sqrt{2}E}{\pi}$

$$\therefore I_d = \dfrac{E_d}{R} = \dfrac{\dfrac{\sqrt{2}E}{\pi}}{R} = \dfrac{\sqrt{2}E}{\pi R}$$

40 SCR(실리콘 정류소자)의 특징

- PNPN 구조로 되어 있다.
- 역저지 3단자 사이리스터로, 정류 작용을 할 수 있다.
- 고속도의 스위칭 작용을 할 수 있다.
- 게이트에(Gate)에 (+)신호를 가하면 순방향 전류가 흐르며, 역방향에 대한 제어 특성은 없다.
- 인버터 회로를 이용할 수 있다.
- 조광제어, 온도제어, 고주파제어에 사용된다.

41

패킹사용 및 금속관 공사 시 5턱 이상 나사 조임 사용

42 알루미늄(Al) 전선의 접속 방법

C형, E형, H형 전선 접속기를 사용한다.

43

주 접지단자에 보호 등전위체, 접지도체, 보호도체 등을 접속하여야 한다.

44

절연저항의 측정기는 절연저항계 또는 메거(Megger)를 사용한다.

45

특고압 컷아웃 스위치(COS)는 변압기 용량 300 [kVA] 이하에서 사용할 수 있다.

46 가연성 분진이 존재하는 곳
(소맥분, 전분, 유황 등의 먼지 발화원이 될 수 있는 곳)

금속관 공사, 케이블 공사, 합성수지관(2.0[mm] 이상) 공사

47 가요전선관 공사

- 사용전압 400[V] 이상 저압
- 절연전선(단, OW 제외) 10[mm²] 연선, 알루미늄 16[mm²] 연선 사용할 것
- 1종 금속제 가요전선관은 두께 0.8[mm] 이하인 것을 사용할 것
- 지지점간의 간격은 1[m] 이하일 것
- 규격은 안지름의 근사 홀수(3종) : 15, 19, 25[mm]
- 적용은 굴곡이 많은 개소, 소규모 증설 공사, 안전함과 전동기 사이의 배선공사
- 제1종 가요전선관 곡률 반경 : 내경의 6배 이상
- 제2종 가요전선관 곡률 반경 : 내경의 3배 이상(작업환경이 불량한 경우는 6배 이상)

48 전선의 접속

- 트위스트 접속 : 단선 직선 접속으로 단면적 6[mm²] 이하, 2.6[mm] 가는 전선
- 브리타니아 접속 : 단선 직선(분기) 접속으로 단면적 10[mm²] 이상, 3.2[mm] 굵은 전선

49 캡타이어 케이블

- 주석으로 도금한 연선에 종이테이프 또는 무명실을 감고 규정된 고무 혼합물을 입힌 후 질긴 고무로 외장한 것
- 내수성, 내산성, 내알칼리성, 내유성을 가진 이동용 배선에 사용
- 충격이나 압축에 대하여 내구성 구조 순서 : 1종 〈 2종 〈 3종 〈 4종

50 앤트런스 캡

저압 가공 인입선의 인입구에 사용되며 금속관 공사에서 끝 부분의 빗물 침입을 방지 및 전선의 피복보호를 위해 금속관 끝에 취부한다.

51 토치 램프(Torch Lamp)

전선 접속의 납땜과 합성수지관의 가공에 열을 가할 때 사용한다.

52 차단기(Circuit Breaker, CB)

- 유입 차단기(OCB) : 절연유 사용(Oil Circuit Breaker)
- 공기 차단기(ABB) : 공기 이용
- 자기 차단기(MBB) : 전자력 원리이용
- 가스 차단기(GCB) : SF_6가스 이용
- 진공 차단기(VCB) : 진공 원리이용
- 기중 차단기(ACB) : 압축공기 이용(저압용)

53 전선의 상과 색상

전선의 상(문자)	전선의 색상
L1	갈색
L2	흑색
L3	회색
N	청색
보호도체	녹색-노란색

54

- 접지측 전선 : 접지된 전선
- 중성선 : 다선식 전로에서 전원의 중성극에 접속된 전선
- 전압측 전선 : 접지하지 않은 선

55 합성수지관 상호접속

- 커플링 사용 : 관 바깥지름의 1.2배 이상
- 접착제 사용 : 관 바깥지름의 0.8배 이상

56 조명 기호

- 수은등 : H
- 나트륨등 : N
- 형광등 : F
- 메탈할라이트등 : M

57

전등 1구를 3로 스위치 2개로 2개소에서 점등이 가능하고, 여기에 4로 스위치 2개를 더 사용하면 4개소에서 점등이 가능하다.

58

전압강하는 표준전압의 2[%] 이하로 한다.

59 마그넷 스위치(MC)

과부하나 정전 시, 저전압일 때 자동적으로 차단되어 전동기의 소손 방지

60

안전 허리띠용 로프는 허리 위로 10~15[°] 정도 높게 걸어야 한다.

정답

01	①	02	①	03	④	04	③	05	③	06	①	07	①	08	④	09	③	10	①
11	②	12	③	13	②	14	④	15	①	16	④	17	③	18	③	19	②	20	②
21	①	22	①	23	②	24	②	25	④	26	①	27	②	28	④	29	③	30	①
31	②	32	②	33	②	34	②	35	③	36	②	37	②	38	④	39	③	40	④
41	④	42	②	43	②	44	②	45	③	46	④	47	③	48	④	49	①	50	④
51	③	52	①	53	②	54	②	55	①	56	②	57	③	58	④	59	③	60	③

해설

01

- 정전흡인력 $F = \dfrac{1}{2}\varepsilon E^2\,[\text{N/m}^2]$

- 전기장의 세기 $E = \dfrac{V}{d}\,[\text{V/m}]$

$$\therefore F = \dfrac{1}{2}\varepsilon\left(\dfrac{V}{d}\right)^2 \propto V^2$$

02 콘덴서의 종류

- 가변 콘덴서(바리콘) : 용량 변화 조정
- 마일러 콘덴서 : 유전체는 폴리에스테르 필름, 양면에 금속박을 대고 원통형으로 감은 것으로 내열성과 절연저항이 양호하다.
- 마이카 콘덴서 : 운모와 금속박막으로 되어 있으며, 온도변화에 의한 용량변화가 작고 절연저항이 높은 표준 콘덴서로 사용한다.
- 세라믹 콘덴서 : 비유전율이 큰 산화티탄 등을 유전체로 사용한 것으로 극성이 없으며 가격대비 성능이 우수하여 가장 많이 사용한다.
- 전해 콘덴서 : 금속 표면에 산화피막을 만들어 유전체로 이용, 소형으로 큰 정전용량을 얻을 수 있으나, 극성이 있어 교류회로에는 부적합하다.

03 전위

$$V\,[\text{V}] = IR\,[\text{A}\cdot\Omega] = \dfrac{W}{Q}\,[\text{J/C}]$$

※전기장의 세기 $E = \dfrac{1}{4\pi\varepsilon}\cdot\dfrac{Q}{r^2}\,[\text{V/m}] = \dfrac{F}{Q}\,[\text{N/C}]$

04

코일은 직렬로 연결할수록 인덕턴스가 커진다.

05 전기력선의 특징

- 전기력선은 양전하 표면에서 나와 음전하 표면에서 끝난다.
- 전기력선은 접선방향이 그 점에서의 전장의 방향이다.
- 전기력선은 수축하려는 성질이 있으며 같은 전기력선은 반발한다.
- 전기력선은 수직한 단면적의 전기력선 밀도가 그 곳의 전장의 세기를 나타낸다.
- 전기력선은 서로 교차하지 않는다.
- 전기력선은 도체 표면에 수직으로 출입하며 도체 내부에는 전기력선이 없다.
- 전기력선은 등전위면과 직교한다.

06 평판 도체의 전기장의 세기

$$E = \dfrac{V}{d}\,[\text{V/m}] \propto \dfrac{1}{d} = \dfrac{1}{3}\text{배}$$

07 유도기전력

$$e = -L\dfrac{\Delta I}{\Delta t}\,[\text{V}] = -50\times10^{-3}\times\dfrac{10}{0.5} = 1\,[\text{V}]$$

08

- 유도기전력 $e = B\ell v\sin\theta\,[\text{V}]$
- $\sin\theta = \sin90° = 1$: 자속과 수직방향

$$\therefore e = B\ell v\sin\theta = B\ell v\sin90° = B\ell v\,[\text{V}]$$

09

전류(I)는 도체의 단면을 단위시간(t)에 통과하는 전하량(Q)이다.

전류 $I\,[\text{A}] = \dfrac{Q}{t}\,[\text{C/sec}]$

10 옴의 법칙(Ohm's Law)

$V\,[\text{V}] = IR\,[\text{A}\cdot\Omega]$

전압 V는 도체의 저항 R과 흐르는 전류 I에 비례한다.

11 저항의 직병렬회로

- 합성 직렬저항 $R_s = R_{10}+R_{20} = 30\,[\Omega]$

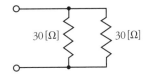

30 [Ω]   30 [Ω]

- 합성 저항 $R = \dfrac{R_s R_{30}}{R_s + R_{30}} = \dfrac{30 \times 30}{30 + 30} = \dfrac{900}{60} = 15\,[\Omega]$

12 저항 R에 흐르는 전력

$P = I^2 R = \dfrac{V^2}{R}\,[\text{W}]$에서, $R = \dfrac{V^2}{P} = \dfrac{100^2}{100} = 100\,[\Omega]$

13 저항기

- 분류기(Shunt) : 전류계의 측정범위를 넓히기 위한 목적으로 전류계에 병렬로 접속하는 저항기
- 배율기(Multiplier) : 전압계의 측정범위를 넓히기 위한 목적으로 전압계에 직렬로 접속하는 저항기

14 고유저항

- 경동 : $\dfrac{1}{55}\,[\Omega \cdot \text{mm}^2/\text{m}]$
- 연동 : $\dfrac{1}{58}\,[\Omega \cdot \text{mm}^2/\text{m}]$

15 주파수

- 주파수 $f = \dfrac{1}{T}$: 주파수 f의 역수가 주기 T이다.
- 주기 $T = \dfrac{1}{f} = \dfrac{1}{10} = 0.1\,[\text{sec}]$

16

백열전구는 저항 R의 성분으로 전압과 전류의 위상은 같다.

17 전력의 표시(단상 교류의 경우)

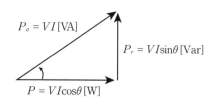

- 피상전력 $P_a = VI\,[\text{VA}]$
- 유효전력 $P = VI\cos\theta\,[\text{W}] = P_a \cos\theta\,[\text{W}]$(평균전력 = 소비전력)
- 무효전력 $P_r = VI\sin\theta\,[\text{Var}] = P_a \sin\theta$
- $\therefore \cos\theta = \dfrac{P}{VI} = \dfrac{800}{500 \times 2} = 0.8$

18 합성 임피던스

$Z = Z_1 + Z_2 = (2+j11) + (4-j3) = 6+j8 = \sqrt{6^2 + 8^2} = 10\,[\Omega]$

19 임피던스

$Z = R + j\left(wL - \dfrac{1}{wC}\right)[\Omega]$

- 직렬공진 조건 : 허수부 $wL - \dfrac{1}{wC} = 0$
- 공진조건 대입하면 임피던스($Z = R$)는 최소가 된다.

20 시정수와 과도현상

- 과도현상은 정상상태로부터 다른 정상상태로 변화하는 과정이다.

- 과도현상은 시간적 변화를 가질 수 있는 소자(L과 C)에서 발생한다.
- 시정수는 과도전류에서 정상전류(63.2%)에 도달하기까지의 시간이다.
- 과도현상은 시정수가 클수록 오래 지속된다.

21 전기자 반작용의 영향

- 감자작용 : 주 자속을 감소
  - 발전기 : 유도 기전력 감소
  - 전동기 : 토크 감소
- 편자작용 : 중성축을 이동
  - 발전기 : 회전방향
  - 전동기 : 회전방향 반대방향
- 불꽃 발생 : 자속분포 불균일로 인한 국부적 전압 상승

22 정류 곡선

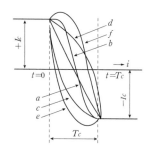

- 직선 정류 – a : 전류가 직선적으로 균등하게 변환(양호)
- 정현파 정류 – b : 불꽃 발생 안함(양호)
- 과 정류 – c : 브러시 전단에서 불꽃 발생(불량)
- 부족 정류 – d : 브러시 후단에서 불꽃 발생(불량)

23 타여자 발전기의 특징

- 계자권선이 전기자와 접속되어 있지 않으므로 별도의 직류전원에서 여자전류를 공급하는 방식
- 계자에 잔류자기가 없어도 발전 가능
- 정전압 발전기로 전압강하가 작고, 전압을 광범위하게 조정하는데 사용

24 전압 확립

- 계자 전류의 증가로 단자 전압이 증가하는 현상(분권 발전기)
- 직권 발전기는 무부하시($I_a = I = I_f = 0$)에 전압을 확립하지 못한다.

25 전동기의 기동 방법

- 기동전류를 최소로 하여 기동저항을 최대로 할 것
- 기동토크를 최대로 하여 계자저항을 최소로 할 것

26 동기 전동기의 V곡선(위상 특성 곡선)

- 종축 : 전기자 전류
- 횡축 : 계자 전류

27 변압기

- 전압을 변환하는 기기
- 1차 권선(전원측)에서 교류 전압을 공급하면 자속이 발생하여 2차

권선(부하측)과 쇄교하면서 기전력이 발생(전자 유도 작용)

28 변압기의 철심
철손을 줄이기 위해 규소강판(규소함량 3~4%, 두께 0.35mm)을 성층하여 사용한다.

29 절연물의 최고 허용온도

절연의 종류	Y	A	E	B	F	H	C
최고허용온도 [℃]	90	105	120	130	155	180	180 이상

30 변압기의 온도상승 시험법
- 실 부하법 : 실제 부하를 연결하여 시험
- 반환 부하법 : 철손과 동손만을 공급하여 시험

31 극성시험
- 감극성 $V_a = V_1 - V_2$
- 가극성 $V_b = V_1 + V_2$
- ∴ 전압차 $V = V_a - V_b = (V_1 - V_2) - (V_1 + V_2)$
  $= 2V_2 = 2 \times 8 [V] = 16 [V]$

32 토크
$\tau = \dfrac{P}{w} = 9.55 \dfrac{P}{N} [\text{N·m}] = 9.55 \times \dfrac{3 \times 10^3}{1,500} = 19.11 [\text{N·m}]$

33
기동 보상기법은 농형 유도 전동기의 15[kW] 이상의 중대형 전동기에 사용한다.

34 단상 유도 전동기
- 단상 권선으로 회전 자장이 아닌 교번(이동) 자기장이 발생한다.
- 기동 토크는 0이며 별도의 기동 장치로 보조권선이 필요하다.

35
소용량의 전동기는 동기속도의 80[%]에서 최대 토크가 발생한다.

36 2차 여자법
권선형 유도 전동기 회전자에 슬립 주파수(유기기전력과 같은 주파수를 갖는 전압)를 가하여 속도를 제어하는 방법

37 슬립
- 슬립 $s = \dfrac{N_s - N}{N_s} \times 100 [\%]$
- 회전자의 회전속도가 증가하면 슬립은 감소한다.

38 사이클로 컨버터(Cyclo Converter)
교류에서 주파수가 다른 교류로 변환하는 장치

39
양방향 소자인 DIAC으로 신호를 발생하여 TRIAC을 구동하는 전파 위상제어회로이다.

40 P형 반도체의 반송자
- N형 반도체의 반송자 : 과잉전자
- P형 반도체의 반송자 : 정공

41 접지도체의 단면적
- 접지도체에 큰 고장전류가 흐르지 않을 경우 : 구리 6[mm²](철제 50[mm²]) 이상
- 접지도체에 피뢰시스템이 접속되는 경우 : 구리 16[mm²](철제 50[mm²]) 이상

42 변전소
외부로부터 전송된 전기를 변압기, 정류기, 변류기 등을 이용하여 변성한 후 다시 외부로 전기를 전송하는 곳
※ 발전소 : 수력, 화력, 원자력 등의 발전 기계 기구를 이용하여 전기를 발생시키는 곳

43 차단기(Circuit Breaker, CB)
- 유입차단기(OCB) : 절연유 사용
- 공기차단기(ABB) : 공기 이용
- 자기차단기(MBB) : 전자력 원리이용
- 가스차단기(GCB) : SF₆가스 이용
- 진공차단기(VCB) : 진공 원리이용
- 기중차단기(ACB) : 압축공기 이용(저압용)

44 계기용 변성기(계기용 변압 변류기 Metering Out Fit, MOF)
- 전기사용량을 적산하기 위하여 고압의 전압과 전류를 변성하는 장치
- PT와 CT가 한 탱크 내에 설치

45 방전 코일(Discharging Coil, DC)
과전압 방지로 설치한다.

46
전동기에 접지를 함으로서 누전에 의한 감전 사고를 방지한다.

47
동선은 염분이 많은 해안지방의 송전용으로 적합하다.

48
내열용 비닐 절연전선 [HIV]

49 연피 케이블
특별고압 지중 전선로에서 직접 매설식에 사용한다.

50 리노 테이프

절연성, 보온성, 내유성은 좋으나, 접착성은 약하고 연피 케이블 접속용으로 사용한다.

51 리셉터클(Receptacle)

코드 없이 천장이나 벽에 직접 붙이는 소켓이다.

52 펌프 플라이어(Pump Plier)

로크너트를 조일 때 사용한다.

53

현수 애자, 장간 애자, 구형 애자는 송배전 선로용이다.

54 금속관 공사 부품

- 금속관 상호접속 : 유니온 커플링(돌려 끼울 수 없을 경우)
- 금속관을 박스에 접속 : 로크 너트(고정용), 절연부싱(전선의 피복 보호용)
- 녹아웃 지름이 접속하는 금속관보다 큰 경우 : 링 리듀서
- 관 굽힘작업 : 밴더, 히키
- 직각 공사시(노출) : 유니버셜 앨보
- 직각 공사시(매입) : 노멀 밴드

55 가요전선관 접속

- 금속관과 가요전선관 접속 : 콤비네이션 커플링

56 전기 울타리

- 사용전압 및 전선 : 250 [V] 이하, 2.0 [mm] 경동선
- 이격 거리는 전선과 지주간은 2.5 [cm] 이상, 전선과 시설물 및 수목 간은 30 [cm] 이상

57 교통신호등

- 최대 사용전압 : 300 [V] 이하
- 사용전압이 150 [V] 초과시 누전차단기 설치
- 제어장치의 전원측에 전용개폐기 및 과전류 차단기를 각 극에 설치

58 지지물의 종류

- 철근 콘크리트주(CP주) : 지지물 중 가장 많이 사용한다.
- 목주, 철주(A종, B종), 철탑

59

와이어통을 절연봉으로 사용한다.

60 큐비클형(폐쇄식) 배전반

캐비닛 형식의 배전반

2018년 제1회 전기기능사 필기 CBT 정답 및 해설

정답

01	①	02	③	03	③	04	①	05	③	06	①	07	④	08	①	09	③	10	②
11	④	12	②	13	④	14	④	15	①	16	④	17	②	18	③	19	③	20	④
21	②	22	②	23	②	24	③	25	④	26	③	27	④	28	②	29	③	30	③
31	③	32	④	33	②	34	①	35	③	36	②	37	②	38	①	39	③	40	①
41	③	42	②	43	③	44	④	45	④	46	①	47	④	48	③	49	①	50	①
51	④	52	①	53	③	54	④	55	②	56	②	57	②	58	②	59	②	60	④

해설

01 자유전자(Free Electron)

- 원자의 구속에서 벗어나 자유롭게 이동하는 전자
- 자유전자의 이동으로 전기 발생
- 전기의 발생
  - 중성상태 : 양성자(+)와 전자(-)의 수가 동일한 상태
  - 양(+)전기 : 자유전자가 물질 밖으로 나가 전자가 부족한 상태
  - 음(-)전기 : 자유전자가 물질 안으로 들어와 전자가 남게 된 상태

02

- 열량 H[cal] = 0.24×Pt = 0.24×W[J]
- 콘덴서의 정전에너지 $W = \frac{1}{2}CV^2 = \frac{1}{2} \times 100 \times 10^{-6} \times 1,000^2 = 50$[J]

∴ $H = 0.24 \times W$[J] = 0.24×50 = 12[cal]

03 콘덴서의 접속

- 병렬접속 : $C_p = n \times C = 5C$
- 직렬접속 : $C_s = \frac{C}{n} = \frac{C}{5} \rightarrow C = 5C_s$

∴ $C_p = 5C = 5(5C_s) = 25C_s$

04

정전기력 $F = QE$[N]에서,

전기장의 세기 $E = \frac{F[\text{N}]}{Q[\text{C}]}$: 단위 전하 Q에 작용하는 힘 P

05 자기장의 세기

$$H = \frac{1}{4\pi\mu_0\mu_s} \cdot \frac{m}{r^2} [\text{AT/m}]$$

- 비투자율 μ_s : 구리(0.99991), 진공(1.0), 공기(1.0), 니켈(1.0), 초합금(1.0)
- 자기장의 세기는 비투자율에 반비례$\left(H \propto \frac{1}{\mu_s}\right)$하므로 비투자율이 작은 구리가 가장 크다.

06 비오-사바르의 법칙

도선에 전류 I[A]을 흘릴 때 도선의 $\Delta\ell$에서 r[m] 떨어지고 각도가 θ인 점 P에서의 자장의 세기를 알아내는 법칙

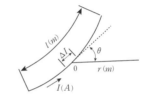

자기장의 세기

$$\Delta H = \frac{I\Delta\ell}{4\pi r^2}\sin\theta \,[\text{AT/m}]$$

07 자기저항

$$R = \frac{\ell}{\mu A} = \frac{NI}{\phi} [\text{AT/Wb}]$$

- 자기저항 R은 길이 ℓ에 비례하고 단면적 A에 반비례한다.

08 환상 솔레노이드의 자체 인덕턴스

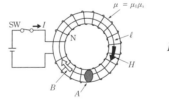

$$L = \frac{N\phi}{I}$$

- 자기장의 세기 $H = \frac{NI}{\ell}$ [AT/m]
- 자속 $\phi = BA = \mu HA = \mu_0\mu_s\frac{ANI}{\ell}$ [Wb]
- $L = \frac{N\phi}{I} = \frac{\mu_0\mu_s \cdot AN^2}{\ell} = \frac{4\pi \times 10^{-7} \times (2 \times 10^3) \times 4 \times (10^{-2})^2 \times (10^3)^2}{50 \times 10^{-2}}$
  ≒ 2 [H]

09 기전력

대전체에 전지를 연결하여 전위차를 일정하게 유지시켜주면 계속하여 전류를 흘릴 수 있게 되는데 여기서 전지와 같이 전위차를 만들어주는 힘을 기전력이라 한다.

10 컨덕턴스는 저항의 역수

• $G = \dfrac{1}{R}\,[\Omega]$

• 저항 $R = \dfrac{V}{I}\,[\Omega]$

∴ 컨덕턴스 $G = \dfrac{I}{V}\,[\mho]$(저항의 역수)

11 전지의 접속

• 전지의 직렬 접속인 경우 : 전류 $I = \dfrac{nE}{R+nr}\,[A]$

• 전지의 병렬 접속인 경우 : 전류 $I = \dfrac{E}{R+\dfrac{r}{n}}\,[A]$

12 전력

$P\,[W] = \dfrac{W\,[J]}{t\,[sec]}$ 에서, $W\,[J] = Pt\,[W{\cdot}sec]$

∴ $5\,[Wh] = 5\,[W] \times 3{,}600\,[sec] = 18{,}000\,[J]$

13 저항기

• 분류기(Shunt) : 전류계의 측정범위를 넓히기 위한 목적으로 전류계에 병렬로 접속하는 저항기

• 배율기(Multiplier) : 전압계의 측정범위를 넓히기 위한 목적으로 전압계에 직렬로 접속하는 저항기

14 Faraday's Law(패러데이 법칙)

• 석출양 $W = kQ = kIt\,[g]$

• 석출되는 물질의 양은 통과한 전기량에 비례한다.

15 교류전압

$e = V_m \sin\theta(wt-\theta)\,[V]$

• 각속도 $w = 2\pi f = 100\pi$

• 주파수 $f = \dfrac{100\pi}{2\pi} = 50\,[Hz]$

16 교류전압

$V = I{\cdot}Z = I{\cdot}X_L\,[V]$ 에서,

$I = \dfrac{V}{X_L} = \dfrac{V}{wL} = \dfrac{V}{2\pi f{\cdot}L} = \dfrac{314}{2\pi \times 50 \times 10^{-3}} = 100\,[A]$

17 Δ결선 : 상전압 V_p, 선간전압 V_ℓ, 상전류 I_p, 선전류 I_ℓ

• $V_\ell = V_p$

• $I_\ell = \sqrt{3}I_p \angle -\dfrac{\pi}{6}\,[A]$ (위상은 선전류가 $\dfrac{\pi}{6}\,[rad]$ 뒤진다.)

• $I_p = \dfrac{V_p}{Z} = \dfrac{220}{\sqrt{8^2+6^2}} = 22\,[A]$

• $I_\ell = \sqrt{3} \times I_p = \sqrt{3} \times 22 = 22\sqrt{3}\,[A]$

18 전력의 표시(단상)

• 피상전력 $P_a = VI\,[VA]$

• 유효전력 $P = VI\cos\theta\,[W] = 200 \times 10 \times \dfrac{\sqrt{3}}{2} = 1{,}732\,[W]$

$\left(\cos\theta = \cos\dfrac{\pi}{6} = \cos 30° = \dfrac{\sqrt{3}}{2}\right)$

• 무효전력 $P_r = VI\sin\theta\,[Var]$

19 Y결선 : 상전압 V_p, 선간전압 V_ℓ, 상전류 I_p, 선전류 I_ℓ

• $V_\ell = \sqrt{3}V_p \angle \dfrac{\pi}{6}\,[V]$ (위상은 선간전압이 $\dfrac{\pi}{6}\,[rad]$ 앞선다.)

• $I_\ell = I_p\,[A]$

20 비정현파의 실효값

$V = \sqrt{\text{각 고조파의 실효값의 제곱의 합}} = \sqrt{V_0^2 + V_1^2 + V_2^2 + \cdots\cdots V_n^2}$

21 직류기의 구조

• 계자(Field Magnet) : 자속을 발생하는 부분

• 전기자(Armature) : 계자에서 만든 자속을 쇄교하여 기전력을 발생하는 부분

• 정류자(Commutator) : 전기자에서 발생된 기전력, 즉 교류를 직류로 변환하는 부분

• 브러시(Brush) : 정류자면에 접촉하여 외부회로로 전류를 흐르게 하는 부분

22 보상권선 설치

전기자 반작용의 가장 좋은 대책으로 전기자 전류와 반대 방향으로 설치한다.

23 직류 직권 전동기

• 토크 $\tau \propto \dfrac{1}{N^2}$: 회전수의 제곱에 비례한다.

24 직류 분권 전동기

• 속도 $N = k\dfrac{V-I_aR_a}{\phi} \propto \dfrac{1}{\phi} = \dfrac{1}{I_f}$: 자속(계자 전류)은 회전 속도에 반비례한다.

• 자속(계자 전류)을 감소하면 회전 속도는 증가한다.

25 단락비가 큰 동기기

• 전기적(장점)
  - 전기자 반작용이 작다. 전압 변동률이 작다. 동기 임피던스가 작다.
  - 단락 전류가 크다. 안정도가 증대된다.

• 기계적(단점)
  - 공극이 크다(넓다).
  - 기계가 무겁고, 효율이 낮다.

26

포화계수는 bc' 에 대한 cc' 이며, oc를 공극선이라 한다.

27 난조(Hunting)

- 전동기의 부하가 급격히 변동하면 회전자가 관성으로 주기적으로 진동하는 현상
- 난조가 심하면 전원과의 동기를 벗어나 이탈(탈조)되어 정지하기도 한다.
- 난조 발생원인
  - 조속기가 너무 예민한 경우
  - 관성모멘트가 작은 경우
  - 고조파가 포함되어 있는 경우
  - 원동기에 전기자 저항이 큰 경우
- 난조 방지책 : 제동 권선(Damper Winding) 설치(기동용 권선으로 이용)
  - 회전자 자극표면에 홈을 파고 도체를 넣어 도체 양 끝에 2개의 단락 고리로 접속한다.

28 동기 전동기의 V곡선(위상 특성 곡선)

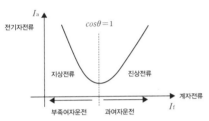

V곡선(위상특성곡선)에서 부하가 클수록 위쪽으로 이동한다.

29 동기 전동기의 용도

- 시멘트 분쇄기, 압축기, 송풍기, 동기 조상기 등이다.
- 크레인은 3상 유도전동기(권선형)로 사용한다.

30 권수비

$$a = \frac{E_1}{E_2} = \frac{N_1}{N_2} = \frac{V_1}{V_2} = \frac{I_2}{I_1} = \sqrt{\frac{R_1}{R_2}}$$

- 권수비 $a = \frac{V_1}{V_2}$ (V_1 : 정격 1차 전압, V_2 : 정격 2차 전압)
- 정격 1차 전압 $V_1 = aV_2$

31

접지저항측정은 접지되어 있는 극의 저항을 알기 위한 방법이다.

32 누설전류

절연물의 내부나 표면을 통해서 흐르는 소량의 전류

33 Y-Y결선방식

제3고조파가 포함되어 있어 기전력의 파형을 왜곡되며, 통신선 유도 장해를 일으킨다. 따라서 송배전 계통에서는 거의 사용하지 않는다.

34

국내의 3상 유도 전동기의 정격 주파수는 60[Hz]이고, 최소 극수는 2극이다.

따라서, 최고 속도 $N = \frac{120f}{p} = \frac{120 \times 60}{2} = 3,600$ [rpm]

35

회전속도 $N = (1-s)N_s = (1-s) \times \frac{120f}{p}$ 에서,

극수 $p = (1-s)\frac{120f}{N_s} = (1-0.03) \times \frac{120 \times 60}{1,168} = 6$극

36 기계적 출력 P

- 2차 동손 $P_{C2} = sP_2$
- 기계적 출력 $P = P_2 - P_{C2} = P_2 - sP_2 = (1-s)P_2$

37 원선도

- 슬립, 효율, 출력, 역률 등의 여러 특성을 도형으로 표현한 것이다.
- 원선도 작성에 필요한 시험은 저항 측정, 무부하 시험, 구속 시험 등이 있다.

38 정류회로의 직류 평균값 E_d

- 단상 반파 $E_d = \frac{\sqrt{2}V}{\pi} = 0.45V$ [V]
- 단상 전파 $E_d = \frac{2\sqrt{2}V}{\pi} = 0.9V$ [V]
- 3상 반파 : $E_d = 1.17V$ [V]
- 3상 전파 : $E_d = 1.35V$ [V]

39 SCR(실리콘 정류소자)의 특징

- PNPN 구조로 되어 있다.
- 역저지 3단자 사이리스터로, 정류 작용을 할 수 있다.
- 고속도의 스위칭 작용을 할 수 있다.
- 게이트에(Gate)에 (+)신호를 가하면 순방향 전류가 흐르며, 역방향에 대한 제어 특성은 없다.
- 인버터 회로를 이용할 수 있다.
- 조광제어, 온도제어, 고주파제어에 사용된다.

40 초퍼(Chopper)

직류 전압의 입력으로 크기가 다른 직류 전압의 출력으로 변환하는 장치이다.

41 케이블 트렁킹시스템

합성수지몰드공사, 금속몰드공사, 금속트렁킹공사
*금속트렁킹공사 : 금속본체의 커버가 별도로 구성되어 커버를 개폐할 수 있는 금속덕트공사

42

- 지락전류 $I_g = \frac{I_m}{2,000} = \frac{500}{2,000} = 0.25$[A]
- 절연저항 $R_g = \frac{V}{I_g} = \frac{415}{0.25} = 1,660$[Ω]

43

접지공사의 경우 지중에 매설된 3[Ω] 이하의 금속제 수도관을 접지극으로 사용할 수 있다.

44

SF$_6$ 가스의 소호능력은 공기보다 100~200배 정도이다.

45 공칭전압 : 전선로를 대표하는 선간 전압

• 특고압 공칭전압 : 765 / 345 / 154 / 22.9 [kV]
• 저압 공칭전압 : 380 / 220 / 110 [V]

46 코드 심선의 색깔

• 2심 : 검정색, 흰색
• 3심 : 검정색, 흰색, 적색(또는 녹색)
• 4심 : 검정색, 흰색, 적색, 녹색(접지선)

47

황마는 주로 케이블의 외장에 사용된다.

48

컴파운드는 연피 케이블의 말단 처리용으로 사용된다.

49

점멸 스위치는 전원측에 전선을 접속해야 된다.

50 정격전류 30 [A] 이하인 경우

• 정격전류의 1.25배에서 60분 이내 차단 동작
• 정격전류의 2배에서 2분 이내 차단 동작

51 접지저항 측정

• 어스 테스터
• 코올라시 브리지
• 교류의 전압계와 전류계
※ 절연저항 측정 : 메거

52 애자사용 공사 간격

구분	전선 상호간	전선−조영재	지지물간 조영재 윗면, 옆면
400 [V] 미만	6 [cm] 이상	2.5 [cm] 이상	2 [m] 이하
400 [V] 이상		4.5 [cm] 이상	

• 조영재 옆면, 밑면에 따라 2 [m] 이하마다 애자를 박는다.

53 합성수지관 규격

• 길이 : 4 [m]
• 호칭 : 안지름에 근사한 짝수(9종) : 14, 16, 22, 28, 36, 42, 54, 70, 82 [mm]
• 두께 : 2 [mm] 이상

54 금속 덕트 공사

종류	전압	지지간격(수평)	수용률
금속 덕트	600V 이하	3m 이하 (수직 6m 이하)	20% 이하 (제어회로용 50% 이하)

• 제어회로용 공사는 수용률 50 [%] 이하로 한다.

55

스트리퍼는 전선의 피복을 벗기는 공구이다.

56

화재의 우려가 있으므로 열에 강한 내열성 피복전선을 사용함이 바람직하다.

57 지선을 설치할 수 없을 때

• 궁지선 : 근가를 지지물 근원(전주) 가까이에 시설한다.
• Y지선 : 다단 완금 시 시설한다.
• 수평지선 : 전주와 전주 간, 또는 전주와 지주 간에 시설한다.

58 연접인입선

• 분기점으로부터 100 [m]을 넘지 않는 지역에 설치하여야 한다.
• 폭 5 [m]을 넘는 도로를 횡단하지 않아야 한다.

59

청색의 애자를 접지측으로 사용하여 식별한다.

60 다운라이트(Down Light)

천장면에 구멍을 뚫어 그 속에 다양한 형태의 등기구를 매입하는 방식

정답

01	③	02	①	03	①	04	④	05	④	06	②	07	④	08	③	09	③	10	①
11	①	12	①	13	④	14	②	15	④	16	④	17	①	18	①	19	②	20	③
21	④	22	③	23	③	24	④	25	③	26	②	27	④	28	④	29	①	30	②
31	④	32	④	33	③	34	②	35	③	36	③	37	③	38	③	39	①	40	①
41	④	42	②	43	④	44	①	45	④	46	③	47	④	48	①	49	③	50	④
51	④	52	①	53	③	54	②	55	①	56	①	57	②	58	①	59	④	60	④

해설

01

전류 $I[\text{A}] = \dfrac{Q[\text{C}]}{t[\text{sec}]}$에서,

전기량 $Q = It = 3 \times 10 \times 60 = 1,800[\text{C}]$

02 콘덴서의 접속

- 콘덴서의 직렬 접속 : $C = \dfrac{C_1 \cdot C_2}{C_1 + C_2}$
- 콘덴서의 병렬 접속 : $C = C_1 + C_2$

03 전하의 성질

- 흡인력 : 다른 종류의 전하
- 반발력 : 같은 종류의 전하

04

고온의 자석은 자력이 감소하게 된다.

05 환상 솔레노이드 자기장의 세기

$H = \dfrac{NI}{\ell} = \dfrac{NI}{2\pi r}[\text{AT/m}]$

06 회전력(토크)

$\tau = m\ell H \sin\theta$

- $\sin\theta = \dfrac{\tau}{m\ell H} = \dfrac{20}{4 \times 10 \times 10^{-2} \times 100} = 0.5$
- $\sin\theta = 0.5$에서, $\theta = \sin^{-1} 0.5 = 30°$

07 자기저항

$R = \dfrac{\ell}{\mu A}[\text{AT/Wb}]$

- 자기저항은 자속의 발생을 방해하는 성질의 정도이다.
- 자기저항이 작은 경우는 누설자속이 거의 발생하지 않는다.

08 상호 인덕턴스(상호 유도)

하나의 자기회로에서 1차 코일과 2차 코일을 감고 1차 코일에 전류를 변화시키면 2차 코일에도 전압이 발생하는 현상

상호 유도기전력 $e_2 = -M\dfrac{\Delta I_1}{\Delta t}[\text{V}] = -N_2\dfrac{\Delta \phi}{\Delta t}[\text{V}]$

09

- 저항 $R = \rho\dfrac{\ell}{A}[\Omega]$
- 저항 $R \propto \dfrac{\ell}{A}$: 길이에 비례하고 단면적에 반비례한다.

10

- 저항의 병렬접속 $R = \dfrac{1}{\dfrac{1}{R_1} + \dfrac{1}{R_2} + \dfrac{1}{R_3} + \cdots + \dfrac{1}{R_n}}$

- 합성저항 $R = \dfrac{1}{\dfrac{1}{R_1} + \dfrac{1}{R_2} + \dfrac{1}{R_3}} = \dfrac{1}{\dfrac{1}{4} + \dfrac{1}{6} + \dfrac{1}{8}} = 1.846[\Omega]$

11 전지의 병렬접속

- 병렬접속 전류 $I = \dfrac{E}{R + \dfrac{r}{n}}[\text{A}]$

- 전체 내부저항 $r_s = \dfrac{r}{n} = \dfrac{0.1}{10} = 0.01[\Omega]$

12 최대전력

- 최대전력 조건 : 외부저항 R = 내부저항 r
- 합성저항 $R_0 = r+R = 5+5 = 10\,[\Omega]$
- 전류 $I = \dfrac{V}{R_0} = \dfrac{V}{(r+R)} = \dfrac{50\,[\text{V}]}{10\,[\Omega]} = 5\,[\text{A}]$
- 최대전력 $P = I^2R = 5^2 \times 5 = 125\,[\text{W}]$

13 전력

전류 $P\,[\text{W}] = \dfrac{W\,[\text{J}]}{t\,[\text{sec}]}$에서,

$W\,[\text{J}] = Pt\,[\text{W·sec}] = 0.24Pt\,[\text{cal}] = 0.24I^2Rt\,[\text{cal}]$

$\therefore 1\,[\text{kWh}] = 0.24Pt = 0.24 \times 1 \times 10^3 \times 60 \times 60 \fallingdotseq 860\,[\text{kcal}]$

14

전류 $I = \dfrac{Q}{t}$에서,

$t = \dfrac{Q}{I} = \dfrac{45\,[\text{Ah}]}{3\,[\text{A}]} = 15\,[\text{h}]$

15

위상차 $\theta = \theta_v - \theta_i = \left(-\dfrac{\pi}{3}\right) - \left(-\dfrac{\pi}{6}\right) = -\dfrac{\pi}{6}$

v는 i보다 $\dfrac{\pi}{6}$ 뒤진다.$\left(= i$는 v보다 $\dfrac{\pi}{6}$ 앞선다.$\right)$

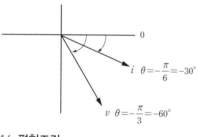

$i \quad \theta = -\dfrac{\pi}{6} = -30°$

$v \quad \theta = -\dfrac{\pi}{3} = -60°$

16 평형조건

$R_2 \times \dfrac{1}{wC_s} = R_1 \times \dfrac{1}{wC_x}$에서, $wC_x = \dfrac{R_1}{R_2} \times wC_s$

$\therefore C_x = \dfrac{R_1}{R_2} \times C_s = \dfrac{200}{50} \times 0.1 \times 10^{-6} = 0.4 \times 10^{-6}\,[\text{F}]$

17 RLC 직렬 공진회로

- 임피던스 $Z = R+j(X_L - X_C) = R+j\left(wL - \dfrac{1}{wC}\right)[\Omega]$
- 허수부 $wL - \dfrac{1}{wC} = 0$(직렬 공진조건)
- 임피던스 $Z = R$: 최소
- 전류 $I = \dfrac{V}{Z} = \dfrac{V}{R}$: 최대

18

- 임피던스 $Z = \sqrt{R^2+X^2} = \sqrt{R^2+(X_L-X_C)^2}\,[\Omega]$
- 역률 $\cos\theta = \dfrac{R}{Z} = \dfrac{4}{\sqrt{4^2+(8-5)^2}} = \dfrac{4}{5} = 0.8$

19 Y결선 : 상전압 V_p, 선간전압 V_ℓ, 상전류 I_p, 선전류 I_ℓ

- $V_\ell = \sqrt{3}V_p \angle -\dfrac{\pi}{6}\,[\text{V}]\left($위상은 선간전압이 $\dfrac{\pi}{6}\,[\text{rad}]$ 앞선다.$\right)$
- $V_p = \dfrac{V_\ell}{\sqrt{3}} = \dfrac{200}{\sqrt{3}} = 115\,[\text{V}]$
- $I_\ell = I_p\,[\text{A}]$

20 비정현파의 푸리에 급수 전개

$v = V_0 + \Sigma =$ 직류분+기본파+고조파

21 직류기의 전기자 권선법

2층권을 사용하며, 중권과 파권이 있다.

- 중권(병렬권) : 저전압 대전류에 사용된다.
  - 전기자 병렬회로수(a) = 브러시(b) = 극수(p)
  - 균압접속 : 전기자 권선의 국부적 과열 방지
- 파권(직렬권) : 고전압 소전류에 사용된다
  - 전기자 병렬회로수(a) = 브러시(b) = 극수(p) = 2

※전기자 권선에서 발생한 전압 유도기전력

$E = PZ\phi\dfrac{n}{a} = PZ\phi\dfrac{N}{60a} = k\phi N\,[\text{V}]$

유도기전력 : E 자속 : ϕ 도체수 : Z 병렬회로수 : a

회전수 : $n(rps)$, $N(rpm)$

22 직권 발전기의 단자전압

$V = E - I(R_a + R_s)\,[\text{V}]$

23

분권기는 계자권선과 전기자권선이 병렬로 연결되어 있다.

24 직류기의 속도 변동률

속도 변동률 $\varepsilon = \dfrac{N_o - N_n}{N_n} \times 100\,[\%] = \dfrac{1,733 - 1,680}{1,680} \times 100 = 3.14\,[\%]$

25 균압선 설치

병렬운전을 안정하게 운전하기 위해 설치(직권 발전기, 복권 발전기)

26 동기 발전기의 전기자 권선법

정현파에 가까운 분포권과 단절권을 혼합하여 사용한다.

- 분포권 : 기전력의 파형이 좋아지고, 전기자 동손에 의한 열을 골고루 분포시켜 과열을 방지하는 장점이 있다. (1극 1상당 슬롯 수가 2개 이상인 권선법)

[집중권]   [분포권]

- 단절권 : 기전력이 작아지지만, 고조파 제거로 파형이 개선된다. (코일의 간격을 자극의 간격보다 작게 하는 권선법)

[단절권]

[전절권]

27 동기 발전기의 병렬운전 조건

• 기전력의 크기가 같을 것. 다르다면, 무효순환전류가 발생한다.(권선가열)
• 기전력의 위상이 같을 것. 다르다면, 유효순환전류(동기화전류)가 발생한다.
• 기전력의 파형이 같을 것. 다르다면, 고조파순환전류가 발생한다.
• 기전력의 주파수가 같을 것. 다르다면, 출력이 요동치고 권선이 가열된다.(난조발생)

28 난조(Hunting)

• 전동기의 부하가 급격이 변동하면 회전자가 관성으로 주기적으로 진동하는 현상
• 난조가 심하면 전원과의 동기를 벗어나 정지하기도 한다.
• 난조 발생원인
  – 조속기가 너무 예민한 경우
  – 관성모멘트가 작은 경우
  – 고조파가 포함되어 있는 경우
  – 전기자 저항이 큰 경우
• 난조 방지책
  – 제동 권선(Damper Winding) 설치(기동용 권선으로 이용) : 회전자 자극표면에 홈을 파고 도체를 넣어 도체 양 끝에 2개의 단락 고리로 접속한다.
  – 회전자에 플라이 휠 효과(축 세륜)와 부하의 급변 금지

29 동기 발전기의 전기자 반작용 : 증자 작용(앞선 전류–진상)

동기 전동기의 전기자 반작용 현상은 동기 발전기와는 반대이다. 따라서 진상의 경우 동기 발전기는 증자 작용이 나타나지만, 동기 전동기의 경우는 감자 작용이 발생된다.

30

권수비 $a = \dfrac{N_1}{N_2} = \dfrac{I_2}{I_1}$ 에서, $I_1 = \dfrac{I_2}{a} = \dfrac{1,000}{100} = 10\,[\mathrm{A}]$

$\therefore$ 1차측 전류 $I_1 = \dfrac{I_2}{a} = \dfrac{1,000}{100} = 10\,[\mathrm{A}]$

31 변압기 냉각 방식

• 건식 : 자냉식, 풍냉식
• 유입 : 자냉식(주상용), 풍냉식, 수냉식, 송유식(기름을 순환시켜 냉각하는 방식)
• 송유 : 자냉식, 풍냉식, 수냉식

32 철손

$P_i \propto k\dfrac{V^2}{f} = \dfrac{I_2}{I_1}$ (일정전압, 일정파형 상태)

• 철손은 전압의 제곱에 비례하고, 주파수에 반비례한다.
• 철손은 무부하손(고정손)으로 부하 전류와는 무관하다.

33 변압기 내부 고장의 보호용 계전기

• 부흐홀츠 계전기 : 변압기유의 내부 고장을 검출하여 동작되는 계전기로 주탱크와 컨서베이터 사이의 관에 설치한다.
• 차동계전기 : 변압기 내부 고장 시 CT 2차 전류의 차에 동작하는 계전기
• 비율차동계전기 : 변압기 내부 고장 시 CT 2차 전류의 차가 일정 비율 이상이 되었을 때 동작하는 계전기로 변압기 단락보호용으로 사용된다.

34 코일에 축적되는 에너지

$W = \dfrac{1}{2}LI^2\,[\mathrm{J}] = \dfrac{1}{2} \times 20 \times 10^{-3} \times 10^2 = 4\,[\mathrm{J}]$

35

슬립 $s = \dfrac{\text{회로 주파수}}{\text{전원 주파수}} = \dfrac{f_2}{f_1}$ 에서,

회로 주파수 $f_2 = sf_1 = 0.05 \times 60 = 3\,[\mathrm{Hz}]$

36 유도 전동기의 토크

$\tau \propto V^2 = 0.8^2 = 0.64 = 64\,[\%]$

37

유도 전동기는 부하가 증가하면 전류도 증가하므로 역률이 높아진다.

38 브리지(Bridge) 회로 : 전파 정류회로

39 SCR(실리콘 정류소자)의 특징

• PNPN 구조로 되어 있다.
• 역저지 3단자 사이리스터로, 정류 작용을 할 수 있다.
• 고속도의 스위칭 작용을 할 수 있다.
• 게이트에(Gate)에 (+)신호를 가하면 순방향 전류가 흐르며, 역방향에 대한 제어 특성은 없다.
• 인버터 회로를 이용할 수 있다.
• 조광제어, 온도제어, 고주파제어에 사용된다.

40

TRIAC은 교류 위상제어 소자이다.

41

전기기기의 금속제 외함에 접지를 함으로서 누전에 의한 감전 사고를 방지한다.

42 누설전류

절연물의 내부나 표면을 통해서 흐르는 소량의 전류

43 접지공사 방법

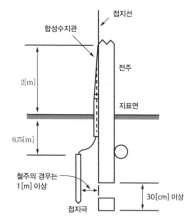

- 접지극은 지하 75 [cm] 이상 깊이에 매설한다.
- 접지선은 절연전선(옥외용 비닐절연전선 제외)이나 케이블(통신용 제외)을 사용한다.
- 지지물이 금속제(철주)인 경우 접지극과 1 [m] 이상 이격한다.
- 접지선은 지상 2 [m]와 지하 75 [cm] 이상은 합성수지관에서 넣어서 시공한다.
- 지중에 매설된 3 [Ω] 이하의 금속제 수도관을 접지극으로 사용할 수 있다.
- 접지선은 특별한 경우를 제외하고는 녹색의 색으로 표시를 하여야 한다.

44 단로기(Disconnecting Switch, DS)

- 기기의 점검, 수리, 변경 시 무부하 전류 개폐(부하전류 및 고장전류는 차단 불가능)
- 전력 공급 상태에서 사용할 수 없다.
- 활선으로부터 확실하게 회로를 열어 놓을 목적으로 사용한다.

45

- 연선의 단면적 $A = sN = \dfrac{\pi d^2}{4} \times N$
- 소선수 $N = \dfrac{A \times 4}{\pi d^2} = \dfrac{8 \times 4}{\pi \times 1.2^2} = 7$

46

전열기용 코드는 겉면을 석면(내열성 우수) 처리한 전선이다.

47

캡타이어 케이블의 심선 색깔의 3심은 검정색, 흰색, 빨간색

48 전선 접속 시 고려 사항

- 전기저항을 증가시키지 말아야 한다.
- 전선의 강도를 80 [%] 이상 유지한다.
- 접속부위는 절연 효력이 있는 테이프 및 와이어 커넥터 등으로 충분히 피복한다.
- 장력이 가해지지 않도록 박스 안에서 접속한다.

49 개폐기 시설 장소

- 부하전류를 개폐할 필요가 있는 장소
- 인입구 개폐 필요가 있는 장소(고장, 점검, 수리 등)
- 퓨즈의 전원측 장소(퓨즈 교체 시 감전 방지)

50

키리스 소켓은 먼지가 많은 장소에 사용한다.

51 접지저항 측정

- 어스 테스터
- 코올라시 브리지
- 교류의 전압계와 전류계

52 몰드 공사

- 건조하고 전개된 장소
- 점검할 수 있는 은폐장소의 400 [V] 미만에서 가능

53 합성수지관 공사의 지지점간의 간격

1.5 [m] 이내(합성수지제 가요전선관 : 1 [m] 이내)

54 덕트 공사의 종류

금속덕트, 버스덕트(피더, 플러그인, 트롤리), 라이팅덕트, 플로어덕트, 셀룰러덕트 공사

55 금속관 공사에서 접지공사 생략 조건

- 4 [m] 이하의 금속관을 건조한 장소에 시설할 때
- 사용전압이 DC 300 [V], AC 150 [V] 이하인 경우에, 8 [m] 이하의 금속관을 사람의 접촉 우려가 없는 곳에 시설할 때

56 사람이 상시 통행하는 터널 내의 공사

애사사용 공사, 합성수지관 공사, 금속관 공사, 가요전선관 공사, 케이블 공사

57 건주 공사

구분	15[m] 이하	15[m] 초과	16[m] 초과 ~ 20[m] 이하
6.8 [kN] 이하	전장 $\times \dfrac{1}{6}$ [m]	2.5 [m]	2.8 [m]

58 지선의 높이

- 도로 횡단 : 5[m]
- 교통에 지장이 없는 도로 : 4.5[m]
- 보도 : 2.5[m]

59 애자의 종류

- 구형 애자(지선 애자, 옥 애자) : 지선 중간에 사용
- 다구 애자 : 인입선을 건물 벽면에 시설할 때 사용
- 인류 애자 : 전선로의 인류부분(끝맺음 부분)에 사용
- 현수 애자 : 전선로가 분기하거나 인류 하는 곳에 사용
- 핀 애자 : 전선로의 직선 부분의 전선 지지물로 사용
- 고압 가지 애자 : 전선로의 방향이 바뀌는 곳에 사용

60

$S \leq 1.5H$
- 작업대로부터 광원의 높이 $H = 2.4$ [m]
- $S \leq 1.5 \times 2.4 = 3.6$ [m]

정답

01	③	02	③	03	②	04	①	05	③	06	②	07	③	08	②	09	④	10	①
11	④	12	②	13	④	14	④	15	④	16	②	17	③	18	③	19	①	20	③
21	④	22	④	23	①	24	①	25	②	26	①	27	③	28	③	29	①	30	①
31	③	32	④	33	③	34	②	35	③	36	④	37	④	38	④	39	③	40	④
41	④	42	④	43	①	44	④	45	①	46	①	47	①	48	③	49	②	50	①
51	①	52	①	53	③	54	①	55	①	56	①	57	④	58	②	59	③	60	①

해설

01 전압(전위차)

$$V[\text{V}] = \frac{W[\text{J}]}{Q[\text{C}]} = \frac{144[\text{J}]}{3[\text{C}]} = 48[\text{V}]$$

02 전하량

$$Q[\text{C}] = CV = 0.2 \times 10^{-6} \times 40 = 8 \times 10^{-6} = 8[\mu\text{C}]$$

03 쿨롱의 법칙

$$F = \frac{1}{4\pi\varepsilon} \cdot \frac{Q_1 Q_2}{r^2}$$

- 두 전하 사이에 작용하는 전기력선은 전하의 크기에 비례한다.
- 두 전하 사이에 작용하는 전기력선은 거리의 제곱에 반비례한다.
- 전기력선은 비유전율에는 반비례한다.

04 쿨롱의 법칙

$$F = \frac{1}{4\pi\mu} \cdot \frac{m_1 m_2}{r^2} = k \cdot \frac{m_1 m_2}{r^2} [\text{N}]$$

- 투자율 $\mu = \mu_0\mu_s$(진공중 $\mu_0 = 4\pi \times 10^{-7}$[H/m], 비투자율 $\mu_s = 1$)
- $k = \dfrac{1}{4\pi\mu} = \dfrac{1}{4\pi\mu_0\mu_s} = 6.33 \times 10^4$
- $F = \dfrac{1}{4\pi\mu} \cdot \dfrac{m_1 m_2}{r^2} [\text{N}] = 6.33 \times 10^4 \times \dfrac{1 \times 1}{1^2} = 6.33 \times 10^4 [\text{N}]$

05 자기력선의 특징

- 자기력선은 N극에서 나와 S극에서 끝난다.
- 자기력선 그 자신은 수축하려고 하며 같은 방향과는 서로 반발하려고 한다.
- 임의의 한 점을 지나는 자기력선의 접선방향이 그 점에서의 자기장의 방향이다.
- 자기장 내의 임의의 한 점에서의 자기력선 밀도는 그 점의 자기장의 세기를 나타낸다.
- 자기력선은 서로 만나거나 교차하지 않는다.

06 무한장 솔레노이드 자기장의 세기

- 내부자계 $H = \dfrac{NI}{\ell}$ [AT/m] $= \dfrac{6,400 \times 10 \times 10^{-3}}{4} = 16$[AT/m]
- 외부자계 $H = 0$

07 플레밍의 왼손법칙 : 전동기의 회전방향 결정

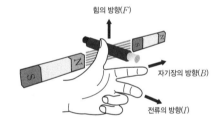

08

- 상호 인덕턴스 $M = k\sqrt{L_1 L_2}$[H]
- 결합계수 $k = \dfrac{M}{\sqrt{L_1 L_2}}$
  - 결합계수 $k = 1$: 누설자속이 없다.
  - 결합계수 $k = 0$: 코일이 서로 직교한다.(쇄교자속 없다.)
- $\therefore$ 상호 인덕턴스 $M = k\sqrt{L_1 L_2} = \sqrt{40 \times 90} = 60$[mH]

09 전도율(σ)

- 고유저항 ρ[$\Omega \cdot$m]의 역수 : $\sigma = \dfrac{1}{\rho}$
- $\sigma = \dfrac{1}{\rho} = \left[\dfrac{1}{[\Omega \cdot \text{m}]}\right] = \left[\dfrac{1}{[\Omega]} \cdot \dfrac{1}{[\text{m}]}\right] = \left[\dfrac{\mho}{[\text{m}]}\right]$

10 저항의 직병렬 접속

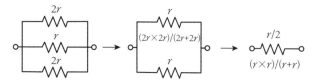

11 전지의 직렬 접속

- 전류 $I = \dfrac{nE}{R+nr}$
- 총 기전력 $V = 1.5\,[\text{V}] \times 10$개 $= 15\,[\text{V}]$
- 합성저항 $R_s = R + (n \times r) = 2\,[\Omega] + (10$개$\times 0.1\,[\Omega]) = 3\,[\Omega]$

$\therefore$ 전류 $I = \dfrac{V}{R_s} = \dfrac{nE}{R+nr} = \dfrac{15}{3} = 5\,[\text{A}]$

12

전력 $P\,[\text{W}] = \dfrac{W\,[\text{J}]}{t\,[\text{sec}]}$

- $W\,[\text{J}] = Pt\,[\text{W·sec}]$
- $1\,[\text{J}] = 1\,[\text{W·sec}]$

13 저항 측정 방법

- 켈빈 더블 브리지법 : 저저항(권선저항)
- 휘스톤 브리지법 : 중저항(일반회로저항)
- 메거(Megger) : 고저항(절연저항)

14 제벡 효과(Seebeck Effect)

서로 다른 금속 A, B를 접속하고 접속점을 서로 다른 온도로 유지하면 기전력이 생겨 일정한 방향으로 전류가 흐르는 현상. 용도로는 열전 온도계, 열전형 계기 등이다.

※펠티에 효과(Peltier Effect) : 두 금속을 접속하여 여기에 전류를 흘리면, 줄열 외에 그 접점에서 열의 발생 또는 흡수가 일어나는 현상. 용도로는 전자냉동(흡열), 온풍기(발열) 등이다.

15 평균값

평균값 $V_a = \dfrac{2}{\pi} V_m = \dfrac{2}{\pi} \times 220 = 140\,[\text{V}]$

16 평형조건

- $R_2(R_x + jwL_x) = R_1(R_s + jwL_s)$
- $R_2 R_x + jwR_2 R_x = R_1 R_s + jwR_1 L_s$
- $R_2 R_x - R_1 R_s = jw(R_1 L_s - R_2 L_x)$
- $R_1 L_s - R_2 L_x = 0$
- $L_x = \dfrac{R_1}{R_2} \times L_s$

17 전력의 표시

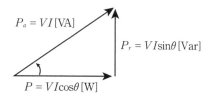

(우측 컬럼)

- 피상전력 $P_a = VI\,[\text{VA}]$
- 유효전력 $P = VI\cos\theta\,[\text{W}]$
- 무효전력 $P_r = VI\sin\theta\,[\text{Var}]$

18

대칭3상 교류는 위상차 $120° \left(\dfrac{2\pi}{3}\,[\text{rad}] \right)$인 사인파이다.

19

- 교류 전류 $I = \dfrac{V}{Z}$
- 임피던스 $\dot{Z} = R + j(X_L - X_C) = \sqrt{R^2 + (X_L - X_C)^2} = \sqrt{5^2 + 12^2}$
$\qquad\qquad = 13\,[\Omega]$

$\therefore I = \dfrac{V}{Z} = \dfrac{130}{13} = 10\,[\text{A}]\,(X_L > X_C : 유도성)$

20 $\Delta \rightarrow Y$ 등가변환

$Z_Y = \dfrac{1}{3} Z_\Delta = \dfrac{1}{3} \times 12 = 4\,[\Omega]$

21 직류 발전기의 유도기전력

$E = pZ\phi \dfrac{n}{a} = pZ\phi \dfrac{N}{60a}\,[\text{V}]$

p : 극수, Z : 도체수, ϕ : 자속, N : 회전속도[rpm],
n : 회전속도[rps], a : 병렬회로수

- 병렬회로수 $a = 2$(파권)
- 유도기전력 $E = pZ\phi \dfrac{N}{60a} = 10 \times 400 \times 0.02 \times \dfrac{600}{60 \times 2} = 400\,[\text{V}]$

22 전압 확립

- 계자 전류의 증가로 단자 전압이 증가하는 현상
- 직권 발전기는 무부하시($I_a = I = I_f = 0$)에 전압을 확립하지 못한다.

23

타여자기는 별도의 직류 전원에서 여자 전류를 공급하는 방식이다.

24 전기기계의 철손(히스테리시스손 + 와류손)을 줄이는 방법

- 히스테리시스손 : 규소강판(규소함량 3~4%, 두께 0.35mm) 사용
- 와류손 : 성층 철심 사용

25

철심이 포화하면 기자력이 발생하여도 동기 임피던스는 감소하게 된다.

26

동기 발전기의 병렬운전 조건 중 기전력의 주파수가 같아야 한다.

- 회전수 $N = \dfrac{120f}{p}$
- 2극 동기 발전기 : 주파수 $f = \dfrac{N \cdot f}{p} = \dfrac{360 \times 2}{120} = 60\,[\text{Hz}]$
- 12극 동기 발전기 : 회전수 $N = \dfrac{120f}{p} = \dfrac{120 \times 60}{12} = 600\,[\text{rpm}]$

27

동기 전동기는 전력계통의 역률을 조정할 수 있는 동기 조상기로 사용할 수 있다.

28

리액터는 지상 역률용으로 가능하며 콘덴서는 진상 역률용으로 가능하다. 동기 조상기는 지상 및 진상 역률용으로 조정 가능하다.

29

권수비 $a = \dfrac{N_1}{N_2} = \dfrac{V_1}{V_2} = \dfrac{3,300}{220} = 15\,[A]$

30 변압기유의 열화방지 대책

- 컨서베이터(Conservator) 설치 : 변압기 외함 상단에 설치하여 질소를 봉입하고 변압기유와 공기의 접촉으로 인한 열화를 방지한다.
- 브리더 : 변압기의 호흡작용이 브리더를 통하여 이루어지고, 일반적으로 흡수제인 실리카겔로 공기 중의 습기를 흡수한다.
※방열기는 변압기의 열발산 장치이다.

31 %저항강하(p)와 %리액턴스강하(q) 이용한 전압 변동률 ε

- %저항강하(p) : 정격전류가 흐를 때 권선저항에 의한 전압강하의 비율을 [%]로 나타낸 것
- %리액턴스강하(q) : 정격전류가 흐를 때 리액턴스에 의한 전압강하의 비율을 [%]로 나타낸 것
- %임피던스 강하 %Z = 전압변동률의 최대값 ε_{max}
  $= \sqrt{p^2+q^2} = \sqrt{3^2+4^2} = 5\,[\%]$
- 지상인 경우 $\varepsilon = p\cos\theta + q\sin\theta = 3\times0.8+4\times0.6 = 4.8\,[\%]$
- 진상인 경우 $\varepsilon = p\cos\theta - q\sin\theta\,[\%]$
※$\cos\theta$(역률) $= 0.8 \rightarrow \sin\theta = \sqrt{1-\cos\theta^2} = \sqrt{1-0.8^2} = 0.6$

32 변압기의 절연내력 시험

- 변압기유의 절연파괴 전압시험
- 가압 시험
- 유도 시험(권선의 층간 절연시험)
- 충격전압 시험

33

단상 유도전압조정기는 누설리액턴스의 전압강하를 줄이기 위하여 단락권선을 설치한다.

34 슬립(Slip)

동기 속도N_s와 회전자 속도 N의 차에 대한 비

- 동기속도 $N_s = \dfrac{120f}{p} = \dfrac{120\times50}{12} = 1,000\,[\text{rpm}]$
- 회전속도 $N = (1-s)N_s = 955\,[\text{rpm}]$
- 슬립 $s = \dfrac{N_s-N}{N_s}\times100 = \dfrac{1,000-955}{1,000} = 4.5\,[\%]$

35 유도 전동기 슬립

- 슬립 $s = \dfrac{\text{회로 주파수}}{\text{전원 주파수}} = \dfrac{f_2}{f_1}$: 회로 주파수는 슬립에 비례한다.
- 2차 효율 $\eta_2 = \dfrac{\text{출력}}{\text{입력}} = \dfrac{P_0}{P_2} = \dfrac{(1-s)P_2}{P_2} = 1-s = \dfrac{N}{N_s}$: 슬립이 클수록 2차 효율은 작아진다.
- 슬립 $s = \dfrac{\text{2차 동손}}{\text{2차 입력}} = \dfrac{P_{c2}}{P_2}$

36 권선형 유도 전동기의 비례추이 원리

회전자에 2차 저항을 접속하여 기동 토크를 얻고 기동 전류를 억제한다.

37 단상 유도 전동기의 기동 토크 순서

반발 기동형 〉 반발 유도형 〉 콘덴서 기동형 〉 분상 기동형 〉 세이딩 코일형

38 맥동률 : 정류된 직류에 포함되는 교류성분의 정도

- 맥동률 $= \dfrac{\text{교류분}}{\text{직류분}}\times100\,[\%]$
- 맥동률의 크기 : 단상 반파 〉 단상 전파 〉 3상 반파 〉 3상 전파
- 상수가 높을수록 맥동률은 작아지고 맥동 주파수는 커진다.

39 양방향성 소자

DIAC, TRIAC, SSS

40

사이리스터 위상제어를 이용한 전파 정류회로이다.

41

변압기의 중성점에 접지공사를 함으로써 고저압 혼촉시 저압측 전위 상승 억제의 목적이 있다.

42

중성점의 접지저항값은 (150/1선지락전류)의 식으로 구할 수 있다.

43 건물의 표준 부하의 상정

- 5[VA/m²] 표준 부하 : 복도, 계단, 세면장, 창고, 다락
- 10[VA/m²] 표준 부하 : 공장, 종교시설, 극장, 연회장, 강당, 관람석
- 20[VA/m²] 표준 부하 : 학교, 음식점, 다방, 대중목욕탕, 기숙사, 여관 등 숙박시설
- 30[VA/m²] 표준 부하 : 주택, 아파트, 사무실, 은행, 상점, 미장원, 이발소

44

- 변류비 $a = \dfrac{I_1}{I_2} = \dfrac{100}{5}$
- 1차 전류 $I_1 = \dfrac{100}{5}\times I_2 = \dfrac{100}{5}\times4 = 80\,[A]$

2018년 제3회

45

주로 옥외용은 검정색을 사용한다.

46 금실 코드

- 도금하지 않은 연동박을 2줄의 질긴 무명실에 감은 것을 18가닥을 모아서 다시 그 위에 순고무 테이프로 감고 편조를 한 2조를 꼬아 종이 테이프를 감고 무명실로 대편형의 표면 편조를 한 것이다.
- 가요성이 풍부하여 전기면도기, 전기이발기, 헤어드라이어 등에 사용되는 전선이다.

47

사용전압이 옥내 저압용의 전구선 및 이동전선의 굵기는 방습 또는 고무 캡타이어 코드에 대해서는 단면적 0.75 [mm²] 이상을 사용한다.

48 와이어 커넥터

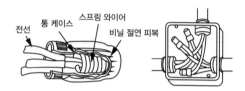

- 전선과 전선을 박스 안에서 접속할 때 사용한다.
- 피복 후 전선을 끼우고 돌려주면 접속이 된다.

49 열동 계전기

바이메탈을 이용한 과부하 보호 계전기 [THR]

50

저압용 퓨즈는 600 [V] 이하의 전로에 사용하며, 정격전류의 1.1배에 견디어야 한다.

51

- 전선 피박기 : 활선상태에서 전선의 피복을 벗기는 공구
- 와이어 통 : 절연 봉
- 데드 앤드 커버 : 감전사고 방지 커버

52 금속몰드 공사

- 노출공사용, 스위치, 콘센트의 배선기구 인하용
- 연강판으로 만든 베이스와 커버로 구성
- 400 [V] 미만 건조된 장소 및 점검할 수 있는 은폐장소(제3종 접지)
- 금속몰드 안에는 반드시 전선의 접속점이 없어야 한다.

53 가요전선관 공사

- 400 [V] 이상인 경우에는 특별 제3종 접지공사를 한다.
- 1종 금속제 가요전선관은 두께 0.8 [mm] 이하인 것이어야 한다.

54

금속덕트의 말단은 막아야 한다(폐쇄).

55 지지점 간 거리

- 가요전선관, 캡타이어 케이블 : 1 [m]
- 합성수지관, 금속몰드 : 1.5 [m]
- 애자, 금속관, 라이팅덕트, 케이블 : 2 [m]
- 금속덕트 : 3 [m]

56 흥행장의 저압 배선공사(극장, 영화관 등)

- 사용전압 : 400 [V] 미만(제3종 접지공사)
- 각각의 전용 개폐기 및 과전류 차단기 설치
- 이동용 전선 : 0.75 [mm²] 이상의 캡타이어 케이블

57

저압 가공전선과 고압 가공전선을 동일 지지물에 시설하는 경우 상호 이격 거리는 50 [cm] 이상으로 한다. (단, 고압 가공전선이 케이블인 경우는 30 [cm] 이상)

58 지지물

- 목주, 철주, 철근 콘크리트주, 철탑 등
- 지선 : 지지물의 강도, 전선로의 불평형 장력이 큰 장소에 보강용으로 시설

59 데드 앤드 커버

인류 또는 내장주의 선로에서 활선 공법을 할 때 작업자가 현수애자 등에 접촉되어 생기는 안전사고(감전)를 예방하기 위해 사용한다.

60 차동식 스포트형 감지기

일정한 장소에서 주위온도의 일정 상승률 이상이 되면 작동한다.

2018년 제4회 전기기능사 필기 CBT 정답 및 해설

정답

01	②	02	④	03	④	04	④	05	①	06	③	07	②	08	③	09	①	10	③
11	④	12	②	13	④	14	①	15	①	16	①	17	②	18	③	19	①	20	①
21	②	22	①	23	①	24	②	25	③	26	①	27	①	28	①	29	①	30	②
31	②	32	②	33	③	34	③	35	③	36	①	37	④	38	①	39	①	40	②
41	④	42	③	43	③	44	③	45	④	46	②	47	①	48	③	49	③	50	③
51	④	52	②	53	③	54	④	55	③	56	①	57	③	58	④	59	③	60	②

해설

01 콘덴서의 정전용량

$\cdot\ C\,[\mathrm{F}] = \dfrac{Q\,[\mathrm{C}]}{V\,[\mathrm{V}]} = \dfrac{5\times10^{-3}}{1\times10^{3}} = 5\times10^{-6} = 5\,[\mu\mathrm{F}]$

02 콘덴서의 접속

$\cdot$ 콘덴서의 직렬 접속 : $C\,\dfrac{1}{\dfrac{1}{C_1}+\dfrac{1}{C_2}+\dfrac{1}{C_3}}$ → 용량이 작아진다.

$\cdot$ 콘덴서의 병렬 접속 : $C = C_1+C_2+C_3$ → 용량이 커진다.

※ 저항의 직렬–병렬 접속은 바꾸어 계산한다.

03

전기장은 전기력선의 접선방향이며, 전기력선은 도체표면에 수직이다.

04 쿨롱의 법칙

$F = \dfrac{1}{4\pi\mu}\cdot\dfrac{m_1 m_2}{r^2}\,[\mathrm{N}]$

$\cdot$ 자극 간의 거리의 제곱에 반비례한다.

05 전류와 자속

$\cdot$ 전류는 (+)에서 (−)로 흘러 폐회로이다.

$\cdot$ 자속은 N극에서 S극으로 흘러 폐회로이다.

06 원형 코일 중심의 자기장의 세기

$H = \dfrac{NI}{2r}\,[\mathrm{AT/m}] = \dfrac{100\times15}{2\times5\times10^{-2}} = 15{,}000\,[\mathrm{AT/m}]$

07 유도기전력

$\cdot\ e = N\dfrac{\Delta\phi}{\Delta t}\,[\mathrm{V}]$

$\cdot$ 유도기전력은 권수와 자속에 비례한다.

08 L에 축적되는 에너지

$\cdot\ W = \dfrac{1}{2}LI^2\,[\mathrm{J}]$

$\cdot\ L$에 축적되는 에너지는 자기 인덕턴스에 비례하고 전류의 제곱에 비례한다.

09 부(−)의 온도계수를 가지는 물질

$\cdot$ 탄소, 전해액, 반도체 등

$\cdot$ (+)의 온도계수를 가지는 물질은 구리(연동)로 온도계수는 +0.00472이다.

10 저항의 직병렬 접속

① 직렬 접속 : $R_s = 1+2+3 = 6\,[\Omega]$

② 병렬 접속 : $R_s = \dfrac{1}{\dfrac{1}{1}+\dfrac{1}{2}+\dfrac{1}{3}} = 0.55\,[\Omega]$

③ 병렬–직렬 접속 $R_s = \dfrac{2\times3}{2+3}+1 = 2.2\,[\Omega]$

④ 병렬–직렬 접속 $R_s = \dfrac{1\times2}{1+2}+3 = 3.67\,[\Omega]$

11 축전지의 연결

$\cdot$ 전지의 직렬 연결 : 기전력은 n배가되고, 용량은 불변

$\cdot$ 전지의 병렬 연결 : 기전력은 불변, 용량은 n배

12

전력 $P\,[\mathrm{W}] = \dfrac{W\,[\mathrm{J}]}{t\,[\mathrm{sec}]}$ 에서,

$W\,[\mathrm{J}] = Pt\,[\mathrm{W\cdot sec}] = 0.24Pt\,[\mathrm{cal}] = 0.24I^2Rt\,[\mathrm{cal}]$

$\therefore$ 열량 $H = 0.24Pt = 0.24\times3\times10^3\times60\times20 = 864\,[\mathrm{kcal}]$

13 휘스톤 브리지(Wheatstone Bridge)

- 평형 조건 : $PI_1 = QI_2$, $XI_1 = RI_2$, $PR = QX$
- 평형 조건 시에는 c-d간의 전위차가 0[V]가 되어 검류계 G에는 전류가 흐르지 않는다.

14 펠티에 효과(Peltier Effect)

서로 다른 금속 A, B를 접속하고 한 쪽 금속에서 다른쪽 금속으로 전류를 흘리면 열의 발생 또는 흡수가 일어나는 현상으로 용도로는 전자냉동(흡열), 온풍기(발열) 등이다.

15 실효값

$$V = \frac{V_m}{\sqrt{2}} = \frac{141.4}{\sqrt{2}} = 100\,[\text{V}]$$

16

$$\text{임피던스 } Z = R+j(X_L-X_C) = R+j\left(wL - \frac{1}{wC}\right)$$
$$= 3 +j(8\text{-}4) = 3+j4 = \sqrt{3^2+4^2} = 5\,[\Omega]$$

17

- 유효전류 $I = I_a\cos\theta$
- 피상(부하)전류 $I_a = 10\,[\text{A}]$
- 역률 $\cos\theta = 0.85$
- ∴유효전류 $I = I_a\cos\theta = 10\times0.85 = 8.5\,[\text{A}]$

18 Y결선

$V_\ell = \sqrt{3}V_p$, $I_\ell = I_p$

19 3상 결선 : 상전압 V_p, 선간전압 V_ℓ, 상전류 I_p, 선전류 I_ℓ

- Y결선
  - $V_\ell = \sqrt{3}V_p \angle \frac{\pi}{6}$ [V]$\left(\text{위상은 선간전압이 } \frac{\pi}{6}\text{[rad]만큼 앞선다.}\right)$
  - $I_\ell = I_p$[A]
- Δ결선
  - $V_\ell = V_p$
  - $I_\ell = \sqrt{3}I_p \angle -\frac{\pi}{6}$ [A]$\left(\text{위상은 선전류가 } \frac{\pi}{6}\text{[rad]만큼 뒤진다.}\right)$

20

- 파형률 = $\dfrac{\text{실효값}}{\text{평균값}}$

- 파고율 = $\dfrac{\text{최대값}}{\text{실효값}}$

21 전기자 반작용 대책

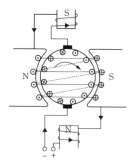

- 보상권선 설치 : 가장 좋은 대책으로 전기자 전류와 반대방향으로 설치한다.
- 보극 설치 : 전기자 반작용을 경감시키고, 양호한 정류를 얻는 데 더 효과적이다.
- 브러시 위치를 전기적 중성점인 회전방향으로 이동

22 균압선

- 병렬운전을 안정히 하기 위해 두 발전기의 전기자와 직권 권선의 접촉점에 연결하는 것
- 직권계자가 있는 직권 발전기와 복권(평복권, 과복권) 발전기에는 균압선 설치

23 직류 직권 전동기 속도

- $N \propto \dfrac{1}{\phi} = \dfrac{1}{I}$

- $\phi = I = 0$이면 : 속도 N은 무한대로 위험
- 무부하 및 벨트 이탈 시 위험속도에 도달되므로 기어나 체인 부하를 사용해야 한다.

24

- 효율 $\eta = \dfrac{\text{출력}}{\text{입력}}\times100\,[\%] = \dfrac{\text{출력}}{\text{출력}+\text{손실}}\times100\,[\%]$

- 손실 = $\dfrac{\text{출력}}{\text{효율}(\eta)} - \text{출력} = \dfrac{10}{0.9} - 10 = 1.11\,[\text{kW}]$

25 단락비가 큰 동기기 : 전기적으로는 좋고, 기계적으로는 나쁘다.

- 전기적 : 전기자 반작용이 작다. 전압 변동률이 작다. 동기 임피던스가 작다. 단락전류가 크다.
- 기계적 : 공극이 크다. 기계가 무겁고 효율이 낮다.

26 동기 발전기의 전기자 반작용

- 감자 작용 : 리액터 L을 연결하게 되면, 전류는 지상이 되어 유도기전력 감소
- 증자 작용 : 콘덴서 C를 연결하게 되면, 전류는 진상이 되어 유도기전력이 증가(자기여자작용)
- 교차 자화 작용 : 저항 R을 연결하게 되면, 전류는 동상이 되어 주자속이 직각이 되는 현상

27 동기 전동기의 여자전류

여자전류 I_f의 조정으로 역기전력, 역률, 전기자 전류 등을 변화시킬 수 있다.

※동기속도 $N_s = \dfrac{120f}{p}$ [rpm](f : 주파수, p : 극수) : 여자전류와는 무관하다.

28

기동 토크를 적당한 값으로 유지하기 위하여 변압기 탭에 의해 정격 전압의 30~50[%] 정도로 저압을 가해 기동을 한다.

29 변압기의 정격출력

정격 2차 전압과 정격 2차 전류의 곱이며, 단위는 [KVA]이다.

30

변압기의 여자 전류의 왜곡은 자기포화와 히스테리시스 현상 때문에 발생한다.

31 철손

$P_i \propto k\dfrac{V^2}{f}$ (일정 전압, 일정 파형 상태)

- 철손은 전압의 제곱에 비례하고, 주파수에 반비례한다.
- 철손은 무부하손(고정손)으로 부하 전류와는 무관하다.

32

과전류 계전 방식은 과부하, 단락 보호용으로 된다.

33 매극 매상당의 홈수

- 홈수 : 24, 극수 : 4p, 상수 : 3상
- $q = \dfrac{홈수}{극수 \times 상수} = \dfrac{24}{4 \times 3} = 2$

34

- 슬립 $s = \dfrac{2차 동손}{2차 입력} = \dfrac{P_{c2}}{P_2}$
- 회전자 입력(2차 입력) $P_2 = \dfrac{P_{c2}}{s} = \dfrac{0.3}{0.03} = 10$ [kW]

35 비례추이

- 적용할 수 있는 것 : 1차 전류, 토크, 역률, 동기 와트(1차 입력)
- 적용할 수 없는 것 : 출력, 효율, 2차 동손

36

세이딩 코일형 유도 전동기는 역률과 효율이 낮고 속도 변동률이 크다.
※역률과 효율이 좋고 구조가 간단하여 세탁기 등 가정용 기기에 많이 쓰이는 것은 '콘덴서 기동형'이다.

37

회전계자형은 동기기 회전자의 구조 분류이다.

38

LED(Light Emitting Diode)는 발광다이오드 소자이다.

39

제너 다이오드는 정전압 소자이다.

40 인버터 제어

- VVVF(Variable Voltage Variable Frequency) 제어
- 전압과 주파수를 가변하여 속도를 제어하는 방법

41 접지시설의 종류와 방법

- 단독접지 : 설비들을 각각 독립적으로 접지하는 것
- 공통접지 : 목적이 동일한 것들의 접지극을 상호 접지하는 것
- 통합접지 : 기능상 목적이 다른 접지극을 상호 연결하여 접지하는 것

42 접지(Earth)

- 접지공사 : 전기적인 안전을 확보하거나 신호의 간섭을 피하기 위해서 회로의 일부분을 대지에 도선으로 접속하여 0전위가 되도록 하는 것
- 접지공사 목적
  - 인체 감전사고 방지
  - 화재사고 방지
  - 전로의 대지전압 및 이상전압 상승 억제
  - 보호 계전기의 동작 확보

43

수용률 $= \dfrac{최대수요전력[kW]}{부하설비합계[kW]} = \times 100$ [%]

- 주택, 아파트, 기숙사, 여관, 호텔, 병원 간선의 수용률 : 50[%]
- 사무실, 은행, 학교 간선의 수용률 : 70[%]

44

진상용 콘덴서를 부하에 분산하여 설치하면 일정하게 역률을 유지할 수 있어 가장 효과적인 방법이다.

45

비닐 절연 전선[IV]은 60[℃] 이상이 되면 절연내력이 저하되고, 절연물이 변질된다.

46 캡타이어 케이블(Cabtyre Cable)

- 주석으로 도금한 연선에 종이테이프 또는 무명실을 감고 규정된 고무 혼합물을 입힌 후 질긴 고무로 외장한 것
- 내수성, 내산성, 내알칼리성, 내유성을 가진 이동용 배선에 사용
- 충격이나 압축에 대하여 내구성 구조 순서 : 1종 < 2종 < 3종 < 4종

47 전선의 굵기 결정요소

허용전류, 허용온도, 기계적 강도, 전압강하

48

굵기 3.2 [mm] 이상인 전선은 브리타니아 접속을 한다.

49 타임 스위치

- 주택의 현관 등에 설치하는 경우 : 3분 이내 소등
- 여관, 호텔 등의 객실 입구에 설치하는 경우 : 1분 이내 소등

50

과전류 차단기 생략 장소는 중성선과 접지선이다.

51 피시 테이프(Fish Tape)

전선관에 전선을 넣을 때 사용하는 강철선

52 박스 커넥터 : 박스와 전선관 접속

53 가요전선관 공사

- 사용전압 400[V] 이상 저압
- 절연전선(단, OW 제외) 10[mm²] 연선, 알루미늄 16[mm²] 연선 사용할 것
- 1종 금속제 가요전선관은 두께 0.8[mm] 이하인 것을 사용할 것
- 지지점간의 간격은 1[m] 이하일 것
- 규격은 안지름의 근사 홀수(3종) : 15, 19, 25[mm]
- 적용은 굴곡이 많은 개소, 소규모 증설 공사, 안전함과 전동기 사이의 배선공사
- 제1종 가요전선관 곡률 반경 : 내경의 6배 이상
- 제2종 가요전선관 곡률 반경 : 내경의 3배 이상(작업환경이 불량한 경우는 6배 이상)

54

- 곡률반경 $r = 6d + \dfrac{D}{2}$

  (d : 전선관의 안지름, D : 전선관의 바깥지름)

- 금속관을 구부릴 때, 안쪽의 반지름(A)은 관 안지름(B)의 6배 이상 (A≥6B)이 되어야 한다.

55 가연성 분진이 존재하는 곳
(소맥분, 전분, 유황 등의 먼지 발화원이 될 수 있는 곳)

금속관 공사, 케이블 공사, 합성수지관(2.0[mm] 이상) 공사

56

흥행장의 저압 배선공사(극장, 영화관 등)의 사용전압 400[V] 미만은 이동용 전선 0.75[mm²] 이상의 캡타이어 케이블을 사용한다.

57

철탑의 표준 경간은 600[m]이고, 보안공사의 경간은 400[m]이다.

58

접지선은 중성선에 연결하여야 한다.

59 분전반의 종류

- 나이프식 분전반 : 나이프 스위치를 개폐기로 사용
- 팀블러식 분전반 : 개폐기로 팀블러 스위치, 자동차단기로 퓨즈 사용
- 브레이크식 분전반 : 개폐기와 자동차단기의 두 가지 역할(배선용 차단기 사용)

60 전동기의 정격 전류

전동기의 정격 전류	전선의 허용전류	과전류 차단기 크기
50[A] 이하인 경우	1.25×전동기 전류의 합계	2.5×전선의 허용전류
50[A] 초과인 경우	1.1×전동기 전류의 합계	

- 전선의 허용전류는 1.25×40 = 50[A]

정답

01	③	02	①	03	③	04	①	05	④	06	④	07	②	08	③	09	④	10	②
11	①	12	④	13	③	14	④	15	①	16	④	17	②	18	③	19	②	20	④
21	①	22	④	23	①	24	②	25	②	26	②	27	②	28	④	29	①	30	④
31	④	32	③	33	②	34	②	35	④	36	③	37	④	38	①	39	②	40	④
41	④	42	①	43	①	44	①	45	②	46	①	47	③	48	①	49	①	50	①
51	①	52	③	53	②	54	①	55	①	56	①	57	②	58	②	59	②	60	③

해설

01 저항의 병렬접속회로

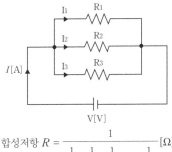

합성저항 $R = \dfrac{1}{\dfrac{1}{R_1} + \dfrac{1}{R_2} + \dfrac{1}{R_3} + \cdots + \dfrac{1}{R_n}}$ [Ω]

: 각 저항의 역수의 합을 역수로 구한다.

02 직류기의 구성

- 전기자(Armature) : 자속을 쇄교하여 기전력을 발생
- 계자(Field) : 자속을 발생
- 정류자(Commutator) : 교류를 직류로 변환
- 브러시(Brush) : 외부회로로 전류를 흐르게 하는 부분

03 저항기

- 배율기(Multiplier) : 전압계의 측정범위를 넓히기 위한 목적으로 전압계에 직렬로 접속하는 저항기
- 분류기(Shunt) : 전류계의 측정범위를 넓히기 위한 목적으로 전류계에 병렬로 접속하는 저항기

04 테이블 탭(Table Tap)

'익스텐션코드(Extension Cord)'라고도 하며 코드의 길이가 짧을 경우 연장하여 사용할 때 이용한다.

05 브리지 회로의 평형조건

$R_2 \times \dfrac{1}{wC_s} = R_1 \times \dfrac{1}{wC_x}$ 에서, $wC_x = \dfrac{R_1}{R_2} \times wC_s$

$\therefore C_x = \dfrac{R_1}{R_2} \times C_s = \dfrac{200}{50} \times 0.1 \times 10^{-6} = 0.4 \times 10^{-6} = 0.4\,[\mu\text{F}]$

06 자기 융착 테이프

- 1.2배로 늘려 감고, 내오존성, 내수성, 내약품성, 내온성이 우수하다.
- 비닐 외장 케이블, 클로로프렌 외장 케이블 접속에 사용한다.

07 환상 솔레노이드의 자체 인덕턴스

- 자속 $\phi = BA = H\mu A = \mu_0 \mu_s \dfrac{ANI}{\ell}$ [Wb]

- 자체 인덕턴스 $L = \dfrac{N\phi}{I} = \dfrac{\mu_0 \mu_s AN^2}{\ell}$ [H]에서,
  $L \propto N^2 = 2^2 = 4$

08 용량 리액턴스

$X_C = \dfrac{1}{wC} = \dfrac{1}{2\pi fC} \propto \dfrac{1}{C}$

- 용량 리액턴스 X_C는 정전용량 C에 반비례한다.

09

방수용 소켓은 수분이 있는 장소에 설치가 용이하다.

10 유효전력 $P = VI\cos\theta$

역률 $\cos\theta = \dfrac{P}{VI} = \dfrac{40}{200 \times 0.42} = 0.476$

11 순시전류 i[A]

순시전류 $i = \dfrac{v}{R} = \dfrac{100\sqrt{2}\sin wt}{100} = \sqrt{2}\sin wt$ [A]

12

중성점 접지용 접지도체는 공칭단면적 16[mm²] 이상의 연동선 또는 동등 이상의 단면적 및 세기를 가져야 한다.

13

허용 전류는 전선에 안전하게 흘릴 수 있는 최대 전류이다.

14 전선의 상과 색상

전선의 상(문자)	전선의 색상
L1	갈색
L2	흑색
L3	회색
N	청색
보호도체	녹색-노란색

15 전하의 성질

- 흡인력 : 다른 종류의 전하
- 반발력 : 같은 종류의 전하

16 콘덴서의 접속

- 콘덴서의 직렬 접속 : $C = \dfrac{1}{\dfrac{1}{C_1}+\dfrac{1}{C_2}+\dfrac{1}{C_3}+\cdots+\dfrac{1}{C_n}} \rightarrow$ 용량이 작아진다.
- 콘덴서의 병렬 접속 : $C = C_1+C_2+C_3+\cdots+C_n \rightarrow$ 용량이 커진다.
※ 저항의 경우에는 직렬과 병렬 접속은 바꾸어 계산한다.

17 시정수

전류가 흐르기 시작하여 정상전류에 도달하기까지의 시간

시정수 $\tau = \dfrac{L}{R} = \dfrac{10}{20} = 0.5\,[\text{s}]$

18 전력의 표시(단상)

- 피상전력 $P_a = VI\,[\text{VA}]$
- 유효전력 $P = VI\cos\theta\,[\text{W}] = 200\times10 = \dfrac{\sqrt{3}}{2} = 1,732\,[\text{W}]$

$\left(\cos\theta = \cos\dfrac{\pi}{6} = \cos30° = \dfrac{\sqrt{3}}{2}\right)$

- 무효전력 $P_r = VI\sin\theta\,[\text{Var}]$

19 계기용 변압변류기(Metering Out Fit, MOF)

- 전기사용량을 적산하기 위하여 고압의 전압과 전류를 변성하는 장치
- PT와 CT가 한 탱크 내에 설치

20 권선형 유도전동기의 비례추이

- 슬립(s)은 2차 저항에 비례하므로 2차 저항을 변화시킬 수 있는 권선형 유도전동기에 적용된다.
- 권선형 유도전동기의 비례추이를 이용하여 기동 및 속도제어를 할 수 있다.
- 속도-토크의 곡선이 2차 저항의 변화에 비례하여 이동하는 것
- 2차 저항을 변화하여도 최대토크는 불변한다.
- 2차 저항을 크게 하면, 기동전류는 감소하고, 최대토크 시 슬립과 기동토크는 증가한다.
- 출력, 2차 효율, 2차 동손은 비례추이를 할 수 없다.

21 평행 도체 사이에 작용하는 힘

- 평행한 두 도체가 $r\,[\text{m}]$만큼 떨어져 있고 각 도체에 흐르는 전류가 $I_1\,[\text{A}]$, $I_2\,[\text{A}]$라 할 때 두 도체 사이에 작용하는 힘

$F = \dfrac{2I_1 I_2}{r}\times10^{-7}\,[\text{N/m}]$

- 흡인력(인력) : 전류 방향이 같을 때에 작용하는 힘
- 반발력(척력) : 전류 방향이 반대일 때에 작용하는 힘

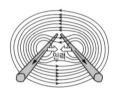 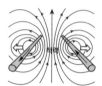

22 인덕턴스의 접속

- 가동접속 : $L = L_1+L_2+2M\,[\text{H}]$
- 차동접속 : $L = L_1+L_2-2M\,[\text{H}]$

23 전기기기의 정격용량의 단위로는 [VA]를 사용한다.

- 피상전력의 단위 [VA]
- 유효전력의 단위 [W]
- 무효전력의 단위 [Var]

24 균압선

- 병렬운전 시 기전력이 다르다면 전기자전류의 불평형을 위해 브러시 표면에서 불꽃이 발생될 수 있으므로 안정히 운전하기 위하여 균압선을 설치한다.
- 균압선 설치 : 직권발전기, 복권발전기

25 복권발전기(가동, 차동)

- 전기자권선과 계자권선이 직렬과 병렬로 접속되어 있는 발전기
- 직권 계자권선과 분권 계자권선은 동일 철심에 설치한다.

26 Y결선

$I_\ell = I_p = \dfrac{V_p}{Z} = \dfrac{\dfrac{380}{\sqrt{3}}}{\sqrt{8^2+6^2}} = \dfrac{380}{10\sqrt{3}} = 22\,[\text{A}]$

27 직류전동기

- 분권전동기 : 기동 토크를 최대로 하고 계자 저항을 최소로 하여 운전
- 직권전동기 : 저속에서 기동 토크가 가장 큰 전동기(전기철도, 크레인, 전동차 등)

28 직류기의 제동법

- 발전 제동 : 제동 시에 발전을 저항으로 소비하는 제동 방법
- 회생 제동 : 전동기를 발전기로 전환하여 전원에 회생하여 제동하는 방법
- 역상 제동(역전 제동, 플러깅, Plugging) : 회전자(전기자)의 접속을 바꾸어 토크를 반대로 발생시킨(역회전) 후 전동기를 전원에서 분리하여 급제동 하는 방법

29 비오-사바르의 법칙

도선에 전류 I[A]을 흘릴 때 도선의 $\Delta \ell$에서 r[m] 떨어지고 $\Delta \ell$과 이루는 각도가 θ인 점 P에서 $\Delta \ell$에 의한 자장의 세기를 알아내는 법칙

자장의 세기 $\Delta H = \dfrac{I \Delta \ell}{4\pi r^2}\sin\theta$ [AT/m]

30 동기 발전기의 병렬운전 조건

• 기전력의 크기가 같을 것. 다르다면, 무효순환전류가 발생한다.(권선 가열)
• 기전력의 위상이 같을 것. 다르다면, 유효순환전류(동기화전류)가 발생한다.
• 기전력의 파형이 같을 것. 다르다면, 고조파순환전류가 발생한다.
• 기전력의 주파수가 같을 것. 다르다면, 출력이 요동치고 권선이 가열된다.(난조발생)

31 난조(Hunting)

• 부하가 급변하여 발생하는 진동
• 그 진폭은 점점 작아지지만 공진작용으로 진동이 계속 증대하며 정도가 심해지면 운전이 동기이탈(탈조)된다.
• 난조의 방지대책으로 회전자극의 극편에 홈을 파서 제동권선을 설치한다.

32 권수비

$a = \dfrac{N_1}{N_2} = \sqrt{\dfrac{R_1}{R_2}} = \sqrt{\dfrac{250}{0.1}} = 50$

33

히스테리시스손을 줄이기 위해서 변압기의 철심 재료로 규소 강판을 사용한다.

34 파이프 커터(Pipe Cutter)

금속관 및 프레임 파이프 절단

35 변압기유의 열화 방지

• 컨서베이터(Conservator) 설치 : 변압기 외함 상단에 설치하여 질소를 봉입하고 변압기유와 공기의 접촉으로 인한 열화를 방지한다.
• 브리더 : 변압기의 호흡작용이 브리더를 통하여 이루어지고, 일반적으로 흡수제인 실리카겔로 공기 중의 습기를 흡수한다.

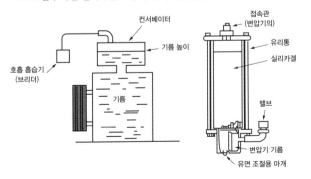

36 변압기 내부 고장의 보호용 계전기

• 부흐홀츠 계전기 : 변압기유의 내부 고장을 검출하여 동작되는 계전기로 주탱크와 컨서베이터 사이의 관에 설치한다.
• 차동계전기 : 변압기 내부 고장 시 CT 2차 전류의 차에 동작하는 계전기
• 비율차동계전기 : 변압기 내부 고장 시 CT 2차 전류의 차가 일정비율 이상이 되었을 때 동작하는 계전기로 변압기 단락보호용으로 사용된다.

37 계기용 변성기

• 계기용 변압기(Potential Transformer, PT) : 고전압을 저전압(2차 정격은 110[V])
• 계기용 변류기(Current Transformer, CT) : 대전류를 소전류(2차 정격은 5[A])

38 동기 전동기의 기동특성

동기 전동기는 기동 시 회전자기장은 동기속도로 회전하나 회전자는 관성으로 인하여 기동토크가 발생되지 않아 정지 상태가 된다. 따라서 다음과 같은 기동법을 사용한다.

• 자기 기동법 : 계자에 자극표면에 권선을 감아 기동하는 방식(유도 전동기의 원리)으로 계자권선을 단락하여 고전압 유도에 의한 절연 파괴 위험을 방지한다.
• 타 기동법 : 유도 전동기나 직류 전동기로 동기속도까지 회전시켜 주는 방식(*유도 전동기는 2극 적은 것을 사용)
• 저주파 기동법 : 저주파로 서서히 높여가면서 동기속도까지 회전시켜 주는 방식

39 유도 전동기의 토크 $\tau \propto V^2$

토크 $\tau \propto V^2 = 0.8^2 = 0.64 = 64$[%]

40

• 맥동률 $= \dfrac{\text{교류분}}{\text{직류분}} \times 100$ [%]
• 단상 반파(121%) 〉 단상 전파(48%) 〉 3상 반파(17%) 〉 3상 전파(4%)

41 배관 두께

• 콘크리트 매입 공사용 : 1.2[mm] 이상
• 기타 장소 공사용 : 1.0[mm] 이상

42 SCR

• 기호 :
• 역저지 3단자 사이리스터로 게이트에(Gate)에 (+)신호를 가하면 순방향 전류가 흐른다.
• 역방향에 대한 제어 특성은 없다.

43

인버터를 이용한 방식으로 단상 유도 전동기의 속도제어방법이다.

44 강심알루미늄 연선(ACSR, Aluminium Conductor Steel Reinforced)

- 강심의 바깥에 알루미늄 연선을 꼬아 만든다.
- 경동선에 비해 가볍고, 인장강도가 크다.
- 외경이 커서 코로나 방전 대책으로 사용한다.

45

동기 전동기는 전력계통의 역률을 조정할 수 있는 동기 조상기로 사용할 수 있다.

46 캡타이어 케이블의 종류

- 1종 캡타이어 케이블 : 캡타이어 고무로 피복(전기공사용으로 부적합)
- 2종 캡타이어 케이블 : 고무 피복이 1종보다 좋다.
- 3종 캡타이어 케이블 : 면포를 넣어 강도 보강
- 4종 캡타이어 케이블 : 3종에 심선에 고무로 보강

47 브리타니아 접속

$10[\text{mm}^2]$ 이상의 굵은 단선을 조인트선을 이용하여 접속

48 플로우트 스위치 FLS(Float-Less Switch)

전극봉을 이용한 물탱크 수위 조절장치(감지기)

49 가요전선관 접속

- 금속관과 가요전선관 접속 : 콤비네이션 커플링
- 박스와 가요전선관 직각 접속 : 앵글 박스 커넥터
- 가요전선관 상호접속 : 스플릿 커플링
- 박스와 가요전선관 접속 : 스트레이트 박스 커넥터

콤비네이션	앵글	스플릿	스트레이트

50

피시 테이프(Fish Tape)는 전선관에 여러 가닥의 전선을 넣을 때 사용하는 강철선이다.

51 패러데이 법칙

- 석출량 $W = kQ = kIt\,[\text{g}]$ (Q : 전기량, I : 전류, t : 시간[초])
- 전기분해의 전극에 석출되는 물질의 양은 전해액을 통과한 전기량 Q에 비례
- 총 전기량이 같으면 물질의 석출량은 그 물질의 화학당량 k에 비례
- 전기화학당량 $k = \dfrac{\text{원자량}}{\text{원자가}}$: $1[\text{C}]$의 전하에서 석출되는 물질의 양

52

부하의 중심 그리고 옥외전선로와 가까운 곳에 인입구의 위치 선정을 한다.

53 무한(긴) 직선 도체에 의한 자기장의 세기

자기장의 세기 $H = \dfrac{I}{2\pi r}[\text{AT/m}] \propto \dfrac{I}{r}$

54 금속관을 박스에 접속할 때

- 로크너트 : 고정용
- 절연부싱 : 전선의 피복보호용

55 등가변환

- $Y \rightarrow \Delta$ 등가변환 : $Z_\Delta = 3Z_Y$
- $\Delta \rightarrow Y$ 등가변환 : $Z_Y = \dfrac{1}{3}Z_\Delta$

56 유도 전동기 슬립

슬립 $s = \dfrac{N_s - N}{N_s}$에서,

- 무부하시 : 동기속도로 회전하므로 $N = N_s \rightarrow s = 0$
- 부하시(기동시) : 정지상태이므로 $N = 0 \rightarrow s = 1$

57 제3종 접지공사

- 접지선의 굵기는 $2.5[\text{mm}^2]$ 이상
- 접지저항값은 $100[\Omega]$ 이하

58 배선용 차단기

보호하려는 분기회로 중 가장 가는 전선의 허용 전류치 이하의 것을 사용한다.

59 합성수지관 특징

- 장점 : 내부식성, 절연성이 우수하며 작업이 용이하다.
- 단점 : 열, 충격(강도)에 약하다.

60

라이팅덕트의 지지점 간의 거리는 $2[\text{m}]$ 이하로 한다.

정답

01	①	02	②	03	②	04	②	05	①	06	①	07	①	08	③	09	③	10	②
11	④	12	③	13	①	14	②	15	③	16	④	17	④	18	①	19	④	20	③
21	③	22	①	23	③	24	②	25	④	26	④	27	②	28	①	29	①	30	①
31	①	32	④	33	①	34	③	35	③	36	③	37	③	38	④	39	①	40	④
41	①	42	②	43	④	44	①	45	③	46	①	47	③	48	①	49	①	50	③
51	④	52	②	53	①	54	①	55	①	56	②	57	②	58	③	59	④	60	④

해설

01 비유전율 ε_s의 값

- 진공 : 1
- 공기 : 1.00059
- 고무 : 2~3
- 종이 : 2~2.5

02

평판 도체의 전기장의 세기 $E = \dfrac{V}{\ell}[V/m]$에서, 극판간격(ℓ)은 전기장의 세기(E)에 반비례한다.

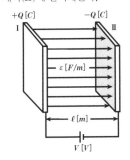

전기장의 세기 $E = \dfrac{V}{\ell} \propto \dfrac{1}{\ell} = \dfrac{1}{2}$ 배

03 쿨롱의 법칙

$$F = \frac{1}{4\pi\mu_0} \cdot \frac{m_1 m_2}{r_2}[N]$$

04

자속밀도 $B = \mu H = \mu_0 \mu_S H[Wb/m^2]$에서, 자속밀도는 비투자율에 비례한다.

$\therefore$ 자속밀도 $B = \mu H = \mu_0 \mu_S H \propto \mu_S = 10$

05 앙페르의 오른나사 법칙(자기장의 방향)

자력선의 방향   전류의 방향

- 플레밍의 왼손법칙 : 전자력의 방향
- 주회적분의 법칙 : 자기장의 세기
- 줄의 법칙 : 열량

06 무한 길이 솔레노이드의 자기장의 세기

- 내부 자기장의 세기

$$H = \frac{NI}{\ell}[AT/m] = \frac{10 \times 1}{1 \times 10^{-2}} = 1 \times 10^3[AT/m]$$

: 자기력이 집중되어 자기장의 세기는 높다.

- 외부 자기장의 세기 $H = 0$

: N극에서 S극 방향으로 넓게 분포되기 때문에 그 세력은 아주 작은 값이 된다. 또한 무한 길이의 솔레노이드의 경우에는 매우 작아져서 무시할 정도가 된다.

07 렌츠의 법칙(Lenz's Law)

- 유도기전력의 방향 $e = -N\dfrac{\Delta\phi}{\Delta t}[V]$

- 유도기전력의 방향은 자속의 변화를 방해하는 방향으로 결정한다.

08

상호 인덕턴스 $M = k\sqrt{L_1 L_2}[H]$에서,

결합계수 $k = \dfrac{M}{\sqrt{L_1 L_2}}$이다.

- 결합계수 $k = 1$: 누설자속이 없다.
- 결합계수 $k = 0$: 코일이 서로 직교한다.(쇄교자속 없다.)

09

전위차 $V[V] = \dfrac{W[J]}{Q[C]}$, 전하 $Q = It$

$\therefore W = VQ = VIt = 1.5 \times 3 \times 3 \times 60 = 810[J]$

10 저항의 접속

- 직렬 합성저항 : $R_0 = nR = 5 \times 10 = 50[\Omega]$
  : 가장 큰 합성저항 값을 갖는다.

- 병렬 합성저항 : $R_0 = \dfrac{R}{n} = \dfrac{10}{5} = 2[\Omega]$
  : 가장 작은 합성저항 값을 갖는다.

11

합성저항 $R = \dfrac{4 \times 6}{4+6} + 2.6 = 5[\Omega]$

- 전체 전류 $I = \dfrac{V}{R} = \dfrac{10[V]}{5[\Omega]} = 2[A]$

- $I_4 = \dfrac{R_6}{R_4+R_6} \times I = \dfrac{6}{4+6} \times 2 = 1.2[A]$

12 전지의 직렬접속

- 전류 $I = \dfrac{nE}{R+nr}[A]$

- 외부저항 $R = \dfrac{nE}{I} - nr = \dfrac{10 \times 4}{4} - 10 \times 0.2 = 8[\Omega]$

13 감극제

분극작용에 의한 기체를 제거하여 전극의 작용을 활발하게 유지시키는 산화물

14

- 각속도 $W = 2\pi f$

- 주파수 $f = \dfrac{w}{2\pi} = \dfrac{377}{2\pi} = 60[Hz]$

15

- 위상차 : $\theta = \theta_v - \theta_i = (\dfrac{\pi}{4}) - (\dfrac{\pi}{2}) = -\dfrac{\pi}{4}$

- v는 i보다 $\dfrac{\pi}{4}$ 뒤진다. 또는 i는 v보다 $\dfrac{\pi}{4}$ 앞선다.

16

전류 $I = \dfrac{V}{X_L} = \dfrac{V}{wL} = \dfrac{V}{2\pi f L}$

$\therefore I = \dfrac{V}{2\pi f L} = \dfrac{220}{2\pi \times 60 \times 5 \times 10^{-3}} = 117[A]$

17

임피던스 $Z = \sqrt{R^2 + X_L^2} = \sqrt{3^2 + 4^2} = 5[\Omega]$

전류 $I = \dfrac{V}{Z} = \dfrac{100}{5} = 20[A]$

$\tan\theta = \dfrac{X_L}{R} = \dfrac{4}{3}$ 에서, 위상각 $\theta = \tan^{-1}\dfrac{4}{3} = 53.12$

18

$Z = R + j(X_L - X_C) = R + j(wL - \dfrac{1}{wC})[\Omega]$

- 직렬 공진조건 : $wL - \dfrac{1}{wC} = 0$

- 임피던스 $Z = R$: 최소

- 전류 $I = \dfrac{V}{Z}$: 최대(임피던스 최소)

19 △결선의 경우

- 선간전압 $V_\ell = V_p = 200[V]$
- 선전류 $I_\ell = \sqrt{3}I_p = \sqrt{3} \times 30[A]$

20

구형파는 직각파형으로 파형률과 파고율이 1이다.

21

정류자는 발생한 교류를 직류로 변환하는 장치이다.
① 전기자와 쇄교하는 자속을 만들어 주는 부분 : 계자
② 자속을 끊어서 기전력을 유기하는 부분 : 전기자
④ 계자권선과 외부회로를 연결시켜 주는 부분 : 브러시

22 직류기의 전기자 권선법

- 중권 : 전기자 병렬회로수(a) = 브러시(b) = 극수(p)
- 파권 : 전기자 병렬회로수(a) = 브러시(b) = 극수(p) = 2

23

직류기의 보극 설치는 전기자 반작용 경감과 양호한 정류를 얻는다.

24 직류기의 전압변동률

- 전압변동률 (−) : 과복권 발전기
- 전압변동률 (0) : 평복권 발전기
- 전압변동률 (+) : 부족복권 발전기, 타여자 발전기, 분권 발전기

25

직류기를 역회전하려면 계자 전류나 전기자 전류 중 하나의 방향을 바꾸어 접속한다.

26 단락비가 큰 동기기

- 전기적(장점) : 전기자 반작용이 작다. 전압변동률이 작다. 동기 임피던스가 작다. 단락전류가 크다.
- 기계적(단점) : 공극이 크다. 기계가 무겁고 효율이 낮다.
※공극이 넓으면(크면) 전기적으로는 장점을 갖는다.

27 난조(Hunting)

- 부하가 급변하여 발생하는 진동으로 그 진폭은 점점 작아지지만 공진작용으로 진동이 계속 증대하며, 정도가 심해지면 운전이 동기이탈(탈조)된다.
- 위 난조 방지 대책으로 발전기에 제동권선을 설치한다.

28

'동기전동기'의 전기자 반작용의 경우는 '동기발전기'의 감자 작용과 증자 작용이 서로 바뀌어 나타난다. 따라서 진상의 경우 '동기발전기'는 증자 작용이 나타나지만, '동기전동기'의 경우는 감자 작용이 발생된다.

29 V곡선(위상 특성 곡선)

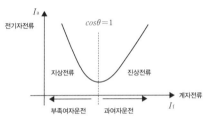

여자전류(계자전류)를 변화하면 전기자 전류와 위상(역률)이 변화된다.

30 동기전동기의 기동 특성

- 자기 기동법 : 계자의 자극표면에 권선을 감아 기동하는 방식(유도 전동기의 원리)으로 계자 권선(계자 회로)을 단락하여 고전압 유도에 의한 절연파괴 위험을 방지한다.
- 타 기동법 : 유도전동기나 직류전동기로 동기속도까지 회전시켜 주는 방식(*유도 전동기는 2극 적은 것을 사용)
- 저주파 기동법 : 저주파로 서서히 높여 가면서 동기속도까지 회전시켜 주는 방식

31

권수비 $a = \dfrac{N_1}{N_2} = \dfrac{V_1}{V_2} = \dfrac{3300}{220} = 15$

32 여자 전류

변압기 2차를 무부하 상태로 개방하고, 변압기 1차에 정격전압을 가할 때 변압기 1차에 흐르는 전류를 말한다.

33

철손 $P_i = P_h + P_e \rightarrow P_i \propto k\dfrac{V^2}{f}$ (부하와 전압이 일정한 상태라면 주파수는 반비례)

34

1차 선간전압 및 2차 선간전압의 위상차는 30도이다.

35

회전속도 $N = (1-s)N_s [rpm]$ 에서,
슬립 $s = \dfrac{N_s - N}{N_s}$

36

토크 $\tau \propto V^2$: 토크는 공급전압의 제곱에 비례한다.

37

역상 제동은 급정지 할 경우 회전자의 방향을 반대로 하여 제동하는 방법이다.

38

출력, 2차효율, 2차동손은 비례추이를 할 수 없다.

39

SCR은 역저지 3단자 사이리스터로 게이트(Gate)에 [+]신호를 가하면 순방향 전류가 흐르며, 역방향에 대한 제어 특성은 없다.

40

3단자 소자로는 TRIAC, SCR, LASCR, GTO 이며, 이중 양방향성 소자는 TRIAC이다.

41 계통접지

전력계통의 이상현상에 대비하여 대지와 전력계통을 접속하는 방식
- TN 방식 : 대지(T)-중성선(N)을 연결하는 방식으로 다중접지방식
- TT 방식 : 변압기(전원)측과 전기설비측이 개별적으로 접지하는 독립접지방식
- IT 방식 : 변압기측이 절연(Insulation)된 비접지 또는 임피던스(Impedence)이고, 전기설비측은 접지하는 방식

42

접지의 목적은 인체 감전사고 방지, 화재사고 방지, 전로의 대지전압 및 이상전압 상승 억제, 보호 계전기의 동작 확보 등이다.

43 단로기(Disconnecting Switch, DS)

- 기기의 점검, 수리, 변경 시 무부하 전류 개폐(부하전류 및 고장전류는 차단 불가능)
- 활선으로부터 확실하게 회로를 열어 놓을 목적으로 사용

44

몰드 변압기는 환경오염방지 및 난연성, 자기소화성을 가지고 있어 화재발생을 방지한다.

45 배전반 유지 간격

- 앞면 또는 조작, 계측면 : 1.5[m]
- 뒷면 또는 점검면 : 0.6[m]
- 열상호간 : 1.2[m]

46

전선의 실제 단면적과 반드시 일치하는 것은 아니다.

47

전열기용 코드는 겉면을 석면(내열성 우수) 처리한 전선이다.

48

CN-CV-W : 동심중성선 수밀형 전력케이블

49 케이블

- VV : 비닐 절연 비닐 외장 케이블
- EV : 폴리에틸렌 절연 비닐 외장 케이블
- CV : 가교 폴리에틸렌 절연 비닐 외장 케이블
- FP : 내화전선

50 30[A] 이하인 경우

- 정격전류의 1.25배에서 60분 이내 차단 동작
- 정격전류의 2배에서 2분 이내 차단 동작

51

전동기 기동장치는 기동 시에 전류를 제한하는 기능을 가진다.

52 철망 그리프(Pulling grip, 풀링 그리프)

전선관에 전선을 여러 가닥 넣을 때 사용한다.

53

전선의 강도를 80[%] 이상 유지한다.

54 애자의 조건

절연성, 난연성, 내수성

55 합성수지관 상호접속

- 커플링 사용 : 관 바깥지름의 1.2배 이상
- 접착제 사용 : 관 바깥지름의 0.8배 이상

56

명판을 부착하여 전압을 식별할 수 있도록 한다.

57 앤트럽스 캡

인입선 공사 시에 전선의 피복보호를 위해 금속관 끝에 취부한다.

58

금속덕트 공사 시 금속덕트 내 접속점이 없어야 하나, 부득이한 경우 가능하다.

59 지중전선로 공사

관로식, 암거식, 직접 매설식

60 장주 공사

- 행거 밴드 : 주상 변압기를 전주에 고정
- 암 밴드 : 완금을 고정시킬 때 사용
- 암 타이 : 완금이 상하로 움직이지 않도록 고정
- 암 타이 밴드 : 암 타이를 전주에 고정시키기 위해 사용

정답

01	①	02	①	03	②	04	④	05	①	06	③	07	①	08	④	09	①	10	④
11	④	12	②	13	④	14	③	15	①	16	①	17	①	18	②	19	④	20	①
21	①	22	④	23	④	24	③	25	③	26	④	27	④	28	①	29	①	30	④
31	②	32	④	33	③	34	④	35	①	36	①	37	②	38	①	39	③	40	④
41	②	42	④	43	②	44	①	45	①	46	③	47	②	48	④	49	④	50	④
51	①	52	②	53	②	54	①	55	②	56	④	57	③	58	②	59	②	60	④

해설

01 전력의 표시(단상)

- 피상전력 $P_a = VI[VA]$
- 유효전력 $P = VI\cos\theta[W]$
- 무효전력 $P_r = VI\sin\theta[Var]$

02 콘덴서의 병렬접속

합성 정전용량 $C = C_1 + C_2 + C_3[\mu F]$
$$= 1 + 3 + 6 = 10[\mu F]$$

03

$$W = \frac{1}{2}CV^2[J]$$

전압 $V^2 = \dfrac{2W}{C} = \dfrac{2 \times 9}{200 \times 10^{-6}} = 9 \times 10^4$

$\therefore V = \sqrt{9 \times 10^4} = 3 \times 10^2[V]$

04

투자율 $\mu = \mu_0 \cdot \mu_s [H/m]$: 자석이 통하기 쉬운 정도

05

자기력 $F = mH[N]$
$$= 8 \times 10^{-3} \times 20 = 16 \times 10^{-2} = 0.16[N]$$

06

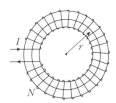

[환상 솔레노이드의 자기장의 세기]

자기장의 세기 $H = \dfrac{NI}{2\pi r}[AT/m]$에서,

전류 $I = \dfrac{2\pi rH}{N}$

07

도선에 작용하는 힘 $F = \dfrac{2I_1 I_2}{r} \times 10^{-7}[N/m]$에서,

- $F \propto \dfrac{I_1 I_2}{r}$: 힘(F)은 거리(r)에 반비례한다.
- 반발력 : 왕복 도선(전류 방향이 반대일 때)에 작용하는 힘
- 흡인력 : 평행 도선(전류 방향이 같을 때)에 작용하는 힘

08 상호 인덕턴스

$M = k\sqrt{L_1 L_2}[H] = 1 \times \sqrt{40 \times 90} = 60[mH]$
(누설자속이 없으므로 $k = 1$이다)

09

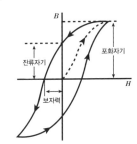

- 횡축 : 자기장의 세기(H) – 보자력
- 종축 : 자속밀도(B) – 잔류자기

10

전류(I)는 도체의 단면을 단위시간(t)에 통과하는 전하량(Q)

전류 $I[A] = \dfrac{Q[C]}{t[sec]}$

11 저항의 직렬회로

$V_{10\Omega} = \left(\dfrac{10\Omega}{5\Omega + 10\Omega + 20\Omega}\right) \times 105[V] = 30[V]$

12 키르히호프의 법칙

- 전류에 관한 법칙(제1법칙)
- 전압에 관한 법칙(제2법칙)

13

소비전력 $P = I^2 R$에서,

전류 $I^2 = \dfrac{P}{R} = \dfrac{1 \times 10^4}{1 \times 10^2} = 100$

$\therefore\ I = \sqrt{100} = 10[A]$

14 배율기

R_m : 배율기 저항, R_0 : 전압계 내부 저항

$\therefore R_m = R_0(m-1) = R_0(10-1) = 9R_0$

(배율기의 저항(R_m)은 전압계 내부저항(R_0)의 9배)

전압계의 측정범위를 10배로 하자면 외부에 9배로 큰 저항이 있어야 전압을 분배하게 된다. 따라서 9:1의 형태로 배율기의 저항은 9배로 하여야 한다.

15 국부작용

전지 내부에서 순환하는 전류가 생겨 화학변화가 일어나 기전력을 감소시키는 현상으로, 방지법으로는 전극에 수은을 도금하거나, 순도가 높은 재료를 사용한다.

16 주기 $T[s]$

$T = \dfrac{1}{f[Hz]} = \dfrac{1}{100} = 0.01[sec]$

17 유도 리액턴스 $X_L[\Omega]$

$X_L = wL = 2\pi f L = 2\pi \times 60 \times 0.01 = 3.77[\Omega]$

18 Y결선

- 선간전압 $V_\ell = \sqrt{3} V_p \angle \dfrac{\pi}{6}[V]$: ($\dfrac{\pi}{6}[rad]$ 앞선다)

- 상전압 $V_p = \dfrac{V_\ell}{\sqrt{3}} = \dfrac{220}{\sqrt{3}} = 127[V]$

19 임피던스

$Z = \sqrt{R^2 + (X_L - X_C)^2} = \sqrt{4^2 + (8-5)^2} = 5[\Omega]$

$X_L > X_C$: 유도성

$\therefore$ 전류 $I = \dfrac{V}{Z} = \dfrac{100}{5} = 20[A]$

20 역률

$cos\theta = \dfrac{\text{유효전력}[P]}{\text{피상전력}[P_a]}$

21 직류기의 구조

- 계자(Field Magnet) : 자속을 발생하는 부분
- 전기자(Armature) : 계자에서 만든 자속을 쇄교하여 기전력을 발생하는 부분

- 정류자(Commutator) : 전기자에서 발생된 기전력, 즉 교류를 직류로 변환하는 부분
- 브러시(Brush) : 정류자면에 접촉하여 외부회로로 전류를 흐르게 하는 부분

22

무부하 시에는 전기자 전류가 흐르지 않으므로 전기자 반작용이 발생하지 않아 중성점 위치가 변하지 않는다.

23

타여자기는 별도의 직류전원에서 여자전류를 공급하는 방식이다.

24

속도 $N = k\dfrac{V - I_a R_a}{\phi}$

계자전류 I_f가 감소하면($R_f \propto \dfrac{1}{I_f} \propto \dfrac{1}{\phi}$) 자속 ϕ도 감소한다.

따라서, 속도 N는 자속 ϕ에 반비례 하므로 증가한다.

25 균압선 설치

병렬운전을 안정하게 운전하기 위해 설치한다. (직권 발전기, 복권 발전기)

26

동기조상기는 역률 개선과 전압 조정 등을 하기 위해 전력계통에 접속한 무부하의 동기전동기이다.

27

- 동기전동기의 용도로는 시멘트 분쇄기, 압축기, 송풍기, 동기 조상기 등이다.
- 크레인은 3상 권선형 유도전동기로 사용한다.

28

초 동기전동기를 '고정자 회전 기동형'이라고도 한다.

29 동기 발전기의 병렬운전 조건

- 기전력의 크기가 같을 것
  - 다르다면, 무효 순환전류가 발생한다.
- 기전력의 위상이 같을 것
  - 다르다면, 순환전류(동기화전류)가 발생한다.
- 기전력의 파형이 같을 것
  - 다르다면, 고조파 순환전류가 발생한다.
- 기전력의 주파수가 같을 것
  - 다르다면, 출력이 요동치고 권선이 가열된다.

30

권수비 $a = \dfrac{N_1}{N_2} = \dfrac{V_1}{V_2} = \sqrt{\dfrac{R_1}{R_2}} = \dfrac{I_2}{I_1}$

$\therefore a = \sqrt{\dfrac{R_1}{R_2}} = \sqrt{\dfrac{360}{0.1}} = 60$

31

변압기 내부고장을 보호하기 위한 계전기기로는 부흐홀츠 계전기, 비율차동 계전기, 차동 계전기 등이 있다.

32

변압기(발전기) 규약효율 $\eta = \dfrac{출력}{출력+손실} \times 100[\%]$

33

단상 유도전압조정기는 누설 리액턴스에 위한 전압강하를 줄이기 위하여 단락권선을 설치한다.

34

- 슬립 s의 범위 : $0 < s < 1$
- $N = 0$: 전동기 정지 상태일 때($s = 1$) 기동 시
- $N = N_s$: 전동기 무부하 운전 시($s = 0$) 동기속도로 회전

35 손실

- 무부하손(고정손) : 철손
- 부하손(가변손) : 구리손(동손)
- 표유부하손 : 측정이나 계산으로 구할 수 없는 손실(도체 또는 철심내부에서 생기는 손실)

36 단상 유도전동기의 기동 토크 순서

반발 기동형 〉 반발 유도형 〉 콘덴서 기동형 〉 분상 기동형 〉 세이딩 코일형

37 2차 여자법

권선형 유도전동기 회전자에 슬립 주파수(유기기전력과 같은 주파수를 갖는 전압)를 가하여 속도를 제어하는 방법

38

SCR은 단방향성 역저지 3단자 사이리스터이다.

39 초퍼(Chopper)

직류 전압의 입력으로 크기가 다른 직류 전압의 출력으로 변환하는 장치이다.

40 손실

- 무부하손(고정손) : 철손
- 부하손(가변손) : 구리손(동손)
- 표유부하손 : 측정이나 계산으로 구할 수 없는 손실(도체 또는 철심내부에서 생기는 손실)

41

1선 지락전류가 5[A]이므로 150/5 = 30[Ω]

42 접지도체의 단면적

- 접지도체에 큰 고장전류가 흐르지 않을 경우 : 구리 6[mm²](철제 50[mm²]) 이상
- 접지도체에 피뢰시스템이 접속되는 경우 : 구리 16[mm²](철제 50[mm²]) 이상

43

교류 차단기(Circuit Breaker, CB)는 부하전류 개폐 및 사고전류 차단하는 것으로, 유입 차단기(OCB), 공기 차단기(ABB), 자기 차단기(MBB), 가스 차단기(GCB), 진공 차단기(VCB), 기중 차단기(ACB) 등이 있다.

※ HSCB는 직류 고속도 차단기이다.

44

컷아웃스위치(COS)는 변압기 보호용으로 변압기 1차측에 설치하여 단락 보호 및 개폐 장치로 사용된다.

45

역률 개선의 효과에는 변압기의 여유율 증가(설비 이용률 증가), 전압강하 감소, 전력손실 감소, 전기요금감소 등이 있다.

46 절연전선

IV(비닐 절연전선), OW(옥외용 비닐 절연전선), RB(고무 절연전선), DV(인입용 비닐 절연전선)

47 코드의 공칭단면적

0.75[mm²] - 1.25[mm²] - 2.0[mm²] - 3.5[mm²] - 5.5[mm²] - 14[mm²]

48 캡타이어 케이블의 심선 색깔

- 단심 : 검정색
- 2심 : 검정색, 흰색
- 3심 : 검정색, 흰색, 빨간색
- 4심 : 검정색, 흰색, 빨간색, 녹색
- 5심 : 검정색, 흰색, 빨간색, 녹색, 노란색

49 코드 접속기 및 접속함 등의 기구를 사용하여 접속하는 경우

- 캡타이어 케이블 상호간(캡타이어 케이블 - 캡타이어 케이블)
- 코드 상호간(코드 - 코드)
- 캡타이어 케이블과 코드간(캡타이어 케이블 - 코드)

50

소켓, 리셉터클 등에 전선을 접속할 때 반드시 전압측 전선에 시설하여야 한다.

51

절연시험을 통하여 안전점검을 먼저 해야 한다.

52

프레셔 툴(Pressure Tool)은 전선에 커넥터, 터미널을 압착하는 데 사용한다.

53

쥐꼬리 접속은 금속관 또는 합성수지관 공사 시 박스(8각, 4각) 내에서 접속할 때 사용한다.

54 애자사용 공사 이격거리

구분	전선 상호간	전선 – 조영재	지지물간 조영재 위, 옆면
400[V] 미만	6[cm] 이상	2.5[cm] 이상	2[m] 이하
400[V] 이상		4.5[cm] 이상	

55

하나의 관로에 구부러진 곳은 3개소까지(270도)만 허용한다.(1개소당 90도)

56 금속관 접지공사

- 사용전압 400[V] 미만 : 제3종 접지공사
- 사용전압 400[V] 이상 : 특별 제3종 접지공사(사람이 접촉할 우려가 없으면 제3종 접지공사)
- 접지공사 생략조건 : 4[m] 이하의 금속관을 건조한 장소에 시설할 때, 사용전압이 150[V] 이하인 경우에, 8[m] 이하의 금속관을 사람의 접촉 우려가 없는 곳에 시설할 때

57

금속관을 박스에 접속할 때 로크너트로 고정하고, 절연부싱을 사용하여 전선의 피복 등 손상을 방지한다.

58 가요전선관 접속

[콤비네이션 커플링]　[스플릿 커플링]　[스트레이트 박스 커넥터] [앵글 박스 커넥터]

- 콤비네이션 커플링 : 금속관과 가요전선관 접속
- 스플릿 커플링 : 가요전선관 상호 접속
- 스트레이트 박스 커넥터 : 박스와 가요전선관 접속
- 앵글 박스 커넥터 : 박스와 가요전선관 직각 접속

59 버스덕트의 종류

- 피더 버스덕트 : 도중에 부하를 접속하지 않는 간선용
- 플러그인 버스덕트 : 도중에 부하접속용 꽂음 플러그가 있음
- 트롤리 버스덕트 : 도중에 이동부하를 접속할 수 있음

60

인터록 회로는 두 개의 입력 중 먼저 동작한 쪽이 다른 쪽의 동작을 금지하는 회로이다.

정답

01	③	02	③	03	②	04	③	05	④	06	②	07	②	08	④	09	③	10	①
11	①	12	①	13	①	14	④	15	④	16	④	17	④	18	②	19	④	20	③
21	④	22	②	23	①	24	②	25	②	26	④	27	④	28	④	29	①	30	①
31	②	32	④	33	④	34	②	35	④	36	④	37	①	38	①	39	①	40	②
41	④	42	①	43	②	44	③	45	①	46	②	47	①	48	③	49	③	50	④
51	③	52	④	53	①	54	③	55	②	56	③	57	③	58	②	59	③	60	①

해설

01

전기의 전속밀도 $D[C/m^2]$ — 자기의 자속밀도 $B[Wb/m^2]$

02

- BC 사이의 전압 : $120[V] - 50[V] = 70[V]$
- BC 사이에 흐르는 전류(전체 전류)

$$I = \frac{V_{BC}}{R_2 + R_5} = \frac{70}{2+5} = 10[A]$$

- 저항 7에 흐르는 전류

$$I_7 = \frac{R_3}{R_3 + R_7} \times I = \frac{3}{3+7} \times 10 = 3[A]$$

- 저항 3에 흐르는 전류

$$I_3 = \frac{R_7}{R_3 + R_7} \times I = \frac{7}{3+7} \times 10 = 7[A]$$

03 Z 직렬 병렬 접속

- 임피던스(Z)의 직렬접속 : 합성 $Z = Z_1 + Z_2$
- 어드미턴스($Y = \frac{1}{Z}$)의 병렬접속 : 합성 $Y = Y_1 + Y_2$

04

- 상호 인덕턴스 $M = k\sqrt{L_1 L_2}$
- 누설자속이 없는 이상적일 때 결합계수 $K = 1$
  $\rightarrow M = \sqrt{L_1 L_2}$

05 콘덴서에 축적되는 에너지

$W = \frac{1}{2}QV = \frac{1}{2}CV^2 = \frac{Q^2}{2C}[J] \ (Q = CV)$에서,

$V^2 = \frac{2W}{C}$

$V = \sqrt{\frac{2W}{C}}$

06 황산구리(CuSO₄)의 전기분해

- 전해액에 전류가 흘러 화학변화를 일으키는 현상
- 양극(+)에는 구리판이 얇아진다.(산화반응)
- 음극(−)에는 구리판이 두터워진다.(환원반응)

07 과도현상

- 정상상태로부터 다른 정상상태로 변화하는 과정이다.
- 시간적 변화를 가질 수 있는 소자(L과 C)에서 발생한다.
- 시정수는 과도전류에서 정상전류(63.2%)에 도달하기까지의 시간이다.
- 과도현상은 시정수가 클수록 오래 지속된다.

08

전위 $V[V] = IR[A \cdot \Omega] = \frac{W}{Q}[J/C]$

※ 전기장의 세기 $E = \frac{1}{4\pi\varepsilon} \cdot \frac{Q}{r^2}[V/m] = \frac{F}{Q}[N/C]$

09 전류의 화학작용 패러데이 법칙(Faraday' Law)

전기분해의 전극에 석출되는 물질의 양은 전해액을 통과한 전기량에 비례한다.
석출량 W
$= kQ = kIt = 1.1 \times 10^{-3} \times 1 \times 2 \times 3600 = 7.92[g]$

10 △ 결선 − Y 결선

- 전류 : $I_\Delta = 3I_Y$
- 임피던스 : $Z_\Delta = 3Z_Y$

Y결선으로 환산하면 $Z_Y = \frac{1}{3}Z_\Delta$

11

자체 인덕턴스 L은 투자율에 비례한다.

$$L = \frac{N\phi}{I} = \frac{\mu AN^2}{\ell}[H] : L \propto \mu$$

※자속 $\phi = \dfrac{NI}{R_m} = \dfrac{NI}{\dfrac{\ell}{\mu A}} = \dfrac{\mu ANI}{\ell}[Wb]$

12

전기난로는 저항에 해당하고 저항은 전압과 전류의 위상차가 없는 동상이다.

13 앙페르의 오른나사의 법칙

'전류의 방향과 자장의 방향은 각각 나사의 진행방향과 회전 방향에 일치한다.'는 법칙으로 전류에 의하여 생기는 자기장의 자기력선의 방향을 결정한다.

14 전해 콘덴서

금속 표면에 산화피막을 만들어 유전체로 이용, 소형으로 큰 정전용량을 얻을 수 있으나, 극성이 있어 교류회로에는 부적합하다.

15 역률

RLC의 교류회로에서 전압과 전류의 위상차 $\theta[rad]$가 발생하는데 여기서 $cos\theta$을 역률이라고 한다. 저항 R만의 회로에서는 전압과 전류가 동상이므로 역률은 1이다.

16

유전율 ε의 단위는 $[F/m]$이고, 투자율 μ의 단위는 $[H/m]$이다.

17 발열량[cal]

- $1[J] = Pt[W \cdot s] = 0.24Pt[ca\ell] = 0.24I^2Rt[ca\ell]$
- $1[Wh] = 0.24 \times 3600[s] = 864[ca\ell]$

18

- V결선의 출력 : $P_V = \sqrt{3}P_1$
- P_1 : 단상 변압기 1대의 용량[kVA]

19 코로나 현상

전로 및 애자부근에 임계전압 이상의 전압이 가해지면 공기의 절연이 부분적으로 파괴되어 빛이나 소리를 내며 국부적인 방전이 일어나는 현상이다.

20 비정현파의 푸리에 급수 전개

- $v = V_0 + \Sigma$ 직류분 + 기본파 + 고조파
- 푸리에 분석은 비정현파를 여러 개의 정현파의 합으로 표시하는 방법이다.

21 자기 기동법

- 기동 토크를 적당한 값으로 유지하기 위하여 변압기 탭에 의해 정격전압의 30~50[%] 정도로 저압을 가해 기동을 한다.
- 기동 토크는 일반적으로 적고 전부하 토크의 40~60[%] 정도이다.

- 제동 권선에 의한 기동 토크를 이용하는 것으로, 제동 권선은 2차 권선으로서 기동 토크를 발생한다.
- 기동할 때에는 회전자속에 의하여 계자 권선 안에는 고압이 유도되어 절연을 파괴할 우려가 있다.

22 동기 발전기의 병렬운전 조건

- 기전력의 크기가 같을 것. 다르다면, 무효순환전류가 발생한다.
- 기전력의 위상이 같을 것. 다르다면, 순환전류(동기화전류)가 발생한다.
- 기전력의 파형이 같을 것. 다르다면, 고조파 순환전류가 발생한다.
- 기전력의 주파수가 같을 것. 다르다면, 출력이 요동치고 권선이 가열된다.

23

동기 리액턴스에는 '돌발 단락 전류'를 제한하는 누설 리액턴스와 '역상 전류'를 제한하는 역상 리액턴스가 있다. 단락 전류가 흐른 뒤에 전기자 반작용은 작용하고, 돌발 단락 전류를 제한하는 것은 권선저항보다 큰 누설 리액턴스이다.

24

동기 발전기의 전기자 권선법에는 정현파에 가까운 분포권과 단절권을 혼합하여 사용한다.

- 분포권 : 기전력의 파형이 좋아지고, 전기자 동손에 의한 열을 골고루 분포시켜 과열 방지
- 단절권 : 기전력이 작아지지만, 고조파 제거로 파형 개선

25

차동복권 발전기는 부하가 증가할수록 단자전압이 저하하는 수하 특성 및 부 특성을 가지며, 용접기용 전원으로 사용된다.

26 직류 전동기 속도제어법

속도 $N = k\dfrac{E}{\phi} = k\dfrac{V - I_aR_a}{\phi}[rpm]$에서,

- 전압 제어법(V) : 정토크 제어, 조정범위가 넓어서 많이 사용, 직병렬제어, 일그너 방식, 워드레오나드 방식
- 계자 제어법(ϕ) : 정출력 제어, 정밀 제어
- 저항 제어법(R_a) : 전압강하가 큼

27

분권 전동기는 부하 변동에 의한 속도 변화가 거의 없어 정속도의 특징을 가진다. 속도가 증가하거나 감소하면 역기전력의 증감으로 인해서 속도를 유지하게 되어 속도와 토크가 지속적으로 유지한다.

28 전동기의 제동법

- 발전 제동 : 제동 시에 발전을 저항으로 소비하는 제동 방법
- 회생 제동 : 전동기를 발전기로 전환하여 전원에 회생하여 제동하는 방법
- 역상 제동(플러깅, Plugging) : 회전자의 토크를 반대로 발생시킨 (역회전) 후 전동기를 전원에서 분리하여 급제동 하는 방법

29 차동 계전기

- 1차 전류와 2차 전류의 차에 의하여 동작하는 계전기
- 변압기, 동기기의 층간단락 등의 내부 고장 시 동작하는 계전기

30

보극 설치는 전기자 반작용을 경감시키고, 양호한 정류를 얻는 데 효과적이다.

31 변압기 냉각방식

- 건식 : 자냉식, 풍냉식
- 유입 : 자냉식(주상용), 풍냉식, 수냉식, 송유식(기름을 순환시켜 냉각하는 방식)
- 송유 : 자냉식, 풍냉식, 수냉식

32 변압기 전압변동률 ε

- %저항강하(p): 정격전류가 흐를 때 권선저항에 의한 전압강하의 비율을 [%]로 나타낸 것
- %리액턴스강하(q): 정격전류가 흐를 때 리액턴스에 의한 전압강하의 비율을 [%]로 나타낸 것
- %임피던스 강하 : $\%Z$ = 전압변동률의 최대값
  $\varepsilon_{max} = \sqrt{p^2+q^2} = \sqrt{3^2+4^2} = 5[\%]$
- 지상인 경우 $\varepsilon = p\cos\theta + q\sin\theta = 3\times0.8 + 4\times0.6 = 4.8[\%]$
- 진상인 경우 $\varepsilon = p\cos\theta - q\sin\theta[\%]$
※ 역률 $\cos\theta = 0.8$ 이면, $\sin\theta = \sqrt{1-\cos\theta^2} = \sqrt{1-0.8^2} = 0.6$

33

변압기의 철심에는 철손을 작게 하기 위해 규소함유량 3~4[%]와 두께 0.35[mm]의 규소강판을 성층하여 사용한다.

34

변압기는 전압을 변환하는 기기로서 1차 권선(전원 측)에서 교류전압을 공급하면 자속이 발생하여 2차 권선(부하 측)과 쇄교하면서 기전력이 발생하는 전자 유도 작용을 한다.

35

농형 유도전동기의 기동법에는 전전압 기동법, $Y-\Delta$ 기동법, 기동보상기법, 리액터 기동법 등이 있다. 2차 저항기법은 권선형 유도전동기의 기동법이다.

36

매극 매상당의 홈수 $q = \dfrac{홈수}{극수\times상수} = \dfrac{34}{4\times3} = 2$

(홈수 = 24 극수 = 4 상수 = 3)

37

2차 출력 $P_0 = (1-s)P_2 = (1-0.03)\times(60-1) = 57.23[kW]$
(2차 입력 P_2 = 1차 입력－1차 손실)

38 세이딩 코일형

- 역률 및 효율이 낮으며, 기동 토크가 가장 작다.
- 구조가 간단하고, 회전방향을 바꿀 수 없으며 속도 변동률이 크다.
- 회전자는 농형이고 고정자의 성층철심은 몇 개의 돌극으로 되어 있다.

39 다이오드

- 발광 다이오드 : LED 램프 이용
- 포토 다이오드(수광 다이오드) : 광 검출 특성 이용
- 제너 다이오드 : 정전압 소자로 항복전압(역방향 전압의 한계) 특성 이용
- 바리스터 다이오드 : 전압에 의한 저항의 변화로 과전압 보호 회로에 이용

40 다이오드

- 과전압 보호로 직렬 추가 접속
- 과전류 보호로 병렬 추가 접속

41 스프링 와셔(Spring Lock Washer)

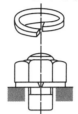

- 진동이 있는 기계기구 접속 시 2중 너트 또는 스프링 와셔를 사용하여 접속한다.
- 비틀어져 끊어진 원형 모양으로 진동에 의한 나사 풀림을 방지한다.

42

브리타니아 접속은 직경 3.2[mm] 이상 굵은 전선에 적용되며, 조인트(접속선)를 사용한다.

첨선   조인트선

벤치의 위치

43

절연저항의 측정기는 절연저항계 또는 메거(Megger)를 사용한다.

44 교통신호등

- 최대 사용전압 : 300[V] 이하
- 사용전압이 150[V] 초과시 누전차단기 설치
- 제어장치의 전원측에 전용개폐기 및 과전류 차단기를 각 극에 설치

45 절연전선의 종류

- 고무 절연전선 [RB]
- 비닐 절연전선 [IV]
- 내열용 비닐 절연전선 [HIV]
- 인입용 비닐 절연전선 [DV]
- 옥외용 비닐 절연전선 [OW]
- 폴리에틸렌 절연전선 [IE]
- 폴리에틸렌 절연비닐시스 케이블 [EV]
- 비닐 절연 네온전선 [NV]
- 형광등 전선 [FL]
- 접지용 비닐 절연전선 [GV]

46 전선 접속 시 고려사항

- 전기저항을 증가시키지 말아야 한다.
- 전선의 강도를 80[%] 이상 유지한다.(20[%] 이상 감소시키지 않아야 한다.)
- 접속부위는 절연 효력이 있는 테이프 및 와이어 커넥터 등으로 충분히 피복한다.
- 장력이 가해지지 않도록 박스 안에서 접속한다.

47 링 리듀서는 녹아웃 지름이 접속하는 금속관보다 큰 경우에 사용한다.

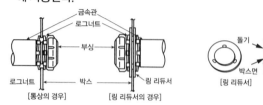

48 곡률 반경

- 연피 없는 케이블 : 외경의 6배 이상
- 단심 케이블 : 외경의 8배 이상
- 연피 케이블 : 외경의 12배 이상

49 금속관의 규격

- 후강 금속관(안지름 – 짝수)
  : 16, 22, 28, 36, 42, 54, 70, 82, 92, 104[mm], 두께 2.3[mm]
- 박강 금속관(바깥지름 – 홀수)
  : 15, 19, 25, 31, 39, 51, 63, 75[mm], 두께 1.6[mm]

50

주 접지단자에 접속하기 위한 등전위본딩 도체는 설비내에 있는 가장 큰 보호접지도체 단면적의 1/2 이상의 단면적을 가져야 하고 다음의 단면적 이상이어야 한다.
- 구리 도체 : 6[mm²]
- 알루미늄도체 : 16[mm²]
- 강철 도체 : 50[mm²]

51 PT와 CT

- 계기용 변압기(Potential Transformer, PT)는 고전압을 저전압으로 변성, 2차 정격전압은 110[V]이다.
- 계기용 변류기(Current Transformer, CT)는 대전류를 소전류로 변성, 2차 정격전류는 5[A]이다.

52 건주 공사(설계하중 6.8[kN] 이하)

- 전주의 길이가 15[m] 이하 : 전장×$\frac{1}{6}$[m]
- 전주의 길이가 15[m] 초과 : 2.5[m]
- 전주의 길이가 16[m] 초과 20[m] 이하 : 2.8[m]
∴ 전주의 길이가 12[m]로 15[m] 이하에 해당하므로 땅에 묻는 깊이는
  $12m × \frac{1}{6} = 2m$

53

- 기중차단기(ACB)
- 유입차단기(OCB)
- 공기차단기(ABB)
- 가스차단기(GCB)

54

큐비클형은 폐쇄식 캐비닛 형식의 배전반이다.

55 전동기의 정격 전류와 전선의 허용전류

전동기의 정격 전류	전선의 허용전류
50[A] 미만인 경우	1.25×전동기 전류의 합계
50[A] 이상인 경우	1.1×전동기 전류의 합계

- 전동기의 정격 전류 40[A]는 50[A] 미만인 경우에 해당하므로 전선의 허용전류는 1.25×40 = 50[A]

56 전력용(진상용) 콘덴서(Static Condenser, SC) 설치

- 역률 개선의 목적으로 부하와 병렬로 접속
- 방전 코일(Discharging Coil, DC) : 과전압 방지와 잔류전하 방전으로 설치
- 직렬 리액터(Series Reactor, SR) : 제5고조파의 제거로 파형개선으로 직렬로 설치

57 조명 기호

- 수은등(H)
- 나트륨등(N)
- 형광등(F)
- 메탈할라이트등(M)

58

전등 1구를 3로 스위치 2개로 2개소에서 점등이 가능하고, 여기에 4로 스위치 2개를 더 사용하면 4개소에서 점등이 가능하다.

59

가연성 분진이 존재하는 곳(소맥분, 전분, 유황 등의 먼지 발화원이 될 수 있는 곳), 위험물이 있는 곳(셀룰로이드, 성냥 석유 등을 제조하거나 저장하는 곳)의 전선관 배선은 금속관 공사, 케이블 공사, 2.0[mm] 이상의 합성수지관 공사 방법을 시행한다.

60 가요전선관 접속

- 앵글 박스 커넥터 : 박스와 가요전선관 직각 접속
- 스트레이트 박스 커넥터 : 박스와 가요전선관 직접 접속
- 콤비네이션 커플링 : 금속관과 가요전선관 접속
- 스플릿 커플링 : 가요전선관 상호 접속

특별부록

모의고사

★★★

전기기능사 필기 모의고사 1회
전기기능사 필기 모의고사 2회

01 유효전력의 식으로 옳은 것은? (단, V는 전압, I는 전류, θ는 위상각이다.)

① $VI\cos\theta$
② $VI\sin\theta$
③ $VI\tan\theta$
④ VI

02 다음 중 전동기의 원리에 적용되는 법칙은?

① 렌츠의 법칙
② 플레밍의 오른손법칙
③ 플레밍의 왼손법칙
④ 옴의 법칙

03 전류에 의해 만들어지는 자기장의 자기력선 방향을 간단하게 알아내는 방법은?

① 플레밍의 왼손법칙
② 렌츠의 자기유도법칙
③ 앙페르의 오른나사법칙
④ 패러데이의 전자유도법칙

04 쿨롱의 법칙에서 2개의 점전하 사이에 작용하는 정전력의 크기는?

① 두 전하의 곱에 비례하고 거리에 반비례한다.
② 두 전하의 곱에 반비례하고 거리에 비례한다.
③ 두 전하의 곱에 비례하고 거리의 제곱에 비례한다.
④ 두 전하의 곱에 비례하고 거리의 제곱에 반비례한다.

05 파고율, 파형률이 모두 1인 파형은?

① 사인파
② 고조파
③ 구형파
④ 삼각파

06 전자 냉동기는 어떤 효과를 응용한 것인가?

① 제벡 효과
② 톰슨 효과
③ 펠티에 효과
④ 줄 효과

07 진공 중에 $10[\mu C]$과 $20[\mu C]$의 점전하를 $1[m]$의 거리로 놓았을 때 작용하는 힘$[N]$은?

① $18 \times 10^{-1}[N]$
② $2 \times 10^{-10}[N]$
③ $9.8 \times 10^{-9}[N]$
④ $98 \times 10^{-9}[N]$

08 히스테리시스곡선의 ㉠–가로축(횡축)과 ㉡–세로축(종축)은 무엇을 나타내는가?

① ㉠–자속밀도,   ㉡–투자율
② ㉠–자기장의 세기,   ㉡–자속밀도
③ ㉠–자화의 세기,   ㉡–자기장의 세기
④ ㉠–자기장의 세기,   ㉡–투자율

09 단상 전력계 2대를 사용하여 2전력계법으로 3상 전력을 측정할 때, 두 전력계가 지시하는 값이 $P_1[W]$, $P_2[W]$라면 부하전력$[W]$은?

① $P = P_1 - P_2[W]$
② $P = P_1 + P_2[W]$
③ $P = P_1 \times P_2[W]$
④ $P = \sqrt{3}(P_1 + P_2)[W]$

10 콘덴서의 정전용량에 대한 설명으로 틀린 것은?

① 정전용량은 전압에 반비례한다.
② 정전용량은 이동 전하량에 비례한다.
③ 정전용량은 극판의 넓이에 비례한다.
④ 정전용량은 극판의 간격에 비례한다.

11 대칭 3상 교류를 올바르게 설명한 것은?

① 동시에 존재하는 3상의 크기 및 주파수가 같고 상차가 120°의 간격을 가진 교류
② 3상의 크기 및 주파수가 각각 다르고 상차가 120°의 간격을 가진 교류
③ 3상의 크기 및 주파수가 같고 상차가 60°의 간격을 가진 교류
④ 동시에 존재하는 3상의 크기 및 주파수가 같고 상차가 60°의 간격을 가진 교류

12 2[A], 500[V]의 회로에서 전력이 800[W]일 때 역률 [%]은?

① 60　　　　　② 70
③ 80　　　　　④ 90

13 전압계의 측정범위를 넓히기 위한 목적으로 전압계에 직렬로 접속하는 저항기를 무엇이라 하는가?

① 전위차계(Potentiometer)
② 분압계(Voltage Divider)
③ 분류기(Shunt)
④ 배율기(Multiplier)

14 저항 4[Ω], 유도 리액턴스 8[Ω], 용량 리액턴스 5[Ω]이 직렬로 된 회로에서의 역률은 얼마인가?

① 0.8　　　　　② 0.7
③ 0.6　　　　　④ 0.5

15 전하 및 전기력에 대한 설명으로 틀린 것은?

① 전하에는 양(+)전하와 음(−)전하가 있다.
② 비유전율이 큰 물질일수록 전기력은 커진다.
③ 대전체의 전하를 없애려면 대전체와 대지를 도선으로 연결하면 된다.
④ 두 전하 사이에 작용하는 전기력선은 전하의 크기에 비례하고, 거리의 제곱에 반비례한다.

16 평형 3상 교류회로에서 Y결선할 때 상전압(V_p)과 선간전압(V_ℓ)의 관계는?

① $V_\ell = V_p$　　　　② $V_\ell = \sqrt{2}V_p$
③ $V_\ell = \sqrt{3}V_p$　　　④ $V_\ell = \dfrac{1}{\sqrt{3}}V_p$

17 콘덴서의 정전용량이 커질수록 용량 리액턴스 X_c의 값은 어떻게 되는가?

① 무한대로 접근한다.
② 커진다.
③ 작아진다.
④ 변화하지 않는다.

18 자체 인덕턴스 각각의 두 원통 코일이 서로 직교하고 있다. 두 코일 사이의 상호 인덕턴스[H]는?

① $L_1 + L_2$　　　　② $L_1 L_2$
③ 0　　　　　④ $\sqrt{L_1 L_2}$

19 자기 히스테리시스 곡선의 횡축과 종축은 어느 것을 나타내는가?

① 자기장의 크기와 자속밀도
② 투자율과 자속밀도
③ 투자율과 잔류자기
④ 자기장의 크기와 보자력

20 R[Ω]의 저항 3개가 Δ결선으로 되어 있는 것을 Y결선으로 환산하면 1상의 저항은?

① $\dfrac{R}{3}$ ② R

③ $3R$ ④ $\dfrac{3}{R}$

21 직류 스테핑 모터(DC Stepping Motor)의 특징이다. 다음 중 가장 옳은 것은?

① 교류 동기 서보 모터에 비하여 효율이 나쁘고 토크 발생도 작다.
② 입력되는 전기신호에 따라 계속하여 회전한다.
③ 일반적인 공작 기계에 많이 사용된다.
④ 출력을 이용하여 특수기계의 속도, 거리, 방향 등을 정확하게 제어할 수 있다.

22 직류 전동기의 규약 효율을 표시하는 식은?

① $\dfrac{출력}{출력 + 손실} \times 100$

② $\dfrac{출력}{입력} \times 100$

③ $\dfrac{입력 - 손실}{입력} \times 100$

④ $\dfrac{입력}{출력 + 손실} \times 100$

23 다음의 정류곡선 중 브러시의 후단에서 불꽃이 발생하기 쉬운 것은?

① 직선정류
② 정현파정류
③ 과정류
④ 부족정류

24 동기 전동기의 장점이 아닌 것은?

① 직류 여자가 필요하다.
② 전부하 효율이 양호하다.
③ 역률 1로 운전할 수 있다.
④ 동기 속도를 얻을 수 있다.

25 동기기의 손실에서 고정손에 해당되는 것은?

① 계자철심의 철손
② 브러시의 전기손
③ 계자 권선의 저항손
④ 전기자 권선의 저항손

26 3상 유도 전동기의 운전 중 급속 정지가 필요할 때 사용하는 제동방식은?

① 단상 제동 ② 회생 제동
③ 발전 제동 ④ 역상 제동

27 단상 유도 전동기의 기동 방법 중 기동 토크가 가장 큰 것은?

① 반발 기동형
② 분상 기동형
③ 반발 유도형
④ 콘덴서 기동형

28 변압기유의 구비 조건으로 틀린 것은?

① 점도가 클 것
② 인화점이 높고 응고점이 낮을 것
③ 절연재료에 화학작용을 일으키지 말 것
④ 비열이 클 것

29 변압기의 2차측 저항이 0.1[Ω]이다. 이것을 1차로 환산했을 때 360[Ω]이라면 변압기의 권수비는?

① 50 ② 60
③ 70 ④ 100

30 변압기에 대한 설명으로 틀린 것은?

① 전압을 변성한다.
② 전력을 발생하지 않는다.
③ 정격 출력은 1차측 단자를 기준으로 한다.
④ 변압기의 정격용량은 피상전력으로 표시한다.

31 농형 회전자에 비뚤어진 홈을 쓰는 이유로 잘못된 것은?

① 기동 특성 개선을 한다.

② 파형 개선을 한다.

③ 소음 경감을 한다.

④ 미관상 좋다.

32 그림과 같은 정류 곡선에서 양호한 정류를 얻을 수 있는 곡선은?

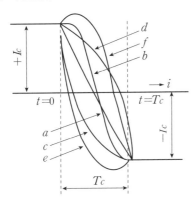

① a, b
② c, d
③ a, f
④ b, e

33 동기 전동기의 계자 전류를 가로축에, 전기자 전류를 세로축으로 하여 나타낸 V곡선에 관한 설명으로 옳지 않은 것은?

① 위상 특성 곡선이라 한다.

② 부하가 클수록 V곡선은 아래쪽으로 이동한다.

③ 곡선의 최저점은 역률 1에 해당한다.

④ 계자 전류를 조정하여 역률을 조정할 수 있다.

34 다음 그림의 전동기는 어떤 전동기인가?

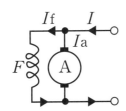

① 직권 전동기
② 타여자 전동기
③ 분권 전동기
④ 복권 전동기

35 양방향으로 전류를 흘릴 수 있는 양방향성 소자는?

① SCR

② GTO

③ TRIAC

④ MOSFET

36 복권 발전기의 병렬 운전을 안전하게 하기 위하여 두 발전기의 전기자와 직권 권선의 접촉점에 연결해야 하는 것은?

① 균압선

② 집전환

③ 합성저항

④ 브러시

37 변압기유의 열화 방지와 관계가 가장 먼 것은?

① 브리더

② 컨서베이터

③ 불활성 질소

④ 부싱

38 직류기에서 보극을 두는 가장 주된 목적은?

① 기동 특성을 좋게 한다.

② 전기자 반작용을 크게 한다.

③ 정류 작용을 돕고 전기자 반작용을 약화시킨다.

④ 전기자 자속을 증가시킨다.

39 직류 전동기의 제어에 널리 응용되는 직류-직류 전압 제어장치는?

① 인버터

② 컨버터

③ 초퍼

④ 전파 정류

40 농형 유도전동기의 기동법이 아닌 것은?

① $Y-\Delta$ 기동법

② 기동 보상기에 의한 방법

③ 전전압 기동법

④ 2차 저항기법

41 금속몰드의 지지점 간의 거리는 몇 [m] 이하로 하는 것이 가장 바람직한가?

① 1   ② 1.5

③ 2   ④ 3

42 금속관 배관공사를 할 때 금속관을 구부리는 데 사용하는 공구는?

① 히키(Hickey)

② 파이프 렌치(Pipe wrench)

③ 오스터(Oster)

④ 파이프 커터(Pipe cutter)

43 전선을 접속할 경우의 설명으로 틀린 것은?

① 접속 부분의 전기저항이 증가되지 않아야 한다.

② 전선의 세기를 80% 이상 감소시키지 않아야 한다.

③ 접속 부분은 접속 기구를 사용하거나 납땜을 하여야 한다.

④ 알루미늄 전선과 동선을 접속하는 경우, 전기적 부식이 생기지 않도록 해야 한다.

44 다음 중 특별고압은?

① 600 [V] 이하

② 750 [V] 이하

③ 600 [V] 초과 7,000 [V] 이하

④ 7,000 [V] 초과

45 셀룰로이드, 성냥, 석유류 등 기타 가연성 위험물질을 제조 또는 저장하는 장소의 배선으로 틀린 것은?

① 금속관 배선

② 케이블 배선

③ 플로어덕트 배선

④ 합성수지관(CD관 제외) 배선

46 전선 접속 방법 중 트위스트 직선 접속의 설명으로 옳은 것은?

① 연선의 직선 접속에 적용된다.

② 연선의 분기 접속에 적용된다.

③ 6[mm²] 이하의 가는 단선인 경우에 적용된다.

④ 6[mm²] 초과의 굵은 단선인 경우에 적용된다.

47 전기설비기술기준의 판단기준에서 가공전선로의 지지물에 하중이 가하여지는 경우에 그 하중을 받는 지지물의 기초 안전율은 얼마 이상인가?

① 0.5   ② 1

③ 1.5   ④ 2

48 실내 전체를 균일하게 조명하는 방식으로 광원을 일정한 간격으로 배치하며 공장, 학교, 사무실 등에서 채용하는 조명방식은?

① 국부조명

② 전반조명

③ 직접조명

④ 간접조명

49 셀룰로이드, 성냥, 석유류 등 기타 가연성 위험 물질을 제조 또는 저장하는 장소의 배선으로 틀린 것은?

① 배선은 금속관 배선, 합성수지관 배선, 케이블 배선을 한다.

② 금속관은 박강전선관 또는 이와 동등 이상의 강도가 있는 것을 사용한다.

③ 두께가 2[mm] 미만의 합성수지제 전선관을 사용한다.

④ 합성수지관 배선에 사용하는 합성수지관 및 박스 기타 부속품은 손상될 우려가 없도록 시설한다.

50 다음 그림은 단선 직선 접속 방법 중 무엇을 나타내는가?

❶
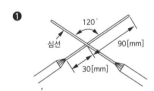

❷
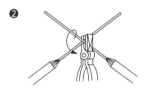

❸
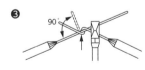

❹
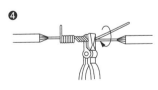

❺
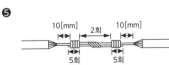

① 트위스트 접속   ② 브리타니아 접속

③ 조인트 접속   ④ 슬리브 접속

51 차단기 문자 기호 중 "MBB"는?

① 진공 차단기

② 기중 차단기

③ 자기 차단기

④ 유입 차단기

52 변전소의 역할로 볼 수 없는 것은?

① 전압의 변성

② 전력의 생산

③ 전력의 집중과 배분

④ 전력보호계통

53 금속관 공사에 필요한 공구가 아닌 것은?

① 파이프 바이스

② 스트리퍼

③ 리머

④ 오스터

54 전로 이외를 흐르는 전류로서 전로의 절연체 내부 및 표면과 공간을 통하여 선간 또는 대지 사이를 흐르는 전류를 무엇이라고 하는가?

① 지락전류

② 누설전류

③ 정격전류

④ 영상전류

55 접선 박스 내에서 절연전선을 쥐꼬리 접속한 후 접속과 절연을 위해 사용되는 재료는?

① 링형 슬리브

② S형 슬리브

③ 와이어 커넥터

④ 터미널 러그

56 다음 중 전선의 굵기를 결정할 때 반드시 생각해야 할 사항으로만 된 것은?

① 허용전류, 전압강하, 기계적 강도
② 허용전류, 공사방법, 사용장소
③ 공사방법, 사용장소, 기계적 강도
④ 공사방법, 전압강하, 기계적 강도

57 목욕탕에 취부해도 좋은 기구는?

① 리셉터클
② 콘덴서
③ 텀블러 스위치
④ 방수 소켓

58 한 분전반에서 사용전압이 각각 다른 분기회로가 있을 때 분기회로를 쉽게 식별하기 위한 방법으로 가장 적합한 것은?

① 차단기별로 분리해 놓는다.
② 과전류 차단기 가까운 곳에 각각 전압을 표시하는 명판을 붙여 놓는다.
③ 왼쪽은 고압측 오른쪽은 저압측으로 분류해 놓고 전압 표시는 하지 않는다.
④ 분전반을 철거하고 다른 분전반을 새로 설치한다.

59 역률 개선의 효과로 볼 수 없는 것은?

① 감전사고 감소
② 전력손실 감소
③ 전압강하 감소
④ 설비용량의 이용률 증가

60 옥외용 비닐절연전선을 나타내는 약호는?

① OW
② EV
③ DV
④ NV

01 회로망의 임의의 접속점에 유입되는 전류는 $\Sigma I = 0$이라는 회로의 법칙은?

① 쿨롱의 법칙

② 패러데이의 법칙

③ 키르히호프의 제1법칙

④ 키르히호프의 제2법칙

02 4[Ω]의 저항에 200[V]의 전압을 인가할 때 소비되는 전력은?

① 20[W]

② 400[W]

③ 2.5[kW]

④ 10[kW]

03 20분간에 876,000[J]의 일을 할 때 전력은 몇 [kW]인가?

① 0.73

② 7.3

③ 73

④ 730

04 $m_1 = 4 \times 10^{-5}$[Wb], $m_2 = 6 \times 10^{-3}$[Wb]이 $r = 10$[cm]이면, 두 자극 m_1, m_2 사이에 작용하는 힘은 약 몇 [N]인가?

① 1.52

② 2.4

③ 24

④ 152

05 전류에 의한 자기장과 직접적으로 관련이 없는 것은?

① 줄의 법칙

② 플레밍의 왼손법칙

③ 비오-사바르의 법칙

④ 앙페르의 오른나사의 법칙

06 평균 반지름이 10[cm]이고 감은 횟수 10회의 원형 코일에 5[A]의 전류를 흐르게 하면 코일 중심의 자장의 세기[AT/m]는?

① 250

② 50

③ 750

④ 1,000

07 전기력선에 대한 설명으로 틀린 것은?

① 같은 전기력선은 흡입한다.

② 전기력선은 서로 교차하지 않는다.

③ 전기력선은 도체의 표면에 수직으로 출입한다.

④ 전기력선은 양전하의 표면에서 나와서 음전하의 표면에서 끝난다.

08 평균 반지름 r[m]의 환상 솔레노이드에 권수가 N일 때 내부 자계가 H[AT/m]이었다. 이때 흐르는 전류 I[A]는?

① $\dfrac{HN}{2\pi r}$

② $\dfrac{2\pi r}{HN}$

③ $\dfrac{2\pi r H}{N}$

④ $\dfrac{N}{2\pi r H}$

09 평형 3상 교류회로에서 Y결선할 때 선간전압 (V_l)이 380[V]이면 상전압(V_p)은 약 몇 [V]인가?

① 110

② 220

③ 380

④ 440

10 다음 중 파고율을 나타낸 것은?

① $\dfrac{실효값}{평균값}$

② $\dfrac{최대값}{실효값}$

③ $\dfrac{평균값}{실효값}$

④ $\dfrac{실효값}{최대값}$

11 비사인파의 일반적인 구성은?

① 직류분 + 기본파 + 구형파

② 직류분 + 기본파 + 고조파

③ 직류분 + 고조파 + 삼각파

④ 직류분 + 고조파 + 구형파

12 정격 220[V], 60[W]의 백열전구에 교류 전압을 가할 때 전압과 전류의 위상 관계는?

① 전압이 전류보다 90도 앞선다.

② 전류가 전압보다 90도 앞선다.

③ 전압이 전류보다 90도 뒤진다.

④ 전압과 전류는 동상이다.

13 동일한 용량의 콘덴서 5개를 병렬로 접속하였을 때의 합성용량을 C_p라 하고, 5개를 직렬로 접속하였을 때의 합성용량을 C_s라 할 때 C_p와 C_s의 관계는?

① $C_p = 5C_s$

② $C_p = 10C_s$

③ $C_p = 25C_s$

④ $C_p = 50C_s$

14 도체의 전기저항에 대한 설명으로 옳은 것은?

① 길이와 단면적에 비례한다.

② 길이와 단면적에 반비례한다.

③ 길이에 비례하고 단면적에 반비례한다.

④ 길이에 반비례하고 단면적에 비례한다.

15 전도율의 단위는?

① [Ω·m]

② [℧·m]

③ [Ω/m]

④ [℧/m]

16 서로 다른 종류의 안티몬과 비스무트의 두 금속을 접속하여 여기에 전류를 통하면, 그 접점에서 열의 발생 또는 흡수가 일어난다. 줄열과 달리 전류의 방향에 따라 열의 흡수와 발생이 다르게 나타나는 이 현상은?

① 펠티에 효과(Peltier Effect)

② 제벡 효과(Seebeck Effect)

③ 제3금속의 법칙

④ 열전 효과

17 다음 중 콘덴서의 접속법에 대한 설명으로 알맞은 것은?

① 직렬로 접속하면 용량이 커진다.

② 병렬로 접속하면 용량이 작아진다.

③ 콘덴서는 직렬접속만 가능하다.

④ 직렬로 접속하면 용량이 작아진다.

18 진공 중에서 비유전율 ε_s의 값은?

① 1

② 6.33×10^4

③ 8.85×10^{-12}

④ 9×10^9

19 키르히호프의 법칙을 맞게 설명한 것은?

① 제1법칙은 전압에 관한 법칙이다.

② 제1법칙은 전류에 관한 법칙이다.

③ 제1법칙은 회로망의 임의의 한 폐회로 중의 전압강하의 대수합과 기전력의 대수합은 같다.

④ 제2법칙은 회로망에 유입하는 전력의 합은 유출하는 전류의 합과 같다.

20 출력 P[kVA]의 단상변압기 전원 2대를 V결선할 때의 3상 출력 [kVA]은?

① P

② $\sqrt{3}P$

③ $2P$

④ $3P$

21 정류자와 접촉하여 전기자 권선과 외부 회로를 연결하는 역할을 하는 것은?

① 계자   ② 전기자
③ 브러시   ④ 계자철심

22 전력 변환 기기가 아닌 것은?

① 변압기   ② 정류기
③ 유도 전동기   ④ 인버터

23 다음 그림의 직류 전동기는 어떤 전동기인가?

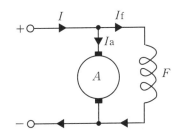

① 직권 전동기   ② 타여자 전동기
③ 분권 전동기   ④ 복권 전동기

24 동기 발전기의 병렬운전 중 주파수가 틀리면 어떤 현상이 나타나는가?

① 무효 전력이 생긴다.
② 무효 순환전류가 흐른다.
③ 유효 순환전류가 흐른다.
④ 출력이 요동치고 권선이 가열된다.

25 동기 전동기를 송전선의 전압 조정 및 역률 개선에 사용한 것을 무엇이라 하는가?

① 댐퍼
② 동기이탈
③ 제동 권선
④ 동기 조상기

26 3상 유도 전동기의 회전방향을 바꾸기 위한 방법으로 옳은 것은?

① 전원의 전압과 주파수를 바꾸어 준다.
② ⊿-Y 결선으로 결선법을 바꾸어 준다.
③ 기동보상기를 사용하여 권선을 바꾸어 준다.
④ 전동기의 1차 권선에 있는 3개의 단자 중 어느 2개의 단자를 서로 바꾸어 준다.

27 주파수 60[Hz]의 회로에 접속되어 슬립 3[%], 회전수 1,164[rpm]으로 회전하고 있는 유도 전동기의 극수는?

① 5극   ② 6극
③ 7극   ④ 10극

28 강압용 변압기로 수전용으로 사용되는 변압기의 3상 결선방식은?

① ⊿-⊿   ② ⊿-Y
③ Y-Y   ④ Y-⊿

29 전기기기의 철심 재료로 규소강판을 많이 사용하는 이유로 가장 적당한 것은?

① 와류손을 줄이기 위해
② 구리손을 줄이기 위해
③ 맴돌이 전류를 없애기 위해
④ 히스테리시스손을 줄이기 위해

30 변압기의 병렬운전에서 필요하지 않은 것은?

① 극성이 같을 것
② 전압이 같을 것
③ 출력이 같을 것
④ 임피던스 전압이 같을 것

31 3상 유도 전동기의 토크는?

① 2차 유도기전력의 2승에 비례한다.
② 2차 유도기전력에 비례한다.
③ 2차 유도기전력과 무관하다.
④ 2차 유도기전력의 0.5승에 비례한다.

32 동기 전동기의 V곡선에서 횡축이 표시하는 것은?

① 계자 전류
② 전기자 전류
③ 단자 전압
④ 토크

33 변압기의 정격 1차 전압이란?

① 정격 출력일 때의 1차 전압
② 무부하에 있어서 1차 전압
③ 정격 2차 전압 × 권수비
④ 임피던스 전압 × 권수비

34 게이트(Gate)에 신호를 가해야만 작동하는 소자는?

① SCR   ② MPS
③ UJT   ④ DIAC

35 그림과 같은 접속은 어떤 직류 전동기의 접속인가?

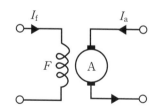

① 타여자 전동기
② 분권 전동기
③ 직권 전동기
④ 복권 전동기

36 세이딩 코일형 유도 전동기의 특징으로 틀린 것은?

① 역률과 효율이 좋고 구조가 간단하여 세탁기 등 가정용 기기에 많이 쓰인다.
② 회전자는 농형이고 고정자의 성층철심은 몇 개의 돌극으로 되어 있다.
③ 기동 토크가 작고 출력이 10[W] 이하의 소형 전동기에 주로 사용된다.
④ 운전 중에도 세이딩 코일에 전류가 흐르고 속도 변동률이 크다.

37 유도 전동기에서 슬립이 0이란 무엇을 의미하는가?

① 유도 전동기가 동기속도로 회전한다.
② 유도 전동기가 정지 상태이다.
③ 유도 전동기가 전부하 운전 상태이다.
④ 유도 전동기가 제동기의 역할을 한다.

38 병렬운전 중인 동기발전기의 난조를 방지하기 위하여 자극 면에 유도전동기의 농형권선과 같은 권선을 설치하는데 이 권선의 명칭을 무엇이라고 하는가?

① 계자 권선   ② 제동 권선
③ 전기자 권선   ④ 보상 권선

39 그림과 같은 기호가 나타내는 소자는?

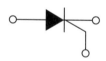

① SCR   ② TRIAC
③ IGBT   ④ Diode

40 동기 발전기의 권선을 분포권으로 하면 어떻게 되는가?

① 권선의 리액턴스가 커진다.
② 파형이 좋아진다.
③ 난조를 방지한다.
④ 집중권에 비하여 합성 유도기전력이 높아진다.

41 합성수지 몰드 공사에서 틀린 것은?

① 전선은 절연 전선일 것

② 합성수지 몰드 안에는 접속점이 없도록 할 것

③ 합성수지 몰드는 홈의 폭 및 깊이가 6.5[cm] 이하일 것

④ 합성수지 몰드와 박스 기타의 부속품과는 전선이 노출되지 않도록 할 것

42 금속관 공사에서 녹아웃의 지름이 금속관의 지름보다 큰 경우에 사용하는 재료는?

① 로크너트

② 부싱

③ 커넥터

④ 링 리듀서

43 다음 중 버스덕트가 아닌 것은?

① 플로어 버스덕트

② 피더 버스덕트

③ 트롤리 버스덕트

④ 플러그인 버스덕트

44 배전반 및 분전반의 설치장소로 적합하지 않은 곳은?

① 안정된 장소

② 밀폐된 장소

③ 개폐기를 쉽게 개폐할 수 있는 장소

④ 전기회로를 쉽게 조작할 수 있는 장소

45 합성수지관 상호접속 시 관을 삽입하는 깊이는 관 바깥지름의 몇 배 이상으로 하여야 하는가?

① 0.6

② 0.8

③ 1.0

④ 1.2

46 서로 다른 굵기의 절연전선을 동일 관내에 넣는 경우 금속관의 굵기는 전선의 피복절연물을 포함한 단면적의 총합계가 관내 단면적의 몇 [%] 이하가 되도록 선정하여야 하는가?

① 32　　　　② 38

③ 45　　　　④ 48

47 배전반을 나타내는 그림 기호는?

① 　　　②

③ 　　　④

48 조명 설계 시 고려해야 할 사항 중 틀린 것은?

① 적당한 조도일 것

② 휘도 대비가 높을 것

③ 균등한 광속 발산도 분포일 것

④ 적당한 그림자가 있을 것

49 배전용 기구인 컷아웃스위치(COS)의 용도로 알맞은 것은?

① 배전용 변압기의 1차측에 시설하여 변압기의 단락 보호용으로 쓰인다.

② 배전용 변압기의 2차측에 시설하여 변압기의 단락 보호용으로 쓰인다.

③ 배전용 변압기의 1차측에 시설하여 배전구역 전환용으로 쓰인다.

④ 배전용 변압기의 2차측에 시설하여 배전구역 전환용으로 쓰인다.

50 다음 중 과전류 차단기를 설치하는 곳은?

① 간선의 전원측 전선

② 접지공사의 접지선

③ 단선식 전로의 중성선

④ 접지공사를 한 저압 가공 전선의 접지측 전선

51 전등 1개를 4개소에서 자유롭게 점멸하고자 할 때 3로 스위치와 4로 스위치는 각각 몇 개 필요한가?

① 3로 스위치 – 1개   4로 스위치 – 3개
② 3로 스위치 – 2개   4로 스위치 – 2개
③ 3로 스위치 – 3개   4로 스위치 – 1개
④ 3로 스위치 – 2개   4로 스위치 – 1개

52 해안지방의 송전용 나전선에 적당한 것은?

① 철선
② 강심알루미늄선
③ 동선
④ 알루미늄 합금선

53 비교적 장력이 적고 다른 종류의 지선을 시설할 수 없는 경우에 적용하며 지선용 근가를 지지물 근원 가까이 매설하여 시설하는 지선은?

① Y지선
② 궁지선
③ 공동지선
④ 수평지선

54 사람이 접촉될 우려가 있는 곳에 시설하는 경우 접지극은 지하 몇 [cm] 이상의 깊이에 매설하여야 하는가?

① 30
② 45
③ 50
④ 75

55 가공 전선의 지지물이 아닌 것은?

① 목주
② 지선
③ 철근 콘크리트주
④ 철탑

56 전기공사에서 사용하는 공구와 작업 내용이 잘못된 것은?

① 토치램프 – 합성수지관 가공하기
② 홀소 – 분전반 구멍 뚫기
③ 와이어 스트리퍼 – 전선 피복 벗기기
④ 피시 테이프 – 전선관 보호

57 배선용 차단기(MCCB)는 원칙적으로 어떻게 사용해야 하는가?

① 부하전류 크기보다 작은 전류차단 용량의 것을 사용한다.
② 보호하려는 회로 중 가장 가는 전선의 허용 전류치 이하의 것을 사용한다.
③ 부하전류의 크기보다 큰 것을 사용한다.
④ 보호하려는 회로 중 가장 굵은 전선의 허용 전류치 이하의 것을 사용한다.

58 다음 중 지중전선로의 매설 방법이 아닌 것은?

① 관로식
② 암거식
③ 직접 매설식
④ 행거식

59 건물의 모서리(직각)에서 가요전선관을 박스에 연결할 때 필요한 접속기는?

① 스틀렛 박스 커넥터
② 앵글 박스 커넥터
③ 플렉시블 커플링
④ 콤비네이션 커플링

60 전력용 콘덴서를 회로로부터 개방하였을 때 전하가 잔류함으로서 일어나는 위험의 방지와 재투입 할 때 콘덴서에 걸리는 과전압의 방지를 위하여 무엇을 설치하는가?

① 직렬 리액터
② 전력용 콘덴서
③ 방전 코일
④ 피뢰기

정답

01	①	02	③	03	③	04	④	05	③	06	③	07	①	08	②	09	②	10	④
11	①	12	③	13	④	14	①	15	②	16	③	17	③	18	③	19	①	20	①
21	④	22	③	23	④	24	①	25	①	26	④	27	①	28	①	29	②	30	③
31	④	32	①	33	②	34	③	35	③	36	①	37	④	38	③	39	③	40	④
41	②	42	①	43	②	44	④	45	③	46	③	47	④	48	②	49	③	50	①
51	③	52	②	53	②	54	②	55	③	56	①	57	④	58	②	59	①	60	①

해설

01 전력의 표시

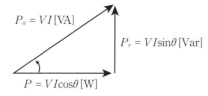

$P_a = VI \, [\text{VA}]$

$P_r = VI\sin\theta \, [\text{Var}]$

$P = VI\cos\theta \, [\text{W}]$

- 단상 교류의 경우
  - 피상전력 $P_a = VI \, [\text{VA}]$
  - 유효전력 $P = VI\cos\theta \, [\text{W}] = P_a\cos\theta \, [\text{W}]$
    (평균전력 = 소비전비)
  - 무효전력 $P_r = VI\sin\theta \, [\text{Var}] = P_a\sin\theta$
- 3상 교류의 경우
  - 피상전력 $P_a = 3V_p I_p = \sqrt{3}V_\ell I_\ell \, [\text{VA}]$
  - 유효전력 $P = 3V_p I_p\cos\theta = \sqrt{3}V_\ell I_\ell\cos\theta \, [\text{W}] = P_a\cos\theta$
    (평균전력 = 소비전력)
  - 무효전력 $P_r = 3V_p I_p\sin\theta = \sqrt{3}V_\ell I_\ell\sin\theta \, [\text{Var}] = P_a\sin\theta$

02 플레밍의 법칙

- 플레밍의 왼손법칙 : 전자력의 방향(전동기의 원리)

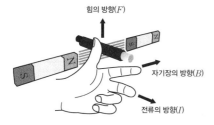

힘의 방향(F)

자기장의 방향(B)

전류의 방향(I)

- 플레밍의 오른손법칙 : 유도 기전력의 방향(발전기의 원리)

운동 F

기전력 e

03 앙페르의 오른나사법칙

- 직선전류 : 엄지-전류의 방향

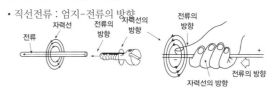

전류

자력선

전류의 방향

자력선 방향

전류의 방향

자력선의 방향

전류의 방향

- 코일전류 : 엄지-자기력선의 방향

자력선

전류

자력선의 방향

전류의 방향

전류의 방향

자력선의 방향

※ 렌츠의 법칙 : 유도 기전력의 방향 $e = -N\dfrac{\Delta\phi}{\Delta t} \, [\text{V}]$

※ 패러데이 법칙 : 유도 기전력의 크기 $e = N\dfrac{\Delta\phi}{\Delta t} \, [\text{V}]$

04 쿨롱의 법칙(Coulomb's Law)

- 두 점 전하 $Q_1[\text{C}]$, $Q_2[\text{C}]$이 $r[\text{m}]$ 사이에 작용하는 정전기력(F)의 크기는 두 전하의 곱에 비례하고, 전하 사이의 거리의 제곱에 반비례한다.

  정전기력 $F = \dfrac{1}{4\pi\varepsilon}\cdot\dfrac{Q_1 Q_2}{r^2} = \dfrac{1}{4\pi\varepsilon_0\varepsilon_s}\cdot\dfrac{Q_1 Q_2}{r^2}[\text{N}]$

05 구형파

- 수많은 고조파들의 합으로, 파형은 직사각형 모양
- 실효값 = 평균값 = 최대값(V_m)
- 파형률 = $\dfrac{\text{실효값}}{\text{평균값}}$ = 1   파고율 = $\dfrac{\text{최대값}}{\text{실효값}}$ = 1

06 펠티에 효과(Peltier Effect)

서로 다른 금속 A, B를 접속하고 한 쪽 금속에서 다른 쪽 금속으로 전류를 흘리면 열의 발생 또는 흡수가 일어나는 현상으로 용도는 전자 냉동(흡열), 온풍기(발열) 등이다.

07 진공 중의 정전기력

$$F = \frac{1}{4\pi\varepsilon} \cdot \frac{Q_1 Q_2}{r^2} = 9 \times 10^9 \times \frac{(10 \times 10^{-6})(20 \times 10^{-6})}{1^2}$$

$$= 18 \times 10^{-1} [N]$$

08 히스테리시스 곡선

- 철심 코일에서 전류를 증가시키면 자장의 세기 H는 전류에 비례하여 증가하지만 자속밀도 B는 자장에 비례하지 않고 포화현상과 자기이력현상 등이 일어나는 현상
- 자기장의 세기 H : 가로축(횡축)과 만나는 점을 보자력이라 한다.
- 자속밀도 B : 세로축(종축)과 만나는 점을 잔류자기라 한다.

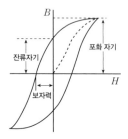

09 3상 교류전력의 측정법

- 1전력계법 : $P = 3P_p [W]$
- 2전력계법 : $P = P_1 + P_2 [W]$
- 3전력계법 : $P = P_1 + P_2 + P_3 [W]$

10 평판 도체의 정전용량

- 전기장의 세기 $E = \frac{V}{d} [V/m] \rightarrow V = E \cdot d$
- 전속밀도 $D = \frac{Q}{S} = \varepsilon E [C/m^2] \rightarrow Q = \varepsilon E \cdot S$
- 정전용량 $C = \frac{Q}{V} = \frac{\varepsilon E \cdot S}{E \cdot d} = \varepsilon \frac{S}{d} [F]$
  (S : 극판의 간격, d : 극판의 간격)
- 정전용량은 극판의 면적과 전하량에 비례하고, 극판의 간격과 전압에는 반비례한다.

11 대칭 3상 교류의 특징

- 각 기전력의 크기와 주파수 및 파형이 같을 것
- 위상차가 $120° \left(\frac{2}{3}\pi [rad] \right)$일 것

12 전력의 표시(단상 교류의 경우)

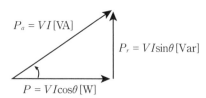

$P_a = VI [VA]$

$P_r = VI\sin\theta [Var]$

$P = VI\cos\theta [W]$

- 피상전력 $P_a = VI [VA]$
- 유효전력 $P = VI\cos\theta [W] = P_a\cos\theta [W]$
  (평균전력 = 소비전력)

- 무효전력 $P_r = VI\sin\theta [Var] = P_a\sin\theta$
- $\therefore \cos\theta = \frac{P}{VI} = \frac{800}{500 \times 2} = 0.8$

13 저항기

- 분류기(Shunt) : 전류계의 측정범위를 넓히기 위한 목적으로 전류계에 병렬로 접속하는 저항기
- 배율기(Multiplier) : 전압계의 측정범위를 넓히기 위한 목적으로 전압계에 직렬로 접속하는 저항기

14

- 임피던스 $Z = \sqrt{R^2 + X^2} = \sqrt{R^2 + (X_L - X_C)^2} [\Omega]$
- 역률 $\cos\theta = \frac{R}{Z} = \frac{4}{\sqrt{4^2 + (8-5)^2}} = \frac{4}{5} = 0.8$

15 쿨롱의 법칙

$$F = \frac{1}{4\pi\varepsilon} \cdot \frac{Q_1 Q_2}{r^2}$$

- 두 전하 사이에 작용하는 전기력선은 전하의 크기에 비례한다.
- 두 전하 사이에 작용하는 전기력선은 거리의 제곱에 반비례한다.
- 전기력선은 비유전율에는 반비례한다.

16 Y결선

$V_\ell = \sqrt{3} V_p, \ I_\ell = I_p$

17 용량 리액턴스

$$X_C = \frac{1}{wC} = \frac{1}{2\pi fC} \propto \frac{1}{C}$$

- 용량 리액턴스 X_C는 정전용량 C에 반비례한다.

18

상호 인덕턴스 $M = k\sqrt{L_1 L_2} [H]$에서,

결합계수 $k = \frac{M}{\sqrt{L_1 L_2}}$이다.

- 결합계수 $k = 1$: 누설자속이 없다.
- 결합계수 $k = 0$: 코일이 서로 직교한다.(쇄교자속 없다.)

19

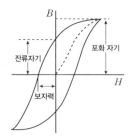

- 횡축 : 자기장의 세기(H) - 보자력
- 종축 : 자속밀도(B) - 잔류자기

20 △결선 – Y결선

- 전류 : $I_\Delta = 3I_Y$
- 임피던스 : $Z_\Delta = 3Z_Y$

Y결선으로 환산하면 $Z_Y = \dfrac{1}{3}Z_\Delta$

21 직류 스테핑 모터(DC Stepping Motor)

- 자동제어에 사용되는 특수 전동기로 정밀한 서보(Servo) 기구에 많이 사용된다.
- 전기신호(펄스)를 받아 회전운동으로 바꾸고 기계적 이동을 한다.
- 교류 동기 서보 모터에 비하여 효율이 좋고 큰 토크를 발생한다.
- 전기신호(펄스)에 따라 일정한 각도만큼 회전하고, 입력되는 연속 신호에 따라 정확하게 반복되며 출력을 이용하여 어떤 특수 기계의 속도, 거리, 방향 등을 정확하게 제어할 수 있다.

22 효율

- 실측효율(실제 측정값 사용계산) : 실측효율 $\eta = \dfrac{출력}{입력}\times100(\%)$
- 규약효율(손실값을 기준으로 계산)

  - 발전기 규약효율 $\eta = \dfrac{출력}{출력+손실}\times100(\%)$

    → 발전기는 출력기준

  - 변압기 규약효율 $\eta = \dfrac{출력}{출력+손실}\times100(\%)$

    → 변압기는 출력기준

  - 전동기 규약효율 $\eta = \dfrac{입력-손실}{입력}\times100(\%)$

    → 전동기는 입력기준

23 정류 곡선

- 직선정류 : 전류가 직선적으로 균등하게 변환(양호)
- 정현파정류 : 불꽃 발생 안함(양호)
- 부족정류 : 브러시 후단에서 불꽃 발생(불량)
- 과정류 : 브러시 전단에서 불꽃 발생(불량)

24 동기 전동기의 단점

- 별도의 직류 여자기가 필요하여 설비비가 많이 든다.
- 속도 조정이 어렵고, 난조가 발생할 우려가 있다.

25 동기기의 손실

- 무부하손(고정손) = 철손 + 기계손
- 부하손(가변손) = 동손(저항손)

26 전동기 제동법

- 발전 제동 : 제동시에 발전을 저항으로 소비하는 제동 방법
- 회생 제동 : 전동기를 발전기로 전환하여 전원에 회생하여 제동하는 방법

- 역전 제동(플러깅, Plugging) : 전기자의 접속을 바꾸어 토크를 반대로 발생시킨(역회전) 후 전동기를 전원에서 분리하여 급제동 하는 방법

27 단상 유도 전동기의 기동 토크 순서

반발 기동형 〉 반발 유도형 〉 콘덴서 기동형 〉 분상 기동형 〉 세이딩 코일형

28 변압기유의 구비조건

- 절연내력이 클 것(변압기유 : 12[kV/mm] 공기 : 2[kV/mm] – 수분이 포함되면 저하된다.)
- 인화점이 높고, 응고점이 낮을 것
- 점도가 낮고, 비열이 클 것
- 화학작용을 일으키지 말 것

29 권수비

$$a = \frac{E_1}{E_2} = \frac{N_1}{N_2} = \frac{V_1}{V_2} = \frac{I_2}{I_1} = \sqrt{\frac{R_1}{R_2}}$$

$$\therefore a = \sqrt{\frac{R_1}{R_2}} = \sqrt{\frac{360}{0.1}} = 60$$

30 변압기

- 전압을 변환하는 기기로서 1차 권선(전원측)에서 교류전압을 공급하면 자속이 발생하여 2차 권선(부하측)과 쇄교하면서 기전력을 유도하는 작용을 한다.
- 정격 출력은 2차측 단자를 기준으로 한다.

31 농형 회전자의 경사진 홈

소음 감소, 기동 특성 개선, 파형 개선을 한다.

32 정류 곡선

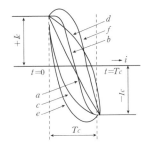

- 직선 정류 – a : 전류가 직선적으로 균등하게 변환(양호)
- 정현파 정류 – b : 불꽃 발생 안함(양호)
- 과 정류 – c : 브러시 전단에서 불꽃 발생(불량)
- 부족 정류 – d : 브러시 후단에서 불꽃 발생(불량)

33 동기 전동기의 V곡선(위상 특성 곡선)

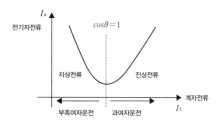

V곡선(위상특성곡선)에서 부하가 클수록 위쪽으로 이동한다.

34

분권기는 계자권선과 전기자권선이 병렬로 연결되어 있다.

35 양방향성 소자

DIAC, TRIAC, SSS

36 균압선

- 병렬운전을 안정히 하기 위해 두 발전기의 전기자와 직권 권선의 접촉점에 연결하는 것
- 직권계자가 있는 직권 발전기와 복권(평복권, 과복권) 발전기에는 균압선 설치

37 변압기유의 열화 방지

- 컨서베이터(Conservator) 설치 : 변압기 외함 상단에 설치하여 질소를 봉입하고 변압기유와 공기의 접촉으로 인한 열화를 방지한다.
- 브리더 : 변압기의 호흡작용이 브리더를 통하여 이루어지고, 일반적으로 흡수제인 실리카겔로 공기 중의 습기를 흡수한다.

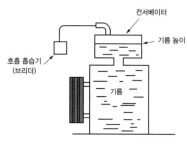

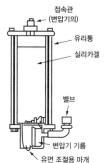

38

직류기의 보극 설치는 전기자 반작용 경감과 양호한 정류를 얻는다.

39 초퍼(Chopper)

직류 전압의 입력으로 크기가 다른 직류 전압의 출력으로 변환하는 장치이다.

40

농형 유도전동기의 기동법에는 전전압 기동법, $Y-\Delta$ 기동법, 기동보상기법, 리액터 기동법 등이 있다. 2차 저항기법은 권선형 유도전동기의 기동법이다.

41 지지점 간 거리

- 가요전선관, 캡타이어케이블 : 1 [m]
- 합성수지관, 금속몰드 : 1.5 [m]
- 애자, 금속관, 라이팅덕트, 케이블 : 2 [m]
- 금속덕트 : 3 [m]

> ※금속몰드 공사
> - 연강관으로 만든 베이스와 커버로 구성
> - 400 [V] 미만 건조된 장소 및 점검할 수 있는 은폐장소 (제3종 접지)
> - 노출공사용, 스위치, 콘센트의 배선기구 인하용

42 금속관 공사 공구

- 히키(Hickey), 벤더(Bander) : 금속관을 구부리는 공구
- 파이프 렌치(Pipe Wrench) : 금속관을 커플링으로 접속할 때, 금속관을 커플링에 물고 조일 때 사용한다.
- 오스터(Oster) : 금속관 끝에 나사를 내는 데 사용한다.
- 파이프 커터(Pipe Cutter) : 금속관 및 프레임 파이프 절단

43 전선 접속 시 고려사항

- 전기저항을 증가시키지 말아야 한다.
- 전선의 강도를 80 [%] 이상 유지한다.(20% 이상 감소시키지 않아야 한다.)
- 접속부위는 절연 효력이 있는 테이프 및 와이어 커넥터 등으로 충분히 피복한다.
- 장력이 가해지지 않도록 박스 안에서 접속한다.

44 전압의 종별

- 저압 : 직류 750 [V] 이하, 교류 600 [V] 이하
- 고압 : 직류, 교류 저압 초과하고 7,000 [V] 이하
- 특별고압 : 7,000 [V] 초과

45 가연성 분진이 존재하는 곳(소맥분, 전분, 유황 등의 먼지 발화원이 될 수 있는 곳), 위험물이 있는 곳(셀룰로이드, 성냥 석유 등을 제조하거나 저장하는 곳)

- 공사 방법 : 금속관 공사, 케이블 공사, 2.0 [mm] 이상의 합성수지관 공사
- 이동용 전선 : 0.6/1 [KV] 고무절연 클로로프렌 캡타이어 케이블, 0.6/1 [KV] 비닐절연 캡타이어 케이블

46 전선의 접속

- 트위스트 접속 : 단선 직선 접속으로 단면적 6[mm²] 이하, 2.6[mm] 가는 전선
- 브리타니아 접속 : 단선 직선 접속으로 단면적 10[mm²] 이상, 3.2[mm] 굵은 전선 ※조인트(접속선) 사용

47 가공전선로 공사의 안전율

- 지지물 기초의 안전율 : 2.0 이상
- 지선의 안전율: 2.5 이상

48 조명기구 배치에 의한 분류

- 전반조명 : 작업면의 전체를 균일한 조도가 되도록 조명(공장, 사무실, 학교교실 등)
- 국부조명 : 작업에 필요한 장소에 맞는 조도를 얻는 방식

49 가연성 분진이 존재하는 곳(소맥분, 전분, 유황 등의 먼지 발화원이 될 수 있는 곳), 위험물이 있는 곳(셀룰로이드, 성냥 석유 등을 제조하거나 저장하는 곳)

- 공사 방법 : 금속관 공사, 케이블 공사, 2.0[mm] 이상의 합성수지관 공사
- 이동용 전선 : 0.6/1[KV] 고무절연 클로로프렌 캡타이어 케이블, 0.6/1[KV] 비닐절연 캡타이어 케이블

50 트위스트 접속

단선 직선 접속으로 단면적 6[mm²] 이하, 2.6[mm] 가는 전선을 사용

51 차단기(Circuit Breaker, CB)

- 유입 차단기(OCB) : 절연유 사용(Oil Circuit Breaker)
- 공기 차단기(ABB) : 공기 이용
- 자기 차단기(MBB) : 전자력 원리이용
- 가스 차단기(GCB) : SF₆가스 이용
- 진공 차단기(VCB) : 진공 원리이용
- 기중 차단기(ACB) : 압축공기 이용(저압용)

52 변전소

외부로부터 전송된 전기를 변압기, 정류기, 변류기 등을 이용하여 변성한 후 다시 외부로 전기를 전송하는 곳

※발전소 : 수력, 화력, 원자력 등의 발전 기계 기구를 이용하여 전기를 발생시키는 곳

53

스트리퍼는 전선의 피복을 벗기는 공구이다.

54 누설전류

절연물의 내부나 표면을 통해서 흐르는 소량의 전류

55 와이어 커넥터

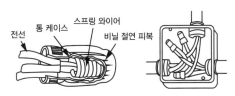

- 전선과 전선을 박스 안에서 접속할 때 사용한다.
- 피복 후 전선을 끼우고 돌려주면 접속이 된다.

56 전선의 굵기 결정요소

허용전류, 허용온도, 기계적 강도, 전압강하

57

방수용 소켓은 수분이 있는 장소에 설치가 용이하다.

58

명관을 부착하여 전압을 식별할 수 있도록 한다.

59

역률 개선의 효과에는 변압기의 여유율 증가(설비 이용률 증가), 전압강하 감소, 전력손실 감소, 전기요금감소 등이 있다.

60 절연전선의 종류

- 고무 절연전선 [RB]
- 비닐 절연전선 [IV]
- 내열용 비닐 절연전선 [HIV]
- 인입용 비닐 절연전선 [DV]
- 옥외용 비닐 절연전선 [OW]
- 폴리에틸렌 절연전선 [IE]
- 폴리에틸렌 절연비닐시스 케이블 [EV]
- 비닐 절연 네온전선 [NV]
- 형광등 전선 [FL]
- 접지용 비닐 절연전선 [GV]

정답

01	③	02	④	03	①	04	①	05	①	06	①	07	①	08	③	09	②	10	②
11	②	12	④	13	③	14	③	15	④	16	①	17	④	18	①	19	②	20	②
21	③	22	③	23	③	24	④	25	④	26	④	27	②	28	④	29	④	30	③
31	①	32	①	33	③	34	①	35	①	36	①	37	①	38	②	39	①	40	②
41	②	42	④	43	①	44	②	45	④	46	①	47	②	48	①	49	①	50	①
51	②	52	③	53	②	54	④	55	②	56	④	57	②	58	④	59	②	60	③

해설

01 키르히호프의 법칙

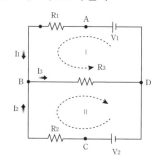

- 키르히호프의 제1법칙(전류의 법칙) : 흘러들어오는 전류의 합 = 흘러나가는 전류의 합($I_1+I_2 = I_3$, $I_1+I_2-I_3 = 0$, $\Sigma I = 0$)
- 키르히호프의 제2법칙(전압의 법칙) : 기전력의 합 = 전압 강하의 합($V_1 = I_1R_1+I_3R_3$, $V_2 = I_2R_2+I_3R_3$)

02

$$전력\ P[\text{W}] = \frac{W[\text{J}]}{t[\text{sec}]} = \frac{Q \cdot V}{t} = \frac{It \cdot V}{t} = IV$$

$$\therefore\ P[\text{W}] = IV = I^2R = \frac{V^2}{R} = \frac{200^2}{4} = 10[\text{kW}]$$

03

$$전력\ P[\text{W}] = \frac{W[\text{J}]}{t[\text{s}]} = \frac{876,000[\text{J}]}{20 \times 60[\text{s}]}$$
$$= 730[\text{W}] = 0.73[\text{kW}]$$

04 쿨롱의 법칙

$$F = 6.33 \times 10^4 \times \frac{m_1 m_2}{r^2}$$

$$\therefore\ F = 6.33 \times 10^4 \times \frac{(4 \times 10^{-5}) \times (6 \times 10^{-3})}{(10 \times 10^{-2})^2} = 1.52[\text{N}]$$

05 자기 작용

- 플레밍의 왼손법칙 : 자기장의 방향(B) – 검지
- 비오–사바르의 법칙 : 자기장의 세기(H)
- 앙페르의 오른나사의 법칙 : 자기장의 방향
- ※줄의 법칙(Joule's Law) : 저항 $R[\Omega]$에 전류 $I[\text{A}]$을 $t[\text{sec}]$ 동안 흘릴 때 발생한 열(줄열)

06 원형코일 중심의 자기장

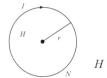

$$H = \frac{NI}{2r}[\text{AT/m}]$$

- 반지름이 $r[\text{m}]$이고 감은 횟수가 N회인 원형 코일에 $I[\text{A}]$ 전류를 흘릴 때 코일 중심에 생기는 자기장의 세기
$$H = \frac{NI}{2r}[\text{AT/m}] = \frac{10 \times 5}{2 \times 10 \times 10^{-2}} = 250[\text{AT/m}]$$

07 전기력선의 특징

- 전기력선은 양전하의 표면에서 나와 음전하의 표면에서 끝난다.
- 전기력선은 접선방향이 그 점에서의 전장의 방향이다.
- 전기력선은 수축하려는 성질이 있으며 같은 전기력선은 반발한다.
- 전기력선은 수직한 단면적의 전기력선 밀도가 그 곳의 전장의 세기를 나타낸다.
- 전기력선은 서로 교차하지 않는다.
- 전기력선은 도체 표면에 수직으로 출입하며 도체 내부에는 전기력선이 없다.
- 전기력선은 등전위면과 직교한다.

08 환상 솔레노이드

자기장의 세기 $H = \dfrac{NI}{2\pi r}[\text{AT/m}]$에서, $I = \dfrac{2\pi r H}{N}$

09 3상 결선

- Δ결선 : $I_\ell = \sqrt{3}I_p$(선전류가 30도 뒤진다.) $V_\ell = V_p$
- Y결선 : $V_\ell = \sqrt{3}V_p$(선간전압이 30도 앞선다.) $I_\ell = I_p$
- Y결선 : $V_p = \frac{1}{\sqrt{3}}V_\ell = \frac{1}{\sqrt{3}}\times 380 = 219.3[\text{V}]$

10

$$\text{파형률} = \frac{\text{실효값}}{\text{평균값}} \quad \text{파고율} = \frac{\text{최대값}}{\text{실효값}}$$

11 비정현파(비사인파)의 푸리에 급수 전개

비사인파 $v = V_0 + \Sigma = $ 직류분+기본파+고조파

12

백열전구는 저항 R의 성분으로 전압과 전류의 위상은 같다.

13 콘덴서의 접속

- 병렬접속 : $C_p = n \times C = 5C$
- 직렬접속 : $C_s = \frac{C}{n} = \frac{C}{5} \rightarrow C = 5C_s$
- $\therefore C_p = 5C = 5(5C_s) = 25C_s$

14

- 저항 $R = \rho\frac{\ell}{A}[\Omega]$
- 저항 $R \propto \frac{\ell}{A}$: 길이에 비례하고 단면적에 반비례한다.

15 전도율(σ)

- 고유저항 $\rho[\Omega\cdot\text{m}]$의 역수 : $\sigma = \frac{1}{\rho}$
- $\sigma = \frac{1}{\rho} = \left[\frac{1}{[\Omega\cdot\text{m}]}\right] = \left[\frac{1}{[\Omega]}\cdot\frac{1}{[\text{m}]}\right] = \left[\frac{\mho}{[\text{m}]}\right]$

16 펠티에 효과(Peltier Effect)

서로 다른 금속 A, B를 접속하고 한 쪽 금속에서 다른쪽 금속으로 전류를 흘리면 열의 발생 또는 흡수가 일어나는 현상으로 용도로는 전자냉동(흡열), 온풍기(발열) 등이다.

17 콘덴서의 접속

- 콘덴서의 직렬 접속 : $C = \dfrac{1}{\dfrac{1}{C_1}+\dfrac{1}{C_2}+\dfrac{1}{C_3}+\cdots+\dfrac{1}{C_n}}$
  → 용량이 작아진다.
- 콘덴서의 병렬 접속 : $C = C_1+C_2+C_3+\cdots+C_n$
  → 용량이 커진다.
※저항의 경우에는 직렬과 병렬 접속은 바꾸어 계산한다.

18 비유전율 ε_s의 값

- 진공 : 1
- 공기 : 1.00059
- 고무 : 2~3
- 종이 : 2~2.5

19 키르히호프의 법칙

- 전류에 관한 법칙(제1법칙)
- 전압에 관한 법칙(제2법칙)

20

- V결선의 출력 : $P_V = \sqrt{3}P_1$
- P_1 : 단상 변압기 1대의 용량[kVA]

21 직류기의 구조

- 계자(Field Magnet) : 자속을 발생하는 부분
- 전기자(Armature) : 계자에서 만든 자속을 쇄교하여 기전력을 발생하는 부분
- 정류자(Commutator) : 전기자에서 발생된 기전력, 즉 교류를 직류로 변환하는 부분
- 브러시(Brush) : 정류자면에 접촉하여 외부회로로 전류를 흐르게 하는 부분

22 전력 변환 장치

- 변압기 : 교류전압 변환 장치
- 정류기 : 교류-직류 변환 장치
- 인버터 : 직류-교류 변환 장치
- 유도 전동기 : 전기에너지-기계에너지 변환 기기

23 직류 전동기의 종류

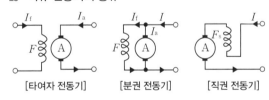

[타여자 전동기]   [분권 전동기]   [직권 전동기]

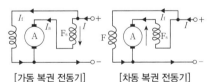

[가동 복권 전동기]   [차동 복권 전동기]

24 동기 발전기의 병렬운전 조건

- 기전력의 크기가 같을 것. 다르다면, 무효순환전류가 발생한다.(권선가열)
- 기전력의 위상이 같을 것. 다르다면, 유효순환전류(동기화전류)가 발생한다.
- 기전력의 파형이 같을 것. 다르다면, 고조파순환전류가 발생한다.
- 기전력의 주파수가 같을 것. 다르다면, 출력이 요동치고 권선이 가열된다.(난조발생)

25 동기 조상기
- 역률 개선과 전압 조정 등을 하기 위해 전력계통에 접속한 무부하의 동기 전동기
- 부족여자로 운전 시에는 지상전류가 흘러 리액터로 작용하여 전압 상승 억제
- 과여자로 운전 시에는 진상전류가 흘러 콘덴서로 작용하여 전압강하 억제

26
3상 유도 전동기의 회전방향을 바꾸기 위한 방법은 3상의 3선 중 2선의 접속을 바꾼다.

27
회전수 $N = (1-s)N_s = (1-s)\dfrac{120f}{p}$ 에서,

극수 $p = (1-s)\dfrac{120f}{N_s} = (1-0.03) \times \dfrac{120 \times 60}{1,164} = 6$극

28 3상 결선방식
- Δ-Δ결선
  - 제3고조파 전류가 내부에서 순환하여 유도장해가 발생하지 않는다.
  - 1상이 고장이 발생하면 V결선으로 사용할 수 있다.
  - 상전류가 선전류의 $\dfrac{1}{\sqrt{3}}$ 이 되어 저전압에 적합하다.
  - 중성점을 접지할 수 없어 지락사고 시 보호가 곤란하다.
- Y-Y결선
  - 중성점을 접지할 수 있어 이상 전압을 방지할 수 있다.
  - 상전압이 선간전압의 $\dfrac{1}{\sqrt{3}}$ 이 되어 고전압에 적합하다.
  - 선로에 제3고조파의 전류가 흘러서 통신선에 유도 장해를 준다.
- Δ-Y결선과 Y-Δ결선
  - Y결선으로 중성점을 접지할 수 있다.
  - Δ결선으로 제3고조파가 발생되지 않는다.
  - Δ-Y결선은 승압용 변압기로 발전소용으로 사용된다.
  - Y-Δ결선은 강압용 변압기로 수전용으로 사용된다.
  - 1, 2차 선간전압 사이에 $30°$의 위상차가 있다.
- V-V결선
  - Δ-Δ결선에서 1대의 변압기가 고장이 나면 2대의 변압기로 3상 변압을 계속할 수 있다.
  - Δ결선과 V결선의 출력비 : $\dfrac{P_V}{P_\Delta} = \dfrac{\sqrt{3}P}{3P}$
    $= 0.577 = 57.7\,[\%]$
  - V변압기 이용률 : $\dfrac{P_V}{2P} = \dfrac{\sqrt{3}P}{2P} = 0.866 = 86.6\,[\%]$

29 변압기의 철손=히스테리시스손 + 와류손
- 히스테리시스손 : 규소강판(규소함량 3~4%, 두께 $0.35mm$) 사용
- 와류손 : 성층

30 변압기의 병렬운전 조건
- 각 변압기의 극성이 같을 것. 다르다면 순환전류가 흘러 권선이 소손된다.
- 각 변압기의 권수비가 같을 것. 다르다면 순환전류가 흘러 권선이 과열된다.
- 1차, 2차의 정격전압이 같을 것. 다르다면 순환전류가 흘러 권선이 과열된다.
- 각 변압기의 내부저항과 리액턴스 비가 같을 것. 다르다면 전류의 위상차로 변압기 동손이 증가한다.
- 각 변압기의 %임피던스 강하가 같을 것. 다르다면 부하의 분담이 부적당하게 되어 이용률이 저하된다.
- 상회전 방향과 각 변위가 같을 것.

31 전동기의 토크 τ
- 유도 전동기의 토크 : $\tau \propto V^2$ (토크는 공급전압의 제곱에 비례한다.)
- 동기 전동기의 토크 : $\tau \propto V$ (토크는 공급전압에 비례한다.)

32 동기 전동기의 V곡선(위상 특성 곡선)
- 종축 : 전기자 전류
- 횡축 : 계자 전류

33 권수비
$$a = \frac{E_1}{E_2} = \frac{N_1}{N_2} = \frac{V_1}{V_2} = \frac{I_2}{I_1} = \sqrt{\frac{R_1}{R_2}}$$
- 권수비 $a = \dfrac{V_1}{V_2}$ (V_1 : 정격 1차 전압, V_2 : 정격 2차 전압)
- 정격 1차 전압 $V_1 = aV_2$

34 SCR(실리콘 정류소자)의 특징
- PNPN 구조로 되어 있다.
- 역저지 3단자 사이리스터로, 정류 작용을 할 수 있다.
- 고속도의 스위칭 작용을 할 수 있다.
- 게이트에(Gate)에 (+)신호를 가하면 순방향 전류가 흐르며, 역방향에 대한 제어 특성은 없다.
- 인버터 회로를 이용할 수 있다.
- 조광제어, 온도제어, 고주파제어에 사용된다.

35
타여자기는 별도의 직류 전원에서 여자 전류를 공급하는 방식이다.

36
세이딩 코일형 유도 전동기는 역률과 효율이 낮고 속도 변동률이 크다.
※ 역률과 효율이 좋고 구조가 간단하여 세탁기 등 가정용 기기에 많이 쓰이는 것은 '콘덴서 기동형'이다.

37 유도 전동기 슬립

슬립 $s = \dfrac{N_s - N}{N_s}$ 에서,

- 무부하시 : 동기속도로 회전하므로 $N = N_s$ → $s = 0$
- 부하시(기동시) : 정지상태이므로 $N = 0$ → $s = 1$

38 난조(Hunting)

- 부하가 급변하여 발생하는 진동으로 그 진폭은 점점 작아지지만 공진작용으로 진동이 계속 증대하며, 정도가 심해지면 운전이 동기이탈(탈조)된다.
- 위 난소 방지 내책으로 발전기에 제동권선을 설치한다.

39

SCR은 단방향성 역저지 3단자 사이리스터이다.

40

동기 발전기의 전기자 권선법에는 정현파에 가까운 분포권과 단절권을 혼합하여 사용한다.

- 분포권 : 기전력의 파형이 좋아지고, 전기자 동손에 의한 열을 골고루 분포시켜 과열 방지
- 단절권 : 기전력이 작아지지만, 고조파 제거로 파형 개선

41 몰드 공사

- 건조하고 전개된 장소
- 점검할 수 있는 은폐장소의 400[V] 미만에서 가능(3종 접지공사)
- 전선 상호간의 간격 12[mm], 전선과 조영재와의 이격거리 6[mm] 미만, 지지점의 거리 1.5[m]
- 사용전선 : 절연전선(옥외용 제외)
- 합성수지 몰드 공사 재질 : 염화비닐수지 혼합물
- 합성수지 몰드 공사 규격 : 폭·깊이 3.5[cm] 이하, 두께 2[mm] 이상

42 링 리듀서

녹아웃 지름이 접속하는 금속관보다 큰 경우 사용한다.

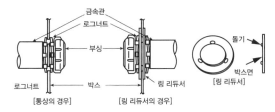

43 버스덕트 종류

- 피더 버스덕트 : 도중에 부하를 접속하지 않는 간선용
- 플러그인 버스덕트 : 도중에 부하접속용 꽂음 플러그가 있음
- 트롤리 버스덕트 : 도중에 이동부하를 접속할 수 있음

44 배·분전반 설치 장소

- 접근이 용이하고 개방된 장소(노출된 장소)
- 전기회로를 쉽게 조작할 수 있는 장소
- 인입과 인출이 용이한 장소(개폐기를 쉽게 개폐할 수 있는 장소)
- 안정된 장소

45 합성수지관 상호접속

- 커플링 사용 : 관 바깥지름의 1.2배 이상
- 접착제 사용 : 관 바깥지름의 0.8배 이상

46 금속관 공사 수용률

- 같은 굵기 : 관 내 단면적의 48[%] 이하
- 다른 굵기 : 관 내 단면적의 32[%] 이하

47

배전반	분전반	제어반	개폐기
⊠	◣	▷◁	S

48

눈부심 정도(휘도)가 크면 눈에 피로감이 생기므로 낮게 설계하는 것이 좋다.

49 컷아웃 스위치(COS)

변압기 1차측 단락 보호 및 개폐 장치로 사용한다.

50

과전류 차단기 생략 장소는 중성선과 접지선이다.

51 교통신호등

전등 1구를 3로 스위치 2개로 2개소에서 점등이 가능하고, 여기에 4로 스위치 2개를 더 사용하면 4개소에서 점등이 가능하다.

52

동선은 염분이 많은 해안지방의 송전용으로 적합하다.

53 지선을 설치할 수 없을 때

- 궁지선 : 근가를 지지물 근원(전주) 가까이에 시설한다.
- Y지선 : 다단 완금 시 시설한다.
- 수평지선 : 전주와 전주 간, 또는 전주와 지주 간에 시설한다.

54 접지공사 방법

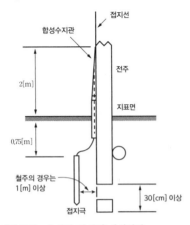

- 접지극은 지하 75 [cm] 이상 깊이에 매설한다.
- 접지선은 절연전선(옥외용 비닐절연전선 제외)이나 케이블(통신용 제외)을 사용한다.
- 지지물이 금속제(철주)인 경우 접지극과 1 [m] 이상 이격한다.
- 접지선은 지상 2 [m]와 지하 75 [cm] 이상은 합성수지관에서 넣어서 시공한다.
- 지중에 매설된 3 [Ω] 이하의 금속제 수도관을 접지극으로 사용할 수 있다.
- 접지선은 특별한 경우를 제외하고는 녹색의 색으로 표시를 하여야 한다.

55 지지물

- 목주, 철주, 철근 콘크리트주, 철탑 등
- 지선 : 지지물의 강도, 전선로의 불평형 장력이 큰 장소에 보강용으로 시설

56 피시 테이프(Fish Tape)

전선관에 전선을 넣을 때 사용하는 강철선

57 배선용 차단기

보호하려는 분기회로 중 가장 가는 전선의 허용 전류치 이하의 것을 사용한다.

58 지중전선로 공사

관로식, 암거식, 직접 매설식

59 가요전선관 접속

- 콤비네이션 커플링 : 금속관과 가요전선관 접속
- 스플릿 커플링 : 가요전선관 상호 접속
- 스트레이트 박스 커넥터 : 박스와 가요전선관 접속
- 앵글 박스 커넥터 : 박스와 가요전선관 직각 접속

60 전력용(진상용) 콘덴서(Static Condenser, SC) 설치

- 역률 개선의 목적으로 부하와 병렬로 접속
- 방전 코일(Discharging Coil, DC) : 과전압 방지와 잔류전하 방전으로 설치
- 직렬 리액터(Series Reactor, SR) : 제5고조파의 제거로 파형개선으로 직렬로 설치

실기시험

★★★

자동온도조절제어회로

전기기능사 실기시험문제

※ 본 실기시험문제는 수검자의 토대로 작성되었으므로 참고로 활용하시기 바랍니다.

자격종목	전기기능사	과제명	자동온도조절제어회로

※ 시험시간 [4시간 30분]

❶ 요구사항

※ 지급된 재료를 사용하여 제한시간 내에 주어진 과제를 완성하시오.
(다만, 특별히 명시되어있지 않은 공사방법 등은 내선공사 방법을 따름)

가. 공통사항

1) 전원방식 : 3상 3선식 220V
2) 공사방법 : ① PE전선관 ② CD전선관 ③ 케이블

나. 동작사항

1) 전원투입 시 WL이 점등
2) PB1 ON시 MC1이 동작하고, RL 점등
3) TC에 의하여 설정 온도에 도달하면 MC1이 정지하고, RL가 소등
4) Timer에 의하여 T1초 후 MC2가 동작하고, GL 점등
5) PB0 ON시 모든 동작이 정지하며 초기화(단, 과부하 시에는 자동 초기화 됨)
6) EOCR1, EOCR2 동작 시(과부하 시) FR 여자 YL 점멸

다. 기타사항

1) 제어함 부분과 PVC연질전선관, 플렉시블 PVC전선관, 케이블이 접속되는 부분은 박스 커넥터를 사용하지 않는다.
2) 모터의 접속은 생략하고 단자대까지 접속할 수 있게 배선한다.

❷ 수검자 유의사항

1) 시험 시작 전 지급된 재료의 이상 유무를 확인하고 이상이 있을 때에는 시험위원의 승인을 얻어 교환할 수 있다(단, 시험 시작 후 파손된 재료는 수험자 부주의로 파손된 것으로 간주되어 추가로 지급받지 못 함).
2) 제어함(판)을 포함한 작업대(판)에서의 제반 치수는 mm이고 치수 허용 오차는 외관(전선관, 박스, 전원 및 부하측 단자대 등)은 ±30mm, 제어판 내부는 ±5mm이다.

3) 전선관의 수직과 수평을 맞추어 작업하고, 전선관의 곡률 반경은 전선관 안지름의 6배 이상으로 한다.

4) 전선관이 작업판에서 뜨지 않도록 새들을 사용하며 튼튼하게 고정한다.

5) 제어함 내의 기구 배치는 도면에 따르되 소켓에 채점용 기기 등이 들어갈 수 있도록 한다.

6) 제어함 배선은 미관을 고려하여 배선(수평수직)하고 전선의 흐트러짐 등이 없도록 케이블 타이를 이용하여 균형 있게 배선한다.

   ※ 제어함 배선 시 기구와 기구사이 배선 금지

7) 주회로는 2.5㎟(1/1.78)전선, 보조회로는 1.5㎟(1/1.38) 황색 전선을 사용하고 주회로의 전선 색상은 R상은 흑색, S상은 적색, T상은 청색을 사용한다.

8) 접지회로는 2.5㎟(1/1.78) 전선(녹색)으로 배선하여야 한다.

9) 제어함과 전선관이 접속되는 부분에는 전선관용 커넥터를 사용하고 제어함에 3mm 정도 올리고 새들로 고정하여야 한다.

10) 전원 및 부하(전동기) 단자대는 제어회로도 순으로 결선한다.

11) 전원측 및 부하측 단자대에는 동작시험을 할 수 있도록 전원선의 색깔에 맞추어 100mm 정도 인입선을 인출하고 피복은 전선 끝에서 약 10mm 정도 벗겨둔다.

12) 단자에 전선을 접속하는 경우 나사를 견고하게 조인다. 단자 조임 불량이란 전선 피복제거가 2mm 이상 보이거나, 피복이 단자에 물린 경우를 말한다.

   ※ 한 단자에 전선 세가닥 이상 접속 금지

13) 동작시험은 회로시험기 또는 벨 시험기를 가지고 확인을 할 수 있으나, 전원을 투입하여 동작할 수 없다.(기타 시험기구 사용불가)

14) 퓨즈홀더에는 퓨즈를 끼워 놓아야 한다.

15) 접지는 도면에 표시된 부분만 실시하고, 접지선은 입력 단자대에서 제어함내의 단자대를 거쳐 출력 단자대까지 결선하여 모든 접지는 입력 단자대의 접지측과 연결되어야 한다.

16) 다음과 같은 경우에서 채점대상에서 제외된다.

   가) 시험시간(연장시간 없음) 내에 요구사항을 완성하지 못한 경우

   나) 시험시간 내에 제출된 작품이라도 다음과 같은 경우

      (1) 완성된 과제가 도면 및 배치도와 상이한(방향 및 결선상태 포함) 경우 등 (EOCR, MCCB, 플리커릴레이, 전자개폐기, 릴레이, 온도계, 타이머, 램프 색상 등)

      (2) 주회로 배선의 전선 굵기 및 색상 등이 도면과 다른 경우

      (3) 제어함 밖으로 인출되는 배선이 제어함 내의 단자대를 거치지 않고 직접 접속된 경우

      (4) 제어함 내부 배선 상태나 전선관 가공 상태가 불량하여 전기 공급이 불가한 경우

      (5) 제어함(판) 내의 배선 상태나 기구간격 불량으로 동작 상태의 확인이 불가한 경우

      (6) 접지공사를 하지 않는 경우 및 접지선 색상이 틀린 경우(전동기로 출력되는 부분은 생략)

   다) 배관 및 기구 배치도에서 허용오차 ±50mm 이상일 경우 채점대상에서 제외(단, 3개소 이상인 경우)

17) 작업이 종료된 후에는 도면을 제출하여야 하며, 외부로 반출할 수 없다.

18) 시험 종료 후 작품의 작동 여부를 감독위원으로부터 확인 받을 수 있다.

3 도면

가. 배관 및 기구 배치도

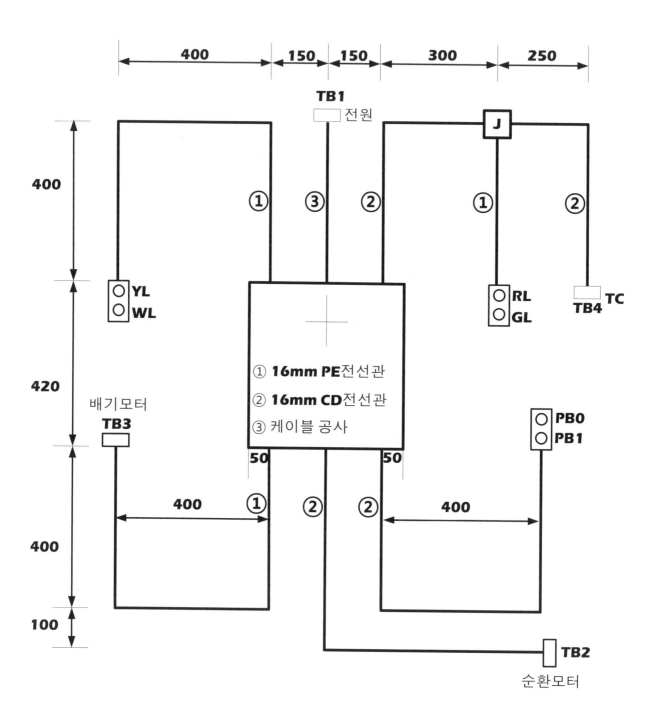

나. 제어 회로도

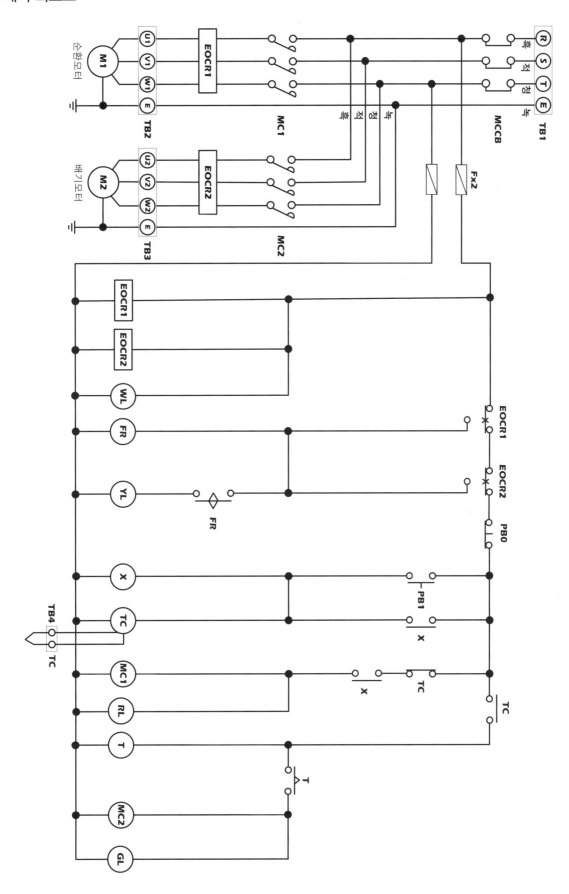

다. 제어함 내부 기구 배치도

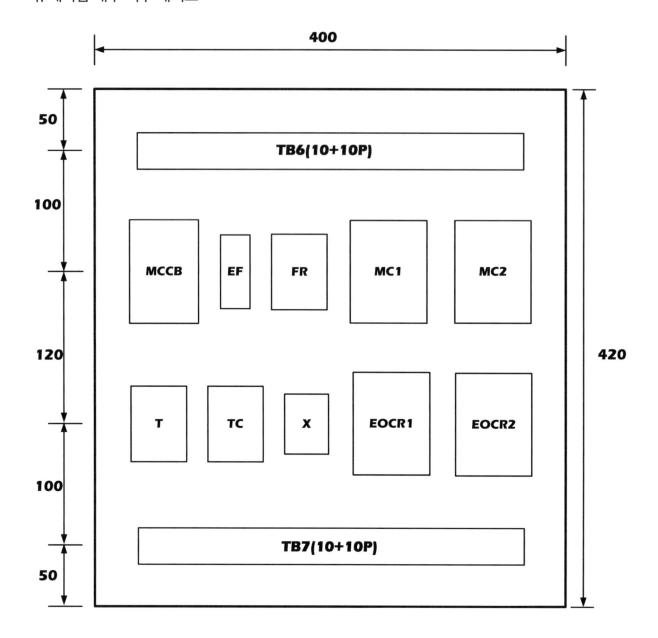

[범 례]			
MCCB	배선용 차단기	TB1	전원 (단자대 4P)
TC	온도계전기 (8P)	TB2, TB3	모터 (단자대 4P)
X	Relay (8P)	TB4	TC (단자대 4P)
FR	Flicker Relay (8P)	TB5, TB6	20P (10P x 2)
T	Timer(8P)	WL	파일럿 램프(백색)
MC	전자접촉기 (12P)	YL	파일럿 램프(황색)
EOCR	과전류계전기 (12P)	RL	파일럿 램프(적색)
PB0	푸시버튼 스위치 (적색)	GL	파일럿 램프(녹색)
PB1	푸시버튼 스위치 (녹색)	EF	퓨즈(Fuse) 및 퓨즈 홀더

라. 제어 부품 내부 결선도

EOCR	MC(PR)	8Pin Relay(X)
8Pin Timer(T)	8Pin Flicker Relay(FR)	8Pin 온도제어기(TC)

4 지급재료 목록

일련번호	재료명	규격	단위	수량	비고
1	전선(황색)	1.5㎟	m	–	
2	전선(흑색)	2.5㎟	m	–	
3	전선(적색)	2.5㎟	m	–	
4	전선(청색)	2.5㎟	m	–	
5	전선(녹색)	2.5㎟	m	–	
6	단자대	20A 4P 250V	개	4	
7	단자대	20A 10P 250V	개	4	
8	릴레이 소켓	8Pin	개	4	
9	릴레이 소켓	12Pin	개	4	
10	퓨즈홀더 2구	유리관형	개	1	
11	퓨즈	10A, 250V	개	2	
12	파이롯 램프	220V(백), 25φ	개	1	
13	파이롯 램프	220V(황), 25φ	개	1	
14	파이롯 램프	220V(적), 25φ	개	1	
15	파이롯 램프	220V(녹), 25φ	개	1	
16	푸시버턴	녹색 25φ	개	1	
17	푸시버턴	적색 25φ	개	1	
18	스위치박스	2구	개	3	
19	새들	16mm	개	–	
20	피스	20mm	개	–	
21	PE전선관 및 커넥터	16mm	m	–	
22	CD전선관 및 커넥터	16mm	m	–	
23	케이블 및 새들	4C 2.5㎟	m	–	
24	제어판	400 x 420 x 12mm	장	1	
25	8Pin 릴레이	–	개	1	시험용
26	8Pin 타이머	–	개	1	시험용
27	8Pin 플리커	–	개	1	시험용
28	12Pin 릴레이	–	개	2	시험용
29	EOCR	–	개	2	시험용
30	TC(온도릴레이)	–	개	1	시험용

전기기능사 실기시험문제 풀이

※ 본 실기시험 작업내용 순서와 소요시간은 수검자의 개인적 차이가 있을 수 있습니다.

■ 실기시험 작업내용 순서 및 소요시간

순번	실기시험 작업내용 순서	소요시간
1	제어 회로도에 번호 부여하여 기입하기	
2	제어함에 기구(소켓, 단자대) 부착하기	30분
3	내부 단자대에 외부기구 접속단자 번호 기입하기	
4	제어함에 전선 연결하기 1) 주회로 R상 회로 연결하기 : 전선 2.5㎟ (1.78mm) 흑색 2) 주회로 S상 회로 연결하기 : 전선 2.5㎟ (1.78mm) 적색 3) 주회로 T상 회로 연결하기 : 전선 2.5㎟ (1.78mm) 청색 4) 주회로 E(접지) 회로 연결하기 : 전선 2.5㎟ (1.78mm) 녹색 5) 보조회로 R상 회로 연결하기 : 전선 1.5㎟(1.38mm) 황색 6) 보조회로 T상 회로 연결하기 : 전선 1.5㎟ (1.38mm) 황색 7) 보조회로 내부회로 연결하기 : 전선 1.5㎟ (1.38mm) 황색 8) 제어함 내부 결선 완료	90분
5	작업대(판)에 제어함 부착하기	
6	전선관 및 기구설치 위치 표시하기	
7	배선기구 설치하기	30분
8	전선관(PE관, CD관) 및 케이블 새들 위치 표시하기	
9	전선관(PE관, CD관), 케이블 설치 위치 표시하기	
10	CD전선관 설치하기	
11	PE전선관 설치하기	40분
12	케이블 설치 및 결선하기	
13	전선관에 입선 및 기구 접속하기	50분
14	점검, 검토 및 정리정돈 완료	30분
15	작동 시험하기	–
계		4시간 30분

1 제어 회로도에 번호 부여하여 기입하기

1) 제어 부품 내부 결선도를 참고하여 제어 회로도에 있는 MC, EOCR, 릴레이, 타이머, 플리커, TC 등의 알맞은 접점번호를 확인한다.

신 호		기 호		비 고
		가로표기	세로표기	
입력신호(코일)				릴레이, 플리커, 타이머, TC, MC EOCR 등의 코일 전원
수동조작 자동복귀	a접점 (NO)			푸시버튼스위치
	b접점 (NC)			
자동조작 자동복귀	a접점			릴레이, 타이머, TC, MC, EOCR 등의 순시접점
	b접점			
	a접점			타이머 한시접점
	b접점			
	a접점			전자접촉기(MC) 주접점
	b접점			
자동조작 수동복귀	a접점			과부하계전기(EOCR) 접점
	b접점			

제어 부품 내부 결선도

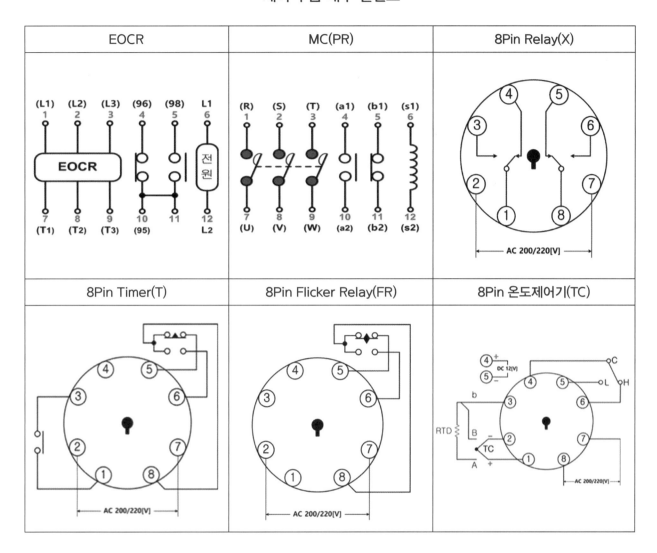

2) 제어 회로도에 있는 외부 배선기구(푸시버튼 스위치, 표시램프) 등에 접속단자 번호를 만들어 부여한다.

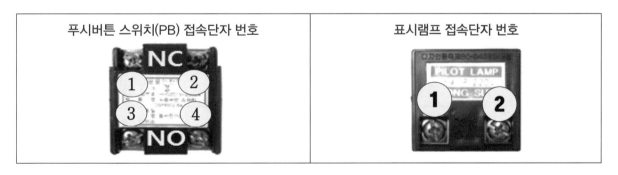

3) 제어 회로도에 부여된 접점번호와 접속단자 번호를 기입한다.

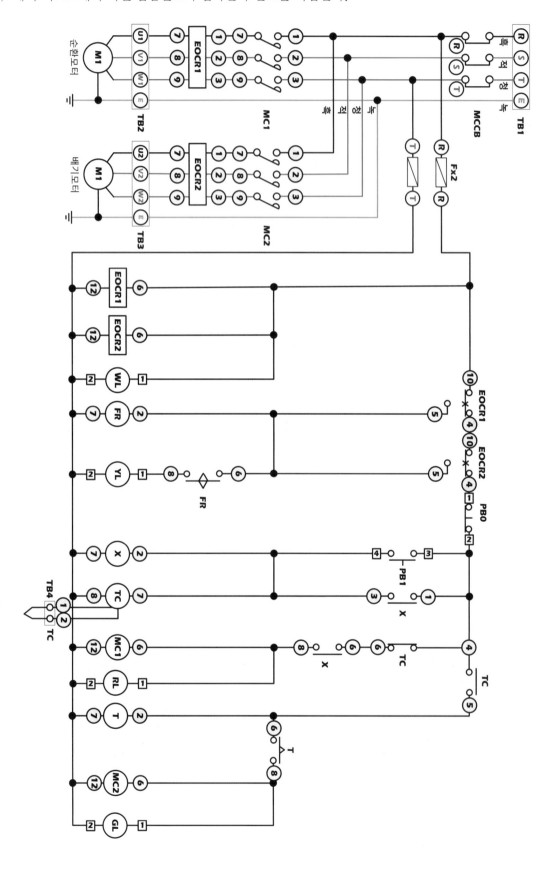

2 제어함에 기구(소켓, 단자대) 부착하기

1) 제어함의 규격은 400×420×12mm를 사용한다.

2) 제어함 내부 기구 배치도면의 수치를 적용하여 제어함에 기구를 설치한다.

3) 제어함 제반 치수는 mm이고 치수 허용 오차는 외관 제어판 내부는 ±5mm이다.

4) 제어함 내부 기구 배치 시 좌우 간격은 가장자리 배선 공간을 고려하여 설치한다.

5) 제어함 내의 기구 배치는 도면에 따르되 소켓에 채점용 기기 등이 들어갈 수 있도록 한다.

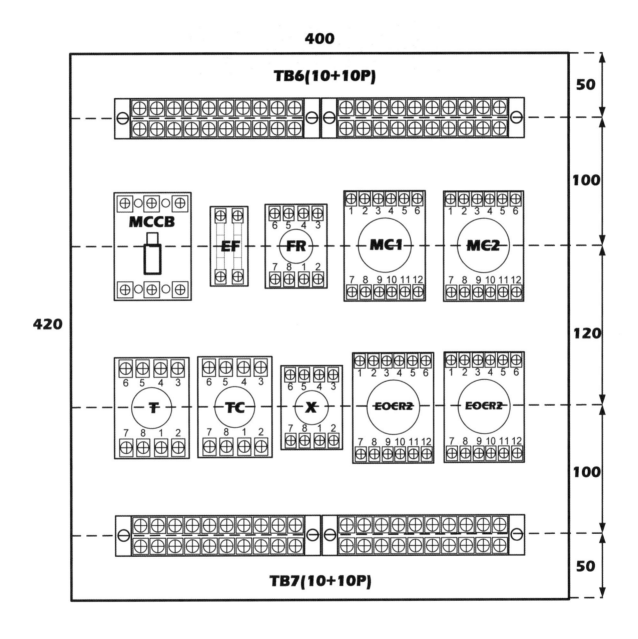

3 내부 단자대에 외부기구 접속단자 번호 위치 설정하기

1) 내부 단자대는 제어함에서 전원의 인입과 부하의 인출 회로가 되는 곳에 사용된다.

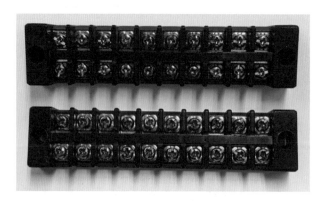

[10P 단자대 – TB]

2) 배관 및 기구 배치도의 위치에 맞추어 외부기구 접속단자 번호와 이름을 단자대에 기록한다.

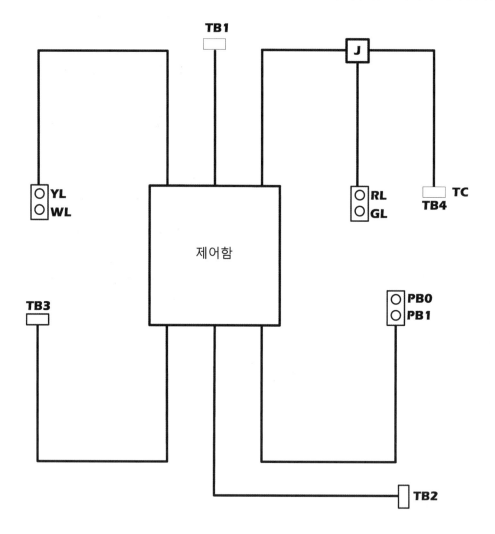

3) 외부기구에 연결할 접속단자 번호가 공통선이 존재하는 경우 하나의 단자대로 구성한다.

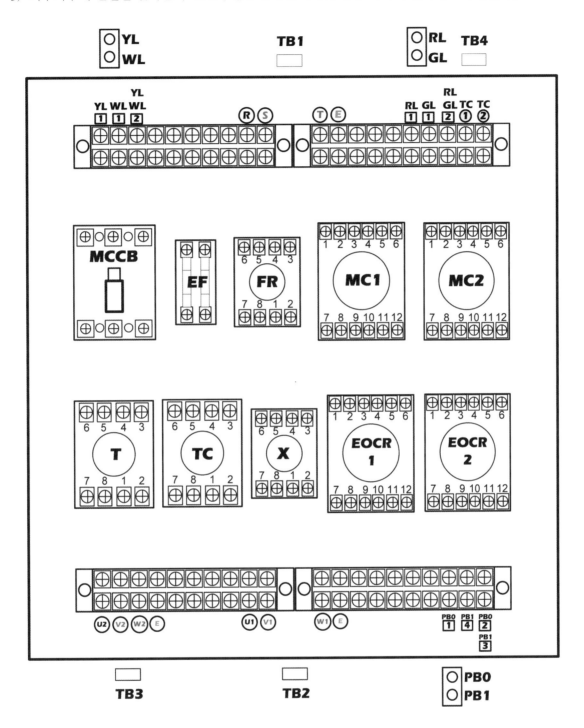

4 제어함에 전선 연결하기

◉ 삽입 접속 : 고정판과 누름판 사이에 전선을 끝까지 밀어 넣어 나사를 조인다.

◉ 고리 접속 : Fuse와 Fuse Holder는 동작회로도에서 주회로와 보조회로를 구분하는 중요한 부품으로, 구형의 경우 반드시 고리 접속을 하여야 한다.

◉ 하나의 단자에 3가닥 이상 접속을 금지한다.

◉ 전선의 색상과 굵기는 다음과 같다.
- 흑색(2.5㎟) : 주회로 R상
- 적색(2.5㎟) : 주회로 S상
- 청색(2.5㎟) : 주회로 T상
- 녹색(2.5㎟) : 주회로 접지(E)
- 황색(1.5㎟) : 제어회로(보조회로)

◉ **전원 및 부하(전동기) 단자대는 제어회로도 순으로 결선한다.**

◉ 단자에 전선을 접속하는 경우 나사를 견고하게 조인다. 단자 조임 불량이란 전선 피복제거가 2mm 이상 보이거나, 피복이 단자에 물린 경우를 말한다.

◉ 제어함 배선은 미관을 고려하여 배선(수평수직)하고 전선의 흐트러짐 등이 없도록 케이블 타이를 이용하여 균형 있게 배선한다.

◉ 제어함 배선 시 기구와 기구 사이는 배선을 금지한다.

◉ 접지는 도면에 표시된 부분만 실시하고, 접지선은 입력 단자대에서 제어함 내의 단자대를 거쳐 출력 단자대까지 결선하여 모든 접지는 입력 단자대의 접지측과 연결되어야 한다.

1) 주회로 R상 회로 연결하기 : 전선 2.5㎟ (1.78mm) 흑색

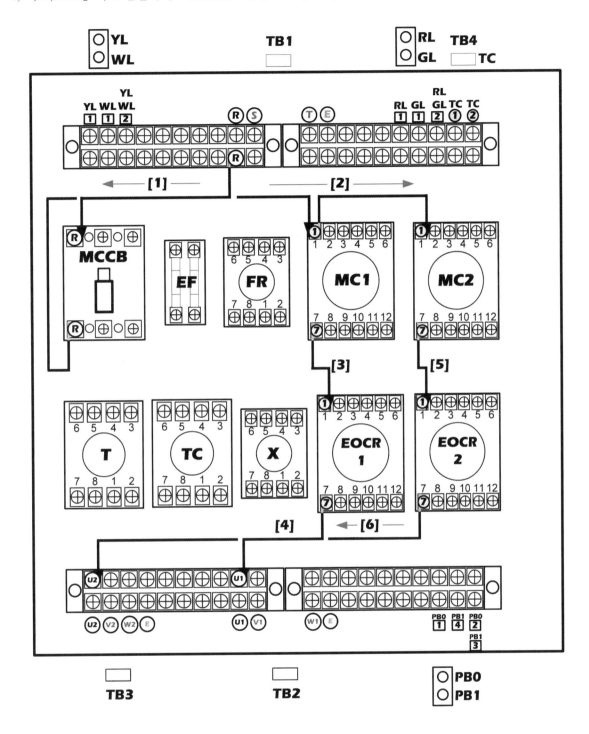

[1] TB1 (R) → MCCB 1차 (R)

[2] MCCB 2차 (R) → MC1 (1) → MC2 (1)

[3] MC1 (7) → EOCR1 (1)

[4] EOCR1 (7) → TB2 (U1)

[5] MC2 (7) → EOCR2 (1)

[6] EOCR2 (7) → TB3 (U2)

2) 주회로 S상 회로 연결하기 : 전선 2.5㎟ (1.78mm) 적색

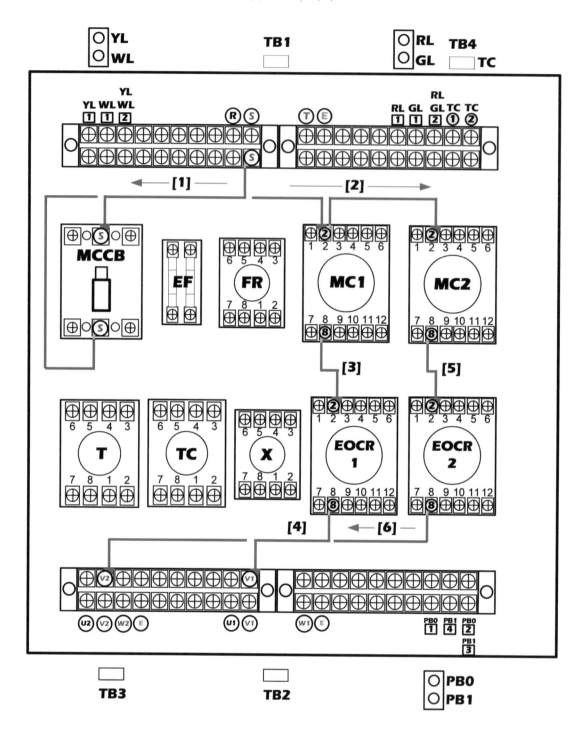

[1] TB1 (S) → MCCB 1차 (S)

[2] MCCB 2차 (S) → MC1 (2) → MC2 (2)

[3] MC1 (8) → EOCR1 (2)

[4] EOCR1 (8) → TB2 (V1)

[5] MC2 (8) → EOCR2 (2)

[6] EOCR2 (8) → TB3 (V2)

3) 주회로 T상 회로 연결하기 : 전선 2.5㎟ (1.78mm) 청색

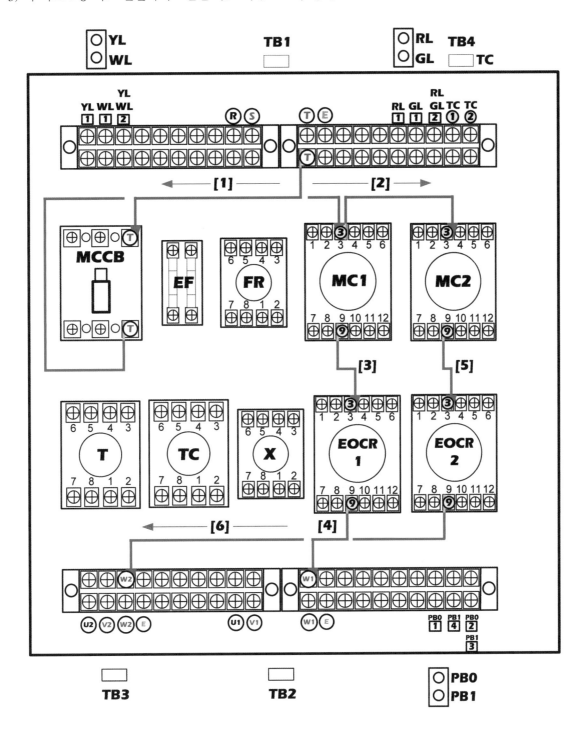

[1] TB1 (T) → MCCB 1차 (T)

[2] MCCB 2차 (T) → MC1 (3) → MC2 (3)

[3] MC1 (9) → EOCR1 (3)

[4] EOCR1 (9) → TB2 (W1)

[5] MC2 (9) → EOCR2 (3)

[6] EOCR2 (9) → TB3 (W2)

4) 주회로 E(접지) 회로 연결하기 : 전선 2.5㎟ (1.78mm) 녹색

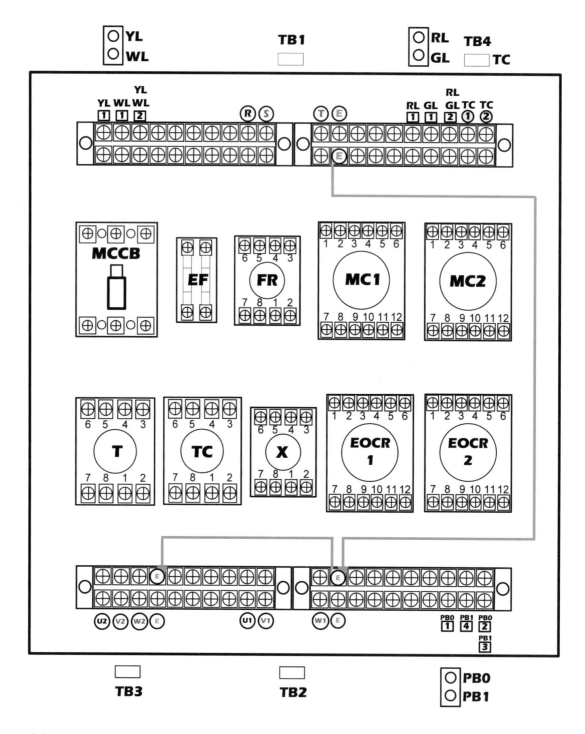

[1] TB1 (E) ─→ TB2 (E) ─→ TB3 (E)

5) 보조회로 R상 회로 연결하기 : 전선 1.5㎟(1.38mm) 황색

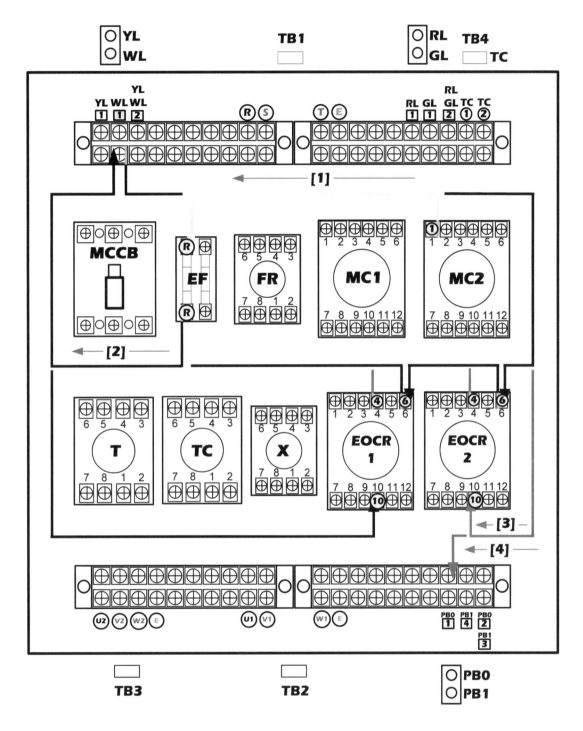

[1] MC2 1(R) → Fuse 1차 (R) : 고리 접속
[2] Fuse 2차 (R) → WL (1) → EOCR2 (6) → EOCR1 (6) → EOCR1 (10)
[3] EOCR1 (4) → EOCR2 (10)
[4] EOCR2 (4) → PB0 (1)

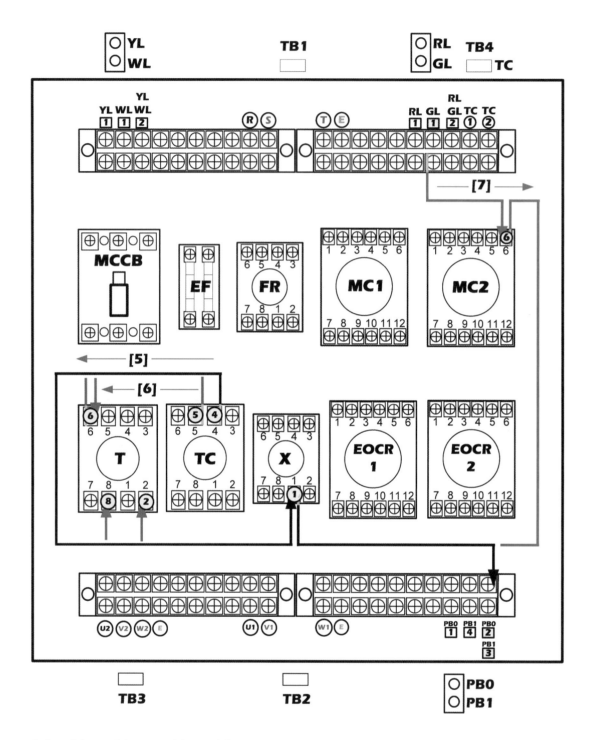

[5] TC (4) → X (1) → PB0 (2) PB1 (3)

[6] TC (5) → T (6) → T (2)

[7] GL (1) → MC2 (6) → T (8)

6) 보조회로 T상 회로 연결하기 : 전선 1.5㎟ (1.38mm) 황색

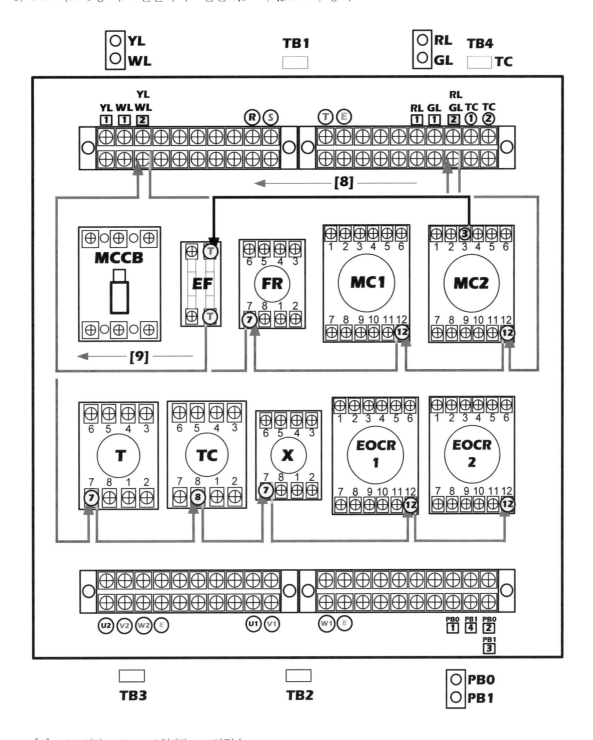

[8] MC2 3(T) → Fuse 1차 (T) : 고리접속

[9] Fuse 2차 (T) → WL/YL (2) → RL/GL (2) → MC2 (12) → MC1 (12) → FR (7) →
    T (7) → TC (8) → X (7) → EOCR1 (12) → EOCR2 (12)

7) 보조회로 내부회로 연결하기 : 전선 1.5㎟ (1.38mm) 황색

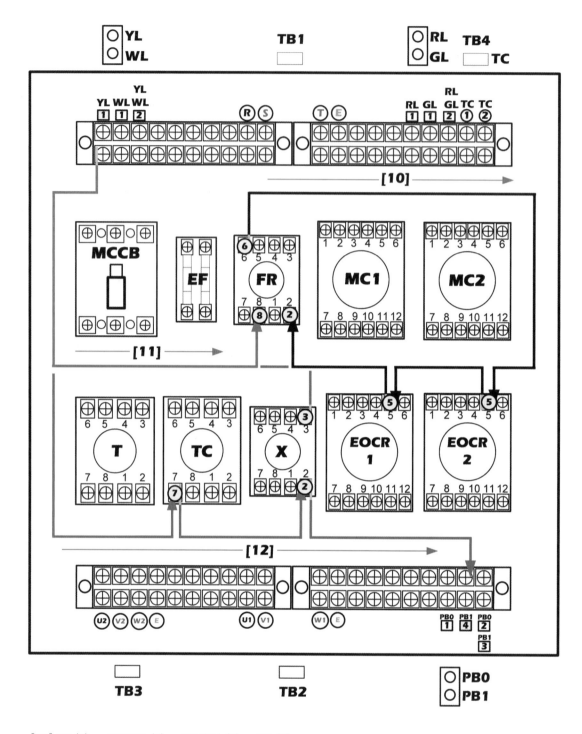

[10] FR (6) → EOCR2 (5) → EOCR1 (5) → FR (2)
[11] WL (1) → FR (8)
[12] X (3) → TC (7) → X (2) → PB1 (4)

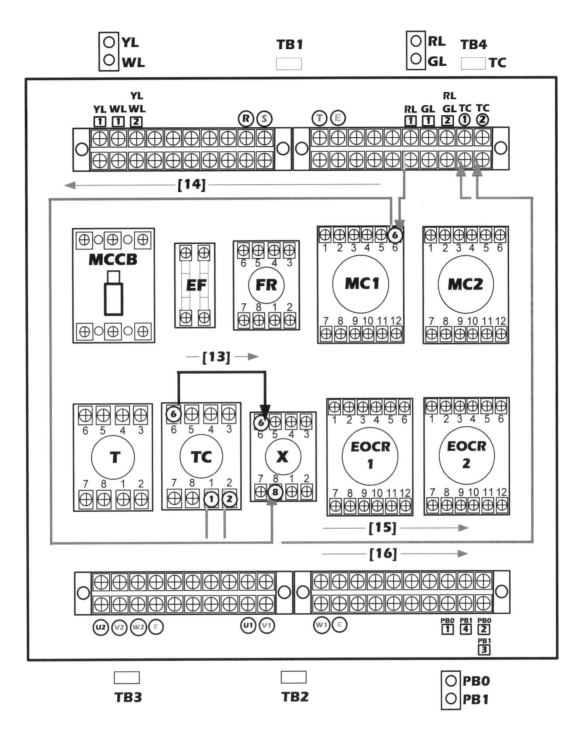

[13] TC (6) → X (6)
[14] RL (1) → MC1 (6) → X (8)
[15] TC (1) → TB4 TC (1)
[16] TC (2) → TB4 TC (2)

8) 제어함 내부 결선 완료

  ① 육안검사 : 제어함 결선이 완료되면, 소켓의 전원부와 회로도의 접점부가 올바르게 연결되었는지 육안으로 검사 확인한다.

  ② 도통검사 : 육안검사가 완료되면, 준비한 시험기(벨, 회로)를 이용하여 도통검사로 접속 및 결선이 올바르게 되었는지 확인한다.

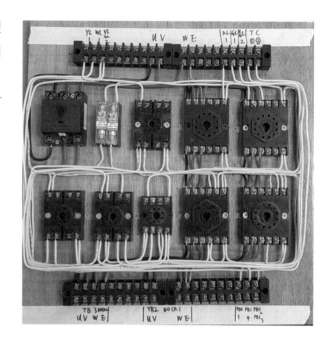

5 작업대(판)에 제어함 부착하기

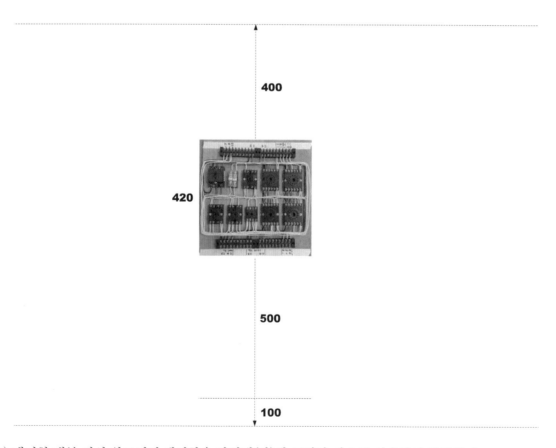

1) 제어함 내부 결선 완료되면 제어함을 작업대(판)에 드릴과 피스를 이용하여 부착한다.

2) 제어함을 부착할 경우 상하 높이와 좌우 간격은 시공을 고려하여 여유 있게 부착한다.

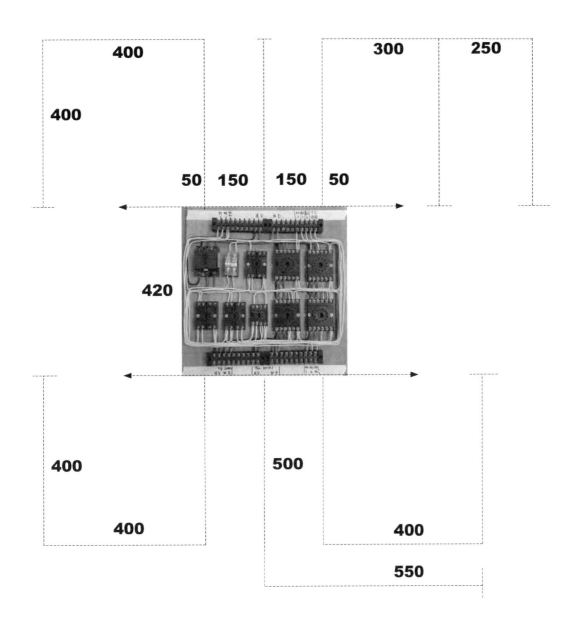

1) 배관 배치도면의 수치를 적용하여 배관도의 위치와 배선기구 위치를 그린다.

2) 배관 및 기구 배치도에서 허용오차 ±50mm 이상일 경우 채점대상에서 제외(단, 3개소 이상인 경우) 될 수 있으니 유의하여 그린다.

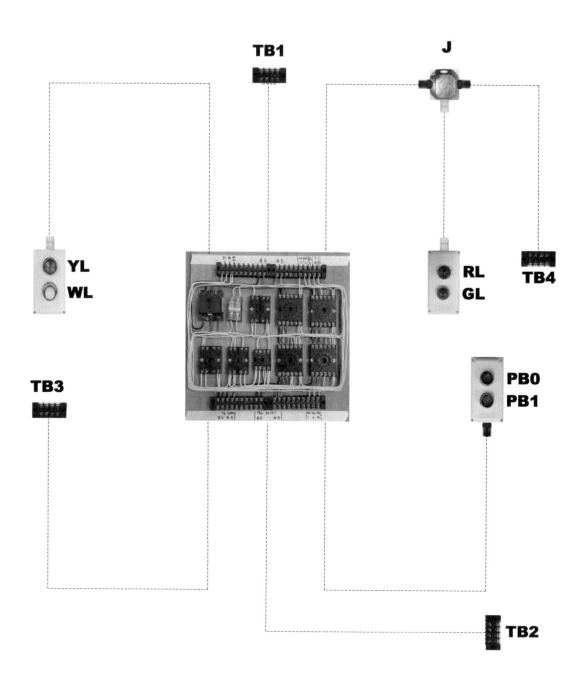

1) 배관 배치도면의 수치를 적용하여 작업대(판)에 컨트롤 박스 및 단자대를 설치한다.

2) 컨트롤 박스(Control Box)는 각종 표시램프와 푸시버튼스위치를 부착하는데 사용한다.

3) 배선기구를 설치할 경우 미리 컨트롤 박스에 커넥터, 표시램프, 푸시버튼스위치를 부착하여 설치한다.

4) 4각 박스(J)는 주로 조인트 박스의 역할을 하며, 전선관이 분기되는 곳이나 기구를 붙이는 곳에 사용한다.

5) 푸시버튼 스위치와 표시램프는 색상 위치에 주의하여 부착한다.

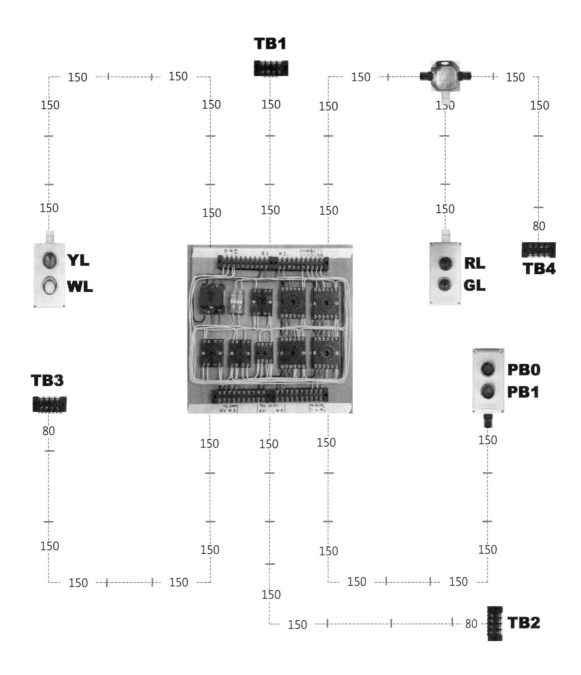

1) 전선관을 직각 구부리기 할 때는 곡률 반지름을 관 안지름의 6배 이상으로 해야 한다.
2) 전선관이 직각 배관인 경우 약 15cm 지점에 새들을 표시한다.
2) 배관의 말단이 4각 박스, 컨트롤 박스인 경우 약 15cm 지점에 새들을 표시한다.
4) 전선관을 제어함과 연결할 경우에는 15cm 지점에 새들을 표시한다.
5) 단자대의 끝에서 약 8cm 지점(전선관 끝에서 약 3cm 지점)에 새들을 표시한다.

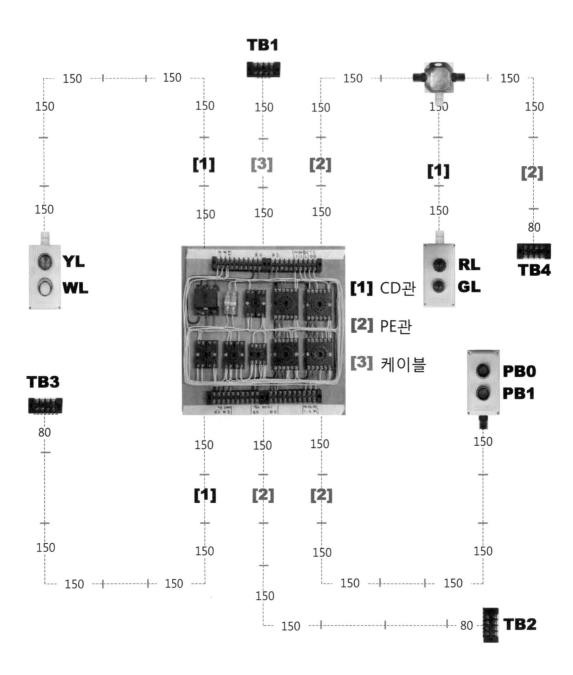

1) [1] 라인 전선관은 CD전선관을 표시한다.
2) [2] 라인 전선관은 PE전선관을 표시한다.
3) [3] 라인은 케이블을 표시한다.

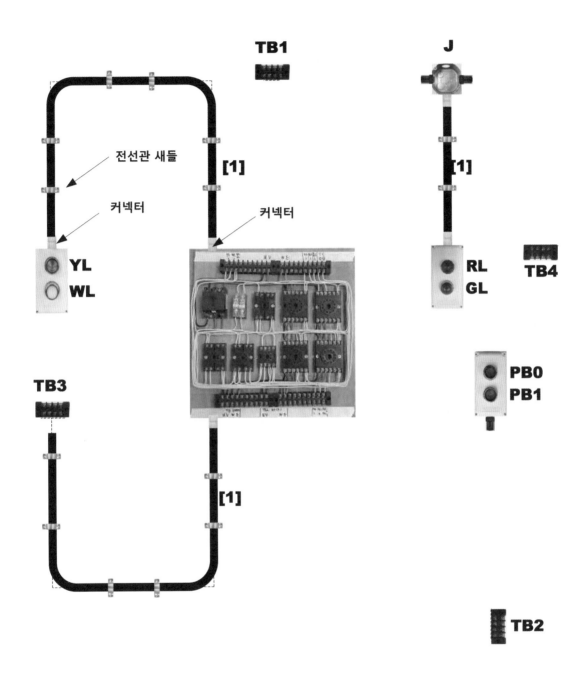

TB1

J

전선관 새들

[1]

커넥터

커넥터

[1]

YL
WL

RL
GL

TB4

PB0
PB1

TB3

[1]

TB2

1) CD전선관(플렉시블전선관)을 도면의 치수를 적용하여 충분히 재단한다.

2) CD전선관은 표면이 요철로 되어 있어 직접 굽힘 작업을 실시한다.

3) 새들은 CD전선관을 고정하는데 사용한다.

4) CD전선관이 작업대(판)에서 뜨지 않도록 새들을 사용하며 튼튼하게 고정한다.

5) CD전선관을 제어함과 연결할 경우에는 전선관 끝에 커넥터를 끼워야 한다.

6) 전선관을 제어함과 연결할 경우에는 제어함 위로 3mm 정도 올라오게 해야 한다.

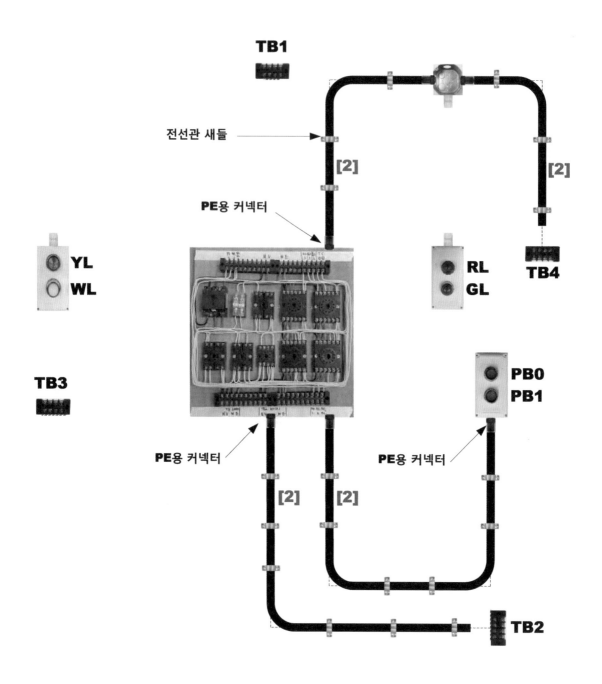

11 PE전선관 설치하기

1) PE전선관을 도면의 치수를 적용하여 충분히 재단한다.
2) PE전선관은 연질의 플라스틱으로 가공하여 제작 되었으므로 관 안에 스프링을 넣어서 전선관의 굽힘 작업을 실시한다.
3) 새들은 PE전선관을 고정하는 데 사용한다.
4) PE전선관이 작업대(판)에서 뜨지 않도록 새들을 사용하며 튼튼하게 고정한다.
5) PE전선관을 제어함과 연결할 경우에는 전선관 끝에 커넥터를 끼워야 한다.
6) PE전선관을 제어함과 연결할 경우에는 제어함 위로 3mm 정도 올라오게 해야 한다.

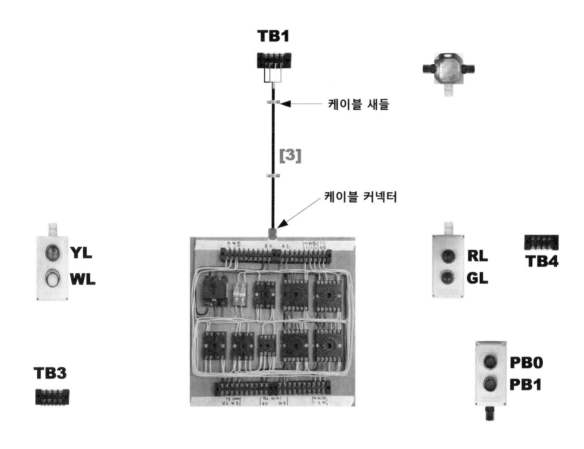

1) 케이블을 도면의 치수를 적용하여 충분히 재단한다.
2) 케이블은 2.5㎟ 4가닥 흑색, 적색, 백색, 녹색으로 되어 있으며, 흑색(R), 적색(S), 백색(T), 녹색(E) 순
   으로 단자대에 접속한다.
3) 지급된 작은 새들은 케이블을 고정하는 데 사용한다.
4) 케이블을 제어함과 연결할 경우에는 전선관 끝에 케이블 커넥터(방향 주의)를 끼워야 한다.
5) 케이블을 제어함과 연결할 경우에는 제어함 위로 3mm 정도 올라오게 해야 한다.

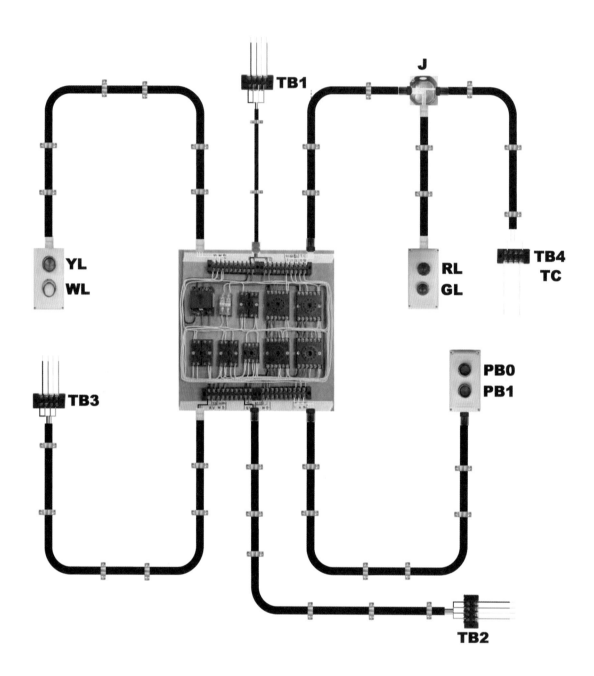

1) 입선할 전선의 치수는 배관의 길이와 접속 길이를 고려하여 충분히 재단한다.

2) 재단한 전선을 CD전선관과 PE전선관에 입선한다.

3) 시험기를 이용하여 입선된 전선을 찾아 기구와 단자대에 각각 접속한다.

4) 전원측 및 부하측 단자대에는 동작시험을 할 수 있도록 전원선의 색깔에 맞추어 100mm 정도 인입선
   을 인출하고 피복은 전선 끝에서 약 10mm 정도 벗겨둔다.

5) 전선의 흐트러짐 등이 없도록 지급된 케이블 타이로 정리한다.

14 점검, 검토 및 정리정돈 완료

15 작동 시험하기

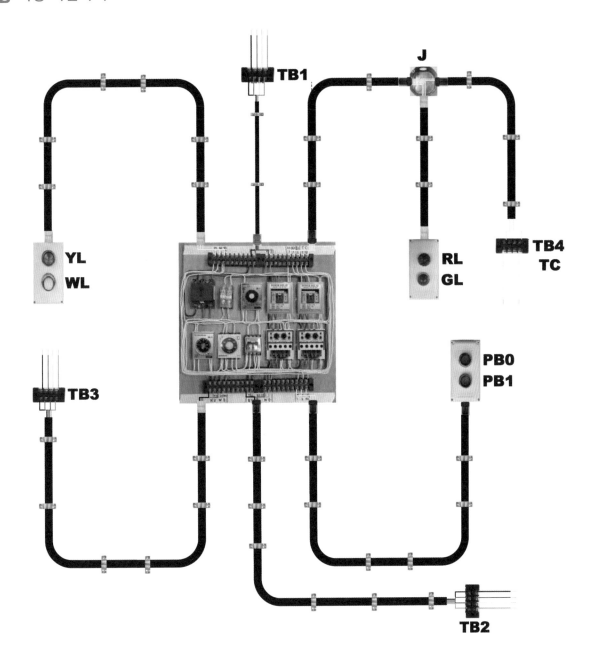

[작동 시험]

전원투입 시 WL이 점등 → PB1 ON시 MC1이 동작하고, RL점등 → TC에 의하여 설정 온도에 도달하면
MC1이 정지하고, RL가 소등 → Timer에 의하여 T1초 후 MC2가 동작하고, GL 점등 → PB0 ON시 모든 동
작이 정지하며 초기화(단 과부하시 자동 초기화) → EOCR1, EOCR2 동작 시(과부하시) FR 여자 YL 점멸

전기기능사 실기 채점 기준표

※ 본 채점 기준표는 상황에 따라 달라질 수 있으므로 참고로 활용하시기 바랍니다.

번호	주요항목	세부적인 항목	항목별 채점 방법	배점
1	동작사항 및 수검자 유의사항	회로도에 주어진 동작사항 및 수검자 유의 사항	1. 회로도의 요구대로 동작이 되면 25점 2. 한곳이라도 동작이 안 되면 오동작이므로 채점대상에서 제외 3. 유의사항의 불합격 조항에 해당되면 채점대상에서 제외	25
2	배관 작업	전선관 굽힘	1. 전선관 작업(L굽힘, 오프셋 등)이 잘 되었으면 10점 2. 수평, 수직 및 곡률 반경이 적거나 큰 경우 감점	10
		전선관 고정	1. 전선관이 견고하게 고정, 새들의 수평과 수직이 양호하면 5점 2. 전선관 불량 개소(수평, 수직, 헐거움) 감점	5
		기구 고정 및 배치	1. 기구 고정 상태(수평, 수직, 헐거움) 및 방법 양호하면 5점 2. 기구고정 불량개소 감점	5
3	배선 및 결선	전선의 색별배선	1. 전선의 색별 및 주, 보조회로 전선사용이 잘 되었으면 10점 2. 색별배선 불량개소 감점 및 채점대상에서 제외	10
		제어함 배선상태	1. 전선 배열의 수평수직과 양호하면 10점 2. 배선 불량개소(기구와 기구사이 배선 등) 감점	10
		제어함 배선정리	1. 케이블 타이로 전선의 묶음 및 균형배치가 양호하면 6점 2. 배선정리 불량개소 감점	6
		전원 준비상태	1. 전원 인출선 등이 양호하면 3점 2. 전원준비상태 불량 감점 및 채점대상에서 제외	3
		단자 조임 상태	1. 단자 조임 상태 양호하면 10점 2. 단자 조임 불량개소(파손, 3가닥 이상 및 피복제거 등) 감점	10
4	경제성	기구파손	1. 기구 파손이 없으면 4점 2. 불량개소(기구 파손) 감점	4
5	치수	제어함 내부 기구 배치도	1. 기구 배치 양호(± 10[mm] 이내)하면 4점 2. 불량개소 감점	4
		배관 및 기구 배치도	1. 도면 치수가 양호하면 8점 2. 배관 및 기구 배치도 불량하거나 허용오차 ±50[mm] 이상일 경우 감점 및 채점대상에서 제외	10
합 계				100

전기기능사 실기 채점대상 제외(불합격)

※ 다음 사항에 대해서는 채점대상에서 제외(불합격 처리)될 수 있으니 특히 유의하시길 바랍니다.

1. **기권** : 과제 진행 중 수험자 스스로 작업에 대한 포기 의사를 표현한 경우

2. **실격**
   1) 지급재료 이외의 재료를 사용한 작품
   2) 시험 중 시설, 장비의 조작 또는 재료의 취급이 미숙하여 위해를 일으킬 것으로 시험위원 전원이 합의 하여 판단한 경우
   3) 기능이 해당 등급 수준에 전혀 도달하지 못한 것으로 시험위원 전원이 합의하여 판단한 경우

3. **미완성** : 시험시간 내에 요구사항을 완성하지 못한 경우(완성된 작품이란 모든 부품을 완전히 장착하고 깔끔히 배선 정리를 한 상태)

4. **오동작** : 시험시간 내에 제출된 작품이라도 다음과 같은 경우
   1) 완성된 과제가 도면 및 배치도, 유의사항과 상이(방향 및 결선 상태 포함)한 경우(전자접촉기(MC)와 과부하계전기(EOCR), 타이머, 릴레이, 스위치 및 램프 색상 등)
   2) 주회로 배선의 전선 굵기 및 색상 등이 도면과 다른 경우
   3) 작품의 외형상 전선의 흐트러짐, 기구배치 및 고정, 연결 상태 등이 조잡한 작품
   4) 제어함(판) 밖으로 인출되는 배선이 제어함내의 단자대를 거치지 않고 직접 접속된 경우
   5) 제어함(판) 내부 배선 상태나 전선관 가공 상태가 불량하여 전기 공급이 불가한 경우
   6) 제어함(판)내의 기구 간격 불량으로 동작상태의 확인이 불가한 경우
   7) 접지공사를 하지 않은 경우 및 접지선 색상이 틀린 경우(전동기 출력되는 부분은 생략)
   8) 컨트롤 박스 커버 등이 조립되지 않아 내부가 보이는 경우
   9) 배관 및 기구 배치도에서 허용오차 ±50mm 이상인 경우(단, 3개소 이상인 경우)

memo

memo

memo